白云鄂博资源开发
实践与思考

杨占峰　编著

北　京

冶金工业出版社

2023

图书在版编目(CIP)数据

白云鄂博资源开发实践与思考/杨占峰编著.—北京：冶金工业
出版社，2023.7

ISBN 978-7-5024-9558-9

Ⅰ.①白…　Ⅱ.①杨…　Ⅲ.①白云鄂博矿区—矿山建设—资源开发
Ⅳ.①TD2

中国国家版本馆 CIP 数据核字(2023)第 121326 号

白云鄂博资源开发实践与思考

出版发行	冶金工业出版社	电　　话	(010)64027926
地　　址	北京市东城区嵩祝院北巷 39 号	邮　　编	100009
网　　址	www.mip1953.com	电子信箱	service@ mip1953.com

责任编辑　戈　兰　郭雅欣　美术编辑　彭子赫　版式设计　孙跃红
责任校对　石　静　责任印制　窦　唯
北京捷迅佳彩印刷有限公司印刷
2023 年 7 月第 1 版，2023 年 7 月第 1 次印刷
710mm×1000mm　1/16；39.5 印张；2 彩页；777 千字；620 页
定价 298.00 元

投稿电话　(010)64027932　投稿信箱　tougao@cnmip.com.cn
营销中心电话　(010)64044283
冶金工业出版社天猫旗舰店　yjgycbs.tmall.com
(本书如有印装质量问题，本社营销中心负责退换)

序

　　白云鄂博矿床是巨大的铁矿床，也是世界上最大的稀土矿床，还是世界上第二大铌矿床，所含萤石和钍的价值也不菲，其资源战略地位毋庸置疑。我国"一五"期间以白云鄂博矿床为铁原料基地建设了包钢，1963年，经国家批准在包头建立了专门研究白云鄂博资源开发利用的国家级研究单位——冶金部包头冶金研究所（现包头稀土研究院），当时国家抽调钢铁研究总院、北京有色金属研究总院、北京矿冶研究总院等国内大院大所几百名科研人员支援建设。几十年过去了，白云鄂博矿的开发，为推动我国钢铁工业和稀土产业的发展起到了不可替代的作用，国家一直在不断地探索、研究、开采、利用和再认识这一世界级的宝藏，时至今日，白云鄂博矿仍然是世界上著名的铁矿和稀土矿。

　　杨占峰同志在白云鄂博矿山和包头稀土研究院工作40年，从现场一线技术员成长到矿山总工程师、包头稀土研究院院长和包钢集团副总工程师，组建了"白云鄂博稀土资源研究与综合利用国家重点实验室"并担任主任。40年来潜心研究白云鄂博矿，积累了丰富的经验和宝贵的研究资料，编撰成《白云鄂博资源开发实践与思考》。书中从矿床成因、资源勘查、高效采选技术、绿色矿山建设、平衡利用等多方面进行总结提炼，内容丰富，特别是提出的摸清资源底数、大境界集约化开采和铁、稀土、铌、萤石、钍等有用矿物分采分选综合利用的观点值得探讨。《白云鄂博资源开发实践与思考》的出版，对从事白云鄂博矿开发利用的研究人员和现场生产技术人员均有较高的参考价值和实用价值。

　　白云鄂博矿是世界上最大、最复杂、最有价值的多金属矿床，研究其成矿理论和综合利用是世界难题，要站在国家战略资源的高度，准确认识其资源属性和合理有效开发的紧迫性、必要性和重要性，切实加强资源的保护性开发、高质化利用和规范化管理。过去几十年，国家曾多次集中力量攻关，取得了一系列突破，今后仍需利用国家研究平台、立国家科技攻关专项、聚全国专业人才、举国家之力研究白云鄂博科学问题和开发方案。期待白云鄂博矿床的开发为我国新能源、新材料、新装备制造业等高新技术产业的发展作出更大的贡献。

中国工程院院士

2023 年 7 月于北京

前　言

<<<<<<<<<<<<<<<<<<<<<<<<<<<<<<<<<<<<<<<<<<<<<<<<<<<<<<<<

自 1927 年丁道衡先生发现白云鄂博矿以来，90 多年过去了。在过去的这些年，人们在不断地研究、开采、利用和再认识这一世界级的宝藏。2023 年是第一次"4·15 会议"召开 60 周年，也是包头稀土研究院建院 60 周年，同时也是我走进白云鄂博矿的第 40 年。2023 年是我在白云鄂博矿和包头稀土研究院这两个单位工作 40 年，这一年我将办理退休手续。在这个特殊的节点，整理了 40 年来先后发表的有关白云鄂博矿床的相关文章，编撰成《白云鄂博资源开发实践与思考》。由于时间跨度大，更换岗位多，站的角度和高度不同，特别是受到当时学识水平和理解能力的限制，有的文章今天读起来已不合时宜。但为了反映当时一个普通现场技术人员的矿山情结，摘录的文章全部采用原文（部分数据和图表有删减），以便保留不同时期的认识。实践也好思考也罢，仅是作为众多白云鄂博矿开发者之一的个人工作记录而已，想法是通过编辑这些点点滴滴的实时记录，供读者了解白云鄂博这 40 年的发展历程。

本书按照综述篇、地质篇、采矿篇、选矿篇四部分内容选编。篇内未按发表时间顺序排列，为方便读者了解每篇文章的写作背景，结合本人工作经历做简略说明。

1984—1991 年，在白云鄂博铁矿组建计算机站。自主开发矿山应用软件，主要开展人事档案管理、材料备件管理、矿山测量电算化、地质数据库建立和采剥计划编制等单机应用软件开发。本书收录"微机 CAD 技术在露天矿生产测量中的应用""谈谈计算机管理在矿山企业中的应用""微机完成露天矿爆破验收测量内业"等 5 篇。

1991—2001 年，在白云鄂博的车间和科室间多次调动。现场参加矿山穿孔、爆破、采装、运输、破碎、销售等工序的技术工作，涉及现场爆破技术、安全管理、计划管理、质量管理、调度指挥、车间生产组织等矿山实践。收录"采用滚动方法编制露天矿的穿爆作业计划""谈爆区接头处的爆破""白云铁矿主采场爆破设计优化"等4篇。

2001—2011 年，先后在白云鄂博从事生产、技术管理和西矿开发工作。这一时期反复思考的问题主要有三个：一是针对 2001 年出现小散矿大开和进口矿价低于白云鄂博自产矿成本价的现象，以及"开矿不如买矿"的论调出现，动摇了白云鄂博原料基地信心，提出了"大矿要大开，一矿不能多开"的思考，撰写了"论白云鄂博矿产资源的开发利用"和"白云鄂博矿产资源开发利用设想"，起到了牢固树立原料基地思想的作用；二是针对东矿面临深部矿体尖灭，深部和周边是否有接续资源，撰写了"对白云鄂博矿床东矿体深部探矿的探讨""白云鄂博铁矿深部及周边探矿的必要性与可行性""白云鄂博矿床资源储量前景的探讨"等，开启了摸清资源底数的又一轮找矿高潮；三是围绕包钢钢铁扩产和开发西矿，撰写"对恢复白云鄂博西矿开采几个问题的探讨""对白云鄂博矿床西矿体地质工作的认识""论白云鄂博西矿的矿产资源及开发"等文章，推动了西矿建设，西矿开发于 2011 年投产并达产。期间文章多为独著，共 14 篇全部收录。

2011—2022 年，在包头稀土研究院工作。2015 年国家重点实验室"白云鄂博稀土资源研究与综合利用国家重点实验室"获批，重新组建团队开展了对白云鄂博矿床地质、采矿、选冶等多方面研究，为了摸清白云鄂博矿床底数，从东矿深部的探矿提出，到矿床成因、矿体赋存特征和矿物与元素共生组合的研究，重新认识白云鄂博矿床的综合价值和战略地位。该时期发表的论文有项目团队撰写的，有合作团队共同完成的，还有在读学生撰写的。收录"白云鄂博矿开发回顾与资源潜力再认识""白云鄂博东矿露天境界外铁矿体开采探讨""从白云鄂博稀土资源开发利用谈稀土再认识"等 47 篇。

地质篇中收录了范宏瑞研究员、刘铁庚研究员、李亮研究员、佘海东博士和谢玉玲教授为第一作者的文章，这些研究员和教授带领团队长期研究白云鄂博且有丰硕成果，本人仅起到协调和服务作用，在此向他们表示敬意和感谢！书中引用各时期地质报告名称和简介均来自于文献：刘云、孙承志，2019《白云鄂博铌稀土矿-勘查及研究史》，地质出版社，ISBN 978-7-116-11569-9。

感谢干勇院士为本书提出宝贵意见，并写下的过誉序言。所有矿物和选矿方面的文章都得到了包头稀土研究院王其伟高级工程师和马莹高级工程师的技术指导，也得到了候少春所长的支持，合著文章均经过第一作者重新审核校对（删减），部分文章呈送叶祖光先生、张安文先生审阅，在此一并表示感谢！

本书收录文章均为公开发表文章，刊物名称使用当时刊名，刊名、作者和日期都在文章首页底部标明。凡是未列作者的文章均为独著，凡有合著者均备注于文章首页底部，排序与原文一致。内部刊物发表的文章，内容删减较多。文章的项目资源来源与编号未摘录，参考文献和英文摘要未摘录，如读者需进一步了解，请查询原刊。

白云鄂博开发已有60多年，国家曾多次组织大规模的勘查、开采、选冶等多方面系统的科研生产攻关，国内外几代科学家、科研团队以及包钢的广大工程技术人员为之付出了毕生精力，攻克了无数难关，白云鄂博矿产资源为我国钢铁工业和稀土产业作出了巨大贡献。本书收录的仅是有本人署名发表过的文章，比起诸多研究白云鄂博专家学者的成果微不足道。

今年是包头稀土研究院建院60周年，我与稀土院同行10年，该书也作为献给稀土院60岁生日礼物。稀土院因白云鄂博而建，60年来见证了白云鄂博矿床的开发，也见证了我国稀土事业的蓬勃发展，稀土开发任重而道远，希望稀土院快速发展，为国家作出更大贡献！

编著过程中在复读每一篇文章时，深感自己的学识浅薄，对白云鄂博矿床相关科学技术问题探究的深度和广度不够，敬请读者批评指正。

杨占峰

2023 年 7 月于北京

目　录

综 述 篇

地 质 篇

采　矿　篇

选　矿　篇

综述篇

ZONGSHU PIAN

白云鄂博矿床资源储量前景的探讨

摘　要： 本文按照矿产资源开发"大矿要大开，一矿不能多开"的原则，针对目前多家纷争白云鄂博矿床的局势，定义了白云鄂博矿床范围，并指出了白云鄂博矿床是不可分割的整体。提出了白云向斜核部相连的假想并建议尽快在主矿、东矿上盘钻探证实推断的存在。强调包钢加紧完善矿区矿权设置的紧迫性。

关键词： 白云鄂博；向斜核部；高磁异常区；东介格勒

1　白云鄂博矿床的范围

白云鄂博矿床从矿区地层角度描述是位于中元古界下白云鄂博群第三和第四岩组即哈拉霍疙特组和比鲁特组的 H_8、H_9 两个岩段中的多金属矿床。增加 H_9 是因为部分铌和全部富钾板岩赋存于 H_9 中。

从地质构造角度描述，白云鄂博矿床是位于轴向东西的宽沟背斜南翼（北翼有北矿），白云向斜两翼的 H_8 白云岩和 H_9 板岩及其过渡带中的多金属矿床，矿床西部被阿布达大断层切断，南部和东部受海西花岗岩的侵入及蚀变。

个别资料中介绍有白云鄂博矿床东西长 16km，南北宽 3km，从西向东划分为西矿、主矿、东矿和东介格勒四个铁矿体，这样的描述都是突出已探明的铁矿体。其实 16km 还包括以东富含铌的东部接触带。一些资料中的 1 号、2 号、3 号铌矿体，菠萝体矿体以及东部乱采滥挖的众多小铁矿体和都拉哈拉等都在这一带。主矿以南还有高磁异常区且已探明有铁矿体存在。此外在这一狭长地带以北还有众多小的铁矿体——北矿。按照白云鄂博矿床是铁、稀土、铌多元素共生的综合性矿床定位，上述所指矿化范围都应属白云鄂博矿床范围。因为都是附存于 H_9、H_8 的板岩和白云岩或其过渡带中，且都有与铁、稀土、铌共伴生的矿物存在，矿床的成因及矿物的特性基本相似，如进一步勘探有可能一些矿体底部连为一体。

基于上述理由，白云鄂博矿床应该定义为西起阿不达断层东至都拉哈拉，宽沟背斜两翼的下白云鄂博群 H_9、H_8 段及其所蕴藏矿体的全部。这样将 H_9 中的铌矿、钾矿，H_8 中的铌矿、稀土矿，宽沟北翼 H_8 中的北矿和宽沟南翼白云向斜

本文 2005 年撰写，主要针对当时主东矿以外的矿体不属于包钢管辖，地方政府主导的"一矿多开"主张而发表。

核部及向斜南翼待探明的矿体与围岩都包含其中。白云鄂博矿床无论从铁还是稀土及铌都是属于一个成矿带且相连，不能按照地表露头划分成若干独立体，是一个不可分割的整体。

2　历年来主要探矿工作简介

2.1　矿床的发现

1927 年 7 月地质学家丁道衡先生发现了主矿，当时测有二万分之一地形地质图一幅（1.8km²），并在 1933 年发表《绥远白云鄂博铁矿报告》。

1935 年地质学家何作霖先生在矿石标本中发现了"白云矿"和"鄂博矿"，提出了《绥远白云鄂博稀土类矿物的初步研究》。

1944 年 6 月地质工作者黄春江前往白云鄂博进行地质调查，在主矿的东西两侧分别发现了东矿和西矿，做了十万分之一的地质测量 217km²，五千分之一的矿床地质图 3km²，编写了《绥远百灵庙白云鄂博附近铁矿》于 1946 年提交。

2.2　矿床普查与勘探

1950 年中央人民政府成立白云鄂博铁矿地质调查队，对主东矿进行普查评价。1953 年成立华北地质局 241 地质勘探队，对主矿、东矿进行详细勘探，于 1954 年提交了《内蒙古白云鄂博主东矿地质勘探报告》，完成的主要勘探工程有主矿挖探槽 36 条，挖浅井 49 眼，钻探 48 孔（包括 2 个手摇钻）；东矿挖探槽 22 条，挖浅井 58 眼，钻探 37 孔（包括 5 个手摇钻）。西矿挖探槽 82 条，挖浅井 140 眼，钻探 82 孔。

1953 年，241 队在白云鄂博铁矿破碎场北 600m 处进行物探测量时，分析该处存在磁异常，故称其地为高磁区。1958 年，当白云鄂博铁矿破碎场开始动工兴建时，要求查明高磁区地下有无铁矿体。包钢 541 勘探队对白云鄂博铁矿南部、高磁区补充勘探，测有 1∶5000 比例尺地形地质图 1.004km²；挖掘探槽 1 条，掘浅井 1 个，钻孔 1 个。编写提交了《白云鄂博铁矿破碎场高磁区地质报告》。

1960 年，包钢勘探公司第二勘探队在白云鄂博东矿以南的东介勒格勒进行铁、稀土的地质普查工作。此次普查共完成勘探工作量（包括 241 队、乌盟地质队和包钢普查二队），钻孔 16 个、探槽 28 条；1962 年，该队提交了《内蒙古白云鄂博东介勒格勒铁矿、稀土矿床地质普查报告》。

1963 年，由地质部和冶金部联合成立 105 地质队，以铌为重点，对主矿、东矿体的稀土、稀有元素进行评价，于 1966 年提交了《内蒙古白云鄂博铁矿稀土稀有元素综合评价报告》，同时著有《白云鄂博矿区矿床地质物征与成矿规律研究》《白云鄂博铌赋存状态研究方法》《白云鄂博矿区放射性元素专题报告》《白云鄂博矿区矿石矿物志》等。计算了主东矿体铁矿石、铌、稀土、钛、钍氧化物及萤石的储量，估算了矿区（包括西矿、东介勒格勒、都拉哈拉和主矿、东矿上下盘）稀土、铌氧化物的远景储量。

1974—1977 年，包钢地质勘探队（541 队）对主矿、东矿进行钻孔孔斜校正后，补充钻探 4 个孔，在综合历年地质勘探原始资料的基础上，以孔斜校正为重点编制了 89 份综合地质图，重新确立了矿体形态，计算了铁矿石和铌、稀土氧化物的储量和品位。同时对主矿、东矿上盘开采境界内含稀土、铌有用岩石进行补充地质勘探，按资源保护工业指标圈定了铌和稀土在白云岩、板岩中的富集带。于 1978 年提交《白云鄂博铁矿主、东矿储量计算说明书》，并经内蒙古冶金局审查批准作为矿山设计和生产建设的依据。

1978—1980 年，白云地区冶金地质会战指挥部（简称大会战）对西矿钻孔630 个，对 2—16 线进行详查，对 16—48 线进行了勘探，对 48—96 线进行了普查。1987 年 12 月由中国有色冶金总公司内蒙古地质勘探公司提交了《内蒙古自治区包头市白云鄂博西矿地质勘探报告》。

3　矿床资源储量前景

3.1　241 队留给后人的工作

241 队 1954 年提出《白云鄂博矿区物探报告》的结论中指出："53 年矿区物探工作成果，对于新矿区提供了有利的材料。""物探推断主矿之十三行钻线磁力异常表现极好，推断矿体厚度在 65 公尺以上，矿体变陡变深值得注意。"

241 队在《白云鄂博铁矿东介格勒矿区普查报告》的结论中关于对矿体了解程度部分描述："矿体存在范围东西约 1800 公尺，矿体倾角甚陡，形状变化较大，且大部埋藏较深，矿体厚度目前尚未正确控制。"矿体远景评价中指出："矿体规模没有物探推断之大。"

从 241 队的报告中反映出三个问题是明确的：第一，物探深部确实有矿但没有钻探证实；第二，没有明确提出东介格勒和高磁异常区是与主矿、东矿深部可能相连的向斜南翼，只在构造上指出是同属 H_8 层；第三，主、东、东介格勒、高磁异常区四个矿体都没有探到深部尖灭处（有剖面图证实），不知矿体延深的具体位置；第四、限于新中国成立初期我国铁矿石开采、选冶技术水平和对铁矿石经济价值的认识与现在不同，对 500m 以下的贫矿勘探并不急于查明。

3.2　241 队以后的探矿工作成果

1955 年苏联国立采矿设计院以 241 队勘探报告为基础对主矿、东矿进行采矿设计。从此以后的地质工作多数集中在以主、东、西为主的矿体和围岩之中，特别对主矿、东矿的勘探基本围绕开采境界内做工作。

20世纪50年代末60年代初包钢内部勘探队虽然对高磁区和东介格勒进行过勘探，但深度不够，没有提出结论性意见。

1978年西矿大会战，确立了西矿赋存于白云向斜的南北翼，并且在深部相连的理论，探明矿量与物探工作成果一致。但48线以东的核部相连仍属推断。

3.3　新增储量前景

白云鄂博主矿、东矿体赋存于白云向斜的北翼，高磁区和东介格勒矿体处于白云向斜的南翼，白云鄂博西矿体西部已验证赋存于白云向斜的南北翼，并且在深部相连，探明矿量与物探工作成果一致。所以，西矿体东部的南北翼是否相连、主矿体在深部与高磁区是否相连、在向斜转折部位是否有矿体增厚的可能，这都是我们关心的重点。如果主矿体与高磁区矿体相连、东矿体与东介格勒矿体深部相连，则铁矿储量一定不菲。过去在白云向斜核部未进行过钻探验证，因此西矿的东部南北两翼深部相连部位、主矿上盘南部高磁区与主矿体深部相连部位、东矿体与东介格勒矿体深部相连部位是白云鄂博矿床新增储量的勘察区。

4　勘查区目前需进行的工作

4.1　西矿

目前白云铁矿专业技术人员正对2—48线协助公司编制"西矿基建勘探设计"，该项工作已列入包钢议程，工程的实施可将大量的D级矿量提级。48线以东包钢地勘院正在打钻，通过控制西矿核部矿体形状可有利于推断与此毗邻的主矿核部矿体的赋存情况。

4.2　主矿下部和南翼高磁异常区

高磁异常区虽已做过普查，但深度不够。过去的勘探工作只做出了破碎厂房不在矿体上部，矿体在破碎厂房以北200m的结论，但矿体多大、埋藏多深、是否与主矿体底部相连没做工作。主矿1230m下部的矿体延伸情况同样都是推断的，没有工程控制。现在推测主矿体埋藏深度大约在地表以下650~750m（垂直深度）范围内可向南与高磁区相连。目前工作是在主矿上盘1626m平台上合适部位8~12行布置两个800m的垂直深孔。

4.3　东矿下部和东介格勒

东矿下部和东介格勒的勘探情况与主矿下部和南翼高磁异常区的勘探情况基本一致。目前工作是在东矿上盘1594m平台上合适部位22~25行布置两个

1000m 的垂直深孔。

4.4 东部接触带

东部接触带从前一阶段小矿点的开采情况看存在优质矿，应该在出露矿体的部位做一些勘探，太大的前景不敢预测，至少要比目前火热的黑脑包储量大。

4.5 勘探工作须尽快展开

前面提到的几个部位的勘探 2005 年就应该进行。

（1）先在主东矿体上盘的中部布置四个探矿深钻。

（2）如果四个探矿钻孔均见矿，可根据探求储量级别为 333 的要求进行布置钻孔（200×100）。

（3）钻探工作结束后，编写接替资源区地质普查报告。

（4）包钢根据本次工作进行下一步地勘工作，并最终制定出合理的采矿方案。前期费用不过几百万元，但如果证实了推断的存在将是一笔巨大的财富。

4.6 矿权设置情况

目前勘探区矿权一部分在主东矿采矿证范围内（矿体核部部分，即本次工作的主要部分），另一部分在矿区爆破安全界线以内（这部分矿体即东介格勒铁矿体地表部分），该部分采矿证目前尚未办理，由当地国土资源局管理，东部接触带在采矿证以外。因此，采矿证范围外的铁矿体可进行办理采矿证手续，以免遭受个体采矿者的掠夺性开采，造成资源浪费。

白云鄂博西矿 2003 年以前乱采景象

5　原料基地认识的进一步提高

2001 年夏天，当包钢决策层将白云鄂博视为包钢的负担之时，本人在包钢党校学习班结业论文宣读中曾强烈提出"树立牢固的原料基地观念"，现在回头看来仍然有效。在原料紧张的今天，包钢对矿产资源的重视程度已有很大提高，公司成立了专门的资源战略组织，并且对黄岗梁、蒙古、西望矿业等一些前景良好的资源已进行有效的控制，为包钢实现产钢 1000 万吨奠定了基础。本文在此强调的是：占据外围大、中型战略资源勿容置疑，甚至捡些芝麻小矿也很有必要，但一定要把白云鄂博的西瓜抱住。非包钢企业能把国家规划矿区的西矿挖去一个角，那么办理其他矿段又有何不可能的？投几百万元就可以获得上亿吨的储量这样的事已很难有了。

内蒙古白云鄂博矿床碳酸岩侵位方式
与三维形态及稀土潜在资源

摘　要：稀土元素是关键金属的重要成员，我国稀土资源禀赋优越，并主要来自白云鄂博矿床，但其巨量金属富集机理、矿体空间形态以及潜在资源等，一直存在不同认识，制约了稀土资源评价以及有效利用。在地质、地球化学和地球物理多学科联合攻关基础上，本文对白云鄂博碳酸岩就位机制、演化过程和三维形态，以及稀土超常富集机理与潜在资源等进行了探讨。白云鄂博早-中元古代沉积岩经历了区域性的挤压构造变形，原水平地层褶皱后又被置换成陡立、近 E-W 走向的构造片理，这为碳酸岩浆的上涌提供了有利通道。白云鄂博 H_8 白云岩为火成碳酸岩，它侵位于约 13 亿年，经历了铁质-镁质-钙质的演化，碳酸岩既为稀土成矿母岩，也是稀土矿体；古生代两次改造作用导致了稀土活化及新生矿物生成，但没有外来稀土的明显加入。高磁与低阻地球物理异常体揭示出了碳酸岩体的三维形态，碳酸岩的侵位中心位于主矿、东矿之间，侵位后沿构造置换陡立面理，往东西两侧推进。利用获得的碳酸岩体积、（最小）密度以及稀土含量，推算出白云鄂博矿区稀土潜在资源巨大。建议开展新一轮以稀土为主的勘探与验证工作，以获取白云鄂博战略矿产资源的准确家底。

关键词：碳酸岩；侵位方式；三维形态；稀土潜在资源；白云鄂博稀土-铌-铁矿床

在当前深刻变革和调整的国际政治经济形势下，大国博弈的核心是争夺资源及其控制权，近年来，美国、澳大利亚、日本和欧盟等对关键金属（Critical Metals）或战略矿产资源（Strategic Mineral Resources）给予了空前重视，纷纷以国家层面的政策手段和联盟关系建立自身的关键金属矿产安全战略。关键金属是指在第四次工业革命中不可缺失的矿产元素，可以说，未来国际矿产资源和科技的竞争，在很大程度上将集中于对关键金属资源的博弈与掌控。

作为关键金属的重要一员，当今世界每六项新技术的发明，就有一项离不开稀土元素（Rare Earth Elements，REE）。由于稀土元素具有优异的磁、光、电性能，能与其他物质组成品种繁多、性能各异的新型材料，并大幅提高产品的性能和质量，已经被广泛应用于航空航天、国防军工、能源化工、冶金机械、玻璃陶瓷和农牧养殖等诸多领域，也被称为不可或缺的"工业维生素"或"万能之

原文刊于《岩石学报》2022 年第 38 卷第 10 期；共同署名的作者有范宏瑞、徐亚、杨奎锋、张继恩、李晓春、张丽莉、佘海东、刘双良、徐兴旺、黄松、李秋立、赵亮、李献华、吴福元、翟明国、赵永岗、王其伟、刘云、闫国英、刘占全、崔凤、刘峰。

土"。由 17 种元素组成的稀土是当今重要的战略矿产资源，但稀土矿床在全球的分布极不均匀，主要集中在中国、美国、澳大利亚、巴西、加拿大、俄罗斯、印度、越南、缅甸、泰国和格陵兰等国家和地区。中国是稀土资源大国，稀土也是我国为数不多、禀赋特优的战略矿产资源。据美国地质调查局（U. S. Geological Survey，2021）统计，中国稀土氧化物资源量为 4400 万吨，约占全球已探明总资源量 37%。但由于稀土资源家底不明、采/储比严重失衡与环境问题，在近期的贸易争端中，稀土没有成为反制利器，反而被他国掣肘。近年来，境外新的稀土矿床及深海稀土潜在资源的相继发现（Kato et al.，2011；Takaya et al.，2018），使我国现有的稀土资源优势面临严峻挑战，远期有可能失去"话语权"，亟待开展主要类型稀土矿床成因与资源潜力研究。

我国稀土矿床类型齐全、复杂、多样，主要为产在内蒙古白云鄂博、川西冕宁-德昌、鲁西微山、内蒙古巴尔哲、湖北庙垭、新疆巴楚等地与碳酸岩-碱性岩相关的稀土矿床（范宏瑞等，2020），以及华南五省的风化壳离子吸附型稀土矿床（周美夫等，2020）。相较于其他类型矿床，与碳酸岩-碱性岩相关的内生稀土矿床具有规模大、品位高等特点，这也是国际上对这类稀土矿床勘查与开发越来越受到重视的原因。

白云鄂博稀土-铌-铁矿床稀土资源量位居全球首位（占比>30%），铌资源也居世界第二，同时它又是一个大型的铁矿（Fan et al.，2016；Xie et al.，2016）。自丁道衡先生 1927 年在白云鄂博首次发现主矿铁矿体，何作霖先生 1935 年在铁矿石中发现稀土矿物，黄春江先生 1944 年发现东矿铁矿体和西矿铁矿脉群以来，来自科研院所、大专院校和地勘与生产单位的人员对白云鄂博矿床开展了多轮研究和勘查工作，在区域地质背景、岩石和矿物组成、成矿年代学、物质来源与矿床成因等方面取得了大量成果（张培善和陶克捷，1986；中国科学院地球化学研究所，1988；Wang et al.，1994；Chao et al.，1997；Smith et al.，2000；张宗清等，2003；Fan，2006，2014；Yang et al.，2009，2011，2019；Ling et al.，2013；Zhu et al.，2015；Zhang et al.，2017a；Song et al.，2018；Chen et al.，2020；Li et al.，2021）。但由于白云鄂博矿床经历了多期次的构造变形、岩浆侵位、蚀变交代、再活化和叠加改造等作用过程，矿石具有十分复杂的元素及矿物组成，有关巨量金属富集机理、矿体空间形态、元素赋存规律以及潜在资源等问题，一直以来就存在不同认识，制约了稀土资源评价以及有效利用。

为厘清白云鄂博矿床形成机理，评估稀土潜在资源，中国科学院地质与地球物理研究所与国家自然科学基金委员会于 2019 年分别部署/设立重点项目，组建了"白云鄂博稀土矿床深部结构与成矿过程"研究组，与包头钢铁（集团）公司及所属包头稀土研究院、白云鄂博铁矿、钢联股份巴润分公司、勘察测绘研究院、矿山研究院等通力合作，在白云鄂博实施了详细的区域地质调查、1：5000

大比例尺地质图修编、多方法和多尺度综合地球物理测量以及成矿学研究等工作。经过地质、地球化学和地球物理等多学科的联合攻关，揭示了白云鄂博碳酸岩浆演化过程与稀土富集机理，明确了碳酸岩就位机制与构造控矿因素，构建了含矿地质体三维形态，重新评估了稀土潜在资源。

1 地质背景

白云鄂博矿床位于华北克拉通北部陆缘，紧邻中亚造山带。在矿区以北的宽沟断裂附近以及东南部地区，出露有晚太古代-早元古代片麻岩、花岗闪长岩等华北克拉通基底岩石。白云鄂博矿床发育在中元古代狼山-渣尔泰-云鄂博裂谷系内，围岩为中-晚元古界白云鄂博群浅变质陆缘碎屑沉积岩。前人（中国科学院地球化学研究所，1988）认为，矿区内白云鄂博群共发育 4 个组、9 个岩性段，自下而上依次为都拉哈拉组 H_1 含砾石英砂岩、H_2 石英岩；尖山组 H_3 碳质板岩、H_4 暗色石英砂岩、H_5 碳质板岩夹灰岩；哈拉霍疙特组 H_6 石英砂岩夹灰岩和板岩、H_7 石英砂岩与灰岩互层、H_8 白云岩；比鲁特组 H_9 硅质（富钾）板岩（图 1）。郝梓国等（2002）认为，砂砾岩-板岩-火山岩的岩性变化源自陆缘裂谷的演化、加深过程，裂谷超壳断裂与地幔沟通，最终引发火山熔岩、火山碎屑岩的喷发，形成矿区白云鄂博群最上部的 H_9 板岩。

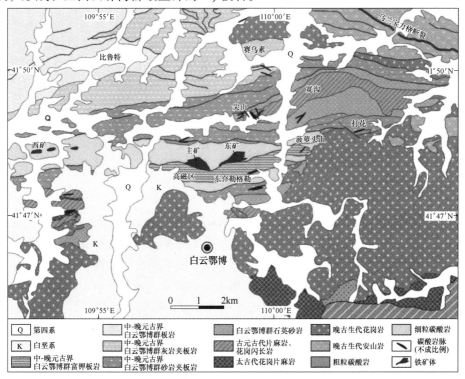

图 1 白云鄂博矿床地质简图（据 Fan et al.，2016 改绘）

白云鄂博矿床含矿岩石是一套成因独特的白云岩，由于其顶部"覆盖"的是 H_9 板岩，它最初被归为白云鄂博群哈拉霍疙特组第三岩段，被命名为 H_8 白云岩（中国科学院地球化学研究所，1988）。但填图发现，H_8 白云岩仅分布在白云鄂博矿区范围内，呈东西长达 16km、南北宽近 3km 的带状展布（图 1），整体倾向南，在菠萝头山以东至打花等地，又被晚古生代（约 270Ma）大面积花岗质岩石侵位（图 1；范宏瑞等，2009）。近十余年来的研究成果表明，H_8 白云岩为幔源岩浆成因的碳酸岩（Yan et al.，2011，2019；Li et al.，2018，2020；Kuebler et al.，2020；Li et al.，2021；Tang et al.，2021）。

碳酸岩是指含碳酸盐矿物（如白云石、方解石、菱铁矿等）体积占比大于 50%，SiO_2 含量小于 20% 的火成岩（LeMaitre，2002；Yaxley et al.，2022）。目前全球共发现 600 余处碳酸岩出露，其中多数产于板内裂谷背景，如印度德干高原、加拿大地盾、东非裂谷系和西伯利亚地盾等地区（Le Bas，1981；Woolley 和 Kjarsgaard，2008）。在大洋背景（如非洲西部的 Cap 和 Canary 岛屿；Hoernle，2002；Schmidt 和 Weidendorfer，2018）和造山带背景下（如与喜山运动相联系的巴基斯坦西北部、我国川西地区以及秦岭造山带等；Liu 和 Hou，2017；Smith，2018）也发育有相对少量的碳酸岩体。在全球碳酸岩中，400 处与碱性岩具有密切的空间共生关系（Woolley 和 Kjarsgaard，2008）。碱性岩主要包括金伯利岩、霞石岩、霓霞岩、响岩、粗面岩、黄长岩和正长岩等（Mitchell，2005）。碳酸岩与碱性岩常构成环状杂岩体，其中碳酸岩的体积占比较小，约占杂岩体的 10% 或更少（LeMaitre，2002），据统计，全球单体碳酸岩出露面积平均约 3km²（Simandl 和 Paradis，2018）。在成矿的杂岩体中，矿化经常和碳酸岩具有更为密切的成因关系，形成的最大矿产资源为 REE，以及 Nb、Th、U、Fe、萤石等（Schmidt 和 Weidendorfer，2018；Anenburg et al.，2021）。

2　白云鄂博碳酸岩及稀土富集机理

2.1　碳酸岩特征

依据岩石结构特征，白云鄂博碳酸岩可以分为粗粒碳酸岩和细粒碳酸岩（Yang et al.，2011）。细粒碳酸岩构成了白云鄂博碳酸岩的主体（图 1），也是主矿、东矿和西矿等铁矿体的直接围岩，其本身也具有非常高的稀土与铁含量；而粗粒碳酸岩则主要分布在细粒碳酸岩的边缘（如打花、菠萝头山东、主矿北、西矿南等地，图 1），稀土含量也超过工业边界品位。粗粒碳酸岩主要由粗粒白云石矿物组成，含有少量的方解石、磷灰石、磁铁矿、烧绿石等，而细粒碳酸岩主要由细粒白云石矿物组成，含有磁铁矿、赤铁矿、磷灰石、独居石和氟碳铈矿等（She et al.，2021）。

白云鄂博碳酸岩与围岩具有明显的侵入接触关系（图 2(a)、(b)），除侵位

至基底片麻岩外，在主矿坑南侧的板岩内常见到顺层侵位的粗粒碳酸岩脉，岩脉
内捕获了大量的围岩板岩的捕掳体（图2（c）），在板岩中也可以见到有粗粒碳
酸岩脉穿插（图2（d））。在菠萝头山东部和南部的细粒碳酸岩内可以见到大量
的围岩白云鄂博群砂岩、板岩的捕掳体（图2（e）、（f）），围岩都遭受了不同程
度的霓长岩化蚀变。上述野外特征均表明，白云鄂博粗粒与细粒碳酸岩皆为火成
侵入岩，且侵位晚于围岩白云鄂博群的构造变形。

图2　白云鄂博地区碳酸岩野外照片

（a）碳酸岩侵位至板岩，接触带碳酸岩一侧发生磁铁矿化，板岩一侧发生霓长岩化；
（b）西矿板岩中顺层侵位的碳酸岩；（c）粗粒碳酸岩脉内板岩捕掳体；（d）粗粒碳酸岩脉侵入板岩；
（e）细粒碳酸岩中的砂岩捕掳体；（f）细粒碳酸岩中的板岩捕掳体

　　白云鄂博矿区还发育大量碳酸岩脉，根据主要矿物组成，这些岩脉又可以分为白云石型、白云石-方解石共存型和方解石型（王凯怡等，2002；Yang et al.，2011），化学组成上分别对应铁质碳酸岩、镁质碳酸岩和钙质碳酸岩（LeMaitre，2002）。碳酸岩脉主要发育在矿区外围的都拉哈拉和宽沟地区，在东介勒格勒南部和西矿南部也有出露，走向以北北东向为主。铁质碳酸岩脉与围岩霓长岩化蚀变作用较弱，镁质碳酸岩脉较强，而钙质碳酸岩脉最强。位于都拉哈拉的一号钙质碳酸岩脉（吴脉）与围岩形成宽达2m的霓长岩化带，接触带附近的石英砾岩完全被蚀变成由钠闪石和钠辉石等组成的霓长岩（Fan et al.，2014）。依据野外穿插关系和矿物生成世代，碳酸岩脉呈现出由铁质-镁质-钙质的侵位序列，晚期钙质碳酸岩脉中的稀土氧化物含量甚至大于20%（Yang et al.，2003，2011）。因此，白云鄂博巨量稀土的富集现已被认为与碳酸岩浆演化密切相关，但不同类型碳酸岩相的稀土元素含量却存在着巨大差异。镁质和钙质碳酸岩脉中的白云石与方解石都具有显著的核-边结构，核部富铁，边部富钙、镁和稀土，显示碳酸岩浆具有向晚期富稀土钙质碳酸岩的演化趋势（Yang et al.，2019）。

　　需要指出的是，在白云鄂博主矿坑南侧以及东接触带也赋存大理岩化的白云鄂博群沉积灰岩，岩石中心部位残留有灰黑色结晶灰岩，外侧发生较强烈的大理岩化。该大理岩化沉积灰岩的矿物组成与碳酸岩明显不同，主要由方解石和白云母组成。由于沉积大理岩出露在矿体附近，后侵位的火成碳酸岩存在被该沉积成因碳酸盐岩混染的可能性。

2.2　碳酸岩的成因

　　粗粒碳酸岩在主矿北侧露头上呈现有层状构造特征（图3（a）），与围岩白云鄂博群石英砂岩呈互层产出，这也是粗粒碳酸岩最初被认为是沉积成因的重要证据（Chao et al.，1997）。但野外观察发现，这种层状构造实际上是构造片理，而非沉积层理。在与石英砂岩接触带附近的粗粒碳酸岩相中还发育大量的钠闪石矿物（图3（b）），而钠闪石是岩浆碳酸岩与围岩发生霓长岩化作用特有的蚀变矿物（Cooper et al.，2016）。在粗粒碳酸岩（图3（c））的磷灰石中发现大量的烧绿石和球状碳酸盐包裹体（图3（d）），这与典型火成碳酸岩矿物中的包裹体是非常相似的（Chakhmouradian，2017），表明粗粒碳酸岩相应为火成碳酸岩。

　　粗粒碳酸岩中磷灰石的氧同位素值（$\delta^{18}O_{V-SMOW}$，5.0‰～6.2‰）（图4（a））也与幔源初始碳酸岩的氧同位素组成（5.3‰～8.4‰，Taylor et al.，1967；Deines，1989）一致。磷灰石的原位Sr-Nb同位素组成（$\varepsilon_{Nd}(t) = -2.5 \sim +1.0$，$(^{87}Sr/^{86}Sr)_i = 0.70266 \sim 0.70293$）也明显不同于白云鄂博群中的沉积灰岩和大理岩（$\varepsilon_{Nd}(t) = -6.1 \sim -5.3$，$(^{87}Sr/^{86}Sr)_i = 0.72998 \sim 0.73115$）（图4（b），Yang et al.，2019）。基于以上结果，可以认为粗粒碳酸岩相应为岩浆成因碳酸岩，根据其主量元素组成可归类为镁质碳酸岩。

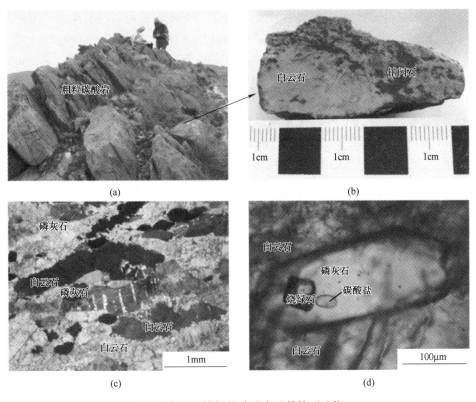

图 3 白云鄂博粗粒碳酸岩及其镜下矿物

（a）粗粒镁质碳酸岩野外露头；（b）粗粒镁质碳酸岩手标本；（c）粗粒镁质碳酸岩镜下矿物组成；
（d）粗粒镁质碳酸岩磷灰石矿物中的烧绿石矿物和球状碳酸盐包裹体（据 Yang et al.，2019）

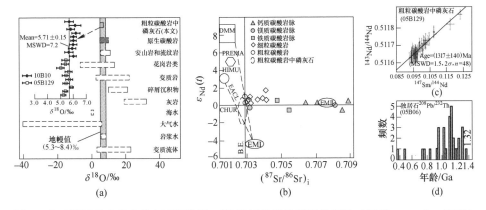

图 4 白云鄂博碳酸岩中磷灰石原位氧、锶-钕同位素及等时线年龄（据 Yang et al.，2019）

（a）白云鄂博粗粒碳酸岩中磷灰石的原位氧同位素、不同岩石及水的氧同位素值（据 Taylor et al.，1967；
Deines，1989）；（b）磷灰石原位锶-钕同位素，碳酸岩全岩锶-钕同位素（据 Yang et al.，2011）；东非
碳酸岩线（EACL）（据 Bellt 和 Tilton，2001）；地幔端员组成 DMM、EMⅠ、EMⅡ、PREMA 和 HIMU（据
Zindler 和 Hart，1986）；（c）磷灰石钐-钕等时线年龄；（d）钙质碳酸岩脉中独居石原位钍-铅年龄

　　为了限定白云鄂博碳酸岩的侵位年龄，对粗粒碳酸岩相开展了详细的副矿物年代学测试，获得磷灰石原位 Sm-Nd 等时线年龄为（1317±140）Ma（图 4（c）），该年龄结果与细粒碳酸岩中锆石 Th-Pb 年龄（（1301±12）Ma，Zhang et al.，2017b）一致；而对钙质碳酸岩脉中的独居石进行原位 Th-Pb 定年分析，获得的年龄数据具有较大的变化范围，从（1321±14）Ma 到（411±6）Ma（图 4（d）），这应该是 Th-Pb 年龄体系受早古生代俯冲带流体叠加改造的结果（Song et al.，2018；Li et al.，2021），而最大的年龄值（1321±14）Ma 可以作为钙质碳酸岩脉的侵位年龄，该结果也与粗粒碳酸岩中磷灰石的 Sm-Nd 等时线年龄一致。

2.3　碳酸岩浆演化与稀土富集机理

　　白云鄂博矿区不同类型碳酸岩脉的稀土元素组成存在着很大的差异。铁质碳酸岩脉的稀土总量较低，$(La/Yb)_N$ 显示轻、重稀土没有发生分异，在球粒陨石标准化配分图解中呈平坦型；镁质碳酸岩脉中稀土总量较高，$(La/Yb)_N$ 显示轻、重稀土发生明显分异，表明该阶段岩浆成分已有所分化；钙质碳酸岩脉中的稀土总量异常富集，$(La/Yb)_N$ 显示轻、重稀土发生了强烈分异（Yang et al.，2019）。白云鄂博矿区碳酸岩脉，由铁质—镁质—钙质演化中，随铁含量逐渐降低，钙镁含量的逐渐升高，稀土元素，尤其是轻稀土元素，呈明显的富集趋势，即存在铁含量与稀土元素含量的负相关现象（图 5（a））。

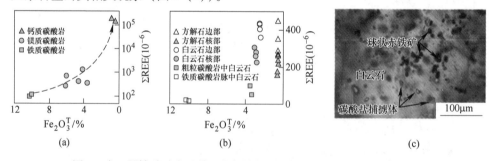

图 5　白云鄂博碳酸岩及其矿物与铁含量关系（据 Yang et al.，2019）

（a）不同类型碳酸岩脉稀土与铁含量关系；（b）粗粒碳酸岩和碳酸岩脉中白云石和方解石
原位稀土与铁含量关系；（c）细粒碳酸岩白云石中的球状赤铁矿和碳酸盐捕掳体

　　碳酸岩浆演化过程中的分离结晶作用可以造成不相容元素在晚期岩浆中富集（Yang 和 Le Bas，2004）。在白云鄂博西矿区的白云岩中发现有大量的自形镁菱铁矿斑晶，这些镁菱铁矿矿物应是早期从碳酸岩浆中分离结晶出的堆晶矿物，它具有非常低的稀土元素含量。镁菱铁矿和铁白云石的分离结晶不仅造成碳酸岩浆向富集钙、镁的方向演化，而且会促进稀土元素在晚期岩浆中富集（图 5（b））。演化的碳酸岩浆在上升过程中由于压力降低，还发生了强烈的熔/流体不混熔作用。镜下观察发现，细粒碳酸岩中发育大量的球形赤铁矿和球形碳酸盐的捕掳体

（图 5（c）），这很有可能是铁矿浆与碳酸岩浆发生不混熔时被捕获的产物。不混熔作用造成铁质从碳酸岩浆中分离，进一步促进碳酸岩浆由铁质向镁质方向演化。不混熔分离出的铁矿浆还具有吸附流体和挥发分的属性，在细粒碳酸岩中可以观察到赤铁矿、磁铁矿与稀土矿物独居石、磷灰石密切的共生关系。因此，铁矿浆的不混熔作用也促进了稀土元素的逐渐富集。碳酸岩浆在上升演化的过程中由于铁矿浆和碳酸岩浆的不混熔作用，逐渐分异成富流体、富铁、富稀土铁质碳酸岩端元和贫流体钙镁质碳酸岩端元，即现今地表分布的粗粒碳酸岩相和细粒碳酸岩相（图 1）。富流体的铁质碳酸岩与上覆围岩（H₉ 板岩等）发生强烈的霓长岩化作用，造成铁、稀土的进一步富集，形成白云鄂博主矿、东和西矿富铁与富稀土矿体。

白云鄂博地区目前发现的稀土含量最高的碳酸岩为钙质碳酸岩脉，通常钙质碳酸岩脉与围岩的接触带处都发育强烈的霓长岩化作用，因此演化的碳酸岩浆中稀土元素又经历了更为强烈的富集过程。Mian 和 Le Bas（1986）以及 Kresten（1988）曾指出，碳酸岩与围岩的霓长岩化作用可以消耗碳酸岩中的铁、镁，并加入硅。霓长岩中的主要新生矿物为富铁、镁的钠闪石和钠辉石，而且钠闪石、钠辉石通常都具有较低的稀土元素含量（Liu et al.，2018），因此，霓长岩化作用不仅消耗了碳酸岩中的铁、镁，还使晚期残余钙质碳酸岩浆中更加富集稀土元素。

2.4　古生代改造作用对矿床的影响

为厘清白云鄂博矿床后期改造作用的时间与贡献，我们对白云鄂博矿石中的稀土矿物独居石和氟碳铈矿开展了详细的结构研究以及 Th-Pb 和 Sm-Nd 同位素分析。研究显示，矿床中绝大多数稀土矿物都遭受过热液改造作用（Li et al.，2021）。利用 NanoSIMS 对改造的稀土矿物进行 Th 和 Pb 面扫描显示 Pb 在稀土矿物内分布不规则，此外单个样品尺度 Pb 含量往往随 Th-Pb 年龄减小而降低，这些现象均表明样品在后期热液改造过程中发生了不同程度的 Pb 丢失。对白云鄂博稀土矿物进行 Th-Pb 定年可以获得一系列年龄（图 6（a）），这应该是同位素体系被扰动的结果，没有实际的地质意义。多个样品中最小的年龄为 4.5 亿~4.0 亿年或 2.8 亿~2.6 亿年，且相似的最小年龄在多个样品中出现，暗示了这些年龄是 Th-Pb 同位素体系被完全重置的结果，可以代表矿物被改造的时代。此外，矿石中发育部分有生长结构的新生稀土矿物，其年龄为 4.5 亿~4.0 亿年或 2.8 亿~2.6 亿年（图 6（b）），同样表明矿区内存在早古生代和晚古生代两期热液活动。对古生代新生稀土矿物进行微区 Sm-Nd 同位素分析表明其 Nd 同位素组成十分接近明确为 13 亿年生成的矿石 Nd 同位素演化线，表明新生稀土矿物生长所需的物质应该为中元古代矿石中的稀土活化而来，外来稀土的贡献不明显（图 7）。因此，白云鄂博矿床的巨量金属堆积发生在 13 亿年左右（Zhu et al.，2015；Yang et al.，2019；Li et al.，2021），矿床形成后分别在早古生代（4.5 亿~4.0 亿年）和晚古生代（2.8亿~2.6亿年）经历了两次改造。古生代改造过程导致了稀土等活化及部分新生矿物生成，但没有外源稀土的明显加入（李晓春等，2022）。

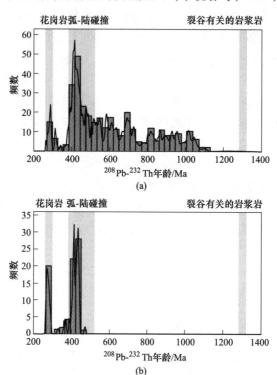

图6　白云鄂博矿床改造及新生稀土矿物独居石与
氟碳铈矿钍-铅年龄频谱图（据 Li et al.，2021）
（a）改造的独居石与氟碳铈矿；（b）新生的独居石与氟碳铈矿

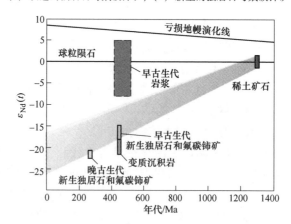

图7　白云鄂博矿床古生代新生稀土矿物独居石和
氟碳铈矿的钕同位素组成（据 Li et al.，2021）

3 白云鄂博控矿构造与碳酸岩侵位

白云鄂博地区在中元古代时期经历的构造运动，改造了早期陆缘白云鄂博群沉积岩的沉积结构，控制了碳酸岩（白云岩）的侵位与分布样式。依据与碳酸岩侵位（约13亿年）的先后顺序，控矿构造可分为碳酸岩侵位前和侵位时期的构造。

3.1 碳酸岩侵位前的构造样式

位于华北克拉通北缘的白云鄂博，在18Ga时期经历了造山作用过程（Peng et al.，2014）。之后的沉降作用沉积了被动陆缘白云鄂博群沉积物，包括砾岩、砂岩、粉砂岩和灰岩等。碎屑锆石定年结果显示，石英砂岩中最年轻组分年龄为约18Ga（钟焱等，2019）。

砾岩、砂岩等地层均被约13Ga碳酸岩脉穿切，表明它们是中元古代的沉积物（Fan et al，2014）。理论上，如果这些沉积岩在未受构造作用影响时，碳酸岩应呈水平侵位和展布。然而野外观测显示，这些地层在碳酸岩侵位之前发生了较为强烈的构造变形，发育有饼状构造和褶皱等挤压构造。

（1）饼状构造：白云鄂博主矿、东矿及东部接触带等多地均发育有该类型构造，如东介勒格勒南部及东矿东北角等部位的长石石英砾岩（图8（a））和石英粗砂岩（图8（b）），以及西矿中部出露的基底岩石粗粒花岗糜棱岩中石英均发生变形（图8（c）、（d）），而长石未有变形（图8（e））。石英颗粒和砾石的长、宽和厚度比值约为10∶12∶2（图8（c）、（d））；弗林图解展示它们的 k 值小于1（图9（a）），表明有两个方向的应变为缩短，而第三个方向的应变为拉长，该应变特征表现为饼状构造。其构造面理走向为E-W向，倾角约70°~80°；但倾向有差异，东矿东北部倾向南，东介勒格勒南部则倾向北（图9（b））。

(a)   (b)

图 8　白云鄂博碳酸岩围岩的构造样式

（a）东介勒格勒南部砾岩中饼状构造，砾石粒径长约 10cm；（b）东介勒格勒南部细粒砾岩中
饼状构造，砾石粒径长约 1cm；（c）*XZ* 面显示砾石被拉长；（d）*XY* 面展示砾石被压扁；
（e）*XZ* 面显微照片展示石英颗粒发生了重结晶，而长石未有变形；（f）东矿西壁粉砂岩露头；
（g）粉砂岩镜下特征，展示石英发生重结晶并具定向性排列，注意白色箭头指示石英颗粒间具 120°
的粒间角；（h）东介勒格勒南部板岩中的微褶皱，原始层理被构造置换为近直立的面理，构造面理之间
残留褶皱转折端；（i）东矿西壁 H9 硅质板岩薄片特征，展示了近平行展布的劈理；（j）重结晶石英颗粒

（2）褶皱：白云鄂博矿区板岩（H9）的原岩包括有粉砂岩和泥岩等。粉砂
岩表现为厚层状（图 8（f）），但显微结构显示石英局部颗粒间见约 120° 的晶面

夹角（图8（g）中箭头所示），并呈定向排列（图8（g）），表明石英颗粒发生了重结晶。而泥岩局部残留有微褶皱等构造，如东介勒格勒南部板岩中的残留微褶皱转折端（图8（h）），它们的两翼已被改造为构造面理（图8（i）），显微特征显示石英呈长条状，为重结晶的产物（图8（j））。构造面理走向为 E-W 向，倾角约77°（图9（b））。

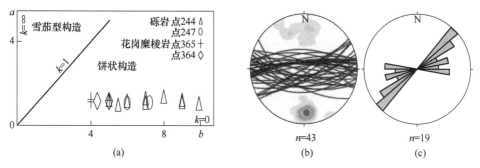

图9 白云鄂博饼状构造弗林图解(a)、构造面理赤平投影(b)和
碳酸岩(脉)玫瑰花图解(c)

（a）砾岩中砾石和花岗糜棱岩中石英颗粒的弗林图解，展示它们的 k 值均处于 0 到 1 之间，
表明它们为饼状构造；（b）碳酸岩侵入之前，石英砂岩和板岩中发育的面理、饼状构造和劈理产状，
下半球吴氏网投影，不同色标代表面理法线的集中程度；（c）碳酸岩体及岩脉走向玫瑰花图解

（3）构造置换：饼状构造和残留褶皱转折端及劈理等构造改造了沉积岩的原生沉积结构，如砾石中定向排列的石英（图8（a）~（e））和板岩中定向排列的重结晶石英颗粒（图8（g）、（i）、（j））构成的构造面理。野外实地填图发现，白云鄂博矿区砾岩、石英砂岩和板岩在区域走向上均无稳定的延伸，亦表明它们的展布是构造置换的结果。

（4）碳酸岩及相关脉体与上述构造间的关系可以刻画它们的变形时代。西矿中段矿坑中碳酸岩沿近直立的构造面理侵位（图10（a）、（b）），菠萝头山北侧碳酸岩和霓长岩脉沿石英砂岩中的破裂面发育（图10（c）），东介勒格勒南侧砾岩中饼状构造被霓长岩化蚀变脉体斜切（图8（b），图10（d）、（e））。以上现象均表明白云鄂博矿区内构造面理和饼状构造都早于碳酸岩及其霓长岩化蚀变。

因此，在白云鄂博碳酸岩体侵位之前，早-中元古代白云鄂博群沉积岩（包括石英砂岩、砾岩和板岩）经历了区域性的挤压、剪切作用，原水平或发生褶皱的地层进一步被构造置换，形成砾石的饼状构造、糜棱岩和微褶皱等。新形成的构造面理呈近 E-W 走向陡立产出（图9（b）），这为碳酸岩浆的上涌与侵位提供了有利通道。

图 10　白云鄂博早期构造与碳酸岩及其相关蚀变

（a）西矿中部矿坑中板岩与碳酸岩的接触特征，展示了碳酸岩局部平行于板岩面理；

（b）局部露头展示碳酸岩沿近垂直于板岩的构造面理侵入；（c）菠萝头山北侧石英砂岩、碳酸岩和霓长岩蚀变脉体间关系；（d）东介勒格勒南部发育的饼状构造被霓长岩化脉体斜切；

（e）显微结构展示霓长岩化脉体斜切糜棱岩构造面理

3.2 碳酸岩侵位时期的构造样式

白云鄂博碳酸岩作为火成岩，已有大量有迹可循的地质现象，如都拉哈拉一号脉（图11（a））处的流动构造（趾状构造和视鞘褶皱构造）（图11（h）、（i））、

图11 白云鄂博碳酸岩侵入特征和岩浆流动构造

（a）都拉哈拉一号碳酸岩脉侵入的断层，将石英砂岩和砾岩分隔；（b）断层北侧砾岩野外露头；

（c）砾岩的显微结构特征；（d）断层南部石英砂岩野外露头；（e）变石英砂岩的显微结构特征；

（f）菠萝头山顺板岩构造面理侵入的碳酸岩；（g）碳酸岩中的板岩残留体；

（h）一号碳酸岩脉向南侧发育的趾状构造；（i）一号碳酸岩脉向东流动的视鞘褶皱构造

碳酸岩中的围岩残留体（图 11（g））、碳酸岩穿切板岩面理（图 10（a））和球粒结构-流动构造，以及碳酸岩边部围岩中的围岩蚀变（如霓长岩化、黑云母化等蚀变）（图 10（c））；局部还可见碳酸岩侵入到片麻岩和片麻状花岗岩中，如西矿西南部、尖山南侧和东介勒格勒南侧等部位。碳酸岩（脉）不仅可以顺构造面理，还可沿断裂面侵位。

（1）顺构造面理侵位。图 10（a）展示了西矿中段矿坑中碳酸岩顺着构造面理侵入，菠萝头山西段的碳酸岩主体也平行于板岩的构造面理（图 11（f））。

白云鄂博碳酸岩主体顺 E-W 走向的构造面理侵入，形成了南、北两带的碳酸岩（图 1），北带目前较长，包括有西矿、主矿、东矿、菠萝头山、白陶-打花儿等地，南带包括主矿南部的高磁（异常）区和东介勒格勒等，其西、东侧分别被晚古生代花岗质岩石穿切。在菠萝头山以南地区，大量碳酸岩呈岩株沿 NE-SW 向（主要为 50°~70°走向）展布，穿切板岩面理，连接了南、北两带的碳酸岩；东矿东北角碳酸岩脉和都拉哈拉一号脉侵位也是以 NE-SW 走向为主。综合矿体和碳酸岩（脉）E-W 和 NE-SW 的走向（图 9（c）），以及岩脉构成的左行雁列式排列构造，表明其可能形成于左行剪切的环境中（图 12 左下角图解）。

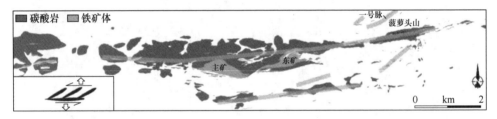

图 12　白云鄂博矿区碳酸岩和铁矿体展布特征
（浅灰色线段标识了碳酸岩延伸方向，左下角图展示碳酸岩侵位时的应力场特征）

（2）沿断裂面侵位。都拉哈拉一号碳酸岩脉南、北侧分别出露有石英砂岩和砾岩（图 11（a）、（b）、（d））。显微结构显示，石英砂岩中石英粒间发育120°夹角，表明它们发生过静态重结晶，局部石英砂岩中还可见被拉长的石英颗粒，为约 400℃ 塑性变形的产物（图 11（e））；砾岩中砾石的石英颗粒有明显的重结晶现象，与石英砂岩特征相似（图 11（c）），表明石英砂岩的变形要早于该型砾岩沉积。两种沉积岩都向南倾斜，其中南侧石英砂岩的倾角为 50°~70°，北侧砾岩的倾角为 29°~33°。结合变形样式和产状的差异，推测二者之间为断层，一号碳酸岩脉沿断层面侵位。

3.3　中-晚元古代盆地发育史与碳酸岩侵位

白云鄂博地区经历了多期次的构造改造，Wang 等（2002）和范宏瑞等

（2010）对白云鄂博基底岩浆岩和含石榴石蓝晶石花岗片麻岩进行了定年，结果表明该区域在约19Ga发生了岩浆侵位和变质作用。在更广阔区域上，从西侧阿拉善黑山到东部大同孤山口地区，都出露有19~18Ga的高压变质岩，与同时代的高温变质带（孔兹岩带）构成了俯冲带上盘的双变质带，说明上述地质事件与华北北缘古元古代的俯冲造山相关（Peng et al.，2014；Wan et al.，2015；Wang et al.，2015）。之后，区域上转为被动大陆演化阶段，白云鄂博地区沉降了相应的沉积物，如石英砂岩和砾岩；因无新锆石生成，这些沉积岩中的最年轻碎屑锆石年龄为约1.8Ga(Fan et al.，2014；马铭株等，2014；钟焱等，2019)。石英砂岩和砾岩的组分主体为石英，含量达70%~80%，其次为长石，表明它们分选程度高，是被动大陆边缘滨海环境沉积物，地层原始产状为近水平展布（图13（a））。

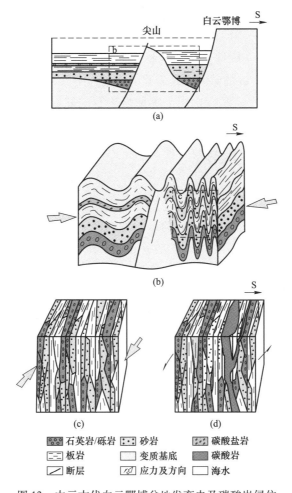

图13　中元古代白云鄂博盆地发育史及碳酸岩侵位
（a）1400~1800Ma；（b）约1400Ma；（c），（d）1300~1400Ma

如前文所述，在碳酸岩侵位之前，白云鄂博地区石英砾岩发育饼状构造，石英砂岩发生重结晶，板岩中残留有褶皱转折端、其他部分被构造置换为劈理，它们的产状都近直立（图 13（b）、（c））。因此，1.8~1.3Ga 期间沉降的沉积物受到水平挤压应力作用，近水平的地层被构造置换为近直立的构造面理，这为碳酸岩的侵位提供了有利通道（图 13（d））。

虽然矿区总体上分为南北两带，但它们之间与碳酸岩侵位相关的蚀变和碳酸岩脉均表明岩体在深部可能享有同一岩浆通道。碳酸岩侵位时，受到了左行剪切作用影响，形成雁列式破裂，使得岩浆可沿破裂也可顺构造面理侵位，出现分叉、合并等现象（图 13（d））。不过碳酸岩体在走向上较为一致，且与穿切围岩面理的碳酸岩枝或岩脉相连接，这与前人的白云鄂博群地层"褶皱"模型（向斜构造控矿）所预测的结果不吻合。"褶皱"模型预测的岩脉应该为镜像对称，即东接触带处广泛分布 NE-SW 走向的碳酸岩脉，就应该对称地出露有大量 NE-SW 走向的碳酸岩脉；实际情况是基本上只有 NE-SW 走向的碳酸岩脉。因此，研究结果支持白云鄂博矿区的碳酸岩是岩浆上涌过程中分叉侵位的产物，这也否定了"白云向斜"的存在。矿区内白云鄂博群岩石的展布、早晚关系等需要重新审视，而矿体形态以及稀土-铁等资源量也需重新评估。

4　白云鄂博碳酸岩三维形态

4.1　综合地球物理探测与解译

白云鄂博矿区主要岩/矿石样品的岩石物理性质测量结果表明，碳酸岩（白云岩）都不同程度的含铁，板岩、碳酸岩和铁矿体的磁化率呈从低到高的变化，电阻率则呈从高到低的总体变化特征。因此，可以根据矿区磁化率和电阻率的分布特征来认识碳酸岩体的总体分布形态。

为此，我们在白云鄂博矿区进行了航磁探测和可控源音频大地电磁探测，探测范围如图 14 所示。从航磁异常特征图（图 15）可以看出，主矿、东矿整体表现为高值磁异常区，主矿西北部有局部高值异常圈闭。高值磁异常总体成东西走向，在主矿、东矿西部仍存在局部东西向高磁异常区，推断的高磁异常区与铁矿富集区基本重合。

结合岩石物性测量结果，高磁性体主要对应含铁碳酸岩（白云岩）及赋存于其中的富铁矿体等，因此可以用于揭示碳酸岩体的主体三维形态。根据正则化反演框架，引入稳定泛函，采用吉洪诺夫正则化方法进行磁异常反演（Tikhonov 和 Arsenin，1977；Li 和 Oldenburg，1996），获得白云鄂博矿区主要磁性体磁化强度分布特征，并据此分析碳酸岩体分布形态特征。从磁异常反演结果（图 16）可

图 14　白云鄂博矿区综合地球物理探测示意图

（白色区域为航磁测量区域，深色色线点为可控源音频大地电磁探测测线）

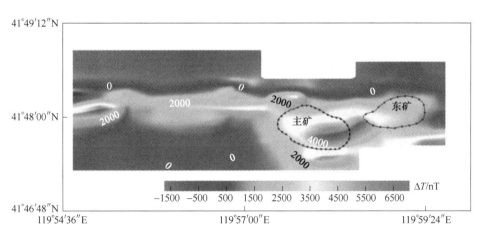

图 15　白云鄂博矿区航磁异常图

以看出，磁性体揭示出的碳酸岩体分布具有沿东西向展布的基本特征，主矿、东矿地区是磁性体分布的主要地区，主矿、东矿为连通的碳酸岩体分布区，且碳酸岩体的深度较大。东介格勒高磁异常区也揭示其下方发育有较大规模，呈板/枝状分布的碳酸岩。对白云鄂博矿区可控源音频大地电磁测深数据进行预处理、地形校正、场源效应校正、静态位移校正和反演，结果显示（图 17），在西矿与主矿之间的区域，浅部（深至约 1km）以低电阻率异常为主，近东西向展布，深部则表现为高电阻率异常体；在主矿与东矿之间，有南北两侧高阻异常夹持下的低阻体，浅部呈"V"字形、中深部陡立，南侧的浅部低阻异常与深钻 KY15-04-01（终孔 1927m）所揭示的含磁铁矿碳酸岩-磁铁矿层段在深度（地下 559~868m 深度段）和位置上基本吻合；东矿的东南方向也存在较大规模的低电阻率异常体。整体来看，低阻异常体在主、东矿采坑之间最深，并可继续向深部（2km 以深）延伸，而往东、西两侧埋深变浅。

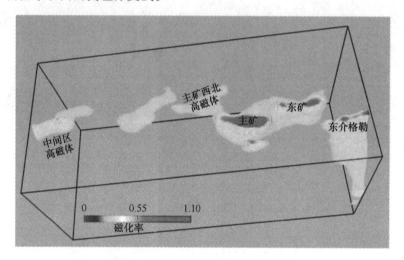

图 16　白云鄂博矿区磁性体反演分布

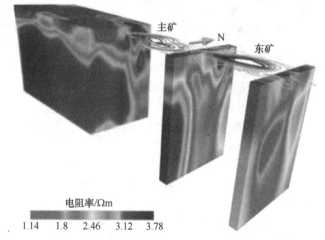

图 17　白云鄂博矿区可控源音频大地电磁测深电阻率反演结果

综合航磁与可控源音频大地电磁测深结果，高磁异常体与低阻异常体具有较好的空间一致性，结合岩/矿石物理性质测量结果，可以推断该异常体揭示出了碳酸岩体的三维分布形态。

4.2 白云鄂博碳酸岩的空间展布

综合野外观察、专题填图与地球物理测量，以及相应的地质、地球化学研究结果，我们认为白云鄂博碳酸岩具有侵位中心，并在深部享有同一岩浆通道，该中心位于主矿、东矿之间，也是白云鄂博成矿的最佳部位。

约13亿年的碳酸岩浆在侵位中心侵入后，再沿着白云鄂博群石英岩、板岩内由早期构造置换而成的陡立面理，往西（西矿）、往东（打花）推进（图18）。碳酸岩浆在上涌及向两侧推进过程中，可出现分叉、合并等现象。因此，白云鄂博主矿和东矿深部及其两侧具有非常良好的找矿前景，而西矿最西侧以及打花等地深部找矿远景相对较差。白云鄂博矿区是否还有第二个碳酸岩浆侵位中心，还需要做进一步工作来证实。

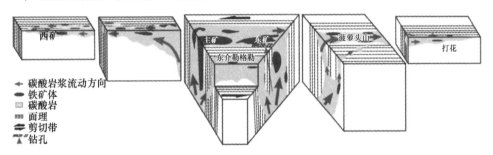

图18 白云鄂博矿床碳酸岩空间展布模型

5 白云鄂博矿床稀土潜在资源

5.1 白云鄂博矿床稀土资源现状

自白云鄂博矿床开发以来，其普查与详查工作目标矿种一直为铁矿，并多完成于20世纪70年代之前，对矿区稀土等资源量一直没有权威的数据。目前公开报道的稀土资源量也是主矿和东矿境界内当时（1950年）地表（主矿"敖包"所在的最高峰当时为海拔1783.9m，白云鄂博矿区平均海拔1640m）之下500～800m的总量，难以体现实际的资源量。进入21世纪后，包钢（集团）公司对主矿、东矿进行了深部勘探，仍未穿透碳酸岩体，碳酸岩中稀土含量均达到边界品位；在主矿与东矿之间施工，终孔附近仍为碳酸岩与砂岩/石英岩互层，且霓长岩化作用强烈，这都进一步证实了白云鄂博矿床深部仍具有巨大的资源前景。

对白云鄂博稀土资源量现有多种说法。目前国内外文献发表的数据多认为，白云鄂博稀土工业储量3600万吨（RE_2O_3），这也是美国地质调查局（USGS）每年发布的全球矿产品概要（Mineral Commodity Summaries）年报（U. S. Geological Survey，2021）的中国数据（共计4400万吨）来源。Drew等（1990）基于主矿和东矿详细勘探的结果，计算的稀土资源量为 4800 万吨（RE_2O_3）。近年来，随着主矿、东矿深部矿体的勘探及西矿的开发，稀土资源量随之扩大，但不同文献资料报道的数值差异很大。

5.2　白云鄂博矿床稀土潜在资源推算

为进一步摸清白云鄂博矿床稀土资源家底，基于我们的地质调查、地球化学与地球物理研究最新成果，对白云鄂博稀土潜在资源进行推算。

5.2.1　白云鄂博碳酸岩普遍含铁，碳酸岩即为稀土矿体

野外地质填图与调查表明，白云鄂博矿区出露的碳酸岩东至打花，西至西矿坑西缘，北侧与石英砂岩接触，南侧与板岩、石英砂岩接触。整个碳酸岩体出露在东西长约 16km，南北宽约 2~3km 范围内。我们在白云鄂博西矿、主矿、东矿、菠萝头山、打花及东介勒格勒等地随机采集了大量碳酸岩样品，获得的全岩地球化学分析结果表明，碳酸岩全铁（$Fe_2O_3^T$）含量为 4.16%~27.5%，平均值为 11.53%；稀土氧化物（REE_2O_3）含量为 1%~5% 之间，平均值为 2.87%（图 19）。而依据包钢（集团）公司积累的历年选矿数据，近 50 年来开采的白云岩（碳酸岩）中的稀土氧化物（REE_2O_3）平均含量为 3.31%，全铁（$Fe_2O_3^T$）平均含量为 8.4%；采矿现阶段的白云岩（碳酸岩）稀土氧化物（REE_2O_3）平均含量为 2.75%，全铁（$Fe_2O_3^T$）平均含量为 7.6%。

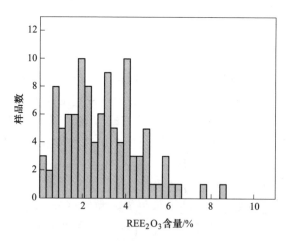

图 19　白云鄂博碳酸岩稀土含量统计图

上述数据表明，白云鄂博碳酸岩的稀土氧化物含量普遍大于 2.0%，且含有一定的铁。这一稀土含量远高于硬岩型稀土矿床工业开采的边界品位（0.5%；

《矿产资源工业要求参考手册》编委会，2022)。和世界主要稀土矿床相比，白云鄂博碳酸岩的稀土氧化物含量也明显偏高（Weng et al.，2015)。此外，白云鄂博碳酸岩中的稀土矿物主要是氟碳铈矿和独居石，现有的选冶技术都可有效地将稀土提取出来。因此，我们认为白云鄂博含矿碳酸岩体即为稀土矿体，目前及未来皆可作为重要的稀土资源加以开发利用。

6 结论

通过近期在白云鄂博矿区开展的地质、地球化学与地球物理专项研究，获得了如下主要认识：

（1）白云鄂博地区经历了多期次的构造运动，在碳酸岩体侵位之前，矿区的早中元古代沉积岩（白云鄂博群石英砂岩、砾岩和板岩等）经历了区域性的挤压构造作用，水平地层被构造置换，形成砾石的饼状构造、糜棱岩和褶皱等。新形成的近 E-W 走向、陡立的构造片理为约 13 亿年的碳酸岩浆上涌提供了有利通道。矿区内中元古界白云鄂博群沉积岩石的展布、归属及早晚关系等需要重新审视。

（2）白云鄂博 H_8 白云岩为火成成因的碳酸岩，它们与围岩具有明显的侵入接触关系，碳酸岩即是稀土成矿母岩，也是稀土矿体。白云鄂博巨量金属的堆积发生在约 13 亿年，碳酸岩浆具有从铁质—镁质—钙质演化的趋势，且不同阶段碳酸岩中的稀土元素，尤其是轻稀土元素，呈现出逐渐富集的趋势。矿床形成后分别在早古生代（4.5 亿~4.0 亿年）和晚古生代（2.8 亿~2.6 亿年）遭受了两次改造作用，改造过程导致了稀土活化及新生矿物生成，但没有外来稀土的明显加入。

（3）从磁异常反演结果揭示出的碳酸岩体分布具有沿东西向展布的基本特征，主矿和东矿是磁性体分布的主要地区，主矿和东矿之间为连通的碳酸岩分布区，且碳酸岩体发育深度较大。高磁异常体与低阻异常体揭示出了碳酸岩体（矿体）的三维分布形态。白云鄂博的碳酸岩具有侵位中心，并在深部享有同一岩浆通道，中心位于主矿、东矿之间。碳酸岩浆侵位后，沿早期构造置换而成的陡立面理，往西（西矿）、往东（打花）分别推进，可出现分叉、合并等现象。

目前碳酸岩体的深部特征及矿区东、西延伸展布形态仍不清楚，是否存在隐伏的碳酸岩体以及另外的侵位中心，这都制约了对白云鄂博稀土等战略资源的准确评估。应进一步加强白云鄂博岩石物性等基础研究，开展以高精度重-磁-电和地震为主的综合地球物理探测，更精准地圈定碳酸岩体三维空间展布形态；配合矿山开采工程，建议开展新一轮以稀土为主的勘探工作，验证稀土潜在资源量，以获取白云鄂博战略矿产资源准确家底。

致谢

　　研究工作得到秦克章研究员、王建研究员、苗来成研究员、王一博研究员、薛国强研究员、何兰芳高工、朱明田副研究员、陈卫营副研究员和郑忆康副研究员等的大力支持与协助。张连昌研究员和李晓峰研究员悉心审稿，使文章得以完善。在此一并致以衷心的感谢！

论白云鄂博矿产资源的开发利用

摘 要：包钢是为了合理开发利用白云鄂博矿产资源而筹建的。脱离这一现实，无论从地理位置、资源状况，还是技术经济条件、产品结构哪一方面分析，包钢都无法在钢铁企业行列中取得优势。包钢的发展离不开对白云鄂博矿产资源的深入研究与开发，依靠收购区外精矿或进口优质矿来维持生命，都不是长远之计。

关键词：矿产资源；开发；利用

1 白云鄂博矿床简介

1.1 资源情况

白云鄂博矿是一个以铁、稀土及铌为主的多元素共生矿床，矿区内共有 5 个矿体：主矿、东矿、西矿、东介格勒和东部接触带。现已探明铁矿石储量巨大，铁矿石平均品位 33.16%～35.56%。稀土储量居世界第一位，铌储量居世界第二位。矿石物质成分十分复杂，已发现有 71 种元素，具有或可能有综合利用价值的元素有 26 种，形成各种矿物 170 种。其中铁矿物和含铁矿物 20 余种，稀土矿物 16 种，铌矿物 20 种。

此外在矿体上盘，还蕴藏着 1.5 亿吨的富钾板岩，平均品位 K_2O 达到 12.14%，形成规模巨大的钾矿体。

1.2 开发建设情况

白云鄂博矿的主矿体和东矿体最大，且相距很近，在 1950 年至 1954 年间，由华北地质局 241 地质勘探队完成了这两个矿体的详细勘探。由苏联国立采矿设计院按照包钢年产钢 316.5 万吨的规模进行初步设计，于 1955 年完成设计，确定主、东矿年产矿石生产能力为 1200 万吨（其中主矿 720 万吨/年，东矿 480 万吨/年）。1958 年，鞍山矿山设计院为满足包钢对富矿的要求，对原苏联技术设计进行了部分修改，确定先行开采主矿体，并确定矿山年生产能力为 760 万吨（其中富矿 220 万吨）。实际主矿于 1958 年 4 月投产，东矿于 1959 年 10 月正式开采。其开采结果是吃富堆贫，资源利用极不正常。

此文 2002 年撰写，主要针对当时"开矿不如买矿"的观点，放弃白云鄂博的主张发表。

1985 年包钢委托鞍山矿山设计研究院为白云鄂博做东矿、主矿改造方案。即"七五"期间改造东矿，形成生产能力 1020 万吨，"八五"期间改造主矿，形成生产能力 1200 万吨，全面利用白云鄂博的铁矿石资源，满足包钢生产铁 300 万吨的要求。这一正确决策的实施使白云鄂博铁矿主矿、东矿的开采走向正规，这一重大举措得益于李荫棠等老一辈采矿专家的远见卓识。

1.3　现有规模

改造后的白云鄂博铁矿焕然一新，全部采用国产大型采矿机械设备，具备年产铁矿石 1000 万吨的能力。有居世界先进的公路系统，全国一流的采场条件，西北地区最大的重型汽车修理基地，配套完善的矿区生活条件以及稳定的生产经营管理队伍。

2　白云鄂博矿产资源的使用与保护

2.1　富矿直接入炉，中贫矿堆积的历史

包钢的原料系统——白云鄂博铁矿 1958 年出矿，选矿厂 1 系列于 1965 年投产，时差八年之久。期间采取的办法就是跨过选烧工艺，富矿直接入炉，贫矿堆弃和积压。其结果是：

（1）资源利用不合理，中贫矿大量积压，采剥关系失调；

（2）高炉操作困难、成本高、产量低、质量差；

（3）高磷铁水给平炉带来诸多不利。

错误的矿产使用政策造成严重的资源浪费，又将其嫁祸于白云鄂博矿物成分复杂之上。

2.2　选冶攻关的突破和资源利用的进步

白云鄂博矿矿石类型成分复杂，除铁矿石为一种钢铁原料之外，还是一个大型的稀土、铌资源，而且萤石、磷灰石、重晶石、黄铁矿也都具有潜在综合利用的可能。但是，在科学技术发展没有达到一定程度之前，许多元素对后序选冶工艺存在一定危害。如氟、磷、硫、钾、钠、钍等。

如何合理利用白云鄂博矿，取其精华，这是一个科技含量极高的选冶课题。这一课题每向前推进一小步，就意味着包钢向前进一大步。如选矿工艺处理氧化矿石的弱磁选—强磁选—浮选综合回收铁、稀土等新工艺，处理磁铁矿石的弱磁选—反浮选流程，采用新型捕收剂 H_{205} 药剂组合，高碱度低碱度的反复试验等都说明了这一点。

30 多年来，包钢和国内外许多科研单位在攻克白云鄂博矿的选矿难关上做了大量的工作，大力开展了技术攻关。引进新设备、新药剂，开发新技术、新工

艺，在磨矿、磁铁矿石选矿、稀土选矿和最困难的中贫氧化矿石选矿方面都取得了重大进展。

现在铁精矿品位已达到 62%，实际回收率 68%，铁精矿含氟已降到 0.7%，含磷降到 0.1%，K_2O+Na_2O 稳定在 0.55%，高炉利用系数达到 1.8，这一系列成果的取得对白云鄂博矿的进一步开发利用起到了重要作用。

因此笔者认为，对白云鄂博矿矿石的选冶攻关史就是包钢过去的发展史，也是包钢未来的生命线。而且重点在采矿工艺之后，要求在采矿过程中降钾、钠，除磷、氟，提稀土，是难度极大或根本不可能的。

2.3　矿产资源的合理开采和有效保护

为充分利用当前技术经济条件下可开发的资源和合理保护当前不具备开发条件的远景资源，白云鄂博铁矿在开采工艺中采用了多场分堆和多工序配矿两大措施。

（1）多场分堆。白云铁矿目前的生产工艺是在开采铁矿石的同时，按围岩的稀土及铌的边界品位将其划分为稀土白云岩、混合岩、霓石岩，进行分穿、分爆、分采、分运、分场堆置。

（2）穿爆采输多工序配矿。白云鄂博铁矿现供给包钢矿产品有氧化矿矿石和磁铁矿矿石两个品种。由于原生矿石类型繁多和含铁品位波动较大（20%～60%），加之包钢要求对 Fe、F、P、Na_2O、K_2O 多元素配矿，从而使其配矿工艺纳入矿石生产的全过程。

1）采场配矿。根据年度开采质量图选择穿爆位置，再经过穿孔碴堆取样控制爆区，爆破后爆堆取样绘出爆堆质量图指导采掘配矿，汽车运出采场后在转载台配矿。

2）入破配矿。根据主矿、东矿矿石转台实物质量进行入破过程中和，破碎后分罐堆存的主矿、东矿配矿。

（3）输出配矿。破碎后分堆总容量为 9 万吨的 18 个分置罐，在输入包钢之前实施龙车装车配矿。

经有关权威部门剖析认为：白云铁矿的配矿过程造成矿石生产工序能力效率下降 25%，但此代价换取了稳定的、合格的矿产品输出，近年来输往公司的矿石合格率在 97.5% 以上。

2.4　稀土原矿的外销

白云铁矿现外销稀土原矿仅一家，即达茂旗稀土选矿厂。对于采场的正常开采不产生大的影响。它说明白云铁矿还有稀土原矿这一产品品种，而且对达茂旗地方企业是一个强有力的支持，融洽了工牧民族关系。

3　包钢的原料前景

3.1　依靠国外进口优质矿石困难重重

我国目前粗钢年产量突破 1 亿吨，但铁矿石产量在 2.5 亿吨/年左右，只能冶炼 7500 万吨生铁，这一缺口要靠进口来补充。我国进口铁矿石量居世界第二，仅次于日本。主要几个大钢铁公司如宝钢、马钢、鞍钢都在吃大量进口矿，全国每年花 20 多亿美元的外汇来购买国外矿。

假如包钢每年进口 500 万吨富原矿，至少需 1.5 亿美元的外汇，将造成 2.5 万人失业（仅指采矿、选矿及其辅助），国家每年少收 2 亿元税收。除此之外还有其他一系列困难。

（1）矿源的稳定。不同矿床的矿石有其各异的冶炼特性，能否有长期稳定的境外矿主长期与包钢合作，这是一个关键问题。矿主的变化引起冶炼工艺的不适势必造成整个后续工艺大调整。

（2）矿价的稳定。国际矿价是随矿石供需国的经济发展状况而波动的，我国虽然是矿石进口大国，但就目前情况看，没有左右国际矿价的能力。现大都采用的是日本矿价，而矿价的波动必然影响整个公司的生存与发展。

（3）运价的稳定。

1）海上运输。海运费在进口矿石中的影响是巨大的。包钢没有自己的远洋船队，也没有与矿石出口国建立的海运公司，从陆地位置分析，秦皇岛港、天津港都没有接卸大型运矿船的泊位。均需通过北仑中转，后再在其他港的散杂货泊位接卸铁矿石。与同是吃进口矿的国内其他钢厂相比，包钢无任何竞争优势。

2）内陆运输。包钢至口岸间每天有大量矿石运输，铁路能力可否落实，费用增加多少，为了不致缺料停炉包钢需建多大的料仓，与沿海钢铁公司相比，如何抵销诸多费用，这些都需慎而又慎地去考虑。

综上所述，寻找一个足量、稳定、可靠且经济的国外原料基地，来取代白云鄂博矿石目前看是不可行的。

3.2　收购河北地方矿山精矿粉不可持续

我国有 1/3 的铁矿石产自国有大型矿山，其中年产 300 万吨以上的露天矿 14 座，年产 100 万吨以上的地下矿 6 座。2/3 的铁矿石原矿出自地方小矿山，其中国有铁矿山 250 多个，生产铁矿石约 4000 万吨，乡镇企业所属的群采矿点生产的铁矿石约 1 亿吨。这些矿石不仅满足了地方钢铁厂的需要，还外调大批矿石支援重点钢铁企业。其中调出矿石最多的省份是河北省，河北省地方铁矿山的铁矿石产量达 4700 万吨，约占全国地方中、小铁矿石产量的 30%，是河北省许多县（市）的支柱产业和地方财政支出的主要来源。

河北省铁矿石资源丰富。截至 1998 年底，河北省探明铁矿产地 214 处，累计工业储量 32.78 亿吨。储量最多的是鞍山式磁铁矿，含铁品位 30% 左右，主要分布在唐山市的迁安、迁西、遵化、滦县和秦皇岛市的青龙，承德市的兴隆、宽城等地。埋藏浅、易采选。其次是接触交代的矽卡岩型铁矿，含铁品位 40% ~ 50%，主要分布在河北省南部的武安、沙河、涉县以及保定市的涞源、易县等地。另外张家口市的赤城、宣化、怀来等地有少量的宣龙式铁矿，含铁品位在38.5% ~ 49%。

河北省目前现有地方铁矿山 2700 余家。这些小矿山生产规模大都在 5 万吨/年以下，总生产能力 5000 万吨/年。每年向首钢、天铁、包钢、济南钢厂、酒钢，安阳钢厂等外省钢铁企业供给铁精矿粉 600 万 ~ 800 万吨左右。

河北省地方小矿山经过几年来的高速发展之后，随着开采条件越来越困难，开采深度增加，露天转入地下，通风、排水、提升费用相应增加，经济效益降低，产量呈递减趋势。另外"九五"期间，河北省钢铁企业新建、扩建高炉，需增加成品矿 600 万吨，过去一度铁精矿供大于求的局面将发生逆转。

随着国家及地方对小矿山开采的进一步规范，资源保护及环境保护的进一步加强，乱采滥挖，超深越界，采富弃贫将受到限制。有关专家预言，河北省南部矿山 2 ~ 3 年，北部矿山 5 ~ 6 年后，铁矿石产量会急剧下降。

综上所述，河北省矿产量下降，自用量增加，开采成本上升，难以作为包钢发展的原料保证。

4 白云鄂博矿床的开发前景

白云鄂博铁矿是包钢的自有矿山，开采、运输、选矿已形成一定的规模，基本满足包钢 300 万吨铁的原料供应。如何保持和扩大生产能力及对矿物的进一步开发利用是今后研究的主要方向。

4.1 树立牢固的原料基地观念

白云鄂博铁矿是包钢的原料基地，这一观念要贯彻到包钢科研开发和生产经营建设的全过程当中，丝毫不能动摇。现在每到高炉不顺就是烧结不好，烧结不好就是精矿不好，直至白云鄂博矿源的问题，很容易联想到能否不用白云鄂博矿石或能否新开辟一个矿源，这些都是不客观的。

4.2 对矿物的进一步开发研究

（1）进一步提高铁精矿质量。白云鄂博矿石成分复杂，除可回收利用的铁、稀土、铌等有价值元素以外，还有磷、氟、硫和钾、钠。这些元素在铁精矿中的存在，对于烧结、球团、炼铁、炼钢乃至钢铁生产的整个工艺过程、产品质量、环保治理、生产成本、经济效益都有着重大影响。尽管近年来做了很多努力，铁精矿质量有了明显的提高，但后续工艺仍感到不满意，特别是近两年来反映强烈的钾、钠，使得白云鄂博矿身价倍跌。

所谓的钾就是碱性长石和黑云母，所谓的钠就是钠辉石、钠闪石，降钾、钠的实质就是实现铁矿物与含铁硅酸盐矿物的分离。这个分离工艺不是禁区，在称为知识经济的时代，采用合理的磨矿细度，有效适用的抑制剂、捕收剂，寻求科学的分离工艺途径，回收低钾、钠得到高质量的铁精粉的目标一定会实现。当务之急是我们要组织一个强有力的科研队伍，投入一定的资金去系统地积极主动地开发，而不是完全依靠外矿来配比，更不能希望在采矿工艺中降钾、钠，除磷、氟。

（2）稀土的进一步开发利用。近20年来，我国稀土工业以每年20%的速度在高速增长，目前包头的稀土产量约占世界稀土份额的一半以上，世界稀土市场趋于饱和。包钢开发稀土不仅要着眼于如何从矿物资源中提取稀土，更重要的是开发稀土应用领域，使更多的行业使用稀土，充分挖掘稀土的使用价值及使用范围。

（3）铌及其他矿物的开发。白云鄂博矿床除储藏大量的铁、稀土外还拥有丰富的铌资源。五氧化二铌储量占国内储量的95%以上，仅次于巴西居世界第二。铌在钢铁材料中已经是有广阔应用前景的金属元素，但白云鄂博矿物中的铌却至今没有得到应用。过去在铌的选矿回收上也做了很多研究工作，苦于原料的"贫、细、杂、散"，产品品位和回收率都很低，铁精矿中的铌在后续冶炼工艺中也未得到应用。白云鄂博铁矿中含有的铌不能得到应用总还是一个缺项，因此，开发利用白云鄂博铁矿中的铌资源是一个重大课题。

除铌之外，富钾板岩、萤石的综合利用也是颇具前景的开发项目，一旦得以实现将是又一富源。

4.3　合理投入，持续发展

（1）维持正常的采剥关系。一个露天采场能否持续稳定生产矿石，其主要标志是空间采剥关系，维持其正常要不断地进行经济投入。目前白云铁矿大型运矿设备、穿采设备的报废与更新，铁路站场、破碎设施的正常维修与改造，边坡的清理与加固都必须按照矿山发展的客观规律去对待，缓办或不办将来是难以补救的。

（2）稳定矿山职工队伍。地区经济发展的差异和人们择业观念的进步，使本来工程技术人员相对缺乏的矿山企业显得更为突出。白云鄂博铁矿远离包头，气候恶劣，条件艰苦，加之收入低，工作多年的也有远走之心，新毕业的学生更就无奉献边疆之意。扭转这一现实必须先要改变条件，使优秀的管理人员、技术人员的待遇提高，使白云鄂博铁矿的子女教育、生病就医条件进一步改善，努力开辟矿工子弟就业新渠道，从而稳定现有队伍，吸引新毕业的年轻学生。

5　结语

　　1927年我国地质工作者丁道衡作为中瑞西北科学考察团团员，发现了白云鄂博主矿裸露的铁矿体，当时他就曾推断"其将开采极易，此地要成为中国很大富源，或将成为中国北部之汉冶萍"。

　　经过几代人的开发、建设，特别是"七五""八五"期间的大规模技术改造，目前白云鄂博铁矿（主矿、东矿）已跻身于我国少数几个大型露天矿的行列，也是全国稀土矿产资源的主要基地。

　　就目前的铁、稀土、铌保有量及开发前景而言，仍然需要几代人的努力才能使其充分得以利用。对于一个矿床的开采寿命而言，白云鄂博铁矿正处于青年时期；而在矿物利用分析方面，白云鄂博铁矿则属于少年时代。现代矿业开发的趋势是资源综合利用。未来谁拥有白云鄂博铁矿，谁将成为一个铁、稀土、铌行业的强有力的竞争者。

白云鄂博矿产资源开发利用设想

摘　要： 本文分析了白云鄂博矿产资源状况，对今后如何合理地开发利用矿产资源提出了设想和建议，并提出了白云铁矿开发战略思路。

关键词： 矿产资源；开发利用；开采规模

白云鄂博铁矿作为包钢铁矿石原料基地已开采了 45 年。现在诸多有识之士都在询问：白云鄂博铁矿到底还能开采多久，对于包钢钢铁生产所需的矿石原料保证程度如何。本人就大家关注的上述问题，依据目前手中有限的资料，做一大胆设想，供关心白云鄂博矿产资源问题的人士参考。

1　45 年来的开发建设情况

白云鄂博铁矿始建于 1957 年，45 年来一直以铁矿石为主要产品，矿石全部供给包钢。有少量稀土原矿单独生产，也是 20 世纪 90 年代以后的事情。大规模的开采是在"七五""八五"扩建改造以后，扩建后基本形成年产铁矿石 1200 万吨以及供电、供水、炸药加工和外部运输的配套能力，采场设备配置接近年产 1000 万吨的生产能力。1998 年以来，由于环保要求氟排放总量的限制、高炉炉料配比等多种因素和多种说法，开采量控制在 800 万吨/年以下。

现东矿已开采至 1474m 水平，距封闭圈以下 120m，距总出入口 1606m 水平为 132m。主矿开采至 1584m 水平，距封闭圈以下 42m（总出入口和封闭圈均为 1626m 水平）。

1.1　现有资源情况

白云鄂博铁矿共有 4 个铁矿体，即主矿、东矿、西矿和东介格勒，已经并正在大规模开采的是主矿和东矿。西矿早在十一届三中全会后 1979 年就开始建设，修建了通西矿的铁路、输电线路并购置了设备，后由于集中进行主矿、东矿的重大技术改造和包钢钢铁生产发展的情况而暂时停止开采。西矿地表氧化层虽经多年民采损失破坏较为严重，但减少储量总数不过百万吨。目前主、东、西 3 大矿体仍然保有大量铁矿石。白云鄂博主、东、西 3 大矿体作为包钢生产的原料基础

本文撰写于 2002 年，针对东矿露天境界内资源即将枯竭，主东矿露天开采设计服务年限即将到期的局面，提出百年矿山观点。

这是筹建设计之初就十分明确的。

1.2　今后开发利用设想

白云鄂博矿床是一多金属共生矿床,除铁矿物以外,还有稀土矿、铌矿和富钾板岩等可用矿物,实现矿物综合利用是今后开发的主要途径。然而就目前的经济技术条件及市场需求而言,仍以铁为主是较为客观的。

白云鄂博铁矿经过多次设计,形成年采铁矿石 1200 万吨,水、电、破、运及选矿等都是按此配套完成。为满足环保对排氟的要求,充分发挥已建成的采、选能力,确保当年包钢钢铁生产 300 多万吨的铁矿原料的供应,因此本设想的前提是在不突破铁矿石 1200 万吨/年规模的基础上,对矿山开采布局做重大调整,分 3 个阶段开采。

1.2.1　第一开采阶段

第一开采阶段是指从现在开始至东矿闭坑期间,时间大约 20 年。其开采原则是充分发挥东矿的能力,使之尽快闭坑。这样做有利于缩短东矿边坡的暴露时间,更主要的目的是想用东矿作为主矿进入更深部后的内排土场,避开主矿开采深部时,矿岩提升高度大、费用高的矛盾。

这一阶段的年产量安排是东矿设定为 400 万吨,主矿设定为 400 万吨,从中贫氧化矿堆置场回收 100 万吨,西矿 300 万吨,合计 1200 万吨。

东矿原设计为 500 万吨,但因现已开采至深部 132m,用现在的开拓系统将在技术经济上存在困难,新的开拓运输系统还没有确定。从地面的转载、排卸等措施分析,下一步生产能力暂设定为 400 万吨,用 20 年时间将剩余铁矿石及相应的 1 亿多吨的岩石全部采出是没有问题的。其中含稀土的白云岩和含有铌矿物的混合岩以及霓石岩将设计专场保护堆存。由于修改后的境界在深部分层剥采比会迅速下降,如能选择能力更大且更经济的开拓运输系统将更有利于东矿的尽早闭坑(现正积极推进此项工作)。

主矿现生产条件本来是具备 500 万吨生产能力的,设定 400 万吨主要是想利用中贫矿堆置场的矿石,放慢主矿的台阶推进速度和延伸速度,使主矿上盘的纯岩石台阶用铁路运输剥离,使铁路运输向下再延伸几个台阶。这样综合利用汽车的新水平准备速度、铁路直排的低成本运营、西排土和西站寿命的延长,来降低剥离洪峰期的采矿成本。

如果在中贫矿堆设置一台 4m³ 电铲,每年回收 100 万吨矿石,用 20 年时间回收完毕,从白云铁矿角度看应当是可行的。因为西站下一步已没有用途,必然要拆除,拆除之后再回收没有理由。

西矿是一低氟矿体,从西到东共有 16 个矿体,绵延 10km,开采时可考虑分步进行。9 号、10 号、8 号、5 号这些矿体都有规模开采价值，设计一个 300 万吨规模的开采方案应当没有问题，且现在是水通、电通，还有部分已建成的设施。

虽然主、东、西总矿量为 1200 万吨，但由于西矿含氟低将可减少铁矿石总的含氟量，满足环保对含氟量的限制要求，此外还可寻求从选矿降氟和烧结除氟的途径。

1.2.2　第二开采阶段

经过第一开采阶段的 20 年，东矿已闭坑，中贫氧化矿堆置矿也回收完毕，只剩西矿和主矿了。20 年间，主矿需下降 7 个台阶，已采至封闭圈以下 150m 的位置，剩余储量××亿吨，西矿采出××亿吨，剩余储量××亿吨。第二阶段设定总生产规模为 1000 万吨/年，主矿维持 400 万吨，西矿 600 万吨，以主矿闭坑为界大约需开采 30 年。同时可考虑白云岩和板岩的利用。

主矿在第二开采阶段，虽已进入深部，但可利用已开采完的东矿采坑作为排土场，设想在主矿、东矿间做一隧道，将废石直排到东矿坑内。原有地面转载设施可改转载矿石和有用岩。

西矿以 600 万吨/年开采，采矿工艺可视采矿技术、采矿设备的发展情况而定，也可能继续采用露天开采。50 年内采××亿吨矿石（包括第一阶段的××亿吨），仍属青壮年期。

1.2.3　第三开采阶段

经过前两个阶段 50 年的开采，已将主矿、东矿全部采完。第三阶段只剩西矿的深部和堆置的有用岩（也可能早已开始利用）和铌矿体。西矿储量仍有近××亿吨，如果全部利用，以每年开采 1000 万吨的速度还可开采 50 年。

50 年的科学技术进步和人类对铁矿石的需求量是一种什么样的变化，已很难设想。那时候的包钢发展到何种程度也难以推测，但白云鄂博还有矿石是客观现实。

2　白云铁矿开发战略思路

（1）始终保持采场时空关系正常发展是任何时期所必须遵循的开采原则。

（2）实现矿产资源综合利用是提高白云鄂博矿身价的唯一途径。

（3）经济的开采规模和合理的服务年限相匹配是发挥现有资源配置的战略准则。

从白云鄂博稀土资源
开发利用谈稀土再认识

摘 要：本文回顾了白云鄂博主矿、东矿体的发现、勘探和开采历史，总结了白云鄂博稀土矿的选矿和冶炼分离工艺的研究和工业实践过程，概述了稀土功能材料的科研开发历程，指出白云鄂博矿资源研究和综合利用与我国稀土工业的产生和发展有着紧密联系，并提出了稀土行业当前与未来发展中需要进一步认识的问题。

关键词：白云鄂博；资源；稀土利用；稀土再认识

白云鄂博矿床是世界最大的稀土矿床，矿床自西向东依次由西矿、主矿、东矿和东部接触带等矿体组成，矿区面积达 48km²，是铁、稀土、铌等多元素共伴生的大型矿床，主要稀土矿物为氟碳铈矿和独居石。

白云鄂博矿的发现、勘探和开采及综合利用与我国稀土工业的产生和发展有着紧密联系，本文循着白云鄂博主矿、东矿体的开发历史，回顾了中国稀土产业的形成与发展历程，并提出了稀土行业当前与未来发展过程中需要进一步认识的问题。

1 白云鄂博矿床的开发利用

1.1 白云鄂博矿床的发现与勘探（1927 年—）

白云鄂博矿床由我国地质学家丁道衡发现。1927 年，丁道衡先生随中瑞西北科学考察团考察，7 月 3 日在路经白云鄂博附近时，发现有铁矿石散布，便追索至白云鄂博，并进行了简单的地质踏勘工作，绘制了 1∶20000 地形地质图，随后编写了调查报告《绥远白云鄂博铁矿报告》，发表在 1933 年出版的《地质汇报》上，首次将白云鄂博矿公之于众。矿物学家何作霖先生在丁道衡带回的白云鄂博岩矿标本中发现了两种稀土矿物，分别命名为"白云矿"和"鄂博矿"，并撰写了《绥远白云鄂博稀土类矿物的初步研究》学术报告，报告中阐述了白云鄂博矿物中稀土的存在，并刊登在 1935 年《中国地质学会会志》第 14 卷第 2 期，从此向世人揭开了白云鄂博稀土矿的神秘面纱。

1944 年 6 月，日伪华北开发公司资源调查局曾派地质人员对白云鄂博进行了

原文发表于 2017 年 6 月，针对包头稀土研究院建设"白云鄂博稀土资源研究与综合利用国家重点实验室"开展应用基础研究选题撰写。

长达70余天的地质调查研究，提交了《绥远百灵庙白云鄂博附近铁矿》报告，指出对镧、铈等矿物应引起特别注意。

新中国成立后，1949年12月召开的全国钢铁工业会议决定对白云鄂博进行资源调查。1950年5月18日，矿床地质学家严坤元带领"中央人民政府白云鄂博地质调查队"（后改称为"地质部华北地质局241地质勘探大队"）进驻白云鄂博，展开了新中国成立之初最大规模的白云鄂博地质勘探工作，完成钻孔145个，探槽140条，探矿坑道653m，采样19500余个。1954年12月28日，完成了《内蒙古白云鄂博铁矿主、东矿地质勘探报告》。1955年3月28日，全国储委会议15号决议书批准该报告。按与苏联的协定，准时送达列宁格勒设计院进行开采设计。

1963年，国家科委为合理利用白云鄂博矿产资源，在北京召开了第一次"415"会议。根据会议精神成立的105地质队对白云鄂博矿床的矿石物质成分、稀土及稀有元素的赋存状态、分布规律、资源情况展开全面的勘察工作。105地质队经过三年地质勘查工作，于1966年提交了《内蒙古白云鄂博铁矿稀土稀有元素综合评价报告》，同时著有《白云鄂博矿区矿床地质特征与成矿规律研究》《白云鄂博矿区矿石矿物志》等极具价值的文献。

1.2　白云鄂博矿床的设计与开采（1955年—）

根据全国储委批准的白云鄂博铁矿石储量、地质条件及赋存特征，规划主矿、东矿采用露天开采方式，开采规模为年生产铁矿石1200万吨，匹配中央批准包钢年产钢316.5万吨的规模。苏联国立采矿设计院（列宁格勒分院）于1955年完成了白云鄂博主、东矿开采的初步设计。设计中明确：开采出的铁矿石供应包钢高炉炼铁，开采出的铁矿围岩中的稀土矿和铌矿则按有用矿物进行分类堆存。

按照白云鄂博矿的矿床规模，国家"一五"规划在包头建设钢厂。1954年包头钢铁公司成立，1957年白云鄂博主矿正式开采。1959年9月26日，当时我国最大的容量为$1513m^3$的包钢一号高炉顺利出铁，时任中共中央副主席、国务院总理周恩来亲自为高炉出铁剪彩。

1.3　白云鄂博矿床稀土资源研究与开发（1933年—）

白云鄂博大型稀土矿床被发现以来，国内外相关领域的科研人员无不对此兴趣浓厚，特别是地质工作者，以拥有一块白云鄂博矿石标本而感到自豪，甚至以亲眼目睹一次白云鄂博矿为人生愿望，若能亲自参与相关的研究工作更是倍感荣幸。

日伪时期曾有矿样移送研究单位，勘探时期苏联专家全程指导并拥有全部资料，开采初期有大量矿样送往我国有关钢厂做试验研究，计划经济时期聂荣臻副总理、方毅副总理亲自督导，举全国科研之力开展白云鄂博资源综合利用攻关。

白云鄂博矿的矿样全部含有稀土，样品获得者都能开展简单的分析研究，然而真正开展大规模的稀土研究是在白云鄂博投产以后。改革开放后的 30 多年来，稀土资源的开发利用才取得实质性突破。

（1）矿床地质研究。白云鄂博矿床地质研究从未间断。中国科学院地质研究所和地球化学研究所、地质部地质科学研究院、冶金部地质研究所、包头冶金研究所、天津冶金地质研究院、贵阳地球化学研究所和北京大学等十几个单位分别从基础地质、稀有元素及稀土矿物学、地球化学、矿石物质成分、同位素地质及成矿机理等方面进行了研究，曾出版《白云鄂博矿物学》《白云鄂博矿床地球化学》《白云鄂博矿床地质特征和成因论证》等系列著作。

1958—1959 年，中国科学院和苏联科学院与白云鄂博矿山组成合作地质队，由何作霖教授和索科洛夫教授任队长，以稀土物质成分分析和利用为重点，着重开展了白云鄂博的矿床地质、地层构造、矿物岩石学、地球化学、成矿规律等方面的科学研究，查明了矿区主要稀土矿物种类和分布；研究了主要稀土矿物和矿石类型中稀土元素的含量；划分了铁、稀土矿石类型；对矿区稀土的利用做了初步评价，指出白云鄂博系—综合性矿床。同时编写了《内蒙古白云鄂博铁-氟-稀土和稀有矿床研究总结报告》，为后来全面开展白云鄂博稀土资源研究和开发利用奠定了坚实的基础。

（2）成立专业研究机构。1960 年 10 月 29 日，聂荣臻副总理视察包头时指示成立稀土、稀有研究中心，随后成立了包钢冶金研究所（包头稀土研究院前身），陆续从北京钢铁研究院、有色金属研究院、黑色冶金设计院、矿冶研究院等 4 个单位调入 318 人，开始专门研究白云鄂博矿的资源开发和综合利用。同时配套建设了稀土选矿和稀土湿法冶金试验厂，即 704 厂和 8861 厂。

1962 年 6 月 10 日，冶金部部长吕东在部务会上传达时任国务院副总理、国家科委主任聂荣臻关于建立包头稀有稀土研究所的指示，开发包头稀土必须建设一个国家级研究机构。1963 年 4 月 1 日，包钢冶金研究所更名为包头冶金研究所，划归冶金工业部直接领导管理，同时把 704 厂和 8861 厂划归包头冶金研究所作为科研试验厂。

（3）稀土选矿研究。在研究白云鄂博稀土矿物之前，我国的稀土矿物研究仅限于海滨砂中独居石范围，系统的稀土矿物研究几乎处于空白状态，没有可借鉴的经验。包头冶金研究所成立之前，国家科委已组织中科院上海冶金陶瓷研究所、中科院长沙矿冶研究院、中科院长春应用化学研究所和冶金工业部有关科研单位对矿物的加工提取做了大量研究。在国家部委的领导下，全国最大的稀土专业研究机构——包头冶金研究所联合国内企业和其他研究院所，以白云鄂博矿床的利用为目的，从矿物分析入手，逐步系统地开展了选矿、冶金和材料应用研究。

1969 年，用重选法从白云鄂博矿的浮选泡沫中选出品位 30%（REO，下同）左右的稀土精矿。1976 年，包头稀土院、北京有色院广东分院、包钢选矿厂、包钢有色三厂进行了工业试验，得到品位 ≥60% 的稀土精矿。1982—1983 年，包头冶金研究所和包钢选矿厂用 N-羟基环烷酸酰胺为稀土矿物的捕收剂，得到稀土品位 71.07%，回收率为 73.59% 的稀土精矿。1984—1986 年，包头稀土研究院黄林旋等研制出 H_{205} 稀土捕收剂，不仅在浮选效果上与 N-羟基环烷酸酰胺基本相同，同时还去除了浮选时使用的氟硅酸钠有毒药剂，达到了有利于环保的目的。至今，H_{205} 系列已成为我国稀土选矿中不可或缺的捕收剂。

（4）稀土钢研究。遵照聂荣臻元帅把稀土用到钢中的指示，1963 年成立的包头冶金研究所设立了总共 100 多人的新稀土钢种研究室和金属物理研究室两个基本研究室。1978 年冶金部稀土在钢铁中应用领导小组成立，领导小组办公室设在包头冶金研究所。研究人员与国内稀土钢生产研究基地包钢、鞍钢、武钢、大冶钢厂和上钢三厂等合作解决了稀土在钢中应用的两大难题。一是稀土在钢中应用的机理；二是稀土加入方法。促进了稀土在钢铁中应用的逐步发展，稀土在钢中的应用研究和稀土钢生产取得很大成绩。20 世纪 80 年代后期，我国稀土钢年产量一度达到 100 万吨以上，可正常供应 64 个钢号产品。这些研究成果也推动了白云鄂博稀土在铁、有色金属和其他领域中的应用研究。

（5）稀土分离研究。1967 年，采用 P_{204} 萃取法从包头稀土精矿碳酸钠焙烧硫酸浸出液萃取铈钍，制取 99% 氧化铈和混合氯化稀土产品。1979—1982 年，叶祖光领衔的研发团队完成 P_{507} 盐酸体系轻中稀土全萃取连续分离工艺实验，得到镧、铈、镨、钕、钐、钆六种单一稀土产品（纯度为 99.00% ~ 99.95%）和 91% ~ 99% 的氧化钐。1983 年稀土院和包钢稀土三厂在该厂建立试验车间并进行工业试验，1985 年转入生产运行，该工艺得到国内许多萃取分离厂采用，促进了我国稀土深加工产业的形成与发展状大，其产品长时间占据国际市场主要份额。

（6）稀土金属与合金研究。包头稀土研究院于 1963 年针对白云鄂博矿开展了稀土氯化物熔盐电解制取稀土金属的研究。1972—1978 年，进行了稀土氧化物熔盐电解制取稀土金属的小型试验和扩大化试验。1983—1984 年，完成了"氧化物电解法连续制取钕-铁合金和金属钕"。1998—2001 年，完成了"万安培熔盐电解关键技术与成套设备的研制"。2005 年完成"25kA 氟化物体系熔盐电解氧化钕工艺及设备研究开发"，氧化物电解生产金属钕工艺助推了我国钕铁硼行业的发展。

（7）钕铁硼磁性材料研究。1983 年底，日本公布钕铁硼专利后，冶金部组织了以北京钢铁研究总院和包头稀土研究院作为组长单位的攻关团队，在一年内就完成了攻关任务，磁能积达到 38MGOe。1985 年冶金部军工办决定在包头稀土研究院建设年产 40t 钕铁硼中试车间，1987 年项目建成投产，标志着中国钕铁硼产业的诞生。1989 年谢宏祖团队提出了钕铁硼无氧生产工艺理论，同年，实验室规模钕铁硼永磁体磁能积达到 52.2MGOe，超过了日本，成为当时国际上的最高水平。

（8）其他稀土材料研究。随着白云鄂博矿稀土分离、冶炼技术的突破及工艺技术的成熟和推广，稀土在各个领域中的应用不断拓展和深化。

1969 年开始了稀土储氢材料的研究，1976 年陆续研制出 $LaNi_5$ 等多种储氢合金，1980 年试制了我国第一辆使用 $LaNi_5$ 储氢合金的汽车。

1969—1982 年开展了铬酸镧发热材料的研究，1999 年建设了"大尺寸等直径铬酸镧发热元件中试生产线"。

1988—1992 年三基色荧光粉研究取得突破。

1987—2000 年，持续开展稀土磁致伸缩材料的研究，并建立了中试生产线。非晶材料、靶材、抛光粉、磁制冷材料等一系列功能材料都陆续取得重大的突破。稀土元素的神奇作用在更广泛的领域里得到了拓展。

2 我国稀土产业的形成与发展

2.1 稀土产品出现与推广应用（1959 年—）

1959 年底，包钢稀土试验厂生产出第一炉稀土硅铁合金，标志着我国工业规模自制的第一个稀土产品诞生。

H_{205} 特效浮选药剂的工业化应用标志着白云鄂博稀土选矿技术的突破，也标志着从白云鄂博稀土矿中能够提供满足分离使用的各种品级的稀土精矿产品，该成果在白云鄂博矿综合回收稀土和其他地区稀土矿浮选生产中得到广泛应用。

北京大学教授徐光宪院士的稀土串级萃取理论的工业化应用使得稀土萃取分离技术提高到国际领先水平。单一萃取分离指标（品位和回收率）可以达到预先设计和人们所希望要求的指标。该理论在全国的推广应用使得我国稀土产业得到快速发展。

稀土产品在铸铁炼钢、有色冶金、玻璃陶瓷、橡胶塑料、石油化工、纺织印染发光照明等各个领域的应用推广，为稀土产业的形成奠定了基础。

2.2 稀土产业的形成（1986 年—）

白云鄂博稀土资源科研的技术突破诞生了众多稀土应用产品。稀土产品的广泛应用和大量出口带来了巨大的市场需求，稀土企业如雨后春笋般蓬勃发展。稀土下游材料企业对原料的需求拉动了稀土矿的开采和分离厂的建设。随着稀土选、冶、分离技术的推广应用，我国四川和山东的轻稀土矿、南方以中重稀土为主的离子型矿、海滨沙矿和独居石矿逐步开发并形成规模生产。

（1）矿产品加工。依托白云鄂博丰富的稀土资源，包钢为整个稀土下游用户提供稀土精矿粉和氧化物产品，创造了巨大的财富。

1997年，稀土行业的第一个上市公司"稀土高科"在上交所正式挂牌，标志着白云鄂博成为全国乃至全球最具竞争力的稀土原料基地。

（2）单一氧化物和各种盐类制造。1997年，内蒙古稀土高科技股份有限公司年产3000t白云鄂博稀土氧化物分离工程开工。2002年3月，包头市京瑞新材料有限公司成立，主营产品为发光材料用荧光级氧化铕、氧化铽和氧化镝，其中氧化铕的产能为100t/a。

（3）金属和合金制造。1997—2001年，完成了万安培熔盐电解关键技术与成套设备的研制工作。2002年建立了包头瑞鑫稀土金属材料股份有限公司，利用白云鄂博资源形成了每年8000t稀土金属的产能。

（4）功能材料。1990年，包头稀土研究院、南开大学、天津18所合作开展了镍氢电池的研究，并在广东中山开发区建立稀土储氢合金中间试验厂，1993年与中山开发区合资成立包钢中山天骄公司，生产稀土储氢合金。1984年，13所采用包头稀土研究院研制的2∶17钐钴材料，装配在海空导航用微电机，性能超过原样机的15%～20%。2000年，成立"包头市蒙稀磁业有限公司"，专业生产钐钴永磁材料。

在1987年包头稀土研究院建立第一条年产40t钕铁硼磁性材料生产线的基础上，2009年成立"包钢稀土磁材材料有限责任公司"，设计能力年产1万吨磁体。

1995年，世界最大的稀土抛光粉企业包头天骄清美稀土抛光粉有限公司成立，利用白云鄂博资源形成近5000t稀土抛光粉产能。

1974年，荷兰的飞利浦公司成功研制了灯用三基色荧光粉之后，稀土发光材料产业飞速发展，中国稀土发光材料产能从1982年的1.2t发展到2010年的8000t。

2.3 稀土产业的快速发展（2000年—）

进入21世纪，稀土产业迎来了快速发展期，由于我国经济快速发展的拉动及稀土下游产业需求不断增加，以钕铁硼产业为代表的稀土新材料产业的快速发展引领了整个稀土行业的迅猛发展。

这一时期中国不仅成为钕铁硼磁体最大生产国，也成为世界钕铁硼磁体的最大消费市场。世界各国消费钕铁硼磁体的产业，例如光电子产业、医疗设备（MRI）产业也在加速向中国转移。国内电动自行车产业、光电子产业及其他低端稀土永磁应用产业（如包装、装饰等行业）也在高速发展。未来新能源汽车行业的发展对稀土永磁材料的需求将持续增大。

稀土应用领域不断拓展，应用产业规模不断扩大。稀土除在冶金、玻璃、陶瓷、石油化工、纺织印染等传统领域中应用外，在新材料、新能源和环保等产业的应用量也不断扩大。稀土磁性、催化材料产量年均增幅超过15%，稀土磁性、发光、储氢等主要功能材料产量占全球总产量70%以上。国产汽车尾气催化剂和器件、稀土脱硝催化剂、高端稀土激光晶体、闪烁晶体、超高纯稀土金属和化合物和高性能稀土合金等关键制备技术取得突破也为稀土新材料应用注入了强劲动力。

经过21世纪十几年的发展，我国稀土产业集中度大幅提高，稀土冶炼分离企业从99个压缩到59个，冶炼分离产能从40万吨缩减到30万吨，扭转了稀土矿山企业"多、小、散"的局面，六家稀土大集团主导市场的格局初步形成。稀土产品结构进一步优化，以资源开采、冶炼分离和初级产品加工为主的产业结构加快向以中高端材料和应用产品为主的方向转变，80%以上的稀土产品被用于制造磁性、催化、储氢、发光、抛光等功能材料。

2.4 稀土行业的治理整顿（2011年—）

2011年是我国稀土行业不平凡的一年，稀土价格的非理性暴涨引发了非法开采猖獗，加工、贸易、出口等环节出现混乱局面；稀土原料价格的上涨抑制了下游稀土的应用，下游应用企业积极寻求替代品，降低对稀土的依赖度，给整个稀土行业的发展带来了不利的影响。国外稀土资源的重启也将使我国在世界稀土领域的地位和影响力下降。

2011年5月，国务院颁布了《国务院关于促进稀土行业持续健康发展的若干意见》（国发〔2011〕12号），工业和信息化部、国土资源部、环境保护部等国务院有关部门相继出台并实施稀土开采、生产管理办法、环保和行业准入等政策措施。2012年4月8日，中国稀土行业协会成立，进一步促进稀土行业健康发展。

2012年后，中国政府先后启动了国家稀土战略收储、稀土大集团组建，打击稀土行业违法违规行为专项行动，稀土矿产品和冶炼分离产品销售环节实行稀土增值税专用发票等一系列治理整顿政策和措施，对加强稀土行业的监管保护起到重要作用。但稀土原料产品产能过剩、行业集中度低，加上受欧债危机及中国经济减速影响，2012年我国稀土行业呈现持续震荡走低的态势，全球稀土消费量跌破10万吨（REO）。2013—2014年，受国内外宏观经济形势影响，稀土市场需求不足，稀土价格回弹乏力，中国稀土行业经受了较大的下行压力。2015年后，面对取消稀土出口配额、调整关税和国内外市场持续低迷等形势变化，工信部会同有关部门，积极推进稀土资源税改革、加快大集团组建步伐、进一步打击违法违规行为、发展下游应用产业和稀有金属立法等重点工作。2016年制定了《稀土行业发展规划（2016—2020年)》，为稀土行业"十三五"期间的发展指明了方向。

近年来，稀土行业认真贯彻落实《国务院关于促进稀土行业持续健康发展的若干意见》的要求，加强资源保护，积极推进上游产业重组，整顿流通秩序，实施稀土清洁冶炼工艺，提升装备技术，保持生产活动的稳定，为行业转型升级蓄积了发展力量，同时稀土开采、生产、出口秩序好转，行业发展保持良好势头。

3　对我国稀土产业发展的再认识

中国的稀土应用开发从白云鄂博的矿物研究开始到现在已走过近60年的历史，广大稀土科研人员在稀土地质勘探、采矿、选矿、分离冶炼等方面的技术突破和稀土在传统领域及新材料领域的应用研究极大地推动了行业的进步。随着我国战略性新兴产业、"中国制造2025""互联网+"等国家战略的陆续实施，智能制造、高端装备、新能源、节能环保等新兴产业将加快发展，稀土作为支撑相关产业发展的重要元素，发展空间广阔。

稀土产业不同于其他传统工业，人们对刚刚发展了几十年的稀土产业的认识和把控还有待于进一步提高。如何把我国稀土产业的资源优势转化为经济优势和国力优势并且达到可持续发展，需要认真总结和研究，需要分析过去成功的经验和不足，结合目前的形势和任务，对稀土行业的过去、现在和未来进行再认识。

所谓再认识就是对稀土产业发展树立"创新、协调、绿色、开放、共享"的新理念。提出稀土发展新思路、新任务，结合当前面临的实际问题对稀土产业链的"资源、科研、生产、应用、市场"等各个方面进行重新审视。

3.1　稀土不稀的认识

自1957年白云鄂博矿床开采以来，一直按照铁矿开采，露天采场境界内圈定的铁矿体以外的含稀土围岩在开采过程中都按照稀土矿单独堆存起来，被开采的铁矿体选矿顺序是先选铁矿物再选稀土矿物。由于稀土的用量有限，稀土选矿只选出很小部分稀土精矿，大部分稀土矿物被排到尾矿库。白云鄂博铁矿石中稀土平均含量为6%，围岩中白云岩稀土平均含量为4%，按年生产铁矿石1000万吨计算，每年铁矿石和围岩中产出的稀土氧化物总量约100万吨。

目前采纳的白云鄂博矿床储量数据仍是20世纪50年代的勘探数据，因受限于当时铁矿石的需求量和勘探技术手段，整个矿床并未完全勘探清楚，铁矿体外围和地表500m以下就未做详细的勘查工作，因此，20世纪50年代勘探的稀土储量数据并不完整。

白云鄂博中重稀土绝对储量大。白云鄂博是一个以氟碳铈矿和独居石矿为主的轻稀土矿床，但由于其总体稀土含量高，储量大，重稀土资源不可小觑。白云鄂博铁矿石中仅钇、铕、镝、铽四种元素含量（质量分数）就超过 $500×10^{-6}$，部分中重稀土元素含量还超过了我国南方离子型矿。

无论依据《中国的稀土状况与政策》白皮书中的储量数据，还是美国地质调查局公布的储量数据，白云鄂博储量都在千万吨以上。按照目前 10 万吨/年处理量计算，是个不折不扣的百年矿山。

稀土在地壳中的丰度之和为 236.3mg/kg，远大于众所周知的有色金属铜、锌、铅、锡的丰度。随着稀土元素应用领域的不断扩大，特别是重稀土元素在高科技领域应用中的不可替代性。世界各国都在加快对稀土资源的勘探和开发，新的稀土资源也在不断被发现。由此可以得出：稀土并不稀少，只是赋存状态不同。因此，未来稀土行业发展必须树立绿色协调的稀土资源开发理念。

3.2 元素平衡利用的认识

稀土各元素在稀土独立矿物中是以类质同象方式存在，采选时无法将其分离。通过萃取分离技术的突破使得配分相对稳定的十几个稀土元素被同时分离成单一产品。由于下游应用领域对稀土各元素的需求量与稀土元素在矿物中的自然配分不一致，含量较少的镨、钕、镝、铽等元素在下游应用的拉动下，产销基本平衡，价格不菲；而配分含量达到 75% 以上的高丰度镧铈等稀土元素大量积压，价格低廉，从而大大降低了白云鄂博稀土资源的整体价值。如果高丰度稀土元素新的应用领域得不到扩展，用量得不到提升，各元素之间产销不平衡的问题将会严重影响整个稀土行业的可持续健康发展。因此，稀土元素平衡利用和协调开发的认识很重要。

3.3 稀土是添加剂的认识

无论稀土元素曾被比喻成"工业味精"还是"工业维生素"，稀土就是一种添加剂或是助剂，特别是在高端材料应用领域仅需要少量或微量使用。利用稀土元素的特殊电子结构和物理化学性能去影响或改变其他物质的性质，起到对其他物质改善或变性的作用。在传统应用领域或是新材料应用领域大比例加入或单一使用稀土元素的情况并不多见。稀土资源的价值主要通过添加稀土的材料或应用稀土材料的器件的应用端来体现，因此，做大稀土产业的出路在于促进稀土应用领域的扩大和产业链的延伸。稀土原料产业应与下游应用行业共同推进，树立开放、共享和协同发展的理念很重要。

3.4 依靠科学研究扩大稀土应用领域的认识

稀土的发展要靠需求拉动，必须以研究开发为手段，为稀土元素在日常生活及高端应用中确立应有的位置和作用。稀土的特殊性能在新材料的研究和开发过程中具有极其重要的价值。稀土在新材料中所起到的作用研究仅仅是开始，很多神奇的作用还未被显现，有待开发，加强稀土应用的科研开发将在我国新材料发展中发挥重要作用。

在寻求稀土在各领域中应用的科学发现和技术突破过程中，特别是针对白云鄂博资源的深度挖掘方面，科研人员需要沉下心来，对过去的工作进行审视，梳理已经解决或者尚未解决的问题。在此基础上，运用新发现和新技术将宝贵的稀土资源转变成为可以满足人们社会生活需要的新产品。

稀土的创新研究要为国内稀土产业的发展提供有力的科技支持，需要政府主导，要纳入国家战略。要联合国内外研究院所、学校、各方面专家，充分发挥现有国家重点实验室和国家工程中心等平台的引领作用，逐步将科研成果转化为现实生产力，实现工业化生产，体现稀土资源的战略价值。总之，推动稀土应用的发展，离不开科学创新的理念。

3.5　稀土产业规模小，经不起炒作的认识

稀土产业目前规模还很小，全国仅有十几万吨交易量；不管是生产、储存、交易还是国内使用、出口，其量和价都经不起炒作，过度的炒作必然带来行业的灾难，稚嫩的稀土产业需要通过各方精心的培育和自身不断的科技创新理性发展。

3.6　加大科普宣传的认识

稀土知识普及不够是稀土发展被忽视的问题，造成对稀土应用推广许多不利的认识误区。在广大消费端群体中，必须通过科普的方式宣传稀土知识，消除以往的认识误区。

一是稀土有放射性的误区，自然界存在的稀土元素都不是放射性元素（不包括同位素）。但稀土矿物往往会与钍铀镭等放射性元素伴生赋存，但通过稀土分离工艺和对非稀土杂质的限制，稀土元素都已成为纯度级别较高的单一稀土产品，放射性元素都已留在废渣中按照国家相关规定进行了妥善保管和处置，所以稀土产品是没有放射性的。

二是稀土有毒的误区，人们的日常生活难免会接触到稀土应用产品，许多人要问：稀土对人体有害吗？虽然说没有明确拿到稀土对人体无害的证据，但稀土应用产品在人们日常生活中从未见到对人体有害的案例。特别是一些植入人体的人造医疗用品和添加稀土的药品，没有报道过稀土有毒、有害等作用。恰恰相反，近年来，稀土在医药、农业、养殖业和日常生活使用品中的应用越来越多了。

三是稀土只能用到高科技领域的误区，没有什么东西必须用到高科技的，在

哪里最能体现价值就可以用到哪里，让市场平衡稀土的应用。

四是稀土用到低端日常用品是浪费的误区，富余元素大量堆存得不到利用才是最大的浪费，低牌号的铈铁硼磁材因价廉物美被应用于日用品造福百姓有什么不好？将镧、铈添加到农用肥料、饲料中，增产、增收有什么不好？

五是稀土产品价格贵用不起的误区，稀土含量最大的元素是镧和铈，1t 镧铈氧化物 1 万多元，1t 镧铈金属仅 3 万多元，比铜、锌、铅、锡、钴、镍、钼、铌等常见元素价格都低。何况所用之处都是加入少量。

六是稀土的开发生产一定会带来环保问题的误区，任何一个矿种的开发利用都会考虑环境问题，并采取保护措施。措施的执行结果是不同的，不能把为获取利益不遵守环保法规的"黑稀土"导致的后果与行业本身的清洁生产混为一谈，不能抹杀稀土行业冶炼分离生产为环保所做出的努力和取得的成绩。按照规范的工艺组织生产，稀土产业链是完全可以达到清洁环保的。

七是稀土用完了怎么办的误区。稀土不稀已回答了这一问题，何况多数稀土元素是可回收再利用的。稀土抛光材料、稀土磁性材料、稀土储氢材料、稀土催化材料及稀土发光材料使用后的产品中的稀土元素都可以循环再利用。然而这些看似很简单的问题普通消费者并不一定都清楚，必须通过科普的途径广而告之。

4 结束语

稀土产业是一个新兴产业，产业发展过程中涉及资源、科研、生产、应用和市场推广，乃至人才培养、资本投入等方方面面的问题，行业发展的巨大空间期待着各行业参与共同开发。本人在 2014 年 8 月 8 日包头稀土论坛上曾谈过，把稀土加到钢、铜、铝、镁等金属材料中，把稀土加到高分子材料、复合材料中，用稀土高效节能电机代替工业用传统的异步电机，中国稀土产业年稀土消耗量达到 100 万吨（REO）就为期不远了。我们坚信只要每一个环节坚持"创新、协调、绿色、开放、共享"的发展理念，中国稀土强国之梦必将实现。

白云鄂博矿开发回顾与资源潜力再认识

1　概述

　　白云鄂博是蒙古语地名的音译，其意思是"美丽富饶的神山"，最初见于丁道衡先生撰写的《绥远白云鄂博铁矿报告》，该报告发表于1933年《地质汇报》第二十三号，之后的有关资料都沿用了这一汉语名称。她的美丽在于复杂多变的地质现象，被誉为"天然地质博物馆"；她的富饶在于蕴藏的巨量稀有、稀土资源，其经济价值令世人瞩目；她的神奇在于大自然亿年造化的丰厚赐予和诸多神话故事，至今未完全揭开她神秘的面纱。现在"白云鄂博"被众多地名、企业名称、注册商标等引用，本文特指"白云鄂博矿床"。

　　新中国成立不久，中央人民政府集全国力量开始对白云鄂博矿产资源进行科学研究和开发利用，先后进行"241队勘探""支援包钢建设""中苏合作地质队""两次4·15会议"和"包头矿攻关"等一系列举国行动，奋勇前行七十载，突破了一个个科学前沿、工艺技术及工程示范的难题，取得了丰硕的成果；然而综合利用任重道远，资源潜力仍需再认识。本文在此略述拙见，仅供参考。

　　七十年来，基于对白云鄂博科学合理的开发，"一五"期间建成了我国三大钢铁工业基地之一——包钢。包钢的建成为我国钢铁工业的发展以及国民经济建设做出了重要贡献，今天包钢所生产的稀土钢轨等稀土钢产品遍及祖国大地和世界多个国家。也正是由于白云鄂博科学合理的开发，孕育了一个世界级的稀土工业基地——中国北方稀土（集团）高科技股份有限公司（简称北方稀土）。该基地成为集稀土科研、生产和贸易为一体的全产业链高科技企业集群，每年供应世界约40%的稀土原料及产品，为我国国防、高科技和新材料等领域提供了有力的支撑，同时也极大地推动了世界稀土产业的发展。

　　如今的白云鄂博矿区已是全国闻名的绿色矿山和资源综合利用示范基地，是全国民族团结先进单位，是集矿业开发、民族文化和草原风光于一体的工业及文化旅游胜地，更是地质工作者向往的科学殿堂。

　　截至2019年，白云鄂博矿累计采出铁矿石4亿多吨，包钢累计生产钢材2亿多吨。包钢从2016年开始实施以稀土为重心的战略转型，稀土产业"大上项

原文刊于《稀土信息》2020年第3期。系"白云鄂博稀土资源研究与综合利用国家重点实验室"主办学术研讨会上所做主旨报告整理稿，旨在强调系统开展白云鄂博矿床的综合利用研究。

目、上大项目"，推动了北方稀土产业规模不断扩大。

在对白云鄂博矿保护开发利用的同时，随着科学发展和技术进步，尤其是对白云鄂博矿一系列问题的深入研究，人们对困扰多年的氟、磷、钾、钠等炼铁有害元素有了新的认识，开采过程中剥离的大量白云岩、霓石岩和萤石等也将会成为价值更大的战略资源。矿物学、岩石学和矿床学的快速发展，使得数字化、智能化的开采技术及分采分选工艺变得更加精准。矿床的勘探技术、开采技术、矿物加工技术、元素分离技术、金属提纯与合金制备技术均取得长足进步，为复杂共伴生矿床的研究、利用和经济评价等再认识奠定了良好的技术基础，也提供了许多新的契机。

从我国政治、经济和社会发展以及国家安全、外交等方面来讲，国家经济已经进入深度结构调整期，能源安全、资源安全重要性日益凸显。同时，国际形势纷繁复杂，全球处于大变革时期，大国博弈集中表现在争夺资源及其控制权方面。近年来，中美贸易战持续升级，美国在核心技术和高新技术产品出口上对中国"卡脖子"，在能源和矿产资源上争夺全球控制权，对关键金属和关键矿产资源更是表现出了空前的重视程度。有鉴于此，需要高度重视对白云鄂博矿产资源科学合理开发的再认识。

资源属性再认识：从成矿物质来源、元素迁移、富集机制、矿物和岩石的形成与演变、矿体时空分布、元素赋存状态等方面入手，查明白云鄂博矿床成因，指导资源综合开发评价。

资源开发再认识：矿石工业类型划分、矿体圈定、目标元素和目标矿物的遴选、分采和综采技术开发、有价元素分选、分离提取利用新方法和新技术等都需要重新认识和研究。

资源可持续利用再认识：堆置的尾矿资源、有用围岩、中贫氧化矿、深部资源、外围矿体等都可作为包钢可持续发展的接续资源，需提前布局、深入研究，实现资源价值。

从单一铁矿床开发角度，白云鄂博矿床已进入深深部露天开采，开采成本势必越来越高，经济价值日趋降低。但从资源综合利用来看，濒临枯竭的铁资源所共伴生的其他资源、稀土白云岩、堆置矿、尾矿库等资源中众多稀土、稀有元素的综合利用有待进一步研究，未来的开发前景不可估量。

2　开发回顾

2.1　功勋地质队——241 队

1950 年 5 月 18 日，新中国第一支地质调查队——241 地质勘探大队进驻白云鄂博。严坤元队长带领 1500 余名勘探人员在苏联专家指导下，艰苦奋战，共钻孔 145 个，槽探 140 条，坑探 653m，采样 19500 余件，分析数据达几十万个。

1954 年 12 月 31 日，《内蒙古白云鄂博铁矿主东矿地质勘探报告》报送全国矿产储量委员会审核，于 1955 年 3 月 28 日批准了该勘探报告，同日将俄文版资料送达苏联列宁格勒设计院。241 队为开发白云鄂博吹响了草原晨号。1980 年，241 队被地质部授予"功勋地质队"荣誉称号。

2.2　建设包钢

国家"一五"计划决定，依托白云鄂博铁矿资源建设钢铁基地包钢，当初规划钢铁产能每年 300 万吨。包钢的建设为开发白云鄂博奏响了草原晨曲。

白云鄂博最初的开采设计由苏联列宁格勒设计院承担，基于满足包钢年产钢 300 万吨的铁原料供应需求，当时的设计为白云鄂博年产铁矿石 1200 万吨，剥离岩石 1300 万吨，铁矿体和围岩里的稀土、稀有资源进行分置保护，矿山设计服务年限 50 年。按照苏联设计，1957 年 2 月 27 日，白云鄂博铁矿正式成立并投产运行，拉开了白云鄂博矿开采的序幕。

早在 1935 年，何作霖先生在《中国地质学会志》14 卷 2 期发表《绥远白云鄂博稀土类矿物的初步研究》，文章中就阐明了白云鄂博矿床中含有稀土。在白云鄂博矿床勘探和选、冶试验过程中，广大科研人员非常重视白云鄂博共伴生矿的评价与综合利用。

同时，中共中央和国务院高度重视白云鄂博矿产资源的勘探及综合利用研究。1957 年，中国科学院和苏联科学院签订了关于白云鄂博矿中铁、稀土研究工作的合作协议。中苏科学院白云鄂博合作地质队（中方队长为何作霖教授，苏方队长为索科洛夫教授）经过 1958 年和 1959 年两年的野外地质工作和室内实验工作，编写了《内蒙古白云鄂博铁-氟-稀土和稀有矿床研究总结报告》。张培善、谢苗诺夫等中苏科学家对矿床的矿物进行了大量研究，首次发现了三种新矿物，分别定名为包头矿、钡铁钛石和黄河矿。经中苏合作地质队认定，白云鄂博是大型稀土矿床，引起了国家及有关部门的高度重视。

1958 年 7 月 21 日，朱德委员长在乌兰夫副总理的陪同下亲赴白云鄂博矿山一线进行视察和慰问，在包头到白云鄂博的列车上听取了中苏合作队双方队长何作霖教授和索科洛夫教授的汇报，并题词"提前建成白云鄂博矿山"。

包钢的建设与发展是伴随着白云鄂博的研究进程一步一个脚印走过来的。1959 年 10 月 15 日，周恩来总理亲自为包钢 1 号高炉出铁剪彩。由于当时包钢还没有建成选矿厂，高炉只能吃富矿（含铁品位大于 45% 的铁矿石），中品位矿和贫矿只能进行堆置，形成现在的中贫矿堆置场。

2.3　两次"4·15"会议

1962 年，聂荣臻副总理指示："白云鄂博矿是世界上稀土稀有资源最大的、最集中的、最便于开采的矿藏",并组织国家科委、中科院等有关部委进行研究。1962 年,叶渚沛先生提出"关于合理利用包头稀土稀有资源的建议",呈送中国科学院及有关部委领导,引起高度重视。

1963 年 4 月 15 日至 28 日,在北京召开了包头白云鄂博资源综合利用和稀土应用工作会议(简称第一次"4·15"会议)。第一次"4·15"会议由国家科委、冶金部、中国科学院共同主持召开。会议特邀了叶渚沛、邹元爔、侯德封三位著名科学家。叶渚沛将"关于合理利用包头稀土稀有资源的建议"提交给大会。会议本着"保护国家资源、合理开发利用"的方针,对开发包头矿进行了充分的讨论。

会议一致认为白云鄂博铁、稀土、稀有元素是世界罕见的宝贵资源,必须进行综合利用。但就如何执行这一方针,与会代表有三种意见:一是综合利用应以铁为主,保护好已发现的稀土、铌富集带,充分考虑回收利用。包钢仍按原计划建设,对稀土、稀有元素,随着科研成果(包括地质、选矿、冶金、应用等)逐步纳入包钢的建设规划;二是综合利用应以稀土、稀有元素为主,在对稀土、稀有及放射性元素资源的选矿、冶炼、应用等科研工作得出肯定结论之前,包钢暂停建设和生产;三是要强调综合利用,但不要提以什么为主,包钢可以暂时维持现状,不宜再扩大建设,积极组织地质勘探,加强稀土、稀有矿物的选矿、冶炼和应用研究,待研究得出肯定结果后,再全面考虑包钢的建设方针。

会议讨论制订了包头矿综合利用稀土科研、生产、应用 3 年规划(1963—1965 年),部署了矿山地质研究和综合勘探的任务及冶炼方面工作。

1963 年 5 月 20 日,国家科委向聂荣臻副总理呈送了《关于包头白云鄂博矿藏开发利用问题的报告》,报告介绍了白云鄂博地质资源情况及稀土、铌、钽的用途,汇报了"4·15"会议召开情况以及在执行综合利用方针上存在的不同意见。

1963 年 6 月 3 日,国务院副总理聂荣臻就"白云鄂博矿藏开发问题"致信周恩来、李富春、薄一波。1963 年 6 月 21 日,国家科委下达"1963—1967 年白云鄂博矿综合利用及稀土应用研究试验规划"。1964 年 3 月"包头稀土铁矿资源综合利用"列入国家"1963—1972 年科学技术发展规划"。

1964 年 4 月 9 日,邓小平同志登上白云鄂博,指出:"我们要搞钢铁,也要搞稀土,要综合开发利用宝贵的矿产资源。"进一步明确了白云鄂博的开发方针。

第一次"4·15"会议后,国家科委组织地质部 105 地质队和中科院地质研究所组织的白云鄂博地质队(张培善任队长)共同承担白云鄂博铁矿物质成分和综合利用的研究工作。

1965 年 4 月 15 日至 24 日,国家科委、国家经委、冶金部在包头召开第二次包头矿综合利用及稀土推广应用工作会议(简称第二次"4·15"会议)。冶金部部长吕东、副部长李超、国家科委副主任张有萱出席会议。会上 105 地质队和中科院白云鄂博地质队两个单位分别汇报了各自的研究成果，郭承基研究员的汇报首次全面阐述了白云鄂博矿床的矿石类型、物质成分、赋存状态和分布规律，并提出了矿床成因和控矿因素的观点，指出白云鄂博矿床是一个大型的铁、铌、稀土矿床。会议总结交流了第一次"4·15"会议以来对包头矿综合利用及开展科研工作方面的经验。冶金部部长吕东和副部长李超先后在会上作了报告，国家科委副主任张有萱作了会议总结。第二次"4·15"会议确定了白云鄂博矿"以铁为主，综合利用"的方针，该方针一直执行至今。

1964 年至 1965 年期间，105 地质队完成的主要工作有：坑探 236m，井探 109.1m，槽探 29285m³，采样 20037 件。1966 年 4 月编写并提交了《内蒙古白云鄂博铁矿主、东矿稀土、稀有元素综合评价报告》。1966 年 12 月提交了《白云鄂博铁矿稀有稀土元素综合评价报告》。报告计算了主矿、东矿体铁、铌、稀土、钛、钍及萤石储量和品位。估算出主矿、东矿及周围 48km² 范围内，地表以下 150~200m 的铌、稀土矿化白云岩及板岩等岩石中稀土、氧化铌、氧化钍的总储量，从此确立了我国稀土资源大国的地位。报告第一次提出白云鄂博矿区共发现了 71 种元素、114 种矿物和 26 种可供综合利用元素。

105 地质队提交的报告尽管由于当时的历史因素没有经过储委审批，但报告中估算稀土储量巨大，氧化铌总储量为 660 万吨，氧化钍总储量为 22.1 万吨的数据一直被人们公开引用至今。

2.4　包头矿攻关

1978 年，改革开放伊始，方毅副总理亲自抓白云鄂博矿的开发，调集全国力量从地质、采矿、选矿、冶金等多方位系统攻关，1980 年 7 月，视察了白云鄂博。1978 年至 1990 年十三年间，共召开了八次"包头资源综合利用科研工作会议"和五次"全国稀土推广会议"，方毅副总理七次来到包头现场指导并亲笔题词"神奇的稀土"，后来把这段时间的工作称为"包头矿攻关"。

20 世纪 80 年代的包头矿攻关一直延续到 20 世纪末，基本攻克了复杂矿体的开采、矿石的选铁、选铁尾矿的选稀土、稀土精矿的分解、稀土元素的分离、稀土金属和合金的冶炼制备等诸多难题。白云鄂博开发已形成开采、铁选矿、稀土选矿、钢铁冶金、稀土冶炼分离以及下游应用的完整产业链。直到今天，老一辈科学家和工程技术专家所建立的白云鄂博地采选冶研究团队仍然在寻找白云鄂博资源综合利用新的突破。

2.5　综合利用不断探索

为寻找接替资源、查清白云鄂博资源状况和为综合利用提供可靠的地质资料，包钢组织科研力量陆续进行了地质研究和探索。

2005 年至 2007 年，包钢对白云鄂博东矿进行了深部探矿工作，布置钻孔 22 个。2008 年提交了《内蒙古自治区包头市白云鄂博铁矿东矿深部资源潜力勘探报告》。

2008 年至 2014 年，包钢对白云鄂博矿区外围进行勘查工作，提交《内蒙古自治区包头市白云鄂博矿区（外围）东南段菠萝头、东介勒格勒、高磁异常区矿段稀土铁矿详查及东部接触带矿段稀土铁矿普查报告》。

2014 年，包钢对东矿进行深部勘探，稀土矿化仍然较好，白云岩中稀土含量均达到矿石边界品位，进一步证实了白云鄂博矿床深部巨大的资源前景，为矿床深部及外围找矿指明了方向。

2014 年以来，包钢对矿床中的中重稀土元素分布及生产流程迁移规律进行了研究，提出了寻找白云鄂博中重稀土富集带的构想。

许多高校和研究院所从未间断对白云鄂博资源综合利用的研究，除对已经利用的铁、稀土资源继续研究外，还对未利用的铌、钍、萤石、磷、钾、钠、钛、钪、钡等潜在资源展开研究，取得了很多有价值的成果。

2019 年 7 月，中国地质科学院矿产资源研究所与包钢集团签订战略合作协议，并成立"白云鄂博科学研究基地"。

2019 年 8 月，中国科学院地质与地球物理研究所与包钢集团签订战略合作协议，开展"稀土矿床成因与资源潜力研究"。

2019 年 12 月，兰州大学与包钢集团签订战略合作协议，建立了人才培养、基础研究、项目合作的机制。

3 发展中的变化

七十年间，我国科技水平、产业结构以及国家整体经济实力发生了飞速的变化，白云鄂博采场空间和地质情况也发生了巨大变化。随着开采的不断进行，主矿、东矿已经从山坡露天开采转为深凹露天开采。

3.1 矿体和矿物赋存情况变化

矿体变薄，矿体倾角和东西延伸发生变化。原来推断的主矿体与东矿体和南部高磁异常区（南矿）与东介勒格勒分别是白云鄂博向斜两翼构造无法证实。主矿、东矿南帮板岩出现多处含稀土的火成碳酸岩，碳酸岩呈不规则穿插，许多具有代表性的地质现象随着开采深度增加而变化，矿体深部物质成分、矿物组成特征、赋存状态与浅部有很大差异。

大量的地质现象与研究结果表明，白云鄂博矿床经历了多期次多阶段的热液活动和变质、变形及交代作用，多种作用叠加使矿石的结构构造、矿物组合和相互关系复杂化，学术界对其成因提出了多种观点。

3.2 矿质和储量变化

随着开采深度的增加，矿物和岩石的氧化程度逐步减弱，铁矿石中氧化矿的比例下降。矿石采出品位比初步设计下降两个百分点。自上而下稀土含量及稀土配分发生变化，铁矿体下盘稀土白云岩厚度未见边界。近年来主东矿铁矿石保有储量每年减少 1000 万吨以上。

3.3 钢铁产能和自产矿匹配发生变化

包钢设计每年 300 万吨钢铁产能时，要求白云鄂博主矿、东矿生产 1200 万吨矿石，铁矿石自给率为 100%；产能 600 万吨时降到 50% 自给率，1000 万吨时仅为 30% 自给率；如今 1500 万吨钢铁产能，主矿、东矿的铁矿石产能不足 1000 万吨，自给率不足 20%，加之主矿、东矿随着开采深度的增加，开采成本越来越高，主矿、东矿的自产矿铁原料经济优势已不再明显。

3.4 稀土产业快速发展

我国稀土产业始于 20 世纪 70 年代，随着稀土应用的不断扩大，稀土需求日趋加大。从 20 世纪 80 年代至 2000 年，全球稀土原料需求量每年以 10% 的速度增加。1987 年我国稀土产量（REO，下同）1.5 万吨，占全球产量的 35.7%，当年我国稀土消费量 4888t，占全球消费量的 11.6%；2000 年我国稀土产量 7.3 万吨，占全球稀土产量的 87.5%，当年国内稀土消耗量 1.92 万吨，占全球稀土消费量的 23%。

进入 21 世纪，伴随着功能材料的迅速发展，我国稀土产量及消费量增长速度进一步加大。2018 年我国稀土产量占全球稀土产量的 70.6%；稀土消费量占全球稀土消费量的 72.6%。我国已经成为全球最大的稀土生产国和稀土消费国。

党中央和国务院各部门对稀土产业的发展更加支持和重视。2001 年，成立了稀土冶金及功能材料国家工程研究中心；2011 年，白云鄂博矿产资源综合利用示范基地奠基；2015 年，白云鄂博稀土资源研究与综合利用国家重点实验室获批；2018 年，国家新材料测试评价平台——稀土行业中心成立。一系列国家级平台的建成，为白云鄂博的研究开发提供了条件。

2019 年 5 月 20 日，习近平总书记视察江西稀土-钨-稀有金属产业基地时指出："稀土是重要的战略资源，也是不可再生资源，要加大科技创新工作力度，不断提高开发利用的技术水平，延伸产业链，提高附加值，加强项目环境保护，实现绿色发展、可持续发展。"习近平总书记的重要指示也为研究白云鄂博稀土资源开发、利用与保护指明了方向。

4 再认识

近年来，随着全球新的稀土矿床及深海潜在稀土资源的相继发现，我国现有的稀土资源优势面临严峻挑战。白云鄂博作为世界第一大稀土矿床、第二大铌矿床，其资源量及资源属性仍然没有查清，亟需摸清矿床稀土-铌等战略性矿产资源的准确家底，为建立铁-稀土-铌成矿和高效提取的理论体系和国家制定长期稀土、铌等战略性关键金属元素使用提供科学依据，形成完整高效的资源综合利用开发利用体系，为提升我国战略性矿产资源安全和国际矿产资源控制力提供坚实的资源保障。

4.1 研究矿床成矿规律

赋矿白云岩成因研究。基于岩相学观察，对赋矿白云岩、白云鄂博群碳酸盐岩、碳酸岩脉中的白云石和方解石进行原位主量、微量元素分析，重点研究赋矿白云岩化学成分、矿物组成、结构构造、白云岩形态、产状与上下盘接触关系、形成温度，确定赋矿白云岩物质来源与成因。

成矿时代与期次研究。通过同位素地质测年，分析判断白云鄂博矿床、围岩的形成时间，以及铁、稀土、铌成矿顺序与期次，研究热液交代类型、期次及成矿过程中的作用。

成矿物质来源研究。利用同位素示踪、流体成分分析、包裹体测温、微量元素分析等先进的现代岩矿测试手段，查明白云鄂博超大型铁、稀土、铌等成矿物质来源、迁移、富集、分异及相互关系；加强碳酸岩浆-热液演化过程中轻-重稀土元素分异与富集机理研究，查明白云鄂博局部富集中-重稀土元素的控制机制，建立找矿标志，指导找矿；研究氟、钾、钠元素与稀土矿化的关系及在成矿过程中的作用，分析成矿物质的运移通道及运移过程。

地质作用与控矿因素研究。根据矿体产状及与围岩接触关系、矿物共生组合、结构构造、蚀变类型、稳定同位素分析，研究矿区发生的地质作用与地质事件，综合大地构造、区域地质及矿床地质，分析地层、构造、岩浆活动、热液活动、围岩蚀变等与成矿的关系，探讨成矿过程中的地质作用与控制因素。

建立白云鄂博矿床成矿模式。系统掌握白云鄂博矿床地质特征与赋矿白云岩成因，结合成矿时代确定成矿背景，查明成矿物质来源，揭示成矿过程中的地质作用与控制因素，系统总结白云鄂博矿床成矿规律，建立白云鄂博矿床成矿模式，完善和发展成矿理论。

4.2　勘探并圈定矿床深部及外围资源

随着白云鄂博矿床开采与深部勘查的进行，指导勘探的沉积-变质-热液改造向斜控矿模型与矿床地质特征越来越不相符合，越来越多的研究证据表明白云鄂博成矿作用与岩浆和热液作用密切相关，矿体形态、矿体与围岩关系、深部资源分布规律更为复杂。因此，矿床勘探应更新理念与方式，采用野外地质特征调查与现代地球物理研究相结合，实施白云鄂博矿集区综合地球物理探测；研究新的勘查方式，实施白云鄂博矿整装勘查，查明资源分布与矿体地质特征；查明主矿体与高磁异常区（南矿）、东矿体与东介勒格勒深部矿体的关系，查明主矿体与东矿体之间自上而下的相互关系，明确回答白云向斜构造问题（扩展到西矿）；科学划分矿石类型，按类型分别确定经济合理的边界品位，重新圈定矿体，进一步探明深部和外围矿产资源量，延长矿山服务年限。

4.3　实现精准采矿

综合地质圈定的铁矿体、稀土矿体、铌矿体等具备工业开采价值的矿带，研究确定系统的经济合理剥采比，确定最小开采厚度、夹石剔除厚度以及损失贫化指标，综合评价矿体和围岩的工程地质条件，研究露天采场边坡和采空场的岩体稳定性，研究主矿、东矿露天采场扩界方案、主东矿大境界集约化开采方案；确定开采参数，研究确定新的露天开采和地下开采范围。利用卫星定位与矿体模型实时定位矿岩边界，开展精准穿爆设计，通过应用数码起爆技术、5G 通信技术、定位采掘和无人驾驶指挥系统等现代数字矿山、智能矿山新技术，研究建立分穿、分爆、分采、分用的精准采矿新模式。

4.4　加强白云鄂博矿石工艺矿物学和选矿过程中的资源综合利用研究

研究白云鄂博矿石化学成分、矿物组成、元素分布规律与赋存状态、矿物共生组合规律及嵌布特征、矿物粒度和单体解离特征，建立矿物解离数学模型，解析粉碎粒度-解离参数的变化规律，为高效采选冶工艺提供科学的理论依据。

白云鄂博矿石选矿应用基础与选矿工艺研究。基于矿石特性矿物晶体结构分析，研究矿物、药剂对界面反应的影响机制；建立基于分子识别的选冶药剂分子设计；选矿药剂与离子选择性反应规律；建立多场强化富集有价组分新方法。揭示主要矿物可浮性微观差异和浮选过程中药剂浓度、矿浆浓度、矿浆温度、矿物解离度、难免离子等对分选效率的影响规律，开发出白云鄂博铁矿物、稀土矿物和其他矿物界面调控与精细分选工艺技术。

开展直接利用圈定的低铁含量的稀土原矿进行稀土选矿的工艺技术，形成独立的由稀土原矿到稀土精矿选矿流程。开发中重稀土选矿回收工艺。在选铁过程中，研究提高铁矿物纯度，降低随铁精矿流失的中重稀土比例，提高选铁尾矿中的中重稀土配分；在选稀土流程中，研究提高中重稀土回收率，减少中重稀土在稀土选矿尾矿中的流失。

开发萤石选矿工艺。白云鄂博萤石主要分布在主矿、东矿的铁矿体中，含量为23%以上；萤石与铁矿物及其他矿物共生关系复杂，单体解离度低，且与白云石、方解石等碳酸盐类脉石可浮性相近，浮选分离难度大。以选铁-选稀土后的尾矿为原料，开展萤石综合回收选别研究，进行萤石浮选工艺流程试验、连续扩大试验及工业试验研究，确定萤石的选别流程；引用新型高效选矿设备；研发高效萤石捕收剂和脉石矿物抑制剂。

开发选铌工艺。加强铌资源特性研究，查清铌赋存状态，以选铁-稀土-萤石以后的尾矿、含铌板岩、含铌混合岩、富铌白云岩为原料分别进行选铌研究，研究铌铁矿、铌铁金红石、黄绿石和易解石等铌矿物的选矿工艺技术，重视高效选铌药剂研发，实现选铌产业化。

4.5　开展高效、绿色选冶一体化有价资源综合提取新技术与新工艺研究

围绕混合稀土精矿中有价资源有效利用不足、生态环境影响严重等问题，从矿物成分源头优化入手，改进矿物分解工艺，控制有价资源走向，减少或消除工业"三废"，改善工艺效能结构，突破化工原辅料循环利用技术瓶颈，实现稀土、氟和磷等有价资源综合提取与高值开发。

稀土元素赋存于氟碳铈矿与独居石矿物中，提取稀土元素的同时，开展氟、磷资源走向控制与综合回收关键技术研究。硫酸分解工艺中，氟资源以氟化氢和四氟化硅形式进入尾气，处理后形成低浓度氢氟酸，开展低浓度氢氟酸净化与高值利用技术研究。借鉴独居石碱分解工艺回收磷资源，开发磷酸三钠结晶过程中氟化钠、碳酸钠等杂质成分控制技术，实现废水碱资源循环利用。针对目前稀土冶炼渣中的中重稀土配分高于稀土精矿中的中重稀土配分，开展提高稀土冶炼工序的中重稀土回收率控制技术研究。钍在硫酸高温分解工艺中进入水浸渣，形成钍资源提取与纯化技术储备，从而为实现稀土冶炼渣减量化和固废资源化奠定基础。

4.6　系统评估白云鄂博资源价值，明确白云鄂博资源战略地位

进一步审定铁、稀土、铌三种主要矿产工业储量，评估主矿、东矿体的深部、南部高磁异常区、东介勒格勒和东部接触带三种主要矿产资源的综合开发价值。

开展稀土资源评价。白云鄂博矿床中与铁矿体伴生的稀土矿体稀土储量世界最大、稀土生产成本世界最低，稀土开发环境影响最可控，这些已经被业内所公认。但与铁矿体共生的稀土白云岩矿体却是未来稀土储量最大的稀土原矿资源，更重要的是白云鄂博矿床有巨量的中重稀土资源，白云鄂博稀土配分中的中重稀土虽然只有 2%，但因其稀土总含量高和总储量大，中重稀土的总量不可小觑。必须从采、选、冶全面评估稀土资源价值，重新确立白云鄂博稀土资源战略地位。

开展铌资源评价。铁矿体中伴生的铌资源和稀土白云岩中的铌矿体资源，可以在选铁和选稀土的过程中综合回收，主矿、东矿部分区域铌资源富集，可以综合开展铌矿石单独开采研究。

开展钍资源评价。白云鄂博矿床中钍以独立钍矿物、类质同象和细小包裹体三种形式存在，主要以类质同象形式存在于稀土矿物和铌矿物中。在目前包头稀土精矿冶炼生产过程中，钍资源大部分富集于稀土冶炼废渣中。钍是自然界存在最重要放射性元素之一，早期钍及其化合物仅用于白炽灯罩、耐火材料、陶瓷等日用产品，随着科学技术的发展，其应用不断扩大到照相机和科学仪器的高质量镜头以及航空、航天领域，更重要的是钍资源可作为潜在的核能资源，是一种前景十分可观的能源材料。白云鄂博矿稀土冶炼过程中分离钍的技术基本过关，根据未来核能利用的可能性给予客观评价。

开展富钾板岩的评价。白云鄂博主矿、东矿上盘露天开采境界内富钾板岩仅一级品（$K_2O \geq 11\%$）约 1.6 亿吨，而且富钾板岩中镓的含量达到 71×10^{-6}，是铁矿石中含量的 20 倍以上。对富钾板岩中的钾、硅、镓等元素的综合利用价值进行评价。

开展堆存的尾矿库资源、稀土白云岩资源和稀土铌混合岩资源的综合评价。对矿区内蕴藏的钪、硫、磷、钾、萤石等其他伴生资源需进一步评价。构建面向白云鄂博矿产资源基地的资源属性、利用价值、生态环境影响综合评价方法。

4.7　制定合理的资源保护、开发利用及储备政策

根据新探明的矿产资源量，从国家战略需求角度出发，平衡资源消耗和储备关系，制定经济合理的战略资源储备与开发政策。对矿床保护、矿石储

备及稀土氧化物储备合理规划，使资源消耗与资源储备保持良好平衡关系，促进海关、外贸、矿管、环保、税收、金融、科研、地方政府等各相关部门信息共享。

5 结语

白云鄂博是地球演化历程中大自然对人类的丰厚赐予，是世界上罕见的稀缺资源，也是中华民族的宝藏，更是我国未来实现民族伟大复兴不可或缺的战略资源，白云鄂博的研究与开发继续从国家层面出发——站高位、谋远局，需要白云鄂博研究者和开发者继续担当历史重任——潜心研究、不断探索、攻克难关，更好地实现白云鄂博矿产资源综合利用。

5.1 制定明晰的白云鄂博资源开发利用规划

针对全球稀土原料市场多元格局的新形势以及离子型稀土矿开采所面临的环境保护现状，确立白云鄂博资源的战略地位，明确白云鄂博资源开发利用中国家、地方和企业之间的利益关系。立足白云鄂博矿产资源，制定全国稀土资源利用及应用发展规划，区别对待重稀土与轻稀土管控政策，将重稀土资源作为国家战略资源，将轻稀土资源依据市场供需规律运作，保证国家战略需求和稀土下游应用市场的平衡发展。

确定白云鄂博资源综合利用和绿色可持续发展战略方针，提出铁矿石、稀土白云岩、堆置矿、尾矿库等资源的综合利用梯度开发规划，明确开发和保护措施，编制百年矿山开发进度表。制定矿体分圈、分采、分选的指标与规范，实现有价元素、有用矿物应收尽收、应收早收。

5.2 开展白云鄂博资源综合利用研究

针对国家亟需且未来发展影响深远的关键核心技术，集中国内高水平科研力量，加强科研经费投入力度，引进世界先进技术和设备，培养一批创新型人才，建立一支持续开展白云鄂博资源综合利用科研队伍；依托"白云鄂博稀土资源研究与综合利用国家重点实验室"等科研平台，开展地质研究、矿床开采、矿物加工、清洁冶炼、材料制备和稀土资源综合回收利用等领域的基础研究、应用基础研究和竞争前共性关键技术研究；制定国际、国家和行业标准，提高我国稀土行业自主创新能力和整体技术水平，为白云鄂博资源的综合利用提供基础科学支撑，实现白云鄂博资源综合利用重大难题的突破。

开发绿色高效的采、选、冶工艺及装备，提高采矿回采率、选矿回收率和矿产资源综合利用率，开发共伴生资源铌、氟、磷等有价元素综合回收利用技术及二次资源绿色高效回收利用综合性解决方案。

5.3　强化白云鄂博资源综合利用示范基地引领作用

依托白云鄂博矿产资源"大上项目，上大项目"，形成千万吨级的白云岩综合利用、十万吨级稀土提取加工、万吨级铌金属冶炼、钍的有效提取与利用、千万吨级的富钾板岩综合利用以及萤石、硫、钪等有用成分综合回收利用系列集成示范工程及产业，真正实现包钢的战略转型，让世界级宝山——白云鄂博放射出更加耀眼的光芒！

白云鄂博东矿露天境界外铁矿体开采探讨

摘 要： 通过回顾白云鄂博东矿露天开采境界的设计背景，在分析当前露天境界外边帮及深部铁矿体和稀土矿体地质特征的基础上，结合目前露天开采工艺、技术及矿产资源市场的发展与变化，提出优化矿石边界品位、提高境界剥采比、优化边坡角、下沉露天矿底部标高等扩大露天开采境界的思路。该思路通过技术经济论证可行后能够更好发挥白云鄂博资源优势，可为下一步白云鄂博矿产资源接续及综合开发利用提供参考。

关键词： 剥采比；边界品位；边坡角；经济合理；露天矿境界

白云鄂博矿是一个以铁、稀土及铌为主的多元素共伴生矿床，矿区呈狭长带状近东西向展布，长 16km，宽 3km，面积 48km²，自西向东按照铁矿体赋存划分为西矿、主矿、东矿、东介勒格勒和东部接触带五个矿段。稀土和铌资源一部分伴生在铌-稀土-铁矿（以下简称铁矿）体内，另一部分以独立矿体赋存于铁矿体上下盘白云岩围岩中。

东矿和主矿是白云鄂博矿床最大且相距很近的两大矿体，主矿 1957 年开始开采，东矿 1959 年开始开采。东矿体位于主矿体以东 200m 处，为一西窄东宽似扫帚状矿体，矿体出露地表最高处标高为 1689.3m，东西长 1300m，最宽 390m，倾向南，倾角 58°，矿体沿走向和倾向分叉尖灭。铁矿体以磁铁矿为主，少量氧化矿分布于矿体下盘，铁矿石平均 TFe 33.16%。铁矿体上下盘围岩均为白云岩，矿体与围岩没有明显界限。围岩受钠、氟热液交代蚀变强烈，稀土和铌形成多种类型的铌稀土矿石。东矿经过六十多年的露天开采，目前已由当初的山坡露天开采转入深凹露天开采，并处于露天开采末期。随着境界内铁矿石保有量迅速衰减，预计露天开采将在 2023 年闭坑，届时将面临如何开采露天境界外边帮和深部矿产资源等问题。

东矿露天采场底部尚蕴藏着丰富的铁、稀土和铌等矿产资源，采场东北部和西端帮仍有大量挂帮铁矿体，原采场境界外四周零散分布有众多铁矿体，且在铁矿体上、下盘共生有大量铌、稀土矿体。为更好地科学开发东矿深部和周边宝贵资源，本文提出开展基于稀土资源保护的境界外铁矿体开采关键技术研究，通过优化矿石边界品位、提高境界剥采比、优化边坡角、下沉露天矿底部标高等扩大

原文刊于《稀土》2022 年 6 月，主要针对主东矿体外围独立办理采矿权提出扩界的思考。

露天境界的思路，以充分发挥白云鄂博资源优势，经济合理分期开采，综合开发利用白云鄂博战略资源。

1　露天境界设计背景

白云鄂博东矿露天境界曾经进行过多次设计和修改，第一次是 1957 年苏联国立采矿设计院（黑色冶金工业部国立采矿工业设计院列宁格勒分院）设计的《白云鄂博铁矿技术设计》，简称苏联设计；第二次是 1970 年鞍山矿山设计院与包钢联合设计的《白云鄂博采矿设计说明书》，简称 1970 年联合设计；第三次是 1986 年原冶金部鞍山黑色冶金矿山设计研究院（鞍山矿山设计院）编制《包钢白云鄂博铁矿"七五"期间扩建到 1020 万吨初步设计》，简称 1020 设计。1992 年在原冶金部勘察科学技术研究所（保定勘察院）完成的《包钢白云鄂博铁矿东矿深部开采边坡稳定性研究报告》基础上进行了境界修改，以及 2003 年鞍钢集团矿业设计研究院在深部增加胶带运输系统时编制了《包钢白云鄂博铁矿东矿深部开拓运输系统初步设计》，上述围绕东矿边坡稳定性和非工作帮设施变化而进行的境界修改本文统称为境界优化。

1.1　苏联设计

1955 年 12 月，苏联设计部门向中方提交《包头钢铁公司初步设计》共 88 卷，其中白云鄂博铁矿设计从第二卷到第十三卷。1957 年《白云鄂博铁矿技术设计》（中文版）中按照包钢钢铁生产对铁矿石的需求结合先富后贫、先浅后深、先易后难的原则选定首先开采主矿和东矿，生产能力 1100 万吨/年。该设计在选择开拓运输方式时考虑矿用电车在苏联和我国的生产、组织管理都比较成熟，加之主矿和东矿的地表、地形、地貌以及矿体条件适合铁路运输，最终选择铁路开拓运输方式。在确定了铁路开拓运输方式下，也曾研究过"联合露天采场开采主、东矿两个矿体"方案，但由于主矿体顶端高出东矿体顶端 100 多米，初期难以实现一个铁路系统联合开采；另外，若要形成一个联合采场还需剥离主东矿之间上亿立方米的岩柱，因此最终将主矿、东矿分为两个露天采场。

东矿露天采场境界圈定以单一铁矿体为目标，矿石工业类型为磁铁矿和氧化矿两种，矿石边界品位 20%，矿石生产能力 480 万吨/年，服务年限 46 年。露天采场最终边坡角不大于 40°。开采出的铁矿石供应包钢高炉炼铁，剥离围岩中的稀土矿和铌矿则按有用岩石进行分类堆存。

1.2　1970 年联合设计

由于各种原因，东矿自投产以后十多年未达产，加之苏联设计上部采用铁路电机车运输，深部采用铁路联动电机车运输，运输道路坡度 8% ~ 10%向下延伸到底，但当时并无联动电机车设备制造，所以深部开拓系统并未做详细工作，鉴于此，于1970年开展了联合设计。

1970年联合设计东矿开拓系统选用上部铁路电机车运输，深部汽车—箕斗联合运输。矿石生产能力降为380万吨/年，开采服务年限55~60年。露天矿境界圈定仍然以单一铁矿体为目标，矿石工业类型为磁铁矿和氧化矿两种，矿石边界品位20%。露天采场最终边坡角部分提高到40°以上。进一步明确剥离的围岩中稀土矿和铌矿等按有用矿物进行更细致分类堆存方案。

1.3 1020设计

"七五"期间，为适应包钢生产钢铁双250万吨进而达到300万吨的需求，要求白云鄂博铁矿石生产能力达到1020万吨/年。1020设计规划东矿500万吨/年，主矿520万吨/年。当时东矿最低开采水平已达到1570m，即低于封闭圈两个台阶。如果继续采用铁路开拓系统，矿用设备效率、台阶下降速度和出矿能力已经难以满足要求，基于此，1020设计展开工作。

1020设计开拓系统采用铁路—公路（地面转载）联合运输方案，即采场内以螺旋坑线布置8%的公路运输系统，在境界外封闭圈1594m平台设铁路—公路联合运输矿石转载台，将矿石用准规铁路电力机车牵引的60t自翻斗车运至破碎厂。岩石一部分由铁路—公路联合运输转载到铁路排土场，一部分用汽车直接排往采场北部和东部的堆置场。

1020设计的露天境界圈定仍然以单一铁矿体为目标，矿石工业类型为磁铁矿和氧化矿两种，矿石边界品位继续执行20%。露天采场最终边坡角进一步提高，露天底标高仍然维持1230m，露天底部尺寸为180m×186m。开采出的铁矿围岩中的稀土矿和铌矿则严格按有用矿物进行分类堆于汽车东排的白云岩堆置场和含铌混合岩堆置场以及铁路南排土场。该设计虽然后期在执行过程中有过局部修改（如1200设计），但基本框架未变。该设计年产500万吨矿石能力可稳产20年，均衡剥采比为2.86t/t。

1.4 境界优化

1992年，原冶金部勘察科学技术研究所对东矿进行了边坡勘察研究并提交《包钢白云鄂博铁矿东矿深部开采边坡稳定性研究报告》，将东矿采场划分为六个边坡分区（图1）。

依据该研究成果，1995年包钢组织技术人员对东矿边坡境界进行修改，完成了《包头钢铁稀土公司白云鄂博铁矿东矿露天采场修改设计》，主要内容是对南帮局部边坡角加陡部分减少剥岩量。

2002年以后，东矿采场东北帮C区出现滑体，经过削坡、减载和加固控制

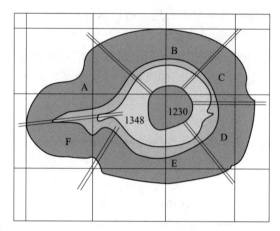

图 1　白云鄂博东矿采场边坡分区示意图

后，对此处境界进行了修改。

2003 年，东矿开拓运输系统改造，鞍钢集团矿业设计研究院编制了《包钢白云鄂博铁矿东矿深部开拓运输系统初步设计》，岩石运输采用采场内汽车—固定破碎—胶带运输。破碎站占用南帮局部空间，对新建的采场开拓运输系统相对应的露天境界进行了重新圈定。矿石生产能力维持 500 万吨/年，剥采比 1.9t/t。

2015 年 2 月，鞍钢集团矿业设计研究院又编制了《包钢白云鄂博铁矿东矿采场境界修改初步设计》，设计生产规模 300 万吨/年，取消了原矿石破碎胶带系统和岩石二期破碎胶带系统，对前期设计的边帮结构参数进行了局部调整，矿山此后基本按此设计组织生产。

2019 年 11 月，中钢集团马鞍山矿院工程勘察设计有限公司编制《包头钢铁（集团）有限责任公司白云鄂博铁矿东矿采矿工程初步设计（补充完善）》，设计规模为 220 万吨/年铁矿石原矿品位 TFe 33.39%。

2　东矿开采现状

2.1　采场境界内现状

东矿现已开采 62 年，露天采场现已进入生产末期，设计露天开采境界内铁矿剩余服务年限仅有几年，采场新水平即将到达设计境界 1230m。矿石和岩石都通过采场内破碎后，通过胶带运输到地表境界外分别处理，矿石通过汽车转载到铁路转载台，其他岩种按照设计分类堆存保护。

2.2　采场境界外现状

东矿露天开采境界外铁矿资源分为两部分，一部分为 1230m 以上境界外挂帮矿，主要赋存于现有露天边帮附近，主要分为北部挂帮矿和南部挂帮矿，另一部分为 1230m 水平以下深部境界外资源，资源量丰富。

（1）采场北部境界外挂帮矿。该区域为东矿露天采场的矿体下部，矿体赋存 1230~1460m 间。北部边帮环境条件复杂，存在滑坡体。

（2）采场南部及西部境界外挂帮矿。该区域挂帮矿体位于东矿露天采场上盘，主要为西南区域。矿体主要赋存于 1230~1488m 之间。该区域挂帮矿资源储量大，矿体赋存集中，工程地质条件较好。

（3）采场底部周界以下深埋矿体。东采场 1230m 底部境界以下深部埋藏铁矿体厚大。矿体呈近东西走向的不规则透镜状，东宽西窄，呈枝杈状尖灭于白云岩和云母化板岩中。

东矿体遭受了强烈的钠、氟交代蚀变作用，铌和稀土的矿化作用也十分强烈。由北至南，大致可分为三个矿石带，在以铁圈定的矿体下部为条带状铌稀土铁矿石带，中部为块状铌稀土铁矿石带，上部为钠闪石型铌稀土铁矿石带。由于铁矿体东侧发育硅质岩石夹层，则在上下部分别出现了霓石型铌稀土铁矿石和霓石型铌稀土矿石带。铁矿体上下盘的围岩主要是白云石型铌稀土矿石，受钠、氟热液蚀变作用相对较弱。

2.3 东矿与主矿外围矿体

东介勒格勒，位于东矿南部约数百米处，由 19 个铁矿体和白云石型铌、稀土矿体组成，矿体呈东西走向，向北倾斜，倾角较大。铁矿资源储量巨大。

东部接触带（包括菠萝头矿段），位于矿区最东端，东矿以东 3km 处。矿体连续性差，有的成为海西期花岗岩中捕虏体，并受到不同程度的蚀变。本矿段做了少量勘查工作，目前仅发现一些零星的铁、铌、稀土矿化点。

东矿与主矿中间，东矿 15 线与主矿 14 线之间相隔 200 多米，过去认为矿体并不相连，近期通过一系列地质研究、地球物理探测与钻探工作发现，底部相连可能性极大，且矿体规模可观。

主矿体高磁异常区，位于主矿南部约数百米处。因花岗岩侵入，岩层层序不清。经钻探工程验证，深部有铁矿体的存在，规模较小，矿体呈东西走向的透镜体。

主矿东北部，即东矿西北部经过地球物理勘测发现有铁矿异常。

3 扩大露天开采境界的三点认识

3.1 关于矿石边界品位

白云鄂博矿铁矿石边界品位自苏联设计时采用 241 地质勘探队确定 TFe 20% 以后，未曾优化，稀土和铌的边界品位分别是 1% 和 0.05% 也一直未做修改。白云鄂博矿床的复杂性表现在多种物质经过多期次的多种地质作用下形成，矿石中的矿物种类繁多且矿物组合关系复杂，矿石中铁、稀土、铌、钍、萤石（氟）等多种组分共伴生。

在目前的选矿工艺下，稀土和萤石都是从选铁尾矿中回收。近年来在开采过程中有大量含铁围岩白云岩作为矿石入选，并且在过去开出的稀土白云岩堆置场进行二次干选铁矿石。证明含铁20%以下的围岩具有经济价值，有价值即可考虑回收利用。因此，在一定的经济技术条件下，很有必要重新确定合理的边界品位，使更多的资源得到开发利用。

东矿铁矿石工业类型分氧化矿石和磁铁矿石，下盘氧化矿石以萤石型和霓石型铁矿石为主，磁铁矿有白云石型、云母型和闪石型铁矿石。不同类型铁矿石中铁和稀土的选矿难易程度各不相同，比如萤石型氧化矿和白云石型磁铁矿中铁的选别指标就相对较好，而霓石型氧化矿中选铁效果就比较差，但稀土较好选，这说明同样是 TFe 品位为 20%的矿石经济价值是不同的。因此仅用铁的边界品位划分不同类型矿带也是不客观的。应结合铁、稀土、萤石、铌的可选性以经济价值最大化为原则综合考虑边界品位的划分。另外，白云鄂博过去一直采用全铁（TFe）来确定边界品位，近年来白云鄂博在勘探资料中补充完善了磁性铁（mFe）资料，确定边界品位应充分考虑磁性铁含量及各种铁矿物的可选性。如果按自然类型划分工业类型，分别确定边界品位指标来圈定矿体，可能会将过去视作岩石的地质体变为矿体，从而增加矿石资源量。分别圈定、精准开采是白云鄂博资源综合利用的有效途径。

3.2　关于底部标高与剥采比

东矿历次设计和境界优化其露天矿底部标高一直维持苏联设计的 1230m，苏联设计 1230m 的主要原因是当时采用的地质资料为 1954 年 241 队提供的地质报告。限于当时的钻探设备条件，支撑报告的钻孔深度多在 400m 左右，1230m 以下少有钻探工程控制。没有工程控制的矿体是按照工程可控矿体按规定推断圈定，超出推断范围视为矿体尖灭，所以出现 1230m 以下矿体变薄甚至尖灭。之后的所有设计都维持 1230m，主要是因为直到 20 世纪末没有再勘查验证下部矿体是否确实尖灭。

如果东矿采场露天底部标高要向下延伸，那么在不改变坡面参数的情况下必然导致上部周界扩大，扩大上部境界会带来诸多地面设施的拆迁和非工作帮所有功能平台重新布置，对正常生产矿山会带来很大影响。

露天矿境界一般在底部标高和底部周界以及开拓系统确定以后轮廓基本构成。然而底部标高恰恰与境界剥采比密切相关。境界剥采比又不能大于经济合理剥采比，东矿 1970 年联合设计时计算的经济合理剥采比为 10t/t，生产剥采比 2.84t/t。

东矿自开采以来历年的生产剥采比均小于 3t/t，1020 设计工序成本和管理费合计为 1.8 元/t 矿岩，矿石单位成本为 11.24~12.11 元/t。一直到今天东矿的开采成本在行业内仍然很低，每年为包钢创造巨大的经济效益。如 2.2 节所述，东矿体又向下延深上千米（1230m 以下），采场东北部和西南帮仍有大量挂帮矿体，四周零散铁矿体众多且上、下盘有大量稀土矿体。境界圈定不仅要考虑铁元素带来的经济效益，更要考虑稀土和铌等元素的经济价值。在矿石开采综合成本经济的前提下，科学计算经济合理剥采比，选择技术可行的境界剥采比，结合先进的采矿技术均衡生产剥采比，用露天开采回收尽可能多的有效资源是当前东矿亟待研究的课题。

3.3 关于提高边坡角

东矿属于大型短深高边坡露天矿，苏联设计和 1970 年联合设计东矿露天边坡角都是采用类比法确定，虽然 1970 年联合设计改变了深部开拓方式后边坡角有所提高，但除上盘以外均小于 40°。1020 设计参考了 1983 年中国科学院地质研究所提交的《白云铁矿东矿边坡岩体稳定性初步评价报告》，边坡角在原 1970 年联合设计的基础上提高了 2°~5°，减少剥岩量近亿吨。1992 年原冶金部勘察科学技术研究所提交《包钢白云鄂博铁矿东矿深部开采边坡稳定性研究报告》中推荐的最大稳定角度：西北端帮 F1 断层附近的 A 区的推荐值为 44°~48°和不稳定 C 区的推荐值为 44.5°，其他都大于 50°。之后的境界优化都参考了该成果，但实际稳定角度距离推荐角度还很大，因此提高边坡角带来的资源潜力还很大。

目前东矿实际边坡角上盘 41.7°，下盘 37.3°~43.1°，边坡暴露时间达六十多年，边坡总体安全。露天矿境界的三要素是底部周界、开采深度和最终边坡角。在露天矿底部标高不变的情况下提高边坡角可以降低平均剥采比而减少剥岩量。如果维持上部周界不变提高边坡角则可降低露天底部标高，增加深部开采矿石量。

对于东矿目前的情况，边坡已经暴露，各种工程地质现象全部出露，《包钢白云鄂博铁矿东矿深部开采边坡稳定性研究报告》毕竟过去近 30 年，需要按照《非煤露天矿边坡工程技术规范》对报告中推荐的最大稳定角（最优边坡角）及相关要素进行验证补充修订。根据新的结果尽量挖掘边坡潜力，以期最大限度地降低露天底标高，增加开采量。提高东矿露天采场边坡角可以考虑以下三个措施：

（1）采用先进的采矿技术和工艺，实行多台阶并段。过去采剥方向考虑配矿和分采等因素均实行单一的纵向采剥，即工作线沿矿体走向（东西）布置，垂直走向推进。下一步扩帮可考虑横向开采小装备采矿，可尝试陡帮开采加陡工作帮坡角，采用先进的多台阶穿爆设计，现代控制爆破技术实现组合台阶开采。靠界台阶在台阶坡面角 65° 不变的情况下尽量考虑多台阶并段提高边坡角，这一措施在其他矿山已有工程实践。

（2）合理布局非工作帮平台。根据新的边坡暴露时间重新考虑清扫平台和安全平台的布设，在宽度和个数上分区灵活考虑，在保证安全的前提下挖掘提高边坡角的潜力。

（3）扩界设计可将新建公路运输通道、破碎站、转载平台等影响边坡角的设施尽量布置在下盘，最大限度提高上盘的边坡角，以实现挖掘深部向南倾斜的铁矿体。

《包钢白云鄂博铁矿东矿深部开采边坡稳定性研究报告》中指出"相对 1020 设计的边坡角，实现多台阶并段总体边坡角可提高 8.4°，调整平台宽度总体边坡角可提高 9.7°，调整线路布局总体边坡角可提高 11.9°；经测算，东矿边坡每加陡 1°，可减少剥岩量 2300 万吨，按剥岩费每吨 3 元计算，可节省 7000 万元"。那么按照现在的剥岩费和矿石价格估算，无论减少剥岩量还是增加采出矿石量，其经济效益都是十分巨大的。

4　结语

鉴于白云鄂博东矿原设计的露天境界很快就要闭坑，本文虽然提出扩大原有境界继续采用露天方法开采剩余资源量观点，但还需要进一步做大量的研究和设计验证。首先要对各种自然类型铁矿石中铁、稀土、萤石、铌等矿物的可选性技术指标开展经济分析，确立一个经济合理的最低矿石工业品位，然后根据矿体与围岩过渡带矿化情况确定一个合理的矿石边界品位，以新的边界品位重新圈定铁矿量和稀土及铌量；其次采用科学的方法针对东矿这一具体开采对象详细计算包括综合利用效益在内的露天开采经济合理剥采比；最后采用当前国内外先进的现代矿业开发技术，并结合这些年来白云鄂博矿开采中切实可行的新技术、新工艺，充分挖掘边坡角潜力，以综合利用和资源可持续发展的视角来圈定一个新的、大的露天矿开采境界，实现这一世界瞩目的特大型多金属战略资源矿床的绿色可持续开发。

东矿露天开采已达六十多年，今后白云鄂博这个多种矿物共伴生的复杂矿床该如何开采，露天开采对比地下开采优势太多，毋庸置疑。况且目前白云鄂博拥有较为先进的露天开采设施和设备，地面配套公辅设施完善，职工队伍稳定，技术力量雄厚，开采技术先进，组织管理水平较高，继续扩界实施露天开采可以说轻车熟路。如果再大胆一点设想，东矿南部是东介勒格勒矿段，东矿东部是东部接触带矿段，东矿西部与主矿相邻且底部可能矿体相连，东矿西北部又是新航磁圈定的高磁异常区，这些矿体能够集约化开采，其宏大规模堪比西矿。西矿曾经因为矿体零散剥采比大而沉睡 50 年，现在西矿采用大境界将西部十个独立矿体圈定为一个露天采场，2010 年投产至今支撑包钢发展十几年。东矿周边的矿体禀赋颇具优势，不妨考虑开展以东矿、主矿为中心，进行扩大露天矿境界、下沉露天矿底部标高，集约化开发白云鄂博东部资源的研究。

白云鄂博铁、铌、稀土矿床：
研究进展、存在问题和新认识

摘　要： 白云鄂博是世界第一大稀土元素矿床，具有重要的经济和战略地位。白云鄂博自 1927 年发现至今已有 92 年，对其的开发和研究历史悠久，在赋矿碳酸岩的成因、成矿年代、稀土矿物学等方面取得了一系列重要进展，为碳酸岩型稀土元素成矿理论发展做出了突出贡献。由于矿床经历了成矿后复杂的构造变形和热液蚀变，致使其地质、地球化学特征复杂，学界对其成因和成矿过程一直存在不同认识，对成矿碳酸岩的岩浆演化、稀土元素迁移与富集机理等方面的研究也相对薄弱。笔者最新研究表明，矿区过去被认为是下白云鄂博群的 H_1、H_2、H_9 岩石单元并非沉积变质岩或变质火山岩，而应为岩浆侵入成因，矿区其他岩石单元（H_3 ~ H_7）的成因也值得商榷。H_9 岩石单元中的黑云母岩（前人称为黑云母板岩）和富含黑云母的碳酸岩（前人称为暗色板岩）为成矿碳酸岩的一部分，是碳酸岩不同岩相带的表现。黑云母岩和富黑云母碳酸岩相对于含矿碳酸岩具有相对低的稀土元素含量和轻、重稀土元素比值，表明岩浆演化可能对稀土元素的富集和分异具有重要贡献。矿区主要岩石单元成因的新认识不仅为矿床成因、成矿背景研究提供了新的依据，同时也为研究区域构造演化、正确厘定矿区构造式样和指导矿区深部与外围找矿提供了新的思路。

关键词： 地球化学；碳酸岩型稀土元素矿床；研究进展；新认识；白云鄂博

稀土是关键性战略金属，在国防工业、绿色能源、新能源汽车、航空、航天等领域具有日益广泛的用途，在国际资源战略中占有重要地位，日本、美国、欧盟均将稀土列入关键性战略矿产名录。中国最近通过的《全国矿产资源规划（2016—2020 年）》也将包括稀土在内的 24 种矿产（其中金属矿产包括铁、铬、铜、铝、金、镍、钨、锡、钼、锑、钴、锂、稀土、锆）列入战略性矿产目录（中华人民共和国国土资源部，2016）。

稀土资源在世界的分布很不均衡，主要集中在中国、美国、澳大利亚、加拿大、巴西、越南等，其资源供给受地缘政治因素影响较大，这也是造成国际稀土资源市场竞争日趋激烈的主要原因。碳酸岩型稀土元素矿床是世界稀土的主要来源，贡献了世界稀土资源总量的 99% 以上（U. S. Geological Survey，2018）。目前

原文刊于《矿床地质》2019 年 10 月，第 38 卷第 5 期；共同署名的作者有谢玉玲、曲云伟、梁培、钟日晨、王其伟、夏加明、李必成。

世界上已知排名前 8 位的稀土元素矿床，除了加拿大的 Thor Lake（资源量 1.5Mt，Castor，2008）未被证实与岩浆碳酸岩有关外，其余均为碳酸岩型稀土元素矿床。

中国是世界最大的稀土生产国和稀土资源国，1995—2017 年中国的稀土生产量占世界稀土总生产量的 45% ~ 95%（图 1（a））。中国稀土元素矿床类型多样，包括碳酸岩型、离子吸附型、热液脉型、碱性花岗岩型、伴生稀土矿床等，但碳酸岩型稀土元素矿床是中国稀土的最主要来源，其贡献了中国稀土资源总量的 98% 左右（图 1（b）；Xie et al.，2019a）。中国与碳酸岩有关的稀土元素矿床主要分布在内蒙古、四川、山东、湖北省区，另外在新疆、河南、陕西等地也有发现，大地构造位置上它们主要沿古老的克拉通边缘分布，包括华北克拉通北缘、东缘、南缘和扬子克拉通西缘，形成 4 条成矿时代各异的稀土成矿带，分别是中元古代白云鄂博-狼山稀土矿带（如内蒙古自治区的白云鄂博铁、铌、稀土矿床）、早中生代东秦岭-大别稀土矿带（如湖北的庙垭稀土矿床）、晚中生代山东莱芜-淄博-微山稀土矿带（如山东的郗山稀土矿床）和新生代四川冕宁-德昌

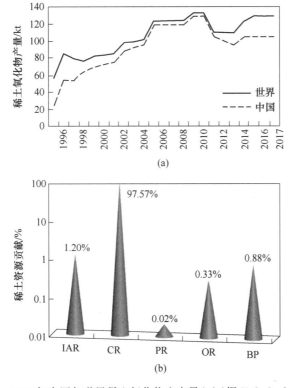

图 1　1995—2017 年中国与世界稀土氧化物生产量（a）（据 U. S. Geological Survey，1996—2018）及中国不同类型稀土元素矿床的资源贡献（b）（据 Xie et al.，2019a）

IAR—离子吸附型；CR—碳酸岩型；PR—砂矿型；OR—其他类型；BP—伴生稀土矿床

稀土矿带（如四川的牦牛坪稀土矿床）（Xie et al.，2019a）。中国的碳酸岩型稀土元素矿床无论从矿床规模、成矿背景和研究历史上均具有得天独厚的优势，而白云鄂博是中国，也是世界稀土资源的最主要来源。白云鄂博在世界稀土资源战略中具有举足轻重的地位，是碳酸岩型稀土矿床的最典型代表。

由于白云鄂博巨大的经济意义和独特的成矿背景，从20世纪50年代至今，来自海内外的学者对白云鄂博矿床的地质、地球化学进行了大量的工作，在矿床地质特征、赋矿碳酸岩的成因、成矿年代、稀土矿物学等方面取得了一系列重要进展。但是，由于矿床经历了多期成矿后构造变形和热液蚀变，其地质和地球化学特征十分复杂，研究难度大，因此也造成其成因和成矿过程一直饱受争议。强烈的变形和热液蚀变造成矿区出露的主要岩石单元的原岩结构难以保留，矿物组成变化较大，这也导致了对矿区前寒武纪岩石单元成因认识上的分歧。

本文在综合前人研究成果的基础上，对白云鄂博稀土矿床的研究进展和存在问题进行评述，同时，基于笔者在白云鄂博稀土矿床的新发现，提出了一些新的认识。

1　白云鄂博铁、铌、稀土矿床地质和资源概况

白云鄂博矿床最早由丁道衡先生作为铁矿床发现于1927年，详细的勘查工作集中在20世纪50年代后（表1略）。1950—1953年，由地质部241队对主矿、东矿、西矿进行了较为详细的勘查，提交了《白云鄂博铁矿勘探报告》（表1略），共探获铁矿石资源量××Mt，稀土氧化物（REO）资源量××Mt（表1略）。20世纪50年代至80年代和2000年以后，不同地质勘查单位又多次对主矿、东矿、主东矿下盘白云岩、西矿、北矿、白云鄂博外围进行了地质勘查（表1略）。按目前已有的资料统计，白云鄂博矿区总计探获铁矿石量××Mt，稀土氧化物××Mt。

白云鄂博铁、铌、稀土矿床位于包头市以北约150km处，大地构造位置位于华北克拉通北缘。华北克拉通是世界上最古老的克拉通之一，经历了自元古宙以来复杂的构造演化（Zhao et al.，1999；2005；Zhai et al.，2011；2013），包括古元古代末期—新元古代的多期裂谷事件（Zhai et al.，2015）、古生代与俯冲有关的多期岩浆（张宗清等，1994；Liu et al.，2004）、变质和变形作用（张宗清等，2003；Smith et al.，2015）等。长时间的构造演化造成了矿床复杂的地质和地球化学特征，也导致对矿床的成矿背景、成矿时代、成矿过程认识的分歧。

袁忠信等（1995）和张宗清等（2003）认为，矿区出露的地层包括古元古界色尔腾山群和中元古界白云鄂博群。色尔腾山群主要由斜长绿泥片岩、石英黑

云绿泥片岩、角闪斜长片麻岩和混合岩组成，分布于矿区东北部（图2）。白云鄂博群可分为6个岩组和18个岩性段，矿区内主要出露下白云鄂博群的 $H_1 \sim H_9$ 岩性段，其岩性如表2所示。尽管对 H_8 的岩石学属性前人曾提出多种不同的成因认识，但越来越多的年代学和地球化学证据支持岩浆碳酸岩的成因观点（郝梓国等，2002；Yuan et al.，2000；Yang et al.，2000；2003；Fan et al.，2006；2014；2016），而对下白云鄂博群其他岩石单元则普遍被认为是一套沉积变质岩或变质火山岩（袁忠信等，1995；张宗清等，2003）。笔者最近的研究发现，矿区出露的下白云鄂博群中所谓的砾岩和部分砂岩可能为糜棱岩化的长英质侵入岩，而 H_9 岩石单元中的"黑云母板岩"和"暗色板岩"是碳酸岩的组成部分，也是岩浆侵入成因。因此，除 H_8 岩石单元外，白云鄂博群其他岩石单元的成因仍值得商榷。

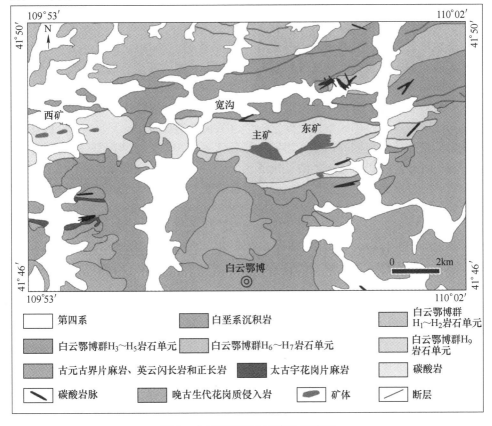

图2 白云鄂博稀土矿床地质简图

（据 Yang et al.，2011a；2011b；Fan et al.，2014；Zhu et al.，2015 修绘，
碳酸岩脉规模未按实际比例绘制，有夸大；
地层单位与岩石单元的对应关系和岩性组成参见表2）

表 2　白云鄂博矿区主要岩石单元的岩性特征

（据 Sun et al.，2012；张宗清等，2003；李文国等，1996 修改）

岩性地层单位	岩石单元	岩　性
毕鲁特组	H$_{10}$	板岩夹砂岩（矿区未出露）
	H$_9$	黑云母板岩、暗色板岩、硅质板岩、钙质板岩、富钾板岩
哈拉霍格特组	H$_8$	碳酸岩
	H$_7$	砂岩、板岩、白云岩互层
	H$_6$	砂岩夹灰岩和板岩
尖山组	H$_5$	板岩夹砂岩和灰岩
	H$_4$	石英岩夹板岩
都拉哈拉组	H$_3$	板岩夹砂岩和灰岩
	H$_2$	砂岩和石英岩
	H$_1$	粗粒砂岩和砾岩

矿区断裂构造特别发育，包括近 EW 向、NWW 向和 NW 向、NE 向、NS 向，断裂造成矿区岩性单元的走向上不连续（张宗清等，2003）。矿区主要断裂构造以近 EW 向为主，包括北侧的赛乌素韧性剪切带、宽沟断裂、白云鄂博矿区南侧的逆冲断层和韧性剪切带等，还发育 NE 向、NW 向断裂（张宗清等，2003）。从矿区碳酸岩和其他岩石单元的变形特征看，无论是 H$_8$ 还是 H$_1$ ~ H$_7$，均显示了韧性剪切变形的特征，矿区整体应处于一个巨型韧性剪切带中，矿区北侧的赛乌素韧性剪切带和矿区南侧的韧性剪切带（张宗清等，2003）可能都是该巨型韧性剪切带的一部分，但仍需进一步的工作证实。

矿区内侵入岩发育，包括中元古代岩浆碳酸岩、前寒武纪基性脉岩和矿区南部大面积出露的晚古生代中酸性侵入岩（张宗清等，2003；Ling et al.，2014）。矿区的岩浆碳酸岩整体呈 EW 向的带状展布，延长约 18km，南北宽可达 3~4km。矿区南部的中酸性侵入岩包括石英二长岩、花岗岩等，锆石 U-Pb 年龄在 243.2~293.8Ma 之间，表明其为晚二叠纪—早三叠纪的产物，形成于后碰撞环境（Ling et al.，2014）。矿区内的基性脉岩包括辉长岩、煌斑岩、辉绿岩，还发现有钠长岩脉、正长岩脉等，但对矿区各类岩脉的研究相对较少。

白云鄂博矿区的主要矿体包括主矿、东矿和西矿，主矿和东矿呈巨大的透镜状，而西矿由一系列近 EW 向排列的小矿体组成，另外在主矿的北部约 5km 处发现有北矿，呈 NW 向产于花岗岩与板岩的接触带（张宗清等，2003），矿区外围也发现了多处稀土矿化，如东介勒格勒、菠萝头山等（图2）。

2　白云鄂博稀土矿床主要研究进展

白云鄂博由于其巨大的经济意义和独特的地质特征而吸引了众多海内外学者的目光。20 世纪 50 年代至今，特别是 20 世纪 80 年代以后，来自海内外的学者对白云鄂博的地质、地球化学进行了大量的工作，在成矿地质背景、赋矿碳酸岩因、成矿年代、稀土矿物学等方面取得了一系列重要进展。

2.1 成矿地质背景

碳酸岩作为典型的幔源岩浆岩，其形成于张性构造背景下，主要与大陆裂谷、地幔柱活动或大规模走滑断裂有关。白云鄂博稀土矿床地处华北克拉通北缘，前人基于对成矿碳酸岩不同的成因认识和年代学结果，提出了白云鄂博稀土碳酸岩多种不同的成岩背景认识。

王楫等（1992）对白云鄂博-狼山裂谷系进行了系统的研究，提出白云鄂博稀土矿床产于元古宙裂谷中，成矿与陆缘裂谷活动有关。周建波等（2002）基于白云鄂博群沉积成因认识提出，白云鄂博群可以划分为3个沉积组合，它们分别代表中元古代、新元古代和早古生代白云鄂博地区由陆内裂谷向陆缘裂谷转化到活动大陆边缘裂谷的沉积过程，即中元古代时其应处于陆内裂谷环境。Fan等（2016）基于前人对哥伦比亚超大陆裂解的发育时限和白云鄂博成矿碳酸岩的定年结果提出，白云鄂博稀土成矿与哥伦比亚超大陆裂解有关。也有学者认为，赋矿碳酸岩为白云质火山岩，是白云鄂博陆缘裂谷早期裂陷阶段岩浆活动的产物（肖荣阁等，2003a）。尽管仍有学者对白云鄂博矿床赋矿白云岩的成因持不同观点，认为其形成于早古生代被动大陆边缘环境，为热水沉积成因（章雨旭等，2012），但大多数学者支持成矿白云鄂博稀土矿床形成于伸展构造背景，与裂谷活动有关。

2.2 赋矿碳酸岩的成因和成岩年代

白云鄂博赋矿"白云岩"的成因一直是研究的热点和争议的焦点。前人基于地质、地球化学研究结果曾提出了多种不同的成因认识，包括喷出碳酸岩成因（肖荣阁等，2003；Wang et al.，2010）、侵入碳酸岩成因（周振玲等，1980；刘铁庚，1985；Le Bas et al.，1992）、海相沉积成因（孟庆润，1982；侯宗林，1989；刁乃昌，1990；杨子元等，1994；章雨旭等，2012）、热水沉积成因（杨子元等，1994；章雨旭等，2012）、火山喷气沉积成因（袁忠信等，1991）、岩浆热液交代成因（Chao et al.，1997；Wang et al.，2003）、碳酸岩流体交代沉积碳酸盐岩成因（Lai et al.，2012）、经热液叠加改造的沉积岩成因（侯宗林，1989；孟庆润等，1992；Qin et al.，2007；杨晓勇等，2000）、来自俯冲板片富硅流体交代沉积碳酸盐岩成因（Ling et al.，2013）等。近年来，越来越多的年代学和地球化学证据支持岩浆碳酸岩的成因观点，此认识被越来越多的学者接受（Fan et al.，2016）。

对于碳酸岩的侵位年龄也长期存在争议，前人曾对矿区 H_8 赋矿白云岩、碳酸岩脉进行了大量的年代学研究，包括锆石 U-Pb、全岩和单矿物 Sm-Nd、黑云母和钠铁闪石的 K-Ar、Ar-Ar 定年等，已报道了从太古宙至晚古生代的多种年龄数据（裴愉卓，1997；Chao et al.，1997；Wang et al.，1994；刘兰笙等，1996；

Yang et al., 2011a, b; Fan et al., 2014)。有学者认为矿区可能经历了多期成矿事件,包括中元古代和古生代(Liu et al., 2004;袁忠信,2012;朱祥坤等,2012;Ling et al., 2014)。近年来,随着现代测年技术的提高和新方法的应用,越来越多的年代学数据支持中元古代幔源碳酸岩的观点,认为其侵位年龄应在1.40~1.25Ga(任英忱等,1994;张宗清等,2003;袁忠信等,1991;张宗清等,1994;Yang et al., 2011a;Fan et al., 2014)。白云鄂博地区除了具有克拉通基底的岩石记录(2.4~2.5Ga)外,还存在有2.0Ga的岩浆活动,以及约1.9Ga的一期强烈变质事件(范宏瑞等,2010),因此已报道的较老的成矿年龄数据(>1.9Ga)可能是由于碳酸岩在侵位过程中捕获了围岩(基底岩石)中的锆石所致,而其他相对较新的成岩、成矿年龄数据(1000~400Ma)则被认为是受到后期热挠动的结果(Zhu et al., 2015;Song et al., 2018)。

2.3　稀土矿物学研究取得重要进展

白云鄂博矿床的矿物组成极其复杂,是一座天然的矿物宝库,特别是稀土矿物类型多样。杨学明等(1999)、张培善等(2001)和 Zhang 等(2002)对白云鄂博的矿物学进行了大量的工作,基于白云鄂博矿床矿物组成的研究,发现和命名了一批新矿物。至 20 世纪 90 年代,在白云鄂博发现的新矿物已将近 20 种(张培善,1958;1991),其中 11 种被国际矿物学会(IMA)新矿物命名与分类委员会认定(杨主明等,2007),包括黄河矿 $Ba(Ce,La,Nd)(CO_3)_2F$、氟碳铈钡矿 $Ba_3Ce_2(CO_3)_5F_2$、白云鄂博矿 $NaBaCe_2(CO_3)_4F$、铈褐钇铌矿(Ce,La,Nd,RE,Th)(Nb,Fe)O_4、钕褐钇铌矿(Nd,Ce,RE,Fe)(Nb,Ti)(O,OH)$_4$、钕易解石(Nd,Ce,Ca,Th)(Ti,Nb,Fe^{3+})$_2$(O,OH)$_6$、铌易解石(Ce,Nd,Ca,Th)(Nb,Ti)$_2$(O,OH)$_6$、包头矿 $Ba_4(Ti,Nb,Fe)_8O_{16}(Si_4O_{12})Cl$、钡铁钛石 $Ba(Fe,Mn)_2Ti(O,OH,Cl)_2(Si_2O_7)$、大青山矿 $Sr_3RE(PO_4)(CO_3)(OHF)_2$、硅镁钡石 $KBa(Al,Sc)(Mg,Fe^{2+})_6Si_6O_{20}F_2$。1965 年发现氟碳铈钡矿 $Ba_3Ce_2(CO_3)_5F_2$,它被认为是岩浆期后热液交代碳酸岩而形成的(张培善等,1983)。白云鄂博矿 $NaBaCe_2(CO_3)_4F$,由傅平秋等(1987)发现,被认为是含 Na 的氟碳酸盐类稀土矿物,主要产于白云鄂博强烈钠辉石化的碳酸岩型铌稀土矿石中。随着氟碳钡铈矿含有 Na 和少量 Ca 及空位的现象被证实,白云鄂博矿被确认为与氟碳铈钡矿为同一矿物种。中华铈矿 $Ba_2(Ce,La,Nd)(CO_3)_3F$(张培善等,1981)亦被库哈恩柯矿 $Ba_2Ce(CO_3)_3F$ 所取代。

进入 21 世纪,关于白云鄂博矿物学的研究又有了新的进展,张培善石、丁道衡矿、杨主明矿等新矿物被陆续发现。张培善石(Zhangpeishanite)BaF-Cl,由 Shimazaki 等(2008)发现于萤石中,呈矿物包裹体形式产出,属于氟氯铅矿族;丁道衡矿(Dingdao-hengite)$Ce_4Fe^{2+}Ti_2Ti_2(Si_2O_7)_2O_8$,产出于花岗岩与碳酸岩接触带处的 Mg 矽卡岩中,属于硅钛铈钇矿族(Xu et al., 2008);杨主明矿

（Yangzhumingite）$KMg_{2.5}Si_4O_{10}F_2$，由 Miyawaki 等（2011）发现，产出于变质碳酸岩中，属于云母族。到目前为止，白云鄂博被认定的新矿物种数已达 13 种，约占中国新矿物种数的九分之一，对于中国矿物学研究具有重要意义。

除发现和命名了一批新矿物外，白云鄂博的富 Sc 矿物研究也取得最重要进展，发现了多种富 Sc 矿物，包含铌铁金红石、硅镁钡石、硅钛铈钇矿和霓石等（杨主明等，2007；Shimazaki et al.，2010），为矿区钪资源的开发和利用提供了重要依据。

3 白云鄂博矿床研究相对薄弱之处和存在问题

尽管白云鄂博研究者众多，研究历史悠久，但至今在矿床成因、稀土元素富集机理、成矿地质背景等方面仍存在不同见解，在基础地质方面其认识仍多沿用了 20 世纪 50 年代至 90 年代的区域地质资料。综合前人研究成果和笔者最近在白云鄂博矿区的新发现（Xie et al.，2019a），笔者认为目前白云鄂博矿床研究中存在的主要问题或研究相对薄弱之处主要包括以下几个方面：

（1）基础地质研究仍需加强，矿区前寒武纪岩石单元的成因值得商榷。白云鄂博研究和开发历史悠久，对矿区地质、地球化学前人进行了长期的工作，但研究的焦点主要集中在赋矿碳酸岩本身，而对矿区其他岩石单元，特别是 $H_1 \sim H_7$ 的研究相对较少，多沿用了前人区域地质调查的成果。

$H_1 \sim H_7$ 岩石单元一直被认为是一套沉积变质岩，岩性包括砂岩、砾岩、石英岩、板岩、灰岩等。对 H_9 岩石单元的研究较 $H_1 \sim H_7$ 稍详细，其主体仍被认为是变质沉积岩或变质火山岩（张宗清等，2003；袁忠信等，1995），而对矿区 H_9 板岩中的富钾板岩更是提出了多种不同的成因认识，包括热水沉积成因或热液交代成因等（肖荣阁等，2003b；费红彩，2007），但总体仍属地层的研究范畴。笔者最近的研究表明，矿区出露的所谓"砂岩、砾岩、板岩"并非变质沉积岩或变质火山岩，其中至少大部分为岩浆侵入成因（详见后文），因此，矿区主要岩石单元的成因研究仍需进一步深入。

（2）碳酸岩的母岩浆性质、岩浆演化研究仍较薄弱。尽管越来越多的学者支持白云鄂博赋矿"白云岩"（H_8）为碳酸岩的观点，但与世界大多稀土碳酸岩常与同期的碱性硅酸岩共生不同，白云鄂博未见与碳酸岩同期的碱性侵入岩的报道，是否存在碱性硅酸岩与碳酸岩熔体的不混溶缺少直接证据。白云鄂博碳酸岩成分变化较大，除典型的白云石碳酸岩、方解石碳酸岩、方解石-白云石碳酸岩外（Yang et al.，2011a），还发育有富磁铁矿和萤石、富黑云母的多种碳酸岩（Xie et al.，2019a）等。前人对矿区碳酸岩、H_9 板岩进行了详细的地球化学研究，但由于赋矿碳酸岩的岩石组成复杂、空间分布不均，另外，受碳酸岩侵位后多期岩浆-热事件的影响，矿区蚀变发育、蚀变矿物组成复杂，也给碳酸岩的原岩性质、源区特征研究带来一定的困难。笔者最近研究发现，矿区 H_9 岩石单元中的黑云母岩（前人称黑云母板岩或黑云母片岩）、富黑云母碳酸岩（前人称暗色板岩）为碳酸岩体的组成部分，其分布于碳酸岩两侧，与碳酸岩无明显边界，可能是碳酸岩体的一部分，代表了碳酸岩的岩相分带（Xie et al.，2019a）。目前，对矿区碳酸岩的母岩浆性质、岩浆演化的认识是基于 H_9 为碳酸岩围岩的基础上提出的，有一定的局限性。

（3）稀土元素来源、迁移、富集及沉淀机理研究仍有待深入。对矿区稀土元素的来源、迁移与富集机理，前人进行了一定的工作，但仍存在认识上的分歧。基于碳酸岩的不同成因认识和矿床成因认识，前人提出了包括陆源风化产物（孟庆润，1982）、幔源碳酸岩浆（曹荣龙等，1994；杨奎锋等，2010；Fan et al.，2014；2016）、古生代中酸性侵入体有关（侯宗林，1989）、俯冲带富硅流体（Ling et al.，2013）等多种认识，但仍以碳酸岩的观点占主导地位。

关于碳酸岩的成因目前存在不同认识，有学者认为其可以直接由地幔的低程度部分熔融形成（Dawson，1964；Woolley et al.，2008a），也有学者认为其母岩浆应该是碳酸盐化硅酸岩浆，其上侵到地壳浅部发生碳酸岩浆与碱性硅酸岩浆的不混溶（Wendlandt et al.，1979），或多相不混溶（Zhang et al.，2017）形成，在不混溶过程中稀土元素倾向于进入碳酸岩浆，因此造成碳酸岩稀土元素富集（D'Orazio et al.，1998；Zhang et al.，2017）。也有学者认为，碳酸岩浆是硅酸岩浆经强烈分异形成，结晶分异是造成残余碳酸岩浆稀土元素的富集的主要机制（Twyman et al.，1987；Doroshkevich et al.，2017）。

作为典型的幔源岩浆岩，碳酸岩在世界范围内并不稀少，但其中只有少数发育稀土矿化。Woolley 等（2008b）建立了世界上已发现的 527 个碳酸岩产地的数据库，而近年在中国的西藏地区（曲晓明等，2009；陈华等，2010）、内蒙古赤峰地区（Xie et al.，2019b）、内蒙古丰镇地区（许成等，2019）、四川攀枝花地区（周清等，2019）、河北省怀安地区（许成等，2019），以及越南（Orris et al.，2002；Thi et al.，2014）等地相继发现一系列碳酸岩产地，目前世界上发现的碳酸岩产地保守估计应在 550 个以上，但世界上已知的碳酸岩型稀土矿床不足100 个。已有的碳酸岩岩石化学成分表明，不成矿的碳酸岩稀土元素含量一般并不高（Xie et al.，2019b），多在 $n×10^{-4}$ 以内，但成矿碳酸岩的稀土元素含量可以非常高，特别是轻稀土元素，可以达到原始地幔的几万倍（图 3），但对造成成矿碳酸岩轻稀土元素强烈富集的原因目前尚不清楚。

前人研究表明，富稀土元素的地幔源区是形成稀土碳酸岩的关键，而俯冲板片流体或熔体交代及富稀土元素的大洋沉积物再循环是造成地幔源区富稀土元素的主要原因（Hou et al.，2015）。现在海底调查结果表明，大洋沉积物稀土元素含量高，稀土元素总量可以达到 $n×10^{-3}$（Kato et al.，2011），特别是远洋沉积物

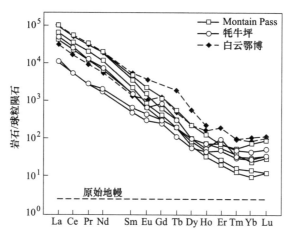

图 3　世界典型矿床成矿碳酸岩的稀土球粒陨石标准化曲线

（Verplanck et al. ，2016）

和大洋锰结核中稀土元素含量更高（Hein et al. ，2014；2015），其俯冲交代可以形成富稀土元素的地幔源区。大洋沉积物中不仅富集轻稀土元素，其重稀土元素含量也很高，轻、重稀土元素分异不强烈（Kato et al. ，2011），因此，大洋沉积物再循环是造成源区稀土元素富集的原因，但不能造成成矿碳酸岩轻稀土元素强烈富集的特征。实验地球化学结果表明，地幔低程度部分熔融过程中可以形成碳酸岩岩浆，且可造成碳酸岩中稀土元素，特别是轻稀土元素富集，但相对于其地幔源岩，其稀土元素富集系数并不大（$n \sim n \times 10$），且轻、重稀土元素富集系数差别较小（Foley et al. ，2009），与成矿碳酸岩轻稀土元素强烈富集的特征不同。笔者认为，除源区稀土元素富集外，碳酸岩浆演化和岩浆流体转化过程中稀土的进一步富集和轻、重稀土元素分异可能是造成稀土成矿的重要原因，但对碳酸岩浆演化过程和熔-流体转化过程中稀土元素的富集和分异机理仍缺少系统的研究。

（4）成矿流体研究相对较薄弱，硫酸盐在白云鄂博稀土元素迁移及富集中的作用未得到足够重视。碳酸岩流体是白云鄂博稀土成矿的关键（Smith et al. ，2000；Fan et al. ，2006；2016；Qin et al. ，2007；Lai et al. ，2016）。前人对白云鄂博稀土矿床的含矿碳酸岩、蚀变围岩和周边碳酸岩脉中主要组成矿物（如方解石、重晶石、萤石、石英）中的熔流体和流体包裹体进行了一定的工作（Smith et al. ，2000；倪培等，2003；Fan et al. ，2004；2006；Qin et al. ，2007），但由于矿区经历了多期的变形、变质，给流体包裹体研究带来很大困难，也导致了对流体出溶机制、出溶流体性质、稀土元素迁移和沉淀机理认识上的分歧。Smith等（2000）认为，白云鄂博稀土成矿流体演化早期为高温、高压的富 CO_2 流体，晚期演化为低温、低压的富水流体，矿化发生在流体演化晚期较低的温度下。Fan 等（2004；2006）对稀土矿石中萤石、石英中流体包裹体研究表明，其包裹体类型包括二相和三相的富 CO_2 流体包裹体、三相的高盐度流体包裹体和二相的水溶液流体包裹体，包裹体均一温度变化范围较大（100～450℃），并提出与白云鄂博稀土-铌矿化有关的流体为 H_2O-CO_2-$NaCl^-$（F-REE）流体体系（Fan et al.，2006），其中，含子矿物的流体包裹体中发现有钾石盐、重晶石和稀土碳酸盐子矿物（Fan et al.，2004；2006）。白云鄂博稀土矿石中含大量硫酸盐矿物（如重晶石）、流体包裹体中也发现有硫酸盐子矿物（Fan et al.，2004；2006），表明白云鄂博成矿流体是富含 SO_4^{2-} 的。另外，Qin 等（2007）在白云鄂博稀土矿床的萤石中也发现了含多子晶的熔流体包裹体，其包裹体类型和岩相学特征与牦牛坪稀土矿床发育的富硫酸盐熔流体包裹体（Xie et al.，2009；2015）十分相似。笔者最近在条带状铁-稀土矿石的萤石中发现有保存较好的、沿生长环带分布的原生碳酸盐-硫酸盐熔体包裹体（图 4（a）、（b））和多相硫酸盐熔体包裹体（图 4（c）、（d）；Xie et al.，2019a），表明成矿碳酸岩熔体及出溶流体中应富含 SO_4^{2-}。

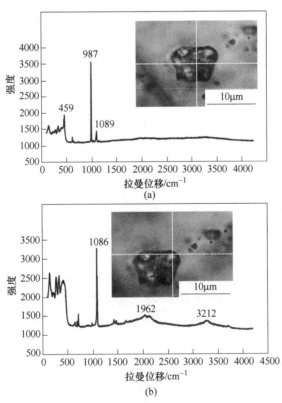

(a)

(b)

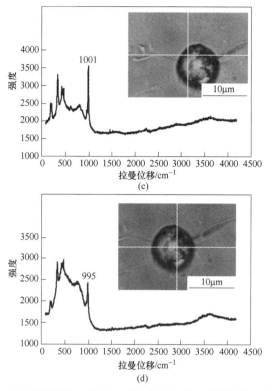

图 4　白云鄂博萤石中硫酸盐-碳酸盐和多相硫酸盐熔体包裹体的
显微照片和拉曼谱图（Xie et al.，2019a）

（a）碳酸盐-硫酸盐熔体包裹体中的硫酸盐相；（b）碳酸盐-硫酸盐熔体包裹体中的碳酸盐相；

（c），（d）萤石中多相硫酸盐熔体包裹体

近年来，SO_4^{2-} 在稀土元素迁移中的作用得到越来越多学者的重视（Xie et al.，2016；2019a；Migdisov et al.，2016），从包裹体（Xie et al.，2009；2016；2019a）和地球化学热力学方面证实了硫酸根为稀土元素迁移的主要配体（Migdisov et al.，2016），且含 SiO_2 的硫酸盐-水体系中硫酸盐具有很高的溶解度和稀土元素迁移能力（Cui et al.，待刊），但以往对白云鄂博成矿流体的研究中对 SO_4^{2-} 在稀土元素迁移与沉淀中的作用关注不够，仍有待深入研究。

（5）成矿地质模型有待完善。成矿地质模型是矿床学研究的重要内容，也是指导找矿的最重要依据，其内容涵盖了成矿地质背景、矿床成因、成矿流体特征、矿质迁移与沉淀机制、矿化蚀变特征等多个方面。矿床地质，特别是赋矿岩石的成因是矿床成因研究的基础，也是建立矿床模型的关键，其直接影响了对成矿地质背景、矿床成因、控矿构造式样等的认识。前人对白云鄂博的矿床成因进行了大量的工作，基于 $H_1 \sim H_7$、H_9 为变质地层认识初步提出了白云鄂博的成矿地质模型（Xie et al.，2016），但其仍不能很好地解释白云鄂博已有的地质、地

球化学特征，如板岩与碳酸岩在矿物组成和化学组成上呈现连续变化、铁矿化和稀土矿化紧密共生，同时，对碳酸岩的岩浆演化过程对稀土元素富集和分异的贡献尚缺少系统的工作。

　　目前，多数学者认为矿区赋矿"白云岩"为碳酸岩，而对矿区其他岩石单元（$H_1 \sim H_7$、H_9）多被认为是一套变质地层，与成矿无关。笔者最近的研究表明，除 H_8 外，H_9 岩石单元中的黑云母岩和富黑云母碳酸岩也是碳酸岩体的一部分，是碳酸岩岩相分带的表现，并非前人认为的变质地层。另外，对矿区 $H_1 \sim H_7$ 岩石单元的成因也值得商榷，很可能也为岩浆侵入成因（详见后文），因此，已有的基于变质地层认识提出的矿床模型仍需进一步改进和完善。

4　白云鄂博岩石单元新认识及其理论和实际意义

4.1　H_1、H_2 岩石单元的成因

　　野外观察发现，在 H_1 岩石单元中所谓变质砾岩和 H_2 岩石单元中所谓变质砂岩中常可见自形的长石，手标本看长石十分新鲜，与一般砂岩、砾岩中碎屑长石常有一定的磨圆度不同。岩相学观察表明，其岩石结构变化于典型的岩浆结构（图 5（a））和典型的糜棱岩化花岗岩结构（图 5（b）、（c））之间，表明岩石

图 5　白云鄂博矿区北部"砾岩"的显微镜下照片（正交偏光）
（a）弱变形域中的花岗结构，石英颗粒边部发育动态重结晶；（b）糜棱岩化花岗岩，可见石英内部的亚颗粒旋转重结晶，基质为细粒化石英和钾长石；（c）糜棱岩化花岗岩，基质为细粒化的钾长石和石英；（d）弱变形花岗岩，其中钾长石呈自形晶，石英发育明显的动态重结晶
Q—石英；Kfp—钾长石

明显经历了韧性剪切变形和动态重结晶。在变形较弱的部分，其中长石呈自形晶（图5（d）），而石英边部和内部发育亚颗粒、亚颗粒旋转重结晶或细粒化现象（图5（a）、（d））。

岩矿相和SEM/EDS结果表明，这些所谓的砾岩和粗粒砂岩中矿物组成复杂，包括石英、钾长石、锆石、磷灰石、独居石等。锆石（图6（a）、（b））和磷灰石均呈自形晶产于石英、长石粒间或包裹于长石、石英中，磷灰石以富F的磷灰石为主。锆石的阴极发光显示明显的岩浆震荡环带（图6（c）、（d）），表明其为岩浆岩的原生矿物，而非碎屑锆石（Xie et al.，2019a）。

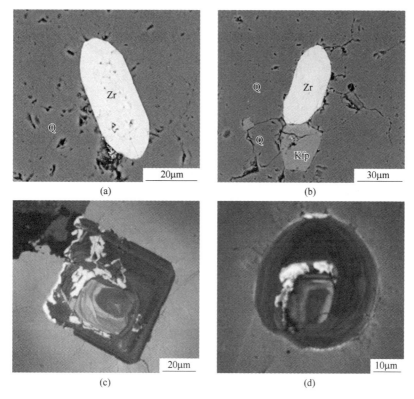

图6　白云鄂博 H_2 岩石单元中锆石的背散射电子图像（BSE）（（a）、（b））和阴极发光图像（CL）（（c）、（d））

Q—石英；Kfp—钾长石；Zr—锆石

H_2 岩单元中的所谓石英砂岩也显示了韧性剪切带岩石的特征（图7（a）），其矿物组成以石英为主，并含少量长石、锆石、磷灰石、金红石、磁铁矿等，石英可见波状消光（图7（b））和边部的动态重结晶和细粒化现象（图7（b）~（d）），有时可见长石的自形晶，且与石英呈现平直的边界（图7（c）），与变余砂状结构中重结晶形成的结构特征明显不同。这些所谓砂岩的岩石结构和矿物组成指示其可能为岩浆成因。

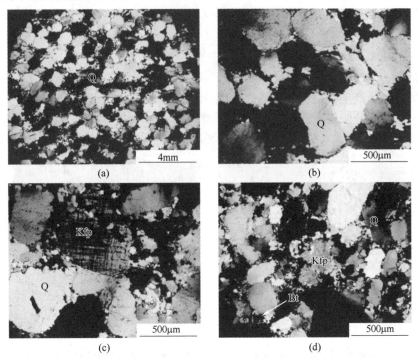

图 7　白云鄂博矿区北部 H_2 岩石单元中"石英砂岩"的岩相学照片

（（a）、（b）为同一样品不同放大倍数；（c）、（d）与（a）、（b）同一样品不同切片位置，正交偏光）

Q—石英；Kfp—钾长石；Bt—黑云母

4.2　H_9 岩石单元成因新认识及碳酸岩岩相分带的发现

　　H_9 板岩是碳酸岩的直接围岩，无论是西矿还是主矿、东矿，碳酸岩南、北两侧均发育有板岩。野外工作和岩相学结果表明，H_9 主要岩性包括黑云母板岩（片岩）、暗色板岩、黑色（碳质）板岩和富钾板岩。笔者通过对采自主矿和西矿的 H_9 板岩进行了详细的岩相学和 SEM/EDS 分析。结果表明，H_9 的岩性组成复杂，按其矿物组成可分 5 类，第一类主要为黑云母组成，并含较多的磷灰石（图 8（a）），前人称之为黑云母板岩；第二类主要由黑云母（或金云母）和碳酸盐矿物组成（图 8（b）、（c）），前人称之为暗色板岩；第三类主要由碳酸盐矿物组成（图 8（d）），局部发育强糜棱岩化（图 8（d）），前人称为钙质板岩；第四类主要由石英、钠长石组成，前人称之为硅质板岩，第五类主要由钾长石组成，即前人所说的富钾板岩。

　　SEM/EDS 结果表明，所谓黑云母板岩的矿物组成主要为黑云母、金云母和磷灰石（图 9（a）、（b）），并含少量磁铁矿、钛铁矿、辉钼矿、尖晶石、锆钙

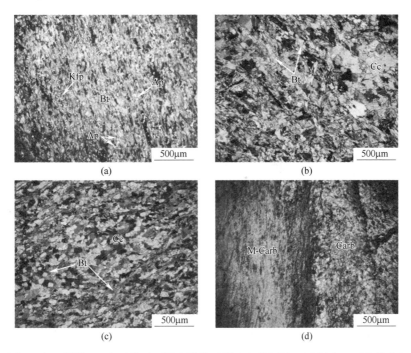

图 8　白云鄂博 H_9 岩石单元不同岩性的显微岩相学照片（透射光，正交偏光）

（a）黑云母岩；（b）、（c）富黑云母碳酸岩；（d）糜棱岩化碳酸岩

Bt—黑云母；Kfp—钾长石；Ap—磷灰石；Cc—方解石；Carb—碳酸岩；M-Carb—糜棱岩化碳酸岩

钛矿、锆石等，显示超镁铁岩的典型矿物组合，应定名为黑云母岩。所谓暗色板岩的矿物组成主要为金云母、黑云母、碳酸盐矿物和磁铁矿（图 9（c）、（d）），并发现有磷灰石、独居石、氟碳铈矿、重晶石、锆石等，其矿物组成与赋矿碳酸岩基本一致，应为富黑云母的碳酸岩，而主要由碳酸盐矿物组成的岩石单元其矿物组成与碳酸岩一致，主要由白云石、方解石组成，并含少量黑云母、重晶石、氟碳铈矿、磁铁矿等。在 H_9 岩石单元中有时可见硅质板岩中由黑云母岩和富黑云母碳酸岩组成的细小岩脉，脉的外侧主要由黑云母组成，向内为含稀土矿物和重晶石的富黑云母的碳酸岩（图 10（a）），显示出明显的矿物学分带，X 射线元素扫面结果（图 10（b）~（f））也显示出明显的元素分带特征，其应为碳酸岩细脉。碳酸岩脉两侧主要由钠长石、石英和黑云母组成，可能代表了与碳酸岩同期的钠化、黑云母化蚀变。上述研究结果表明，黑云母岩和富黑云母的碳酸岩构成碳酸岩-硅酸岩杂岩体的一部分，其矿物组成连续变化，其间无明显分界，应代表了碳酸岩的岩相分带。前人对 H_9 板岩的年代学结果也表明，其与碳酸岩具有相似的成岩年龄，全岩 Re-Os 年龄为（1447±42）Ma（Liu et al.，2016），锆石的 U-Pb 模式年龄为（1505±12）Ma（Lai et al.，2016），与 H_8 最新的锆石 U-Pb 年龄（1418±29）Ma～（1417±19）Ma；Fan et al.，2014）、氟碳铈矿 U-Pb 年龄（1.4Ga；

杨岳衡等，待刊资料）相当，进一步表明 H_9 中的黑云母岩和富黑云母碳酸岩应为成矿碳酸岩的同期产物。

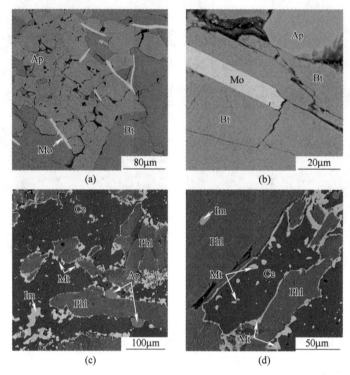

图9　白云鄂博 H_9 岩石单元不同岩性样品的背散射（BSE）电子图像

（a），（b）富含磷灰石的黑云母岩；（c），（d）富金云母碳酸岩

Bt—黑云母；Phl—金云母；Ap—磷灰石；Cc—方解石；Mt—磁铁矿；Im—钛铁矿；Mo—辉钼矿

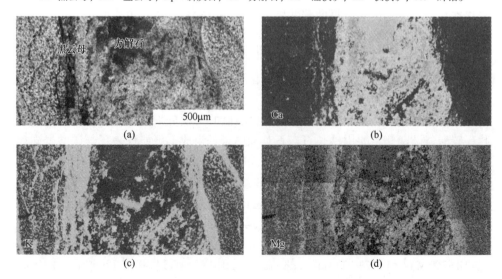

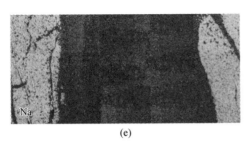 

(e)　　　　　　　　　　　　　　　(f)

图 10　白云鄂博 H₉ 岩石单元中碳酸岩细脉的显微镜下照片(a)和 X 射线扫面结果(b)~(f)

4.3　岩石单元成因新认识在碳酸岩岩浆演化研究和找矿中的意义

岩石成因是成矿地质背景、区域构造演化、矿床成因、矿床模型研究的前提和基础，前人基于矿区主要岩石单元为变质地层的认识曾提出了白云向斜和宽沟背斜的认识，并提出了向斜核部找矿的思路（章雨旭等，2012），但近年的勘查结果证实，白云向斜可能并不存在。本文的研究结果表明，H₁、H₂、H₉ 岩石单元可能并非前人认为的变质地层，而是岩浆侵入成因，那么区内其他与 H₁、H₂、H₉ 岩性相似的岩石单元（H₃~H₇）的成因也值得商榷。若区内 H₁~H₇ 和 H₉ 并非前人认为的变质地层，那么对白云鄂博矿床的成矿地质背景、矿区构造式样、成矿模型需重新认识。

（1）岩相分带在碳酸岩岩浆演化和稀土元素分异、富集机理中的意义。岩浆的黏度与岩浆的温度、化学组成、挥发分含量、晶体含量有关，碳酸岩岩浆由于其富含挥发分和独特的化学组成，因此其黏度极低，其在侵位过程中的行为更接近于水流体，可以 20~65m/s 的速率快速上侵（Genge et al.，1995）。相对于贫硅的碳酸岩，白云鄂博碳酸岩相对硅含量较高（碳酸岩脉 $w(SiO_2)$ 最高可达12.43%；Yang et al.，2011a），考虑到黑云母岩和黑云母碳酸岩也为碳酸岩体的一部分，其母岩浆中应具有更高的 SiO_2 含量，因此其黏度相对于贫硅的碳酸岩要高。白云鄂博碳酸岩呈近 EW 向厚板状，在板状侵入体的两侧，由于快速的降温会造成高熔点矿物的大量结晶，形成晶粥，并使岩浆黏度进一步增大。上侵动力和黏滞性阻力的共同作用使边缘相中先期结晶出的片状矿物（如黑云母）定向（平行于侵位接触面）形成明显的流动构造，因此，白云鄂博黑云母岩、富黑云母碳酸岩中黑云母的定向并非仅仅由变形作用形成，很可能是原生流动构造的一部分，这在岩石显微结构中也可得到证实。

赋矿碳酸岩 H₈ 由外向内具有一定的分带特征，由外向内分别为白云石碳酸岩、条带状富含磁铁矿和萤石的碳酸岩和富磁铁矿的碳酸岩。笔者最新的研究发现，碳酸岩的围岩 H₉ 中的黑云母岩、富黑云母碳酸岩也为碳酸岩的一部分，是碳酸岩边缘相的产物。碳酸岩岩相分带的发现为研究碳酸岩的岩浆演化提供了可能。前人对黑云母岩（黑云母板岩）、富黑云母碳酸岩（暗板板岩）的岩石化学结果表明，其稀土元素总量和轻、重稀土元素比值明显低于赋矿碳酸岩（张宗清等，2003），表明碳酸岩边缘相中的黑云母、磷灰石等结晶可能造成了残余熔体中稀土元素，特别是轻稀土元素的进一步富集。基于碳酸岩岩相分带的认识，笔者认为，碳酸岩岩浆演化过程对白云鄂博成矿碳酸岩中稀土元素的富集和轻、重稀土元素的分异具有重要作用，但目前对碳酸岩浆演化过程中稀土元素的分异和富集机理研究较为薄弱。

（2）岩石单元成因和岩相分带新认识对指导矿区及周边找矿的意义。白云鄂博矿区蚀变和变形复杂，是造成矿床成因、成矿年代、矿区构造式样争议的主要原因。基于 $H_1 \sim H_7$ 和 H_9 岩石单元主体为变质地层（变质沉积岩和变质火山岩）这一认识，前人提出了包括宽沟背斜、白云向斜等褶皱式样和向斜核部找矿的思路（袁忠信等，1991；柳建勇等，2006；章雨旭等，2012），但是，近年的勘查结果未证实白云向斜的存在，赋矿白云岩两侧的岩石单元并不完全对应（肇创，2014），不同岩石单元的重复出现可能不是褶皱造成的。

笔者认为，矿区的 $H_1 \sim H_7$、H_9 岩石单元可能并非变质地层，因此，依据地层重复规律提出的宽沟背斜和白云向斜并不存在。白云鄂博碳酸岩具有一定的岩相分带，黑云母岩、富黑云母碳酸岩是碳酸岩体边缘相的表现，是岩浆演化的结果。岩相分带、岩浆演化控制了碳酸岩体侧向和垂向上的矿物组成和化学组成变化，因此，从碳酸岩的岩相分带的角度重新认识矿区的构造式样及赋矿碳酸岩的产状、空间分布、深部变化规律对指导矿区深部和外围找矿具有重要意义。另外，板岩在矿区普遍发育，除 H_9 岩石单元外，还发育多个板岩岩石单元，如 H_3 和 H_5，对这些板岩岩石单元的成因仍需进一步研究，其可能为碳酸岩的同期产物，若果真如此，那么其深部的找矿潜力值得重视。

5 结论

（1）白云鄂博是世界第一大稀土矿床，具有重要的资源战略地位。

（2）白云鄂博研究历史悠久，研究者众多，在赋矿碳酸岩的成因、成岩成矿年代、稀土矿物学等方面取得一系列重要进展，为碳酸岩型稀土成矿理论发展做出了突出贡献。尽管对白云鄂博赋矿岩石的成因目前仍存在不同认识，但越来越多的地质、地球化学证据支持中元古代岩浆碳酸岩的成因观点。

（3）白云鄂博经历了成矿后复杂的构造变形和热液蚀变，因此造成其矿床成因、成矿背景、成矿流体等方面尚存在不同认识，在碳酸岩岩浆演化、稀土元素富集和分异机理等方面研究尚较为薄弱，对稀土元素，特别是轻稀土元素超常富集的原因仍不清楚。

（4）碳酸岩流体是白云鄂博稀土成矿的关键，但对碳酸岩流体出溶机理、成矿流体性质、流体演化过程研究仍有待深入。富 SO_4^{2-} 可能是碳酸岩型稀土矿床成矿流体的重要特征，且在稀土迁移中具有重要作用。

（5）白云鄂博矿区出露的 H_1、H_2、H_9 岩石单元可能并非前人认为的变质地层，应为岩浆侵入成因，矿区其他前寒武纪岩石单元（$H_3 \sim H_7$）的成因也值得商榷。基于矿区主要岩石单元为变质地层认识提出的矿区构造式样，如宽沟背斜和白云向斜可能并不存在，矿区的构造式样和成矿地质模型研究仍需进一步研究。

（6）H_9 中的黑云母岩、富黑云母碳酸岩是碳酸岩的组成部分，代表了碳酸岩的岩相分带，是碳酸岩岩浆演化的最好纪录，碳酸岩岩浆演化过程对白云鄂博成矿碳酸岩中稀土元素的富集和轻、重稀土元素的分异具有重要作用。

看彩图

白云鄂博的点点滴滴

　　白云鄂博是世界上罕见的特大型稀土矿床，1984年，我大学毕业到白云鄂博工作，2011年调到包头稀土研究院。不知不觉我与白云鄂博相识相伴已有三十余载。这些年来，白云鄂博留给我零零散散、点点滴滴的事情时常在脑海里浮现。今天，借中国稀土学会成立四十周年征文之际，我将矿床成因、中重稀土和综合利用这三个问题做简要回顾，归拢一下零散的记忆并提出拙见，同时祝贺中国稀土学会成立四十周年取得的辉煌成就！

1　白云鄂博矿床成因

　　1982年的夏天，学校组织全班同学到白云鄂博进行野外地质认识实习，那时的白云鄂博还是一座座高山，地质老师带着我们翻过了一道道沟壑，对着沟壁的岩层一边用锤子敲，一边讲述地质现象。从前寒武纪到第四纪，跑了两天，讲了两天。老师当时讲过的内容我都记忆模糊了，只有一句记忆深刻："白云鄂博矿床成因到现在还没有定论，是世界难题，谁能把这个难题研究清楚，谁就是白云鄂博的又一功臣！"

　　1988年，美籍华人地质学家赵景德先生到白云鄂博做学术报告，赵先生用了半天的时间讲述白云鄂博矿床成因，从远古讲到今天，从地球讲到月球。他强调：白云鄂博矿床成因是个难题，需要全世界的科学家共同研究。那时我还是计算机机房中的一名软件程序员，当时只觉得白云鄂博矿床成因研究很有意思，但似乎离我的工作又很遥远。

　　2003年的夏天，241地质队的前辈们组织了三十多名队友重访白云鄂博，当时我作为白云鄂博矿的总工程师负责接待（我是白云鄂博铁矿第六任总工程师）。我带着老人们寻找旧日的足迹，他们对那时的情景依然记忆犹新。前辈中有一位叫何越教的教授，不厌其烦地给我讲述白云鄂博矿床成因研究，他讲的深入浅出，我似乎能听懂似的频频点头，但后来回忆起来又好像似懂非懂。这次非正式讲授对我触动很大，让我更加深刻地意识到白云鄂博是一个天然地质博物馆，作为它的总工程师，对它的矿床地质成因及其相关知识却一知半解，这是说不过去的。

　　原文刊于《我和中国稀土》2020年。

作者(右一)与白云鄂博首任矿长肖史(左三)、白云鄂博第二任
总工张澂(右二)、刘恩峰(左一)、于长谓(左二)合影

　　从那时起，我便开始注意搜集这方面资料，每当遇到相关学者或学习机遇我就主动请教、积极参与。断断续续至今，仍然在专家学者面前虚心倾听，外行面前普及知识，心里自谑是地道的"一瓶子不满半瓶子晃荡"。

　　2004年，白云铁矿组织研究西矿的开发并成立了项目组，我和项目组详细分析了1978年至1990年西矿大会战的资料。西矿的矿体是完全按照白云鄂博向斜构造连图的，而且核部由西向东是逐渐由浅变深的。这样推断就很容易联想到主矿和其南部的高磁异常区以及东矿和东介勒格勒也应该是白云向斜的南北两翼。为此我找到柳建勇、张台荣等地质专业的同志进行请教、咨询，并向当时的包钢集团主要领导汇报，希望能在东矿推断的向斜核部打深钻。经过反复请示，积极沟通，最终得到公司领导的高度重视，公司以科研项目的方式批准钻孔勘探计划，筹集专项资金300余万元对白云东矿进行深部探矿。项目进行到2005年10月底，共施工完成6个钻孔，总进尺3650.05m，六个钻孔中最深的可达800m。钻探结果不但没有找到向斜核部，反而越往下，矿体越厚，倾角越陡，似乎还没有与东介勒格勒构成向斜的迹象。这六个钻孔的结果让知情的地质工作者们感到异常的兴奋，因为它不仅仅是一个储量增加的问题，更重要的是白云向斜是否存在的问题，这将直接关系到矿床的 H_8 层位（赋矿白云岩）的成因问题。

　　2006年，白云铁矿向公司申报了《白云铁矿东采场深部勘探及利用成矿理论预测白云鄂博矿周边找矿区域》的科研项目。2006年7月开始，对东矿进行深部探矿工作，在原有的6个钻孔基础上，新增16个，总进尺18400.15m，矿体可延深至800m以下，即500m标高以下。计算铁矿石储量达亿吨，伴生稀土储量也有大幅增长。2008 年提交了《内蒙古自治区包头市白云鄂博铁矿东矿深部资源潜力勘探报告》。这一次勘探结果表明铁和稀土储量有大幅增量，但矿体的深部仍未可知。

针对前两次勘探所取得的成果，包钢集团又把勘探范围扩展到采矿场外围和矿体深部。2008—2014 年，包钢（集团）组织包钢勘察测绘研究院对白云鄂博矿区外围进行勘查工作。最终提交《内蒙古自治区包头市白云鄂博矿区（外围）东南段菠萝头、东介勒格勒、高磁异常区矿段稀土铁矿详查及东部接触带矿段稀土铁矿普查报告》。2014 年，对东矿进行深部勘探，施工 1 个 1775.4m 深孔，终孔标高为-100m，但仍未穿透下盘白云岩，白云岩中稀土矿化仍然较好，稀土含量均达到矿石边界品位，进一步验证了白云鄂博矿床深部巨大的资源前景，为矿床深部及外围找矿指明方向。

通过这几次深部和外围的地质勘探，人们对寻找向斜核部有了许多新的认识，增加了对赋矿白云岩找矿的兴趣，特别是铁矿体围岩中出现的大量火成碳酸岩，就此人们对沉积成因提出了更多疑问。

白云鄂博矿床的成因是几十年来一直存在争议的问题，众说纷纭。20 世纪 50 年代以前，人们对赋矿白云岩的沉积成因并无异议。1963 年，谢家荣先生在对白云鄂博矿区进行研究后，提出了白云鄂博矿床可能属岩浆碳酸岩型的看法。1971 年，内蒙古区测队认为本区赋矿白云岩为加里东中期侵入的碳酸岩。20 世纪 80 年代初期，岩浆成因和海底火山沉积成因的论文公诸于世。从此，专家学者们为各自的成矿观点做了许多工作，寻找了大量证据。

总结起来关于白云鄂博赋矿白云岩成因的认识，目前主要有以下五类，分别是：沉积变质-热液交代成矿；火成碳酸岩成因；海底火山沉积；深源热卤水成因；微晶丘成因。

一是正常沉积成因（包括沉积变质-热液交代成因）。主张正常沉积成因（包括沉积变质-热液交代成因）的学者认为，赋矿白云岩（H_8）原为正常沉积的白云岩，是白云鄂博群沉积地层中的一层。成矿则是含矿热液对白云岩的交代作用所致。证据是赋矿白云岩及其上下地层均具明显的沉积学结构构造特征，而且 H_8 白云岩含有大量灰岩夹层，见有化石和丰富的沉积构造。对于热液的来源，有的学者认为来源于区域变质作用和板块俯冲，有的认为来源于花岗岩浆作用或火成碳酸岩作用及派生的流体。

二是碳酸岩浆成因。火成碳酸岩成因认为，赋矿白云岩（H_8）实质上是一大型的火成碳酸岩侵入体。认为是岩浆成因的主要依据是白云鄂博矿床以 RE、Fe、Nb 为主的成矿元素组合和矿物组合与典型的岩浆碳酸岩矿床十分近似。H_8 含矿白云岩的稀土含量和稀土元素配分模式与其他火成碳酸岩岩墙具有很大的相似性。另外，矿床外围产出的一些小规模岩浆碳酸岩脉，其特征与含矿的白云岩一致。含矿白云岩的 C、O、H 同位素组成介于沉积碳酸盐与岩浆碳酸岩之间，Sr-Nd 和 Si 同位素与典型的岩浆碳酸岩相似，Pb、S 同位素显示深源特点。碳酸岩墙中的包裹体类型和温度测定结果，与典型的岩浆碳酸岩都有很大程度上的一致性。白云鄂博矿区的脉状萤石、石英中的流体包裹体中富 CO_2、含稀土子矿物显示了稀土矿床成因与火成碳酸岩的密切关系。

三是海底火山喷溢沉积成因。含矿白云岩的海底喷流沉积成因认为，赋矿白云岩（H_8）是通过沉积作用形成的，为海底循环的热水流体喷溢沉积而成。此外，不排除中元古时期的小规模岩浆碳酸岩活动。认为是海底喷流沉积成因的原因是白云岩的分布具有一定的时代性和层位性，又具有岩浆碳酸岩的某些特征，如下部有脉状体等。该白云岩还具有自身独特的特征，如其"眼式"构造，上部为层状，下部为脉状的二元式结构，它的 C、O 同位素特征介于海相碳酸盐岩和岩浆碳酸岩之间。白云鄂博矿石流体包裹体成分研究成果，以一个侧面支持了沉积喷溢成矿的论点。但涂光炽（1998）指出，沉积喷溢作用形成 F-REE-Nb 综合矿床在地质历史中未有先例，在世界范围内，喷溢态碳酸岩（即碳酸熔岩）是十分罕见的自然现象。

四是与深源热卤水有关成因。深源热卤水的学者认为，含矿白云岩不含来自地幔岩浆作用的地幔碎屑或矿物捕掳体、捕掳晶，而含有大量的热水沉积典型矿物，如重晶石、硫化物、萤石和非晶质二氧化硅等；结合 C、O、Sr 同位素低于同期的海水碳酸盐岩，高于岩浆碳酸岩，认为含矿白云岩是由海底循环的热水流体喷溢出海底并与海水混合沉积而成。陈辉等也认为碳酸岩的 C、H、O 稳定同位素在裂谷中，由携带大量深源物质的热卤水与海水 1:1 的比例混合而成。

五是微晶丘成矿（海底热水沉积）。微晶丘成矿的学者认为，赋矿白云岩为一大型的微晶丘，热水沉积的微晶丘形成了白云鄂博超大型 REE、Fe、Nb 矿床。微晶丘白云岩中有板岩的夹层及透镜体，这些板岩是由间歇性火山喷发的火山灰沉积在微晶丘内部或丘间，而后经变质改造作用形成。在赋矿白云岩中，宏观上可见纹层，但不见沉积层理，与北京西山及腮林忽洞微晶丘宏观特征相似。章雨旭等（2005）认为微晶丘是海底热水（含 CO_2）的化学作用产物，白云鄂博赋矿白云岩为一个形成于被动大陆边缘的微晶丘，其 REE、Nb、Na、F 来源于深部流体，而 Ca、Mg、Fe 来自于海水。

以上成果凝聚了国内外几代科学家的心血，但针对以上提出的多种成矿模式，尚不能够完全解释矿区内复杂缤纷的地质现象，许多有关矿床成因的关键性问题争论不休，没有形成统一的认识。随着同位素示踪和定年技术的应用，人们对白云鄂博矿床的成矿作用的认识引向深入，对于白云鄂博群和矿床的形成的年龄也有争议。在成矿时代研究方面，前人利用不同的同位素定年方法进行了大量研究，积累了大量年龄数据，但这些年龄数据较为分散，它们所代表的地质意义到底是什么仍然不清楚。因此，目前主要的争议在于：白云鄂博矿床到底存在几期矿化作用，主成矿期究竟是元古宙还是加里东期？

十几亿年来经过多次地质作用形成的一个难得的宝藏，经过短短几十年的开采，东矿体露天开采即将闭坑，主矿体采深也超过 200m，许多具有代表性的地质现象随着开采深度的增加而消失，矿体深部状况与勘探资料有很大差异，指导深部与外围找矿勘探、资源利用的矿床成因研究尚无定论，白云鄂博矿床成因是亟待解决的焦点问题。为揭示白云鄂博矿床成因，需要重点解决成矿地质作用与期次、成矿地质年代、成矿物质来源及成矿过程中稀土分异作用、矿床受控因素等关键科学问题。

有些学者认为研究矿床成因与矿床开采关系不大，这种观点显然是不对的，特别是针对目前的白云鄂博，如果成矿成因是沉积的，那么铁矿和稀土矿只能在层状白云鄂博向斜的赋矿层里找矿，开采到向斜核部矿石就开完了。如果成因是幔源岩浆岩那就是另一种情况了，所以必须搞清楚白云鄂博矿床成因。也就是说，只有知其然，才能更好知其所以然。但既然是世界难题，研究起来终究不是那么容易，主要困难是：白云鄂博矿床成矿作用复杂、成矿期次多、物质来源多、后期改造作用复杂，选择分析测试样品困难；白云鄂博矿床标型特征矿物稀少，需要原位微区微量测试方法支撑，部分测试方法尚不能完全满足项目需求；白云鄂博矿热液改造与蚀变强烈，地质作用相互关系难以分辨、判断，分析成矿机制难度较大。

为了更好地对白云鄂博矿床成因进行研究，在中科院地质与地球物理研究所的指导下，2019 年本人牵头申报并获批了"内蒙古自治区自然科学基金重大项目——白云鄂博矿床成因研究"。与此同时，范宏瑞、谢玉玲等研究白云鄂博矿床的学者也获得了国家自然科学基金的支持。更可喜的是，目前中科院地质与地球物理所上百人的队伍已经开赴白云鄂博现场开展研究，中国地科院也在白云鄂博设立研究平台并长期驻矿研究，包钢集团要求矿山现场、矿山研究院、勘察院、稀土研究院全力以赴积极支持配合各单位开展科研工作。这些项目均为揭示白云鄂博矿床成因，探索成矿地质作用与期次、成矿地质年代、成矿物质来源及成矿过程中稀土分异作用、矿床受控因素等关键问题。主要涉及以下几方面研究内容：

一是矿床地质研究。开展野外调查，对白云鄂博矿床的野外地质特征进行细致调查，系统采集代表性样品，研究白云鄂博矿床各矿体的形态、产状、空间分布、围岩蚀变及与围岩的接触关系；在室内进行岩相学、矿相学方面工作，分析矿石的物质组成、结构构造及类型。

二是赋矿白云岩成因。基于岩相学观察，对来自赋矿白云岩、白云鄂博群碳酸盐岩、碳酸岩脉中的白云石和方解石进行原位的主量、微量元素分析（电子探针和 LA-ICP-MS），然后进行对比研究，并重点研究赋矿白云岩化学成分、矿物组成、结构构造：白云岩形态、产状与上下盘的接触关系；形成温度；研究赋矿白云岩物质来源与成因。

三是成矿时代与期次的研究。选取具有代表性的样品，通过同位素地质测年，分析判断白云鄂博矿床、围岩的形成时间，以及铁、稀土、铌成矿顺序与期次。研究热液交代类型、期次及成矿过程中的作用。

四是成矿物质来源研究。利用同位素示踪、流体成分分析、包裹体测温、微量元素分析等先进的现代岩矿测试手段，查明白云鄂博超大型铁、稀土、铌等成矿物质来源以及相互关系。研究氟、钾、钠元素与稀土矿化的关系及在成矿过程中的作用，分析成矿物质的运移通道及运移过程。

五是地质作用与控矿因素研究。根据矿体产状及与围岩接触关系、矿物共生组合、结构构造、蚀变分析、稳定同位素分析，研究矿区发生的地质作用与地质事件。综合大地构造、区域地质及矿床地质，分析地层、构造、岩浆活动、热液活动、围岩蚀变等与成矿的关系，探讨成矿地质过程中的不同地质作用与控制因素。

六是建立白云鄂博矿床成矿模式。通过野外考察与室内分析的综合研究，了解白云鄂博矿床地质特征与赋矿白云岩的具体成因，利用成矿时代确定成矿背景，结合同位素示踪查明成矿物质来源以及对成矿地质过程中的不同地质作用与控制因素的确定，总结白云鄂博矿床成矿规律，提出白云鄂博矿床成矿模式。

正如许多专家所说，白云鄂博矿床的复杂性实属世界难题。目前在短时间内还难以取得较大突破性进展，必须集中国内外优势力量集中攻关，结合地层学、岩石学、矿物学、矿床学、地球物理、地球化学、同位素地质学、包体矿物学等学科，采用先进的原位微区分析、同位素示踪、同位素地质测年、流体包裹体成分分析与测温等方法，开展多学科综合研究，要在前几代科学家的研究基础之上再进行大量的工作，由野外考察到室内分析，由宏观到微观，从区域、矿床、矿体、矿石、矿物、元素等方面来探究白云鄂博矿床成因。如若白云鄂博矿床在还没搞清楚前就这样被开采殆尽，这将使我们这一代地质人以及资源开发者每每面对这个巨大宝贵资源时，都将难以释怀。现如今，我们丝毫不敢停下对白云鄂博矿床研究的脚步。

2　中重稀土探究

2011 年，我调到包头稀土研究院工作，出于对稀土矿山的情节，我先后到四川、山东和其他南方地区的离子型等稀土矿的开采现场学习，在参观学习过程中，最壮观的当属南方几个省所开的稀土矿。这些矿都是赋存在美丽的绿水青山的地表以下几米到十几米的风化带上，开采都是采取由池浸、堆浸进化而来的原地浸矿方法，这种方法用一排排白色 PVC 管将液体注入矿体中，然后在山脚下收集浸液。开采范围远远要比白云鄂博 48 平方公里大得多，这样的开采方式我前所未见，我看了以后心情异常复杂。这样的场景会使我本能地联想到地表植被、岩体稳定、水体及土壤等状态改变后的地质灾害。

从那以后，我就总是在想：我国中重稀土开发的代价能否再小一点，白云鄂博就没有中重稀土吗？如果有的话可否利用，利用后能缓解南方稀土的开发强度吗？带着这个问题，我组织团队对白云鄂博矿床的中重稀土开始了研究。我们的研究思路是：首先，确定白云鄂博矿床中有没有中重稀土；其次，如果有，它富不富，能不能经济的开采并提取出来；第三，如果技术可行经济合理，那么它有多大量，能满足多大的市场。

从 2013 年开始搜集资料、组织人员、建立团队。2014 年正式立项《白云鄂博矿床中重稀土赋存状态与迁移规律研究》，项目组通过对主矿、东矿现场踏勘，制定了具体采样方案，于 2014 年 5 月、2015 年 10 月和 2016 年 6 月三次对白云鄂博主、东矿生产现场进行采样。主、东矿共布设 153 个取样点，其中主矿 96 个点，东矿 57 个点。除开采境界内少见的透辉石型铌稀土矿石未采集到样品外，其他矿岩类型均采集到样品。本项研究采集到的主矿、东矿矿石样品各十种自然类型，即萤石型铌稀土铁矿石、白云石型铌稀土铁矿石、钠辉石型铌稀土铁矿石、钠闪石型铌稀土铁矿石、云母型铌稀土铁矿石、块状铌稀土铁矿石、白云石型铌稀土矿石、钠辉石型铌稀土矿石、云母型铌稀土矿石、板岩。

具体研究内容有：研究中重稀土在矿物中、矿石中的赋存情况；研究中重稀土在矿层中的赋存情况及可采性；分析中重稀土在选矿流程中的走向；分析中重稀土在湿法冶炼流程中的走向。

2014 年至 2018 年，在地质调查、采样、分析检测等工作的基础上从矿体、矿石、矿物、元素四个层面，利用等离子质谱仪（ICP-MS）、等离子原子发射光谱仪（ICP-AES）、激光剥蚀等离子质谱仪（LA-ICP-MS）、偏反光显微镜、场发射扫描电镜（FESEM）、能谱仪（EDS）、自动矿物分析系统（AMICS）、化学分析等检测方法和技术手段，针对白云鄂博主、东矿生产范围内中重稀土元素种类、品位及分布规律、含中重稀土主要矿物种类及分布、矿物组合等开展了系统研究，估算了中重稀土资源量，对其经济价值进行了评估。同时对中重稀土元素在生产流程中走向进行追踪，研究其迁移、富集规律。

白云鄂博有中重稀土吗？这个问题毋庸置疑，因为京瑞公司就是专门利用白云鄂博矿提取中重稀土的公司，每年有产量有产值。

白云鄂博中重稀土富吗？初略的估算一下，铁矿石中稀土的平均品位可达到6%，稀土配分中镧、铈、镨、钕、钇这五个元素的占比小于98%，那么铽、镝、钬、铒等其他元素的占比就大于 2%，6%×2% 是千分之一以上，可以说是很富了。

那么富集在哪里？研究了白云鄂博主、东矿矿石化学组成、矿物组成、含中重稀土矿物种类、矿石中稀土元素配分，得出白云鄂博矿石属选择型稀土配分，矿石中中重稀土元素种类、含量与矿石类型密切相关。主矿中重稀土含量略高于东矿。纵深方向，中重稀土含量均随开采深度的增加而增高。

随着开采进行，中重稀土到哪儿去了？通过实验我们查清了中重稀土元素在现行选冶流程中的迁移规律。

一是选矿流程：中重稀土元素选铁过程中，96.40% 进入选铁尾矿，选铁尾矿分选稀土获得的稀土精矿，42.35% 中重稀土进入稀选尾矿。稀选尾矿和选铁尾矿中重稀土品位低，但中重稀土配分值高，说明有中重稀土高配分值矿物未回收到稀土精矿中。

二是稀土冶金流程：稀土精矿经焙烧、水浸，86.69% 的中重稀土进入水浸液，其余 13.31% 进入水浸渣，在萃取转型过程中中重稀土全部进入混合稀土料液，随后在钕钐分组过程中中重稀土与轻稀土完全分离而全部进入钐铕钆料液。

怎样提取？目前稀土冶炼工艺中，中重稀土流失有两个出口，一个是稀选尾矿，另一个是水浸渣。所以提高中重稀土回收率途径第一是提高稀土精矿的中重稀土回收率；第二是优化焙烧—水浸工艺，降低水浸渣中中重稀土含量。

该项目成果被中国稀土学会和中国稀土行业协会评为一等奖。目前该项目只在探索阶段，想要彻底解决中重稀土的富集机制、中重稀土元素-矿物-矿体的空间分布、中重稀土资源的开采、回收等系列问题，还需要一个个的工艺技术的突破。

随着南方重稀土储量大幅度减少和环境压力剧增，寻找中重稀土是全世界关注的焦点。然而白云鄂博的稀土资源储量巨大，根据现已查明的稀土资源储量和稀土配分模式估算，白云鄂博矿石中具有不菲的中重稀土，但是这些中重稀土富集机制和赋存状态尚不明确。如果在白云鄂博矿集区及外围能寻找到局部富集、独立且可供开采的以中重稀土为主的矿体，将具有极高的战略价值和经济意义。

3　"以铁为主，综合利用"的思考

白云鄂博矿床在 1927 年发现时是一个铁矿。1950—1957 年，白云鄂博的勘探、设计、开采一直是围绕铁矿进行的。

1957 年到 1963 年期间，围绕白云鄂博稀土稀有元素的综合利用问题展开了一系列的研究，特别是中苏科学院合作地质队的研究。在 1963 年 4 月 15—28 日召开了具有历史意义的"4·15 会议"，会议提出的三种意见分别是"以铁为主""以稀土为主"和"稀土与铁并重"。三种意见各有倚重，会后国家科委向国务院副总理聂荣臻提交了《关于包头市白云鄂博矿藏开发利用问题的报告》，接下来有了 1963 年开始的 105 地质队对白云鄂博稀土稀有资源的会战。1965 年 4 月 15—24 日在包头召开了第二次"4·15 会议"，会议确定了白云鄂博"以铁为主，综合利用"的方针。1965 年以来，在该方针的指导下，白云鄂博矿为包钢提供了大量铁矿石原料，极大地支撑了国民经济建设，为我国的钢铁事业和地方经济的发展做出突出贡献。

作者（白云鄂博第六任总工，左二）与白云鄂博首任总工李荫棠（左三）、
白云鄂博第四任总工王有伦（右二）、白云鄂博第五任总工高海州（右一）、
白云鄂博副矿长王永国（左一）合影

建矿以来，白云鄂博主矿、东矿开采铁矿石仅要求矿石中铁品位及类型，与铁矿共生的稀土矿、含铌矿的围岩及板岩未单独开采利用。而是将其围岩中的稀土白云岩、含铌板岩和废石单独运输到排土场进行堆存、保护。

白云鄂博主矿、东矿开采出的铁矿石中含有大量稀土矿，但这些稀土矿在选铁工艺过程中被抛至尾矿中，根据需要在选铁尾矿中又选出了少部分稀土矿物，但大部分稀土矿物都以尾矿的形式堆存到尾矿库中。目前该尾矿库中的尾矿资源储量巨大，稀土（REO）、铌（Nb_2O_5）和萤石（CaF_2）资源品位都有不同程度的富集。

然而，随着钢铁产能的扩大，对铁原料的需求也在加大，加快白云鄂博铁矿的开采无论从降低包钢铁前原料成本还是从拉动地方经济角度考虑都是理所当然。进入 21 世纪初，著名稀土科学家徐光宪先生曾两次亲赴白云鄂博，我有幸以总工程师的身份陪同参观。徐先生对这片宝贵稀有资源正在进行的快速开采十分关注，他对白云鄂博的关心使我理解了保护战略资源的深远意义及其迫切性，同时我也更深的理解了徐先生等十五位院士就白云鄂博联名上书的远见卓识。为了既要满足包钢对白云鄂博铁矿石的需求又不至于过快的把富含稀土资源的主矿、东矿开采完。2005 年，开始对稀土含量较低的西矿进行开发。2006 年我调到西矿组织工作，经过一系列勘探、研究、设计施工，到 2010 年西矿建成并达产。主矿、东矿不仅躲过了超能扩产的计划，而且达到了减产的目的。

　　白云鄂博矿床发现至今已经 90 多年，开采也有 60 多年，"以铁为主，综合利用"的方针一直指导到今日。今天的中国，钢铁总量和体量已经远非 1965 年的境况，钢铁和稀土在国民经济发展中的地位也发生了变化。白云鄂博矿圈定的露天开采境界内的铁矿石储量也所剩无几，亟待重新审视开采方针。带着这一问题，我多次拜访了关心白云鄂博开发的许多专家学者，带着一些观点亲自登门请教徐光宪、李东英、周传典等老一辈科学家。听取他们的意见和建议，2017 年、2018 年、2019 年、2020 年、2022 年"白云鄂博稀土资源研究与综合利用国家重点实验室"连续五年在白云鄂博举办白云鄂博综合利用战略研讨会，2018 年承担了工信部软课题"白云鄂博资源综合利用问题研究"。这些年来，围绕白云鄂博已发现 71 种元素和 180 多种矿物，这些有价元素及矿物的空间分布，载体矿物有哪些种类和特征，是否形成独立开采的矿体，选冶性能如何等问题做了大量工作，特别是近几年来随着选矿厂的搬迁改造，对选铌、萤石、硫、钪等方面进行了工业规模的示范，取得了很大进步。但目前还存在以下问题：

　　（1）矿体圈定及储量、品位确定。白云鄂博矿床的矿体圈定一直是按照单一铁矿体圈定，仅圈定了铁矿体周围的部分稀土矿体，而且圈定铁矿采用的边界品位也是几十年前制定的标准，因此对应的铁和其他矿石的储量和矿体平均品位

2020 年第四届白云鄂博战略研讨会部分代表现场考察合影

都基于以前的勘探数据。最新钻探显示，赋矿白云岩全岩稀土矿化，铁矿化未终止，由于地质勘查工作程度不够，因而矿体的规模形态、产状、储量、品位都不确定。

（2）深部矿体地质特征不清。一直以来，白云鄂博勘查工作是以沉积-变质向斜控矿模型为指导的，这在早期控制白云鄂博矿床浅部资源起到了非常好的效果。然而，随着白云鄂博矿床成因的深入研究，越来越多的证据表明白云鄂博成矿作用与岩浆和热液作用关系更为密切，找矿模型发生了根本性变化，对应的勘查思路也应该及时调整，这对于寻找新的接替资源异常关键。因此，主、东矿深部资源分布规律如何？矿体形态如何？这对于深部开采方式的确定至关重要。

（3）矿体围岩中资源评价不足。白云鄂博是多种矿产资源共伴生的综合性大型矿床，主要矿产包括铁、稀土、铌、萤石、钾、硫、钍和钪等。到目前为止仅铁、稀土、铌三种矿产有查明资源储量，但铁、铌和稀土矿体深部也未全部控制：矿区内铁矿体的围岩中含有丰富的钍、硫、磷、钾、萤石等矿产资源仅有估计的资源储量，而且均为20世纪五六十年代的研究结论。

针对上述存在问题，当务之急要进行以下工作：

（1）开展探明资源的工作。研究新勘查方式，实施白云鄂博矿区整装勘查，查明稀土、铌等有价组分矿体的分布范围、矿体的延伸深度，并加强对矿体深深部中重稀土资源勘查。重新划分矿石类型，建议按类型以分圈、分采、分选为原则，确定经济合理的边界品位，重新圈定矿体边界，彻底探明深部和外围资源矿体的形态、产状、规模及矿产资源储量。

（2）白云鄂博矿石物质成分与工艺矿物学研究。系统研究白云鄂博矿石的物质成分，包括化学组成、有用或有害组分含量、矿物组成、元素的分布规律与赋存状态、矿物的工艺性质、粒度分布和嵌布特征及其变化、矿物单体解离特征，提出矿物粒度分布-粉碎与分选粒度特征和矿物解离参数，为高效采选冶工艺提供可靠的理论依据。

（3）推动采、选、冶新工艺的应用。明确白云鄂博矿床有用元素综合利用经济指标，重新认识执行几十年的"以铁为主，综合利用"开发利用方针，确立"综合利用"的新方针。对白云鄂博资源实行保护性开采，延长白云鄂博主、东矿的开采寿命，按需索取、精准采矿、精细选矿、高值利用、实现绿色可持续发展、真正实现"吃干榨尽"。

白云鄂博矿产资源是世界上罕见的稀缺资源，是中华民族的宝藏，也是我国未来实现民族伟大复兴不可或缺的战略资源，如何才能更好地实现资源综合利用，需要我们一代又一代白云鄂博的研究者和开发者潜心研究、不断探索，只有攻克难关才能担当起这一造福于民的历史责任。

>>> 地质篇

DIZHI PIAN

地质勘查

对白云鄂博矿床东矿体深部探矿的探讨

摘 要：简要介绍了白云鄂博矿区矿床地质概况，阐明了白云鄂博矿床资源丰富，铁矿体规模巨大。据前人地质工作成果显示，东矿体呈枝叉状尖灭于白云岩和黑云母化板岩中，深部变窄分叉尖灭于白云岩中。通过东矿体深部探矿揭示的矿体特征，结合前人工作资料认为：（1）东矿体严格受层位控制；（2）东矿体具有"沉积成矿"的主体成矿过程这一特性；（3）东矿体分布在向斜构造的北翼及其核部，并与南翼东介勒格勒矿体相连，且与主矿、西矿是同一构造体系；（4）东矿体在深部厚度变化不大，仍有向下延伸的趋势。根据以上认识推测在白云鄂博主矿、东矿、西矿深部存在较大储量的铁矿石资源。

关键词：白云向斜；资源潜力；深部探矿

白云鄂博矿床是一座集铁、铌、稀土等多金属为一体的超大型矿床。自1927年发现以来，先后有大量中外地质专家学者和地勘单位对白云鄂博矿床进行了地质研究与勘察工作，特别是241地质队在20世纪50年代初对其进行的地质勘探成果《内蒙古白云鄂博铁矿主东矿地质勘探报告》，为开发利用白云鄂博矿提供了可靠的地质资料，为建设包钢奠定了坚实的原料基础。但时过半世纪之久，随着矿床的不断开发揭露和探矿技术的进步，学术界对矿床有了更深层次的认识。笔者认为，在白云向斜核部深处，应存在较大储量的铁矿石资源。

1 白云鄂博矿区矿床地质概况

白云鄂博矿床位于内蒙古地轴的北部边缘，向内蒙古海西地槽的过渡带中。依板块构造观点，本区属于华北大陆板块的北缘与内蒙古海西海洋板块相邻。

1.1 地层

矿区内出露最老的地层为新太古界二洼道群，由变质砂岩、绿色片岩、黑云

原文刊于《金属矿山》2007年总374期；主要目的为了寻找向斜核部。

母片岩、片麻岩、混合岩等组成，仅分布于宽沟背斜轴部的东段。元古界白云鄂博群不整合其上，主要由石英岩、浅-暗色板岩及碳酸盐等组成，可分为 9 个岩组，20 个岩段。矿区只出露下部 4 个岩组，总厚 3000 余米。白云鄂博铁、铌、稀土矿床主要赋存在 H_8 白云岩与 H_9 板岩的过渡带中。

1.2 构造

（1）褶曲构造。矿区的褶皱构造主要是由宽沟背斜和白云向斜组成的宽沟复背斜，轴向东西，向西倾伏。复背斜枢纽是起伏的，东起好庆，西至查汗哈达，在两端昂起，中间倾伏下去，枢纽鞍部正好是西矿部位；轴部地层在东部翘起部位由上太古界二道洼群组成，往西至主、东矿一带，轴部地层分别为 H_1、H_2、H_3 岩段石英岩、板岩；其两翼倾角不一，北翼倾角 40°~60°，南翼产状较陡，变化在 60°~70°之间。

（2）断裂构造。区内断裂十分发育，依据断裂的形成力学和组合关系，主要分为近东西向的宽沟大断层及 NE 向和 NW 向的逆断层。

（3）矿区岩浆岩。矿区岩浆侵入岩，按成分可分为碱性基性岩和酸性岩类。碱性基性岩类包括辉长岩、碱性辉长岩及碱性岩脉。酸性岩类包括中粗粒黑云母花岗岩、角闪黑云母花岗岩、细粒黑云母花岗岩及酸性岩脉。据研究与碱性基性岩有关的碳酸岩脉、霓石、闪石岩脉对成矿有着重要作用，而花岗岩与成矿无关。

1.3 矿床分布

白云鄂博矿床赋存于宽沟背斜南翼白云向斜两翼的 H_8 白云岩中和 H_8 与 H_9 板岩的过渡带中。根据铁的边界品位圈定为主矿、东矿、西矿和东介勒格勒等铁矿体群，分布于都拉哈拉与阿布达之间，东西长 16km，南北宽约 3km。矿体产状和矿体中的层理及条带状构造的产状与围岩一致。

2 开采现状简述

该矿自 1957 年开采以来，采矿境界内的矿石储量也已开采过半。多年来，白云铁矿都是根据"以铁为主，综合利用"的方针进行设计和生产的，目前采用露天开采，铁路—公路—胶带联合开拓运输的开采方式，矿石边界品位 20%，入选品位 32.5%。

然而，随着矿山生产能力的达产、稳产，白云鄂博铁矿主东矿地质储量将以1200 万吨/年的速度减少。目前，东矿露天开采服务年限已不足 15 年，为其寻找接替资源势在必行。因此，对白云鄂博矿床深部开展探矿工作很有必要，一方面可摸清矿床在深部的赋存情况及质量，另一方面为白云鄂博矿床今后的开发利用提供决策依据。

3 2005—2006 年深部探矿简介

3.1 2005 年深部探矿简介

从 2005 年起,国家投资 20 亿元扶持资源危机矿山,在其深部和外围进行找矿工作,旨在挖掘矿山资源潜力,扩大矿山储量或发现新的矿床,延长矿山服务年限。白云鄂博铁矿也曾提出了申请,但因政府率先考虑重度危机矿山(1~5 年闭坑的矿山)和已经闭坑的矿山,因此扶持资金没有批准给白云鄂博铁矿(东矿属于轻度危机矿山)。但包钢公司在 2005 年自行投资,在东矿上盘 1488m 水平实施钻探工程共计 6 个孔,钻孔最深达 805.65m,初步探明矿体向下延深较深,且矿体厚度较大,有向深部延伸的可能,东矿深部探矿剖面图如图 1 所示。

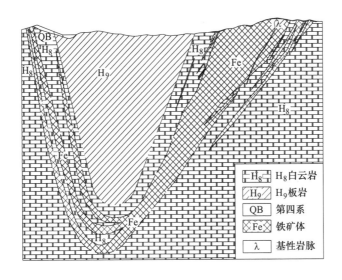

图 1 东矿 23 行资源潜力探矿剖面图

3.2 2006 年深部探矿简介

2006 年初,包钢公司根据 2005 年白云鄂博铁矿东矿深部探矿效果较好的实际情况,在原地质勘探和 2005 年深部勘探的基础上,继续对矿床深部进行资源潜力挖掘的探矿工程。其主要目的是查明东矿采场深部矿体赋存的空间位置和规模,并开展定性、定量和定位评价,充分挖掘资源潜力、扩大白云鄂博矿床的经济可采储量。

3.3　东矿深部探矿揭示的矿体特征

通过对 2005—2007 年部分深部探矿工程揭露的地质现象进行总结，在东矿体深部发现有以下几个特点：

（1）铁矿体严格受层位控制，均产于 H_8 白云岩中或 H_8 与 H_9 板岩接触带内，矿体内矿石作浸染状、层纹状或条带状、块状构造的渐变现象，反映了铁矿是"沉积成矿"这一主体成矿作用的产物。

（2）铁矿体与萤石化、钠闪石化现象紧密相关。在钻探过程中，只要在岩芯中发现白云岩中有萤石化、钠闪石化现象，这就预示着马上见矿了。同时，铁矿石中铁矿物为原生磁铁矿（占 90%）、赤铁矿（仅占 10%）。脉石矿物一般为白云石、萤石、钠闪石、霓石及少量云母（包括黑云母、金云母及微量绢云母）、长石、重晶石，矿石中还含有大量的稀土矿物，其含量在深部有增高的趋势。

（3）深部东矿体向南倾斜，向下厚度变化不大，产状变缓（个别部分矿体倾角仅为 30°～40°，应属白云向斜的核部部分，如 ZK21-06 孔，开孔标高 1594m，自此向下斜深 900m 开始至终孔），并且仍有向下延深的趋势；深部铁矿石资源储量将会大大增加。

3.4　对白云鄂博矿床东矿深部探矿的认识

通过对前人地质资料和 2005—2007 年东矿深部探矿工作揭示的地质现象进行分析后，笔者有以下几方面的认识：

（1）东矿深部探矿进一步证实：在白云向斜核部铁矿体是相连的，而且西矿与主、东矿是同一构造体系，严格受层位控制。据白云岩及矿体是白云向斜的两翼这一构造，东矿矿体在向斜核部与东介勒格勒矿体相连，预测主矿体应与破碎厂高磁区铁矿体相连（图 1）。

（2）白云鄂博矿床曾有特种高温热液、岩浆碳酸岩、热液交代、沉积变质等多种成因观点。经多年地质研究与深孔探矿实践证实，无论是海底火山喷发—沉积成矿，还是海相火山沉积稀有金属碳酸岩成矿，深源热卤水成矿以及海底喷流（溢）—沉积成矿等成矿理论的不断创新，它们均具有一个共同的特点，即矿床的形成表现出"沉积成矿"的主体成矿过程，矿体在空间上呈巨大的层状、似层状展布，且较稳定。沿走向和倾向矿体厚度和矿石品位变化均较小（东矿深孔探矿成果已证实）。所以，白云鄂博铁矿东矿深孔探矿工程的设计是沿一定层位和岩相布设的，目前已完成的 10 个深孔见矿率达 100%。白云鄂博共生矿床主要赋矿层为 H_8（哈拉霍圪特岩组第八岩段）和 H_9（比鲁特岩组）板岩的过渡带。因此，"沉积成矿"概念的建立和层位、岩相特征的确定，是本区最重要、最直接的找矿依据。

（3）根据主东西矿地质报告和前人资料，白云鄂博铁、铌、稀土矿床主要富集在宽沟断裂以南的狭长盆地内。矿床主体形成后，经多期区域变形变质作用，矿床和矿体因褶皱作用而多呈中等变形的向斜构造（形成白云向斜），矿体均分布在向斜构造的两翼及其核部。这一控矿构造模式的建立，不但为地质、物探资料所确立，更有深孔探矿的实际资料所证实。白云向斜控矿构造的建立，为白云鄂博矿区进一步开展深部找矿提供了可靠依据。

（4）铁矿体的延深与勘探深度。从深部探矿情况来看，东矿矿体沿走向连续，沿倾向延深甚大，并未尖灭。以往的钻探工程控制斜深一般 300~400m，少数 500~600m，个别达 750m 以上（主矿一深孔 960m），矿体厚度变化不大。东矿深孔探矿结果表明，矿体在深部厚度在 100~200m（假厚度），个别可达 300m 以上。因此，根据东矿深孔探矿的实际情况，下一步可在主矿及西矿开展深孔勘探工作，适当增加勘探深度，则白云鄂博铁矿石储量可望大增。

4 结语

综合上述情况，笔者认为，在白云鄂博主矿、西矿增加深部探矿工程，逐步向白云向斜核部开展探矿工作，可望获得巨大的铁矿石储量。

白云鄂博铁矿深部及周边探矿的
必要性与可行性

摘　要：本文通过对白云鄂博矿床地质概况和当前深孔探矿情况的分析，提出在白云鄂博主矿、东矿、西矿深部存在较大储量的铁矿资源观点。

关键词：白云鄂博；深部探矿；储量

1　白云鄂博铁矿区勘探已完成的主要地质工作

（1）1954 年地质部"241"勘探队提交的《中华人民共和国地质部二四一勘探队内蒙古白云鄂博铁矿主、东矿地质勘探报告》。

（2）1958 年 3 月包钢"541"勘探队提交的《白云鄂博铁矿破碎场高磁区地质报告》，证明破碎场高磁区磁异常是由铁矿体引起的。

（3）1962 年包钢勘探公司第二勘探队提交的《内蒙古白云鄂博东介勒格勒铁矿、稀土矿床地质普查报告》。

（4）1987 年 12 月中国有色金属工业总公司内蒙古地质勘探公司提交的《内蒙古自治区包头市白云鄂博铁矿西矿地质勘探报告》。

（5）2006 年 1 月东矿深部勘探成果《白云鄂博铁矿东矿深部资源勘查简要报告》，报告简要说明了通过几个深部钻孔的施工，证明东矿深部矿体并未尖灭，且存在较大储量的铁矿石，有进一步做工作的必要。

2　主矿、东矿深部及周边探矿的必要性

2.1　白云鄂博铁矿深部探矿的必要性

谁拥有资源，谁就有发展。随着包钢公司的钢铁产量的增加和铁矿石资源的日益紧缺，矿产资源成了制约公司发展的主要问题。作为包钢的原料基地——白云鄂博铁矿，其主矿、东矿采场的产量正逐年增加，使得矿山资源危机问题逐渐显露出来。按照设计，主矿、东矿最终开采境界的底部标高为 1230m。在此范围内的保有储量已开采过半，为东矿寻找接替资源已势在必行。

值得注意的是，根据 2001—2005 年生产勘探初步成果来看，目前主矿、东矿的保有储量没有上述的那么多，尤其主矿以东，矿体产状变化太大，明显显示

原文 2007 年在内部刊物发表，有较大删减。

出下盘变缓，上盘变陡的趋势，而且在勘探时，个别设计应该见矿的钻孔竟然没有见到矿，导致储量明显减少了。因此，主东矿服务年限要比设计的缩短。为了矿山持续稳定的生产，对白云铁矿进行深部探矿是非常必要的。

2.2 白云鄂博周边探矿的必要性

由于包钢公司下一步要达到1500万吨的钢铁生产规模，白云铁矿目前供应的铁矿石年产铁精矿约450万吨，加上巴润矿业公司的200万吨铁精矿，仍距公司所需差距甚大。为了满足公司对铁原料的需求，集团公司投资分别成立了若干个矿业公司，以期获得部分铁原料资源，降低产品成本。然而，到目前为止，各矿业公司花费了大量的人力、物力、财力后，并未找到具有规模的铁矿。

而分布于白云鄂博铁矿周围的具有较大规模的铁矿体却并未引起集团公司的高度重视，现在主矿后垚鑫铁矿已办理了采矿证，给白云铁矿的生产、设计带来了无穷后患；白云鄂博西矿南的 C_{105-2} 磁异常（包钢曾进行过磁异常验证，均为铁矿体引起）也已被私营企业瓜分；白云鄂博矿床东部接触带（打花儿）附近的铁矿体被私营企业办理了的探矿证，现在菠萝头山铁矿体、东介勒格勒矿体这些规模较大（应该定位在中型矿山行列）的矿体目前也被众多私营企业所看中，如果包钢（集团）公司不尽早在这些拥有显著储量的部分进行地质工作，不尽早办理探矿证及采矿证，这些矿石将会像 C_{105-2} 磁异常区一样，被私营企业所拥有。因此，在白云鄂博周边进行探矿是非常必要的。

3 主、东矿深部及周边探矿的可行性

随着科学技术的进步和成矿理论的不断创新，根据矿床成矿地质条件、成矿环境、矿床特征、地质找矿信息和地质工作程度等方面所获得的大量实际资料，认为白云鄂博铁铌稀土矿床仍具有很大的找矿潜力，白云铁矿深部及周边探矿是可行的，具体有以下几方面的依据：

（1）根据已做地质工作和地质理论，推测在白云向斜核部铁矿体是相连的，而且西矿与主矿、东矿是同一构造体系。据白云岩及矿体是白云向斜的两翼这一构造，东矿矿体应该与东介勒格勒矿体相连，主矿体应与高磁区铁矿体相连。中冶集团某勘探公司在东介勒格勒进行了部分钻探探矿工作，探矿效果较佳。

（2）菠萝头山及其附近发现有过较大规模的民采盗挖现象，白云铁矿地质人员也曾对该区域进行过地质踏勘工作，发现该区域存在铁矿体，且具有较大的探矿价值。

（3）"沉积成矿"概念的建立和层位、岩相特征的确定，是本区最重要、最直接的找矿依据。

（4）向斜控矿构造的建立，为矿区深部找矿提供了可靠依据。

（5）矿区航空磁测和地面磁性特征显示出巨大的找矿潜力。主矿、东矿之间，东矿东端，主矿、东矿南北两侧，高磁区，东介勒格勒等地段，部分异常验证为矿体引起。在白云鄂博地区，物探磁异常是重要的找矿信息和依据。

（6）统计预测资料显示矿区深部及延伸部位找矿前景非常良好。本区铁矿成矿远景区呈狭长带状分布于矿区中部。在空间上不但包含了东矿、主矿、西矿露头以及东介勒格勒、高磁区，而且从东到西把它们联成一个整体。

4　资源前景及下一步所需要做的工作

根据前人工作成果及白云鄂博矿床的成矿条件，在白云鄂博铁矿周边及主东矿深部还有数量不菲的铁矿资源。如何把这些资源进行验证，最终作为东露天采场的接替资源，还需做以下几项工作：

（1）进一步探明东矿深部矿体赋存状态及其蕴藏量，并在2005年的工作基础上继续开展地质资源勘查工作，对东矿体深部走向趋势进行初步控制，以达到初步探明矿体的赋存情况，为公司今后的规划发展提供一定可靠程度的地质资料，也为东矿寻找接续资源提供决策依据。

（2）在东部接触带至东介勒格勒之间有针对性地对铁矿体进行地质普查工作，地质找矿采用野外地质踏勘、矿体追索和比较等方法，结合槽探、井探和钻探等探矿工程，最终查明白云鄂博铁矿周边铁矿的资源概况。

（3）公司要用战略眼光来重视白云铁矿主矿、东矿深部及周边的探矿和采矿工作，为了白云铁矿和公司的未来发展，笔者认为，包钢公司应尽快着手把白云鄂博周边的矿产资源探矿权证办理下来。

5　主矿、东矿深部及其周边探矿是必要的，也是可行的

综上所述，在白云鄂博铁矿深部及其周边进一步进行探矿工作，不仅能够探明资源，增加矿量，而且可以解决目前困扰公司发展的资源问题，为公司今后的规划发展提供可靠的保证，同时也解决了东矿资源接续的问题。因此，在主矿、东矿深部及其周边探矿是必要的，也是可行的。希望公司领导安排有关部门尽早办理白云鄂博主矿、东矿周边地区的探矿权，尽快在这些地区开展探矿工作。

对白云鄂博矿床西矿体地质工作的认识

摘　要：本文回顾了白云鄂博西矿地质工作史，分析了2005—2006年包钢白云鄂博西矿基建勘探所做工作，结合国家颁布的铁矿勘探规范提出了白云鄂博西矿磁铁矿石的划分标准和今后地质工作的意见。

关键词：白云鄂博西矿；基建勘探；工业类型

白云西矿矿体分布范围是：西起2线，东至96线，全长约10km，南北宽2km的狭长矿化带中。矿体呈东西走向，分南北两个矿带（即向斜两翼，且在核部相连），产状表现为南陡北缓，地表相距200~500m，西部两矿带相距较近，向东变宽。西矿矿体主要产于中元古界白云鄂博群哈拉霍疙特岩组第三岩段（H_8）中和第三岩段（H_8）与比鲁特岩组第九岩段（H_9）的过渡带中，由多层矿组成，地质勘探中铁矿体共划分出16个主矿体，102个附属矿体（241队资料）。其中，主矿体分布集中地区为16—48线，矿体形态主要为似层状，次为大的透镜状，一般分布稳定而连续，局部出现分枝复合与尖灭再现现象，个别部位受次一级构造的影响，常使矿体形态复杂化，矿体最大延深855m（40线），西区（16线以西）延深小，东区（48线以东）不仅延深小，而且厚度薄，矿体规模不大。附属铁矿体多为小的透镜体。

1　白云西矿地质工作简史

白云鄂博西矿自发现以来，曾经历了多次地质勘探，成果显著，为西矿的开发利用提供了基础依据。

（1）1951—1954年，241队对白云鄂博西矿区进行了地质普查，1955年对西矿进行初步勘探，圈出了16个工业矿体，并于1956年1月提交了《白云鄂博西矿地质勘探报告》。

（2）1958年，原包钢541队工作两年后，重新对西矿第9、第10号矿体进行了圈定和储量计算，提交了《内蒙古白云鄂博铁矿西矿第9、10号矿体地质勘探总结报告》。

（3）1978年，为满足《白云鄂博西矿9、10号矿体开采设计方案》中矿石

原文刊于《包钢科技》2007年8月，第33卷第4期；该研究成果将西矿原来三个铁矿石产品即氧化矿石、混合矿石和磁铁矿石合并为氧化矿石和磁铁矿石两个产品，简化了采选工艺。

开采设计对地质资料的要求，包钢勘探队对西矿 9、10 号矿体进行了补充地质勘探，在综合过去资料的基础上编写了《9、10 号矿体地质工作报告》，计算了铁储量，并经冶金工业部储委审批。

（4）1978 年冶金部颁发了（78）冶地字 2111 号文件《关于白云鄂博地区地质会战工作会议纪要的通知》，西矿地质大会战随后开始。共有内蒙古冶金地质公司、华北冶金地质公司、陕西地质公司、燕郊冶金会战指挥部、包钢地质队和天津地质调查所等十二个单位参战，历时 2 年，于 1980 年 10 月结束野外工作。1987 年 12 月中国有色金属总公司内蒙古地质勘探公司提交了《内蒙古自治区包头市白云鄂博铁矿西矿地质勘探报告》，该报告包括详查区、勘探区和普查区的全部地质勘探成果，为西矿的开发提供了依据。

2　西矿基建勘探

2.1　西矿基建勘探的背景

西矿矿体规模较主矿、东矿要小，矿体形态较主东矿复杂，虽然西矿曾进行过多次地质勘探和地质研究工作，但在实际开发利用时发现，原勘探工程布局疏密不一，系统性差，要作为指导矿山开采的资料，其控制程度尚显不足，所提交的高级储量也满足不了投产初期的需求。为了满足矿山投产初期生产所需的高级储量，实现矿山的大规模集约化生产，根据秦皇岛冶金设计研究总院提交的《白云西矿初步设计》及 600 万吨设计说明书所提建议：西矿原勘探工程布局不尽合理，没有根据西矿是一个特大型露天矿的基本条件布置钻孔，使大量钻孔布置在露天开采范围以外，特别是 30 线以东，以及普查区；30 线以西露天开采范围内则布孔不够，其结果使规划的露天开采境界内有大量 D 级储量，需在基建剥离期间进行补充勘探，以便满足投产后的需求。为此，西矿在首采地段 2—48 线开展基建勘探工作，并于 2006 年 12 月底提交《白云鄂博西矿基建勘探报告》，以指导矿山正常生产。

2.2　西矿基建勘探工作完成情况

西矿基建勘探从 2005 年初开始设计，勘探手段采用钻探，共利用原勘探线剖面图 32 个、平面图 9 个，重新绘制完成 32 个新增勘探线剖面图。该设计于 2005 年 6 月通过包钢专家组评审后，即行开始野外钻探施工。经过 11 个月的工作，于 2006 年 9 月初结束整个野外工作。2006 年 12 月底完成室内工作。

3　对白云鄂博西矿地质工作的认识

3.1　基建勘探范围内氧化带矿石中磁铁矿石的分布

本次基建勘探中岩芯揭露的氧化带深度一般在 44m 左右，铁矿石矿物组成：

含铁矿物主要为磁铁矿（大部分分布在氧化带以下），次为假象半假象赤铁矿、磁赤铁矿及少量赤褐铁矿、褐铁矿（分布在氧化带中），还有部分含铁碳酸盐矿物（如菱铁矿、铁白云石、镁菱铁矿等）、含铁硅酸盐矿物（如黑云母、金云母、钠闪石、钠铁闪石等）及铁的硫化物（黄铁矿、磁黄铁矿、铁闪锌矿等）等；矿石自然类型主要为块状铁矿石、白云石型铁矿石、云母型铁矿石、闪石型铁矿石及云母闪石型铁矿石等几类。

通过对基建勘探的岩芯素描结果来看，白云西矿铁矿石大部分为磁铁矿矿石（矿石矿物为磁铁矿），约占总量的85%以上，其余为氧化矿矿石（矿石矿物为假象半假象赤铁矿、磁赤铁矿及少量赤褐铁矿、褐铁矿）。

通过对基建勘探的 3264 个矿石样品分析结果进行统计分析后发现，$w(mFe)/w(TFe) \geq 67\%$ 的矿样有 2379 个，根据 1987 年的地质报告，氧化带的铁矿石是根据 $w(mFe)/w(TFe) \geq 67\%$ 来划分的（1987 年西矿地质勘探报告）。其中磁铁矿 $w(mFe)/w(TFe) \geq 67\%$，氧化矿 $w(mFe)/w(TFe) \leq 67\%$。据此，氧化带铁矿石中磁铁矿所占比例为 28.64%。

3.2 铁矿石工业类型划分

2002 年颁布的铁矿勘探规范中指出，铁矿石工业类型的划分标准是：

（1）当矿石矿物成分复杂，矿石中硅酸铁（SiFe）、硫化铁（sfFe）和碳酸铁（cFe）的质量分数大于3%时，或者三者之和大于3%时，应采用：

$w(mFe)/w(TFe\text{-}SiFe\text{-}sfFe\text{-}cFe) > 85\%$ 为磁性铁矿石；

$w(mFe)/w(TFe\text{-}SiFe\text{-}sfFe\text{-}cFe) \leq 85\%$ 为弱磁性铁矿石。

（2）当小于3%时，一般可按磁性率指标来划分，即以 $w(TFe)/w(FeO)$ 的不同比值来衡量。当铁矿床中含铁矿物主要是磁铁矿，后经氧化成赤铁矿褐铁矿时：

原生矿　　$w(TFe)/w(FeO) < 2.7$；

混合矿　　$w(TFe)/w(FeO) = 2.7 \sim 3.5$；

氧化矿　　$w(TFe)/w(FeO) > 3.5$。

1987 年所提西矿地质报告中称：白云西矿铁矿石自然类型分两种，一种为白云石型铁矿石，约占全部铁矿石的80%，以磁铁矿为主，磁铁矿中铁的占有率为 72.57%，其次为碳酸铁，约占15%；另一种为云母闪石型铁矿石，约占全部铁矿石的20%，也以磁铁矿为主，磁铁矿中铁的占有率为 74.77%，其次为硅酸铁，约占11%。

根据 2002 年铁矿石工业类型划分原则，从表 1～表 3 统计的数据来看，西矿所有勘探数据中 $w(mFe)$ 占有率 >85%（磁铁矿）或 <15%（氧化矿）的样品分别占 13.17% 和 7.19%，其余都是混合矿。实际上，如表 4 中的样品是我们在矿

山生产过程中，根据矿体具体类型分布情况，结合实际在整个西矿基建勘探范围内所取的矿石类型的典型代表，如果用 $w(mFe)/w(TFe)$ 来计算磁性铁占有率的话，它们都是混合矿，而用 $w(mFe)/w(TFe-SiFe-sfFe-cFe)$ 来计算则为磁铁矿，其所得数据也符合白云西矿矿石矿物组成的实际情况。因此，如果西矿所有的勘探数据用 $w(mFe)/w(TFe-SiFe-sfFe-cFe)$ 的比值来划分磁铁矿、氧化矿和混合矿，那么，西矿的铁矿石应该有 76.09% 为磁铁矿，与原勘探岩芯素描和基建勘探岩芯素描结果相符。

表1　西矿基建勘探岩芯样 $w(mFe)/w(TFe)$ 各百分比占有率情况

$w(mFe)/w(TFe)/\%$	样品数/个	样品个数百分比/%	样长/m	样长百分比/%
<15	24	1.01	77.84	1.07
15~20	14	0.59	47.34	0.65
20~30	30	1.26	122.65	1.68
30~40	55	2.31	173.04	2.37
40~50	99	4.15	301.96	4.14
50~60	222	9.32	683.79	9.37
60~70	441	18.51	1350.76	18.52
70~80	747	31.35	2258.87	30.96
80~85	366	15.36	1110.83	15.23
>85	385	16.16	1168.1	16.01

注：从地表40m以下所取样品。

表2　西矿基建勘探与原勘探岩芯样合计 $w(mFe)/w(TFe)$ 各百分比占有率情况

$w(mFe)/w(TFe)/\%$	样品数/个	样品个数百分比/%	样长/m	样长百分比/%
<15	259	3.21	560.51	2.77
15~20	102	1.26	197.13	0.97
20~30	247	3.06	421.39	2.08
30~40	262	3.24	433.26	2.14
40~50	378	4.68	778.22	3.85
50~60	691	8.55	1649.81	8.16
60~70	1433	17.73	3737.68	18.48
70~80	2378	29.43	6393.7	31.62
80~85	1136	14.06	2952.21	14.60
>85	1195	14.79	3097.26	15.32

注：从地表44m以下到200m之间所取样品。

表3　西矿基建勘探与原勘探岩芯样合计 $w(mFe)/w(TFe)$ 各百分比占有率情况

$w(mFe)/w(TFe)/\%$	样品数/个	样品个数百分比/%	样长/m	样长百分比/%
<15	464	23.54	1455.37	23.31
15~20	146	7.41	473.25	7.58
20~30	211	10.71	683.55	10.95
30~40	174	8.83	555.4	8.90
40~50	160	8.12	515.76	8.26
50~60	147	7.46	454.89	7.29
60~70	203	10.30	633.28	10.14
70~80	231	11.72	742.11	11.89
80~85	106	5.38	334.64	5.36
>85	129	6.54	394.68	6.32

注：从地表到44m之间所取样品。

表4　西矿白云石型铁矿石与云母型铁矿石磁铁矿划分表

矿样号		$w(TFe)$ /%	mFe 占有率 /%	褐铁 占有率 /%	其他铁占有率/%				$w(mFe)$ / $w(TFe-SiFe-sfFe-cFe)$ /%
					SfFe	cFe	SiFe	小计	
白云石型	DT-55	31.15	63.88	2.73	2.09	17.98	13.32	33.39	95.90
	DT-58	30.50	66.07	2.62	0.33	17.54	13.44	31.31	96.18
	DT-64	29.65	67.79	1.52	2.53	17.20	10.96	30.69	97.80
云母型	DR-58	62.12	62.12	3.21	0.64	12.52	21.51	34.67	95.10
	DR-61	64.11	64.11	2.55	3.83	14.52	14.99	33.34	96.20
	DR-64	67.68	67.68	1.28	2.24	12.48	16.32	31.04	98.10

但在后来的勘探元素分析中，决定铁矿石工业指标的元素只化验了 TFe、mFe，而 SiFe、sfFe、cFe 未列入化验项目，这对如何正确划分白云西矿的铁矿石工业类型将是一大难题，也将影响到整个西矿选矿规划方案的确定。本文提出不妨提取副样对 SiFe、sfFe、cFe 进行化验，以根据勘探规范中的方法重新对矿石工业类型进行划分，并重新计算基建勘探提级储量。

4　白云西矿矿体下一步地质工作

1987 年地质报告中表述白云西矿矿体一般属于第 Ⅱ 勘探类型，部分矿体兼具第 Ⅲ 勘探类型的特征。

（1）1987 年在 2—16 勘探线范围提交的为详查成果，勘探线的基本间距为 200m，基本控制了矿体的形态、大小、规模。本次基建勘探是在以往工作的基础上，加密勘探线，按 100m×50m 基本网度布置工程，但求得的储量级别低于首采地段的储量级别要求，没有达到基建勘探的目的，对指导生产有一定的难度，主要原因是对矿体控制不够，该范围的矿体分枝复合与尖灭再现现象较多，矿体形态较为复杂，使得本次勘探所得结果与推测出入较大。下一步地质工作方向，应在现有勘探工程的基础上，加密勘探工程间距（包括在主勘探线上），准确控制矿体的形态、大小、规模等情况，求得满足首采生产需求的储量级别。

（2）1987年在16—25线与26—48勘探线范围提交的为勘探成果，勘探线的间距为100m。本次基建勘探是在以往工作的基础上，按50m×50m基本网度布置工程。而且主行勘探线很多部位虽有许多工程控制，但因其工程布置缺乏系统性，使得矿体控制程度差，尤其24—31行间，又受F_3断层影响，矿体变化大，控制程度低；41—46行间，南翼矿体变化大，主行控制程度低，并且基建勘探中未考虑布置工程进行控制。下一步地质工作方向，在大规模生产投产前，应考虑在这些部位布置一些探矿工程，准确控制矿体的形态、大小、规模等情况，为西矿的大规模机械化生产提供可靠的地质资料。

（3）虽然白云西矿原地质勘探在核部进行过部分探矿工程，但大多数探矿工程未穿过主矿层，造成白云西矿2—48线范围内的矿石大部分为D级储量，给矿山目前确定合理的开采设计方案和进行远景规划制造了困难。下一步地质工作方向是在大规模开采之前，对矿床进行补充勘探工作，要求D级远景储量升级达到工业储量的程度。重点部位是2—48线的向斜轴部以及中部第四系覆盖层厚的下部矿体。要求向斜轴部的矿体全部探明，以便最终确定适于露天开采的部分，并为白云西矿的远景规划提供决策依据。至于厚覆盖层以下的矿体，主要是由于东、西部露天开采剥离掉部分覆盖层，从而使这部分矿体有可能采用露天开采。

5 结论

（1）氧化带铁矿石类型是根据 $w(mFe)/w(TFe) \geq 67\%$（磁铁矿矿石）来划分的。

（2）氧化带以下根据如下方法进行划分：

白云西矿的 $w(SiFe+sfFe+cFe)$ 含量普遍大于3%，故采用 $w(mFe)/w(TFe-SiFe-sfFe-cFe) > 85\%$ 来划分磁性铁矿石和弱磁性铁矿石。下一步勘探时，不妨对SiFe、sfFe、cFe等项目进行化验，以确定矿石的工业类型。

（3）在2—16行勘探线继续加密勘探工程（包括主勘探线），以提高该部位的储量级别，24—31行和41—46行的主、副勘探线加密勘探工程，准确探明矿体形态、大小、规模，在2—48线间矿体核部深处按400m的间距布置深部探矿工程，准确控制矿体在核部的地质情况，为白云西矿的远景规划提供基础依据。

白云鄂博稀土矿床探矿的
必要性与可行性探讨

摘 要：通过对白云鄂博稀土矿床的地质概况、物质组成以及以往地质资料的分析，阐述了在白云鄂博主矿、东矿、西矿深部及周边进行探矿的必要性和可行性，提出了探矿设想并预测可求得较大稀土矿资源储量的可能性。

关键词：白云鄂博；稀土矿床；探矿；储量

1 白云鄂博稀土矿床地质概况

白云鄂博矿床是一个集铁、稀土、铌于一体的超大型多金属矿床，赋存于白云鄂博宽沟背斜南翼，白云向斜两翼的 H_8 白云岩中与 H_9 板岩的过渡带中，对于稀土而言，整个铁矿体、白云岩层及过渡带的板岩、钠闪石岩体、钠辉岩体都是矿体。根据铁和稀土的富集程度划分为主矿、东矿、西矿、东介勒格勒和东部接触带等 5 个矿段。在东起都拉哈拉，西至阿布达断层，东西长 16~18km，南北宽 2~3km，面积约 48km² 的范围内，形成了一个窄长的稀土、铁、铌矿化带，其中稀土矿体规模巨大，围岩主要为长石板岩、云母板岩、碳质板岩、云母岩、石英岩等。

白云鄂博稀土矿床走向近东西方向，在向斜北翼的矿体南倾，而向斜南翼的矿体北倾，向斜的轴部通过西矿深部探矿证实，南北两翼的矿体相连且在深部变厚变大，一般南翼产状较陡，北翼稍缓，五个矿段同属于一个成矿带，是一个不可分割的整体。

2 白云鄂博稀土矿床矿石物质组成

白云鄂博稀土矿床矿石物质成分极为复杂，综合现有的各种分析测试结果，共发现 71 种元素，170 多种矿物。稀土、铁、铌、钛、锰、锆、钍、钡、钙、镁、钠、硅、磷、硫和氟等是形成矿床中独立矿物的主要元素。

2.1 化学成分

白云鄂博稀土矿床中主要类型矿石的化学全分析和稀土配分结果表明：

（1）从东部接触带到西矿，稀土含量是不同的，主要成分在各稀土矿石类

原文刊于《稀土》2007 年 12 月，第 23 卷第 2 期；共同署名的作者有柳建勇。

型中的含量也是不同的，稀土、铌含量以条带状萤石型铁矿石最高，铁矿物则以块状铁矿石含量最高；主、东矿萤石型稀土矿石为高含稀土、铁、铌、氟、磷、钙的矿石；霓石型稀土矿石则相对高含硅、钾、钠；西矿矿石普遍以低含稀土、氟、磷、铌为其特点。

（2）矿石中稀土元素以铈族占绝对优势，镧、铈、镨、钕、钐稀土占有率为97%，其中 CeO_2 占42%；钇族元素以 Y_2O_3 为最高，占有率为 0.55%~1.3%。

2.2 矿物成分

白云鄂博矿床的矿物种类繁多，迄今为止发现的矿物已达170余种，除个别为围岩或岩浆岩的副矿物和造岩矿物外，其余均产在矿床的各类矿石和蚀变岩石中。稀土矿物主要有氟碳铈矿、独居石、黄河矿、易解石等16种。脉石矿物有萤石、钠辉石、白云石、云母、磷辉石、重晶石、石英等。不同类型矿石中矿物组合都在40种以上，有用元素不仅呈独立矿物出现，也呈分散状态赋存于其他脉石矿物中。

2.3 稀土元素的赋存状态

在白云鄂博矿床中，稀土元素绝大部分以独立矿物产出，迄今为止矿区已发现的稀土矿物及其变种为28种，其中新矿物和新变种为14种（其中有一部分既是稀土矿物又是铌矿物）。此外，矿床还具有钡稀土氟碳酸盐矿物品种齐全、易解石族矿物种类繁多、褐钇铌矿族富钇和富铈单元矿物共同出现以及钕矿物新种众多等明显的特点。

稀土元素以铈族元素为主，其中镧、铈、钕氧化物含量占稀土氧化物总量88.5%~92.4%，钇族元素含量很少，$\sum CeO_2 / \sum Y_2O_3$ 一般在 27.11~64.41 之间。稀土元素主要赋存在氟碳铈矿和独居石中，分布率为 73.14%~96.05%，其他分布在铁矿物、萤石和其他矿物中。

3 以往地质勘查工作简述

由于白云鄂博矿床的独特性和复杂性，以往地质工作量较大，地质数据也多，但因历史的原因有些数据已经缺失，所以目前所采用的数据仅是从现存资料收集而来的。

3.1 新中国成立前白云鄂博矿床与稀土有关的地质工作和成果

1927年7月，丁道衡发现了白云鄂博铁矿，并著有《绥远白云鄂博铁矿报告》；1935年，何作霖从丁道衡取回的标本中发现了含稀土的矿物："白云矿"（即氟碳铈矿）和"鄂博矿"（即独居石），编写了《绥远白云鄂博稀土类矿物的初步研究》的科学报告；1946 年，黄春江在白云鄂博工作 70 余天，编写并提交了《绥远百灵庙白云鄂博附近铁矿》报告。

3.2 新中国成立后白云鄂博矿床与稀土有关的地质工作和成果

（1）1950—1954 年 241 地质勘探队提交了《内蒙古白云鄂博主、东矿地质勘探报告》《内蒙古白云鄂博铁矿西矿地质勘探报告》。

（2）1959 年，包钢 541 勘探队对白云鄂博主矿、东矿下盘白云岩进行普查，并提交了《白云鄂博主、东矿底盘白云岩稀土普查工作报告》。

（3）1958 年 6 月 15 日—1959 年 8 月，中苏合作地质队历时 15 个月，完成了《内蒙古自治区白云鄂博铁-氟-稀土和稀有元素矿床 1958—1959 年中苏科学院合作地质队研究总结报告》。

（4）1962 年包钢勘探公司第二勘探队提交了《内蒙古白云鄂博东介勒格勒铁矿、稀土矿床地质普查报告》。

（5）1963 年，105 地质队以铌为重点，对主、东矿体的稀土、稀有元素进行评价，1966 年提交了《内蒙古白云鄂博铁矿稀土稀有元素综合评价报告》，同时著有《白云鄂博矿区矿床地质特征与成矿规律研究》《白云鄂博铌赋存状态研究方法》《白云鄂博矿区放射性元素专题报告》《白云鄂博矿区矿石矿物志》。

（6）1974—1977 年，包钢地质勘探队对主、东矿上盘开采境界内含稀土、铌有用岩石进行补充地质勘探，按资源保护工业指标圈定了稀土在白云岩、板岩中的富集带，并提交了《白云鄂博铁矿主、东矿储量计算说明书》。

（7）1987 年 12 月，中国有色金属工业总公司内蒙古地质勘探公司根据 1978—1980 年地质会战资料提交了《内蒙古自治区包头市白云鄂博铁矿西矿地质勘探报告》。

4 主矿、东矿深部及周边探矿的必要性

白云铁矿稀土矿体的形态不等同于铁矿体的形态，其分布范围远远大于铁矿体，以往虽然经过多次的地质勘探工作，但都是以铁矿的形态来圈定稀土矿体，未能按稀土矿体的真实形态进行勘探与圈定，造成稀土资源量的局限性，而实际上铁矿体包含在稀土矿体之中，是稀土矿体的一部分。随着科技的发展，稀土元素的应用越来越广泛，其价值也越来越高，通过开展利用新方法查明稀土矿体的分布范围、矿体的延伸深度和储量，为今后的开发利用提供准确的地质资料，实现矿山可持续发展，进一步查明稀土矿的分布范围和储量是十分必要的。

4.1 白云鄂博矿床深部探矿的必要性

白云鄂博稀土矿床的勘探与研究多是在 1980 年以前进行的，以后的工作只

是在生产勘探过程中由矿山地质工作者来做，所得资料均为主东矿开采范围内浅部的资料，而深部资料都是 20 世纪 80 年代以前的资料且结果都很粗略，而矿体界线更是没有具体划定。2005 年白云铁矿通过几个深部钻孔的所得资料，证明东矿深部矿体并未尖灭，且存在较大储量的稀土矿石，有进一步做工作的必要。

随着白云铁矿主、东矿采掘深度的增加，铁矿石资源储量逐渐减少，由于其具有不可再生的特性，矿山未来的发展要靠稀土资源来接续。按照设计，主、东矿最终开采境界的底部标高为 1230m，在此范围内的保有储量已开采过半，到2006 年底，矿山服务年限是：主矿约 26 年；东矿则不足 13 年，为白云铁矿今后的发展寻找接替资源已势在必行。

值得注意的是，根据 2001—2006 年生产勘探成果来看，目前主东矿的铁矿石保有储量变化较大，尤其主矿 9—1 行以东，矿体产状明显显示出下盘变缓，上盘变陡的趋势，且个别部位应该见矿的钻孔在实际钻探中没有见到矿，而在富矿中则发现白云岩透镜体的存在，这都表明铁矿石储量在减少。因此，主东矿服务年限可能要比设计的缩短。为了矿山未来可持续发展，对白云铁矿开展深部铁、稀土资源探矿是非常必要的。

4.2 白云鄂博周边探矿的必要性

随着国家对稀土资源的控制开发，国际稀土产品价格相对看好和铁矿石资源的缺乏，白云鄂博周围的资源探矿权有被其他企业所办理的现象，对白云鄂博矿床这一国家战略资源储备库的可持续发展构成威胁。如主矿后垚鑫铁矿已办理了采矿证，白云鄂博西矿南的 C105-2 磁异常区已被拍卖，白云鄂博矿床东部接触带（打花儿）附近的稀土矿体、菠萝头山稀土矿体由地方企业办理了的探矿证，现在东介勒格勒稀土矿体目前也被众多企业所窥伺，如果国家不支持包钢（集团）公司这样的大型国有企业尽早在这些拥有显著储量的部位进行地质工作，迅速办理探矿证及采矿证进行控制并合理有序的综合开发利用，这些具有巨大战略意义的稀土资源将会像上述几个探矿范围一样，被其他民营小企业所拥有并按铁矿进行开发，势必造成资源的严重浪费。

5　主矿、东矿、西矿深部及周边探矿的可行性

随着科学技术的进步和成矿理论的不断创新，根据矿床成矿地质条件、成矿环境、矿床特征、地质找矿信息和地质工作程度等方面所获得的大量实际资料，认为白云鄂博稀土矿床仍具有很大的找矿潜力，对其深部及周边探矿是可行的，具体有以下几方面的依据：

（1）"沉积成矿"概念的建立和层位、岩相特征的确定，是本区最重要、最直接的找矿依据。

（2）向斜控矿构造的建立，为矿区深部找矿提供了可靠依据。

（3）根据已做地质工作和地质理论，推测在白云向斜核部稀土矿体是相连的，而且西矿与主矿、东矿是同一构造体系。据白云岩稀土矿体是白云向斜的两翼这一构造，东矿稀土矿体应该与东介勒格勒稀土矿体相连，主矿稀土体应与主矿南稀土矿体相连。

（4）菠萝头山白云石型稀土矿因含铁而被盗采，笔者曾对该区域进行过地质踏勘，发现该区域存在规模较大的稀土矿体，极具探矿价值。

（5）2005年，中冶地勘公司在东介勒格勒进行了钻探探矿工程，只是穿过了铁矿体，下部白云石型稀土矿体则未穿透，故稀土矿储量要比东介勒格勒矿体普查报告大得多。

（6）东矿、主矿、西矿深部白云岩型稀土矿体至今也未能探到底，其稀土矿资源储量非常可观。

以上资料显示矿区深部及延伸部位找矿前景非常良好。稀土矿成矿远景区呈狭长带状分布，在空间上不但包含了东矿、主矿、西矿露头、东介勒格勒以及东部接触带，而且从东到西把它们连成一个整体（图1）。以上预测结果，经找矿验证，见矿率高达94.12%（据102个钻孔资料统计），因此在预测区进行探矿是切实可行的。

6 结语

综上所述，在白云鄂博铁矿深部及其周边进一步进行探矿工作，不仅能够探明资源，增加矿量，而且可以准确评价白云鄂博矿床的稀土储量在世界的地位，明确白云鄂博矿床未来可持续发展的战略方向，为矿山今后的规划发展提供可靠的依据。因此，在主矿、东矿深部及其周边探矿是必要的，也是可行的。

白云鄂博稀土白云岩
电磁学特征与影响因素

摘　要： 白云鄂博是全球最大的稀土矿和著名铁矿区，稀土白云岩是白云鄂博稀土矿赋矿岩体，大部分铁矿也赋存于其中。然而，稀土白云岩的电磁学特征至今没有清楚的认识，影响电磁法勘探资料解释及稀土白云岩发育规律的认识。我们测量了白云鄂博稀土白云岩、铁矿石样品和部分围岩的岩石复电阻率，为分析岩矿石复电阻率的分布规律和影响因素，还测量了样品的磁化率数据，部分样品进行了主微量分析和镜下分析，利用手持 XRF 分析仪对样品进行成分粗分析。结果显示，矿区岩石电阻率范围跨度大，且同类岩性电阻率差异较大。矿区围岩与矿石（铁、稀土）之间有较为明显的磁化率差异、轻稀土元素含量（LREE：La、Ce、Pr、Nd）差异。岩石组分与岩石电磁属性的交汇结果显示，岩石磁化率与岩石 TFe_2O_3 含量显著正相关。镜下分析发现，磁铁矿的分布与连接程度影响白云鄂博铁矿石电阻率。白云鄂博稀土白云岩具有中高阻甚至高阻特征，岩石中大量发育的高阻矿物是影响其电磁学特征的重要影响因素。

关键词： 白云鄂博；稀土白云岩；电阻率；磁化率

1　引言

　　白云鄂博是世界上规模最大的探明稀土矿、第二大铌矿，还伴生有规模较大的铁矿、萤石矿（Balaram，2019；范宏瑞等，2020；谢玉玲等，2020），地处华北克拉通北缘，紧邻中亚造山带，研究表明该矿区已经经历了超过 25 亿年的构造演化历史（王凯怡等，2012，2018；范宏瑞等，2020）。稀土白云岩是白云鄂博赋矿岩体，为一套源于地幔的火成碳酸岩（杨道明等，2022）。围绕白云鄂博的相关研究已经有近百年的历史，由于矿区经历多期复杂的变形变质作用，结构构造复杂，在成矿年代、成矿模式、矿体深部延伸与发育规律等方面依然存在争议（费红彩，2005；王凯怡等，2010，2012，2018；Yang et al.，2011，2019；Balaram，2019；范宏瑞等，2020；谢玉玲等，2020；柯昌辉等，2021；邓淼等，2022）。虽然已开展大量的地球物理工作，但发表的资料极少，针对矿区电磁法勘探及相关资料解释存在很大的研究空间。岩石电磁学是研究地球内部属性的重要方法，也是研究浅地表岩体和岩石样品电磁属性的重要手段（Wang et al.，

共同署名的作者有李亮、何兰芳、徐亚、赵永岗、郭建新、崔凤、郝美珍、赵剑、刘春龙。

2006）。基于岩石电磁属性的电磁法勘探在矿产资源探测、水文环境方面有显著的应用效果，目前也已经发展成为研究近地表地球介质最为重要的手段（何兰芳等，2014a，2014b；杨振威等，2015），但白云鄂博岩矿石电磁学特征研究却非常薄弱。为研究该矿区稀土白云岩电磁学特征、不同类型铁矿石的电性差异，为该区电磁法勘探提供解释依据，我们测量了白云鄂博矿区岩矿石和其他矿区铁矿石的复电阻率数据。为分析白云鄂博稀土白云岩复电阻率的影响因素，同时测量了样品的磁化率以及显微镜下分析，部分样品分析了岩石主量、微量成分。本文介绍了白云鄂博的基本地质情况，稀土白云岩的复电阻率、阻抗相位、磁化率、主量、微量特征以及它们之间的相互关系，讨论了组分和结构对白云鄂博稀土白云岩电磁学特征的影响。

2　白云鄂博矿区地质背景

　　白云鄂博地区大地构造部位横跨两个二级构造单元，以乌兰布拉格-赤峰大断裂为界，南为华北克拉通，北为华北克拉通北缘大陆边缘增生带，临近中亚造山带（图1）。白云鄂博稀土矿区位于华北克拉通北缘，白云鄂博群及稀土矿-铌-铁矿床成矿构造环境为中元古代白云鄂博裂谷系（白鸽等，1996；杨奎锋等，2012；翟明国等，2014；刘超辉，刘福来，2015）。基底由太古界变质岩系组成，中元古界白云鄂博裂谷系，发育地层主要为白云鄂博群，与下伏基底变质岩系有较大区别，与上覆稳定盖层性质也显著不同（曹秀兰，2002）。前人将白云鄂博群划分为6个岩组和18个岩段，分别为都拉哈拉组（$H_1 \sim H_3$）、尖山组（$H_4 \sim H_5$）、哈拉霍疙特组（$H_6 \sim H_8$）、比鲁特组（$H_9 \sim H_{10}$）、白银宝拉格组（$H_{11} \sim H_{13}$）、呼吉尔图组（$H_{14} \sim H_{18}$），主要岩石类型为砂砾岩、页岩和碳酸盐岩（赖小东，2013）。哈拉霍疙特组的H_8段是白云鄂博赋矿岩段，主要由稀土白云岩组成，成分复杂且岩相变化大，其成因至今仍有争议（王凯怡等，2012），Chao等（1992，1997）认为是沉积成因，REE成矿作用由古生代与花岗岩岩浆作用和变质作用有关的流体形成。袁忠信等（1991）、王凯怡等（2002）认为赋矿白云岩大理岩为火山-沉积构造，稀土成矿来源于地幔流体（袁忠信等，1991；王凯怡等，2002）。Drew等（1990）、Yang等（2003）认为赋矿白云岩大理岩为碳酸岩侵入体，稀土矿化来源于中元古代碳酸岩岩浆。最新研究发现，稀土白云岩和白云鄂博群的多套地层都有穿插关系，特别是和成因模式认为的上覆地H_9都存在侵入接触关系，并且H_9中普遍发育指示火成碳酸岩霓长岩化，据此认为"H_8"更有可能是侵入的火成碳酸岩（王凯怡等，2020）。

　　矿区的褶皱构造主要是由宽沟背斜和"白云向斜"组成的宽沟复式背斜（图1（b）），轴向近乎东西。以往研究基于"沉积成因"模式，认为"白云向斜"控制矿体的发育，但近几年矿区实施多个深部（1000m）钻孔并未打穿含矿白云岩，其中 WK-2002 钻孔孔深超过 1700m，依然没有钻穿白云岩，"白云向斜"控矿理论正在被断裂控矿模型代替（杨占峰等，2007；肇创，2014），白云鄂博矿区深部还有丰富的资源前景。白云矿区主体由东矿、主矿和西矿区构成，周边有东介勒格勒、高磁异常区、红土坡等多个小矿体组成。研究表明，白云鄂博地区有超过 100 条碳酸盐岩脉，这些岩脉与白云鄂博赋矿白云岩存在成因联系（She et al.，2021）。已有研究认为，白云鄂博区域经历了超过 25 亿年以上的演化历史，先后经历了吕梁期、加里东期、海西期和燕山期四期构造岩浆活动（曹秀兰，2002；赖小东，2013）。矿区分布面积最大的岩浆岩是海西期花岗岩类，由花岗闪长岩、中粗粒黑云母钾长花岗岩和细粒黑云母钾长-碱长花岗岩组成，主要分布在矿区的东南部，且花岗岩与成矿无关（赖小东，2013）。

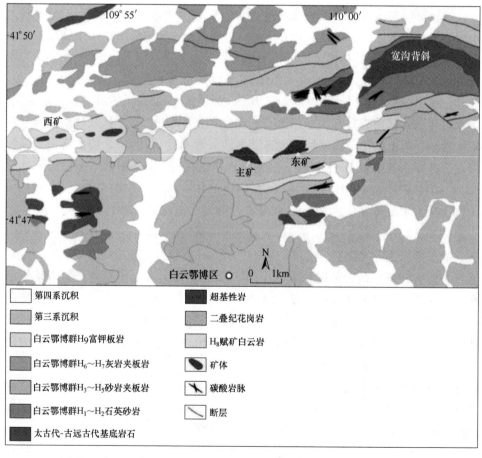

图 1　白云鄂博矿区构造位置及矿区地质图（据 Wang et al.，2020）

3 样品与方法

测试了400多块岩心和露头样品，露头样品主要采自主矿、西矿矿区、红土坡及矿区外围，岩芯样品由矿业公司提供，岩芯取样深度从几十米到1000m，部分样品超过1000m，最深达1772.2m。岩性包括铁矿石（磁铁矿和赤铁矿）、铁矿化白云岩、细粒白云岩、白云岩、花岗闪长岩、花岗岩、硅质岩、闪长岩、片麻岩、板岩等（附表1）。稀土白云岩（包括铁矿化白云岩、细粒白云岩、白云岩）是白云鄂博主要的含矿岩石，具有不同程度的矿化，主要有稀土矿化、铁矿石、萤石矿化（She et al.，2021）等。

样品的电性测量采用复阻抗分析法。该方法通过一定频率范围测量岩石复阻抗，同时获取复电阻率、阻抗相位等电磁学参数（赵云生等，2014；杨振威等，2015；刘明，2017）。我们在常温常压下，实测了白云鄂博矿区典型181块岩石复电阻率。使用仪器为英国SOLARTRAN公司生产的1260A阻抗分析仪，实验装置为对称四极装置（图2）。为降低样品与电极之间的极化效应，使用充填为饱和硫酸铜面团电极组（向葵等，2016；童小龙等，2020），供电、测量电极均为铜板。供电电压为3000mV，频率范围为$0.001\sim10^{7}$Hz。本文采用频率为0.1Hz的复电阻率值作为样品的电阻率。

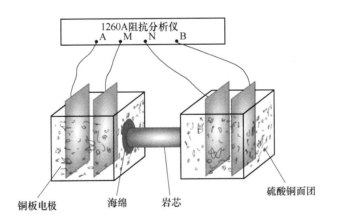

图2 岩石电阻率测量装置示意图（修改自 He et al.，2017）

磁化率测试由ZH-1与Terrals KT-10两种磁化率仪完成，实测样品678块，本文除特别注明外，磁化率单位均为10^{-3}。所有的样品都使用日本奥林巴斯Olympus Vanta矿石分析仪器进行成分初分析，为便于统计分析，我们将所有的矿石分为3类：围岩、稀土白云岩、铁矿化白云岩。68块代表性岩芯进行了XRF主量、微量分析分析（附表2）。

4　结果

4.1　岩石电磁学特征

图3为白云鄂博矿区181块岩石复电阻率，矿区岩石的电阻率变化范围大，从小于100Ωm到大于1MΩm。电阻率小于100Ωm为19块，主要岩性为磁铁矿石、铁矿化稀土白云岩，平均磁化率约为690.4（$\times 10^{-3}$，下同）；电阻率100～1000Ωm样品30块，岩性多为铁矿化稀土白云岩，稀土白云岩，平均磁化率约为217.9；电阻率1000～10000Ωm样品44块，岩性为稀土白云岩、赤铁矿、基性岩等，平均磁化率约为112.8；电阻率大于10000Ωm的样品88块，岩性多为硅质岩、板岩、变质岩、花岗岩等。矿区岩石电阻率越大，平均磁化率越低。在电阻率为100～100000Ωm的范围里，电阻率升高一个量级，平均磁化率降低约0.5倍。

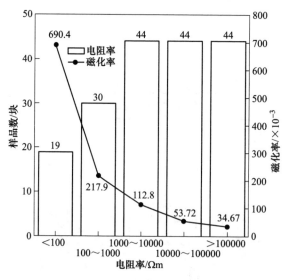

图3　白云鄂博岩石电阻率、磁化率分布图

图4为白云鄂博矿区12块典型岩石样品的复电阻率和阻抗相位曲线，主要岩性为铁矿石、白云岩、花岗岩、片麻岩、闪长岩、石英岩、板岩。岩石复电阻率随着频率的降低而逐渐升高并趋于稳定，相位（绝对值）随频率的降低而逐渐降低并趋于稳定，阻抗相位和岩石极化率存在正相关关系。图4（a）显示矿区不同岩石电阻率差异较大，最低值为高品位磁铁矿16Ωm，最高值为石英岩电阻率637394.8Ωm，相差6～7个数量级。且同一类型岩石电阻率变化范围较

大，如铁矿石、白云岩电阻率变化约 3 个数量级。四个磁化率由大到小依次为
1005.6、578.7、476.9、257.1 的铁矿石（磁铁矿），对应的电阻率为 16Ωm、
60.34Ωm、1148.9Ωm、3434.4Ωm，在 0.001Hz 对应的相位角为 -10.3°、
-6.5°、-1°、-3.1°。两个稀土白云岩磁化率分别为 169.5、4.2，对应的电阻率
为 393328.8Ωm、7264.349Ωm，相差约 54 倍，0.001Hz 对应的相位角为
-2.08°、-0.76°。全岩化学分析结果显示，这两个样品 TFe_2O_3 含量（14.7%、
15.02%）、SiO_2 含量（0.51%、0.62%）、MgO 含量（13.5%、10.15%）、CaO
含量（23.1%、28.1%）相近，LREE 含量有较大差别，分别为 28370μg/g、
731μg/g，相差约 40.3 倍。两块磁化率分别为 0.078、0.05 的花岗岩，电阻率
分别为 62838.62Ωm、10911.45Ωm，在低频段（<10Hz）相位角接近为 0，呈现纯
电阻特性，在低频段几乎无激电效应。片麻岩、闪长岩、石英岩、板岩电阻率
别为 37712.48Ωm、28723.27Ωm、637394.8Ωm、5024.04Ωm，磁化率分别为
0.25、0.3、0.084、0.5，激电效应均较弱。

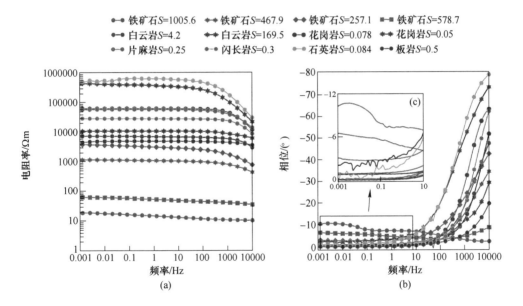

图 4　白云鄂博矿区典型岩石样品复电阻率(a)和阻抗相位曲线(b)图

　　图 5 展示了岩石 0.1Hz 相位与 TFe_2O_3 含量的交汇关系，结果显示 0.1Hz 相
位值与 TFe_2O_3 含量（<70%）之间存在正相关关系，相关系数为 0.8470，
TFe_2O_3 含量越大则相位值越大（绝对值），激电效应越强。手持 XRF 测量结果
显示岩石 0.1Hz 相位值与 Fe 含量之间正相关关系较弱，与 LREE 含量无明显统
计规律（附图 1）。

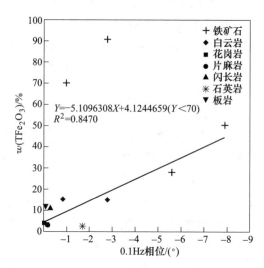

图 5　白云鄂博典型岩石 0.1Hz 相位与 TFe_2O_3 含量交汇图

4.2　磁化率特征

矿区 678 块样品磁化率特征如表 1、表 2 所列，铁矿石磁化率测量结果显示：磁铁矿的平均磁化率最高，为 1027.264，且铁矿石品位越高，磁化率越高；铁矿石中黄铁矿的平均磁化率最低，为 9.69；678 块岩矿石中磁化率大于 100 的岩石共占 302 块，占比 44.54%，表明该矿区岩矿石具有相对高磁化率特征。图 6 为矿区 5 个钻孔岩心的磁化率、电阻率测量结果包括 2 个深度小于 500m 的钻孔和 3 个深度大于 1000m 的钻孔。结果表明矿区岩体（或岩层）样品不同深度电阻率变化量超过 7 个量级，电阻率交替变化。不同深度的样品磁化率也在较大范围内变化，以 SK19-1 钻孔为例：钻孔内磁化率最大值可达 2242.84，最低磁化率为 0.01，平均磁化率为 156.529。在采样深度约 160~175m 处，平均磁化率（659.31）高于本钻孔其他井段平均磁化率（134.65）约 4.89 倍，高磁化率对应岩性为铁矿石、铁矿化板岩。三个深孔的高磁化率异常主要出现在 600m 甚至 800m 以下的深部井段，电阻率高低交替，对应岩性多为高品位铁矿石、稀土白云岩。

表 1　白云鄂博铁矿石磁化率分布表

岩　性	赤铁矿 Fe_2O_3			磁铁矿 Fe_3O_4			黄铁矿 FeS_2
品位/%	23~29	30~37	38~42	23~28	31~33	37	—
平均磁化率/10^{-3}	238.224	575.7868	779.634	575.447	891.747	1027.264	9.69

表2　白云鄂博岩石样品磁化率分布统计表

磁化率/×10⁻³	0~10	10~100	100~500	500~1000	>1000	合计
样品数/块	194	182	250	37	15	678

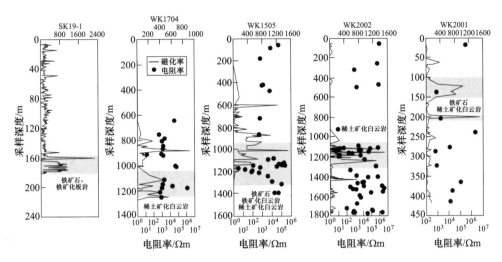

图6　白云鄂博岩芯实测电阻率、磁化率图

4.3　手持 XRF 分析结果

样品 Fe 含量、LREE 与电阻率、磁化率交汇图如图7、图8所示，结果表

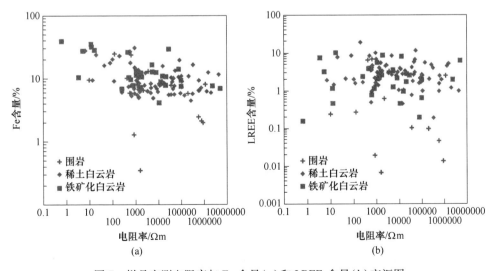

图7　样品实测电阻率与 Fe 含量(a)和 LREE 含量(b)交汇图

明：（1）围岩（主要为 H_9 深灰色板岩、粉砂岩等其他杂岩）、铁矿化白云岩、稀土矿化白云岩电阻率变化范围较大，达 7 个量级。铁矿化白云岩、稀土白云岩的 Fe 含量在 4% 以上（图 7（a）），LREE 含量在 0.1% 以上（图 7（b））。本次测试样品中没有包括围岩中的白垩系红层，蚀变岩和外围炭质板岩。（2）矿区岩石磁化率与 Fe 含量呈显著的正相关关系，相关系数为 0.7204。样品 Fe 含量越高，磁化率越高（图 8（a））。多数围岩具有低磁化率、低 LREE 含量的特征，铁矿化岩石与稀土白云岩具有高磁化率、高 LREE 含量的特征（图 8（b））。

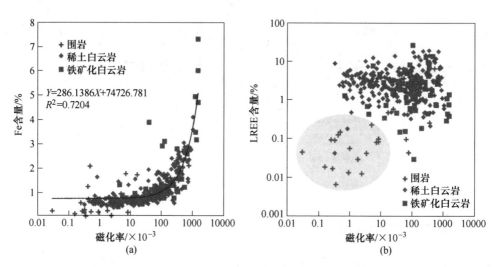

图 8　样品实测磁化率与 Fe 含量(a)和 LREE 含量(b)交汇图

4.4　岩石主微量分析

为详细分析岩石物性参数与岩石主微量之间的关系，选用 63 块岩石样品进行主量微量成分分析。全岩主、微量是在澳实分析检测（广州）有限公司完成，主量测定方法包括为 X 射线荧光光谱、熔融法电感耦合等离子体质谱法、电感耦合等离子体发射光谱法。

图 9 为岩石电阻率与 TFe_2O_3 含量、LREE 含量的相互关系。结果表明：（1）TFe_2O_3 含量 30% 以上铁矿石电阻率分布于 $10 \sim 10000 \Omega m$ 之间，分布范围较宽，赤铁矿电阻率高于其他类型的铁矿石。TFe_2O_3 含量小于 20% 岩矿石电阻率分布规律不明显。（2）稀土含量较高的铁矿石具有相对低阻特征。整体上电阻率与 LREE 含量无明显规律。图 10 展示了岩石磁化率与 TFe_2O_3 含量、LREE 含量交汇图。结果显示：（1）高品位铁矿石磁化率大部分分布于 $100 \sim 1000$，低品位铁矿石磁化率与 TFe_2O_3 含量两者之间没有明显的关系。赤铁矿磁化率小于 10。

TFe$_2$O$_3$ 含量小于 70% 时，磁化率与 TFe$_2$O$_3$ 含量呈正相关关系，相关系数为 0.6050。（2）LREE 含量大于 0.1% 的样品磁化大于 10，小于 0.1% 的样品磁化率绝大部分小于 1。

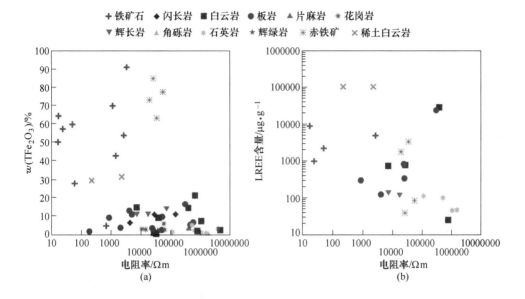

图 9　岩石电阻率与 TFe$_2$O$_3$ 含量(a)和 LREE 含量(b)交汇图

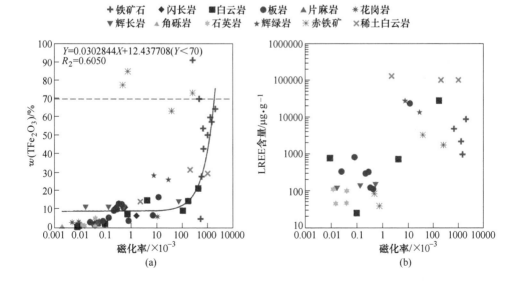

图 10　岩石磁化率与 TFe$_2$O$_3$ 含量(a)和 LREE 含量(b)交汇图

5　讨论：白云鄂博稀土白云岩复电阻率影响因素

5.1　组分对电阻率的影响

组分和结构是常温下岩石电阻率两大主要影响因素。组分矿物的含量和矿物的分布、结构主要指良导矿物在岩石中分布状态（Keller, 1988；何兰芳, 2014a, 2014b）。白云鄂博稀土白云岩石的主要组分（附表 2）包括 SiO_2、Al_2O_3、TFe_2O_3、MgO、CaO、$LREE$ 六类，主要矿物包括白云石、铁矿石（磁铁矿、赤铁矿、褐铁矿）、稀土矿物、石英等。本文主要讨论总铁和轻稀土含量对稀土白云岩及部分围岩电阻率的影响。虽然铁矿石中的磁铁矿和赤铁矿为导电矿物，但组成白云鄂博稀土白云岩的主要矿物白云石、方解石、萤石、稀土矿物（独居石、氟碳铈矿）、石英等均为电阻率极高（通常大于 $10^{10}\,\Omega\text{m}$）的高阻矿物，因而白云鄂博稀土白云岩电阻率整体以高阻和中高阻为主。含铁矿物较高样品也表现为中高阻特征，对比矽卡岩型（青海祁漫塔格）、海相火山岩型（新疆西天山智博）与白云鄂博矿区的测量结果可发现（图 11），白云鄂博矿区铁矿石相较两个矿区岩石电阻率更高，分布范围更广，其中赤铁矿（褐铁矿）电阻率最高，达到 $55705.47612\,\Omega\text{m}$，为中高阻甚至高阻特征。磁化率和磁铁矿含量存在密切的相关性，铁氧化物的含量和分布决定了岩石的磁性特征（郎元强等, 2011）。岩石物理试验结果也表明，磁铁矿含量达到 1% 的岩石磁化率会比不含磁铁矿的多数岩石磁化率高出 1000 倍以上。铁磁性矿物含量是控制沉积物磁化率高低的主导因素（王建等, 1996）。从样品的磁化率推测，磁铁矿含量和电阻率之间存在互相关关系（图 3）。稀土含量对电阻率影响极小（图 7（b）），虽然图 9（b）中展示了稀土含量和电阻率的弱负相关性，但由于白云鄂博稀土白云岩

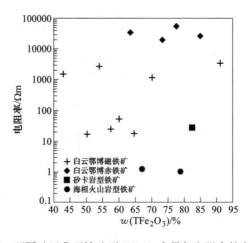

图 11　不同矿区典型铁矿石 TFe_2O_3 含量与电阻率的交汇图

中磁铁矿和稀土伴生发育，据此推断电阻率主要受其中磁铁矿的影响。白云鄂博稀土白云岩总体上为中高阻甚至高阻特征。岩体（样品）蚀变和含水性也是影响岩石电阻率的重要因素，本文没有专门研究。

5.2 结构对电阻率的影响

导电矿物在岩石中的分布（结构）对岩石的电阻率也有极大的影响。为分析结构对白云鄂博稀土白云岩电阻率的影响，对矿区岩石进行显微镜下分析。图12 为矿区 5 个样品和西天山智博矿区 1 个样品的显微照片。西天山铁矿样

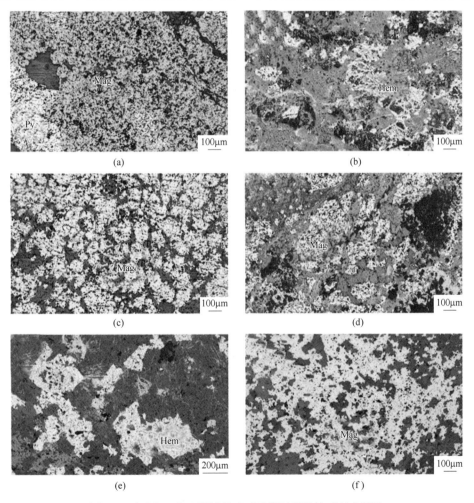

图 12　西天山、白云鄂博铁矿石岩样显微结构反射光照片

（暗色为非金属矿物，主要为长石、石英等）

（a）西天山 XTS-09；（b）21HBYS-06；（c）21HBYS-10；（d）21HBYS-11；（e）21HBYS-12；（f）21HBYS-17

Mag—磁铁矿；Py—黄铁矿；Hem—赤铁矿

品（图 12（a））磁铁矿相互连接，而且导电金属矿物包含黄铁矿与磁铁矿。白云鄂博样品（图 12(b)~(f)）表明导电金属矿物主要为磁铁矿。暗色为非金属矿物，包括长石、石英等不导电矿物。综合分析 6 个样品的显微照片结果、磁化率、电阻率与导电矿物的对应关系：样品（a）XTS-09、样品（c）21HBYS-10、样品（f）21HBYS-17 中发育大量磁铁矿，而且磁铁矿连接好，样品（a）中发育黄铁矿。样品（a）、（c）的磁化率高于检测限（大于 2000），样品（f）磁化率为 1283；对应的电阻率分别为 1.20Ωm、17.45Ωm、50.89Ωm。样品（a）由于黄铁矿含量较高，对应的电阻率更低。样品（b）、（e）中发育赤铁矿（褐铁矿），且连接性较差，样品（e）较样品（b）发育更多的非金属矿物，对应电阻率（34754）明显高于样品（b）（19668），样品（b）磁化率 254.3，样品（e）磁化率 38.1。样品（d）发育磁铁矿，连接性较差，电阻率居中（2719.70），磁化率在三个中最高（666）。初步分析表明，样品的导电矿物结构对电阻率有较大的影响。

6 结论

岩石复阻抗分析结果表明白云鄂博稀土白云岩具有中高阻、甚至高阻电阻率特征，除少量富铁矿样品电阻率小于 100Ωm 外，大部分样品电阻率高于 1000Ωm，少量达到近 1MΩm。造成包含白云鄂博稀土白云岩较高主要原因为该类岩石中含有大量的不导电矿物，同时不导电矿物不同程度地影响了岩石导电矿物的连接性。富集铁矿的稀土白云岩具有较高的极化率。矿区围岩与矿石（铁、稀土）之间有明显的磁化率差异，含矿（铁、稀土）岩石具有高磁化率特征，统计平均结果表明：高磁化率样品对应的电阻率更低。手持 XRF 分析结果表明 LREE 元素的富集不会引起电阻率降低，主量分析结果表明轻稀土含量和电阻率之间存在弱负相关关系，由于没有排除磁铁矿等因素的影响，尚不能明确它们之间的相互关系。

致谢

感谢包钢（集团）公司、白云铁矿、巴润矿业有限责任公司、稀土研究院及其他相关单位对本项工作的大力支持。本项工作受到了中国科学院地球科学研究院重点部署项目（IGGCAS-201901）、中国科学院重点部署项目（ZDRS-ZS-2020-4）资助。

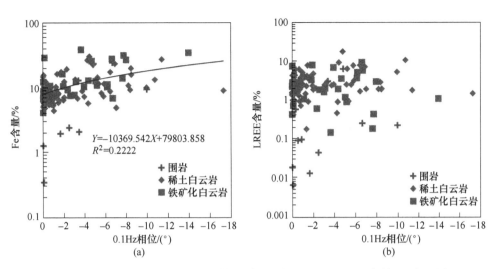

附图 1 岩石激电相位(XRF 测量结果)与 Fe 含量(a)和 LREE 含量(b)交汇图

附表 1 白云鄂博矿区代表性岩石

名　　称	样　品	电阻率/Ωm	磁化率/×10⁻³	密度/g·cm⁻³	描　　述
白云岩		7332.214	4.15	3.172	白云鄂博矿区的主要成矿岩石(She et al.,2021),形态多样,分类多样,如稀土矿化、铁矿化、硅质、霓长岩化等
细粒白云岩		4544774	0.05	2.657	多分布于主、东矿,粒径小于0.2mm,由白云石、独居石、磷灰石和重晶石组成。较粗粒白云岩形成晚。具有 Fe 质到 Mg 质,再到 Ca 质的演化顺序。体现了岩浆演化过程(Yang et al.,2019)
片麻岩		395228.1	0.057	2.615	变质岩,矿区基底岩石的一种

名　称	样　品	电阻率 /Ωm	磁化率 /×10⁻³	密度 /g·cm⁻³	描　述
板岩		205.0427	0.0367	2.884	具有热液叠加，矿区内有大量的霓长岩化板岩
闪长岩		148200.5	0.58	2.884	基底岩石，含有大量闪长石，石英颗粒
硅质岩		637394.8	0.084	2.614	富含大量二氧化硅，滨海沉积相
花岗岩		10919.15	0.078	2.464	矿区基底岩石，是矿区内发育面积最大的岩浆岩，与白云鄂博群呈侵入的关系，在矿区南面从东部接触带到西部阿布达、北部均有出露，在矿区内没有发育（王凯怡等，2012；She et al.，2021）
萤石、铁矿化白云岩		739466.686	426.78333	3.341	常常发育在接触带分界处

名 称	样 品	电阻率/Ωm	磁化率/$\times 10^{-3}$	密度/$g \cdot cm^{-3}$	描 述
铁矿石		3748.676	202.76	3.706	铁矿石，伴生稀土矿，稀土元素含量较高。本片中样本直径 $d = 2.5cm$
铁矿石		1148.903	758.35	3.72	铁矿物主要有磁铁矿、赤铁矿
铁矿石		16.754	1005.59	3.73	—
铁矿化白云岩		60.343	578.73	3.26	—
白云岩型铁矿石		697.624	534.83	3.49	部分风化

附表 2　白云鄂博部分岩样品岩石化学成分电子探针分析结果

样品编号	$w(SiO_2)/\%$	$w(Al_2O_3)/\%$	$w(Fe_2O_3)/\%$	$w(MgO)/\%$	$w(CaO)/\%$	$\Sigma LREE$ 含量/$\mu g \cdot g^{-1}$
BPK-2	14.54	0.25	27.99	12	13.35	*
BPK-3	17.67	0.15	50.41	6.78	3.01	*
BPK-4	61.83	15.88	6.64	2.79	3.73	*
BPK-6	0.51	0.03	14.7	13.5	23.1	28370
BPK-17	5.08	0.14	70.05	2.76	7.96	*
BPK-23	3.82	0.75	2.63	5.14	44	*
SCK31-2A	56.68	16.32	1.27	0.26	2.03	776.4

续附表 2

样品编号	$w(SiO_2)/\%$	$w(Al_2O_3)/\%$	$w(Fe_2O_3)/\%$	$w(MgO)/\%$	$w(CaO)/\%$	$\Sigma LREE$ 含量 $/\mu g \cdot g^{-1}$
SCK-31-2B	0.62	0.07	15.02	10.15	28.1	730.9
SW-1	50.97	14.7	9.87	9.18	8.22	*
SW-2	79.68	2.62	2.74	3.03	4.99	*
SW-3	80.54	3.93	3.91	1.33	4.36	*
SW-4	79.42	7.55	3.95	1.77	0.55	*
SW-5	74.65	12.97	3.32	0.13	0.88	*
SW-6	73.05	13.8	2.9	0.3	1.34	*
SW-7	74.75	13.15	3.04	0.09	0.69	*
SW-8	72.75	13.92	3.3	0.33	0.72	*
MBYS-1	49.13	17.38	14.16	4.57	9.67	*
MBYS-2	1.91	0.62	0.57	0.61	53	*
MBYS-3	39.2	0.91	6.88	35.9	2.84	*
MBYS-5	2.11	0.05	42.94	8.87	16.2	*
MBYS-6	38.75	14.36	11.13	14.9	1.91	*
MBYS-7	0.47	<0.01	91.04	0.33	2.82	*
MBYS-8	0.74	0.1	7.54	16.75	28	*
MBYS-9	80.43	6.53	5.59	0.55	0.08	*
MBYS-10	61.84	17.18	1.92	1.13	1.16	*
MBYS-12	47.82	4.681	21.49	4.225	−0.135	*
MBYS-15	4.55	0.07	4.96	11.9	34.6	*
MBYS-21	94.8	0.43	2.46	0.18	0.32	*
MBYS-22	53.8	0.22	16.8	4.31	3.6	23698
MBYS-28	88.08	1.12	2.67	2.29	3.21	*
MBYS-29	66.43	15.42	6.17	0.91	2.81	*
MBYS-30	50.97	17.3	11.25	4.43	7.48	*
MBYS-31	51.27	16.18	11.12	6.01	10.45	*
MBYS-51-2	0.83	0.22	0.66	21.3	29.8	*
MBYS-52	13.5	0.1	29.6	0.27	25.3	102420
MBYS-53	23.8	0.16	31.6	0.26	13.75	102310
H21BY01	47.52	16.73	11.02	7.32	7.51	147.95
H21BY02	47.14	16.55	11.16	7.98	9.01	136.13

续附表 2

样品编号	$w(SiO_2)/\%$	$w(Al_2O_3)/\%$	$w(Fe_2O_3)/\%$	$w(MgO)/\%$	$w(CaO)/\%$	ΣLREE 含量 /$\mu g \cdot g^{-1}$
H21BY03	47.89	16.74	11.2	7.76	8.25	116.8
H21BY04	0.3	0.01	57.59	5.68	11.95	978.7
H21BY06	15.1	0.01	73.28	0.11	0.75	1759
H21BY07	43.42	15.62	13.18	12.15	0.66	123.25
H21BY08	43.2	15.79	12.86	12.05	0.69	112.15
H21BY09	43.91	15.07	9.39	12.65	1.18	298.25
H21BY10	17.82	0.09	64.62	5.69	1.08	8888
H21BY11	8.53	0.46	54.08	4.54	6.38	4873
H21BY12	22.84	0.04	63.49	0.18	3.04	3295
H21BY13	47.42	0.33	26.21	8.02	1.14	13633
H21BY14	40.2	0.23	28.5	8.74	1.64	27660
H21BY15	41.51	14.72	10.16	13.5	0.8	328.3
H21BY17	1.15	<0.01	60.08	7.85	7.44	2193.5
H21BY18	94.29	2.21	1.3	0.03	0.09	44.98
H21BY19	32.97	2.49	2.26	12.35	18.85	24.95
H21BY20	90.12	3.81	0.91	0.03	0.64	46.53
H21BY21	87.26	4.3	5.34	0.27	0.11	100.43
H21BY22	90.29	4.66	1.68	0.27	0.11	111.31
H21BY23	16.6	0.05	14.35	0.19	16.8	130700
H21BY24	74.33	12.81	3.76	0.51	0.16	824.9
H21BY25	71.96	13.84	3.16	0.49	0.14	336.55
H21BY26	6.79	2.22	77.57	0.17	0.34	84.23
H21BY27	4.09	1.12	84.92	0.12	0.19	38.74
H21BY28	7.48	<0.01	9.41	10.3	29	*

注:"*"表示未检出。

看彩图

矿 床 成 因

中国内生稀土矿床类型、成矿规律与资源展望

摘　要： 稀土是我国为数不多的优势战略矿产资源。我国内生稀土矿床与碳酸岩-碱性岩浆演化及氧化性热液活动密切相关，以碳酸岩型、碱性岩-碱性花岗岩型和热液型最为典型，主要包括内蒙古白云鄂博、四川牦牛坪、山东微山、湖北庙垭、内蒙古巴尔哲和云南迤纳厂等矿床。碳酸岩型稀土矿床成矿碳酸岩经历了强烈的分异演化和岩浆热液的交代/叠加作用，常富集轻稀土，伴生有 Nb、Th、Sc 等资源。碱性岩-碱性花岗岩型稀土矿床多与高分异碱性岩或碱性花岗岩密切相关，且普遍经历强烈的岩浆期后热液交代作用，富集中-重稀土，常伴生有 Zr、Nb、Ta 等高场强元素矿化。热液型稀土矿床矿体在空间上没有密切共生的岩浆岩体，但其形成往往和隐伏的岩浆岩关系密切，多期次的热液叠加往往导致稀土不断活化-再富集，也可伴随 Au、U、Co 等元素的矿化。我国稀土成矿主要发生在中元古代和中、新生代，通常受控于克拉通边缘大陆裂谷或陆内伸展构造环境。今后需摸清我国稀土资源家底，评价与寻找富集中-重稀土资源的内生稀土矿床，加强稀土矿床伴生资源的综合利用。

关键词： 碳酸岩型；碱性岩-碱性花岗岩型；热液型；内生稀土矿床

稀土元素是元素周期表中镧系元素加钪和钇共 17 种元素的统称，它们具有相似的物理化学属性。由于其特殊的光-电-磁等物理性能，稀土元素常被用作其他化合物和/或金属合金的添加剂，组成性能各异、品种繁多的新型材料，被广泛应用于国防军工、航空航天、清洁能源、信息技术、工业催化、特种材料、能源和农业等诸多领域，对国民经济、国家安全和科技发展具有重要的战略意义。当今世界每六项新技术的发明，就有一项离不开稀土元素。由于稀土元素在高新科技产业中具有十分重要的应用，只需要极少的量就能改善或提高最终产品的性能，被称为工业"维生素"，也被誉为人类的"希望之土"。

原文刊于《科学通报》2020 年第 65 卷第 33 期；共同署名的作者有范宏瑞、牛贺才、李晓春、杨奎锋、王其伟。

由于稀土元素在各行业上的用途越来越广泛，其重要性日益增长，已经成为全球经济发展和社会进步的关键和战略性矿产资源。但稀土矿床在世界上的分布极不均匀，主要集中在中国、巴西、越南、俄罗斯、美国、澳大利亚、印度和格陵兰等国家和地区。巨大的市场需求和显著的经济效益，使世界各国近年来都更加重视稀土矿床的勘查与稀土资源的高效利用。例如，美国西部 Mountain Pass 稀土矿床在停产了十余年之后，于 2012 年重启开采，加拿大和澳大利亚也加快了稀土矿床的勘探与开发，欧洲联盟则借助"地平线 2020"计划，加大在非洲寻找和开发稀土资源。此外，近年在南太平洋和印度洋部分海区发现了富稀土元素的深海沉积物，初步估算其稀土资源储量巨大，可以作为一种潜在资源解决未来日益增长的稀土需求。中国是全球稀土资源与生产第一大国，但近期国际社会开始高度关注稀土供应，国外政府和矿业界加大了对稀土资源勘查和开发的资金投入，这对我国稀土资源优势地位提出了严峻挑战。加强稀土元素成矿理论研究，探寻找矿新方法，发现新的稀土资源和优质的稀土矿产，对保持我国稀土资源优势具有重要的现实和战略意义。

1 中国稀土资源概况

稀土是我国为数不多、具有优势的战略矿产资源。我国在 20 世纪 20 年代末期发现并于 50—80 年代探明白云鄂博超大型稀土-铌-铁矿床，20 世纪 50 年代末期在贵州织金等地磷块岩中发现稀土矿，20 世纪 60 年代中期在江西、广东等南方七省发现离子吸附型稀土矿床，20 世纪 70 年代初期发现山东微山稀土矿床，20 世纪 80 年代中期发现四川凉山"牦牛坪式"大型稀土矿床等。这些发现和地质勘探成果为我国稀土产业的发展提供了可靠的资源保障。据美国地质调查局最新统计数据显示，我国已探明稀土资源储量约为 4400 万吨，占全球已探明总储量的 36.6%。

全国已有 22 个省（区）先后发现稀土矿床（点），形成了北、南、东、西的分布格局，但主要分布在三大稀土资源基地（白云鄂博、华南和川西）。其中，白云鄂博碳酸岩中稀土氧化物储量高达数千万吨；南方七省离子吸附型稀土矿中稀土氧化物总资源量高达近千万吨；川西碱性岩-碳酸岩型稀土矿集区仅牦牛坪和大陆槽两个矿床的稀土氧化物储量就达到近 500 万吨。然而，我国稀土资源优势也面临日益严峻的挑战。首先，我国拥有全球近 1/3 的稀土储量，却连续 20 多年生产了全球 80%（曾一度超过 90%）以上的稀土产品，导致我国稀土资源消耗过快；其次，我国现有稀土矿产资源的 90% 以上都是轻稀土元素，而应用前景更广、市场价格更高的重稀土资源储量相对较低；再者，由于我国稀土资源家底不清、储/采比严重失衡（由 20 年前的>50 降至目前<15），而近年来境外新的稀土矿床及深海潜在稀土资源相继被发现。这造成了在近期的国际贸易争端中，稀土没有成为反制利器，甚至被人掣肘。

2 内生稀土矿床类型及其主要特征

我国稀土资源具有禀赋特优、类型齐全、北轻（稀土）南重（稀土）的特点。张培善曾根据成矿条件，将我国稀土矿床划分为 10 种成因类型：（1）花岗岩、碱性花岗岩、花岗闪长岩、钠长石化花岗岩型；（2）碱性岩型；（3）火成碳酸岩型；（4）矽卡岩型；（5）伟晶岩型；（6）变质岩和沉积变质碳酸盐岩型；（7）热液交代和热液脉型；（8）沉积岩型；（9）稀土砂矿型；（10）花岗岩类风化壳型。其中内生稀土矿床以碳酸岩型、碱性岩-碱性花岗岩型和热液型最为典型，主要包括内蒙古白云鄂博、川西冕宁-德昌牦牛坪和大陆槽、鲁西微山、湖北庙垭、内蒙古巴尔哲及云南迤纳厂等矿床。它们一般具有规模大、品位高和放射性物质含量低等特点，近年来对其勘探和开发越来越受到重视。

2.1 碳酸岩型稀土矿床

碳酸岩是指含碳酸盐矿物（如方解石、白云石、菱铁矿等）体积占比 $>50\%$，SiO_2 含量 $<20\%$ 的火成岩。全球已发现 527 处碳酸岩体，其中多数产于板内裂谷背景，在大洋背景和造山带背景下也发育有相对少量的碳酸岩体。除极少数研究者认为碳酸岩可以起源于地壳外，迄今大量研究表明碳酸岩起源于地幔。在全球出露的碳酸岩体中，400 余处与碱性硅酸岩具有密切的空间共生关系，常构成碳酸岩-碱性岩杂岩体，其中碳酸岩的体积相对较小，通常占杂岩体体积的 10% 或更少。而在成矿的杂岩体中，矿化经常和碳酸岩具有更为密切的成因关系。

世界范围内，约有超过 51.4% 的已探明稀土资源（按 $w(REE_2O_3)$）赋存在碳酸岩及其共生的碱性岩中。和碳酸岩相关的稀土矿床包括我国的内蒙古包头白云鄂博矿床、四川冕宁牦牛坪矿床、山东微山矿床，以及美国 Mountain Pass 矿床、澳大利亚 Mount Weld 矿床、印度 Amba Dongar 矿床、南非 Palabora 矿床等。碳酸岩型稀土更是我国内生稀土矿床的最主要类型，大约有超过 97.4% 的已探明轻稀土资源与碳酸岩有关。

与其他火成岩石相比，从地幔熔出的碳酸盐质或富 CO_2 的硅酸盐质岩浆本身即具有较高的稀土含量，可以达到球粒陨石平均值的 $10\sim100$ 倍。但是要达到富集成矿的品位，碳酸岩浆的强烈分异演化和岩浆热液叠加再造显得更为重要。熔体不混溶和矿物分离结晶是碳酸岩浆演化中最重要的两个过程，在此过程中稀土往往在晚期熔体中不断富集。而碳酸岩演化到晚期从中分异的热液叠加蚀变碳酸岩，可以使得碳酸岩中的稀土含量再次增加数倍。该类矿床通常强烈富集轻稀土，也有少数矿床相对富集重稀土，稀土元素主要赋存在氟碳酸盐和/或磷酸盐矿物中。这些稀土矿物少量是在碳酸岩熔体中结晶而成，更大量地生成于岩浆热液的交代阶段。碳酸岩岩浆热液对碳酸岩的叠加蚀变，常伴随着萤石、磷灰石、重晶石等热液矿物的沉淀，这些热液矿物广泛分布，甚至可以形成单独的萤石矿和重晶石矿，这与碳酸岩岩浆热液中 F、Ba 和 P 等元素的富集特征密切相关。此外，该类矿床还常并伴随着 Nb、Th、Sc、Mo 等金属的富集。

碳酸岩型稀土矿床成矿特征可以概述为：（1）成矿碳酸岩经历了强烈的分异演化过程，常和同期碱性岩共生，构成碳酸岩-碱性岩杂岩体；（2）碳酸岩岩浆热液的交代作用及对碳酸岩母岩的叠加蚀变，造成了稀土元素非常复杂的分馏过程与富集成矿；（3）该类型矿床富集轻稀土，可伴生有具经济价值的 Nb、Th、Sc、Mo、萤石等矿产。

2.2　碱性岩-碱性花岗岩型稀土矿床

碱性岩和碱性花岗岩以高碱（Na_2O+K_2O）含量为特征，通常还含有一些碱性角闪石或辉石等暗色矿物。据估算，全球约 34% 的稀土资源来自于与碱性岩-碱性花岗岩有关的矿床中。和碳酸岩型稀土矿床相比，碱性岩-碱性花岗岩型稀土矿床相对富集中-重稀土，稀土元素主要赋存在磷酸盐和硅酸盐矿物中。另外一个显著特征是该类矿床经常伴生有多种类型的高场强元素，从而形成稀土、稀有多金属矿床，但在矿区找不到伴生的火成碳酸岩。在我国，先后发现不少与碱性岩-碱性花岗岩有关的稀土、稀有金属矿床，如内蒙古扎鲁特巴尔哲（801）碱性花岗岩体中的超大型 Zr-REE-Nb 矿床、新疆拜城波孜果尔碱性花岗岩中的超大型 REE-Nb-Ta-Zr 矿床、辽宁凤城赛马碱性杂岩体中的大型 REE-U 矿床等。在世界范围内还有许多与碱性岩-碱性花岗岩有关的大型-超大型稀有、稀土矿床。例如，加拿大 Strange Lake 碱性花岗岩中的 Zr-Nb-REE 矿床（世界上最大的稀有金属矿床）、加拿大 Thor Lake 碱性杂岩体中的 Zr-Nb-REE 矿床、纳米比亚 Amis 杂岩体碱性花岗岩中的 Zr-Nb-REE 矿床、尼日利亚中部 Ring 杂岩体碱性花岗岩中的 Nb-U 矿床、摩洛哥 Tamazeght 碱性花岗岩中的 Zr-REE 矿床，以及蒙古西部 Khaldzan-Buregtey 碱性花岗岩中的 Zr-Nb-Ta-REE 矿床等。因此，碱性岩-碱性花岗岩的演化及相关的稀土、稀有金属矿床长期以来一直受到岩石学和矿床学研究者的广泛关注。碱性岩-碱性花岗岩型稀土矿床成矿特征可以概述为：（1）绝大多数与高分异碱性岩（如霞石正长岩和碱性花岗岩等）密切相关，无碳酸岩组合。岩体由多个分异相带组成，或构成碱性岩杂岩体；（2）该类型矿床富含中-重稀土，且通常伴生有 Zr、Nb、Ta 等高场强元素矿化；（3）岩体普遍经历过强烈的岩浆期后热液交代作用，其经济矿物多为热液交代成因。

2.3　热液型稀土矿床

部分热液稀土矿床在空间上并没有发现密切共生的碳酸岩、碱性岩或碱性花岗岩体，但存在稀土元素的富集甚至成矿，其中以铁氧化物-铜-金（iron oxide-copper-gold，IOCG）型矿床最为典型。IOCG 型矿床的提出与 20 世纪 70 年代在澳大利亚南部 Gawler 克拉通中发现的奥林匹克坝（Olympic Dam）超大型 Fe-Cu-

Au-U 矿床相关。经过 20 多年的研究，该类矿床的定义逐渐完善：含大量低钛磁铁矿-赤铁矿，具有经济品位的铜（及/或金）矿化，构造控矿明显，与同期侵入岩无明显空间关系的热液矿床。该类矿床往往伴有稀土元素的富集，稀土元素可赋存在氟碳酸盐、磷酸盐、硅酸盐、氧化物等多种热液矿物中。统计表明该类矿床中稀土元素的含量占世界稀土总储量的 8.7%。世界上典型的富稀土 IOCG 矿床包括澳大利亚 Olympic Dam 和 Prominent Hill 矿床、美国 Pea Ridge 矿床、越南 Sin Quyen 矿床等，其中 Olympic Dam 矿床稀土元素的储量仅次于我国白云鄂博矿床。近年来研究表明，我国西南康滇地区发育一系列富稀土的 IOCG 型矿床，典型实例包括四川拉拉及云南迤纳厂矿床等。

热液型稀土矿床成矿特征可以概述为：（1）矿体在空间上没有密切共生的岩浆岩体，但其形成往往和隐伏的岩浆岩关系密切；（2）除稀土元素外，该类矿床还富含 Fe 和 Cu，也可能伴有 Au、U、Co 等的富集；（3）稀土元素的富集与热液活动密切相关，多期次的热液叠加往往导致稀土元素不断活化-再富集。

3 中国主要内生稀土矿床/成矿带

3.1 白云鄂博稀土矿床

白云鄂博是世界最大的稀土资源产地，其稀土氧化物储量占全球总资源量的 30% 以上，它还是世界第二大铌矿床和我国重要的铁矿床。自丁道衡先生 1927 年在白云鄂博发现主矿铁矿体，何作霖先生 1935 年在铁矿体中发现稀土矿物以来，已经有近一个世纪的勘查与研究历史。但由于矿床形成后经历了多期次强烈的叠加改造事件，导致在含矿白云岩成因、成矿物质来源和成矿时代等问题上，仍存在非常大的争议。

白云鄂博矿床位于华北克拉通北缘，紧邻古生代中亚造山带。在矿区以北的宽沟背斜内以及矿区东南部地区，有大量晚太古-早元古代克拉通基底岩系出露。白云鄂博矿床发育在中元古代狼山-渣尔泰-白云鄂博裂谷系内，围岩为白云鄂博群浅变质陆缘碎屑沉积岩。矿区内白云鄂博群共发育 4 个组、9 个岩性段，自下而上依次为都拉哈拉组 H_1 含砾石英砂岩、H_2 石英岩；尖山组 H_3 碳质板岩、H_4 暗色石英砂岩、H_5 碳质板岩夹灰岩；哈拉霍疙特组 H_6 石英砂岩夹灰岩和板岩、H_7 石英砂岩与灰岩互层；比鲁特组 H_9 硅质（富钾）板岩。郝梓国等人认为，这种砂砾岩-板岩-火山岩的岩性变化源自陆缘裂谷的逐渐加深过程，基底断裂与地幔沟通，最终引发火山熔岩、火山碎屑岩的喷发，即白云鄂博群上部的 H_9 富钾板岩。

白云鄂博稀土矿床就发育在宽沟背斜南侧，由白云鄂博群组成的向斜核部。含矿岩石是一套成因独特的白云岩，由于其顶部覆盖的是比鲁特组 H_9 富钾板岩，这套含矿白云岩最初被认定为白云鄂博群的组成部分，命名为 H_8 白云岩。含矿白云岩呈东西延伸 16km、南北宽近 3km 的带状展布，整体向南倾，在向斜的两翼均有出露。含矿白云岩存在有两种不同的结构,粗粒白云岩相和细粒白云岩相。细粒白云岩是稀土矿体的直接围岩,主要矿物组成包括白云石、磁铁矿、萤石、磷灰石、重晶石、钠闪石、独居石和氟碳铈矿等。粗粒白云岩零星分布于西矿区和主、东矿区细粒白云岩相的外围,矿物组成包括白云石、方解石、磁铁矿、烧绿石和磷灰石等。含矿 H_8 白云岩存在沉积成因和岩浆成因的长期争议,Chao 等人认为细粒白云岩是粗粒白云岩经历了多次区域变质和构造变形作用,白云石矿物发生动态重结晶后形成的,其原岩为沉积成因碳酸盐岩,与稀土成矿无直接的成因联系;Le Bas 等人认为粗粒白云岩是早期的碳酸岩侵入体,而细粒白云岩则是粗粒白云岩在中元古代中期发生强烈的矿化重结晶作用的产物。

在白云鄂博矿区附近分布有大量火成碳酸岩墙（脉）和小碳酸岩株,侵入到中元古界白云鄂博群浅变质陆缘碎屑沉积岩以及基底变质岩中。Le Bas 等人提出这些岩脉为碳酸岩浆成因,并详细报道了岩脉的矿物学和地球化学特征。王凯怡等人认为碳酸岩脉按照矿物组成和形成先后又可分为白云石型、白云石-方解石共存型和方解石型等 3 种类型,它们是碳酸岩浆演化到不同阶段的产物。Yang 等人在主矿北部尖山地区发现了方解石型碳酸岩脉切割白云石型碳酸岩脉的露头,表明方解石型碳酸岩脉的侵位的确晚于白云石型及共存型。3 种类型碳酸岩脉的地球化学分析结果表明,随着方解石矿物组分含量的增加,岩脉中 Sr 和 LREE 元素含量明显增大。

白云鄂博地区主要发育 4 种类型稀土矿化,包括碳酸岩脉、含矿白云岩、条带状 REE-Fe 矿石及晚期粗晶脉状 REE 矿石。Nakai 等人获得稀土矿物的 La-Ba 和 Sm-Nd 等时线年龄分别为（1350±149）Ma 和（1426±40）Ma;张宗清等人获得主矿和东矿矿物 Sm-Nd 等时线年龄（1286±91）Ma 和（1305±78）Ma;Yang 等人获得碳酸岩脉全岩 Sm-Nd 等时线年龄（1354±59）Ma;Fan 等人获得碳酸岩中锆石 ID-TIMS U-Pb 不一致曲线上交点年龄（1417±19）Ma;Zhang 等人获得含矿白云岩中锆石的 $^{208}Pb/^{232}Th$ 年龄（1301±12）Ma。以上结果表明,碳酸岩脉、含矿白云岩、条带状 REE-Fe 矿石具有相对接近的形成时代,代表了白云鄂博矿床稀土矿化时间。该时代与哥伦比亚超大陆裂解峰期一致,白云鄂博矿床形成于陆内裂谷背景。粗晶脉状矿石明显穿切条带状矿石产出,其形成时代主要为早古生代,可能与古亚洲洋闭合事件相关。但这期热事件仅仅造成了矿床内稀土元素的再活化,以及稀土矿物的重结晶,并没有新的成矿物质加入。

3.2 四川冕宁-德昌成矿带

四川冕宁-德昌稀土成矿带产于川西碳酸岩-碱性杂岩带中,该杂岩受印度-亚洲大陆碰撞带东部一系列新生代走滑断裂系统控制。稀土成矿带长约 270km、宽 15km,包括一个超大型矿床（牦牛坪）、两个中型矿床（木落寨和大陆槽）,以及十余个小型矿点和矿化点（如里庄等）。稀土矿化样式具多样性,包括大脉-网脉（牦牛坪）型、伟晶岩（牦牛坪）型、角砾岩（大陆槽）型和浸染（木落寨、里庄）型等。

牦牛坪为世界级的超大型稀土矿床稀土氧化物平均品位为 2.95%。该矿床主要赋存在一套新生代（34~11Ma）碱性岩-碳酸岩杂岩体中，主要由英碱正长岩、方解石碳酸岩和成分复杂的碱性伟晶岩脉组成。英碱正长岩呈岩株状产出，主要矿物组合为石英、微斜长石、钠长石和霓石等；方解石碳酸岩呈脉状和网脉状产出，主要由方解石组成，还含有少量的霓石、萤石、重晶石和氟碳铈矿等；碱性伟晶岩脉呈脉状和网脉状产出，主要矿物组合为霓石、重晶石、萤石和氟碳铈矿等。该矿床的主要经济矿物为氟碳铈矿，在英碱正长岩、碳酸岩和碱性伟晶岩中均有产出，但稀土主要富集在大孤岛主矿体中，发育典型的脉状矿化。按脉体发育的规模分为粗脉（宽度>10cm）、细脉（宽度 1~10cm）和细网脉（宽度<1cm）。粗脉是主要的含矿脉，发生明显的矿物分带结构，一般从矿脉的边部向中心逐渐发育金云母-霓辉石-钾长石-钠铁闪石-重晶石-萤石-方解石-石英-氟碳铈矿。

木落寨和大陆槽是两个中型稀土矿床，其稀土氧化物资源储量分别为 10 万吨和 8.2 万吨，稀土氧化物平均品位分别为 3.97% 和 5.21%。木落寨杂岩体均侵入于中生代碱性花岗岩和晚古生代地层中，主要由 NEE 向的正长岩和碳酸岩（200m 长×50m 宽）组成。主要矿石类型有块状萤石-氟碳铈矿矿石、浸染状和条带状矿石。大路槽位于冕宁-德昌成矿带的南段，该杂岩体中的英碱正长岩和霓辉正长岩主要侵入于元古代石英闪长岩内，而碳酸岩则沿大路槽走滑断裂形成的构造裂隙侵入。两个主要的稀土矿体均发育于英碱正长岩角砾岩筒中，其碎屑岩主要由岩浆碎屑和矿物角砾组成，基质主要由方解石和少量石英及稀土矿物组成。里庄等小型稀土矿床或矿化点也同样发育在英碱正长岩-碳酸岩杂岩体中，常呈岩株状产出。

最新的锆石年代学（正长岩，U-Pb 年龄）研究显示，冕宁-德昌成矿带形成于约 27~12Ma，其中牦牛坪为（22.81±0.31）Ma 及（21.3±0.4）Ma，木落寨为（26.77±0.32）Ma，里庄为（27.41±0.35）Ma，大陆槽为（12.13±0.19）Ma及（11.32±0.23）Ma。该年龄与矿带内后碰撞产生的煌斑岩和钾质岩年龄（34~32Ma）近同期，显示其形成于统一的后碰撞动力学背景。

碳酸岩、氟碳铈矿和其他常见矿物（如萤石、方解石、重晶石）Sr-Nd-Pb同位素研究表明，成矿岩体可能起源于富集岩石圈地幔，而微量元素和同位素地球化学研究证实，岩浆源区在部分熔融之前受到循环海洋沉积物提供的富 REE和 CO_2 的流体交代作用，造成源区富集稀土元素。在岩浆演化过程中，通过碳酸岩和硅酸岩的不混熔作用，使大量的 REE 富集在碳酸岩中，最后从碳酸岩中分异出富 REE 的流体，并最终成矿。

3.3　鲁西微山矿床

微山稀土矿床位于山东省微山县东南约 18km 的郗山村附近，是仅次于白云鄂博和牦牛坪之外的我国第三大轻稀土矿床。

区内出露的地层主要为晚太古宙片麻岩和寒武纪-奥陶纪灰岩，矿区内岩浆岩主要为早白垩世石英正长岩、霓辉石英正长斑岩和碱性花岗岩等（合称为郗山碱性杂岩体），此外还发育各种脉岩，如碳酸岩、闪长玢岩、煌斑岩和细晶岩等。稀土矿主要受 NW 和 NE 向断裂控制，并呈脉状穿插于片麻岩和石英正长岩中。根据穿插关系及矿物共生组合，矿脉可分为 3 个阶段：（1）钾长石阶段，主要矿物组合为钾长石和石英，含少量稀土矿物和白云母；（2）硫酸盐阶段，主要矿物组合为石英+稀土矿物+硫酸盐+碳酸盐+萤石；（3）硫化物阶段，主要矿物组合为硫化物+碳酸盐+萤石+石英+稀土矿物。矿石矿物复杂多样，包括氟碳铈矿、氟碳钙铈矿、菱钙锶铈矿、独居石、钍石、富铀烧绿石、铈磷灰石、碳酸锶铈矿和碳酸铈钠矿等。前人对该矿床成矿岩体、矿化年龄、成矿流体及形成机制等开展了系列研究，认为该矿与郗山碱性杂岩体有关，成矿岩体（石英正长岩）侵位年龄为 123~122Ma，成矿时代为约 119.5Ma。成矿流体具中高温（主要 200~400℃，最高可达 550℃）、高盐特征，流体包裹体内富含各种子晶，包括氯化物（如石盐、钾石盐）、硫酸盐（如芒硝、钾芒硝、钙芒硝、天青石和重晶石）和碳酸盐（方解石）并富 CO_2，共生矿物中含磷灰石、萤石和硫化物等磷酸盐、氟化物和硫化物，表明成矿流体富含 Cl^-、SO_4^{2-}、HCO_3^-（或 CO_3^{-2}）、HS^-、PO_4^{3-} 和 F^- 等各种阴离子。

成矿岩体富集大离子亲石元素和轻稀土元素，亏损高场强元素，具有与同时期岩石圈地幔相似的 Sr-Nd-Pb 同位素组成，可能主要来自富集地幔部分熔融，但受少量地壳物质的混染。矿石矿物（氟碳铈矿和独居石）具有与成矿岩体一致的 Nd 同位素组成，暗示成矿物质可能来自岩体的分异或者与富集地幔有关。关于成矿机制，目前还存在较大争议。该矿床富含碳酸盐脉，部分研究者认为这些碳酸盐脉主要为岩浆成因，因此其应为与岩浆碳酸岩有关的稀土矿，形成于硅酸盐-碳酸盐不混溶作用；也有学者认为碳酸盐脉为热液成因，形成于碱性岩浆期后热液演化过程。

从现有年代学资料来看，郗山碱性岩杂岩年龄及稀土成矿年龄与华北克拉通破坏峰期时间（约 125Ma）基本一致，暗示其可能形成于克拉通破坏期间的岩石圈强烈伸展环境。

3.4 秦岭成矿带

秦岭造山带横亘于中国大陆腹地，大地构造上联接华北和扬子克拉通。自晚太古代至今，该区域经历了多期次、多阶段的碰撞-扩张-聚合演化过程，发育多期构造-岩浆-变质-成矿事件，具有复杂的物质组成和结构构造，是我国中央造山带的重要组成部分。秦岭造山带沿栾川断裂带、商城-丹凤断裂缝合带和勉县-略阳断裂缝合带从北到南依次划分为华北克拉通南缘、北秦岭、南秦岭和扬子地块北缘共 4 个构造单元。目前勘探显示，除扬子地块北缘外，在其他构造单元中都发育有规模不等的稀土矿床，稀土氧化物总资源量超过 200 万吨，有望成为我国继白云鄂博、南方和川西之后又一重要的稀土资源基地。

秦岭造山带不同构造单元的稀土矿床具有不同的地质特征与成矿时代。南秦岭的稀土矿床包括湖北省竹山县庙垭和杀熊洞稀土矿床，其中庙垭是秦岭造山带中最大的稀土矿床。它们均赋存于碱性岩-碳酸岩杂岩体中，矿体即为矿化的正长岩或碳酸岩，但两者在矿石矿物组合及矿化特点上有一定差异。庙垭矿床中稀土矿物以独居石和氟碳铈矿为主，与其他热液矿物，如方解石、铁白云石、石英和硫化物等，紧密共生，显示了后期热液活化或再富集的特点；杀熊洞矿床矿化相对较弱，稀土矿物以磷灰石为主，黄菱锶铈矿、碳酸锶铈矿和褐帘石等次之，主要与岩浆期矿物如方解石或钾长石等共生。锆石 U-Pb 年龄显示两个矿床大致形成于约 430Ma，与勉略洋盆打开的裂谷环境有关。不少针对庙垭矿床稀土矿物 U-Th-Pb 定年的研究也获得了一系列二叠纪的年龄（234～206Ma），被认为代表了后期热液改造与再富集事件，亦或代表了一期新的稀土成矿事件。

北秦岭地区目前仅发现有位于河南西峡县的太平镇稀土矿床。矿体主要赋存于早古生代斜长花岗岩与二郎坪群火神庙组斜长角闪（片）岩中，矿化主要为热液脉型，以发育大量含矿石英-萤石脉、石英-萤石-重晶石脉以及石英-萤石-方解石脉为特点。氟碳铈矿 U-Th-Pb 定年显示该矿床矿化时代为约 420Ma，可能形成于二郎坪弧后盆地拉张的伸展构造背景。有关该矿床成因机制方面的研究不多，部分学者认为其成矿流体来源于该区同时代的花岗岩，但其他学者根据矿物组合和蚀变类型推测矿床的形成更可能与火成碳酸岩相关。

华北克拉通南缘以产出稀土-多金属矿床为特点，构成了世界上独特的碳酸岩脉型 Mo-REE 成矿系统，此外和其他碳酸岩型矿床相比，更加富集重稀土元素，典型实例包括陕西省洛南县黄龙铺和河南省嵩县黄水庵 Mo-REE 矿床，以及陕西省华阴市华阳川 U-Nb-Pb-REE 矿床，其中以华阳川矿床规模最大。矿体均赋存于碳酸岩岩脉及围岩太华群片麻岩中，主矿化发育于碳酸岩浆演化的晚期热液阶段，呈脉状或团状叠加于碳酸岩或其他围岩中。稀土矿物如独居石和氟碳铈矿的 U-Th-Pb 年龄结果显示稀土矿化发生于 214～207Ma，与共生辉钼矿获得的 Re-Os 年龄一致（225～208Ma），说明该期矿化可能形成于与中生代华北与扬子克拉通碰撞（230～220Ma）后的伸展构造背景。

3.5　兴蒙成矿带

兴蒙稀土成矿带由沿大兴安岭东侧广泛分布的一套白垩纪富碱火山岩和花岗质侵入岩所组成，以富含锆、稀土和铌为特征，以巴尔哲矿床为典型代表，该成矿带具有较大的稀有和稀土资源勘查潜力。

巴尔哲碱性花岗岩体产于内蒙古扎鲁特旗境内，出露面积仅约 0.4km²，侵位时代为（123.7±0.9）Ma。钻孔资料显示，该岩体呈现出显著的垂直岩相分带，从上至下依次为，强钠长石化亚固熔相花岗岩、中钠长石化过渡相花岗岩、弱钠长石化过渡相花岗岩和超固熔相钠闪石花岗岩。详细的岩石学和地球化学研究表明，该岩体经历过岩浆-热液过渡演化，其成矿元素主要富集在岩体上部的亚固熔相花岗岩带内，平均品位 1.84% ZrO_2、1.00% REE_2O_3（其中重稀土约占34%）、0.26% Nb_2O_5 和 0.03% BeO。主要矿石矿物为锆石、兴安石、铌铁矿、复稀金矿和烧绿石等，其中大部分都是岩浆后期大规模热液交代作用的产物。热液锆石异常低的 $\delta^{18}O$ 值指示，其成矿流体可能有大陆冰川融水的加入。

在该成矿带是否还存在类似的稀有、稀土成矿岩体，一直受到区内矿产资源调查的高度关注。赵庆英等人报道了在巴尔哲地区发现两个相似的碱性花岗岩体，一个出露面积约为 1.25km²，另一个出露面积 0.10km²，两者均表现出明显的 Nb-REE-Y 的富集。王建国等人在区内阿里乌拉山东南侧厘定出了一套高度富集 Zr-REE-Nb 的碱性流纹岩，其出露南北长约 1.5km、东西宽约 1km。该套碱性流纹岩位于早白垩世白音高老组底部，呈青色-青灰色，流纹构造及球粒结构发育，以富含角闪石为特征；此外，成矿带北部的黑龙江省碾子山岩体上部的晶洞碱性花岗岩也有明显的 Nb-REE 矿化，其稀有金属矿物主要为铌钽铁矿和烧绿石。

3.6 康滇成矿带

康滇 IOCG 成矿带位于扬子克拉通西南缘，北起会理，南至元阳，横跨四川南部和云南中北部。该成矿带有规模不一的 Fe-Cu 矿床 20 多个，包括会理拉拉、东川稀矿山、武定迤纳厂和新平大红山等大、中型 Fe-Cu 矿床。

该区前寒武纪地层主要包括古元古代大红山群、东川群以及河口群和中-新元古代会理群、苴林群及昆阳群。锆石 U-Pb 定年研究确定大红山群、东川群以及河口群三套地层的下部均形成于古元古代晚期（1750～1680Ma），代表了扬子陆块西缘古元古代晚期裂谷盆地沉积的一套火山-沉积建造。上述古元古代地层被昆阳群、会理群及苴林群不整合覆盖，对三套地层上部火山岩夹层的锆石 U-Pb 定年显示，它们形成于 1100～960Ma。

一系列基性及碱性岩体侵入至古元古代大红山群、东川群以及河口群地层中，它们的形成时代与地层近乎同时或稍晚（1750～1650Ma），代表了一套哥伦比亚超大陆裂解背景下大陆裂谷环境产生的岩浆岩。区域还零星分布一些中元古代晚期的基性岩体及花岗岩体（约 1050Ma），这些岩浆岩的地球化学特征与该区同期火山岩（如苴林群和会理群天宝山组火山岩）一致，指示了它们可能形成于陆内拉张环境。此外，区域分布大量新元古代花岗岩及基性岩，研究表明这些岩浆岩形成于俯冲背景（860～740Ma）。

康滇地区的 IOCG 矿床均赋存在古元古界地层中，矿体产出受明显构造（断裂、岩性界面等）控制，多呈透镜状、似层状。矿体局部与热液角砾岩空间关系密切，大部分矿床与同期岩体没有明显的空间共生关系。各矿床均产有早期 Fe 成矿阶段和晚期 Cu 成矿阶段，Fe 成矿阶段的矿石矿物为磁铁矿或赤铁矿，Cu

成矿阶段的矿石矿物为黄铜矿、斑铜矿等。成矿作用伴随着强烈的热液蚀变，主要包括成矿前区域性的 Na 质交代作用（钠长石、方柱石等）、Fe 矿化期的 Ca-Fe 交代作用（角闪石、磷灰石、萤石、菱铁矿等）、Cu 矿化期的 K 质交代作用和碳酸盐化蚀变作用（云母、方解石等）。年代学研究表明，这些 IOCG 矿床形成在约 1.7Ga，形成后经历了多期热液改造作用，其中约 1.0Ga 和约 0.85Ga 两期改造作用尤为明显。

康滇 IOCG 成矿带中的拉拉和迤纳厂矿床存在明显的稀土富集，迤纳厂矿床有我国南方的"小白云鄂博"之称。两矿床稀土氧化物平均含量分别为 0.25% 和 0.12%，局部稀土氧化物含量超过 1%，矿体中富稀土的矿物在多期热液活动过程中形成。在古元古代的铁成矿阶段，大量富稀土元素的磷灰石及少量褐帘石沉淀；晚期铜成矿阶段富稀土的磷灰石被热液改造，导致稀土元素被淋滤出磷灰石，被淋滤出的稀土又重新沉淀出氟碳铈矿、氟碳钙铈矿等矿物。在新元古代的改造事件中，矿床中的磷灰石、褐帘石等矿物再次经历热液改造，磷灰石中的稀土元素再次富集到独居石、氟碳铈矿、磷钇矿等矿物中，而褐帘石中的稀土再次富集到氟碳铈矿、氟碳钙铈矿等矿物中。尽管该成矿带富稀土的 IOCG 矿床在空间上没有密切共生的岩浆岩体，但与区域上一系列形成于陆内裂谷环境的幔源岩浆岩同期。流体包裹体及稳定同位素研究表明，初始的成矿流体具有高温、高盐度的性质，并且具有岩浆来源的同位素组成特征。因此，这些矿床的形成与哥伦比亚超大陆裂解相关的幔源岩浆活动密切相关，产于晚古元古代陆内拉张构造环境。

4 内生稀土矿床时空分布特征

我国内生稀土矿床大地构造位置多位于古老克拉通边缘的陆缘裂谷系或断裂带内，显示了特征的拉张构造环境与成矿物质深部来源。从现有的矿床实例、成矿规模（资源量）和年代学研究来看，太古代时期我国很少有稀土元素的富集成矿，主要成矿时期为中晚元古代以后（图 1），稀土资源最重要的富集期是中元古代和中、新生代，其他时代的稀土矿床一般规模较小。

康滇地区富稀土的 IOCG 矿床形成于晚古元古代陆内裂谷背景，矿床形成后受到多期改造作用，导致稀土元素被多次活化-再富集。白云鄂博超大型 REE-Nb-Fe 矿床位于华北克拉通北缘的渣尔泰-白云鄂博裂谷系内，该裂谷系的活动时代与 Columbia 超大陆裂解事件相吻合，而白云鄂博碳酸岩侵位与稀土矿的形成，以及同期的美国西部 Mountain Pass 碳酸岩型稀土矿（成矿时代约 1380Ma）的形成，都是超大陆裂解事件的产物。湖北庙垭稀土矿床沿扬子陆块北缘的安康-房县深断裂分布，受控于扬子陆块与秦岭造山带汇聚过程中的拉张背景，成矿与早古生代晚期古特提斯洋初始裂解（勉略洋盆打开）的裂谷环境有关，而华北克拉通南缘早中生代碳酸岩脉型 Mo-REE 成矿体系，可能形成于与中生代华北与扬子克拉通碰撞（230~220Ma）后的伸展构造背景。位于华北克拉通东部的我国第

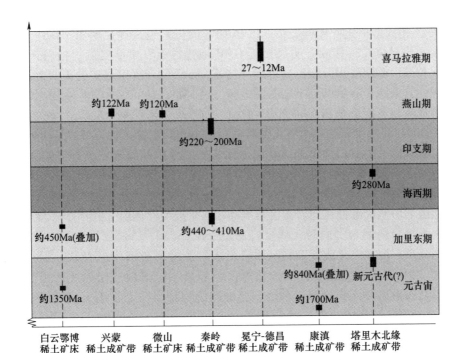

图 1 中国主要稀土矿床（成矿带）成矿时代分布
（造山旋回时限参考全国地层委员会（2002））

三大轻稀土矿床-微山稀土矿的成矿年龄为约 120Ma，郗山碱性岩杂岩年龄为
123~122Ma，而相邻的莱芜-淄博碳酸岩（118Ma，未成矿），以及华北克拉通中
部山西紫金山碳酸岩-碱性岩杂岩（约 130Ma，未成矿）侵位时代都为晚中生代。
这与华北克拉通破坏峰期（约 125Ma）基本一致，暗示皆可能形成于克拉通破坏
期间的岩石圈强烈伸展构造环境。四川冕宁-德昌是中国最年轻的稀土成矿带，
该矿带虽然在空间上位于攀西二叠纪古裂谷中，但详细的同位素年代学工作表
明，岩体和矿体均形成于喜马拉雅期，年龄介于 34~11Ma，表明稀土成矿作用
形成于碰撞造山环境而不是大陆裂谷环境，受控于印度-亚洲大陆碰撞带东部一
系列新生代走滑断裂系统。

5 内生稀土矿床成矿机理

如前所述，大量研究表明碳酸岩和碱性岩主体起源于地幔，地幔源区富集稀
土元素是保证岩体成矿的重要前提。因此，碳酸岩和碱性岩的源区性质以及成矿
的稀土元素的来源是稀土矿床学研究高度关注的问题。世界上很多碳酸岩具有和
洋岛玄武岩（OIB）极其类似的 Sr-Nd-Pb 同位素和稀有气体同位素特征，据此
Bell 和 Simonetti 提出碳酸岩起源于岩石圈地幔以下高 U/Pb 值地幔（HIMU）和

EMI 富集地幔端元的混合源区（图 2）。但部分学者发现我国成矿碳酸岩浆，尤其是大型-超大型稀土矿床母岩浆的 Sr-Nd-Pb 同位素组成往往偏离 HIMU 和 EMI 地幔端元的混合线，其成分明显接近 EMII 地幔端元，典型实例包括白云鄂博、牦牛坪和微山等碳酸岩。根据这种成分特征，部分学者提出成矿的碳酸岩及相伴生的碱性岩来源于富集的陆下岩石圈地幔（SCLM）。Hou 等人进一步指出富集的岩石圈地幔很可能此前被俯冲沉积物交代，此观点得到现代东印度洋和太平洋 3500~6000m 深海沉积物中含有大量稀土这一事实的支持。Yang 等人最近对内蒙古巴尔哲和邻近的早白垩世碱性花岗岩体的源区性质开展研究也有相似的发现，巴尔哲地区锆石原位 O-Hf 同位素数据显示，其 $\delta^{18}O$ 值（1.8‰~5.1‰）明显低于地幔锆石值，$\varepsilon_{Hf}(t)$ 值（+1.5~+17）变化范围较大且低于亏损地幔值。这表明该地区早白垩世碱性花岗岩源区可能存在一个蚀变洋壳组分和一个来自于富集地幔端元组分的混合。同时，其全岩初始 $^{87}Sr/^{86}Sr$ 和 $^{206}Pb/^{204}Pb$ 比值以及 $\varepsilon_{Hf}(t)$ 值都明显高于地幔演化线，表明其原岩组成可能经历过海水的交代。通过质量平衡和 O-Hf 同位素二元混合模拟估算，结果表明该碱性花岗岩源区可能存在 40% 以上的再循环洋壳物质。总之，俯冲的沉积物或洋壳物质交代地幔是碳酸岩-碱性岩源区富集稀土的一个重要途径。值得指出的是，陆下岩石圈地幔还可以被俯冲/拆沉的陆壳物质交代，抑或被深部上涌的软流圈或地幔柱物质交代，未来还需要更多研究来探讨这些地幔交代途径对稀土成矿潜力的制约作用及其机理。

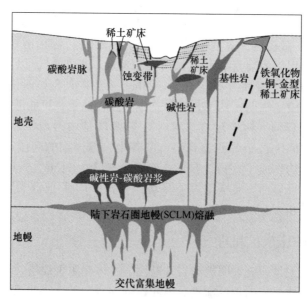

图 2 内生稀土矿床成矿模型

尽管富集地幔低程度部分熔融可以导致稀土元素优先进入碳酸盐或富 CO_2 的

硅酸盐熔体，但实验岩石学工作表明，初始熔体中稀土元素的富集程度远低于自然界大多数碳酸岩或碱性岩中稀土元素的富集程度，因此，初始碳酸岩浆中的稀土元素富集成矿还需要经历长期的岩浆演化过程。碳酸盐-硅酸盐不混溶作用经常出现在碳酸岩-碱性岩演化的过程中，Martin 等人通过实验岩石学研究发现，熔体富含水会促进稀土元素分配进入碳酸盐熔体相；Guzmics 等人对东非裂谷 Kerimasi 火山岩研究发现，当母岩浆中含有相对高的 SO_4^{2-} 和 PO_4^{3-} 时，会促使稀土元素进入到碳酸盐熔体；Feng 等人对蒙古 UlgiiKhiid 碳酸岩研究也发现 P 的存在会促使稀土元素分配到碳酸岩相。实验岩石学研究还表明，碳酸盐-硅酸盐不混溶过程中轻稀土相对重稀土更容易进入碳酸盐熔体，从而导致轻/重稀土发生分异。川西稀土成矿带中的碳酸岩-碱性岩母岩浆含大量挥发分，而且曾发生过不混溶作用，因此，在不混溶过程中轻稀土元素大量分配进入碳酸岩相，这可能是促使该区域稀土富集成矿的重要原因。

碳酸岩浆的黏度非常小，极有利于分离结晶作用的进行，碳酸盐和磷灰石是碳酸岩浆演化过程中分异的主要矿物。实验岩石学工作表明，稀土元素在碳酸盐矿物-碳酸盐熔体间或磷灰石-碳酸盐熔体间的分配系数明显<1。此外，在碳酸盐矿物中轻稀土元素相对重稀土元素不相容，在磷灰石中轻稀土元素相对中稀土元素更加不相容。因此，伴随着分离结晶作用的进行，残余碳酸盐熔体会发生稀土元素的强烈富集以及轻、重稀土元素的分异。白云鄂博矿床稀土元素超常富集就与矿物分离结晶密切相关，白云鄂博地区发育铁质、镁质、钙质 3 种类型的碳酸岩，并具有从铁质，到镁质，再到钙质的演化趋势。伴随碳酸岩浆由早期的铁质向晚期的钙质逐步演化，其稀土元素含量，尤其是轻稀土元素含量呈明显的富集趋势。此外，碳酸岩脉的全铁与稀土含量呈明显的负相关关系，碳酸岩脉中白云石和方解石矿物的核部更富铁，而边部更富稀土。铁质在白云鄂博碳酸岩浆分异演化中的逐步分离，很有可能也是一种造成稀土元素在晚期岩浆中富集的重要因素。

稀土元素在岩浆演化过程中富集之后，还需要在出溶的成矿流体中进一步迁移和富集，才能形成工业矿体。如前所述，碳酸岩型和碱性岩型稀土矿床中普遍出现热液碳酸盐矿物、萤石和硫酸盐矿物，成矿流体为高盐度，说明成矿流体携带大量的 CO_3^{2-}、SO_4^{2-}、Cl^- 和 F^-。实验工作及热动力学模拟显示，上述阴离子，硫酸盐离子比氯离子迁移稀土元素更为有效，稀土元素可以在富含硫酸盐的情况下，可以硫酸根离子的形式高效迁移。前人对白云鄂博、牦牛坪和微山等稀土矿床的研究表明，从碱性岩-碳酸岩中出溶的富挥发分的流体在演化过程中极容易发生不混溶作用。特别是在古老克拉通边缘的陆缘裂谷系或断裂带等容矿空间内，成矿流体的物理化学性质会发生急剧变化，导致稀土元素高效沉淀成矿（图2）。此外，牦牛坪矿床的成矿流体在演化过程中还伴随着外源流体的加入，而流体混合也会造成热液物理化学性质急剧变化，导致稀土高效沉淀。因此，流体不混溶和流体混合作用是导致成矿热液中稀土元素高效沉淀的两个重要途径。

热液型稀土矿床（迤纳厂和拉拉）在空间上没有共生的岩浆岩体，但流体包裹体及同位素数据均表明，成矿和隐伏的岩浆活动具有密切的成因联系。年代学研究表明这些矿床中稀土的初始富集与 Fe-Cu 成矿同时发生，考虑到该类矿床同时具有 Fe 和 Cu 成矿作用，和成矿具有成因联系的岩浆岩很可能不是碳酸岩或碱性岩，因为这两类岩浆岩往往不富集 Fe 和 Cu。区域上和矿化同时代发育大量偏碱性的基性岩或钙碱性花岗岩，而成矿物质很可能主要来自这些岩浆岩。这类岩浆岩中的稀土含量明显低于碳酸岩和碱性岩，而从这些岩浆出溶的热液中难以沉淀出独立的稀土矿物，稀土元素主要以类质同象的方式赋存在磷灰石中。值得指出的是，尽管磷灰石中含大量稀土元素（高达 4.8%），但其中的稀土元素在工业生产过程中难以被提炼。多期的热液改造作用可以将磷灰石中的稀土元素活化，并逐渐转移到氟碳铈矿、氟碳钙铈矿、独居石等易选冶的物相中。因此，多期热液改造作用对该类矿床中稀土元素的活化、再富集以及高效工业利用具有重要意义。

6 中国内生稀土矿床资源展望

综合前文所述，我国内生稀土矿床以富集轻稀土元素为主，这与世界其他国家内生稀土矿床特征基本一致。从稀土资源储量与分布特征来看，我国稀土资源总体丰富且在世界占优势地位，这为新兴产业的发展奠定了良好的基础。国内外重稀土资源主要来源于我国华南外生的花岗岩风化壳型矿床，但目前国内重稀土资源消耗过快，开采造成的生态环境问题日益突出，资源安全保障局势日趋严峻，开展富集中-重稀土的内生稀土矿床研究与探查迫在眉睫。

（1）碳酸岩型稀土资源展望。碳酸岩型稀土矿床是我国最重要的稀土资源来源，目前正在开采的硬岩稀土矿山都属于此类，例如白云鄂博、牦牛坪和微山等矿床。我国探明稀土储量虽多，但大部分勘查工作只做到普查程度，实际可采储量并不可观。

白云鄂博是世界罕见的特大型多金属共生矿，具有矿物种类多、结晶粒度细、嵌布关系复杂等特点。现已查明矿区赋存有 71 种元素、170 多种矿物和 26 种可综合利用元素，其中铁、稀土、钍和铌的含量分别约为 34%（全铁）、5%~6%（稀土氧化物）、0.02%（ThO_2）和 0.05%~1%（Nb_2O_5）。白云鄂博矿自开采以来，一直以铁矿需求量定产，原矿石年开采量目前已达到千万吨级，主体矿区"主矿"和"东矿"已经从山坡露天开采转为深凹露天开拓。在现行的采、选、冶工艺中，稀土资源利用率低（仅约 15%），绝大部分稀土矿被堆置在采坑周边或排入尾矿库。经过 50 多年的生产，尾矿库中的稀土资源量已与主、东矿报道的探明量相当，且成分更为复杂，被称作"人造稀土矿"。而白云鄂博的普查与详查工作主要围绕铁矿进行，多完成于 20 世纪 70 年代之前，公开报道的稀土资源总量也是当时地表以下 150~200m 的总储量，难以体现实际的资源总量。包钢（集团）公司于 2014 年对东矿进行深部勘探，施工了 1 个 1775.4m 深孔，终孔标高为-100m，但仍未穿透含矿白云岩，白云岩中稀土含量均达到矿石边界品位，这进一步证实了白云鄂博矿床深部巨大的稀土资源前景。此外，白云鄂博还是世界第二大铌矿床，以及可观的钍、钪等战略资源，但这些关键金属元素的赋存状态、储量和资源属性等仍然没有查清。更重要的是，白云鄂博矿床还有巨量的中-重稀土资源，矿石稀土配分中的中-重稀土虽然只占2%，但因其稀土总含量高和总储量大，中-重稀土的总量可达百万吨级。随着白云鄂博矿床开采与深部勘查的进行，原先指导矿山勘探的沉积-变质-热液改造模式及白云向斜控矿模型，与矿床实际地质特征越来越不相符。最新研究表明，白云鄂博稀土成矿与碳酸岩浆演化及其热液作用密切相关，矿体形态、矿体与围岩关系、深部资源分布规律等更为复杂。因此，亟须采用详细野外地质调查、综合地球物理探测和超深钻探验证等相结合的方法，摸清白云鄂博稀土、铌、钍、钪等战略性矿产资源的准确家底，同时开展高效、绿色选冶一体化有价资源综合提取新技术与新工艺研究，形成完整的资源综合利用体系。

秦岭造山带主要单元都发现有稀土矿床，矿石稀土元素虽以轻稀土为主，但重稀土含量明显偏高，并常与Nb、U、Mo等资源相伴生。造山带内矿体目前多为地表槽探揭露或少量验证钻探控制，勘查程度较低。值得指出的是，20世纪60—70年代，多家地勘单位在区内已发现了一批稀土矿（化）点，之后的矿产勘查工作主要集中于钼、钨等有色金属和金、银等贵金属方面，稀土找矿工作处于停滞状态。近年来，随着湖北以庙垭和杀熊洞稀土-铌矿床，陕西以华阳川铀-铌-铅-稀土矿床为中心的区域矿产综合评价工作的开展，以及部分学者对黄龙铺等钼矿中稀土矿化的研究，在秦岭造山带内又新发现了一些新的稀土矿床和矿化点，呈现出良好的稀土成矿前景，特别是重稀土资源。

相较于白云鄂博，川西冕宁-德昌成矿带和鲁西微山等矿床稀土矿物较单一，富矿体埋藏浅、矿石品位高、易选易冶，但同样存在勘查程度低的问题。除主体矿山外，成矿（区）带内稀土资源多为初查（普查）阶段，资源储量类别低，基础储量少，推断和预测资源量多，资源总量不清。此外，在甘肃北祁连干沙鄂博、内蒙古阿右旗桃花拉山等地也陆续发现碳酸岩型稀土矿床（点）。在今后加强勘查力度的基础上，有望在这些地区扩大稀土资源储量。

（2）碱性岩-碱性花岗岩型稀土资源展望。全球约1/3的稀土和钇资源来自与碱性岩-碱性花岗岩有关的矿床中，但我国的这一比例要远低得多，目前储量最大的是内蒙古扎鲁特旗巴尔哲矿床，它以钇族（中-重稀土）元素富集为特征。巴尔哲矿床发现于1975年，之后历尽十余年的普查与详查工作，获得100万吨稀土氧化物资源，但至今尚未正式开发利用。巴尔哲矿床所在的兴蒙稀土成矿带广泛分布有一套白垩纪富碱火山岩和花岗质侵入岩，其北东侧有齐齐哈尔碾子山碱性花岗岩型稀土矿床，2014年还在黑龙江省漠河市782高地发现了与碱性岩相关的铌-稀土矿床。因此，兴蒙稀土成矿带及邻区的钇族稀土很有资源潜力。而位于西部边陲的新疆波孜果尔碱性岩型REE-Nb-Ta-Zr矿床发现于1998年，同样富集钇族元素，但目前对该地区的找矿评价工作还有待深入，就成矿条件来说，具有形成大型稀土矿的资源潜力。

（3）热液型稀土资源展望。自南澳 Olympic Dam 矿床发现伴生有可观的稀土资源以来，国内外学者对如何确认这类 IOCG 矿床以及伴生资源的规模与赋存状态等进行了详细研究。相较于碳酸岩型和碱性岩型稀土矿床，IOCG 矿床内伴生的稀土元素平均含量略逊一筹，例如 Olympic Dam 矿床稀土资源量估算高达 4500 万吨，但因品位过低（约 0.5% 稀土氧化物）而未加以利用。我国伴生有稀土资源的热液矿床主要产在康滇成矿带，稀土氧化物平均含量也较低（<0.25%），目前尚达不到工业利用的价值。另外，我国富稀土的热液矿床明显经历了后期热液叠加和改造过程，使得原先分散在脉石矿物（磷灰石、碳酸盐、萤石等）中的稀土元素可以被富集到新的矿物相（氟碳铈矿、独居石、磷钇矿等）中。这个过程不仅可以提高矿石的品位，还能使原先不能被利用的稀土重获新生。因此，今后在加大富稀土热液矿床勘查力度的基础上，还要加强稀土矿物赋存状态、选冶工艺的研究，做到物尽其用。

7　总结

（1）我国内生稀土矿床以碳酸岩型、碱性岩-碱性花岗岩型、热液型最为典型，以轻稀土矿化为主，具有规模大、品位高和放射性物质含量低等特点，成矿主要发生在中元古代和中、新生代，大陆裂谷或陆内伸展的构造背景下。

（2）碳酸岩型稀土矿床的成矿母岩来源于富集的岩石圈地幔，经历了强烈的分异演化过程，碳酸岩岩浆热液的交代作用及对碳酸岩母岩的叠加蚀变作用，造成了稀土元素非常复杂的分异过程与富集成矿。该类型矿床富含轻稀土，可伴生有 Nb、Th、Sc 等金属元素。

（3）碱性岩-碱性花岗岩型稀土矿床绝大多数与高分异碱性岩（如霞石正长岩和碱性花岗岩等）密切相关，不伴生碳酸岩，碱性岩中超常富集的稀有、稀土元素可能大部分都来自于源区的洋壳物质贡献。这类矿床富含中-重稀土，且通常伴生有 Zr、Nb、Ta 等高场强元素矿化，经济矿物多为热液交代成因。

（4）热液型稀土矿床在空间上没有密切共生的岩浆岩体，但其形成往往和隐伏的岩浆岩关系密切，除稀土外，该类矿床还富含 Fe 和 Cu，也可能伴随 Au、U、Co 等元素的富集。稀土富集与热液活动密切相关，多期次的热液叠加往往导致稀土不断活化-再富集。

（5）我国内生稀土资源禀赋特优，但主要为轻稀土矿产。今后应重视富集中-重稀土的碱性岩型和碳酸岩型矿床的勘查与找矿工作，重点实现秦岭成矿带湖北庙垭地区和兴蒙成矿带内蒙古巴尔哲地区中-重稀土资源的勘查突破；加强对内蒙古白云鄂博矿区和川西冕宁牦牛坪矿区深部和外围稀土资源的找矿评价工作，摸清家底，特别是白云鄂博矿床深部中-重稀土矿化规律与潜力评价；加强稀土矿床伴生资源的综合利用研究，特别是白云鄂博矿床铌、钍、钪、钾、氟、磷等资源的工艺矿物学与高效回收利用。

致谢

感谢中国科学院地球化学研究所陈伟研究员、中国地质科学院国家地质实验测试中心曾普胜研究员和中国科学院广州地球化学研究所杨武斌副研究员在成文过程中的建议和帮助。感谢翟明国院士、陈骏院士、侯增谦院士和杨志明研究员的约稿，感谢两位匿名审稿人对本文提出的建设性修改建议。

稀土元素在热液中的迁移与沉淀

摘　要：近年来，高新技术产业的不断发展使得全球稀土资源需求不断上涨，此外稀土元素作为研究地球起源与演化等有关地球科学问题的重要工具也受到地球科学界的重视。而热水溶液体系中稀土元素迁移、富集、沉淀及分馏机制等相关理论知识的不断完善对理解稀土成矿作用、稀土地球化学特征以及微量元素示踪等方面均具有重要意义。本文总结了近年来有关稀土元素在热液体系中迁移、沉淀以及轻、重稀土分馏的最新研究进展，对不同稀土络合物的稳定性、溶解度以及搬运稀土元素的能干性进行了阐述，最后展望了"稀土元素在热液中迁移与沉淀"研究中仍需完善及拓展的方向。

关键词：稀土元素；热液；络合形式；迁移；沉淀；稀土元素分馏

稀土元素是一组具有相似物理化学性质的元素，具有特殊的电性、磁性、光学及催化性能，被广泛应用于化学催化剂、合金、永久磁铁以及电子产品等方面，以求改善产品性能（Hatch，2012；Verplanck，2017）。此外，也广泛应用于解决各类岩石成因及成矿问题，日益受到地球化学界的重视。

近年来，稀土元素在基础设施建设、高新技术、绿色能源及国防建设等方面的作用日益突出（Crow，2011；Chakhmouradian 和 Wall，2012；Binnemans et al.，2013；Jordens et al.，2013；Weng et al.，2015；Jha et al.，2016；Wall et al.，2017）。高新产业的不断发展使得全球稀土需求量逐年扩大。据调查，按照当前全世界稀土的年需求量，全世界稀土资源量在 2100 年将会处于枯竭状态，而重稀土元素在地球系统中极低的含量使得其将首先极度匮乏（Kanazawa and Kamitani，2006）。但当下对于稀土元素成矿系统的认知仍然有限，用于稀土矿床勘探及开采的生产资料依旧缺乏，因此对热液体系中稀土成矿三要素（源、运、储）及其矿物学特征研究等方面开展相关研究工作仍然很有必要，这对于建立成熟的稀土元素成矿模式具有重要意义。

另外，稀土元素在自然体系中分布的普遍性以及不同物理化学条件下分配的差异性使得其成为解释各类地质过程最有力的工具之一，也成为研究地球起源和演化有关问题的重要工具。因而地壳流体中稀土元素迁移、富集、沉淀及分馏机

原文刊于《岩石学报》2018 年，第 34 卷第 12 期；共同署名的作者有佘海东、范宏瑞、胡芳芳、杨奎锋、王其伟。

制等相关理论知识的完善对于理解稀土成矿作用、稀土地球化学特征以及微量元素地球化学示踪具有重要意义。基于以上原因，本文总结了近年来有关稀土元素在热液中运移和沉淀的最新进展，对稀土元素在热液中的迁移形式以及沉淀机制进行了全面总结，此外也对稀土元素在热液中的分馏现象及机制进行了讨论。

1 稀土元素及其赋存特征

1.1 稀土元素

稀土元素（Rare earth elements）是指包括镧（La）、铈（Ce）、镨（Pr）、钕（Nd）、钷（Pm）、钐（Sm）、铕（Eu）、钆（Gd）、铽（Tb）、镝（Dy）、钬（Ho）、铒（Er）、铥（Tm）、镱（Yb）、镥（Lu）在内的 15 种元素，在元素周期表中位于ⅢB 族。由于钇（Y）和钪（Sc）与"镧系元素"具有相似的化学性质，因此也将两者划分在稀土元素之内（Loges et al.，2013）。地球化学界对稀土元素的定义与国际理论和应用化学联合会（IUPAC）对稀土元素的定义相似，主要包括 15 种镧系元素及 Sc 和 Y（Connelly et al.，2005；Jordens et al.，2013；Weng et al.，2015）。地球化学界对于稀土元素的分类主要包括两分法和三分法，两分法包括从 La 到 Eu 的轻稀土元素（Light REE，L REE）和从 Gd 到 Lu 的重稀土元素（Heavy REE，H REE）（Jha et al.，2016）；三分法包括从 La 到 Nd 的轻稀土元素、从 Sm 到 Gd 的中稀土元素（Middle REE，M REE）以及从 Tb 到 Lu 的重稀土元素（Chakhmouradian 和 Wall，2012；Hatch，2012）。IUPAC 对于稀土元素分类为：LREE 包括 La、Ce、Pr、Nd、Sm、Eu 和 Gd；HREE（具有更高的电荷/半径比值）包括 Tb、Dy、Ho、Er、Tm、Yb 和 Lu（Connelly et al.，2005；Chakhmouradian 和 Wall，2012；Weng et al.，2015）。各家对于轻、重稀土元素的划分虽然不一，但总体不存在大的差异。

由于 Sc 的离子半径太小，因此既不属于重稀土也不属于轻稀土序列（Jha et al.，2016），而 Y 与镧系元素具有很强的化学亲和性，与 Ho 也具有相似的离子半径（Chakhmouradian 和 Wall，2012），因此将 Y 划为重稀土一组。Pm 元素的半衰期极短（Chakhmouradian 和 Wall，2012；Jordens et al.，2013；Weng et al.，2015），在地壳中的含量趋于 0（Hatch，2012），因此至今并未在稀土矿床中发现并利用，通常为核工业副产物（Weng et al.，2015）。

稀土元素具有相似的电子构型及物理化学性质，均属于高场强元素，通常也具有一致的地球化学行为，因而很难分离（Hatch，2012）。在特殊的条件下，也可表现出明显的差异性，如 Eu、Ce 分别在还原、氧化条件下，表现为明显负异常。稀土元素为强正电性元素，以离子键为特征，通常呈三价离子状态，但 Eu

和 Yb 可呈 +2 价, Ce 和 Tb 可呈 +4 价。此外, 随着原子序数的增大, REE 离子半径呈减小趋势, 这一规律称为"镧系收缩"(图 1)。

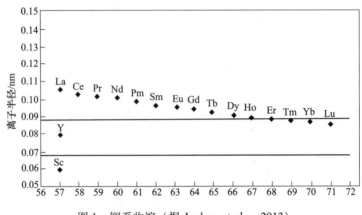

图 1　镧系收缩 (据 Jordens et al., 2013)

(图中 Y 和 Sc 的位置不代表原子序数, 仅对比离子半径)

1.2　稀土元素的赋存特征

稀土元素几乎不能以自然金属的形式赋存于自然界中 (Jordens et al., 2013; Kumari et al., 2015), 通常置换特定寄主矿物 (超过 200 种) 中的特定元素并赋存其中 (Kanazawa 和 Kamitani, 2006), 其中硅酸盐矿物、碳酸盐矿物、氧化物、磷酸盐及相关的含氧盐矿物分别占 43%、23%、14%、14% (Chakhmouradian 和 Wall, 2012; Weng et al., 2015)。较大的离子半径和三价氧化态使得 REE^{3+} 具有很高的配位数, 轻稀土元素通常占据 8~10 次配位, 主要赋存于碳酸盐矿物和磷酸盐矿物中; 重稀土元素 (包括 Y) 占据 6~8 次配位, 主要赋存于氧化物和部分磷酸盐矿物 (Kanazawa 和 Kamitani, 2006)。此外, 稀土元素与 Na^+ (0.116nm)、Ca^{2+} (0.112nm)、Th^{4+} (0.106nm)、U^{4+} (0.100nm) 具有相似的离子半径, 因此结晶矿物中稀土元素的存在通常与这四种离子有关 (Kanazawa 和 Kamitani, 2006; Wall et al., 2017)。如稀土元素极易进入 Ca^{2+} 的位置而赋存于含钙矿物中, 褐硅铈矿 $[(Ca,Na)_{3-x}(Ca,REE)_4Ti(Si_2O_7)_2(OH,F,H_2O)_4 \cdot H_2O]$、磷灰石 $[(Ca,REE,Sr,Na)_5(P,Si)_3O_{12}(F,OH,Cl)]$、碳钇钡石 $[Ba(Ca,Na,REE)(CO_3)_2 \cdot nH_2O]$ 和钙钛矿 $[(Ca,Na,REE)(Ti,Nb,Fe)O_3]$ 中稀土元素含量可达 $1 \times 10^{-6} \sim 200000 \times 10^{-6}$ (Chakhmouradian 和 Wall, 2012)。

自然界中主要的稀土矿物包括氟碳铈矿、氟碳钙铈矿、独居石、磷钇矿、褐帘石、氟铈矿、烧绿石、锐钛矿、钛铀矿、褐钇铌（钽）矿、钙钛矿、钛铁矿、金红石、锆石、钍石等（表1）（张培善和陶克捷，1985；Kanazawa 和 Kamitani，2006；Jordens et al.，2013；Kumari et al.，2015；Weng et al.，2015；Migdisov et al.，2016；王运等，2018）。但在已发现的两百余种稀土矿物中（除磷钇矿），重稀土含量普遍较低，仅为 $1×10^{-6}$ ~ $300×10^{-6}$（Zhang 和 Edwards，2012；Gysi et al.，2015）。在稀土矿山生产过程中，最为普遍的稀土矿物包括氟碳铈矿（$(Ce,La)(CO_3)F$）、独居石（$(Ce,La,Nd,Th)PO_4$）、磷钇矿（YPO_4）以及离子吸附型的黏土矿物（Kanazawa 和 Kamitani，2006；Chakhmouradian 和 Wall，2012；Jordens et al.，2013；Jha et al.，2016）。独居石和氟碳铈矿主要赋存 LREE，磷钇矿富集 Y 和 HREE，尤其是原子序数为偶数的镧系元素（Jha et al.，2016），离子吸附型粘土矿物主要赋存 HREE，后两者构成了重稀土元素的主要来源。近年来随着开采技术的发展，磷灰石、异性石也逐渐成为工业化开采中、重稀土的重要矿物（Chakhmouradian 和 Wall，2012；Hatch，2012）。

表1 主要稀土矿物及其化学式

矿物名称	化 学 式
氟碳铈矿	$(Ce,La,Nd\cdots)CO_3F$
氟碳钙铈矿	$Ce_2Ca(CO_3)_3F_2$
独居石	$(Ce,La)[PO_4]$
磷钇矿	$Y[PO_4]$
褐帘石	$(Ca,Ce)_2(Fe,Al)_3[Si_2O_7][SiO_4](O,OH)_2$
氟铈矿	$(Ce,La)F_3$
烧绿石	$CaNb_2O_6F$
锐钛矿	TiO_2
钛铀矿	$(U,Ca,Fe,Y,Th)_3Ti_5O_{16}$
褐钇铌(钽)矿	$Y(NbTa)O_4$
钙钛矿	$CaTiO_3$
钛铁矿	$FeTiO_3$
金红石	TiO_2
锆石	$ZrSiO_4$
钍石	$ThSiO_4$

钪为过渡族金属元素，相容元素。钪元素的离子半径明显小于稀土元素（图2），因而不太容易进入矿物中被稀土元素占据的位置。由于 Sc^{3+}（75pm）与 Mg^{2+}（72pm）和 Fe^{2+}（78pm）具有相似的半径，因而赋存于多种造岩矿物中，如辉石和角闪石，自然界中主要的富钪矿物有钪钇石、硅钪矿、硅钙矿石、钠钪辉石等（Williams-Jones et al., 2018）。

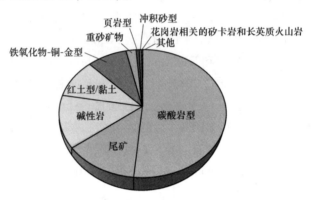

图2　各类型稀土矿床资源比例分布（据 Weng et al., 2015）

全球稀土资源以轻稀土为主，重稀土在地壳中的含量很低，明显少于轻稀土（Hatch, 2012），轻、重稀土氧化物比值（LREE/HREE）约为 13:1（Weng et al., 2015）。稀土矿床总体可分为两大类：高温成矿（岩浆和热液成矿），如与碳酸岩、碱性火成岩及热液系统等具有紧密联系的稀土矿床；低温成矿（风化和剥蚀过程），如与铝土矿、土壤和离子吸附型黏土矿物等相关的稀土矿床（Kanazawa 和 Kamitani, 2006；Kynicky et al., 2012；Jaireth et al., 2014；Weng et al., 2015；Xie et al., 2016；Goodenough et al., 2018）。绝大多数稀土矿（96%）主要由 Ce、Y、La 或 Nd 四种元素组成（Wall et al., 2017）；其中碳酸岩型稀土矿床占据全球 51.4% 的 REO 资源（图2），以白云鄂博超大型稀土-铌-铁矿床最为有名；离子吸附型稀土矿床提供了全球主要 HREE 资源，该类型矿床重稀土元素占比可达 60%（图3）（Kynicky et al., 2012；Jha et al., 2016），主要分布于我国江西、湖南、福建、广东和广西等地。

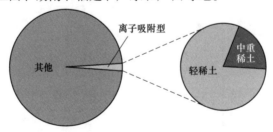

图3　离子吸附型稀土矿床占比及其轻重稀土比例图

2 稀土元素的迁移

传统观点认为，稀土元素属于高场强元素，因此在热液体系中基本不发生迁移；理论研究也表明成矿元素以简单离子在热水溶液中的含量极低，难以达到成矿所需的浓度，因而不可能主要以简单离子的形式在热水溶液中迁移并成矿。

在大多数热液过程中，稀土元素迁移性极差。例如，海水中总稀土含量为 10^{-9} 级别，深海热泉中上升至 $10n \times 10^{-9}$，在表生水及热泉/浅成低温热液体系中总稀土含量达到 0.1×10^{-6}（Wood，2006；Wood 和 Shannon，2003；Blake et al.，2017）。但是前人也发现在强酸（pH<0.6）性高 SO_4^{2-} 含量热水体系中，总稀土含量可达 $1000n \times 10^{-6}$（Gammons et al.，2005；Gysi 和 Williams-Jones，2013），此外，前人在对热液石英中流体包裹体研究发现，岩浆流体中稀土含量也可高达 $100n \times 10^{-6}$ 甚至 $1000n \times 10^{-6}$，这一系列变化说明稀土元素迁移、富集成矿需要特殊的热液活动（Weng et al.，2015）。近年来，大量实验岩石学、流体包裹体研究以及理论预测结果均表明稀土元素可以在热液过程中以配合物（络合物）的形式搬运聚集（Williams-Jones et al.，2012；Migdisov 和 Williams-Jones，2014；Migdisov et al.，2016）。自然界也存在诸多现象表明稀土元素可以明显迁移，如 Fan 等（2006）在厘定白云鄂博超大型稀土成矿过程时认为初始成矿流体富含大量稀土元素；Li 和 Zhou（2015）在厘定迤拉厂 Fe-Cu-(REE) 矿多期热液事件成矿时认为稀土元素可以在多期热液活动中迁移。热水溶液不仅可以在特定条件下从富稀土的岩浆搬运出一定量的 REE，形成具有经济价值的热液稀土矿床（Ling 和 Liu，2003），也可以对伟晶岩、碱性岩以及碳酸岩中已形成的 REE 进行再活化、富集成矿（Jaireth et al.，2014）。

在热液演化过程中，温度、压力、pH 值、Eh 以及氧逸度等条件的变化会对稀土元素络合物的形式、稳定性及溶解度产生很大的影响，进而影响稀土元素在热液体系中的迁移（Williams-Jones et al.，2012；王运等，2018）。

2.1 热液中稀土元素的迁移形式

稀土元素以络合物形式搬运这一认识已经逐渐获得了研究界的普遍认可，根据软硬酸碱理论，稀土元素为硬酸离子，故而倾向与 F^-、SO_4^{2-}、Cl^-、CO_3^{2-}、PO_4^{3-}、OH^- 等硬碱离子发生络合作用形成稳定配合物而搬运。对于同一稀土元素，不同配位体的稳定性和溶解度存在差异；对于同一配体，轻重稀土配合物的稳定性也存在明显不同，因而稀土元素在热液中的络合形式相对 Au、Ag、Cu 等元素更复杂。

2.1.1 稀土氟络合物

前人对稀土氟络合物的稳定性研究认为，在热液体系中：（1）稀土-硬碱配体（如 F^-、CO_3^{2-}）络合物的稳定性普遍比稀土-中等硬度配体（Cl^-）络合物的稳定性高，如稀土氟络合物的稳定性高出氯络合物 3~4 个数量级（图 4）；（2）稀土络合物稳定性随温度升高均不同程度升高，而稀土氟络合物升高幅度最大。相对于 Cl^-、SO_4^{2-}、CO_3^{2-}、PO_4^{3-}、OH^- 等稀土络合物，稀土氟络合物所具有的高稳定性以及萤石化与稀土-氟碳酸盐化（稀土矿化）紧密共存的普遍性，使得学者在早期普遍认为氟（氟络合物）是热液稀土矿化过程中重要的稀土搬运介质，其对稀土元素的迁移、富集成矿具有决定性作用，如 Williams-Jones 等（2000）认为 Gallinas Mountains 角砾岩型萤石-稀土矿床中，稀土元素是以氟络合物的形式运移；Panand Fleet（1996）认为麻粒岩相变质过程中，稀土元素和高场强元素可通过氟络合物的形式搬运；黄舜华等（1986）认为在 F^-、CO_2 挥发分及碱金属发育的自交代作用中，稀土元素可以通过稀土氟络合物的形式运移。稀土元素沉淀的机制则主要包括：成矿流体与富 Ca 围岩/流体反应、成矿流体的去氟作用以及稀土氟络合物失稳等诱发稀土矿物沉淀。

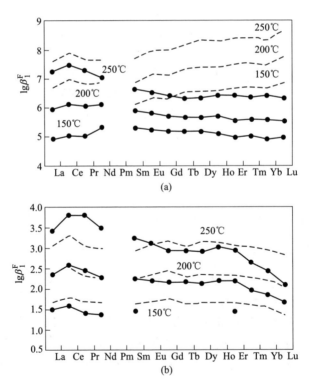

图 4　不同温度下稀土氟络合物（a）和氯络合物（b）第一络合（稳定）系数

（据 Williams-Jones et al.，2012）

（实线为实验测定数据，虚线为理论预测数据）

在 pH>4.5 热液成矿流体中，稀土氟络合作用可通过方程（1）描述；而在较低 pH 值条件下，则可通过方程（2）描述；因此热液体系中稀土氟化物的含量与 pH 值存在正相关关系。

$$REE^{3+} + NF^- \rightleftharpoons REEF_n^{3-n} \tag{1}$$

$$REE^{3+} + nHF^0 \rightleftharpoons REEF_n^{3-n} + Nh^+ \tag{2}$$

大量研究表明稀土元素不太可能以稀土氟络合物的形式搬运，主要原因有以下五点：（1）电离性：HF 酸为弱酸，溶液中可电离的 F⁻ 含量与 pH 值存在密切联系，只有在中性或碱性环境中才可大量电离；（2）稳定性：实验岩石学研究表明，理论预测高估了稀土氟络合物的高温稳定性，这种差异在重稀土表现更为明显（图 4（a））（Migdisov 和 Williams-Jones，2008；Migdisov et al.，2009）；（3）可搬运稀土总量：在酸性/弱酸性条件下，氟络合物可搬运的稀土含量小于 1×10^{-6}（Migdisov 和 Williams-Jones，2014）；（4）溶解度：稀土氯化物矿物在常温和高温条件下都是可溶的，但稀土氟化物矿物即便是在高温条件以及较宽泛的 pH 值范围内也是极度不溶的，因而稀土氟络合物搬运稀土元素的能力极其有限，如 Migdisov 和 Williams-Jones（2007）证明 Nd 氟化物的低溶解度使得溶液中 Nd 的含量与 F 含量具有负相关关系。

稀土氟络合物所具有的低溶解度、高温低稳定性以及 H⁺ 和 F⁻ 的强聚合力等特征表明稀土氟络合物不太可能作为热液稀土矿床成矿过程中稀土元素搬运的载体（Williams-Jones et al.，2012；Migdisov 和 Williams-Jones，2014；Liu et al.，2017）。反而在促使稀土元素沉淀过程中具有重要作用（Williams-Jones et al.，2012），如刘琰等（2017）认为大陆槽稀土矿床中 F- 的作用是作为氟碳铈矿及氟铈矿的沉淀配体，而非稀土元素的搬运配体。

2.1.2　稀土氯、硫酸盐及羟基络合物

热水溶液体系中，氟络合物作为稀土元素主要搬运形式认识的不可靠性，使得近年来对稀土和氯、硫酸盐以及羟基络合物的研究日益增加。Migdisov 和 Williams-Jones（2007）认为典型热液体系（Cl⁻ 含量很高）中，稀土元素可通过氯络合物的形式搬运；Williams-Jones 等（2012）认为稀土氯络合物在稀土元素迁移沉淀过程中具有重要作用，在溶液中，稀土元素的氯络合物比氟络合物更稳定；Liu 等（2015）认为大陆槽稀土矿床热水溶液中稀土元素主要以氯络合物的形式搬运，稀土元素主要是以氟碳铈矿和氟碳钙铈矿的形式沉淀；Benaouda 等（2017）对摩洛哥 Jbel Boho 杂岩轻稀土矿化氟碳钙铈矿脉中的石英晶体流体包裹体研究表明，成矿流体具有高盐度（32%~37% NaCleqv），低 pH 值的特征，稀土元素以氯络合物的形式搬运；Chudaev 等（2017）对堪察加半岛 Mutnovsky 火山热泉研究认为，当 pH<6 时，热液体系中稀土元素总量（ΣREE）与 pH 值成反比（图 5），热液中稀土含量取决于其地球化学组成，含 Ca-SO₄ 酸性热水中

稀土总量高出含 Na-HCO$_3$ 碱性热水两个数量级；Richter 等（2018）在对澳大利亚 Wolverine 重稀土矿床中与磷钇矿同期石英的流体包裹体研究发现，大型稀土矿床可以产出于盆地低温条件，并强调了低温条件下 SO$_4^{2-}$ 和 Cl$^-$ 对于稀土元素迁移的重要性；Li 和 Zhou（2018）认为越南西北部 Sin Quden IOCG 型矿床稀土矿化中 REE 是以氯络合物的形式搬运；另外实验岩石学数据也证明 REE 在流体/熔体中的分配系数与流体中的氯化物含量成正比（Pokrovski et al.，2013）。以上研究均表明，流体相中可以形成稳定的稀土氯络合物和硫酸盐络合物，两者对于热液过程中稀土元素的迁移具有重要作用。

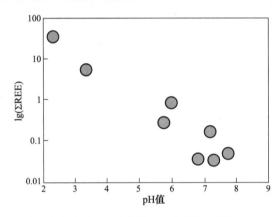

图 5　Mutnovsky 火山热泉水总稀土含量与 pH 值图解（据 Chudaev et al.，2017）

近年来，对稀土氯络合物的研究取得了如下认识：（1）配体含量：氯离子是天然体系以及稀土成矿热液中的主要配体离子（Migdisov et al.，2016；Liu et al.，2017），流体包裹体数据表明碳酸岩岩浆出溶的流体除含大量的 H$_2$O、CO$_2$ 外，也富含大量的 F$^-$、OH$^-$、Cl$^-$、SO$_4^{2-}$、CO$_3^{2-}$、PO$_4^{2-}$（Verplanck，2017），这表明热水溶液存在提供稀土络合物配体的物质基础；（2）电离性：即便是在极低 pH 值条件下，强酸 HCl 也可完全电离，体系中 Cl$^-$ 的浓度与 pH 值无关；（3）稳定性：实验岩石学研究表明以往理论预测低估了稀土氯络合物的稳定性（图 4（b））（Migdisov 和 Williams-Jones，2008；Migdisov et al.，2009），造成了稀土元素不可能以氯络合物搬运的错误认识；（4）溶解度：相对于稀土氟化物和氟碳酸盐矿物，稀土氯络合物溶解度极高（Migdisov et al.，2016；Liu et al.，2017）；（5）已有研究表明酸性流体（pH<2）中高氯浓度（>5% NaCleqv）有利于氯-水络合物的形成，并可以提高 Yb 的溶解度至数千 10^{-6} 的水平（Louvel et al.，2015）。基于以上原因，如前文所述，热液体系中稀土元素以氯络合物形式搬运的观点已被学术界普遍接受（Migdisov et al.，2016；Liu et al.，2017）。

热液流体中高含量的 Cl$^-$ 使得大量的稀土元素可以通过氯络合物（REECl^{2+} 或 REECl$_2^+$）的形式进行搬运。稀土氯络合作用可通过方程（3）描述：

$$REE^{3+} + nCl^- \rightleftharpoons REECl_n^{3-n} \qquad (3)$$

Gysi 等（2015）在研究稀土元素 PO_4^{3-}、Cl^- 络合形式时发现，单一 H_3PO_4 体系可溶解的稀土含量极低，$H_3PO_4^-HCl^-HF$ 体系中可溶解稀土元素总量高出 H_3PO_4 体系可达 2~4 个数量级（图6），可能归因于稀土氯络合物的形成或 pH 值降低。

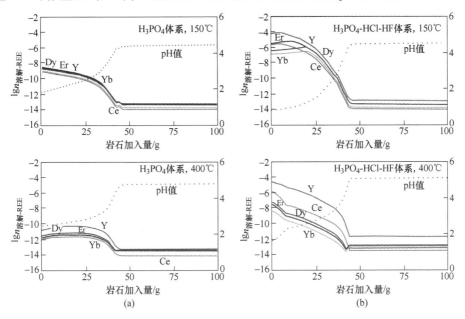

图 6 $\lg n_{溶解-REE}$-水岩比（岩石加入量）图解（据 Gysi et al.，2015）

（a）1kg 含 H_3PO_4 溶液中加入 0~100g 含碳酸盐矿物岩石；

（b）1kg 含 H_3PO_4-HCl-HF 溶液中加入 0~100g 含碳酸盐矿物岩石

此外，理论预测和实验研究均表明稀土元素可以与硫酸根离子络合形成稳定络合物并发生有效搬运（Migdisov 和 Williams-Jones，2008）。在含硫酸盐的溶液中，稀土元素主要以 $REESO_4^+$ 和 $REE(SO_4)_2^-$ 的形式存在，但在高温条件下，主要以 $REE(SO_4)_2^-$ 的形式存在。另外，在高温、高压条件下，REE 在含水溶液中的含量升高，并以羟基络合物（$REE(OH)_3^0$、$REE(OH)_2^+$、$REE(OH)^{2+}$）的形式存在（Pourtier et al.，2010；Song et al.，2016）。总体而言，稀土在热液体系中主要是以氯络合物和硫酸盐络合物的形式搬运，只有在酸性条件下，稀土元素在含氟流体中才可进行有效运移，但是以氯络合物和硫酸盐络合物的形式搬运。在低氯、碱性溶液中，稀土元素则主要以羟基络合物的形式进行搬运（Louvel et al.，2015）。

稀土元素在热液中的络合形式随热液体系中配体浓度、温度、pH 值、Eh 以及压力等物理-化学条件变化而变化。Migdisov 和 Williams-Jones（2014）在对前人数据总结的基础上，对稀土元素 Nd 在不同组分、温度、pH 值条件下的络合形式进行了详细分析：

在富氯-贫硫热液体系中（F-Cl 体系），如图 7 所示，随体系 pH 值变化，Nd 的络合形式也存在规律性变化。在偏酸性环境下，Nd 主要是以 $NdCl^{2+}$（主要）

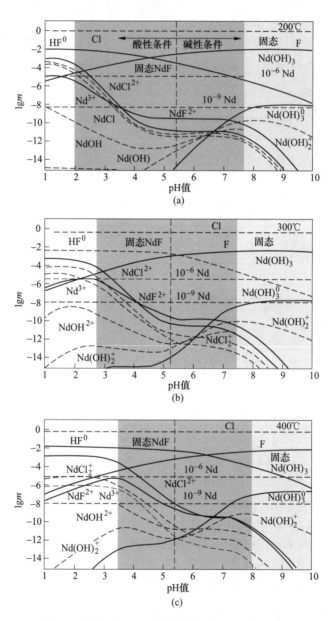

图 7　不同温度下 Nd 络合物含量与 pH 值关系图

（据 Migdisov 和 Williams-Jones，2014）

或 $NdCl_2^+$（次要）的形式存在，可络合的 Nd 含量在 10^{-6} 级别；当 pH 值环境近中性时，Nd 氟络合物作用逐渐增强，但固体氟化物发生沉淀，溶液中 Nd 含量将降低到 1×10^{-9} 以下，可络合的稀土含量有限；随 pH 值升高到碱性条件下，Nd 主要是以 $Nd(OH)_3^0$ 和 $Nd(OH)_2^+$ 羟基络合物的形式搬运，但可络合的稀土含量也十分有限，仅 10^{-9} 级别。另一方面，随体系温度的升高，Nd 的氯络合作用增强，稀土氯化物与氟化物的分界 pH 值也逐渐变大（200℃为 3.5；300℃为 4；600℃为 6.4），因而只有在低温、中性 pH 值环境下，Nd 才主要以氟化物的形式搬运，但在稀土氟化物占主导地位的温度和 pH 值范围内，由于 NdF_3（固）的沉淀，Nd 的搬运是微不足道的，因而在自然体系下，Nd 不太可能以氟络合物的形式搬运。此外，Ce（代表轻稀土元素）和 Er（代表重稀土元素）在不同 pH 值条件下的络合形式与 Nd 具有相似特征，只是在 400℃时，Er 含量超过 1×10^{-6} 时所对应的 pH 值范围相对 Nd 较高（图 8）。

在富硫热液体系中（$F-Cl-SO_4^{2-}$ 体系），如图 9 所示，在偏酸性环境下，与无硫体系相似，Nd 主要是以 $NdCl^{2+}$（主要）或 $NdCl_2^+$（次要）的形式存在，可络合的 Nd 含量在 10^{-6} 级别，而且 Nd 的氯络合作用随体系温度的升高而增强；当 pH 值环境近中性时，Nd 硫酸盐络合物作用逐渐增强，但可络合的 Nd 含量有限，只有在 400℃条件下，可络合的 Nd 含量才可达到 10^{-6} 级别；随 pH 值升高到碱性条件下，与无硫体系相似，可络合的 Nd 含量十分有限（10^{-9} 级别）。在 200℃时，硫酸盐络合物对 Nd 不能进行有效搬运，但随温度升高，硫酸盐络合物逐渐变得重要；300℃条件下，在无硫体系中以稀土氟化物为主所对应的 pH 值范围内，$Nd(SO_4)_2^-$ 的含量大于 NdF^{2+} 和 $NdCl^{2+}$；在 400℃时，以 $Nd(SO_4)_2^-$ 为主，而且在 pH 值为 3.5~5 的范围内，$Nd(SO_4)_2^-$ 的含量 $>1 \times 10^{-6}$；在较低 pH 值条件下，Nd 则都以 $NdCl^{2+}$ 的形式存在（图 9）。Er 在含硫体系中也具有相似特征（图 10），但 Er 的硫酸盐络合物可络合稀土含量明显高于 Nd 的硫酸盐络合物。此外，在对 Sm 和 Er 运移形式（富硫体系）研究时发现单硫酸盐络合物（$REESO_4^+$）对稀土硫酸盐络合物总量的贡献是极少量的，稀土硫酸盐络合物主要以复硫酸盐（$REE(SO_4)_2^-$）的形式存在（Migdisov 和 Williams-Jones，2014；Liu et al.，2017）。

综合以上内容，在强酸性条件下，稀土元素主要以氯络合物（主要为 $REECl^{2+}$）的形式运移；随着 pH 值升高至弱酸/中性，则被稀土硫酸盐络合物（主要为 $REE(SO_4)_2^-$）所替代，并且高温环境下稀土元素的硫酸盐络合作用明显增强；当 pH 值继续升高至碱性环境时，则主要以稀土羟基络合物（主要为 $REE(OH)_3^0$）的形式搬运（Debruyne et al.，2016）。此外，随着体系温度的不断升高，稀土氯络合作用和硫酸盐络合作用均不同程度增强，可有效迁移的稀土含量也逐渐增加。

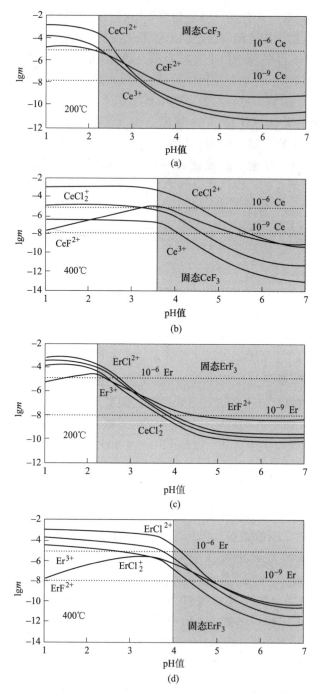

图 8　不同温度下 Ce、Er 络合物与 pH 值关系图解
（据 Migdisov 和 Williams-Jones，2014）

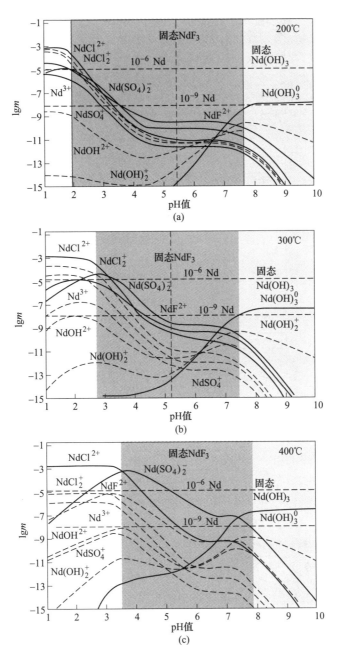

图 9 含硫体系、不同温度下 Nd 络合物与 pH 值关系图解
（据 Migdisov 和 Williams-Jones，2014）

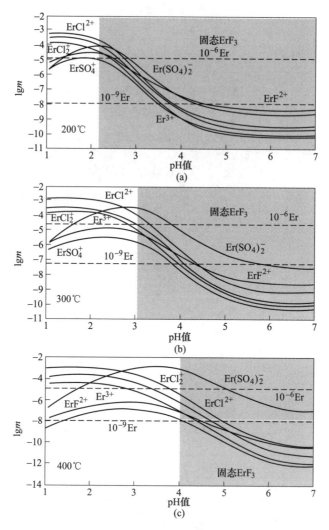

图 10　含硫体系、不同温度下 Er 络合物与 pH 值关系图解
（据 Migdisov 和 Williams-Jones，2014）

2.1.3　稀土碳酸盐、磷酸盐络合物

稀土氟碳酸盐作为矿山开采过程中经济价值最高的稀土矿物，在碱性岩相关的稀土矿化中分布十分广泛，但有关稀土碳酸盐络合形式的研究却极为有限。对稀土碳酸盐络合物现有研究总结如下：（1）在近中性流体中，溶解性的 REE 含量极低，并主要以碳酸盐络合物的形式存在，但在 pH<3.6 条件下，CO_3^{2-} 和 OH^- 含量微乎其微（Inguaggiato et al.，2015）；（2）热水溶液中高含量的卤素极大限制了稀土碳酸盐络合物的形成，例如在含 F 体系中，稀土氟化物的沉淀使得体系

REE 含量极低；（3）稀土碳酸盐矿物较低的溶解度也限制了稀土通过碳酸盐络合物的形式进行搬运。以上内容表明稀土元素不太可能以碳酸盐络合物的形式搬运。

已有研究证明 REE 和 P 迁移性之间存在明显相关性，这表明 REE 可能以磷络合物的形式搬运，或者是 REE 和 P 共同与其他配位体络合并搬运，但是在富 F 和 P 的热液体系中，REE 很难进行大规模的搬运（Anenburg 和 Mavrogenes，2018），说明 F 和 P 的存在对稀土元素沉淀可能具有重要意义。此外，稀土磷酸盐矿物极低的溶解度（如独居石）也限制了流体中可运移 REE 的含量（Williams-Jones et al.，2012），所以磷酸根不太可能作为稀土元素搬运的载体。

目前，有关稀土碳酸盐、磷酸盐络合物的数据极其缺乏，因而无法对含碳、磷流体中稀土元素的搬运和沉淀展开详细分析。但确定的是，在富 CO_2 低盐度体系中，稀土元素可以发生碳酸盐络合作用；在富 CO_2 高盐度体系中则以氯络合物或硫酸盐络合物形式搬运，而在碱性流体中则是以稀土羟基络合物形式搬运（Perry 和 Gysi，2018）。稀土氟、磷酸盐以及碳酸岩络合物的低溶解度表明三种配体可能对稀土元素的沉淀具有重要作用（Migdisov et al.，2016）。

2.1.4　稀土有机络合物

已有研究表明，除 Cl^-、SO_4^{2-}、F^-、OH^- 以及 CO_3^{2-} 等无机配体外，稀土有机络合物对稀土元素运移也具有重要作用，在低温（100～160℃）条件下，含碳氢化合物的卤水搬运稀土元素总量（$\sum REE$）可达 $1000n \times 10^{-6}$。Lecumberri-Sanchez 等（2018）认为摩洛哥 El Hammam 萤石矿区中乙酸（有机酸）络合物是稀土元素搬运的主要形式，El Hammam 含油低温盆地卤水中 $1000n \times 10^{-6}$ 的稀土含量说明油田卤水可以有效萃取、搬运、沉淀稀土元素，使得 El Hammam 萤石矿床极度富集稀土元素。因而，在低温盆地卤水环境下，稀土元素可通过有机络合物的形式进行迁移。

2.2　影响稀土元素迁移的因素

稀土元素在热液体系中运移影响因素的研究对理解稀土元素在热液中的地球化学行为具有重要意义。Williams-Jones 等（2012）认为稀土元素的络合形式取决于流体的 pH 值以及可利用配体的含量；Jaireth 等（2014）通过实验岩石学研究认为 REE 在流体-熔体两相的分配系数与流体的温度、压力以及盐度之间存在函数关系，随着盐度升高，分配系数变大；Lecumberri-Sanchez 等（2018）认为大多数地质流体搬运稀土元素含量低于 10^{-6} 级别，但在极低 pH（<2）、高温（约 400℃）或高硫酸盐含量（>1%）体系中稀土总含量大于 100×10^{-6}；Bragin 等（2018）提出热液体系中稀土络合物的形成主要受控于原子序数（稀土元素物理性质）、pH 值、Eh 以及温度。在地表水中，稀土元素的迁移主要受控于 pH 值、碱度以及碳酸根的浓度，轻稀土在酸性流体中搬运能力较强，而重稀土则在碱性水中易迁移（Jaireth et al.，2014）。

综合前人研究结果，温度、压力、pH 值、Eh、配体浓度以及氧逸度等物理化学条件等均对稀土元素络合物的形式、稳定性及溶解度产生很大的影响，进而影响稀土元素在热液体系中的迁移。

2.2.1　温度

温度对稀土元素运移的影响主要表现在三个方面：

（1）稀土络合物稳定性。室温条件下，较高的介电常数及氢键导致水合离子产生很强的屏蔽作用，并抑制了电子转移，但高温环境下这种效应显著降低，促使离子软化。因而 REE^{3+} 的硬度随着温度的升高而降低，但稀土元素相对硬度不发生变化（Williams-Jones et al.，2012）。金属离子与配体离子软硬度的差异随温度升高而降低，使得络合物稳定性升高（Dubinin，2004）。数据表明稀土氯、氟络合物的稳定性都随着温度升高而变大（Debruyne et al.，2016；Liu et al.，2017），例如当温度从 150℃ 升高到 250℃，轻稀土氯络合物稳定升高了 2 个数量级（图 4），这也说明在含氯溶液中轻稀土元素相对于重稀土元素更容易迁移（Migdisov et al.，2016）。另一方面，室温条件下，重稀土络合物比轻稀土更稳定（Migdisov et al.，2009）；但在高温条件下，氯离子软度增强，随着稀土元素硬度增强（La→Lu），稀土氯络合物稳定性降低程度将比低温条件下更明显。因而轻稀土氯络合物稳定性大于重稀土氯络合物（Migdisov et al.，2009）。与此类似，从 LREE 到 HREE，稀土氟络合物的稳定性随温度升高也逐渐减小（Williams-Jones et al.，2012）。随温度升高，LREE 与 HREE 之间的这种差异表现得更明显。总体而言，所有的稀土配合物的稳定性随温度的增加而增加，氟化物的增幅最大，氯络合物的增幅最小（Jaireth et al.，2014）。

（2）络合物形式。体系温度的变化对稀土元素络合形式也存在一定的影响。如在一定盐度热水溶液体系中，当温度为 200℃，pH>3 时，以溶解性的 NdF^{2+} 为主；同一 pH 值条件下，随着温度升高 $NdCl^{2+}$ 则变得更加重要（图 7）。此外，在 400℃，pH<7 的条件下，Nd 主要以 $NdCl^{2+}$ 的形式存在（Migdisov et al.，2009）。

（3）络合物溶解度。一般而言，除稀土磷酸盐络合物外（图 6）（Gysi et al.，2015），热液流体的温度越高，稀土元素络合物的溶解度越高（Williams-Jones et al.，2012；Tsay et al.，2014）。如图 11（b）所示，当体系温度为 200℃ 时，可溶解的 $NdCl^{2+}$ 仅为 $100 \times 10^{-9} \sim 200 \times 10^{-9}$，而当温度升高至 400℃ 时，溶液中 $NdCl^{2+}$ 的含量约为 200×10^{-6}；但可溶解的氟络合物含量仅从 1×10^{-9} 上升至 500×10^{-9} 左右，这也说明，温度对不同络合物溶解度的影响程度不同。

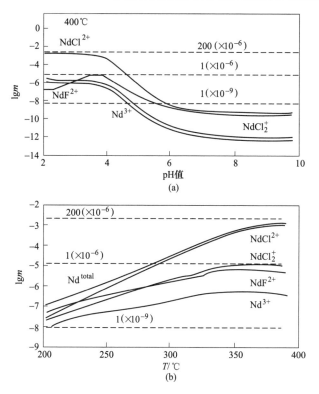

图 11　Nd 络合物溶解度与 pH 值、温度关系图解（据 Williams-Jones et al.，2012）

（a）400℃条件下，Nd 络合物质量摩尔浓度与 pH 值关系图解；

（b）pH＝3 时，Nd 络合物质量摩尔浓度与温度关系图解

2.2.2　pH 值

Jaireth 等（2014）认为在较宽泛的 pH 值范围内，相对于其他络合物而言，稀土元素的氟络合物可能是最主要的；而在低温下的典型地表条件和自然水、弱酸性或碱性条件下，稀土元素的碳酸盐络合物是最主要的；在酸性环境下，则以氯化物、硫酸盐、磷酸盐以及氟的络合物为主。Inguaggiato 等（2017）在研究 Azufral 火山热液体系时认为，在原岩溶解过程中，酸性流体对于稀土元素的迁移具有重要作用。Migdisov 等（2016）证明室温条件下，只有 pH 值高于中性及高度还原环境中，Eu^{2+} 才可以在水溶液中稳定存在。另外，酸性热液流体相对于海水，稀土元素含量可高达 4~5 个数量级（Inguaggiato et al.，2017）。这些实例均说明溶液中总稀土含量与体系 pH 值存在明显关系。

pH 值对稀土元素运移的影响主要表现在：（1）热液中可溶解稀土元素的含量；（2）稀土元素络合形式的变化。一般而言，溶液体系的 pH 值越小，可溶解的金属元素含量越高，因而酸性环境有利于稀土元素的运移。如图 11（a）所

示，当溶液 pH 值大于 6 时，体系中可溶解的稀土元素含量小于 1×10^{-9}；而当 pH 值减小到 2 时，可溶解性稀土含量急剧升高，达到 200×10^{-6}。因而热液流体中 REE 的含量通常随着 pH 值降低而升高（Dubinin，2004；Gysi et al.，2015）。另外，随体系 pH 值的变化，稀土元素络合形式也会变化（图 7~图 10）。在酸性环境下，HF 的电离受到抑制，因而主要是以稀土元素氯络合物的形式搬运，当 pH 值向中性环境演化时，硫酸盐络合物作用逐渐明显，但可搬运的稀土元素极为有限，只有在温度大于 400℃ 时，才可大量搬运。

2.2.3 氧逸度

与其他稀土元素不同，铕（+2，+3）和铈（+2，+4）存在两个价态，两元素的溶解度和稀土矿物的稳定性均与流体的氧化状态（f_{O_2}）有关，进而影响其在热液中的搬运及沉淀。在还原条件下，铕以二价离子 Eu^{2+} 的形式存在；在氧化条件下，铈以四价离子 Ce^{4+} 的形式存在，Eu^{2+}、Ce^{4+} 与 REE^{3+} 之间存在的差异性容易使轻重稀土元素之间发生分馏，分别造成体系 Eu 和 Ce 的负异常。

2.2.4 配体浓度

自然体系中，稀土元素在热液中的搬运也受控于 Cl^-、OH^-、F^-、SO_4^{2-} 等配体浓度。以往研究表明 REE 在流体/熔体中的分配系数与流体中的氯化物含量成正比（Pokrovski et al.，2013）。溶液中 Cl^- 和 SO_4^{2-} 含量的增加，使得流体搬运稀土元素的能力增加。但对于氟络合物而言，流体中 F 总量的增加虽然使得氟络合物的稳定性变大（$REE^{3+} + nHF^0 \rightleftharpoons REEF_n^{3-n} + nH^+$），但很大程度上降低了体系中 Nd 的饱和度，从而降低了流体搬运 Nd 的能力。一般而言，体系中稀土元素的含量随 Cl^-、SO_4^{2-} 含量的增加而增加。热液中有效的配体浓度，是稀土元素在热液体系中发生有效络合作用并运移的物质基础（Migdisov et al.，2016）。

以上内容表明，高温、低 pH 值、高含量的配体、高盐度等条件均可以提高稀土元素在热液中的溶解度。

3 稀土元素沉淀机制

流体相中，矿物饱和致使稀土元素沉淀主要受控于压力、温度、pH 值以及体系化学组成变化（Verplanck，2017）。

3.1 体系 pH 值变化

如前文所述，稀土络合物在酸性环境下稳定性高、溶解度高。从酸性到中性或接近碱性（pH 值增加）使得 Yb 的溶解度至少降低到 10^{-6} 级别，并且会引发含 Yb 络合物的沉淀，对于 Er 和 Nd 影响也相似，表明中和作用可以作为稀土元素沉淀的一种有效方式（Louvel et al.，2015）。当酸性流体与围岩发生反应时，流体 pH 值的升高可以导致稀土碳酸盐矿物、氧化物以及氢氧化物发生沉淀，在 pH=6.2~7 的条件下，稀土元素开始发生沉淀（Jaireth et al.，2014）。

$$REECl^{2+} + HF + HCO_3^- \Longrightarrow REECO_3F(s) + 2H^+ + Cl^- \qquad (4)$$

$$REECl^{2+} + HF + CO_3^{2-} \Longrightarrow REECO_3F(s) + H^+ + Cl^- \qquad (5)$$

$$2H^+ + CaMg(CO_3)_2 \Longrightarrow Ca^{2+} + Mg^{2+} + 2HCO_3^- \qquad (6)$$

氟碳铈矿的沉淀可以用方程（4）或（5）表示，因而 pH 值的升高、HCO_3^- 活度变大以及 Cl^- 活度降低都会引起氟碳铈矿的沉淀。流体与碳酸盐岩等围岩的相互作用，不仅可以快速升高流体 pH 值，如方程（6），提供氟碳铈矿沉淀所需的 CO_3^{2-}，也可以提供 Ca^{2+}，从而与过量的 F^- 结合形成萤石沉淀。除碳酸盐岩外，许多含长石的岩石与酸性流体反应形成云母，pH 值升高。此外，成矿流体与大气降水、地层水等混合以及沸腾、相分离等因素也可造成成矿流体 pH 值升高促使稀土元素沉淀（Williams-Jones et al.，2012；Migdisov 和 Williams-Jones，2014；Louvel et al.，2015；Xie et al.，2016；Benaouda et al.，2017；Richter et al.，2018）。如 Broom-Fendley 等（2016）对马拉维 Songwe Hill 碳酸岩稀土矿化作用研究认为角砾岩化以及减压作用导致重稀土元素矿化，而成矿流体与大气降水所引发的盐度/温度降低促使轻稀土元素发生沉淀。

3.2　体系化学组成变化

CO_2 含量：Migdisov 等（2016）对前人数据开展大量模拟计算分析发现，含氟成矿流体与白云石的相互作用会快速沉淀出氟碳铈矿，而这一沉淀过程受控于溶液中 CO_2 的含量，说明氟碳铈矿的沉淀可能不是溶液 pH 值变化造成的，因为氟碳铈矿的沉淀明显发生在白云岩中和溶液之前。因而其认为含氟成矿流体与灰岩/白云岩相互作用并沉淀氟碳铈矿并非是 pH 值变化的结果，而是由于 CO_3^{2-} 这一强约束力配体引入造成的。所以氟碳铈矿的沉淀不仅可通过含氟成矿流体与灰岩/白云岩相互作用实现（pH 值变化），也可通过与富 CO_2 流体混合实现。这一过程可将溶液中的 REE 含量降低 3~4 个数量级，因而可以代表一种特别有效的沉淀机制。

配体浓度：含配体的矿物沉淀、水岩反应、流体混合以及氧化还原条件的变化都可造成流体中配体浓度发生变化（如方程（4）），使得稀土络合物失稳，因而也可以诱发稀土元素的沉淀（Richter et al.，2018），如成矿流体与低盐度的大气降水混合使得 Cl^- 浓度快速降低。

在弱酸环境下，含硫、富氟成矿流体中稀土元素主要以硫酸盐络合物的形式存在，硫外迁所引起的 $REE(SO_4)_2^-$ 失稳使得稀土矿物沉淀。硫的外迁可通过一些低溶解度硫酸盐矿物的沉淀实现，也可通过硫酸盐还原作用降低 SO_4^{2-} 的浓度。如大陆槽稀土矿床中，在热液阶段，正长岩-碳酸岩杂岩中高含量 Sr、Ba 分别以天青石和重晶石的形式沉淀（Liu et al.，2015）；在热液阶段晚期，氟碳铈矿大规模沉淀，并叠加在早期形成的天青石、重晶石及方解石等脉石矿物之上（刘琰等，2017）。

重晶石的沉淀使得流体中 Nd 的含量从 $10×10^{-6}$ 下降到 $200×10^{-9}$（图 12（a））。但实验模拟数据也表明，$Nd(SO_4)_2^-$ 具有极高的稳定性，因而沉淀 9.9mg 的 $NdF_3(S)$ 所需要的 $BaCl_2$ 也较多（约 17g）。此外这一机制也需要硫酸根完全移出以及额外 Ba 的加入（Migdisov et al.，2016）。

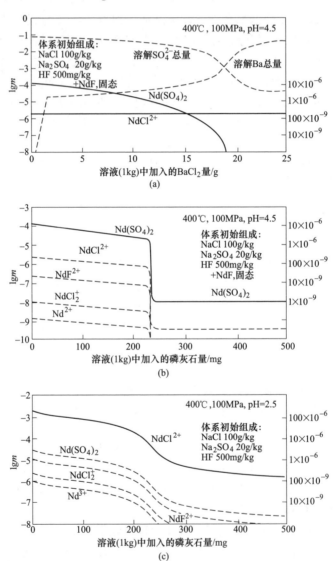

图 12　流体中不同络合物含量随加入 $BaCl_2$、磷灰石量变化图

（据 Migdisov 和 Williams-Jones，2014）

P 元素的加入：对于富含 REE 的成矿流体，P 的加入可促使稀土络合物失稳，并诱发 REE 沉淀（Migdisov 和 Williams-Jones，2014）。独居石（LREE）和磷钇矿（HREE）是最主要的稀土磷酸盐矿物，在热液条件下极难溶。成矿流体与富磷（磷灰石）的围岩反应会造成独居石或磷钇矿的沉淀。即便是微量 P 的加入，也可使得 Yb 的溶解度降低到 10^{-9} 级别，并引发 Yb 磷酸盐矿物的沉淀（Louvel et al.，2015）。实验结果也表明仅几百毫克的磷灰石就足以将流体（Nd 含量为 10×10^{-6}）中所有 Nd 沉淀（图 12（b）、（c））。因而这也可能是稀土元素沉淀最有效的机制之一。

此外，考虑到稀土氟化物以及碳酸岩矿物的低溶解度，因而体系中 F^-、CO_3^{2-} 的加入，也可作为诱发稀土矿物（如氟碳铈矿、氟铈矿）沉淀的重要因素（谢玉玲等，2008；Migdisov et al.，2016；Schmandt et al.，2017）。如在相对酸性成矿流体中氟以 HF 的形式存在，当成矿流体被中和时，F^- 被释放，进而诱发含氟矿物的沉淀，如氟碳铈矿、氟铈矿。

3.3 温度

如前文所述，稀土元素在热液体系中的含量随温度的升高而升高，因而随着温度降低，稀土矿物的溶解度急剧降低，可能促使稀土元素发生沉淀。对于含氟流体而言，单一的降温作用也可以促使 REE 以氟碳酸盐的形式沉淀。理论计算表明 pH 值为 4 的成矿流体温度从 400℃ 降低到 300℃ 就可以沉淀 95% ~ 99% 的稀土元素（假设 pH 值不变）。Li 和 Zhou（2018）认为越南西北部 Sin Quden IOCG 型矿床稀土矿化中流体冷却使得稀土元素以褐帘石（Ce）的形式沉淀。谢玉玲等（2008）认为温度以及压力的降低是四川冕宁木落稀土矿床矿物沉淀的主要机制。

4 稀土元素在热液中的分馏作用

稀土元素的分馏作用既可以发生在岩浆作用过程中，也可以发生在热液成矿作用过程中。对于前者稀土元素的分馏机制已十分明确，从岩石学角度考虑，稀土元素分馏主要取决于稀土元素在结晶相/熔体相之间的分配系数以及矿物晶格对稀土元素的选择性。以往对稀土元素分馏的研究主要集中于岩浆过程中，很少有研究关注稀土元素在热液过程中的分馏。如白云鄂博稀土-铌-铁矿床以及牦牛坪稀土矿床都高度富集 La、Ce 等轻稀土元素，但对两者的轻、重稀土分馏机制仍没有可靠认识。此外在表生稀土矿化中，前人对华南离子吸附型矿床的时空分布、成矿母岩特征以及富集机制等进行了系统性研究（池汝安和王淀佐，1993；池汝安等，2012；杨岳清等，2016；赵芝等，2017），但对稀土元素的分馏机制仍没有足够认识。因而急需开展有关热液条件下稀土元素分馏的研究工作，对热液中稀土元素分馏机制的正确认识不仅可以补充稀土元素分馏机制方面的理论知识，而且对进一步开展重稀土资源勘查工作也具有重要意义。

热液体系中轻、重稀土元素的分馏主要受控于配体选择性、稀土矿物学、稀土矿物溶解度、配合物稳定性以及自身性质变化（镧系收缩）等因素（Benaouda et al.，2017）。

4.1 自身性质

稀土元素具有极其相似的化学性质，但随着原子序数的增加也存在一些系统性的差异。在一定条件下，这种差异足以导致稀土元素在热液运移和沉淀过程中发生分馏，如热水溶液中稀土络合物稳定性的差异就可导致轻重稀土元素发生分馏。

从图4和图13可以看出，不同稀土元素的硫酸盐络合物稳定性基本相似（在实验设定温度下）。但稀土氯络合物稳定性随着原子序数增加而降低，温度越高，降低幅度越大；温度大于250℃时，轻稀土氯络合物稳定性高出重稀土氯络合物1.5个数量级，这种差异可产生较明显的轻重稀土分馏。

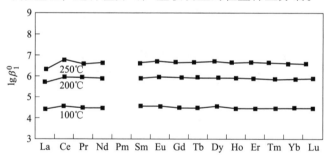

图13 不同温度下稀土硫酸盐第一形成常数随原子序数变化图解
（据 Migdisov et al.，2016）

Migdisov 等（2016）为了有效评价稀土元素迁移性差异对其分馏的影响，将盐度为10%NaCleqv、pH值为3.5的成矿流体（稀土元素含量初始值均为100×10^{-6}）与含3%磷灰石的围岩反应，假设该围岩表现为化学惰性，反应初始温度为450℃。第一期流体（1L）通过岩石逐渐冷却至200℃，接着，在第一期流体矿物结晶期间，第二期流体与岩石发生反应，如上重复100循环（图14（a））。第一期流体与围岩的反应导致溶解性的 REE 全部以独居石/磷钇矿的形式在接触带沉淀，并未发生稀土元素分馏。在第10期流体通过后，稀土元素分馏表现明显（图14（b）），LREE 迁移性强，继续沿着迁移路径向更远处迁移，HREE 迁移性差，因而分布更靠近流体源头。在第70个期的流体通过围岩后，LREE、MREE 和 HREE 完全分离（图14（c））。

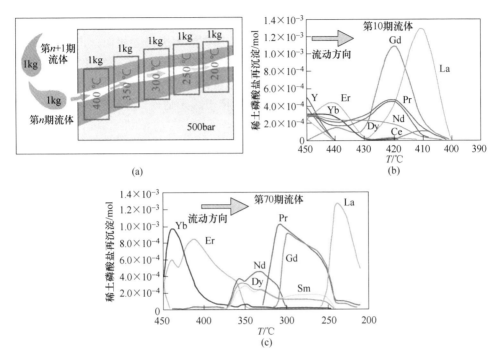

图 14 水/岩反应稀土元素分馏图解（据 Migdisov et al.，2016）
（a）多期水岩反应及示意图；（b）经历 10 期次流体反应后稀土元素分布情况；
（c）经历 70 期次流体反应后稀土元素分布情况

另一方面，不同配体对稀土元素的选择性使得稀土元素在热液过程中发生不同程度分馏（Tsay et al.，2014）。热液体系中，F^- 和 Cl^- 倾向结合 LREE 并以配合物的形式搬运，而 OH^- 和 CO_3^{2-} 则倾向结合 HREE 进行搬运，硫酸盐络合物对轻、重稀土没有选择性（Debruyne et al.，2016）。稀土元素容易通过热液过程聚集，并且在热液体系中 LREE 比 HREE 迁移性更强；高温条件下，轻稀土元素与 F^-、Cl^- 形成稳定的配位化合物，进行远距离搬运，从而造成稀土元素分馏。实验研究表明，仅有 F^- 为配体的环境中，在高达 250℃ 以及较高的氟化物活度条件下，钇氟化物主要以二氟化物（YF_2^+）的形式存在；而与钇氟化物明显不同的是，镧系元素的氟化物主要以一氟化物（$REEF^{2+}$）的形式存在，这种差异性定量解释了富 F 热液系统中地球化学孪生元素（Y 和 Ho）之间的分馏（Loges et al.，2013）。

4.2 稀土矿物溶解度

另一个造成稀土元素分馏的原因可能是稀土矿物溶解度的差异性。不同稀土矿物中轻、重稀土元素比例不同，因而稀土矿物溶解度的差异性会导致稀土元素分馏。Migdisov 等（2016）对独居石、磷钇矿以及氟铈矿等矿物对稀土分馏的影响进行评价后认为，不同稀土元素磷酸盐络合物溶解度极为相似（图15（a）），因而独居石和磷钇矿的沉淀不太可能造成稀土元素分馏；而稀土氟化物的溶度积从 Ce 到 Lu 增加了 2~3 个数量级（取决于温度）（图15（b）），因而轻稀土端元氟铈矿主要分布于靠近流体源头一端，而重稀土端元则远离流体源头，因此氟铈矿的沉淀可以导致稀土元素发生分馏。

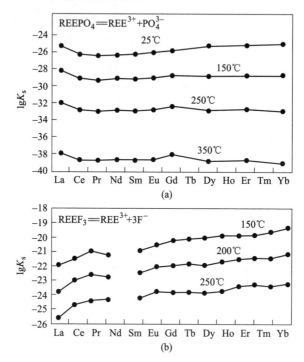

图15　不同温度下各稀土元素磷酸盐、氟络合物溶度积变化图解
（据 Migdisov et al.，2016）

除上述原因外，氧逸度对稀土元素分馏的影响仅对 Ce 和 Eu 有效，在氧化、还原条件下，通常分别表现为 Ce 和 Eu 的负异常。稀土元素的分馏也严格受到矿物学特征的控制，如磷钇矿极度富集重稀土元素；磷灰石、独居石和褐帘石富集轻、中稀土元素；铕异常受控于斜长石和硬柱石；在富水流体体系中，稀土矿物（磷钇矿）的沉淀会对 Y/Ho 比值产生很大的偏差（大多数岩石的 Y/Ho 与球粒陨石接近，约为 27.7），造成两者的强烈分离（Loges et al.，2013）；明矾石和黄铁钾矾的沉淀可将溶体中的 LREE 运出，从而改变酸性流体的稀土配分模式（Inguaggiato et al.，2015）。此外，在温度小于 400℃ 的条件下，轻稀土元素的氟、氯络合物比重稀土元素的同类络合物更稳定，尤其是在弱酸或中性条件下

表现更明显，因而有理由认为流体 pH 值的增加可能也是造成轻重稀土元素分馏的潜在因素。对于同一配体，轻、重稀土配合物的稳定性明显不同，因而也会造成稀土元素的分馏。

5　存在的问题

近年来，对稀土元素在热液中运移沉淀的研究已经取得了一定的成果，但仍存在一些问题尚需解决：

（1）在大多数稀土矿床中，稀土矿化通常与萤石伴生，如白云鄂博稀土矿床中发生大规模萤石化事件，然而现有的实验岩石学数据及理论研究对此现象仍无法进行合理解释。氟的作用的确需要更多的工作，尽管 Migdisov 等（2014）认为氟对稀土元素的运移不重要，但是诸多实验工作表明流体中存在氟，能明显增加稀土元素的溶解度（Tropper et al.，2013；Tsay et al.，2014）。

（2）目前，描述高温环境下稀土元素行为的数据仍不完整。

（3）高温条件下，稀土元素在含碳酸盐流体中物相的数据、有关稀土羟基复合物稳定性的数据、稀土氟碳酸盐、磷酸盐、有机质络合物以及其他重要稀土矿物稳定性的数据均极其匮乏，现有数据均是基于低温理论预测的结果，与实际结果可能存在较大差异。

（4）当下对稀土元素在同一体系中不同络合形式的综合研究仍相对薄弱，因而不能准确评价不同稀土络合物在稀土元素运移中的重要性。

6　结论

（1）热水溶液中，稀土元素可以 Cl^-、SO_4^{2-}、OH^- 络合物的形式运移。

（2）酸性 pH 值条件下，稀土元素以氯络合物的形式运移；近中性环境中，以硫酸盐络合物的形式存在；碱性环境中则以羟基络合物的形式搬运，但可搬运的稀土元素含量有限。此外，在低温卤水环境中，稀土元素可通过有机络合物的形式大量搬运。

（3）F^-、CO_3^{2-} 以及 PO_4^{3-} 对稀土元素的沉淀具有重要意义，但对稀土元素的搬运，已有实验表明其可能不是主要的配体。

（4）高温、低 pH 值、高含量配体离子以及高盐度等特征有利于稀土元素在热液中的运移。

（5）体系 pH 值变化、配体含量变化、降温以及磷酸盐、碳酸盐、氟化物的加入均可促使稀土络合物失稳，诱发稀土元素的沉淀。

（6）稀土元素的分馏受镧系元素自身性质、稀土矿物溶解度、配体选择性、氧逸度、pH 值以及稀土矿物学特征的控制。

看彩图

从白云鄂博铌稀土矿 12 矿段的地质地球化学特征及成因探讨

　　白云鄂博铌稀土矿床是世界最大的稀土矿床,吸引全世界的地质工作者前来考察和研究。对矿床成因的成因提出沉积热液叠加,火山岩,微晶丘和岩浆碳酸岩等认识。铌稀土矿赋存于所谓的白云鄂博群第八层"白云岩"中。只要是"白云岩"就是铌稀土矿。前 3 种认识无法解释铌稀土矿(即第八层)怎么会与第四和第三层直接接触? 第八层与第四和第三层分别相距 878m 和 1020m。它们之间迄今没发现断层痕迹。

　　12 矿段位于主矿与西矿的衔接处。主要出露白云鄂博群的第二层(H_2)石英岩和石英砂岩,第三层(H_3)黑色板岩,第四层石英砂岩,第五层(H_5)炭质板岩和第六层长石石英砂岩以及所谓的第八层铌稀土矿。H_2 和 H_3 出露于铌稀土矿北边,H_5 和 H_6 位于铌稀土矿的南边,东接触带—西矿西端连续出露。铌稀土矿北边的 H_4 只出露于 12 矿以东地区;南侧的 H_4 仅分布在 12 矿体以西地区。过去作为自然尖灭处理。笔者认为不妥。于 2010—2011 年在中国科学院矿床地球化学重点实验室资助下,进行了野外考察和室内研究。考察 3 条之字形路线,取了 3 条剖面的系统样品,挖了 1 条近百米的探槽。

　　考察证实铌稀土矿的围岩产生强烈蚀变。板岩的黑云母化,石英岩的钠闪石化。远离铌稀土矿再找不到黑云母化和钠闪石化现象。室内研究表明:与铌稀土矿接触 H_4 石英砂岩无论是主元素,或是微量元素和稀土元素含量剧增,远离铌稀土矿逐渐减少(表 1)。稀土配分也有规律的变化,与铌稀土矿接触 H_4 石英砂岩的 δEu 明显增大,远离铌稀土矿,δCe 着减小,远离铌稀土矿增大。如剖面 1 的 δEu 由近到远依次是 0.81、0.79、0.71,剖面 2 是 0.98 和 0.63;剖面 1 的 δCe 值依次为 0.99、0.96 和 1.07;剖面 2 是 0.98 和 0.63;剖面 3 是 0.99,1.02 和 1.00。由此可见铌稀土矿可能是侵入体,即白云碳酸岩。由于它的切割 H_4 而分居它的两边。

　　原文刊于《矿物学报》2013 年第 33 卷增刊;共同署名的作者有刘铁庚、叶霖、沈能平、李称心。

　　基金项目:中国科学院矿床地球化学国家重点实验室项目(编号:2010001)。

表1　铌稀土矿两边第一层石英砂岩(H_4)主元素(%)、稀土和
微量元素含量表($\times 10^{-6}$)

剖面	样号	距离/m	Na$_2$O	MgO	K$_2$O	CaO	REE	Li	Sr	V	Y	Sc	Th	Ga	Co
No. 1	V-1-1	5	2.23	0.81	0.73	0.25	57.8	28.3	27.5	20.6	6.98	2.75	2.69	5.7	3.86
	V-3	10	1.96	0.67	0.56	0.27	49.5	10.2	11.2	20.4	5.08	2.45	2.37	4.46	2.99
	V-5	50	0.43	0.26	0.66	0.22	27.8	7.18	11.1	7.46	2.99	0	1.79	1.76	2.22
No. 2	II-4-1	5	2.41	0.9	0.75	0.22	46.2	20.7	30.2	21	3.64	2.44	0.84	5.9	2.46
	II-4-4	30	0.87	0.31	0.4	0.23	32.4	11.7	16.7	8.25	3.61	0.02	1.25	2.48	1.98
	II-6-0	3	2.27	0.94	0.28	0.3	52.1	25	22.1	16.4	6.46	2.2	2.11	3.45	4.83
No. 3	II-6-3	15	1.36	0.65	0.19	0.25	38.8	19	16.8	14.2	5.44	1.87	1.34	3.31	3.8
	II-6-0	20	1.3	0.6	0.29	0.22	454	21.8	20.9	13.1	3.08	3.82	2.17	4.32	4.19

白云鄂博"白云岩"
地质地球化学特征及成因讨论

摘 要：白云鄂博"白云岩"位于华北板块的北缘，宽沟背斜的南翼。蕴藏着世界最大的稀土矿床，还是大型—超大型铌、铁和钍等矿床赋存母岩。"白云岩"不是层状岩石，无明显的层理和固定的层位，而是一套大小不等，串珠状的"白云岩"带。"白云岩"与围岩呈明显的侵入关系。表现在"白云岩"切割 H_4 石英砂岩、H_5 板岩和花岗岩脉，并有许多分支脉插入到 H_4 石英砂岩和 H_5 板岩中。"白云岩"中存在 H_4 石英砂岩的残留顶盖相，捕获了 H_4 石英砂岩和 H_5 板岩的捕掳体，并引起围岩的强烈蚀变。板岩的黑云化，石英砂岩的钠闪石化，花岗岩的碱交代。"白云岩"含有大量铌、稀土、钍等岩浆岩中常见的矿物晶体。硫、碳、氧、锶和铁等同位素组成都具有深源特征。说明白云鄂博"白云岩"不是沉积岩，而是岩浆碳酸岩。

关键词：白云鄂博"白云岩"；稀土矿床；地质地球化学特征；岩浆碳酸岩

白云鄂博蕴藏着世界上最大的稀土矿床，同时，还储藏大型—超大型铁、铌、钪、钍、钛、钡、氟、磷和钾等矿床。这些矿都赋存在"白云岩"中，只要是"白云岩"就是铌、稀土矿石。所以，白云鄂博"白云岩"成为一颗灿烂的宝石，光彩夺目，吸引着全世界地质工作者的眼珠，许多人前去考察和研究。自 1927 年丁道衡教授发现白云鄂博铁矿至今已近 90 年。在这期间，除分散的课题组研究外，还进行过多次有地质队、科研单位和大专院校参加的、多兵种的会战性勘查和研究，但是，对"白云岩"的成因迄今仍然是争论不止。笔者认为关键是对"白云岩"的地质产状不清。地质产状是讨论地质体成因的基础，室内研究是野外地质工作的深化和补充。本文以论述"白云岩"的地质产状为主，略谈"白云岩"地球化学特征。

需要说明的是：文中所谈到的地质现象绝大部分请冶金部天津地质调查所任英忱研究员和原白云鄂博地质研究所邱聚田工程师核实过。不少地质现象在 1：5000 的内蒙古白云鄂博都拉哈拉-西矿地质地形草图上均有不同程度显示①。

原文刊于《地质学报》2012 年第 86 卷第 5 期；共同署名的作者有刘铁庚、张正伟、叶霖、沈能平、李称心、冯建荣。

1 区域地质概况

白云鄂博"白云岩"位于华北板块与西伯利亚板块衔接地带上，宽沟背斜的南翼。宽沟背斜核部出露新太古界的二道洼群绿片岩、石英角闪斜长片麻岩和大理岩等。两翼为晚元古界（？）的白云鄂博群。白云鄂博群共分9层。层与层之间都是整合接触。宽沟背斜北翼出露的白云鄂博群是（尖山-比鲁特剖面）：第一层（H_1）是含砾粗粒长石石英砂岩，厚295m。第二层（H_2）为白色石英砂岩夹石英岩，厚391m。第三层（H_3）是黑色碳质板岩，厚291m。第四层（H_4）为石英砂岩和长石石英砂岩，厚168m。第五层（H_5）是暗灰色碳质板岩，厚285 m。第六层（H_6）是长石石英砂岩夹板岩，厚141m。第七层（H_7）是石英砂岩与灰岩互层，厚453m。第八层（H_8）是灰岩，厚272m。第九层（H_9）暗色板岩，厚161m。宽沟背斜南翼只出露白云鄂博群的第一层到第六层。"白云岩"只分布于宽沟背斜的南翼。由于前人把"白云岩"划归白云鄂博群的 H_8，并把它作为标志层，将其上盘的板岩划归 H_9[2][3][4]（白鸽等，1985；中国科学院地球化学研究所，1988；Le Bas et al.，1992；张宗清等，2003），结果出现宽沟背斜南翼地层的大量缺失（主—东地区缺失 H_5、H_6、H_7；西矿地区缺失 H_4、H_5、H_6 和 H_7），造成宽沟背斜南北两翼地层很不对称。据笔者的研究，"白云岩"不是沉积地层，更不是 H_8。原划的 H_9 应该是 H_5，分布于东介格勒的 H_4，应该是 H_6。这样宽沟南侧出露地层应该是从 H_1 到 H_6 连续出露，为整合接触关系。与宽沟背斜北翼的地层就吻合了。

2 "白云岩"不是层状岩石

"白云岩"为块状岩石，没明显的层理和固定的层位。在12号矿体以东（直到都拉哈拉）都分布在 H_4 石英砂岩南面，主体与 H_4 石英砂岩直接接触，少数岩体产于 H_5（原 H_9）暗色板岩中。12号矿体以西出露于 H_4 石英砂岩北面的 H_3（原 H_9）碳质板岩中，远离 H_4 石英砂岩。12号矿体以东，主要是顺层侵入的大岩体。12号矿体以西为透镜状小岩体。过去人们将这些透镜体连成层状，作为"白云岩"层。"白云岩"出露的实际面积不足所谓"白云岩"层的 1/4～1/3。这样给人们一种"白云岩"为层状岩石的假象。

原来划的 H_9 板岩为什么我们划归 H_5 或 H_3？因为在东矿东端"白云岩"与板岩呈锯齿状接触，在最窄处，"白云岩"两边都是黑云母化板岩（图1），岩性无明显的不同，应为同一层岩石。"白云岩"北邻的黑云母化板岩与 H_4 呈整合接触，应是 H_5 板岩，那么"白云岩"南邻的黑云母化板岩也应该是 H_5。在12号矿体以西，"白云岩"是分布于板岩中的一个个透镜体。透镜体上、下盘和它们之间出露的都是黑云母化板岩（图2）。这些黑云母化板岩完全相同，应为同一层岩石。"白云岩"透镜体北邻的黑云母化板岩是大家公认的 H_3，那么，透镜体南邻和透镜体之间的黑云母化板岩也应该是 H_3，不应该是 H_9。

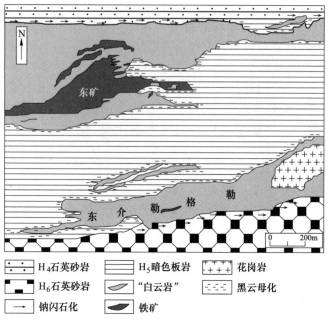

图 1 白云鄂博东矿—东介勒格勒地质图[①]

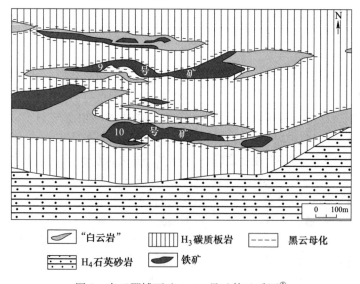

图 2 白云鄂博西矿 9~10 号矿体地质图[①]

"白云岩"条带构造主要发育在主矿、东矿。这些条带构造不是层理，而是流动构造。因为这些条带构造延长很少超过 3m，而且组成各种各样图案。如花盆状、网脉状、似交插非交插状和双曲线型等（图3、图4，刘铁庚，1985）。这些条带构造非常类似五大连池玄武岩的流动构造。

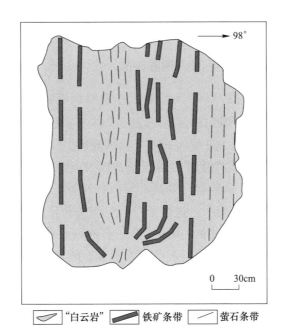

图3 白云鄂博东矿 REE-Fe 矿石的似花盆状条带构造

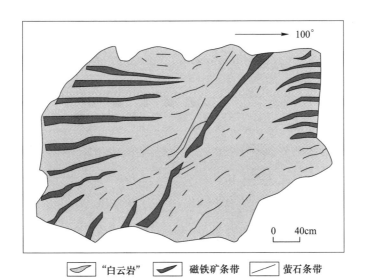

图4 白云鄂博东矿 REE-Fe 矿石的似交叉非交叉的条带构造

3 "白云岩"与围岩呈侵入接触关系

"白云岩"与 H_3 碳质板岩、H_4 石英砂岩、H_5 暗色板岩和 H_6 长石石英砂岩直接接触，呈现出明显的侵入接触，并引起围岩的强烈蚀变。

3.1 "白云岩"与石英砂岩的侵入接触关系

（1）"白云岩"切割 H_4 石英砂岩：几乎在所有白云鄂博矿床的地质图上（包括已发表论文中的图）都显示：12 号矿体以东直到都拉哈拉 H_4 石英砂岩分布在"白云岩"的北侧，并紧密毗邻。向西延伸到 12 号矿体附近突然尖灭。在 12 号矿体以西直至西矿所谓的转折端，H_4 石英砂岩产于"白云岩"南面（图 5）。为了证实"白云岩"两边石英砂岩的关系，于 2010 年在矿床地球化学国家重点实验室的资助下，进行了专门考察和研究。证实"白云岩"两边的石英砂岩同为 H_4 地层。北侧的 H_4 石英砂岩向西延伸到 12 号矿体被"白云岩"切断。"白云岩"南面的 H_4 石英砂岩自矿区西端所谓的转折端向东延伸到 12 号矿体附近同样被"白云岩"切割，说明"白云岩"切割了 H_4 地层（另有论文详述）。

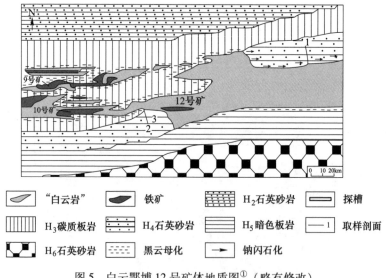

图 5　白云鄂博 12 号矿体地质图[①]（略有修改）

（2）"白云岩"的分支脉侵入到 H_4 石英砂岩中：在主矿北"白云岩"与 H_4 接触处，由于"白云岩"吞食一大块 H_4 石英砂岩，故有 6 条"白云岩"分支脉侵入到残留的 H_4 中。脉两边的 H_4 均产生不同程度的钠闪石化和石英重结晶现象（图6）。持沉积观点者认为这些脉是 H_4 的夹层。那么要问，"白云岩"夹层为什么只在这个地方出现？沉积夹层怎么会引起两侧石英砂岩的钠闪石化？

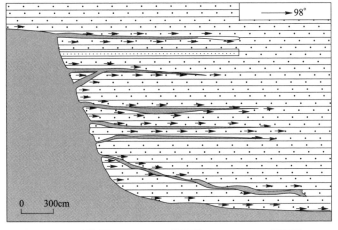

图6　白云鄂博"白云岩"的分支侵入到 H_4 石英砂岩中素描图

（3）"白云岩"与 H_6 石英砂岩呈锯齿状接触：在东介格勒有电线杆山头向东第三个山头南坡，见到"白云岩"与 H_6 石英砂岩呈锯齿状接触，并引起 H_6 石英砂岩的强烈钠闪石化，特别是被"白云岩"捕获一块石英砂岩的钠闪石化更强烈，并发育两组菱形解理。在两组解理交角处蚀变为钠闪石岩，比较疏松，中心残留一个近椭圆形的、坚硬的钠闪石石英岩椭球体（图7）。

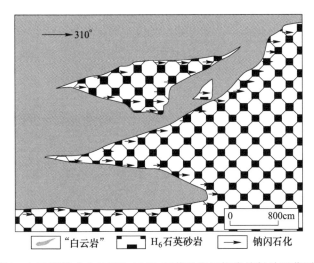

图7　白云鄂博"白云岩"与 H_6 石英砂岩呈锯齿接触关系草测图

（4）"白云岩"中 H_4 残留顶盖相：在 1 : 5000 的白云鄂博西矿—都拉哈拉地形地质图上，主矿—东矿北面的"白云岩"中有两块 H_4 石英砂岩团块。我们对其中的一块进行了草测，发现该石英砂岩团块非常破碎，钠闪石化比较强烈，但是，仍保持原来近东西走向的产状（图 8），因此，认为它是 H_4 石英砂岩的残留顶盖相，不是捕掳体。

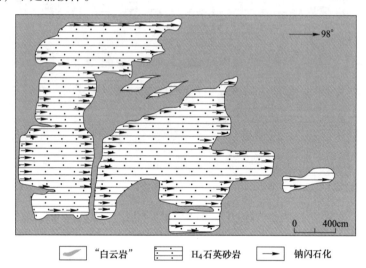

| "白云岩" | H_4 石英砂岩 | 钠闪石化 |

图 8　白云鄂博"白云岩"中 H_4 石英砂岩的残留顶盖相

（5）"白云岩"中发现 H_4 的捕掳体：在主矿北面"白云岩"与 H_4 接触的内带发现 H_4 石英砂岩的捕掳体（已被剥土揭露出）。该捕掳体近于圆形，其中还有"白云岩"细脉穿插。石英砂岩普遍产生了钠闪石化，"白云岩"脉两边钠闪石化更强（图 9）。

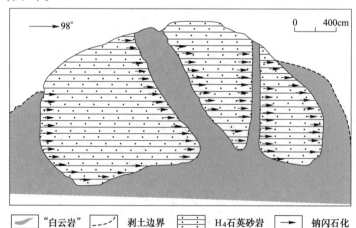

| "白云岩" | 剥土边界 | H_4 石英砂岩 | 钠闪石化 |

图 9　白云鄂博"白云岩"中 H_4 石英砂岩的捕掳体

（6）与"白云岩"接触石英砂岩的蚀变现象：石英砂岩与"白云岩"广泛接触。与"白云岩"接触的石英砂岩都产生了不同程度的钠闪石化和重结晶现象。钠闪石大致定向分布，石英重结晶，有拉长现象，形成镶嵌构造，形成钠闪石石英岩（图版 I-1、4）。离"白云岩"较远石英砂岩中的钠闪石含量显著减少，石英重结晶现象变弱，石英的镶嵌现象不明显，形成含钠闪石石英岩（图版 I-2、5）。远离"白云岩"石英砂岩不含或偶见钠闪石，石英基本为碎屑结构，无明显的重结晶现象，基本为正常石英砂岩或变石英砂岩（图版 I-3、6）。

（7）与"白云岩"接触蚀变石英砂岩的元素含量变化趋势：与"白云岩"接触处石英砂岩有钠闪石化和重结晶现象产生，元素含量也发生了明显变化。与"白云岩"接触石英砂岩的 K_2O、Na_2O、MgO 和 CaO 含量显著增加，随着远离"白云岩"这些元素含量逐渐减少，特别是 Na_2O 的含量变化更明显（图10）。图10 是 3 个不同位置剖面石英砂岩的 K_2O、Na_2O、MgO 和 CaO 含量与"白云岩"关系图。

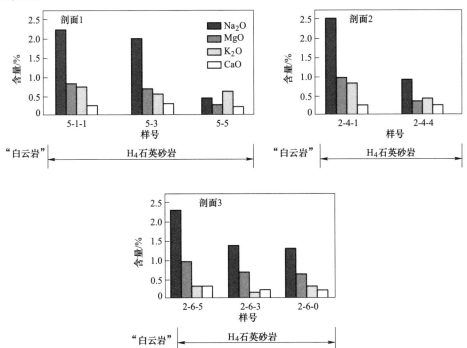

图 10　白云鄂博 H_4 石英砂岩 Na_2O、K_2O、MgO 和 CaO 的含量与离"白云岩"距离的关系

剖面1—"白云岩"北面的剖面；剖面2—12 号矿体南剖面；剖面3—12 号矿体南侧沿石英砂岩走向剖面

在中国科学院地球化学研究所矿床地球化学国家重点实验室用 ICP-MS 质谱仪测得蚀变带石英砂岩的 48 个微量元素中；其有 29 个微量元素含量剧烈升高，而且随着远离"白云岩"这些元素含量显著降低。图11 是 2 个不同位置剖面石

英砂岩的微量元素含量与"白云岩"关系图。

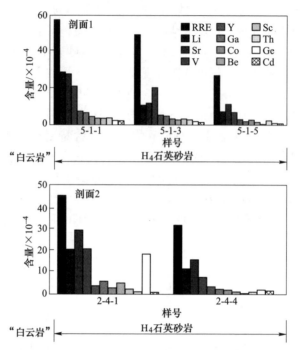

图 11　白云鄂博与"白云岩"接触处 H_4 石英砂岩微量元素含量
与"白云岩"距离呈负相关关系

剖面 1—"白云岩"北剖面；剖面 2—"白云岩"南剖面

3.2 "白云岩"与暗色板岩呈侵入接触关系

"白云岩"与 H_5 和 H_3 暗色板岩广泛直接接触。"白云岩"与板岩的接触关系有以下现象：

（1）"白云岩"与板岩呈犬齿状接触：在东矿东头沿 H_5 暗色板岩的走向与"白云岩"呈犬齿状接触。"白云岩"与暗色板岩若是同一层岩石，可用相变解释。而它们却不是同一层岩石。一个是 H_8，另一个是 H_9（沉积观点），不知如何用沉积地层解释这一现象？在"白云岩"变得最窄处，明显呈脉状侵入到板岩中（图 1）。板岩产生强烈的黑云母化，形成黑云母片岩。

（2）"白云岩"斜切 H_5 板岩的层理：1983 年 6—7 月在东矿东头的第一个开采台阶掌子面上（掌子面高 20m），观察到"白云岩"侵入到 H_5 板岩中，并斜切 H_5 板岩的层理，还引起板岩的黑云母化。在板岩残留顶垂体中不仅发生黑云母化，而且磁铁矿化也非常强烈（图版 I-7）。同年在东矿西头开采掌子面（高 20m）上观察到"白云岩"的分支脉插入 H_5 板岩中，板岩也产生黑云母化现象（图版Ⅰ-8）。

（3）"白云岩"吞没板岩角砾：在东矿东头废石堆中见到一大块滚石。滚石中有一板岩角砾，被"白云岩"包围或吞没。板岩角砾的基质是"白云岩"。板岩角砾的边缘和裂隙均产生不同程度的黑云母化现象（图版Ⅱ-1）。

（4）与"白云岩"接触的板岩产生明显的黑云母化现象：与"白云岩"接触的板岩，无论是 H_3 或 H_5，都发生强烈的黑云母化现象，形成黑云母片岩或黑云母化板岩。随着与"白云岩"距离的增大，黑云母化逐渐减弱，云母片变小，依次形成黑云母片岩（图12（a））→黑云母化千枚岩（图12（b））→板岩（图12（c））。

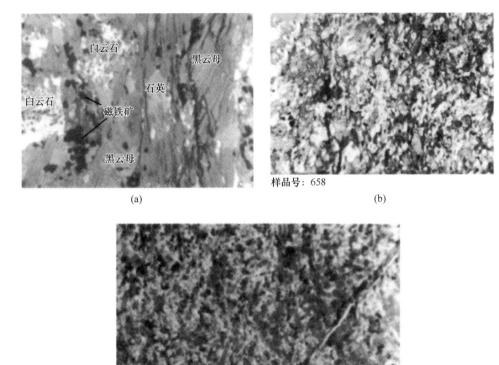

样品号：658

(a)　　　　　　　　　　　　　　　　(b)

样品号：661

(c)

图12　白云鄂博与"白云岩"接触的 H_5 板岩的黑云母化蚀变剖面
（a）黑云母片岩；（b）黑云母化千枚岩（正交镜下，100×）；
（c）板岩（正交镜下，100×）；库伦沟剖面

（5）板岩蚀变带元素含量变化：与"白云岩"接触的板岩强烈的黑云母化，

且 K_2O 含量大量增加。随着远离"白云岩"黑云母化渐弱，K_2O 含量也明显降低。出现了板岩的 K_2O 含量与离"白云岩"距离呈负消长趋势。CaO 和 Na_2O 的含量变化不十分明显（图13）。

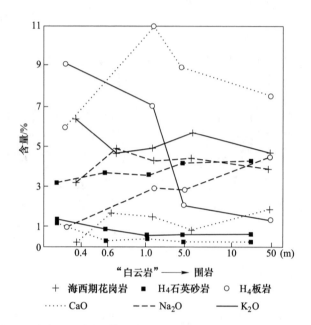

图13　白云鄂博接触"白云岩"板岩的 K_2O、Na_2O、和 CaO 的含量变化趋势

3.3　"白云岩"与东接触带花岗岩的接触关系

　　在东接触带"白云岩"与花岗岩广泛接触，在花岗岩中也分布着不少"白云岩"体。过去普遍认为：花岗岩是侵入到"白云岩"中的。但是，从已有的现象表明至少一期"白云岩"晚于花岗岩形成。

　　（1）"白云岩"切断了花岗岩脉：在菠萝头山东南坡板岩中发育两条分叉的花岗岩脉，其中一条被"白云岩"切断，另一条非常完整（图14），与"白云岩"接触的花岗岩产生弱的微斜长石化现象（此现象请冶金部天津地质调查所任英忱研究员和原白云鄂博地质研究所邱聚田工程师进行核实过）。

　　（2）与"白云岩"接触的花岗岩形成辉石正长岩：众所周知，侵入到碳酸盐岩中的花岗岩会发生混染同化作用。混染同化作用的结果是花岗岩的钾、钠和硅含量降低，斜长石向基性斜长石转化，石英减少，花岗岩向偏中性岩转变。而该区与"白云岩"接触的花岗岩却是斜长石被微斜长石或条纹长石交代，并出现新的矿物辉石，石英消失，形成辉石正长岩。辉石正长岩被"白云岩"细脉穿插和交代（图版Ⅱ-2）。远离"白云岩"辉石消失，微斜长石和条纹长石含量

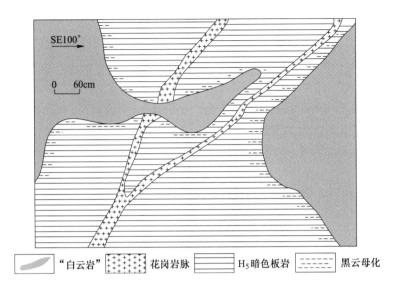

图14　白云鄂博接触"白云岩"切割花岗岩脉草测图

明显减少，石英和斜长石含量增加（图版Ⅱ-3）。岩体中心斜长石和石英含量恢复正常（图版Ⅱ-4）。如与"白云岩"接触的花岗岩条纹长石+微斜石=84%，过渡带花岗岩条纹长石+微斜石=49%，中心部位的花岗岩条纹长石+微斜石=47%。显然这不是混染同化的结果。

（3）与"白云岩"接触的花岗岩产生碱交代：侵入到碳酸盐岩石中的花岗岩通常是钾、钠和硅降低，钙和镁升高。而白云鄂博地区东接触带的花岗岩直接与"白云岩"接触。花岗岩的钾+钠含量明显增加，钙减少（图13）。如接触带上的花岗岩 $K_2O+Na_2O=11.06\%$，过渡带上花岗岩的 $K_2O+Na_2O=9.04\%$，岩体中心的花岗岩 $K_2O+Na_2O=8.71\%$[③]。中国科学院地球化学研究所（1988）也指出："白云岩"与花岗岩交代作用以钾的交代作用相对突出。说明不是花岗岩侵入到"白云岩"中，而是"白云岩"侵入到花岗岩中。

上述3种现象都一致说明花岗岩早于"白云岩"。

3.4 "白云岩"破坏了辉绿岩脉

在菠萝头山东路东第三个探槽中观察到辉绿岩脉被"白云岩"破坏。辉绿岩脉一边是板岩，另一边及底部是"白云岩"，辉绿岩脉的底部被"白云岩"吞食（图版Ⅱ-5）。"白云岩"中还残留辉绿岩角砾。角砾边部均被"白云岩"交代（图版Ⅱ-6）。与"白云岩"接触的辉绿岩产生黑云母化现象（图版Ⅱ-6）。角砾边部发生黑云母化（图版Ⅱ-7），中央仍保留辉绿岩结构（图版Ⅱ-8）。

4 "白云岩"含有大量岩浆岩或高温热液矿床中常见的矿物

"白云岩"含大量多种岩浆岩或高温热液矿床中常见的矿物。在已发现的180多种矿物中，有70多种铌、稀土、钛、锆、钪和钍等矿物。这些矿物都是多产于岩浆岩和高温热液矿床中，形成温度比较高，在表生带一般都非常稳定。在沉积岩中，特别是碳酸盐岩中含量甚微，就是有，也是以碎屑产出。而在白云鄂博"白云岩"中不仅含大量的这些矿物，而且多呈他形晶体产出，少部分呈很好的自形到半自形晶体，尚未发现这些矿物碎屑。如锆石为四方双锥晶体，金红石和钡铁钛石为柱状晶体，钛铁矿和榍石为板状晶体，烧绿石为八面体，易解石为针状和板状晶体，褐铈铌矿和褐铌矿为双锥状晶体等。反映这些矿物是在高温高压条件下形成。

5 "白云岩"的元素组合与沉积碳酸盐岩明显不同

5.1 "白云岩"主元素组合的岩浆碳酸岩特征

笔者于1990年收集了世界上20个国家和我国21个省、市和自治区岩浆碳酸盐岩和沉积碳酸盐岩的硅酸盐全分析数据769个，代表了2940个样品的分析结果。其中岩浆碳酸岩数据285个数据，代表640个样品的分析结果。沉积碳酸盐岩数据484个数据，代表2300个样品的分析结果。在唐春景研究员的协助下，通过逐步判别分析的方法，筛选出判别不同成因碳酸盐岩石的最佳方程式。判对率高达85%以上（刘铁庚，1990）。将白云鄂博地区宽沟北翼 H_8 灰岩的17个和主、东矿"白云岩"的37个硅酸盐全分析数据分别进行计算，结果显示：灰岩的17个硅酸盐全分析数据，全判为沉积碳酸盐岩。34个"白云岩"硅酸盐全分析数据判为岩浆碳酸岩的，占收集数据的91.2%，个数据判为沉积碳酸盐岩（可能性是围岩的混染同化所致），占8.8%（刘铁庚，1990），说明白云鄂博"白云岩"主要为岩浆碳酸岩。

5.2 "白云岩"的微量元素特征

Nb、REE、Th 和 Zr 等元素组合是判别岩石成因类型的重要方法之一。沉积岩，特别是化学沉积岩这些元素的含量一般低于地壳克拉克值。岩浆岩，特别碱性岩（包括岩浆碳酸岩）这些元素的含量远远超过地壳克拉克值（表1）。白云鄂博"白云岩"含有大量的这些元素，其含量是地壳克拉克值的几十，甚至数百倍，沉积碳酸盐岩的几百到几千倍，达工业品位以上。如 RRE 含量是地壳克拉克值的66~200多倍，沉积碳酸盐岩的200~1000多倍；Nb 含量是地壳克拉克值的8~60多倍，沉积碳酸盐岩的1700~2600多倍。由此可见，白云鄂博"白云岩"的微量元素组合具有岩浆碳酸岩特征。

表1 白云鄂博"白云岩"的稳定元素含量（据刘铁庚，1986） （×10⁻⁶）

元素	地壳克拉克①	碳酸盐岩①	深水钙质沉积物①	碱性超基性岩①	岩浆碳酸岩②	"白云岩"Nb-RRE-Fe型	Nb-RRE型
Nb	20	0.3	4.6	890	386	787	515
Ta	2.5	$n×10^{-3}$	$n×10^{-3}$	245	18	11	8.9
Ti	4500	400	770	30	2300	2574	1688
Zr	170	19	20	18000	300	10~171	17~300
REE	207	62	119	5.2	2605	41600	13700
P	930	400	350	3200	12600	6492	2680
Zn	83	20	35	1	247	100	
Pb	18	6	6	30	52	10~100	
Th	9.6	1.7				596	81
U	2.7	2.2	$n×10^{-1}$			2.5	2.4

① 中国科学院贵阳地球化学研究所《简明地球化学手册》编译组（1977）；

② Самойлов 等（1982）。

6 "白云岩"的稳定同位素特征

稳定同位素组成是判别物质来源及岩石成因的重要标志。人们经常根据同位素推断矿床和岩石成因。

6.1 硫同位素

目前汇集了与"白云岩"有关的硫同位素组成数据189个（主要是黄铁矿，极少量的方铅矿和磁黄铁矿），其中85%的δ^{34}S数据集中于-4‰~4‰，只有22个数据大于4‰，占12%，5个数据小于-4‰，占3%。并且这些数据在直方图上，西矿呈很好的塔式分布（图15（b））。表明与"白云岩"有关硫化物的硫基本都来源于深部。主、东矿矿石类型，除白云石外，还有黑云母型、磷灰石型、萤石型和钠辉石型等，因而，呈现双峰式，峰值分别在7‰和0‰附近。但变化范围很窄，δ^{34}S值都分布于-4‰~8‰之间（图15（a）），仍然说明硫来源于地幔。

6.2 碳氧同位素

收集到白云鄂博群H_8灰岩的氧碳同位素数据10个，"白云岩"的50个。灰岩的$\delta^{18}O_{SMOW}$ = 16.9‰~20.4‰，多数大于18‰，$\delta^{13}C_{CPDB}$ = -4.6‰~1.5‰，集中于-3‰~-2‰。"白云岩"的$\delta^{18}O_{SMOW}$ = 5.87‰~16.5‰，其中95%的数据小于14‰。$\delta^{13}C_{PDB}$ = -2.32‰~0.39‰，75%的数据小于-1‰。由此可见，灰岩与"白云岩"氧、碳同位素组成明显不同。灰岩的$\delta^{18}O_{SMOW}$均大于16‰，"白云岩"的都小于16‰。"白云岩"的$\delta^{13}C_{PDB}$绝大部分数据集中于-2.32‰~0.39‰，而

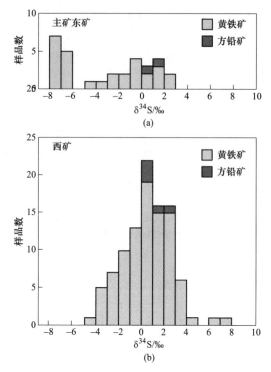

图 15　白云鄂博"白云岩"的硫同位素组成（据杨凤筠[⑤]）

灰岩的主要为-3‰~-2‰。将"白云岩"投在苏联学者 Самойлов 等（1982）绘制的全世界各地岩浆碳酸岩的氧-碳同位素图上，全投在岩浆碳酸岩区域，并且多集中在碳酸岩分布的密集区（图16）（刘铁庚，1985）。

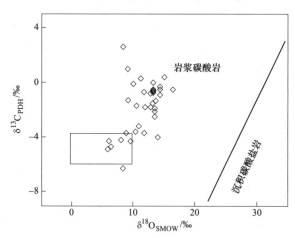

图 16　白云鄂博"白云岩"的氧-碳同位素图

6.3 "白云岩"的锶同位素组成

收集到的"白云岩"锶同位素组成数据不多，从已有的数据看，全岩的数据都集中于 $^{86}Sr/^{87}Sr=0.7040\sim0.7061$，磷灰石的 $^{86}Sr/^{87}Sr=0.7035\sim0.7041$，与幔源岩石的锶同位组成相似（0.702～0.707），明显不同于壳源岩石（0.707～0.711）。

6.4 "白云岩"的铁同位素组成

主、东和西矿矿体的铁同位素的组成，平均值为 $\delta^{56}Fe_{IRMM}=0‰\pm0.3‰$。其中铌稀土铁矿石和铌稀土矿全岩的 $\delta^{56}Fe_{IRMM}=-0.24‰\sim0.32‰$，平均为 0.03‰。赋矿"白云岩"的 $\delta^{56}Fe_{IRMM}=-0.27‰\sim0.20‰$，平均值为 0.06‰。磁铁矿的 $\delta^{56}Fe_{IRMM}=-0.17‰\sim0.16‰$，平均值为 0.03‰。碳酸岩墙的 $\delta^{56}Fe_{IRMM}=-0.29‰\sim0.30‰$，平均为 0.03‰。由此可见"白云岩"（包括碳酸岩墙和铁矿石）的铁同位素组成变化范围很窄，平均值接近 0‰ 值，这一特征与岩浆岩的类似（孙剑等，2011）。

7 小结

通过以上论述，可以看出：

（1）宽沟背斜南翼的"白云岩"不是层状岩石，无明显的层理，也没一定的层位。在 12 号矿体以东，"白云岩"主要分布于 H_4 石英砂岩的南面，主体与 H_4 石英砂岩直接接触；12 号矿体以西"白云岩"产在 H_4 石英砂岩北面的 H_3 板岩中，并以大小不等、形状不规则的透镜体（或岩体）产出。

（2）"白云岩"切割 H_4 和 H_5 的层理，并有分支脉侵入其中。

（3）"白云岩"与 H_6 石英砂岩和 H_5 板岩呈锯齿状接触。

（4）"白云岩"中有 H_4 石英砂岩的残留顶盖相和 H_4 石英砂岩、H_5 板岩的捕掳体或角砾。

（5）与"白云岩"接触的岩石都产生了明显的围岩蚀变。石英砂岩的钠闪石化，板岩和辉绿岩的黑云母化，花岗岩的碱交代。远离"白云岩"围岩的蚀变现象逐渐减少。

（6）与"白云岩"接触的岩石（包括 H_4 和 H_6 石英砂岩，H_3 和 H_5 板岩，以及花岗岩）碱含量大量增加。表明"白云岩"为它们提供了碱的来源。

（7）"白云岩"含有大量的铌、稀土、锆、钍和钛等岩浆岩和高温热液矿床中常见的稳定矿物，而且均为晶体，有的具很好的自形晶体，没发现这些矿物的碎屑。

（8）"白云岩"的稳定同位素组成，无论是碳、氧、硫同位素，或是锶和铁同位素组成均具深源特征。由此，我们认为白云鄂博"白云岩"是岩浆碳酸岩，命名为白云碳酸岩。

看彩图

注释

① 地质矿产部 105 地质队．内蒙古白云鄂博都拉哈拉—西矿地质地形草图．1966.

② 罗跃星．白云鄂博铁矿形成时的沉积环境及其他．白云鄂博地质科研学术讨论会资料汇编（上），1979：73-83.

③ 孟庆昌．浅谈白云鄂博矿床碳酸岩成因．白云鄂博地质科研学术讨论会资料汇编（下册），1979：95-121.

④ 天津地质调查所矿床室黑色二组（曾久吾等）．关于白云鄂博铁矿成因的初步认识．白云鄂博地质科研学术讨论会资料汇编（下册），1979：20-32.

⑤ 杨凤筠．白云鄂博稀土-稀有铁矿床硫同位素地质的初步研究．白云鄂博地质科研学术讨论会资料汇编（下），1979：65-69.

图版说明

图版 I

1~6　与"白云岩"接触石英砂岩的钠闪石化和重结晶现象显微镜照片（1~3：主矿北剖面，4~6：12 号矿体南剖面）；1，4：与"白云岩"接触的钠闪石石英岩；2，5：离"白云岩"较远处含钠闪石石英岩；3，6：离"白云岩"更远处变石英砂岩。

7　"白云岩"侵入到 H_5 板岩中（东矿东头 1983 年第一个开采台阶，台阶高 20m）。

8　"白云岩"分支脉插入 H_5 板岩（东矿西头 1983 年第一个开采台阶的掌子面）。

图版 II

1　"白云岩"吞食的板岩角砾（东矿东头滚石）。

2　与"白云岩"接触的花岗岩形成辉石正长岩。

3　过渡带花岗岩变为碱性花岗岩。

4　岩体中心仍为正常花岗岩。

5　辉岩脉被"白云岩"破坏（照片左上角为简单素描，菠萝头山东探槽）。

6　辉绿岩角砾被"白云岩"交代并呈蚀变分带现象。

7　辉绿岩角砾边缘的黑云母化现象。

8　辉绿岩角砾中部保留的辉绿结构。

刘铁庚等：白云鄂博"白云岩"地质地球化学特征及成因讨论（图版Ⅰ）

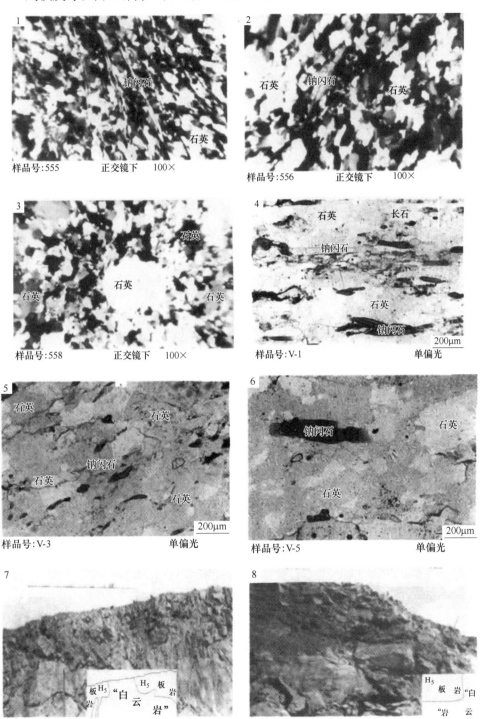

刘铁庚等：白云鄂博"白云岩"地质地球化学特征及成因讨论（图版Ⅱ）

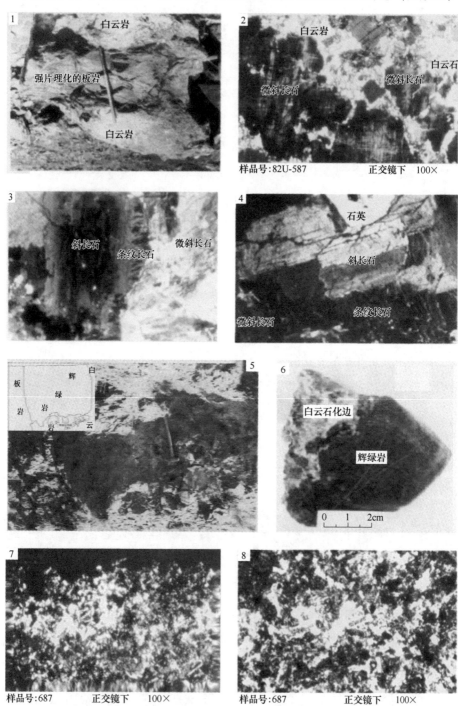

1　白云岩／强片理化的板岩／白云岩

2　白云岩／白云石／微斜长石／微斜长石　样品号：82U-587　正交镜下　100×

3　斜长石／条纹长石／微斜长石

4　石英／斜长石／条纹长石／微斜长石

5　板岩／辉绿岩／白云岩

6　白云石化边／辉绿岩　0　1　2cm

7　样品号：687　正交镜下　100×

8　样品号：687　正交镜下　100×

白云鄂博西矿火山岩岩石学特征

摘　要：自 1927 年丁道衡教授发现白云鄂博铁矿迄今已近 90 年。该矿床不仅仅是铁矿，而是铁-稀土-铌多金属矿床，其中稀土储量已成为世界最大的稀土矿床。国内外许多地质专家进行了多次考察和研究。曾有人预测矿区应有火山岩存在。直到 1982 年笔者才在西矿发现了火山岩。这些火山岩赋存于铁矿体附近的板岩中。它们是中酸性火山岩系列，包括英安质角砾凝灰熔岩、英安质熔结角砾岩和英安岩。这些火山岩具斑状构造，基质为隐晶质凝灰构造。英安岩基质为微晶结构。长石和石英斑晶微裂隙密布，石英有很好熔蚀的港湾结构，长石发育次生边，还见到火山玻璃及其碎屑。

关键词：白云鄂博西矿；火山岩；岩石学特征

　　白云鄂博铌稀土矿位于华北板块北缘，白云鄂博裂谷带中，宽沟背斜南翼。矿区主要出露太古宇的二道洼群片麻岩和混合岩等，晚元古界白云鄂博群的一套浅变质岩系。白云鄂博群不整合覆盖在二道洼群之上。二道洼群分布于背斜的核部，白云鄂博群产于背斜的两翼。

　　矿区出露的白云鄂博群共分 9 层，即从 H_1 到 H_9。其中 H_8 为灰岩。持沉积观点的同志认为：出露于南翼的"白云岩"也是 H_8，与北翼的 H_8 灰岩为过渡关系。但是，南翼的"白云岩"与北翼的灰岩除都是碳酸盐外，再没相似之处。北翼的灰岩是层状岩石，有明显的层理和固定的层位，与上下地层呈整合接触，不含或微含铌、稀土和钍等高温形成的稳定矿物碎屑，铌、稀土和钍含量低于地壳克拉克值。而"白云岩"不是层状岩石，无明显的层理和固定的层位，与围岩呈明显的侵入接触并引起围岩强烈的围岩蚀变，含有大量的铌、稀土和钍等岩浆岩和/或高温热液矿床中常见的稳定矿物，因而"白云岩"的稀土、铌和钍等的含量超过工业要求或具综合利用价值。它们的含量是北翼灰岩的几十到数百倍，甚至上千倍。世界最大的稀土矿就赋存其中，此外，铌、钍、锆和钪等含量也达工业要求或具综合利用价值。

　　全世界许多人前去考察和研究，其中有人推测白云鄂博矿区应该存在火山岩[①]，也曾有人认为 H_9（?）板岩中存在火山岩[②]，但没发现确切的证据，没得

　　原文刊于《地质学报》2012 年第 86 卷第 5 期；共同署名的有刘铁庚、张正伟、叶霖、邵树勋、李称心、冯建荣。

到公认。笔者于 1982 年在白云鄂博稀土矿床西矿区三处发现火山岩[③]。后来又收入《白云鄂博矿床地球化学》一书中（中国科学院地球化学研究所，1988）。李继亮于 1983 年也在西矿区发现了火山岩。这些火山岩主要是中酸性火山碎屑岩和熔岩，具有典型火山碎屑岩和熔岩的结构构造。产于铁矿体（即"白云岩"）附近的 H₃ 板岩中。

1 英安质凝灰岩和角砾岩

该火山碎屑岩发现于 8 号矿体北西西方向，约 10m 处的 H₃ 板岩中[③]，由于第四纪覆盖，出露面积不详。有火山角砾岩和凝灰岩，火山角砾岩在下，凝灰岩在下，二者为过渡关系。

1.1 岩石学特征

英安质火山角砾岩为深灰色或灰色，角砾状构造，凝灰拱形结构，肉眼可见肉红色不规则的碧玉岩屑，分布于英安质凝灰岩之下。其主要由火山角砾和基质组成。其中火山角砾占全岩 50% 以上，基质含量小于 40%。角砾主要是英安岩，占角砾的 60%~70%，碧玉占角砾的 10%~20%，还有很少量的粗安岩碎屑、玄武岩和板岩角砾碎屑，三者占全岩 10%~20%。这些角砾为不规则的尖锐棱角状，粒度多为 2~10mm，最大达 15mm。基质为凝灰质和晶屑。

英安质凝灰岩主要由晶屑和基质两部分构成。其中晶屑占全岩的 40%~50%，很少量的岩屑，偶见玻屑。基质占 50%~60%，为凝灰质结构。碎屑主要是晶屑，多呈棱角状或次棱角状，大小悬殊很大，大者达 2mm，小者仅有 0.5mm，一般多为 1~2mm。晶屑基本都是长石和石英，偶见比较完整的自形到半自形长石板状晶体，裂纹发育。晶屑主要是长石，约占晶屑的 80%~90%，其次是石英晶屑，占晶屑的 10%~15%。均遭受到不同程度的熔蚀现象（图1），石英晶屑具有明显的港湾结构。长石晶屑既有碱长石碎屑，也有斜长石晶屑。斜长石的号码为 30~37，属于更长石和中长石。常见密集或中等聚片双晶纹，环带结构较发育，有的晶体还具有梳状次生边。碱性长石多为正长石，可见卡氏双晶和次生边，有的呈现出特殊结构，这种结构在火山岩中常见。岩屑占全岩的 5% 左右，岩屑主要是粗安岩和英安岩碎屑，极少量的玄武岩碎屑。粗安岩屑也是斑状结构，斑晶主要是长条状斜长石和碱性长石，基质为隐晶质。英安岩屑为隐晶质结构，流纹状构造发育。玻屑偶然见到，含量远不足全岩的 1%，呈管状或蛔虫状结构（图2），弱脱玻现象。

基质是玻屑凝灰结构（有的称拱形结构）（图3）。玻屑呈瓦片状、棒状和楔状，杂乱无章的分布。此外，基质中还有少量微晶铁镁矿物，多已不同程度的绿泥化。

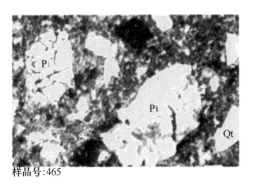

样品号:465

图1 白云鄂博英安质角砾凝灰岩的
长石和石英晶屑（正交，400×）

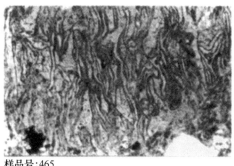

样品号:465

图2 白云鄂博熔结凝灰岩的火山玻璃
（单偏光，400×）

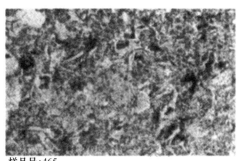

样品号:465

图3 白云鄂博熔结凝灰岩的火山玻璃（单偏光，400×）

1.2 化学成分

英安质角砾凝灰岩的化学组成与 Daly(1941) 和黎彤等（1981）给出的英安岩成分相比明显富铁。英安质角砾凝灰岩的铁含量是英安岩平均值的 1.5 倍以上，而 MgO 含量仅相当英安岩平均值的18%左右（表1）。在微量元素方面，明显富含 La、Ce、Yb、Y、Ba、Bi 等稀土稀有元素（表2）。

表1 白云鄂博英安质凝灰岩的化学成分

氧化物	化学成分/%													
	SiO_2	TiO_2	Al_2O_3	Fe_2O_3	FeO	MnO	MgO	CaO	Na_2O	K_2O	H_2O^+	H_2O-	P_2O_5	合计
英安质角砾凝灰熔岩	67.61	0.42	14.26	2.84	4.21	0.27	0.28	2.31	2.85	3.65	0.82	0.49	0.06	100.07

续表1

氧化物	化学成分/%													
	SiO$_2$	TiO$_2$	Al$_2$O$_3$	Fe$_2$O$_3$	FeO	MnO	MgO	CaO	Na$_2$O	K$_2$O	H$_2$O$^+$	H$_2$O-	P$_2$O$_5$	合计
英安岩（Daly，1941）	65.68	0.57	16.25	2.38	1.90	0.06	1.41							
英安岩（Taylor，1964）								3.46	3.97	2.67	—	—	0.15	
英安岩（黎彤等，1981）	65.70	0.65	15.24	2.88	1.56	0.10	1.57	4.00	3.13	2.83	—	—	—	

表2　白云鄂博英安质凝灰岩的光谱半定量结果　　　（×10^{-6}）

元　素	英安质角砾凝灰熔岩	Виноградов，1962	
		中性岩	酸性岩
Ba	0.1	0.065	0.083
Pb	≤0.01	0.0015	0.002
Ga	0.0007	0.0002	0.0002
Bi	0.03	1×10^{-6}	1×10^{-6}
Cr	≥0.01	0.005	0.0025
Mo	0.003	9×10^{-5}	1×10^{-4}
La	≥0.1	—	0.006
Ce	≈0.2	—	0.02
Yb	≥0.002	—	4×10^{-4}
Y	0.03		0.0034
Zr	≥0.03	0.026	0.02
V	≥0.01	0.01	0.004
Sr	0.01	0.08	0.03
Ti	≥0.3	0.8	0.23
Ni	0.003	0.0055	8×10^{-4}
Co	>0.001	0.001	5×10^{-4}
Cu	0.001	0.0035	0.002

2 英安质熔结角砾岩

英安质熔结角砾岩产于 8 号和 9 号矿体外围板岩中，分布面积不清楚。岩石呈灰褐色或浅褐色。块状构造，粗碎屑结构，偶见杏仁状构造。

岩石基本全由大小不等的火山岩碎屑组成。大的达 50mm 以上，一般为 20~30mm。大于 2mm 的碎屑占全岩的 90% 以上。其成分以英安岩屑为主，还有少量的安粗岩角砾和长石晶屑。英安岩角砾呈浑圆状—次棱角状，颜色是紫红色，致密坚硬，肉眼看像碧玉，显微镜下主要由长石和石英组成。安粗岩屑，呈角砾形，灰白色，全晶质。主要由基本等粒状的小板条状碱长石和斜长石构成，定向排布。基质主要由细小的长石、角闪石和石英等晶屑，火山玻璃和火山灰组成。其中晶屑均有后期蚀变。角闪石绿泥石化强烈，玻屑的脱玻现象（图 4），长石的碳酸盐化。

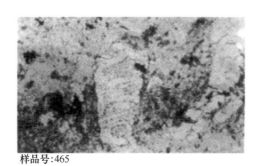

样品号:465

图 4   白云鄂博英安质熔结角砾岩的玻屑（单偏光，400×）

3 英安岩

英安岩分布于 10 号矿体南面"白云岩"外接触带的 H_4 变质石英砂岩中，岩石为灰色或浅灰色，似层状，片状构造，斑状结构，斑晶占全岩的 15%~20%，基质占 80%~85%。斑晶主要是酸性斜长石和碱性长石，其次是石英，偶见单斜辉石斑晶，它们均受到不同程度的熔蚀现象。酸性斜长石 An＝25~30，多为板状晶体，少数呈碎屑状，聚片双晶常见，环带构造发育。碱性长石包括正长石和微斜长石，可见卡氏双晶和格子双晶。石英多为他形粒状，可见具六面体的高温双晶（图 5），石英都有不同程度的熔蚀现象，具有明显的港湾结构（图6），单斜辉石，发育两组完全解理，平行消光。

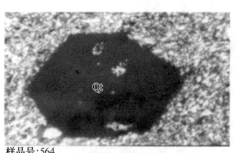

样品号：564

图5　白云鄂博英安岩中自形正长石的
卡氏双晶（正交，250×）

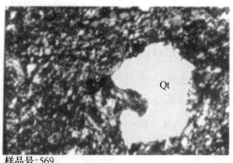

样品号：569

图6　白云鄂博英安岩中自形晶的高温
石英（单偏光，100×）

　　基质主要由石英、长石组成，还有少量的辉石和赤铁矿。基质具镶嵌构造，有一定的角岩化，石英具有清晰的重结晶现象，并有拉长现象，略成定向排布，少量长条状长石，略成定向分布，与拉长石英共同形成片理构造。

　　此外，岩石中有细的碳酸盐脉穿插，并切穿长石斑晶，表明岩石形成以后有一次碳酸盐热液活动。在碳酸盐脉体两边的围岩中有较多单斜辉石分布，观察到单斜辉石交代长石现象，说明一部分单斜辉石为后期热液产生物。

　　由此推测白云鄂博群不是一套正常沉积的浅海相碎屑岩和碳酸盐建造。

致谢

　　在室内研究工作得到梅厚钧和蒋寄云两位火山岩专家指导和帮助，特此致谢！

注释

　　① 段成才．白云鄂博铁矿床——海底火山喷发沉积成因的特征．白云鄂博地质科研学术讨论会资料汇编（上）．1979：160-167.

　　② 孙未君，孙郁馥，支根成．白云鄂博铁矿富钾板岩的物质成分及成因．白云鄂博地质科研学术讨论会资料汇编（上），1979：141-159.

　　③ 刘铁庚，陈煊．初次发现白云鄂博群中火山岩．白云鄂博矿床地球化学．铁铌稀土矿床地质地球化学会议论文集．中国科学院地球化学研究所，1982：39-42.

从西矿地质特征
看白云鄂博铌稀土矿床成因

白云鄂博铌稀土矿床是世界上最大的稀土矿床，铌、钍、钪、钡和钛等多种元素储量也达大型—超大型矿床的规模，成为世界地质界的一颗灿烂明珠。自1927年丁道衡教授发现白云鄂博铁矿迄今85年，国内外许多地质工作者进行多次考察和大规模会战性研究，但是，矿床成因仍然争论不止。咎起原因，笔者认为主要是矿床地质产状不清，与围岩的关系不明。本文以西矿的地质现象为例，探讨其矿床成因。

1 地质特征

白云鄂博铌稀土矿位于华北板块的北缘，白云鄂博裂谷带中。西矿区出露地层与主、东矿基本相同，为晚元古界。白云鄂博群第二层（H_2）为石英砂岩夹石英岩，第三层（H_3）暗色板岩，第四层（H_4）石英砂岩，第五层（H_5）暗色板岩和第六层（H_6）石英砂岩，以及所谓的第八层（H_8）铌稀土矿。除铌稀土矿外，各地层之间均为整合接触。铌稀土矿与 H_3、H_4 和 H_5 地层呈侵入接触。铌稀矿的东部为大的岩体，西部为小的透镜体，侵入于 H_3 板岩中，并引起围岩的不同程度蚀变。与铌稀土矿接触的 H_3 和 H_5 暗色板岩都形成黑云母岩，与铌稀土矿接触的 H_4 石英砂岩产生钠闪石化和重结晶现象。在12矿体的采坑中还见到铌稀土矿中板岩角砾。H_4 石英砂岩东部产于铌稀矿体的北边，并紧相邻，但是，自主、东矿向西延伸至12号矿时突然尖灭，而后又在铌稀土矿体的南面出现，并继续向西延伸，表明 H_4 石英砂岩被铌稀土矿切割。今年在中国科学院矿床地球化学国家开放实验室资助下，挖了一个探槽，基本证实铌稀土矿与 H_4 石英砂岩为侵入接触关系。

2 讨论

（1）铌稀土矿不成层，也无一定层位。铌稀土矿在矿区东部是一个大的矿体，产于 H_4 的南侧，并与 H_4 紧密相邻；西部是不规则透镜状矿体，产于 H_4 北

原文刊于《矿物岩石地球化学通报》2010年30卷增刊；共同署名的有刘铁庚、叶霖、李称心、秦朝建、冯建荣。

侧的 H_3 板岩中。无论大矿体或是小透镜体都有分枝复合现象，在 9、10 矿段看得更清楚，并且具有十分明显的围岩蚀变现象。说明铌稀土矿不是沉积形成，可能是岩浆活动产物。众所周知，沉积成因的岩石或矿体都具清楚的层理，有固定层位，不会引起围岩蚀变。而铌稀土矿不具备这些特征。

（2）造成 H_4 石英砂岩分居铌稀土矿两边并两端原因剖析：

1）若是沉积学者认为的铌稀土矿是白云鄂博群的 H_8，出现 H_8 分别与 H_3、H_4 和 H_5 直接接触，那么它们之间必须有 4 条断距分别超过 1000m，878m 和 594m 的巨大断层，同时还必须有两条具一定规模的垂直走向断层。但是，迄今未发现像样的断层痕迹。

2）铌稀土矿若是火成的，那么铌稀土矿分别与 H_3 和 H_5 及 H_4 直接接触是非常正常的自然现象。铌稀土矿围岩蚀变就是很好的例证。这样，矿区存在的许多疑难或矛盾问题也得到完满解决。

（3）西矿的铌稀土矿主要呈不规则的透镜体产出，透镜体上下盘和透镜之间的围岩均产生了强烈蚀变，而且是渐变的、过渡的，应为同一层岩层，即 H_3。

（4）过去认为西矿西端是向斜的转折端。但是，这里地层走向和倾向仍然是近东西走向，倾角仍保持在 80° 左右，说明该处不存在所谓斜向的转折端。

综上所述，铌稀土矿应该是岩浆成因，不是沉积形成。

矿物与元素

白云鄂博东矿霓石型
矿石中铌的分布规律研究

摘　要：采用化学分析、偏光显微镜、扫描电子显微镜、能谱仪等手段对白云鄂博东矿霓石型矿石开展了化学成分、矿物组成、矿物嵌布关系、铌元素分布规律和矿物粒度研究。研究结果表明，矿石中含铌矿物主要是黄绿石、铌铁矿、铌铁金红石、易解石、褐钇铌矿和包头矿；铌元素在矿物中分布率分别为黄绿石46.89%、铌铁金红石11.46%、褐钇铌矿5.89%、易解石4.57%、铌铁矿3.91%和包头矿2.35%；铌矿物嵌布粒度细；铌矿物与稀土矿物、铁矿物、霓石和闪石等脉石矿物嵌布关系密切。矿物粒度细、矿物种类多、矿物之间嵌布关系复杂是后期分选难题。

关键词：白云鄂博；霓石型矿石；铌；分布规律

　　众所周知，白云鄂博作为超大型铁、稀土、铌多金属共生矿床，稀土储量居世界第一位，同时铌的储量也相当可观，位于世界第二位。白云鄂博铌资源储量大，但由于开发利用难度较大，一直没有得到有效利用。铌矿物由于种类多、品位低、矿物粒度细、分布广等原因导致了可选性差、提取困难。经过这些年选矿工作者的努力，白云鄂博铌精矿品位有了提高，但高效开发利用仍是个难题。

　　随着矿山开采深度的增加，矿石的化学成分、矿物组成、主要矿物特性及结构构造方面和有用元素的比例都发生显著的变化，铌元素分布规律尚未清楚。本文以东矿霓石型矿石为研究对象，开展了化学成分、矿物组成、矿物嵌布关系、铌元素分布规律研究和矿物粒度研究，希望通过这些研究能为白云鄂博矿物资源高效开发利用提供科学依据，对铌元素回收利用提供指导。

　　原文刊于《有色金属（选矿部分）》2021年第6期；共同署名的作者有缪贺成、王其伟、王维维、李二斗。

1　样品采集和分析方法

1.1　样品采集

试验样品采集于东矿 1320—1290 开采水平，按 10×10 网格布点，捡块法取样，取样点覆盖霓石型矿石带。挑选代表性样品切制光薄片，用于偏光显微镜和扫描电子显微镜下矿物特征分析。其余样品利用颚式破碎机（ϕ60mm×100mm）-辊式粉碎机（ϕ200mm×125mm）对样品进行破碎并缩分出两份样品，一份利用盘式磨样机将样品磨细至-74μm，用于化学元素分析；另一份经过筛分，分别制成镶嵌样用于扫描电子显微镜、能谱仪及自动矿物分析系统测试。

1.2　分析方法

采用单偏光显微镜和扫描电子显微镜对薄片进行背散射电子图像分析，结合能谱仪对样品进行微区成分分析，了解矿物之间嵌布关系、结构构造、矿物组成等。化学元素分析：SiO_2、P_2O_5 采用分光光度法测定，F、TFe 含量采用化学滴定法测定，S 含量采用高频红外碳硫仪测定，Na_2O 与 K_2O 含量采用原子吸收光谱仪测定，BaO、MgO、CaO、Al_2O_3 含量采用 ICP-OES 测定，Nb_2O_5 和 REO 含量采用 ICP-AES 测定。

2　分析结果

2.1　矿石化学组成

由表 1 矿石化学多元素分析结果可以得出：矿样中存在铁、稀土、铌等有价值元素。铁（TFe）含量为 18.72%，稀土（REO）含量为 8.2%，铌（Nb_2O_5）的含量为 0.10%；主要杂质二氧化硅的含量为 29.98%，氧化钙为 0.32%，氧化钠为 5.69%；有害元素磷、硫、氟分别为 0.78%、0.56%、5.25%，含量较高。矿石分选应该关注杂质元素和有害元素的走向。

表 1　矿石多组分分析结果

组分	Na_2O	K_2O	MgO	CaO	BaO	SiO_2	Al_2O_3
含量/%	5.69	0.054	0.32	8.44	2.51	29.98	0.59
组分	REO	P	Nb_2O_5	F	S	TFe	
含量/%	8.2	0.78	0.1	5.25	0.56	18.72	

2.2　矿物组成

白云鄂博矿床成因复杂，矿物种类多、成分复杂，为能给选矿试验研究提供工艺矿物学依据，首先确定矿石矿物组成，分析采用新型的自动矿物分析两系统（AMICS），分析结果见表 2。

表2 矿石矿物组成

矿 物	相对含量/%	矿 物	相对含量/%
氟碳铈矿	4.88	菱锰矿	0.06
氟碳钙铈矿	0.45	黄铁矿	0.27
黄河矿	2.05	磁黄铁矿	0.02
独居石	1.92	方铅矿	0.01
褐帘石	0.01	辉钼矿	0.01
磁铁矿/赤铁矿	20.66	石英	0.83
易解石	0.04	长石	0.48
铌铁金红石	0.04	闪石	0.56
铌铁矿	0.01	霓石	51.83
黄绿石	0.07	云母	0.19
褐钇铌矿	0.01	榍石	0.01
包头矿	0.03	蛇纹石	0.07
金红石	0.06	白云石	0.3
钛铁矿	0.19	方解石	1
钡铁钛石	0.18	萤石	8.71
软锰矿	0.01	磷灰石	2.08
重晶石	2.47	其他矿物	0.48

由表2可知，矿石中矿物种类比较多，矿石中铁矿物主要为磁铁矿/赤铁矿20.66%，此外还包括其他铁矿物钛铁矿0.19%、黄铁矿0.27%、磁黄铁矿0.02%等；主要稀土矿物氟碳铈矿含量为4.88%、黄河矿2.05%、独居石1.92%，含有少量的氟碳钙铈矿0.45%、褐帘石0.01%。主要含铌矿物有黄绿石0.07%、铌铁金红石0.04%、铌铁矿0.01%、易解石0.04%、包头矿0.03%、褐钇铌矿0.01%等；矿石中主要脉石矿物有霓石51.83%、萤石8.71%、重晶石2.47%、磷灰石2.08%、方解石1.00%、石英0.83%、闪石0.56%、长石0.48%、白云石0.30%、云母0.19%等。

2.3 铌元素分布

查明铌元素的分布率，在选铌过程中确定回收目标非常重要，经过对矿样的分析测试，表3是主要含铌矿物分布统计结果。

表3 铌元素分布率

矿物名称	铌元素在矿物中的分布率/%	矿物含量/%
易解石	4.57	0.04
铌铁金红石	11.46	0.04
铌铁矿	3.91	0.01

矿物名称	铌元素在矿物中的分布率/%	矿物含量/%
黄绿石	46.89	0.07
褐钇铌矿	5.89	0.01
包头矿	2.35	0.03
其他矿物	24.93	99.80
合　计	100.00	100.00

由表3分析结果得出：矿样中主要含铌矿物有易解石、铌铁金红石、铌铁矿、黄绿石、褐钇铌矿、包头矿，其矿物量分别为0.04%、0.04%、0.01%、0.07%、0.01%、0.03%，铌元素在各种矿物中得分布律分别为，黄绿石46.89%、铌铁金红石11.46%、褐钇铌矿5.89%、易解石4.57%、铌铁矿3.91%、包头矿2.35%。分析结果表明，铌矿物含量低，种类多，分布较分散，回收难度大。

2.4　铌矿物嵌布特征

白云鄂博矿物种类多，铌矿物作为矿石的重要组成部分，由于颗粒较细，采用SEM及EDS方法，对易解石、铌铁金红石、黄绿石、铌铁矿和包头矿等几种含铌矿物进行观察与分析。

（1）易解石：易解石矿物为该矿区分布较广的铌矿物，由图1和图2可知，易解石分布在被霓石交代的闪石和方解石裂隙中，粒度在5~20μm，粒度细，主要与稀土矿物、闪石和方解石等镶嵌。

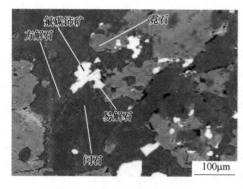 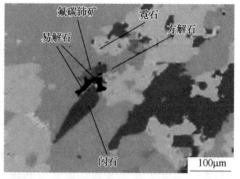

图1　易解石背散射电子图　　　　　图2　易解石彩色合成图

（2）铌铁金红石：铌铁金红石含量较低，主要以粒状集合体出现。由图3和图4可以看出，铌铁金红石沿着被交代磁铁矿裂隙分布，粒度在5~20μm，铌铁金红石与霓石、磁铁矿和钛铁矿紧密嵌布。

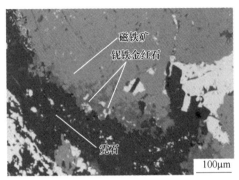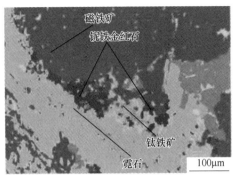

图 3　铌铁金红石背散射电子图　　　　　图 4　铌铁金红石彩色合成图

（3）黄绿石：黄绿石含量相对较高，主要呈不规则粒状产出，相对其他含铌矿物粒度较粗，主要为 10～50μm，由图 5、图 6 可以看出，独居石被黄绿石充填交代，黄绿石存在稀土矿物的裂隙中，主要与霓石和稀土矿物镶嵌。

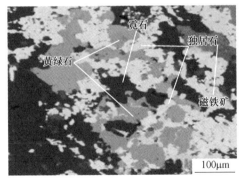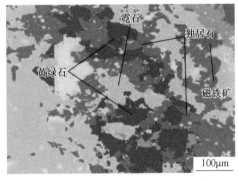

图 5　黄绿石背散射电子图　　　　　　图 6　黄绿石彩色合成图

（4）铌铁矿：铌铁矿主要为铌铁矿族矿物，一般以集合体出现，粒度极细，主要分布在 10μm 以下，个别粗颗粒可达 35μm 左右，由图 7 和图 8 可知，霓石交代磁铁矿，铌铁矿和易解石分布在霓石的颗粒间和磁铁矿的颗粒间，铌铁矿与磁铁矿、易解石和黄绿石紧密镶嵌。

（5）包头矿：包头矿含量低，粒度细，主要集中在 10μm 以下，个别较大颗粒能达到 40μm，由图 9 和图 10 可看出，霓石交代磁铁矿，包头矿存在稀土矿物与磁铁矿的裂隙中，包头矿与霓石、独居石、重晶石、钛铁矿和磁铁矿紧密镶嵌。

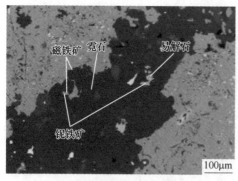

图7　铌铁矿背散射电子图

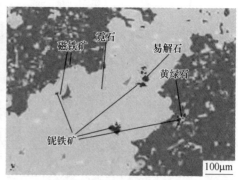

图8　铌铁矿彩色合成图

图9　包头矿背散射电子图

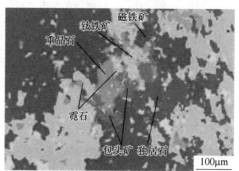

图10　包头矿彩色合成图

2.5　矿物粒度组成

矿石光片通过扫描电子显微镜进行面扫描结合矿物自动矿物分析系统（AMICS），统计矿物粒度，结果见表4。

表4　铌矿物粒度分布

粒度/μm	易解石		铌铁金红石		黄绿石		铌铁矿		包头矿	
	百分数	累计百分数	百分数	累计百分数	百分数	累计百分数	百分数	累计百分数	百分数	累计百分数
0~10	72.64	72.64	27.94	27.94	32.12	32.12	62.93	62.93	48.98	48.98
+10~20	21.61	94.25	32.82	60.76	29.94	62.06	12.82	75.75	25.01	73.99
+20~30	5.75	100	13.36	74.12	9.11	71.17	1.9	77.65	12.37	86.36
+30~45	—	—	13.86	87.97	12.23	83.4	22.35	100	13.64	100
+45~74	—	—	9.55	97.52	16.6	100	—	—	—	—
74	—	—	2.48	100	—	—	—	—	—	—

通过统计结果可以看出，粒度最细为易解石，薄片中易解石粒度主要集中在 5~20μm；其次为包头矿和铌铁矿，个别粗颗粒达到 35μm，大部分集中在 5~30μm；黄绿石粒度主要分布在 10~45μm；铌铁金红石粒度分布在 20~74μm。

3 结论

（1）东矿霓石型矿石铌的品位为 0.10%，有害元素 P、S、F 分别占 0.78%、0.56%、5.25%，含量较高，选矿研究应重点关注杂质元素和有害元素的走向。主要含铌矿物有易解石、铌铁金红石、铌铁矿、黄绿石、褐钇铌矿和包头矿，其中黄绿石的含量较高为 0.07%，褐钇铌矿最低为 0.01%。

（2）铌元素在黄绿石、铌铁金红石、褐钇铌矿、易解石、铌铁矿和包头矿等矿物中分布率合计为 75.07%，其中黄绿石分布率最高为 46.89%，选矿研究应该重点关注黄绿石的回收。

（3）矿石中铌矿物主要呈细粒或微细粒出现，主要与铁矿物、稀土矿物、重晶石、霓石等紧密镶嵌。

（4）铌矿物分选难度大，主要是含铌矿物种类多、品位低、较分散和粒度细等导致。

白云鄂博矿区富钾板岩中
稀土铌矿物特征研究

摘　要：采用主要化学成分分析、自动矿物分析系统、偏反光显微镜、场发射扫描电镜、能谱仪等手段对白云鄂博矿区内富钾板岩化学成分、矿物组成以及稀土铌矿物特征等方面进行研究。结果显示，白云鄂博矿区内富钾板岩 K_2O 含量高达 13.15%，高 SiO_2 富 Al_2O_3，岩石主要由微斜长石与黑云母组成；富钾板岩中 REO 与 Nb_2O_5 含量分别为 0.076%、0.012%，稀土、铌矿物含量低且粒度细小，形态产状多种多样，矿物共生组合与接触关系复杂，指示富钾板岩遭受了后期热液的蚀变改造作用。

关键词：矿物特征；稀土铌矿物；富钾板岩；白云鄂博矿区

　　白云鄂博矿床作为世界上独一无二的超大型铁、稀土、铌等多金属共伴生矿床，位于华北克拉通北缘，赋存于白云鄂博群的 H_8 白云岩与 H_9 板岩过渡带，H_9 板岩主要包括富钾板岩、暗色板岩和变质基性火山岩等，富钾板岩主要分布于主、东矿铁矿体上盘，展布规模长约 3km、宽约 0.5km，厚约 0.3km。多呈似层状或透镜状形态产出，自东向西由厚变薄，整合接触于下伏赋矿白云岩之上，由于接近矿体导致局部可见一定程度的矿化作用。

　　自白云鄂博矿发现以来，国内外专家学者对其矿床成因和综合利用等方面做了大量的研究工作，对富钾板岩的关注相对较少，目前主要针对富钾板岩的地质特征及成因做了部分研究工作。白云鄂博的富钾板岩主要分布在铁矿体的开采境界内，随着铁矿体的逐步开采，大量的富钾板岩同时也被当作废石采出，导致错失系统研究富钾板岩的机会以及资源的极大浪费。本研究以白云鄂博矿区的富钾板岩为对象，开展了化学成分、主要矿物组成以及稀土铌矿物特征等方面的研究，不仅有助于白云鄂博矿床成因研究的进一步推进，而且为白云鄂博资源综合开发与合理利用提供科学依据。

1　样品采集和测试方法

1.1　样品采集

　　本次主要针对白云鄂博矿区开采境界内的富钾板岩进行系统采样，共计 36

　　原文刊于《现代矿业》2020 年 6 月第 6 期，总第 614 期；共同署名的作者有金海龙、王其伟、王振江、魏威。

个样品，采样点覆盖了整个主、东矿采场范围。在样品破碎前挑选出具有代表性的块矿进行光薄片制备。利用颚式破碎机对 36 个样品进行中、细破碎，再利用盘式磨样机进行粉末状样品制备，随后组合、混匀、缩分出最终组合样品，一份用于主要化学成分分析，另一份用于扫描电镜、能谱仪及自动矿物分析系统测试。

1.2 测试方法

多元素分析采用分光光度法测定样品中的 SiO_2、P_2O_5，原子吸收光谱仪测定 Na_2O 与 K_2O，高频红外碳硫仪测定 S，用 ICP-OES 测定 BaO、MgO、CaO、TiO_2、Al_2O_3，化学滴定法测定 F、FeO、Fe_2O_3，用 ICP-AES 测定 Nb_2O_5 和 REO。

采用偏反光显微镜与场发射扫描电子显微镜（Sigma-500）对富钾板岩中的矿物特征、结构以及相互接触关系进行分析，并结合能谱仪（BRUKER XFlash6160）与自动矿物分析系统（AMICS）得出富钾板岩的矿物组成及含量。

2 分析结果

2.1 化学成分

白云鄂博矿区内富钾板岩的主要化学成分分析结果见表 1。

表 1 组合样品主要化学成分分析结果

成分	SiO_2	Al_2O_3	CaO	K_2O	Na_2O	MgO	P_2O_5	TiO_2
含量/%	56.69	16.06	0.76	13.15	0.46	1.52	<0.10	0.31

成分	BaO	FeO	Fe_2O_3	Nb_2O_5	S	F	REO
含量/%	0.5	4.18	5.99	0.012	0.74	0.51	0.076

由表 1 可知，富钾板岩中 K_2O 含量高达 13.15%，根据矿产工业指标已达富矿（$K_2O>12\%$）标准，而且 SiO_2 与 Al_2O_3 含量较高，表明岩石主要由钾长石 [$KAlSi_3O_8$] 系列矿物组成。富钾板岩中包含少量 BaO，可能在钾长石中形成钡冰长石或者以钡铁钛石矿物析出；其中稀土、铌元素含量较低，在富钾板岩中主要以少量副矿物存在。

2.2 矿物组成

根据自动矿物分析软件（MLA）统计得到富钾板岩主要矿物组成及含量见表 2。

由表 2 可知，富钾板岩中的矿物以微斜长石与黑云母为主，占矿物总量的 93% 以上，黄铁矿、钠长石等少量，氟碳铈矿、氟碳钙铈矿等含量较低，部分稀土、铌矿物含量不足 0.01%，分析软件无法进行统计。

表 2　组合样品的矿物组成及含量

矿物	微斜长石	黑云母	钠长石	黄铁矿	金云母	蛇纹石	绿泥石	方解石	白云石	萤石	磷灰石
含量/%	82.7	11.07	1.03	2.13	0.17	0.28	0.08	0.45	0.25	0.04	0.07
矿物	石英	镁钠闪石	磁（赤）铁矿	磁黄铁矿	铌铁矿	方铅矿	闪锌矿	氟碳铈矿	氟碳钙铈矿	独居石	其他矿物
含量/%	0.18	0.01	0.43	0.15	0.01	0.01	0.04	0.02	0.01	0.01	0.86

2.3　岩石学特征

　　白云鄂博矿区富钾板岩多以似层状产出，主要以暗色板岩为主（图 1（a）），浅色板岩次之，暗色板岩风化面为黄褐色，板状构造，局部见萤石、白云石、云母等细脉沿不同方向穿插；浅色板岩（图 1（b））是由于暗色板岩遭受加热导致褪色而形成，在化学组成、矿物成分、结构构造等方面呈现出一致性。镜下观察富钾板岩主要为隐晶质，粒度极细小，主要由微斜长石与黑云母组成，局部可见呈卡斯巴律双晶的长石斑晶（图 2（a））；可观察到富钾板岩具有一定的方向性，其间分布有眼球状或透镜状的长石、云母类次生矿物（图 2（b））；浅色板岩中发现有自形程度较好的锆石，呈珠串状分布，粒度为 $10\sim50\mu m$，由于其地球化学性质稳定，可为富钾板岩形成时代研究提供测年载体（图 2（c））；富钾板岩中沿裂隙广泛发育细脉，主要由云母、方解石、萤石、白云石、磁铁矿等矿物充填，粒度大小不一，脉中可见自形程度高的菱形切面锆石，钡铁钛石呈红褐色、板状或放射状展布，说明后期热液对富钾板岩进行了蚀变改造（图 2（d））。

(a)　　　　　　　　　　　　　　　(b)

图 1　白云鄂博矿区富钾板岩手标本图片

(a) 暗色板岩；(b) 浅色板岩

2.4　稀土铌矿物特征

　　白云鄂博矿物种类复杂，稀土矿物与铌矿物不仅在各种矿石类型中广泛发

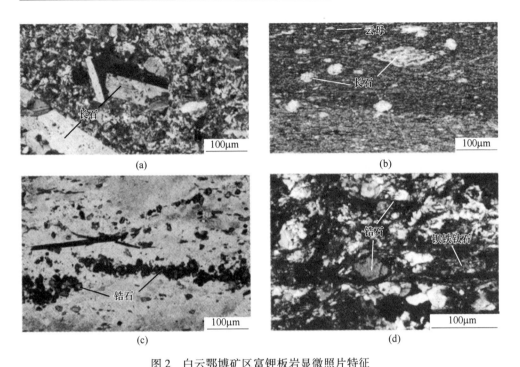

图2　白云鄂博矿区富钾板岩显微照片特征

（a）具卡斯巴律双晶的长石斑晶（放大25倍）；（b）眼球状或透镜状的次生矿物（放大25倍）；

（c）珠串状锆石（放大50倍）；（d）富钾板岩的细脉（放大100倍）

育，而且在富钾板岩中也均有产出，由于其矿物含量低且粒度细小，在偏反光显微镜下难以辨认与区分，本次利用扫描电镜与能谱仪对富钾板岩中具有代表性的稀土、铌矿物进行特征分析。

2.4.1　氟碳钙铈矿的矿物特征

氟碳钙铈矿是整个矿区分布比较广泛的稀土矿物之一，图3为富钾板岩中氟碳钙铈矿背散射电子图像与能谱分析图谱。

由图3可看出，氟碳钙铈矿多呈长柱状或板状集合体分布，矿物粒度为0.005~0.2mm，个别颗粒较大，常与微斜长石、黑云母、黄铁矿、独居石等矿物密切共生，有时以包裹体的形式赋存在黑云母与微斜长石矿物中。

2.4.2　独居石的矿物特征

独居石在白云鄂博矿区内分布极为广泛，形态、产状多式多样，在富钾板岩中与磷灰石关系尤为密切。图4为富钾板岩中独居石背散射电子图像与能谱分析图谱。

由图4可看出，富钾板岩中的独居石呈粒状或不规则状集合体分布，矿物粒

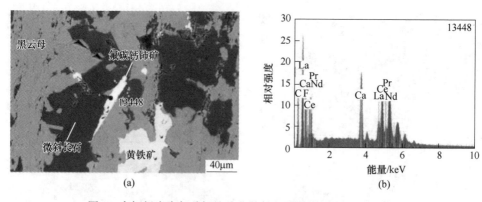

图 3　富钾板岩中氟碳钙铈矿背散射电子图像与能谱分析图谱
（a）氟碳钙铈矿背散射电子图像；（b）氟碳钙铈矿能谱分析图谱

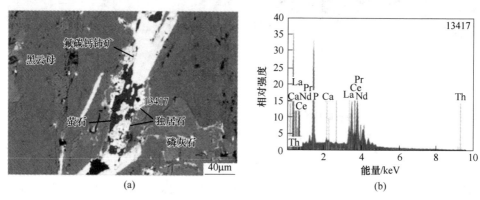

图 4　富钾板岩中独居石背散射电子图像与能谱分析图谱
（a）独居石背散射电子图像；（b）独居石能谱分析图谱

度大小不一，其中与磷灰石、萤石、黑云母、微斜长石、氟碳钙铈矿、褐帘石等矿物紧密共生。在电镜下观察到独居石矿物表面发育大量溶蚀孔洞，说明独居石可能经历了后期热液的蚀变改造作用。

2.4.3　褐帘石的矿物特征

褐帘石在矿区内含量相对较少，主要集中分布于东部接触带的矽卡岩中，与海西期花岗岩侵入密切相关，在主矿、东矿体内偶尔可见。图 5 为富钾板岩中褐帘石背散射电子图像与能谱分析图谱。

由图 5 可看出，在富钾板岩中也发现有粒状褐帘石矿物的存在，同时与独居石、氟碳钙铈矿等稀土矿物紧密共生，有时可见不规则状褐帘石沿着磷灰石矿物裂隙产出。

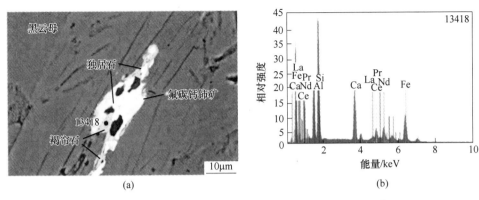

(a) (b)

图 5 富钾板岩中褐帘石背散射电子图像与能谱分析图谱

（a）褐帘石背散射电子图像；（b）褐帘石能谱分析图谱

2.4.4 铌铁矿的矿物特征

铌铁矿是整个矿区分布比较广泛的铌钽矿物之一。图 6 为富钾板岩中铌铁矿背散射电子图像与能谱分析图谱。

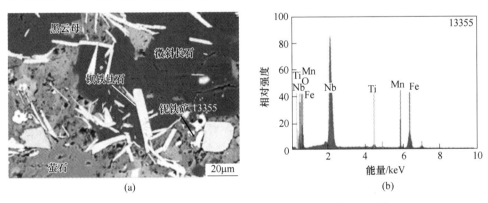

(a) (b)

图 6 富钾板岩中铌铁矿背散射电子图像与能谱分析图谱

（a）铌铁矿背散射电子图像；（b）铌铁矿能谱分析图谱

由图 6 可看出，在富钾板岩中，铌铁矿主要存在于后期沿裂隙充填的细脉中，矿物颗粒细小，粒度为 $1 \sim 20 \mu m$，共生矿物主要包括微斜长石、萤石、云母、钡铁钛石、黄铁矿、锆石等，多以粒状集合体的形式析出于其他矿物晶粒间，或被包裹于矿物内部。

3 结论

（1）白云鄂博矿区内富钾板岩中 K_2O 含量高达 13.15%，高 SiO_2 富 Al_2O_3；

岩石主要由微斜长石与黑云母组成；REO 与 Nb_2O，含量分别为 0.076%、0.012%，稀土铌元素含量较低，主要以氟碳钙铈矿、铌铁矿等副矿物形式存在。

（2）富钾板岩包括暗色板岩、浅色板岩 2 种类型，富钾板岩具有一定的方向性，其间分布有眼球状或透镜状的长石、云母类次生矿物。富钾板岩中沿裂隙广泛发育细脉，脉中可见自形程度高的菱形切面锆石，钡铁钛石作为热液矿物，指示富钾板岩遭受了后期热液的蚀变改造。

（3）富钾板岩中稀土、铌矿物含量低，且粒度细小，氟碳钙铈矿多呈长柱状或板状集合体分布，常与微斜长石、黑云母、黄铁矿、独居石等矿物密切共生。独居石在富钾板岩中与磷灰石紧密共生，矿物表面发育大量溶蚀孔洞。粒状褐帘石与独居石、氟碳钙铈矿等稀土矿物紧密共生，不规则状褐帘石沿磷灰石矿物裂隙晶出。在富钾板岩中，铌铁矿主要存在于后期沿裂隙充填的细脉中，多以粒状集合体的形式析出于其他矿物晶粒间或被包裹于矿物内部。

白云鄂博云母型铁矿石中铁、稀土的赋存状态研究

摘 要：白云鄂博云母型铁矿石中 TFe 品位为 17.48%，稀土 REO 品位为 2.46%。矿石中矿物组成复杂，含铁矿物主要是磁铁矿和赤铁矿，含有少量铌铁矿、黄铁矿等，稀土矿物以氟碳铈矿和独居石为主。矿石构造主要由黑云母定向排列而成的片状构造、斑杂状构造及浸染状构造；矿物主要为自形-半自形粒状结构、他形粒状结构、尖角状结构、交代残余结构、细脉状结构。磁铁矿多呈半自形至他形粒状变晶结构形式出现，部分呈角砾状集合体与云母共生；赤铁矿多呈半自形和他型粒状结构，也有部分赤铁矿呈微细粒状嵌布在脉石矿物中；氟碳铈矿和独居石呈粒状，与周边其他矿物紧密共生、镶嵌关系复杂。磁铁矿和赤铁矿的嵌布粒度不均，氟碳铈矿和独居石的嵌布粒度较细，部分细粒铁矿石和稀土矿物嵌布在脉石矿物中，部分铁矿石中也含有细粒稀土矿物。磨矿细度-0.074mm 占 90%下磁铁矿、赤铁矿、氟碳铈矿和独居石的单体解离度仅为 51.54%、58.36%、52.27%和 63.64%。因此，强化矿石细磨和微细粒高效分选是解决精矿品位和回收率低的有效途径。

关键词：白云鄂博矿；云母型；铁；稀土；赋存状态

白云鄂博矿床是世界上著名的超大型 Fe-Nb-REE 矿床，矿产资源储量大、种类多，含铁和稀土的矿石有五种类型。按照包钢"以铁为主，综合利用"的指导方针，采用"弱磁—强磁—浮选"工艺流程从五种混合型矿石中综合回收铁和稀土，不仅铁、稀土精矿的品位和回收率较低，且精矿中的有害元素 S、P 含量高，从而增加了冶炼过程中添加剂的消耗量，产生大量的放射性废渣。随着不断的开采，高品位铁矿石日趋枯竭，致使整体入选品位下降；同时由于白云鄂博矿"多、贫、细、杂"的特征，致使在现有工艺条件下生产铁精矿的品位和回收率下降，造成资源浪费。因此，包钢提出了"精准采矿，分类选矿"的方针以提高铁、稀土的品位和回收率，而查清矿石中铁、稀土的赋存状态是开发工艺流程和提高资源利用率的前提。

目前对白云鄂博矿工艺矿物学研究成果较为丰富，但都以白云鄂博早期铁矿石、选铁尾矿和尾矿库为主。且随着不断的开采，矿石性质已发生变化，需重新对目前开采的矿石分类进行系统的工艺矿物学研究。本文采用化学分析、物相分

原文刊于《矿产保护与利用》2020 年 10 月第 5 期；共同署名的作者有王维维、李二斗、候少春、郭春雷。

析、扫描电镜、MLA 矿物自动分析系统等手段对云母型铁矿石中铁、稀土的赋存状态进行了详细研究，为该类型矿石中铁、稀土的合理利用提供理论指导。

1 矿石物质成分

1.1 矿石化学多元素分析

矿石多元素分析结果见表1。表1 结果表明，矿石中铁的含量为 17.48%，稀土氧化物 REO 含量较低，为 2.46%，是主要的有价元素；Nb_2O_5 含量为 0.54%，Sc_2O_3 含量为 0.014%，可考虑综合回收；主要的脉石元素为 SiO_2、CaO、MgO 等。

表1 矿石多元素分析结果

成分	TFe	REO	Nb_2O_5	F	Na_2O	K_2O	MgO
含量/%	17.48	2.46	0.54	4.81	1.32	3.04	5.12
成分	CaO	BaO	SiO_2	ThO_2	Sc_2O_3	P	S
含量/%	8.96	2.39	28.62	0.04	0.01	0.46	1.44

1.2 矿石矿物组成

采用 MLA 工艺矿物学自动分析系统对矿石主要矿物组成及相对含量进行分析，结果见表2。矿石中矿物组成复杂，含铁矿物有磁铁矿（9.18%）、赤铁矿（11.04%）、铌铁矿（1.31%）、黄铁矿（1.19%）、菱铁矿（0.68%）、磁黄铁矿（0.45%）等；稀土矿物以氟碳铈矿和独居石为主，分别为 1.40%、0.62%，其中还包含黄河矿（0.02%）、褐帘石（0.83%）等；主要的脉石矿物为云母（43.03%）、长石（10.12%）、绿泥石（8.19%）、辉石（3.25%）、重晶石（3.91%）和闪石（1.28%）等。

表2 矿石的主要矿物组成及相对含量

名称	磁黄铁矿	赤铁矿	磁铁矿	黄铁矿	菱铁矿
含量/%	0.45	11.04	9.18	1.19	0.68
名称	氟碳铈矿	萤石	铌铁矿	独居石	绿泥石
含量/%	1.4	4.55	1.31	0.62	8.19
名称	重晶石	辉石	云母	长石	闪石
含量/%	3.91	3.25	43.03	10.12	1.28
名称	褐帘石	磷灰石	黄河矿	方解石	白云石
含量/%	0.83	0.86	0.02	0.64	0.56

1.3　铁化学物相分析

铁的化学物相分析结果见表3。由表3可以看出，磁铁矿中铁占41.08%、赤铁矿中铁占44.43%，是主要回收对象；其次为硅酸铁中铁，分布率为8.31%；硫化铁主要存在于黄铁矿和磁黄铁矿中，占4.27%，选矿中需考虑硫化铁中硫影响。

表3　原矿铁化学物相分析结果

铁物相	含量/%	分布率/%
磁铁矿中铁	7.12	41.08
赤铁矿中铁	7.7	44.43
菱铁矿中铁	0.33	1.91
硫化铁中铁	0.74	4.27
硅酸铁中铁	1.44	8.31
合　计	17.33	100

1.4　稀土元素赋存状态

对该类矿石中各个矿物中的稀土分布进行了测定，分析结果见表4。从表4可以看出，稀土元素在氟碳铈矿和氟碳钙铈矿中的分布率为47.43%，在独居石中

表4　稀土在矿物中的分布

矿　物　种　类		$w(REO)$/%	分布率/%
铁矿物	磁铁矿/假象磁铁矿	1.1	1.61
	赤铁矿/假象赤铁矿	0.99	3.65
	黄铁矿	0.11	0.01
铌矿物	铌铁矿	1.35	0.04
稀土矿物	氟碳铈矿/氟碳钙铈矿	69.02	47.43
	黄河矿	0.01	0.03
	独居石	75.76	43.6
其他矿物	萤石	0.42	0.76
	云母	40.01	1.29
	磷灰石	3.19	0.44
	石英/长石	2.36	0.48
	钠辉石	0.25	0.03
	钠闪石	0.05	0.17
	重晶石	0.35	0.28
	绿泥石	0.28	0.03
	白云石/方解石	0.09	0.15
总　和			100

的分布率为 43.60%；此外，在磁铁矿和赤铁矿中的分布率为 5.26%，这部分稀土元素在铁矿物选别时容易富集在铁精矿中；脉石矿物中的稀土元素含量较低。

2 矿物嵌布特征

2.1 铁矿物

磁铁矿是白云鄂博云母型铁矿石中最主要的铁矿物之一，含量约为 10.00%，磁铁矿根据其结晶粒度的大小分为细粒和粗粒两种形态。粗粒磁铁矿多呈半自形至他形粒状变晶结构形式出现，常包裹其他矿物，在云母型矿石中，磁铁矿同时与云母、石英、萤石等共生，细粒磁铁矿呈角砾状集合体与云母共生，单体解离难度较大（图1）；部分磁铁矿以条带状嵌布在云母和萤石裂隙中（图2）。

图1　磁铁矿以半自形至他形粒状，　　　　图2　磁铁矿以条带状嵌布在云母和萤石裂隙
　　　　部分呈稠密浸染状

赤铁矿磁性较弱，在云母型铁矿石中分布较多，含量约为 11.00%，应综合回收。多呈半自形和他型粒状结构，也有部分赤铁矿呈微细粒粒状嵌布在脉石矿物中（图3）。

黄铁矿含量约为 1.00%，以他形粒状结构出现，黄铁矿被云母包裹或充填于铌铁矿裂隙中（图4）。铌铁矿是铁、铌和锰的氧化物，主要以他型变晶结构与

 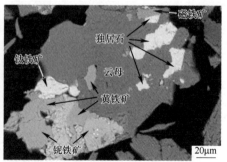

图3　赤铁矿以他型、微细粒嵌布　　　　　图4　独居石以微细粒嵌布在云母中

云母或黄铁矿连生，内部常见有微粒云母或稀土矿物包体（图4、图5）。白云鄂博铌资源丰富，但与铁矿紧密共生，品位较低，提取难度大。

2.2 稀土矿物

云母型铁矿石中稀土含量相对较低，主要是氟碳铈矿和独居石矿物。氟碳铈矿为铈氟碳酸盐矿物，颜色通常为黄色或浅绿色，在云母型铁矿石中主要的嵌布特征为：氟碳铈矿与赤铁矿、黄铁矿连生（图7），氟碳铈矿镶嵌在云母边缘或充填于云母和磁铁矿的裂隙中（图5），氟碳铈矿呈条带状包裹于铌铁矿中（图6）。

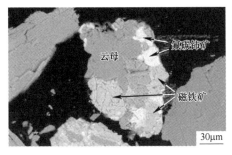

图5 氟碳铈矿与磁铁矿、云母连生　　　图6 铌铁矿与氟碳铈矿、云母共生

独居石是白云鄂博最常见的稀土矿物之一，但在云母型铁矿石中含量不足1.00%，属磷酸稀土；独居石大多以自形或半自形粒状结构存在，矿物颗粒形态规则、大小不均；独居石与磁铁矿关系密切，以细小粒状充填于磁铁矿和云母的裂隙或被云母包裹（图4），大颗粒独居石与磁铁矿连生并夹杂闪石（图8）。

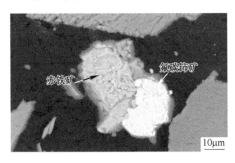
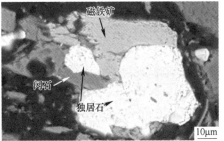

图7 氟碳铈矿与赤铁矿共生　　　　　图8 磁铁矿与独居石连生

2.3 脉石矿物

主要的脉石矿物为云母，属于铝硅酸盐矿物，白云鄂博主要的造岩矿物之

一，最常见的有黑云母，主要由黑云母定向排列而成的片状结构（图3）、斑杂状构造及浸染状构造（图1），与铁和稀土矿物共生关系密切。

3　主要矿物嵌布粒度及解离特征

3.1　主要矿物嵌布粒度

对矿石中主要矿物粒度组成进行测定，统计结果见表5。表5表明，磁铁矿和赤铁矿的粒度分布不均，在+0.074mm粒级分布率分别为35.00%和40.22%，在-0.01mm粒级中的分布率为8.08%和5.39%，这部分微细粒级的铁矿物主要嵌布在脉石矿物中难以回收；氟碳铈矿和独居石嵌布粒度较细，在-0.043mm粒级分布率分别为85.54%和96.78%。

表5　主要矿物的粒度分布　　　　　　　　　　　　（%）

粒度/mm	磁铁矿		赤铁矿		氟碳铈矿		独居石	
	个别	累计	个别	累计	个别	累计	个别	累计
0.2	11.26	100	14.06	100				
0.10 ~ 0.20	8.51	88.74	11.67	85.94				
0.074 ~ 0.10	15.23	80.23	14.49	74.27				
0.043 ~ 0.074	17.74	65	19.47	59.78	14.46	100	3.19	100
0.02 ~ 0.043	12.87	47.26	16.38	40.31	29.67	85.54	25.89	96.78
0.01 ~ 0.02	26.31	34.39	18.54	23.93	29.52	55.87	42.42	70.89
-0.01	8.08	8.08	5.39	5.39	26.35	26.35	28.47	28.47

3.2　主要矿物解离特征

对-0.074mm占90%磨矿细度（现有工艺条件）下磁铁矿、赤铁矿、氟碳铈矿和独居石的单体解离度进行测定，结果见表6。从表6可以看出，磁铁矿和赤铁矿的单体解离度为51.54%和58.36%，与硅酸盐矿物的连生体分别为39.27%和34.96%；氟碳铈矿和独居石的解离度也仅为52.27%和63.64%，与铁矿物的连生体分别为7.38%和4.02%。

根据以上矿石主要矿物嵌布粒度和赋存关系可知，部分细粒铁矿石和稀土矿物嵌布在脉石矿物中，部分铁矿石中也含有细粒稀土矿物，因此在现有磨矿细度下铁矿物和稀土矿物的单体解离度低，导致部分与铁矿物连生的脉石和稀土矿物进入铁精矿，不仅影响了铁精矿的品位，也造成稀土矿物的损失，从而降低了稀土的回收率。因此，强化细磨和微细粒高效分选是解决现有问题的关键。

表6　主要矿物的单体解离度　　　　（%）

样品名称	单体解离度	连生特征				
		与铁矿物连生	与碳酸盐矿物连生	与硅酸盐矿物连生	与稀土矿物连生	与其他矿物连生
磁铁矿	51.54	—	1.70	39.27	2.16	5.33
赤铁矿	58.36	—	0.47	34.96	1.03	5.18
氟碳铈矿	52.27	7.38	0.21	31.14	—	9.00
独居石	63.64	4.02	0.79	28.43	—	3.30

4　结论

（1）白云鄂博云母型铁矿石中 TFe 品位为 17.48%，稀土 REO 品位为 2.46%。矿石中矿物组成复杂，含铁矿物主要是磁铁矿和赤铁矿，含有少量铌铁矿、黄铁矿等，稀土物以氟碳铈矿和独居石为主。主要的脉石矿物为云母、长石等。

（2）磁铁矿和赤铁矿多呈半自形至他形粒状变晶结构形式出现，粒度分布不均；氟碳铈矿和独居石呈粒状，嵌布粒度较细，与周边其他矿物镶嵌关系复杂。铁主要赋存在磁铁矿和赤铁矿中，分布率为 85.51%；稀土元素主要赋存在氟碳铈矿/氟碳钙铈矿和独居石中，分布率为 91.03%。

（3）磨矿细度-0.074mm 占 90% 下磁铁矿、赤铁矿、氟碳铈矿和独居石的单体解离度仅为 51.54%、58.36%、52.27% 和 63.64%。因此，强化矿石细磨和微细粒高效分选是解决精矿品位和回收率低的有效途径。

白云鄂博矿云母型矿石中钍的
赋存状态及分布规律研究

摘　要：利用化学检测分析、自动矿物分析、扫描电镜、微区能谱分析探讨了白云鄂博主矿、东矿云母型矿石中钍的赋存状态和分布规律。结果表明：主矿云母型矿石中含有一定量钍的独立矿物（钍石、铁钍石），东矿钍的独立矿物极少，钍主要以独立矿物的形式和类质同象的形式赋存于钍石、铁钍石和氟碳铈矿、独居石中；主矿、东矿云母型矿石中氟碳铈矿中 ThO_2 的平均含量比约为 4：1，独居石中 ThO_2 的平均含量比约为 10：1；查明主矿云母型矿石中 77.79% 的 ThO_2 分布于钍石、铁钍石、氟碳铈矿和独居石中，东矿云母型矿石中 63% 的 ThO_2 分布于氟碳铈矿和独居石中。

关键词：白云鄂博矿；云母型矿石；钍；赋存状态；分布规律

白云鄂博矿是铁、铌、稀土共生的大型露天矿床，也是一座典型的伴生钍矿床，钍资源储量约占全国总储量的 77% 以上。白云鄂博的矿石中普遍含钍，含量变化范围为 $(1\sim9040)\times10^{-6}$，平均值为 596×10^{-6}。按矿石类型划分，白云鄂博主矿、东矿可划分为十余种矿石类型，钍在不同矿石类型中含量有所差异，已查明主矿体中云母型矿石 ThO_2 含量最高，明显高于东矿该类型矿石，造成该矿石类型中钍含量较高的原因有待进一步查明。云母型矿石是白云鄂博矿主矿、东矿中的主要矿石类型之一，矿石多为灰黑色、黑色，片状构造，主要分布在主矿、东矿上盘的个别地段，与黑云母化板岩呈过渡接触，储量相对矿床中其他矿石类型所占比例较小。因此，本文主要对白云鄂博主矿、东矿云母型矿石中钍的赋存状态和分布规律进行对比研究。

1　样品和实验

1.1　样品采集

实验样品来自白云鄂博主矿、东矿，主矿样品采样位置在 1472、1458 水平，7~9 号勘探线之间南北两翼；东矿样品采样位置在 1362 水平，24~25 号勘探线

原文刊于《中国稀土学报》2018 年 10 月，第 36 卷第 5 期；共同署名的作者有侯晓志、王振江、王晓燕、王文才。

之间南北两翼。主矿、东矿各选取 3 个采样点，每个采样点采集约 5kg 矿样，矿块直径控制在 5~10cm 左右，样品代表性较强，每个采样点采集矿样经破碎后进行化学分析，其中主矿、东矿满足云母型矿石（REO ≥ 1%，TFe ≤ 20%）矿样分别为 2 个和 3 个。

1.2 实验

将主矿、东矿满足云母型矿石的样品分别取等量后进行组合、混匀、缩分，对其中一份缩分样进行多元素化学分析检测；另一份缩分样品筛分为 +0.074mm(+200 目)、-0.074~+0.03mm(-200~+500 目) 和 -0.03mm(-500 目) 3 个粒级，分别制备成镶嵌样，表面喷镀铂金，选用德国（ZEISS）Sigma-500 型场发射电镜对样品进行分析，能谱型号为（BRUKER XFlash6160），实验条件为：加速电压 20kV，分辨率 0.8nm，探针电流 40~100nA。利用场发射电镜的背散射电子成像分析技术、微区能谱分析、自动矿物分析软件（AM-ICS），研究样品的物相组成和微区成分。将采集的矿石结构特征较好的云母型矿石样品制备成薄片，利用（ZEISS）显微镜（型号 ScopeA1）观察主要稀土矿物的嵌布特征。

2 结果与讨论

2.1 样品分析结果

2.1.1 样品化学分析

样品化学分析结果见表 1，Na_2O，K_2O，MgO 和 CaO 用原子吸收光谱法测得，Nb_2O_5，REO 和 ThO_2 用 ICP-AES(电感耦合等离子发射光谱) 测得，S 用高频红外碳硫仪检测法测得，P_2O_5 用分光光度法测得，F 用 EDTA 络合滴定法测得，TFe 用重铬酸钾氧化还原滴定法测得。

表 1 主矿、东矿云母型矿石化学分析结果

名称	含量(质量分数)/%										
	Na_2O	K_2O	MgO	CaO	SiO_2	Nb_2O_5	S	P_2O_5	F	TFe	REO	ThO_2
主矿	0.94	2.14	7.12	7.9	27.22	0.056	1.72	0.73	2.25	18.85	1.24	0.095
东矿	1.74	1.78	6.55	15.69	26.04	0.034	0.4	0.62	5.02	10.39	1.69	0.01

由表 1 结果可知，主矿、东矿云母型矿石中 REO 品位相差不大，分别为 1.24% 和 1.69%，ThO_2 品位分别为 0.095% 和 0.01%，主矿 ThO_2 的品位是东矿的 9.5 倍，地壳中钍的克拉克值为 $9.6×10^{-4}$%，主矿云母型矿石中 ThO_2 含量要高出地壳克拉克值的近 100 倍。元素含量除 CaO 和 TFe 有一定差距外，其余元素含量相差不大。

2.1.2 矿物成分分析

根据自动矿物分析软件统计 3 个粒级的矿物量, 加权计算得到主矿、东矿云母型矿石组合样品中矿物的含量, 见表 2。

表 2　主矿、东矿云母型矿石样品矿物含量表

名称	含量(质量分数)/%							
	磁铁矿	赤铁矿	黄铁矿	磁黄铁矿	菱铁矿	钛铁矿	菱锰矿	方铅矿
主矿	8.17	2.91	—	4.07	0.03	0.08	0.13	0.23
东矿	4.37	0.84	0.38	0.56	—	0.51		0.09

名称	含量(质量分数)/%							
	闪锌矿	辉铜矿	氟碳铈矿	氟碳钙铈矿	黄河矿	独居石	褐帘石	易解石
主矿	0.14	0.01	0.72	0.1	0.11	0.77	0.2	—
东矿	—	—	0.79	0.11	0.46	1.15	0.11	0.08

名称	含量(质量分数)/%							
	铌铁矿	褐钇铌矿	石英	长石	闪石	钍石	铁钍石	辉石
主矿	0.06	0.03	0.38	1.27	7.43	0.07	0.01	4.56
东矿	0.02	0.03	1.09	10.95	9.01	—	—	0.93

名称	含量(质量分数)/%						
	云母	方解石	白云石	萤石	磷灰石	重晶石	其他
主矿	53.72	5.52	5.89	0.93	0.83	0.52	1.11
东矿	41.18	15.38	7.9	1.99	0.33	0.09	1.11

由表 2 可知, 主矿云母型矿石样品中铁矿物主要为磁铁矿、赤铁矿和磁黄铁矿; 稀土矿物主要为氟碳铈矿、独居石和褐帘石; 钍的独立矿物钍石和铁钍石含量相对较高。东矿云母型矿石样品中铁矿物主要为磁铁矿, 磁黄铁矿和赤铁矿含量较少; 稀土矿物主要为氟碳铈矿、独居石, 其中独居石含量高于氟碳铈矿。二者铌矿物含量均较低, 脉石矿物均主要为云母、长石等硅酸盐矿物及方解石、白云石等。

2.1.3 主要稀土矿物嵌布特征分析

主矿、东矿云母型矿石中主要稀土矿物的嵌布特征见图 1。

稀土矿物主要为氟碳铈矿、独居石, 氟碳铈矿多为黄色或褐黄色, 呈细粒浸染状产于各类矿石中, 粒度通常小于 0.1mm, 一般呈板状晶体结构, 常与云母、磁铁矿、独居石、石英、萤石等矿物共生。独居石多为浅黄色或褐黄色, 颗粒呈板状或不规则状, 粒度大小在 0.005~2mm 之间, 常与氟碳铈矿、萤石、云母、

(a)　　　　　　　　　　　　(b)

图1　主矿、东矿云母型矿石中稀土矿物的嵌布特征

Bas—氟碳铈矿；Mnz—独居石；Bt—黑云母；Qtz—石英；Mag—磁铁矿；Fl—萤石

磁铁矿、辉石、重晶石等矿物共生。

2.2 钍的赋存状态及分布规律

2.2.1 钍的独立矿物

对主矿、东矿云母型矿石样品进行矿物定量及微区能谱分析，在测试过程中发现主矿云母型矿石组合样中存在较多钍的独立矿物（钍石、铁钍石），见图2。为了得到更加精确的数据，本文采用多点取平均值的方法，主要对矿石中的钍石、铁钍石、氟碳铈矿及独居石进行探讨。

图2（a）、（b）为主矿云母型矿石样品中钍石的扫描电镜背散射图像及能谱分析图。钍石多呈浑圆形或他型颗粒产出，粒度一般为0.005~0.05mm，多呈浸染状，以细小颗粒形式夹杂在磁铁矿或其他矿物中，其主要共生矿物为黑云母、钠闪石，氟碳铈矿、独居石等。由表3钍石、铁钍石的能谱分析结果可知，Th含量变化范围在25%~60%之间。

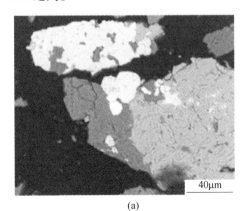

(a)

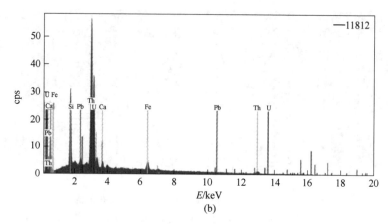

(b)

图 2　钍石背散射图像（主矿）（a）和能谱分析图（b）

表3　主矿云母型矿石中钍石、铁钍石能谱分析结果

名　称	成分（质量分数）/%				
	Th	Si	Fe	U	Ca
钍石	42.31	5.2	2.81	1.48	0.68
钍石	58.67	7.16	2.99	2.95	1.21
钍石	42.3	4.14	2.87	1.58	0.9
钍石	51.71	6.33	3.63	2.01	1.19
钍石	40.31	4.89	3.39	0.93	0.42
平均值	47.06	5.54	3.14	1.79	0.88
铁钍石	25.23	2.03	45.21	0.85	0.7

2.2.2　钍在稀土矿物中的赋存状态

东矿云母型矿石中氟碳铈矿扫描电镜背散射图及能谱分析见图3（a）、（b）。能谱分析结果见表4。

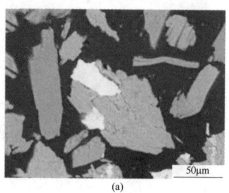

(a)

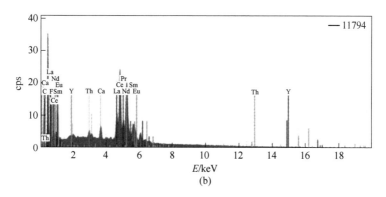

图 3 氟碳铈矿背散射图像(a)和能谱分析图(b)

表 4 主矿、东矿云母型矿石中氟碳铈矿能谱成分分析

序 号	成分(质量分数)/%							
	Th	La	Ce	Pr	Nd	Sm	Eu	Y
1	0.56	9.91	29.84	3.86	10.79	0.69	1.74	0.38
2	1.45	9.58	28	3.66	10.06	0.77	1.94	0.06
3	0.11	13.92	27.99	2.79	7	0.29	1.36	0.12
4	0.53	9.25	28.3	4.27	13.53	1.06	2.02	0.25
5	0.81	11.26	26.12	3.1	9.56	0.86	1.58	0.07
6	1.68	7.5	26.19	3.86	14.33	1.43	1.56	0.05
7	1.16	6.94	24.67	3.76	13.74	0.38	1.31	0.09
8	0.48	9.65	29.64	3.76	11.09	0.71	1.33	0.14
平均值（主矿）	0.85	9.75	27.59	3.63	11.26	0.77	1.61	0.15
1	0.19	19.93	30.97	2.59	4.95	0	1.2	0.16
2	0.16	16.1	30.16	3.09	7.35	0.15	1.38	0.23
3	0.21	14.27	25.14	2.47	5.55	0.17	1.26	0.36
4	0.34	14.05	26.82	2.8	6.61	0.1	1.05	0.42
5	0.23	14.69	28.09	2.81	7.06	0.04	1.26	0.4
平均值（东矿）	0.23	15.81	28.24	2.75	6.3	0.09	1.23	0.31

由表 4 可知，主矿云母型矿石中氟碳铈矿含 Th 平均值为 0.85%，东矿云母型矿石中氟碳铈矿含 Th 平均值为 0.23%，主矿氟碳铈矿中 Th 的平均含量是东矿的近 3.7 倍。

主矿云母型矿石中独居石扫描电镜背散射图及能谱分析图见图 4 (a)、(b)。能谱分析结果见表 5。

由表 5 可知，主矿云母型矿石中独居石含 Th 平均值为 3.04%，东矿云母型矿石中独居石含 Th 平均值为 0.32%，主矿独居石中 Th 的平均含量是东矿的9.5 倍。

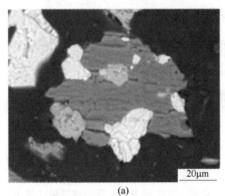

(a)

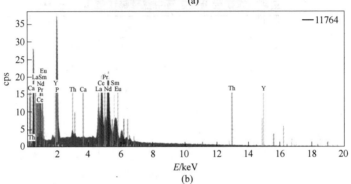

(b)

图 4　独居石背散射图像（a）和样品成分谱线（b）

表 5　主矿、东矿云母型矿石中独居石能谱成分分析

序　号	成分（质量分数）/%						
	Th	La	Ce	Pr	Nd	Sm	Eu
1	2.5	10.76	26.48	3.22	8.65	0.31	1.04
2	2.29	12.79	28.95	3.4	7.96	0.22	1.47
3	2.69	12.7	28.05	3.16	7.4	0.2	1.21
4	1.69	7.94	21.63	3.18	11.04	0.92	1.69
5	2.33	9.3	20.96	2.53	9.19	1.18	1.87
6	5.97	5.26	19.88	2.86	11.07	1.48	1.55
7	3.08	5.73	21.58	3.23	12.56	0.19	1.08
8	2.99	6.79	22.49	3.25	11.74	0.25	1.19
9	6.25	6.32	21.26	3.15	11.69	0.88	1.13
10	1.57	8.42	24.77	3.31	10.93	0.27	0.91
11	1.8	8.31	24.04	3.24	10.51	0.86	0.72

序 号	成分(质量分数)/%						
	Th	La	Ce	Pr	Nd	Sm	Eu
12	3.28	6.46	21.59	3.21	11.9	0.23	1.13
平均值（主矿）	3.04	8.4	23.47	3.15	10.39	0.58	1.25
1	0.46	14.54	28.66	3.03	6.9	0.1	1.26
2	0.3	18.05	29.84	2.94	5.7	0	1.21
3	0.47	22.78	33.55	3.85	7.01	0	1.88
4	0.11	22.89	33.52	3.49	6.28	0	1.16
5	0.26	19.07	27.68	2.63	5.2	0.18	1.38
平均值（东矿）	0.32	19.47	30.65	3.19	6.23	0.06	1.38

通过表4和表5对比可知，主矿、东矿云母型矿石中氟碳铈矿与独居石均以Ce族轻稀土为主，其中Ce，La，Nd最为富集，Ce的含量整体变化较小，La，Nd含量变化较大，主矿云母型矿石中氟碳铈矿与独居石中稀土含量均满足Ce>Nd>La，东矿云母型矿石中氟碳铈矿与独居石稀土含量则满足Ce>La>Nd。一般含Th较高的独居石中Nd的含量也较高，La的含量则相对较低，说明个别独居石中La与Nd呈明显的反消长关系。主矿、东矿云母型矿石中的氟碳铈矿均普遍含有重稀土Y，而独居石中则含量极少，含量低于检出下限。

为了能更好地查明云母型矿石中钍在氟碳铈矿、独居石中的赋存状态，对氟碳铈矿和独居石进行面扫描分析，见图5。

主要对Ce、P、Th 3种元素进行面扫描分析，Ce、P元素是氟碳铈矿与独居石矿物中的主要元素，图5（d）中Th在矿物中的明亮程度不一，表明矿物中普遍含Th，而独居石、氟碳铈矿中光密度明显较亮，说明氟碳铈矿、独居石是主要的载钍矿物，钍主要以类质同象的形式赋存于氟碳铈矿和独居石中；独居石的亮度大于氟碳铈矿，也说明独居石中的钍含量要高于氟碳铈矿。

2.2.3 钍的分布规律

根据ThO$_2$分子式，将主矿、东矿云母型矿石中钍石、铁钍石、氟碳铈矿及独居石中Th平均值计算得到ThO$_2$平均值，分布量=ThO$_2$平均值×矿物量，分布率=分布量/ThO$_2$总量，ThO$_2$总量见表1，ThO$_2$平衡计算结果见表6。

由表6可知，主矿云母型矿石中钍石与铁钍石的分布率分别为39.47%和2.95%，氟碳铈矿与独居石的分布率分别为7.37%和28.00%，钍在独居石中的分布率是氟碳铈矿的近4倍，总分布率为77.79%，表明77.49%的ThO$_2$分布于钍石、铁钍石、独居石和氟碳铈矿中，其余22.21%的ThO$_2$分布于其他矿物中。

东矿云母型矿石中氟碳铈矿中与独居石的分布率分别为21%和42%，独居石

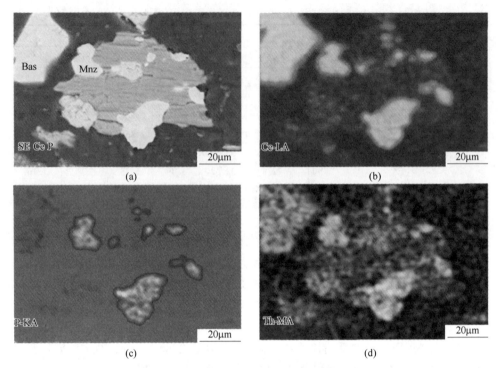

图 5　氟碳铈矿、独居石面扫描图像

Bas—氟碳铈矿；Mnz—独居石

中 ThO_2 的分布率是氟碳铈矿中的 2 倍，总分布率为 63%，表明 63% 的 ThO_2 分布于氟碳铈矿与独居石中，其余 37% 的 ThO_2 分布于其他矿物中。

表 6　主矿、东矿云母型矿石 ThO_2 平衡计算结果表（质量分数）　　（%）

含钍矿物	主 矿				东 矿			
	ThO_2平均值	矿物量	分布量	分布率	ThO_2平均值	矿物量	分布量	分布率
钍石	53.55	0.07	3.7485	39.47	—	—	—	—
铁钍石	28.71	0.01	0.0028	2.95	—	—	—	—
氟碳铈矿	0.97	0.72	0.007	7.37	0.26	0.79	0.0021	21
独居石	3.46	0.77	0.0266	28	0.36	1.15	0.0042	42

3　结论

白云鄂博矿主矿、东矿云母型矿石中稀土品位相差不大，主矿钍的品位是东矿的 9.5 倍，造成主矿云母型矿石中钍含量偏高的主要原因是其中含有钍的独立矿物,且含量较大,所占分布率较高,其次是独居石中 ThO_2 的平均含量也相对较高,平均达到 3.04%,极个别独居石中 Th 的含量最高可达 6.25%;东矿云母型矿石中钍的独立矿物极少。钍主要以独立矿物和类质同象的形式赋存于钍石、铁钍石及氟碳铈矿、独居石中,其余少量的钍可能分布于其他稀土矿物、铌矿物或脉石矿物中主矿、东矿云母型矿石中氟碳铈矿中 ThO_2 的平均含量比值约为 4:1,独居石中 ThO_2 的平均含量比值约为 10:1;主矿云母型矿石中 ThO_2 总分布率为 77.79%,独居石中 ThO_2 的分布率是氟碳铈矿的 3.8 倍;东矿云母型矿石中 63%的 ThO_2 分布于独居石与氟碳铈矿中,独居石中 ThO_2 的分布率是氟碳铈矿中的 2 倍。

通过上述对比分析,主矿、东矿云母型矿石中 ThO_2 在矿物中的分布存在显著的差异,造成上述差异可能与主矿、东矿矿物的成矿物质来源、成矿条件、成矿期次、形成环境等因素有关,导致主矿云母型矿石中含有较多钍的独立矿物,且独居石中钍的含量也相对较高。

白云鄂博矿萤石型铁矿石中钍的
赋存状态及分布规律研究

摘　要：借助化学检测分析，化验了白云鄂博主矿、东矿萤石型铁矿石中 ThO_2 的含量，并利用扫描电镜、微区能谱分析、自动矿物分析系统，主要对主矿、东矿萤石型铁矿石中钍的赋存状态和分布规律做了研究。结果表明：主矿、东矿萤石型铁矿石中钍的独立矿物（钍石、铁钍石）极少，钍主要以类质同象的形式赋存于稀土矿物（氟碳铈矿、独居石）中；主矿、东矿萤石型铁矿石中氟碳铈矿中 ThO_2 的平均含量比约为 1：2，而独居石中 ThO_2 的平均含量比约为 3：1；查明主矿萤石型铁矿石中 74.88% 的 ThO_2 分布于氟碳铈矿和独居石中，二者 ThO_2 分布量比较接近，东矿萤石型铁矿石中 62.63% 的 ThO_2 分布于氟碳铈矿和独居石中，氟碳铈矿中 ThO_2 的分布量是独居石中的 3.4 倍。

关键词：白云鄂博矿；萤石型铁矿石；钍；赋存状态；分布规律；稀土

白云鄂博矿床是一座大型的铌、稀土铁矿床，也是中国重要的钍矿床，钍资源储量巨大，占全国现已探明总量的 77% 以上。矿床内矿石类型多样，矿石成分复杂，目前白云鄂博矿针对不同类型的铁矿石只开发利用了其中的铁与部分稀土，而丰富的钍资源随工艺流程主要进入了总尾矿、铁精矿产生的高炉渣和由稀土精矿产生的废渣中，基本上钍均难以回收利用，造成了白云鄂博钍资源的大量流失，致使白云鄂博矿钍资源的利用率几乎为零。当前，制约钍开发利用的主要因素之一是对白云鄂博矿不同铁矿石类型中钍的赋存状态和分布规律的研究不够充分，因此，要想更好地回收钍资源，就必须对白云鄂博不同矿石类型中钍的赋存状态和分布规律展开研究。萤石型铁矿石是白云鄂博矿中的主要铁矿石类型之一，矿石多为紫色或黑紫色，呈条带状和细脉状构造分布于主、东矿靠近下盘的位置，在近上盘的地段也有少量出露，条带一般在数厘米之间或者更宽，在主矿、东矿内分布面积较广，且储量也在整个矿床中所占比例较大。本文主要针对主矿、东矿萤石型铁矿石中钍的赋存状态及分布规律进行对比研究讨论。

原文刊于《中国稀土学报》2018 年 6 月，第 36 卷第 3 期；共同署名的作者有侯晓志、王振江、王文才。

1 样品和实验

1.1 样品采集

本次研究基础源于现场采样，主要参考原地质或生产勘探网度（50~200m×50~100m），按台阶采用捡块法采样，每个采样点采集约5kg矿样，矿块直径控制在5~10cm左右，共采集148个矿样（主矿90个，东矿58个），涵盖了主矿、东矿萤石型、辉石型、钠闪石型等6种铁矿石类型，样品代表性较强，矿样经破碎后进行化学分析，其中主矿、东矿满足萤石型铁矿石（稀土品位≥1%，全铁品位≥20%）的矿样分别为18个和5个。

1.2 实验

将主矿和东矿满足萤石型铁矿石的样品分别取等量后进行组合、混匀、缩分，对其中一份缩分样进行多元素化学分析检测。另一份缩分样品分为0.074mm（+200目）、-0.074~+0.0258mm（-200~+500目）和-0.0258mm（-500目）3个粒级，分别制备成镶嵌样，表面喷镀铂金，选用德国（ZEISS）公司生产的Sigma-500型场发射电镜对样品进行分析，能谱型号为（BRUKER XFlash6160），实验条件为：加速电压20kV，分辨率0.8nm，探针电流40~100nA。利用场发射电镜的背散射电子成像分析技术、微区能谱分析、自动矿物分析软件（AMICS），研究样品的物相组成和微区成分。

2 结果与讨论

2.1 样品分析结果

2.1.1 样品化学分析

化学分析结果见表1，NaO_2、K_2O、MgO 和 CaO 用原子吸收光谱法测得，Nb_2O_5、REO 和 ThO_2 用 ICP-AES 测得，S 用红外碳硫仪检测法测得，P_2O_5 用分光光度法测得，F 用 EDTA 络合滴定法测得，TFe 用重铬酸钾氧化还原滴定法测得。

表1 主矿、东矿萤石型铁矿石化学分析结果

名 称	含量(质量分数)/%										
	Na_2O	K_2O	MgO	CaO	Nb_2O_5	S	P_2O_5	F	TFe	REO	ThO_2
主矿	0.46	0.14	1.61	23.63	0.1	0.92	2.31	11.07	28.4	8.1	0.043
东矿	0.41	0.62	1.42	22.96	0.16	0.76	3.14	12.24	29.38	6.29	0.038

由化学分析结果可知，主矿、东矿萤石型铁矿石中稀土品位分别为 8.1% 和 6.29%，钍的品位分别为 0.043% 和 0.038%，主矿稀土和钍的品位均高于东矿，其余元素含量相差不大。

2.1.2 矿物成分分析

根据自动矿物分析软件统计 3 个粒级的矿物量，加权计算得到主矿、东矿萤石型铁矿石组合样品中矿物的含量，见表 2。

表 2 主矿、东矿萤石型铁矿石样品矿物含量表

名称	含量（质量分数）/%							
	磁铁矿	赤铁矿	黄铁矿	磁黄铁矿	菱铁矿	钛铁矿	菱锰矿	软锰矿
主矿	32.53	10.19	0.66	0.12	0.16	0.28	0.26	0.05
东矿	35.29	0.27	0.22	0.9	0.01	0.51	—	—

名称	含量（质量分数）/%							
	方铅矿	闪锌矿	辉铜矿	氟碳铈矿	氟碳钙铈矿	黄河矿	独居石	褐帘石
主矿	0.09	0.01	—	8.58	0.02	0.22	2.81	0.02
东矿	—	—	0.03	5.56	0.01	0.19	2.77	0.82

名称	含量（质量分数）/%							
	易解石	铌铁矿	铌铁金红石	烧绿石	褐钇铌矿	石英	长石	闪石
主矿	0.08	0.04	0.07	0.01	0.05	2	0.73	2.3
东矿	0.04	0.01	0.11	0.06	0.12	2.81	1.83	1.75

名称	含量（质量分数）/%							
	辉石	云母	方解石	白云石	萤石	磷灰石	重晶石	其他
主矿	1.84	1	1.75	6.54	18.62	3.5	4.54	0.93
东矿	3.34	6.91	2.35	5.05	20.23	4.81	3.01	0.99

由表 2 可知，主矿萤石型铁矿石样品中铁矿物主要为磁铁矿、赤铁矿，而东矿赤铁矿含量较少，稀土矿物均以氟碳铈矿和独居石为主，二者矿物量总和主矿高于东矿，主矿萤石型铁矿石中铌矿物主要为易解石、铌铁金红石，东矿萤石型铁矿石中铌矿物主要为铌铁金红石和褐钇铌矿，主矿、东矿萤石型铁矿石中钍的独立矿物均不足 0.01%，脉石矿物均为一些碳酸盐、硅酸盐、磷酸盐及氟化物。

2.2 钍的赋存状态及分布规律

2.2.1 钍的独立矿物

对主矿、东矿萤石型铁矿石样品进行矿物定量及微区能谱分析，在测试过程

中发现主矿、东矿组合样中存在为数不多的几粒钍的独立矿物（钍石、铁钍石），见图1。

(a)

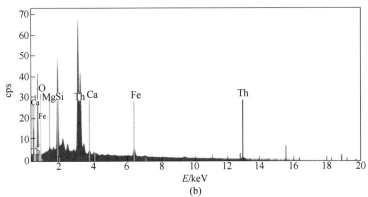

(b)

图1 钍石背散射图像（主矿）(a)与能谱分析图(b)

图1（a）、（b）为主矿萤石型铁矿石样品中钍石的扫描电镜背散射电子图像及能谱分析图。钍石多呈浑圆形或他型颗粒产出，粒度一般为 0.005～0.05mm，多呈浸染状，以细小颗粒形式夹杂在磁铁矿或其他矿物中，其主要共生矿物为黑云母、钠闪石、氟碳铈矿、独居石等。由表3主矿、东矿萤石型铁矿石中钍石和铁钍石的能谱分析结果可知，Th 含量变化范围在 20%～50% 之间。

表3 主矿、东矿萤石型铁矿石中钍石、铁钍石能谱分析结果 （%）

名 称	Th	Fe	Si	O	Ca
钍石（主矿）	44.29	3.61	5.9	15.8	0.96
钍石（主矿）	33.79	2.43	4.02	13.7	0.44
铁钍石（东矿）	20.45	43.43	2.94	18.63	0.21

2.2.2　钍在稀土矿物中的赋存状态

为了得到更加精确的数据，本文采用多点取平均值的方法，主要对主矿、东矿萤石型铁矿石中的氟碳铈矿与独居石进行探讨。图 2（a）、（b），东矿氟碳铈矿的扫描电镜背散射分析图像及能谱分析图，氟碳铈矿多为黄色或褐黄色，呈细粒浸染状产于各类矿石中，粒度通常小于 0.1mm，一般呈板状晶体结构；常与独居石、云母、辉石、萤石等矿物共生。由表 4 主矿、东矿氟碳铈矿的能谱分析结果可知，主矿萤石型铁矿石中氟碳铈矿含 Th 平均值为 0.16%，东矿萤石型铁矿石中氟碳铈矿含 Th 平均值为 0.29%，氟碳铈矿中 Th 的平均含量东矿高于主矿，东矿是主矿的近 2 倍。

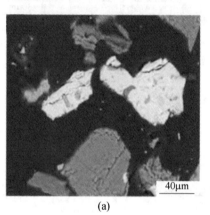

(a)

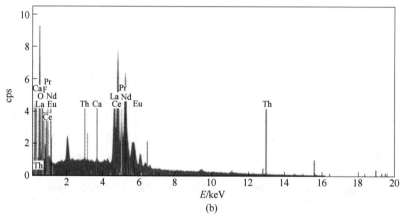

(b)

图 2　氟碳铈矿背散射图像（东矿）(a)和能谱分析图(b)

图 3（a）、（b）为主矿独居石的扫描电镜背散射分析图像及能谱分析图，独居石多为浅黄色或褐黄色，颗粒呈板状或不规则状，粒度大小在 0.005~3mm 之间；常与其共生的矿物有氟碳铈矿、萤石、辉石、重晶石、磁铁矿等。

(a)

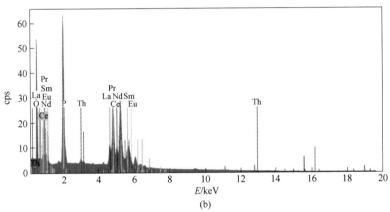

(b)

图3 独居石背散射图像(主矿)(a)和能谱分析图(b)

表4 主矿、东矿萤石型铁矿石中氟碳铈矿能谱成分分析

序 号	成分(质量分数)/%					
	La	Ce	Pr	Nd	Eu	Th
1	18.11	32.02	2.91	6.26	1	0.09
2	18.99	30.43	2.19	4.75	1.07	0.16
3	8.99	24.71	3.02	9.19	0.89	0.28
4	19.54	27.92	2.08	5.14	1.17	0.06
5	13.36	23.91	1.84	4.73	1.03	0.11
6	13.44	27.57	2.85	7.35	0.79	0.26
平均值（主矿）	15.41	27.76	2.48	6.24	0.99	0.16
7	18.3	30.2	2.37	5.22	0.6	0.14
8	13.38	23.23	2.21	8.68	1.02	0.31
9	11.73	20.81	1.91	7.25	0.41	0.43
平均值（东矿）	14.47	24.75	2.16	7.05	0.68	0.29

由表5主矿、东矿独居石的能谱分析结果可知，主矿萤石型铁矿石中独居石含Th平均值为0.52%，东矿萤石型铁矿石中独居石中含Th平均值为0.17%，独居石中Th的平均含量主矿高于东矿，主矿是东矿近3倍。

表5　主矿、东萤石型铁矿石中独居石能谱成分分析

序　号	成分(质量分数)/%					
	La	Ce	Pr	Nd	Eu	Th
1	13.21	26.33	2.39	6.33	0.51	0.07
2	6.46	25.01	3.73	14.57	1.06	1.45
3	4.95	24.7	3.99	15.25	1.13	1.58
4	19.49	26.75	2.2	4.63	0.98	0.09
5	5.15	23.69	3.31	13.07	1.34	0.2
6	14.56	23.76	1.85	4.93	0.42	0.18
7	14.32	23.94	2.02	4.54	0.7	0.04
平均值（主矿）	11.16	24.88	2.78	9.05	0.88	0.52
8	19.06	27.88	2.32	5.48	0.6	0.09
9	19.19	27.69	2.02	5.38	1.02	0.3
10	19.34	28.07	2.11	5.62	0.98	0.12
11	14.6	23.39	1.9	4.6	0.71	0.17
12	13.98	22.42	1.84	4.22	0.57	0.16
平均值（东矿）	17.23	25.89	2.04	5.06	0.78	0.17

通过表4和表5对比可知，主矿、东矿萤石型铁矿石中氟碳铈矿与独居石均以Ce族轻稀土为主，其中Ce、La、Nd最为富集，无论是氟碳铈矿还是独居石矿物中，Ce的含量均较为稳定，变化差异较小，稀土含量满足Ce>La>Nd，但主矿萤石型铁矿石中个别独居石中则是Ce>Nd>La，其中Nd和La的含量变化较大，一般含Th较高的独居石中Nd的含量也较高，La的含量则较低，说明个别独居石中La与Nd会呈明显的反消长关系。

由于钍的离子半径和负电荷与铈族稀土元素近似，因此钍可以赋存在氟碳铈矿和独居石等矿物中，置换Ce^{3+}电价补，在主矿、东矿萤石型铁矿石中的氟碳钙铈矿及少量氟碳钡铈矿等矿物中也含有少量的ThO_2。

2.2.3　钍的分布规律

根据ThO_2分子式，将主矿、东矿萤石型铁矿石中氟碳铈矿和独居石中Th平均值计算得到ThO_2平均值，分布量＝ThO_2平均值×矿物量，分布率＝分布量/ThO_2总量，ThO_2总量见表1，ThO_2平衡计算结果见表6。

表6 主矿、东矿萤石型铁矿石 ThO_2 平衡计算结果（质量分数） （%）

含钍矿物	主 矿				东 矿			
	ThO_2 平均值	矿物量	分布量	分布率	ThO_2 平均值	矿物量	分布量	分布率
氟碳铈矿	0.182	8.58	0.0156	36.28	0.33	5.56	0.0184	48.42
独居石	0.592	2.81	0.0166	38.6	0.193	2.77	0.0054	14.21

萤石型铁矿石中钍的独立矿物 ThO_2 平均值较高，但由于矿物量极少，低于 0.01%，因此，钍的独立矿物分布率几乎为0。由表6可知，主矿萤石型铁矿石中氟碳铈矿与独居石的分布率分别为36.28%和38.60%，二者分布率较为接近，总分布率为74.88%，说明74.88%的 ThO_2 分布于氟碳铈矿与独居石中，其余 24.88%的 ThO_2 分布于其他矿物中。

东矿萤石型铁矿石中氟碳铈矿与独居石的分布率分别为48.42%和14.21%，氟碳铈矿中 ThO_2 的分布率是独居石中的近3.4倍，二者总分布率为62.63%，说明63.63%的 ThO_2 分布于氟碳铈矿与独居石中，其余37.37%的 ThO_2 分布于其他矿物中。

3 结论

白云鄂博矿主矿萤石型铁矿石中稀土和钍的品位均高于东矿，主矿、东矿所含钍的独立矿物极少，主要以类质同象的形式赋存于氟碳铈矿与独居石中，其余少量的钍可能分布于其他稀土矿物或脉石矿物中。

主矿与东矿萤石型铁矿石中氟碳铈矿中 ThO_2 的平均含量比值约为1:2，独居石中 ThO_2 的平均含量比值约为3:1；主矿萤石型铁矿石中74.88%的 ThO_2 分布于氟碳铈矿与独居石中，二者分布率较为接近；东矿萤石型铁矿石中62.63%的 ThO_2 分布于氟碳铈矿与独居石中，氟碳铈矿中 ThO_2 的分布率是独居石中的3.4倍。

通过上述对比分析，ThO_2 在主矿、东矿萤石型铁矿石中的分布存在显著的差异，造成上述差异，可能与主矿、东矿矿物的成矿条件、成矿期次、形成环境等因素有关。

白云鄂博矿床萤石型铁矿石中
稀土分布规律研究

摘 要：采用多元素分析、场发射扫描电镜、X射线能谱仪及 AMICS 自动矿物分析系统对白云鄂博矿床主矿、东矿内萤石型铁矿石中的稀土元素分布规律进行了系统地分析，发现稀土含量与稀土配分均存在一定的差异，并提出了精细化生产建议，指出 La、Ce、Pr、Nd、Sm、Eu 的最佳矿物原料分别为东矿氟碳铈矿、主（东）矿氟碳铈矿、主矿氟碳铈矿（独居石）、主矿独居石、东矿独居石、主（东）矿独居石。该研究对进一步认识白云鄂博矿床稀土资源和综合高效利用这一资源具有一定的指导意义。

关键词：白云鄂博；萤石型铁矿石；稀土；分布规律

白云鄂博是大型铁、铌、稀土等多金属共（伴）生矿床，矿床呈东西走向，东段为主矿和东矿，其中东部为东矿，西部为主矿，两矿体均向南倾斜，主矿、东矿始采于 20 世纪 50 年代，西段为西矿，于 21 世纪初开始开采。该矿床内富含稀土元素且储量巨大，稀土以铈族元素为主，属轻稀土资源。本文研究的萤石型铁矿石主要赋存在矿床东段接近下盘位置，该类矿石上部与块状铁矿石相邻，下部与白云石型铁矿石接触，由铁矿物集合体与萤石、稀土矿物集合体相间组成条带状和细脉条带状构造，条带宽度为数毫米至数厘米或更宽，其中萤石颗粒较粗，稀土矿物一般嵌于其中。主矿、东矿经过半个多世纪的开采，两个采场均已由山坡露天矿转为深凹露天矿，现已进入露天封闭圈以下 200~300m（主矿较东矿浅），随着开采深度的增加，原生矿逐渐增多，原生矿内萤石型铁矿石中稀土的分布状态还有待深入了解。本文结合多种分析手段分别对主矿、东矿原生矿内萤石型铁矿石中稀土分布规律进行了分析研究，并对生产过程提出了建议，对深入了解和综合利用白云鄂博矿床稀土资源具有指导意义。

1 实验

1.1 样品采集与制备

本次研究矿样采自白云鄂博主矿、东矿采场范围内，结合现场勘查与矿石在

原文刊于《中国稀土学报》2017 年 8 月，第 35 卷第 4 期；共同署名的作者有李强、王振江、王其伟。

矿体内的分布特征，制定以台阶为单位，在开采的作业面上，结合矿带位置以50m为间距布置采样点，本次共布置采样点 162 个，其中主矿 101 个，东矿 61 个，采样点覆盖了整个采场范围。根据现场实际情况在矿山地质工作人员的指导下，按照设计采样点位置以具有代表性为原则，在采样中心点周围 10~20m 范围内，采用网格拣块法进行采样，利用 GPS 装置记录每一采样点位置并拍照留存采样点附近岩层信息，本次共采集到萤石型铁矿石样品 23 个，其中主矿 18 个，东矿 5 个，单块样品直径控制在 50~100mm，单个样品重量为 4~5kg，采样点包含了主矿、东矿当前采场范围内所有该类型矿石的矿带。

将采集的单样进行破碎、混匀后采用四分法缩分出 100g 进行组合，分别得到主、东矿的组合样，将组合样进一步研磨至 30~150μm 的粒径，混匀后用四分法分别缩分出多元素分析样 50g、镶嵌样 50g，其中镶嵌样用于场发射电镜、能谱仪及矿物分析系统。

1.2 样品表征

根据样品中各元素的含量、性质等差异，对每种元素选取适当的检测方法，测得该类型矿石中稀土总量及多元素含量。具体元素检测方法如下：红外碳硫仪检测法：S；化学滴定法：FeO、TFe，磁性铁；原子吸收光谱法：Na_2O、K_2O；分光光度法：F、SiO_2、P_2O_5；等离子质谱仪检测法：Sc_2O_3、Tb_4O_7、Dy_2O_3；等离子发射光谱法：MgO、CaO、BaO、TiO_2、Y_2O_3、La_2O_3、CeO_2、Pr_6O_{11}、Nd_2O_3、Sm_2O_3、Eu_2O_3、Gd_2O_3、REO。

采用 ZEISS Sigma500 型场发射扫描电子显微镜（FESEM）与 BRUKER XFlash6160 型能谱仪（EDS）在 20kV 加速电压下，对样品进行微区成分分析，结合 AMICS 自动矿物分析系统及特征元素法对样品中主要稀土矿物进行定量分析。

本次实验过程为得到更加精确的能谱分析数据，采用多区域扫描求均值的方法，在样品上分别选取氟碳铈矿和独居石各 5 个不同区域，进行区域能谱分析，各区域能谱分析的均值，作为氟碳铈矿和独居石的元素组成结果（本实验过程所有元素含量均以重量百分比计算）。

2 结果与分析

2.1 多元素分析

主矿、东矿萤石型铁矿石组合样品多元素分析结果见表 1。

由表 1 可知主矿、东矿萤石型铁矿石中全铁含量分别为 28.40% 和 29.38%，为中贫铁矿石；稀土氧化物含量（不包括 Sc_2O_3）分别为 8.10% 和 6.30%，主矿较东矿高出 28.57%，相对地壳中稀土丰度值分别富集了 340 倍和 260 倍，为典型的稀土矿石。

表 1　主矿、东矿萤石型铁矿石多元素分析结果

类型	含量（质量分数）/%												
	Na$_2$O	K$_2$O	MgO	CaO	BaO	SiO$_2$	TiO$_2$	FeO	Sc$_2$O$_3$	Y$_2$O$_3$	La$_2$O$_3$	CeO$_2$	Pr$_6$O$_{11}$
主矿	0.46	0.14	1.61	23.63	3.23	6.67	0.31	8.68	0.01	0.03	2.08	4.23	0.40
东矿	0.41	0.62	1.42	22.96	2.28	9.56	0.64	12.02	0.01	0.03	1.62	3.29	0.30

类型	含量（质量分数）/%										
	Nd$_2$O$_3$	Sm$_2$O$_3$	Eu$_2$O$_3$	Gd$_2$O$_3$	Tb$_4$O$_7$	Dy$_2$O$_3$	P$_2$O$_5$	F	S	TFe	磁铁矿	REO
主矿	1.22	0.085	0.014	0.038	0.001	0.0028	2.31	11.07	0.92	28.4	21.66	8.10
东矿	0.94	0.066	0.017	0.031	0.0009	0.0025	3.14	12.24	0.76	29.38	24.18	6.30

2.2　矿物定量分析

　　由场发射电镜和能谱仪对样品表面进行扫描，通过 AMICS 自动矿物分析系统对样品矿物组成进行分析统计，得出样品中矿物组成和各矿物含量，再结合多元素分析结果，利用 F、P、REO 等特征元素进行元素平衡计算，对 AMICS 测定结果进行验证，验证结果相吻合。得出主矿、东矿萤石型铁矿石中主要矿物含量见表 2 和表 3。

表 2　主矿萤石型铁矿石中主要矿物含量表（质量分数）　　（%）

矿物	萤石	氟碳铈矿	独居石	辉石，闪石	石英，长石	易解石	磁铁矿
含量/%	21.47	7.78	2.95	4.78	3.82	0.10	31.00
矿物	赤铁石	黄铁矿	重晶石	碳酸盐矿物	磷	云母	其他
含量/%	7.68	0.45	4.92	7.74	3.70	1.61	2.00

表 3　东矿萤石型铁矿石中主要矿物含量表（质量分数）　　（%）

矿物	萤石	氟碳铈矿	独居石	辉石，闪石	石英，长石	易解石	磁铁矿
含量/%	24.2	5.55	2.88	4.26	5.91	0.05	34.61
矿物	赤铁矿	黄铁矿	重晶石	碳酸盐矿物	磷	云母	其他
含量/%	2.8	0.47	3.47	5.47	1.98	7.13	1.22

　　由表 2 和表 3 可知，主矿、东矿萤石型铁矿石主要含萤石、磁铁矿、赤铁矿、重晶石、稀土矿物及硅酸盐矿物等，其中稀土矿物以氟碳铈矿(Ce,La)[CO$_3$]F 和独居石(Ce,La)[PO$_4$]为主，氟碳铈矿和独居石是该矿床内分布最为广泛的两种稀土矿物，常与磁铁矿、重晶石、萤石等矿物共生。从表 2 和表 3 中可见，主矿氟碳铈矿的矿物含量高于东矿，独居石含量在主矿、东矿间没有明显变化。

2.3 能谱分析

选取 4 组具有代表性的主矿、东矿氟碳铈矿及独居石进行 FESEM 背散射电子图像及 EDS 分析，如图 1~图 4 所示。各区域稀土元素能谱分析值及稀土氧化物含量见表 4~表 7。

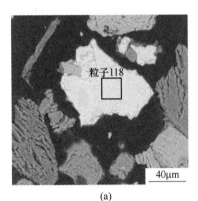

(a)

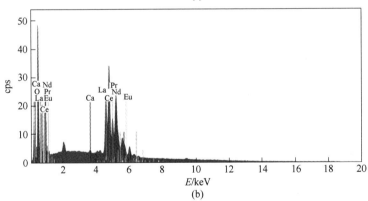

(b)

图 1　主矿样品中氟碳铈矿 FESEM 背散射电子图像(a)及 EDS 分析图(b)

图 1 中可见氟碳铈矿矿物粒度大小不一，自形程度中等，多呈细粒集合体存在，其主要含 La、Ce、Pr、Nd、F、O、C 和少量 Sm、Eu、Ca 等元素。

由表 4 可知主矿萤石型铁矿石中氟碳铈矿稀土平均含量为 71.32%(REO)，稀土配分(以 REO 为 100% 计)为：Ce 52.37%、La 27.09%、Nd 14.12%、Pr 5.26%、Eu 1.15%、Sm 0.01%。

图 2 中可见独居石颗粒较图 1 中氟碳铈矿更为细小，自形程度较低，多以单颗粒浸染状分布于矿石，其主要含 La、Ce、Pr、Nd、P、O 和少量的 Eu、Sm、个别有少量的 Ca 和微量的 Th。

(a)

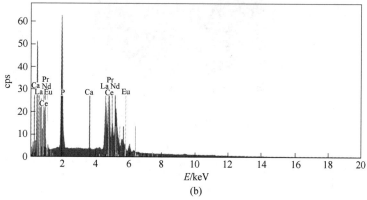

(b)

图2　主矿样品中独居石 FESEM 背散射电子图像(a)及 EDS 分析图(b)

表4　主矿样品各区域氟碳铈矿稀土能谱分析值及氧化物含量计算表

元素	含量(质量分数)/%						
	Ce	La	Nd	Pr	Eu	Sm	总计
点1	28.72	10.72	11.43	3.7	0.48	—	55.05
点2	30.76	14.2	10.61	3.55	0.75	0.03	59.9
点3	30.35	19.3	6.84	2.67	0.75	—	59.91
点4	32.52	14.58	9.85	3.45	0.79	—	61.19
点5	29.71	23.55	4.42	2.15	0.78	—	60.61
平均值	30.41	16.47	8.63	3.1	0.71	0.01	59.33
REO	37.35	19.32	10.07	3.75	0.82	0.01	71.32

表5 主矿样品各区域独居石稀土能谱分析值及氧化物含量计算表

元素	含量(质量分数)/%						
	Ce	La	Nd	Pr	Eu	Sm	总计
点1	31.22	19.47	7.18	2.84	0.7	—	61.41
点2	29.16	19.59	4.97	2.25	0.65	—	56.62
点3	25.01	6.46	14.57	3.73	1.06	0.71	51.54
点4	27.72	10.47	8.13	2.97	0.54	—	49.83
点5	24.7	4.95	15.25	3.99	1.13	—	50.02
平均值	27.56	12.19	10.02	3.16	0.82	0.14	53.88
REO	33.85	14.3	11.69	3.82	0.95	0.16	64.77

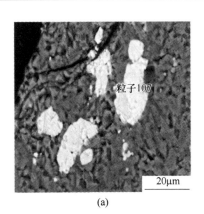

(a)

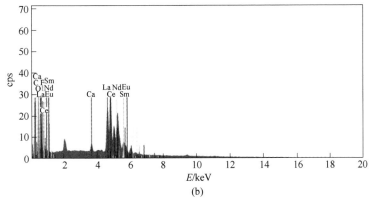

(b)

图3 东矿样品中氟碳铈矿 FESEM 背散射电子图像(a)及 EDS 分析图(b)

由表5可知，主矿体萤石型铁矿石中独居石的稀土平均含量为 64.77%（REO），稀土配分（以 REO 为 100% 计）为：Ce 52.26%、La 22.08%、Nd 18.05%、Pr 6.00%、Eu 1.47%、Sm 0.25%。

表6 东矿样品各区域氟碳铈矿稀土能谱分析值及氧化物含量计算表

元素	含量(质量分数)/%						
	Ce	La	Nd	Pr	Eu	Sm	总计
点1	30.8	19.99	6.75	—	—	0.48	58.02
点2	31.03	17.03	7.66	3.09	0.9	—	59.71
点3	30.21	19.18	5.39	2.34	0.74	—	57.86
点4	29.5	17.62	5.43	2.4	0.73	—	55.68
点5	30.74	22.5	6.26	—	1.14	0.33	60.97
平均值	30.46	19.26	6.3	1.57	0.7	0.16	58.45
REO	37.42	22.59	7.35	1.9	0.81	0.19	70.26

图3中可见氟碳铈矿颗粒大小不一，自形程度较低，多呈细小颗粒集合体或细小零星分布，多与萤石、重晶石等矿物共生，其主要含La、Ce、Pr、Nd、F、O、C和少量Sm、Eu、Ca等元素。

由表6可知，东矿萤石型铁矿石中氟碳铈矿的稀土平均含量为70.26%（REO），稀土配分（以REO为100%计）为：Ce 53.26%、La 32.15%、Nd 10.46%、Pr 2.70%、Eu 1.15%、Sm 0.27%。

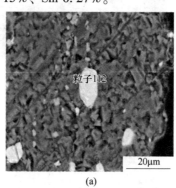

(a)

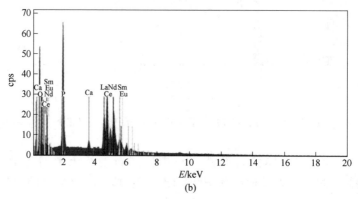

(b)

图4 东矿样品中独居石FESEM背散射电子图像(a)及EDS分析图(b)

由图 4 可见，独居石矿物颗粒大小不一，自形程度较高，多呈细小颗粒状，与萤石等矿物共生，其主要含 La、Ce、Pr、Nd、P、O 和少量 Sm、Eu、部分含微量的 Ca 和 Th。

表7 东矿样品各区域独居石稀土能谱分析值及氧化物含量计算表

元素	含量(质量分数)/%						
	Ce	La	Nd	Pr	Eu	Sm	总计
点 1	27.88	19.06	5.48	2.32	0.6	0.06	55.4
点 2	31.02	10.46	9.95	3.76	1.41	0.91	57.51
点 3	28.07	19.34	5.62	—	0.98	0.57	54.58
点 4	27.39	18.96	6.71	—	1.06	0.47	54.59
点 5	26.76	15.38	6.13	1.82	0.5	0.6	51.19
平均值	28.22	16.64	6.78	1.58	0.91	0.52	54.65
REO	34.66	19.51	7.91	1.91	1.05	0.6	65.64

由表 7 可知，东矿萤石型铁矿石中独居石的稀土平均含量为 65.64%（REO），稀土配分（以 REO 为 100% 计）为：Ce 52.80%、La 29.72%、Nd 12.05%、Pr 2.91%、Eu 1.60%、Sm 0.91%。

综合以上 4 组能谱分析结果得出主矿、东矿氟碳铈矿及独居石的稀土配分值见表 8。

表8 主、东矿氟碳铈矿及独居石稀土(REO)配分表

矿体	矿物名称	配分(质量分数)/%						
		Ce	La	Nd	Pr	Eu	Sm	总计
主矿	氟碳铈矿	37.35	19.32	10.07	3.75	0.82	0.01	71.32
	独居石	33.85	14.3	11.69	3.82	0.95	0.16	64.77
东矿	氟碳铈矿	37.42	22.59	7.35	1.90	0.81	0.19	70.26
	独居石	34.66	19.51	7.91	1.91	1.05	0.60	65.64

由表 8 可得：（1）稀土含量差异：氟碳铈矿稀土含量高于独居石，氟碳铈矿、独居石的稀土含量在主矿、东矿之间均无明显差异。（2）稀土配分差异：同一矿体内，氟碳铈矿的 Ce、La 含量要比独居石高，Nd、Sm 和 Eu 的含量比独居石低，Pr 的含量无明显变化。

主矿、东矿之间稀土配分存在规律性差异，主矿氟碳铈矿与独居石中 Pr 和 Nd 的含量均高于东矿同种矿物，La 和 Sm 的含量低于东矿同种矿物，Ce 和 Eu 的含量无明显差异。

　　针对该类型铁矿石中氟碳铈矿、独居石最主要的两种稀土矿物，分析表8中的稀土配分差异，生产中可依据对不同稀土元素的需求，选择不同的矿物原料以提高目标元素的生产效率，实现精细化生产，避免部分稀土元素的被动产量过剩，提高企业经济效益。各稀土元素在萤石型铁矿石中最佳矿物原料对照见表9。

表9　各稀土元素在萤石型铁矿石中最佳矿物原料对照表

矿物原料		目　标　元　素					
		La	Ce	Pr	Nd	Sm	Eu
主矿	氟碳铈矿		√	√			
	独居石			√	√		√
东矿	氟碳铈矿	√	√				
	独居石				√	√	

2.4　稀土元素分布情况

　　综合以上实验结果得出白云鄂博矿床主矿、东矿萤石型铁矿石中稀土及稀土矿物分配结果见表10。

表10　主矿、东矿萤石型铁矿石中稀土矿物及氧化物分配表

矿体	矿物名称	矿物中REO含量/%	矿石中矿物含量/%	矿石中REO含量/%	矿物中REO分布率/%	总计
主矿	氟碳铈矿	71.32	7.78	8.1	68.5	92.09
	独居石	64.77	2.95		23.59	
东矿	氟碳铈矿	70.26	5.55	6.3	61.9	91.91
	独居石	65.64	2.88		30.01	

　　由表10可知，主矿萤石型铁矿石中，稀土元素68.50%赋存于氟碳铈矿中，23.59%赋存于独居石中，二者的稀土含量之和占矿石中稀土总量的92.09%；东矿萤石型铁矿石中，稀土元素61.90%赋存于氟碳铈矿中，30.01%赋存于独居石中，二者的稀土含量之和占矿石中稀土总量的91.91%。

　　主矿该类型矿石中氟碳铈矿的矿物含量高出东矿40.18%，独居石含量在两矿体间基本一致，又有氟碳铈矿、独居石的稀土含量在主矿、东矿之间均无明显差异，故可知主矿较高的氟碳铈矿含量是造成主矿稀土品位高于东矿的主要原因。

　　该类型矿石形成"主矿富Pr、Nd，东矿富La、Sm"和主矿、东矿氟碳铈矿矿物含量差异的现象，为热液中由元素相容性及其他地球化学行为共同作用形成的物质分异。

3 结论

本次实验结果在一定程度上给出了白云鄂博矿床原生矿内萤石型铁矿石中稀土元素分布情况参考数据，综合以上实验结果进而得出以下结论：

（1）在该类型矿石中，氟碳铈矿和独居石为含稀土主要矿物，样品综合分析主矿稀土总量的92.09%，东矿稀土总量的91.91%均集中赋存于这两种稀土矿物之中。

（2）该类型矿石稀土品位主矿高于东矿，样品分析主矿为8.1%，东矿为6.3%，氟碳铈矿稀土含量普遍高于独居石，氟碳铈矿、独居石二者的稀土含量在主、东矿之间均无明显差异。

（3）在同一矿体的该类矿石中，氟碳铈矿的La、Ce含量均比独居石高，Nd、Sm、Eu的含量均比独居石低，Pr的含量无明显差异。

（4）在该类型矿石中，主矿的氟碳铈矿与独居石中的Pr、Nd含量均比东矿同种矿物高，而La、Sm的含量均比东矿同种矿物低，Ce、Eu的含量无明显差异。

白云鄂博尾矿中铌、稀土的赋存状态研究

摘　要：采用化学分析、X 射线荧光光谱、ICP-MS、SEM 及 AMICS 等分析方法对白云鄂博尾矿库尾矿中铌、稀土的赋存状态及相应矿物产出特征进行研究。结果表明，尾矿中元素种类较多，矿物组成非常复杂，嵌布粒度很细。尾矿中的稀土矿物主要是氟碳铈矿和独居石，且比例约为 2：1，稀土矿物主要与铁矿物、萤石连生。尾矿中的铌主要以独立矿物形式存在，其次以类质同象形式存在。在铁矿物、稀土矿物及硅酸盐矿物中的铌包括类质同象和微细包裹体两种，而在萤石、碳酸盐、重晶石、石英中，铌以微细粒独立铌矿物包裹体存在。稀土、铌矿物的解离度不高，因此是矿物选别难度所在。此研究结果对白云鄂博稀土尾矿的高效综合利用具有一定的指导意义。

关键词：白云鄂博尾矿；稀土；铌；赋存状态；AMICS

　　白云鄂博矿是以铁、稀土、铌和萤石为主的复杂多金属共生的巨型矿床。白云鄂博尾矿库自 1963 年建成以来经加高扩容改造总容量达到亿立方米级，白云鄂博稀土矿是中国最重要的稀土矿产地之一，稀土资源地位不可小觑，但大量稀土残存于废弃的尾矿库，尾矿库中的有用矿物当量可以堪比白云鄂博矿床的含量，被称"人造稀土矿"，同时也是轻稀土、铌等资源的战略储备库。经济、合理、有效地采用新工艺回收利用尾矿中的有用资源不仅可以解决尾矿库尾矿综合利用的难题，还对提高我国矿产的资源利用具有重大意义。其中含稀土矿物主要是氟碳铈和独居石，铌矿物主要以铌铁矿、铌铁金红石、烧绿石、易解石为主，其他星散分布于各种矿物中。但铌的矿物种类多、嵌布粒度细、品位低，给选矿回收铌带来困难，致使铌资源基本上全存储于尾矿库中。目前制约白云鄂博尾矿稀土、铌资源开发利用的主要关键因素是对矿石中的有用矿物赋存状态研究不充分。为合理利用资源，在前人研究的基础上，本文采用化学检测的方法分析了白云鄂博尾矿库中稀土、Nb_2O_5 的含量，同时采用自动矿物分析仪、扫描电子显微镜、X 射线荧光分析等先进技术手段对白云鄂博尾矿进行分析，并侧重对尾矿中稀土、铌的赋存状态进行进一步细化研究，为白云鄂博铌资源的开发利用提供一定的理论依据。

原文刊于《有色金属工程》2019 年 11 月，第 9 卷第 11 期；共同署名的作者有王绍华、王振江。

1 样品的制备和原料性质

1.1 样品制备及分析方法

研究试样采自与白云鄂博尾矿库，研究分析针对试样进行干燥、缩分、筛析、制备光、薄片等加工，用于各种分析和测试。元素组分采用化学分析、X 射线荧光光谱、ICP-MS 等分析手段，矿物组成、粒度分布、连生体分析采用 SEM 及 AMICS 分析方法测定完成。

1.2 样品的化学成分

对研究样品进行多元素分析，分析结果数据见表 1。由表 1 可见，该矿样中含量较高的元素分别是 TFe 15.5%、SiO_2 14.17%、F 12.98%、CaO 24.49%，以及目标元素 Nb_2O_5 0.16%、REO ×.13%，尾矿库中的稀土、铌的含量略高于白云鄂博矿区原矿中的平均含量。另一方面可以证明铌在铁-稀土-萤石回收过程中未被利用且较高富集于尾矿库中。

表 1 样品多组分分析结果

成分	TFe	FeO	mFe	SiO_2	P	S	F	REO	K_2O	CaO
含量/%	15.35	3.51	2.84	14.17	1.23	2.1	12.98	×.13	0.4	24.49
成分	MgO	Al_2O_3	BaO	MnO	Nb_2O_5	ThO_2	TiO_2	Na_2O	Sc	
含量/%	3.02	1.06	3.28	1.21	0.16	0.045	0.8	1.06	0.0059	

对研究样品进行化学物相分析，分析结果数据见表 2。由表 2 可见，稀土物相中氟碳酸稀土矿占有量较大为 5.95%，分布率为 83.45%，稀土磷酸盐仅占 1.18%，分布率为 16.55；铁物相相对种类较多，其中非磁性氧化铁占比重较大为 10.00%，分布率为 63.29%，其他铁矿物含量相对较少，可以看出稀土和铁占矿物可用资源的绝大部分。

表 2 样品物相分析结果

类型	细 类	含量/%	分布率/%
稀土	氟碳酸盐稀土	5.95	83.45
	磷酸盐稀土	1.18	16.55
铁	磁性氧化铁	2.60	16.46
	非磁性氧化铁	10.00	63.29
	硅酸铁	1.90	12.03
	硫化铁	0.50	3.16
	碳酸铁	0.60	3.80

1.3　样品的矿物组成及粒度分析

样品的矿物组成分析结果见表3。由表3可见，该矿样中含有较多的铁矿物、萤石和稀土矿物。稀土主要以氟碳铈矿和独居石为主，占总矿物的9.8%，两矿物比例约为2∶1；铁矿物主要以赤铁矿、黄铁矿和磁铁矿为主，其中磁铁矿含量为数最高为17.4%。其他矿物含量不多，多以伴生矿物硅酸盐类、碳酸盐类等脉石矿物为主，但是矿物种类比较多。

表3　样品矿物组成分析结果

矿物	磁铁矿	赤铁矿	黄铁矿	氟碳铈矿	独居石	磷灰石	萤石
含量/%	2.00	17.40	3.00	6.40	3.40	3.10	25.40
矿物	白云石，方解石	辉石	闪石	石英，长石	黑云母	重晶石	其他
含量/%	8.80	10.40	6.90	3.20	3.20	5.10	1.70

表4为试样粒度分析结果。由表4可见，原料中$-74\mu m$粒级占绝大部分为70.12%，稀土和铌的品位有随着粒度越细逐渐升高的趋势。白云鄂博矿床内矿石主要呈条带状，矿石与矿石之间以相互浸染状构造为主，并且矿物相互之间伴生非常紧密。同时稀土矿物和铌矿物在其他矿物中嵌布粒度较细，因此可以初步推断样品在此粒度下，稀土、铌矿物与其伴生矿物解离度不高。

表4　试样粒度分析结果

粒级/μm	产率/%	品位/%				分布率/%			
		REO	TFe	CaF_2	Nb_2O_5	REO	TFe	CaF_2	Nb_2O_5
+115	8.11	2.56	7.35	21.9	0.08	3.04	3.77	7.48	6.25
−115+74	21.77	4.51	11.21	27.25	0.12	14.39	15.42	24.98	10.92
−74+38	29.08	7.29	18.49	24.59	0.133	31.06	33.99	30.1	22.96
−38+30	7.8	8.03	19.75	22.56	0.12	9.18	9.74	7.41	10.1
−30	33.24	8.69	17.65	21.47	0.12	42.33	37.08	30.04	49.78

根据矿物组成和粒度分析结果显示，萤石、铁矿物和稀土矿物占绝大部分为60.7%，根据筛分结果显示$-30\mu m$以下Nb_2O_5分布率达49.78%，同时相应粒度的稀土、铁矿物、萤石的分布率分别为42.33%、37.08%、30.04%，在一定程度上有数量对应关系，说明了重矿物在细粒级相对富集，而轻矿物在粗粒级相对富集。

2 结果和讨论

2.1 样品中铌的赋存状态

2.1.1 铌矿物的嵌布状态分析

含铌矿物的背散射图像见图1，由图1可见铌矿物主要以细粒及微细粒矿物分布在其他矿物中。微细粒铌矿物包裹或半包裹于稀土矿、重晶石和石英中并与之伴生。铌矿物亦可与石英和铁矿物形成三相连生体，且铌矿物微细粒半包裹与其他两矿物中。铌矿物在其他矿物中嵌布状态如图1所示。

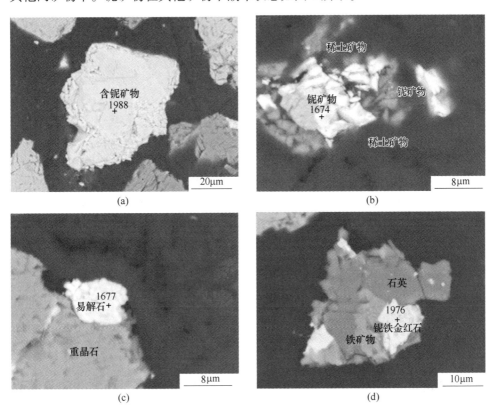

图 1 铌矿物在其他矿物中的赋存状态

通过对含铌矿物中铌矿物的微细粒包裹体检测分析，结果表明基本上各种矿物都呈散存在着铌矿物的微细粒包裹体，铌矿物的赋存状态主要以细粒及微细粒包裹体存在于其他矿物中。在铁矿物、稀土矿物、硅酸盐矿物中的铌矿物包括类质同象和微细包裹体两种；而在萤石、碳酸盐、重晶石、石英中，铌主要以微细粒铌矿物包裹体存在。

2.1.2　样品中铌的品位和分布率与粒度的关系

由表 4 试样粒度分析结果即铌矿物品位和分布率和粒度之间的关系可以得出图 2 样品中铌的品位和分布率随粒度变化关系。

由图 2 和表 4 中的数据分析可得，随着样品粒度减小，铌矿物的品位和分布率整体呈增加的趋势，数值由 0.08% 增加到 0.122%，分布率由 6.28% 上升到 49.78%，变化较大，说明铌矿物嵌布粒度较细；由于磨矿后铌矿物实现了有效分离，且粒度越细，两者分离越彻底，因而提升了品位和分布率。同时也解释了铌矿物的星散分布和微细粒包裹体的存在形式。

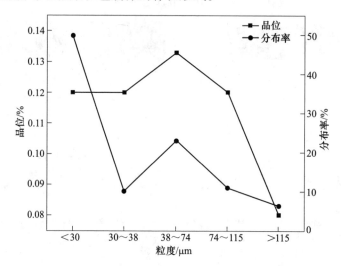

图 2　样品中铌的品位和分布率随粒度变化关系

2.2　样品中稀土的赋存状态

2.2.1　解离度分析

采用显微镜对试样进行单体解离度分析，分析结果数据见表 5，稀土矿物单体含量较高，稀土主要与铁、萤石、碳酸盐、硅酸盐连生分别为 7.56%、6.85%、1.1%、0.16%，以及与其他矿物连生为 0.16%。

表 5　样品中稀土矿物解离度分析结果

样品名称	单体解离度	稀土连生体				
		铁矿物	萤石	碳酸盐	硅酸盐	其他
含量/%	84.18	7.56	6.85	1.1	0.16	0.16

2.2.2　样品中稀土的品位和分布率与粒度的关系

由表4试样粒度分析结果即稀土矿物品位和分布率和粒度之间的关系可以得出图3样品中稀土的品位和分布率随粒度变化关系。

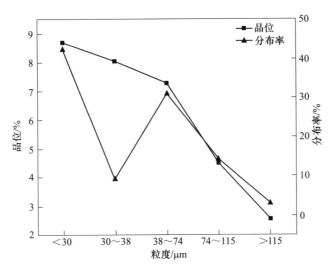

图3　样品中稀土的品位和分布率随粒度变化关系

由图3和表4中的数据分析可知，随着样品粒度减小，铌矿物的品位和分布率整体呈增加的趋势，品位由数值2.56%上升至8.69%，分布率由数值3.04%上升至42.33%，这是由于磨矿后有用矿物与脉石矿物有效分离较彻底，同时也说明了稀土矿物的嵌布粒度较细；分离程度越大，且粒度越细，但若磨矿过细的话会容易出现矿粉泥化，导致有用矿物选矿反而困难，增加不必要的能耗。

2.2.3　连生体特性分析

试样采用显微镜对稀土矿物连生体特性进行分析，结果表明稀土主要以伴生矿物存在与萤石和铁矿物中，主要与萤石和铁矿物连生形成两相或三相连生体，部分以单体矿物存在，偏光显微镜油浸图片如图4所示。

由图4可见，尾矿中存在的稀土多呈伴生矿物形式，主要与萤石和铁矿物伴生为主。从镜下可以看出尾矿中稀土嵌布粒度较细，部分呈粒状散布于铁矿物和萤石中；部分充填在其他矿物中呈断续或者连续条带状与其他矿物相间分布；部分稀土矿物集合体嵌布于铁矿物边缘或者充填与铁矿物和其他矿物之间；部分呈稀土矿物单体独立存在。

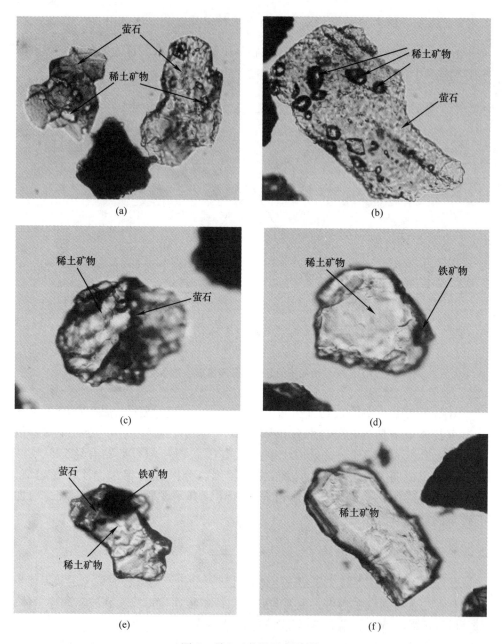

图 4 稀土矿物的赋存状态

3 结论

（1）白云鄂博尾矿矿物组成非常复杂，铁矿物 22.4%、萤石 25.4% 和稀土矿物9.8%为主要有用矿物。稀土主要以氟碳铈和独居石为主,比例约为2∶1。铁矿物主要以赤铁矿、黄铁矿和磁铁矿为主,其中磁铁矿含量为数最高为17.4%。稀土含量7.13%,铌含量为0.16%,这为稀土、铌的回收提供了可能。矿物粒度较细,稀土、铌矿物解离度不高,且粒度越细有用矿物相对含量越高。

(2)尾矿中的铌主要以独立矿物形式存在,其次以类质同象形式存在。在铁矿物、稀土矿物及硅酸盐矿物中的铌包括类质同象和微细包裹体两种,而在萤石、碳酸盐、重晶石、石英中,铌以微细粒独立铌矿物包裹体存在。采用普通和传统的选矿工艺对铌的回收作用不大,应针对铌研究新的选矿工艺。

(3)稀土矿物主要是与铁矿物、萤石连生,嵌布粒度细,部分呈粒状散布于铁矿物和萤石中;部分充填在其他矿物中呈断续或者连续条带状与其他矿物相间分布;部分稀土矿物集合体嵌布于铁矿物边缘或者充填与铁矿物和其他矿物之间;部分呈稀土矿物单体独立存在。

白云鄂博东矿萤石型铌-稀土-铁矿石中铌的赋存状态及分布规律

摘　要： 白云鄂博矿床中铌与稀土、铁、萤石等密切共生，为更好地利用白云鄂博矿铌资源，通过现场取样，结合化学分析、X射线能谱仪、场发射扫描电镜和矿物自动分析系统（AMICS），对白云鄂博东矿萤石型铌-稀土-铁矿石的化学成分、矿物组成、铌的赋存状态和分布规律进行研究。结果表明：该类型铁矿石化学成分和矿物组成复杂，铌（Nb_2O_5）品位为0.23%，铌矿物产出粒度较细；铌矿物有褐钇铌矿、铌铁金红石、烧绿石、易解石、铌铁矿和铌锰矿，铌矿物质量分数最高的是褐钇铌矿，为0.14%，铌元素质量分数最高的是铌锰矿，为77.60%，铌（Nb_2O_5）分布率最高的是褐钇铌矿，为19.46%；铌（Nb_2O_5）在这6种矿物中的分布率总和为57.20%，分布率最高的是褐钇铌矿，最低的是铌铁矿，前者是后者的近6倍。

关键词： 白云鄂博；萤石型铌-稀土-铁矿石；铌；赋存状态；分布规律

　　白云鄂博矿床是一座独特的大型铁、稀土、铌多金属矿床，铌资源储量巨大。铌具有耐腐蚀、耐高温、超导性等性能而广泛应用于航天航空、超导材料、尖端电子和医疗等领域，是战略性资源不可或缺的金属，长期以来，我国铌资源严重依赖进口。由于白云鄂博矿床铌资源分布广、品位低、铌矿物嵌布粒度细及种类多样等特点，造成白云鄂博矿铌资源利用率很低，造成这种窘状的因素之一是对白云鄂博矿铌的赋存状态和分布规律研究不够充分。因此，为了更好地利用白云鄂博矿床的铌资源，有必要对矿石中铌的赋存状态和分布规律进行详细研究。

　　萤石型铌-稀土-铁矿石是白云鄂博矿床中的主要矿石之一，大多呈紫色或黑紫色，粒状显晶质结构，具条带状或细脉状构造，条带较宽，一般在数厘米之间，细脉状构造较细，较为少见，主要分布于主矿、东矿 H_8 赋矿白云岩的下盘，之上的 H_9 板岩内也有少量分布，储量在整个矿床中占比较大。该类型矿石上部与块状铌-稀土-铁矿石相邻，下部与白云石型铌-稀土-铁矿石接触，在东矿，其中夹有霓石型铌-稀土-铁矿石。本文通过现场踏勘采样，针对东矿萤石型铌-稀土-铁矿石中铌的赋存状态及分布规律进行了研究。

　　原文刊于《矿物学报》2022年10月，第42卷第5期；共同署名的作者有罗晓锋、王振江、李强、王其伟、朱雪峰、王艳艳。

1 地质概况

白云鄂博矿区东西长约 16km，南北宽约 3km，总面积约 48km²，矿区出露最老的地层是新太古界二道洼群，由一套深变质的绿色片岩、片麻岩、混合岩等组成，主要分布于宽沟背斜轴部的东段。元古界白云鄂博群不整合于其上，主要由石英岩、板岩及碳酸盐岩等组成，可分为 9 个岩组 20 个岩段，矿区只出露下部 4 个岩组，从下至上依次为：都拉哈拉组、尖山组、哈拉霍疙特组和比鲁特组，总厚约 3000m，矿体主要赋存于哈拉霍疙特组 H_8 白云岩中。

本区褶皱强烈，断层发育，近东西向的乌兰宝力格深大断裂和白云鄂博—白银角拉克大断裂对该地区的构造格局、岩浆活动和成矿作用起主导作用；此外，在近南北向水平压力的作用下，低次序的北东向一组扭断裂在该区尤其是乌兰宝力格深大断裂带北部较为发育。岩浆活动频繁，主要为海西期花岗岩侵入，广泛分布于矿区东南部；此外，岩浆岩类型也较齐全，分布较广，主要有花岗岩、辉长岩、中基性、碱性和酸性岩脉。前寒武纪吕梁运动时期，该区岩层遭受区域变质，变质程度不深，类似于低变质的千枚岩相。古生代的岩浆活动和岩浆期后的氟钠热液交代活动，P、CO_2、S、Cl 等的交代作用，均造成矿体和围岩的蚀变作用，以接触交代、氟钠交代和热液充填交代三种作用为主。

白云鄂博矿床位于华北克拉通北缘，内蒙古地轴的北部边缘向内蒙海西地槽的过渡带中。自东向西依次有东部接触带、东介勒格勒、东矿、主矿和西矿 5 个主要矿体。东矿北侧 3km 处的宽沟背斜构成了矿区主要的构造格架，轴向近东西向，长约 8km，向西倾伏。东矿矿体形态较为简单，平面上呈扫帚状，西段窄东段宽，东西长约 1300m，南北宽约 180m，走向 NEE 向，倾向南，倾角在 50° ~ 60°之间，下盘为白云岩，上盘为 H_9 富钾板岩。东矿是铁、铌、稀土综合性矿床，根据矿石主要元素铁、铌、稀土的分布情况、矿物共生组合、矿石结构特征及分布广泛程度，可划分为：块状铌稀土铁矿石、条带状萤石型铌稀土铁矿石、霓石型（钠辉石型）铌稀土铁矿石、钠闪石型铌稀土铁矿石、白云石型铌稀土铁矿石、黑云母型铌稀土铁矿石、霓石型（钠辉石型）铌稀土矿石、白云石型铌稀土矿石和透辉石型铌矿石 9 种类型，其中萤石型铌稀土铁矿石在东矿体内最普遍，常呈条带状构造，矿体遭受了强烈的氟、钠交代蚀变作用，致使其成分更为复杂，稀土和铌的矿化作用也十分强烈。经过 60 多年的开采，东矿现已进入深部开采阶段。

2 样品采集和实验方法

2.1 样品采集

本实验样品采自东矿采场内，按不同台阶相同间距依次采样，从 1320m 台阶到 1376m 台阶，采样间距遵循：矿带内间隔 50m、矿带外间隔 100m，共布设取样点 50 个，每点取样不少于 6kg，大小控制在 3cm×6cm×9cm，共采集样品 150 块，基本涵盖了东矿范围内的所有矿石类型，具有较强的代表性。经详细挑选，找出萤石型铌-稀土-铁矿石 18 块，再经破碎、化学分析，最终确定出萤石型铌-稀土-铁矿石 12 块。

2.2　实验方法

将矿样破碎、搅拌、混匀，采用四分法缩分出 100g 研磨，达到 30~150μm 后混匀，再采用四分法缩分出分析样 50g、镶嵌样 50g。分析样进行多元素化学分析，镶嵌样制备过程如下：将缩分样烘干后用环氧树脂进行冷镶，制成直径 30mm 样品靶，表面研磨抛光后喷镀铂金。所采用的矿物自动分析系统（AMICS）由一台德国 ZEISS 公司生产的 Sigma-500 型场发射扫描电镜（FE-SEM），一台 BRUKER XFlash 6160 型 X 射线能谱仪和一套 AMICS 软件（包括 AMICSTool、Investigator、MineralSTDManager 和 AMICSProcess 等 4 个子程序）组成。实验条件：加速电压 20kV，分辨率 0.8nm，探针电流 40~100nA，工作距离 8.5mm，高真空模式。挑选的矿石块样磨制成光片和薄片，配合镜下观察鉴定。

2.3　AMICS 分析系统

矿物表征自动定量分析系统（Automated Mineral Identification and Characterization System，AMICS），也称高级矿物识别和鉴定系统（Advanced Mineral Identification and Characterization System），是继 QEMSCAN 和 MLA 之后最新一代（第三代）矿物自动分析系统，该系统由澳大利亚昆士兰大学顾鹰博士及其团队研发。其基本原理是利用能充分反映矿物相成分差别特征的背散射电子（BSE）图像和 X 射线能谱快速分析技术，自动采集不同物相的能谱数据，并利用 X 射线准确鉴定矿物，建立样品矿物标准库，结合现代图像分析技术进行计算机自动拟合计算和数据处理，能快速、准确测定矿石矿物种类及含量、矿物嵌布特征、元素赋存状态、矿物粒度特征等，具有自动、快速、准确、重现性高等特性。

测试过程为：将测试样品放入电镜样品仓，选择测试方法，设置测试参数（电镜参数、颗粒化参数和能谱参数），开始测试。测试时，（1）整体观察，在较小倍数下运用 AMICS 软件扫描样靶，识别并鉴定矿石矿物组成及分布特征，查找目标矿物（铌矿物）并确定其位置。此次扫描范围较广，重点在于整体把握样品情况。（2）局部扫描，选取铌矿物所在位置，运用 AMICS 系统驱动电镜到达指定位置，在高倍数背散射图像下仔细观察铌矿物赋存特征，用能谱详细分析铌矿物元素种类和含量，用 AMICS 系统获得伴生矿物组成及相互关系。此步骤需根据样品特征精确调试 AMICS 相关测试参数，在测试过程中若出现"未识别"或"计数率低"等情况，需不断尝试不同参数值，直到找到适合该区域的参数范围，从而获得更加精准的数据和图像。（3）综合对比 AMICS 面分析图、背散射电子图和能谱数据，获得矿石矿物组成及其嵌布关系、铌矿物种类及其赋存特征等信息。测试数据由 AMICS Process 子程序处理完成，具体测试方法见文献。

3 结果与分析

3.1 矿石化学成分

化学成分分析结果见表 1，其中 Na_2O 和 K_2O 用原子吸收光谱法测得，MgO、CaO、BaO、TiO_2、REO、ThO_2 和 Nb_2O_5 采用 ICP-AES 测得，SiO_2、P_2O_5 和 F 采用分光光度法测得，S 采用红外碳硫仪检测法测得，FeO 和 Fe_2O_3 用重铬酸钾氧化还原滴定法测得。

表 1 东矿萤石型铌-稀土-铁矿石化学成分分析

成分	Na_2O	K_2O	MgO	CaO	BaO	SiO_2	TiO_2	FeO	Sc_2O_3	Y_2O_3	La_2O_3	CeO_2	Pr_6O_{11}
$w_B/\%$	0.40	0.59	1.35	22.68	3.56	8.91	0.64	11.35	0.009	0.032	1.98	3.19	0.31

成分	Nd_2O_3	Sm_2O_3	Eu_2O_3	Gd_2O_3	Tb_4O_7	Dy_2O_3	P_2O_5	F	S	ThO_2	TFe^*	REO	Nb_2O_5
$w_B/\%$	0.91	0.074	0.017	0.032	0.0007	0.002	2.78	14.32	1.10	0.031	26.34	6.56	0.23

注：$TFe^* = Fe^{3+} + Fe^{2+}$。

由化学分析结果可知，东矿萤石型铌-稀土-铁矿石中全铁（TFe）平均含量为 26.34%，为中贫铁矿石，其中 FeO 含量 11.35%，按铁矿石磁性率 TFe/FeO<3.5，可判断该类型矿石中铁矿物主要为原生磁铁矿；稀土（REO）含量达6.56%，相对地壳中稀土丰度富集 273 倍，其中轻稀土占 97.41%，中重稀土占2.59%，$\Sigma Ce/\Sigma Y$ 约为 33，说明轻、重稀土之间存在较高的分异作用，属于轻稀土富集型矿石；目标元素铌（Nb_2O_5）的品位达 0.23%，比稀有金属钍（ThO_2）的品位高，是地壳铌丰度的 160 倍。

3.2 矿物类型和粒度分析

根据矿物自动分析系统 AMICS，对样品矿物进行统计分析，计算得到东矿萤石型铌-稀土-铁矿石的矿物含量（表 2）。东矿萤石型铌-稀土-铁矿石的铁矿物主要有磁铁矿、赤铁矿和磁黄铁矿等；稀土矿物主要有氟碳铈矿、独居石、褐帘石、黄河矿和氟碳钙铈矿；铌矿物主要为褐钇铌矿、铌铁金红石、烧绿石、易解石、铌铁矿和铌锰矿 6 种，这 6 种矿物的质量分数最高为 0.14%，最低 0.01%，合计 0.39%，没有发现包头矿和铌钙矿；稀有元素矿物含量均较低（<0.01%），

脉石矿物主要有萤石、云母、白云石、辉石、石英、重晶石、磷灰石、方解石和长石；图 1 为该类型矿石手标本与显微照片。

表 2　东矿萤石型铌-稀土-铁矿石主要矿物含量表

矿物	磁铁矿	赤铁矿	黄铁矿	磁黄铁矿	菱铁矿	钛铁矿	角闪石
w_B/%	32.59	1.21	0.25	0.91	0.02	0.55	1.98
矿物	氟碳铈矿	独居石	褐帘石	黄河矿	氟碳钙铈矿	褐钇铌矿	铌铁金红石
w_B/%	5.62	2.81	0.79	0.18	0.02	0.14	0.12
矿物	烧绿石	易解石	铌铁矿	铌锰矿	辉石	云母	石英
w_B/%	0.07	0.04	0.01	0.01	4.19	6.84	3.62
矿物	长石	萤石	方解石	白云石	磷灰石	重晶石	其他
w_B/%	1.79	22.25	2.44	4.87	2.54	3.28	0.86

 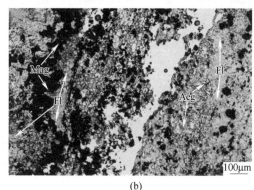

(a)　　　　　　　　　　　　　　　　(b)

图 1　萤石型铌-稀土-铁矿石手标本和显微照片

(a) 手标本照片；(b) 偏光显微镜照片

Mag—磁铁矿；Fl—萤石；Aeg—霓石

用扫描电镜对矿石薄片进行面扫描，并结合 AMICS，统计得到铌矿物颗粒大小（表 3）。可以看出，粒度最细的为褐钇铌矿，主要集中在 0~20μm 之间，其次为铌铁金红石、铌铁矿和铌锰矿，<45μm 粒度占到 96.0% 以上，粒度最大的为烧绿石和易解石，前者个别颗粒粗大，可达 95μm，后者粒度较为均匀，主要集中在 10~75μm 之间。

表 3　铌矿物粒度分布统计分析

粒度 /μm	褐钇铌矿		铌铁金红石		烧绿石		易解石		铌铁矿		铌锰矿	
	占比/%	累计/%	占比/%	累计/%	占比/%	累计/%	占比/%	累计/%	占比/%	累计/%	占比/%	累计/%
0~10	70.24	70.24	25.44	25.44	1.12	1.12	11.53	11.53	20.34	20.34	40.12	40.12
10~20	24.13	94.37	32.94	58.38	29.32	30.44	15.54	27.07	34.53	54.87	24.29	64.41

粒度	褐钇铌矿		铌铁金红石		烧绿石		易解石		铌铁矿		铌锰矿	
/μm	占比/%	累计/%	占比/%	累计/%	占比/%	累计/%	占比/%	累计/%	占比/%	累计/%	占比/%	累计/%
20~30	5.63	100	24.32	82.70	16.17	46.61	18.61	45.68	23.95	78.82	18.67	83.08
30~45	—	—	17.09	99.79	22.45	69.06	22.17	67.85	20.28	99.10	13.64	96.72
45~75	—	—	0.21	100	18.61	87.67	26.35	94.20	0.90	100	3.28	100
>75	—	—	—	—	12.33	100	5.80	100	—	—	—	—

3.3　能谱分析及产出特征

　　利用扫描电镜和能谱仪对镶嵌样进行微区分析，得到6种主要铌矿物的背散射图像（BSE）和能谱仪（EDS）分析图，为了数据精确可靠，采用多点（本试验为5个点）取平均值的方法得到各铌矿物中铌元素的含量。

3.3.1　褐钇铌矿(Y,Dy)NbO$_4$

　　图2为褐钇铌矿背散射图像及微区能谱图。褐钇铌矿属褐铈铌矿族矿物，其在萤石型铌-稀土-铁矿石中含量较高，粒状结构，多以集合体形态产出，偶见以包裹体形式产于铌铁金红石矿物中，颗粒微细，伴生矿物有氟碳铈矿、独居石、烧绿石、金云母及闪石等。其微区能谱分析结果见表4，铌元素含量平均值为22.36%，此外含部分稀土元素，含量不高。

表4　褐钇铌矿能谱分析结果

测点	w_B/%						
	Nd	Dy	Y	Ca	Ti	O	Nb
P1	1.52	3.02	12.41	0.84	13.51	17.52	23.02
P2	1.24	2.08	10.24	0.95	10.18	19.42	21.41
P3	1.32	3.01	12.56	1.03	10.45	16.24	21.34
P4	1.42	2.47	10.51	1.21	11.47	17.31	23.02
P5	1.55	3.17	9.53	0.92	13.34	15.26	23.01
平均值	1.41	2.75	11.05	0.99	11.79	17.15	22.36

3.3.2　铌铁金红石(Ti,Nb,Fe)O$_2$

　　图3为铌铁金红石背散射图像及微区能谱图。铌铁金红石在此类矿石中含量较高，尤以条带状铁矿石最为典型，多以粒状集合体形式产出；粒径细小，粒度5~50μm，常与磁铁矿、赤铁矿、独居石、氟碳铈矿、金红石、重晶石等共生。其微区能谱分析结果见表5，铌元素含量8.42%，相对较低，钛元素含量较高，约48.11%，这是铌铁金红石的一大特征。

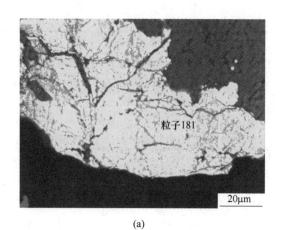

(a)

(b)

图 2　褐钇铌矿背散射图像与能谱分析图

（a）背散射图像；（b）能谱分析图

表 5　铌铁金红石能谱分析结果

测　点	$w_B/\%$			
	Ti	Fe	O	Nb
P1	47.32	5.62	32.67	8.34
P2	51.12	5.87	31.25	7.42
P3	45.25	5.61	32.45	8.91
P4	50.01	6.23	29.42	7.85
P5	46.85	4.62	33.56	9.58
平均值	48.11	5.59	31.87	8.42

(a)

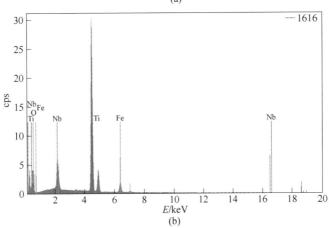

(b)

图 3 铌铁金红石背散射图像与能谱分析图

(a) 背散射图像；(b) 能谱分析图

3.3.3 烧绿石(Ca,Na,Ce)$_2$(Nb,Ti,Ta)$_2$O$_6$(F,OH)

图 4 为烧绿石背散射图像及微区能谱图。烧绿石也称黄绿石，为铌钽的复杂氧化物，可以看出，该矿物主要以微细粒~细粒连生体的形式产出，多呈不规则粒状，粒度 10~100μm，个别颗粒粗大，常与铌铁矿和钠闪石连生，与霓石、钠闪石、重晶石、萤石等矿物共生。其微区能谱分析结果见表 6，铌元素含量为44.05%，含量较高。

3.3.4 易解石(Ce,Nd)(Ti,Nb)$_2$O$_6$

图 5 为易解石背散射图像及微区能谱图。易解石是此类矿石的主要含铌矿物，有钕易解石和铌易解石，分布较为广泛，大多以连生体的形式产出，主要与

(a)

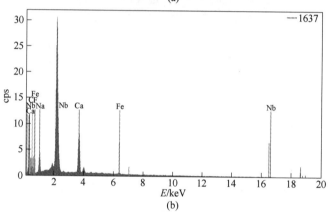

(b)

图 4　烧绿石背散射图像与能谱分析图

（a）背散射图像；（b）能谱分析图

表 6　烧绿石能谱分析结果

测　点	$w_B/\%$					
	Ca	Fe	Na	O	F	Nb
P1	14.31	0.99	5.31	22.48	3.54	44.14
P2	13.47	1.15	6.01	22.45	3.25	43.58
P3	12.57	0.84	5.72	24.47	2.82	44.12
P4	9.58	1.33	4.23	19.73	3.61	44.25
P5	10.17	1.24	4.58	19.87	2.98	44.16
平均值	12.02	1.11	5.17	21.8	3.24	44.05

铌铁金红石、丁道衡矿、包头矿等组成细粒连生体，与钠闪石、角闪石、黄铁矿、黑云母、霓石及稀土矿物（氟碳铈矿、独居石）等共生。易解石呈粒状产出，颗粒较大，最大可达 95μm，部分呈浸染状夹杂在磁铁矿和萤石中，其微区

能谱分析结果见表7，铌元素含量为22.56%，此外含部分稀土元素，其中 Ce 和 Nd 含量较高。

(a)

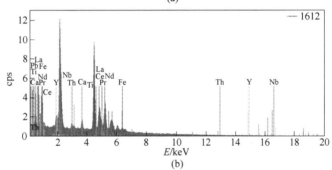

(b)

图5　易解石背散射图像与能谱分析图

（a）背散射图像；（b）能谱分析图

表7　易解石能谱分析结果

测点	w_B/%										
	La	Ce	Pr	Nd	Y	Ca	Ti	Fe	O	Th	Nb
P1	1.87	8.14	1.92	9.11	1.13	2.24	12.54	1.23	21.14	2.11	24.23
P2	2.14	10.11	2.21	9.24	2.15	2.21	11.87	1.25	19.45	2.21	21.81
P3	1.88	8.12	1.98	8.21	2.01	1.84	13.58	1.33	20.21	2.15	23.43
P4	2.02	8.81	2.21	7.13	1.53	1.85	15.14	1.38	21.39	2.16	20.47
P5	1.59	9.12	1.63	7.56	1.73	2.31	13.67	1.51	18.31	2.22	22.86
平均值	1.90	8.86	1.99	8.25	1.71	2.09	13.36	1.34	20.1	2.17	22.56

3.3.5　铌铁矿(Fe,Mn)(Nb,Ti,Ta)$_2$O$_6$

图6为铌铁矿背散射图像及微区能谱图。铌铁矿颗粒细小，粒度6~48μm，多以连生体的形式产出，个别以包裹体的形式产于其他矿物中，与铌锰矿、褐钇

铌矿、磁铁矿连生，与赤铁矿、萤石、重晶石、磷灰石及稀土矿物共生，多呈细粒状、板状嵌布于矿物颗粒间。铌铁矿矿物含量较低，但铌元素含量较高，从表8可见，铌元素含量均在52%以上，平均值53.29%，是主要的提铌矿物。

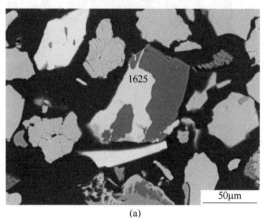

(a)

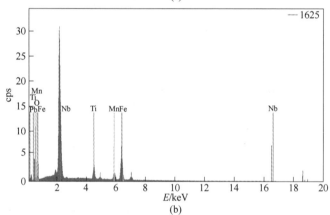

(b)

图6　铌铁矿背散射图像与能谱分析图

（a）背散射图像；（b）能谱分析图

表8　铌铁矿能谱分析结果

测　点	$w_B/\%$				
	Fe	Mn	Ti	O	Nb
P1	17.52	3.95	2.01	20.45	52.48
P2	14.58	5.98	1.55	21.52	53.51
P3	15.66	4.95	1.77	21.17	54.46
P4	17.54	3.99	1.98	19.85	52.09
P5	13.25	5.93	1.69	22.41	53.91
平均值	15.71	4.96	1.80	21.08	53.29

3.3.6 铌锰矿(Mn,Fe)(Nb,Ti,Ta)$_2$O$_6$

图 7 为铌锰矿背散射图像及微区能谱图。铌锰矿和铌铁矿均属于铌铁矿族矿物，铌锰矿颗粒细小，粒度 2~75μm，多以连生体或包裹体产出，与铌铁矿、磁铁矿及褐钇铌矿连生，共生关系复杂。和铌铁矿类似，铌锰矿矿物含量较低，但铌元素含量最高，从表 9 可见，铌元素含量均在 54% 以上，平均值为 54.26%，也是主要的提铌矿物。

(a)

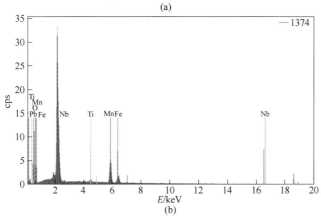

(b)

图 7 铌锰矿背散射图像与能谱分析图

（a）背散射图像；（b）能谱分析图

表 9 铌锰矿能谱分析结果

测点	w_B/%				
	Fe	Mn	Ti	O	Nb
P1	3.54	14.21	1.14	23.11	55.64
P2	3.21	12.42	1.24	20.48	54.11

测点	$w_B/\%$				
	Fe	Mn	Ti	O	Nb
P3	2.95	11.34	1.15	21.45	54.12
P4	2.91	13.06	1.16	21.97	54.26
P5	3.24	14.27	1.16	22.04	53.17
平均值	3.17	13.06	1.17	21.81	54.26

3.4　铌的赋存状态

根据矿物分子式，可得到褐钇铌矿、铌铁金红石、烧绿石、易解石、铌铁矿和铌锰矿的 $w(Nb_2O_5)$，不同矿物的 Nb_2O_5 分布量 $= w(Nb_2O_5) \times$ 矿物量，Nb_2O_5 分布率 = 分布量/Nb_2O_5 总量，Nb_2O_5 总量由表 1 可知为 0.23%，Nb_2O_5 平衡计算结果见表 10。

表 10　萤石型铌-稀土-铁矿石中 Nb_2O_5 平衡计算结果

矿　物	矿物量/%	$w(Nb_2O_5)/\%$	Nb_2O_5 分布量/%	Nb_2O_5 分布率/%
褐钇铌矿	0.14	31.98	0.0448	19.46
铌铁金红石	0.12	12.04	0.0144	6.28
烧绿石	0.07	63.00	0.0441	19.17
易解石	0.04	32.26	0.0129	5.61
铌铁矿	0.01	76.21	0.0076	3.31
铌锰矿	0.01	77.60	0.0078	3.37

由表 10 可知，东矿萤石型铌-稀土-铁矿石中铌（Nb_2O_5）主要以铌的独立矿物出现，其中铌锰矿、铌铁矿和烧绿石中铌（Nb_2O_5）的质量分数平均值较高，均大于 63%；易解石和褐钇铌矿的平均值相当，约为 32%；铌铁金红石最低，约为 12.04%。少量铌（Nb_2O_5）分散在金红石、钛铁矿、钡铁钛石、榍石、硅钛铈矿和黑云母等矿物中，或以类质同象状态进入矿物晶格，或以细小铌钽矿物包裹体存在于稀土矿物和脉石矿物中。

同样，由表 10 可知，东矿萤石型铌-稀土-铁矿石中 Nb_2O_5 在褐钇铌矿和烧绿石中的分布率最高，分别为 19.46% 和 19.17%；在铌铁金红石和易解石中的分布率次之，分别为 6.28% 和 5.61%；在铌锰矿和铌铁矿中的分布率最小，分别为 3.37% 和 3.31%。最高的褐钇铌矿是最低的铌铁矿的近 6 倍。Nb_2O_5 在这 6 种矿物中的分布率总和为 57.20%，说明 57.20% 的 Nb_2O_5 分布于这 6 种矿物中，其余 42.80% 的 Nb_2O_5 分布于金红石、钛铁矿、钡铁钛石、榍石、硅钛铈矿、黑云母、磁铁矿、赤铁矿、霓石、磷灰石、氟碳铈矿、氟碳钙铈矿、萤石等 17 种矿物中。

4 结论

（1）白云鄂博东矿萤石型铌-稀土-铁矿石铌品位为 0.23%，主要以铌的独立矿物出现，少数以类质同象或包裹体形式存在于稀土矿物或脉石矿物中。

（2）东矿萤石型铌-稀土-铁矿石中铌矿物主要有褐钇铌矿、铌铁金红石、烧绿石、易解石、铌铁矿和铌锰矿 6 种，其中铌矿物质量分数最高的是褐钇铌矿，为 0.14%，铌（Nb_2O_5）质量分数最高的是铌锰矿，为 77.60%，铌（Nb_2O_5）分布率最高的是褐钇铌矿，为 19.46%。

（3）东矿萤石型铌-稀土-铁矿石中铌（Nb_2O_5）的分布率有以下特点：褐钇铌矿和烧绿石的分布率最高，均在 19% 以上；铌铁金红石和易解石次之，约 6%；铌锰矿和铌铁矿的分布率最低，约 3.34%。

（4）东矿萤石型铌-稀土-铁矿石中铌（Nb_2O_5）在这 6 种矿物中的分布率总和为 57.20%，其中 Nb_2O_5 分布率最高的是褐钇铌矿，最低的是铌铁矿，前者是后者的近 6 倍。Nb_2O_5 在各铌矿物中的分布存在显著差异，值得深入研究。

致谢

野外工作得到白云鄂博铁矿有关领导和兰州大学同仁的协助与支持，在此致以衷心感谢！

白云鄂博东矿深部稀土-铌-铁-钍矿化特征及多元成矿分析

摘 要：基于现场采样，通过化学检测分析，综合多元素分析数据，采用多元分析方法对白云鄂博东矿深部主要成矿元素矿化特征和成矿关系进行了研究。结果表明，白云鄂博东矿深部所有类型铁矿石 TFe、REO、Nb_2O_5、ThO_2 的平均品位分别为 31.65%、4.83%、0.11%和0.031%，明显高于矿石边界品位，表明东矿深部资源潜力巨大；东矿深部稀土配分显示以轻稀土为主，轻重稀土的分异度较大；通过相关性分析、聚类分析和因子分析发现，东矿深部主要元素组合为 REO、Nb_2O_5、ThO_2、BaO、P_2O_5，表明上述五种元素具有相同的物质来源和成矿过程，而铁在整个分析过程中，均表现出不一致性，说明铁的成矿可能是一个相对独立的过程。本研究中相关性分析与因子分析结果吻合度较高，结果具有相对可靠性，聚类分析所得结果具有参考价值。

关键词：白云鄂博东矿；矿化特征；地球化学；多元分析

白云鄂博矿是世界超大 REE-Nb-Fe 矿床，其中稀土资源储量居世界第一位，铌和钍资源储量居世界第二位。自白云鄂博矿发现以来，对该矿床的地质研究主要集中在以下几个方面：矿床地质特征、矿床成因、成矿时代、成矿物质来源、岩石学、矿物学、岩石地球化学特征等。随着白云鄂博矿开采深度的增加，目前已进入深部开采阶段，矿床深部主要矿化元素的矿化特征发生了较大变化；同时，针对矿区内主要矿化元素的成矿作用以及成矿元素之间的关系还存在争议。本文主要以白云鄂博东矿为研究对象，综合样品多元素分析数据，采用统计分析主要探讨矿体深部铁、稀土、铌、钍等主要元素矿化特征，通过相关性分析、聚类分析、因子分析等获得元素间的相关性，探求各元素间的内在联系，从而获得矿床成因的认识。

1 地质概况

白云鄂博矿床位于包头市以北约 150km 处，大地构造位置于华北克拉通北缘。白云鄂博矿区分布在东西长 18km，南北宽约 3km，总面积48km² 的范围内。白云鄂博矿床自西向东根据矿体的分布和勘探开采习惯，可以划分

原文刊于《稀土》2022 年 12 月，第 43 卷第 6 期；共同署名的作者有侯晓志、王振江。

为三个主要矿段，分别为西矿、主矿和东矿（图1）。其中主矿和东矿为主
要矿段，东矿深部为单斜构造控矿，矿体长1300m，最宽309m，平均宽
179m，最大延伸深度870m，呈不规则透镜体状，西窄东宽，两翼为白云
岩（H_8），轴部为板岩（H_9）。根据矿区主要元素分布情况、矿物共生组合、
矿石结构特征以及分布的广泛程度，东矿呈现出明显的矿化分带现象，在矿
体中主要发育6种类型铁矿石（TFe≥20%、REO≥1%）和2种类型矿
石（TFe<20%、REO≥1%），分别为萤石型铌稀土铁矿石（FT）、霓石型铌
稀土铁矿石（AT）、钠闪石型铌稀土铁矿石（RT）、云母型铌稀土铁矿
石（BT）、白云石型铌稀土铁矿石（DT）、块状铌稀土铁矿石（MT），霓石
型铌稀土矿石（A）和白云石型铌稀土矿石（D）。

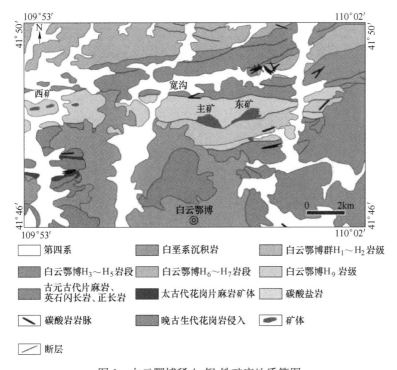

图1 白云鄂博稀土-铌-铁矿床地质简图

2 研究方法

2.1 相关性分析原理

相关性分析是通过相关系数来衡量各元素间亲和性的一种方法，即一个元素
发生变化在一定程度上是随另一种元素的改变造成的。通过相不相关、低度线性
相关、中度线性相关和高度线性相关。为了更加准确地描述变量之间的线性相关

程度，可以通过相关系数（r）的计算来进行相关分析。

$$r = \frac{\sum\limits_{i=1}^{n}(x_i - \bar{x})(y_i - \bar{y})}{\sqrt{\sum\limits_{i=1}^{n}(x_i - \bar{x})^2 \sum\limits_{i=1}^{n}(y_i - \bar{y})^2}} \tag{1}$$

式中，$|r| \leqslant 0.3$ 为极弱线性相关或不存在线性相关；$0.3 < |r| \leqslant 0.5$ 为低度线性相关；$0.5 < |r| \leqslant 0.8$ 为显著线性相关；$|r| > 0.8$ 为高度线性相关。

2.2　聚类分析原理

聚类分析是根据研究对象的特征进行定量分类的一种多元统计方法，根据所获得样本的多个观测指标寻找能度量其样品（变量）之间亲疏关系的统计量，然后根据这种统计量把这些样品（变量）分成若干类。所采取的技术路径是计算样本中样品（变量）之间的聚类统计量，用作定义样品（变量）之间的相似程度，按相似程度的大小将样品（变量）逐一归类，直到所有样品（变量）都聚合完毕，构成一个表示亲疏关系的图谱。综合相关分析和聚类分析结果，结合整个矿床的矿物学特征，可探究矿化元素之间的组合关系，推测矿化元素的富集规律和富集原因。

2.3　因子分析原理

因子分析是用来研究一组变量的相关性，或用来研究相关矩阵内部结构的一种多元统计分析方法。因子分析能够剔除原始地学观测数据中独立的和重复的成分，把许多彼此间具有错综复杂关系的地学特征（变量）归纳为少数几个公共因子。每一个公共因子意味着变量之间的一种基本结合关系，这往往能指示地学上的某种成因关系，可以用于解释存在于变量之间的错综复杂的关系。通过此种办法可获得地质上的某种成因联系，据此指导深部找矿工作。

3　数据来源及数据处理

3.1　数据来源

本文数据是通过对白云鄂博东矿矿体深部按台阶梯度进行系统采样获得，共采集 8 种类型矿石 43 件单样（其中 FT 5 件、AT 2 件、RT 7 件、BT 2 件、DT 3 件、MT 2 件、A 3 件、D 19 件），每件单样经破碎、合、缩分等工序，按矿石类型再次混合，共得到 8 种类型的矿石组合样品，多元素分析结果见表 1。Na_2O、K_2O 通过原子吸收光谱仪（岛津 AA-6300CF）测定，BaO、MgO、CaO、TiO_2 通过 ICP-OES（iCAP6300）测定，SiO_2、P_2O_5 通过分光光度法测定，Sc_2O_3 通过 ICP-MS（NEXion300Q）测定，FeO、TFe、F 通过化学滴定法测定 Nb_2O_5、ThO_2

表 1 白云鄂博东矿深部矿石多元素分析结果

样号	矿石类型	成分/%																
		Na$_2$O	K$_2$O	MgO	CaO	BaO	SiO$_2$	TiO$_2$	ThO$_2$	FeO	Sc$_2$O$_3$	P$_2$O$_5$	Nb$_2$O$_5$	F	S	TFe	Y$_2$O$_3$	REO
1	1-FT	0.41	0.62	1.42	22.96	2.28	9.56	0.64	0.038	12.02	0.0081	3.14	0.16	12.24	0.76	29.38	0.031	6.27
2	2-AT	2.1	0.59	1.43	14.7	3.96	20.75	0.73	0.041	9.71	0.018	2.5	0.13	7.1	1.85	21.04	0.033	7.03
3	3-RT	1.75	0.71	5	11.49	0.6	19.57	0.1	0.033	14.6	0.012	1.31	0.041	4.68	2.64	27.48	0.04	3.83
4	4-BT	0.62	0.41	6.8	11.3	1.32	17.42	1.35	0.017	14.76	0.009	3.11	0.061	3.88	1.81	25.94	0.017	3.64
5	5-DT	0.26	0.18	5.76	20.41	1.71	4.62	0.42	0.023	11.14	0.0095	1.44	0.12	6.77	1.68	28.24	0.024	4.81
6	6-MT	0.21	0.49	0.86	6.13	1.44	4.36	0.5	0.039	20.4	0.0047	2.62	0.12	2.27	0.78	50.57	0.0198	1.92
7	7-A	4.24	0.061	0.28	11.33	6.04	25.14	0.35	0.058	2.83	0.015	2.86	0.14	6.11	0.46	13.78	0.043	8.63
8	8-D	0.28	0.41	10.35	28.22	0.44	4.79	0.1	0.016	8.82	0.005	1.1	0.056	4.18	0.48	11.12	0.0066	3.29
9	9-FT	0.31	0.1	0.64	24.28	1.58	8.48	0.32	0.048	7.54	0.0075	2.41	0.13	16.29	0.36	27.3	0.037	7.04
10	10-AT	3.87	0.019	0.25	2.42	5.56	19.6	0.36	0.034	11.26	0.016	3.39	0.15	0.8	1.21	31.3	0.039	9.4
11	11-RT	0.8	1.14	8.54	4.83	0.36	17.14	0.18	0.02	17.93	0.016	1.25	0.072	1.46	11.7	33.65	0.011	3.23
12	12-BT	1.23	3.02	6.5	5.84	0.24	26.36	0.92	0.02	15.44	0.014	2.23	0.1	1.58	0.43	26.44	0.011	3.06
13	13-DT	0.4	0.3	6.26	20.08	2	4.88	0.092	0.028	12.91	0.0079	1.95	0.081	4.12	0.72	22.46	0.019	3.96
14	14-MT	0.22	0.1	1	4.71	1.76	2.52	0.24	0.03	19.57	0.0052	1.43	0.12	1.52	0.42	55.98	0.017	3.8
15	15-A	5.89	0.022	0.3	3.76	6.29	27.27	0.27	0.061	4.4	0.016	3.48	0.12	1.39	0.62	18.24	0.044	10.81
16	16-D	0.66	0.18	4.46	22.36	4.01	6.4	0.1	0.046	8.21	0.0098	3.65	0.11	6.16	0.37	16.26	0.031	7.06

续表1

成分/%

样号	矿石类型	La₂O₃	CeO₂	Pr₆O₁₁	Nd₂O₃	Sm₂O₃	Eu₂O₃	Gd₂O₃	Tb₄O₇	Dy₂O₃	Ho₂O₃	Er₂O₃	Tm₂O₃	Yb₂O₃	Lu₂O₃	LREO	HREO
1	1-FT	1.62	3.29	0.3	0.94	0.066	0.017	0.031	0.0009	0.0025	—	—	—	—	—	6.233	0.0344
2	2-AT	1.43	3.91	0.39	1.15	0.082	0.021	0.036	0.0015	0.005	—	—	—	—	—	6.983	0.0425
3	3-RT	0.88	1.94	0.21	0.7	0.071	0.0076	0.019	0.0008	0.002	—	—	—	—	—	3.809	0.0218
4	4-BT	0.88	1.86	0.19	0.64	0.041	0.01	0.014	0.001	0.0031	—	—	—	—	—	3.621	0.0181
5	5-DT	1.29	2.48	0.23	0.73	0.045	0.012	0.021	0.0008	0.0025	—	—	—	—	—	4.787	0.0243
6	6-MT	0.503	1.006	0.089	0.319	—	—	—	—	—	—	—	—	—	—	1.917	0.0000
7	7-A	2.31	4.51	0.41	1.24	0.092	0.023	0.042	0.0012	0.0030	—	—	—	—	—	8.585	0.0462
8	8-D	0.85	1.71	0.17	0.51	0.033	0.007	0.011	0.0007	0.0018	—	—	—	—	—	3.28	0.0135
9	9-FT	1.66	3.62	0.38	1.23	0.087	0.016	0.032	0.0027	0.0100	0.00130	0.00210	0.00017	0.00073	0.00008	6.993	0.0491
10	10-AT	2.59	4.88	0.44	1.31	0.092	0.020	0.045	0.0039	0.0160	0.00180	0.00260	0.00018	0.00075	0.00008	9.332	0.0703
11	11-RT	0.8	1.59	0.17	0.6	0.040	0.007	0.014	0.0010	0.0041	0.00047	0.00081	0.00007	0.00037	0.00004	3.207	0.0209
12	12-BT	0.88	1.53	0.14	0.45	0.031	0.006	0.012	0.0010	0.0036	0.00041	0.00071	0.00006	0.00035	0.00004	3.037	0.0182
13	13-DT	1	1.99	0.2	0.68	0.049	0.010	0.020	0.0017	0.0063	0.00075	0.00130	0.00011	0.00050	0.00005	3.929	0.0307
14	14-MT	0.93	1.84	0.19	0.74	0.059	0.011	0.025	0.0016	0.0059	0.00065	0.00110	0.00008	0.00037	0.00004	3.77	0.0347
15	15-A	3.02	5.56	0.5	1.52	0.110	0.024	0.048	0.0042	0.0160	0.00190	0.00310	0.00023	0.00097	0.00011	10.734	0.0745
16	16-D	1.84	3.56	0.36	1.14	0.088	0.018	0.036	0.0032	0.0120	0.00140	0.00240	0.00020	0.00089	0.00010	7.006	0.0562

和 REO 通过 ICP-AES（iCAP6000）测定，S 通过高频红外碳硫仪（EMIA-220V）测定。

3.2　数据预处理

3.2.1　数据清洗

在多元素数据分析的过程中，首先应对原始数据进行预处理。本文多元素分析数据中有部分元素含量值低于检测下限，原因是仪器检测指标有着较为严格的成分下限造成的，通常情况下对于处理低于检测下限值的方法可以采用替换法、使用固定值、回归方法、插值法等。本文中针对出现的低于检测下限的稀土配分数据按同类型矿石数据含量的 1/2 进行替换。

3.2.2　数据变换

地球化学数据是典型的成分数据，具有显著的"闭合效应"。因此在对成分数据分析前，应将成分数据"打开"，把成分数据由单形空间转变到欧式空间，以消除成分数据闭合约束，便于后续数据分析。目前，成分数据的"打开"方法主要有三种方法：加法对数比变换（alr）、中心对数比变换（clr）和等距对数比变换（ilr）。本文在因子分析时，对原始数据采用中心对数比变换方法，首先计算所有成分分量的几何均值，然后用每个成分分量分别除该几何均值，最后取自然对数，clr 变换的公式为：

$$z_i = \ln \frac{x_i}{\left\{ \prod\limits_{j=1}^{D} x_j \right\}^{\frac{1}{D}}} \quad i = 1,2,\cdots,D \tag{2}$$

4　结果与讨论

4.1　主要元素矿化特征

为了更加准确查明东矿深部主要矿化元素特征和便于后续的多元成矿分析，故引用前人研究数据（表1）。白云鄂博东矿深部 8 种类型矿石的 TFe 的值在 11.12%～55.98% 之间，REO 的值在 1.92%～10.81% 之间，Nb_2O_5 的值在 0.041%～0.16% 之间，ThO_2 的值在 0.016%～0.061% 之间（表1），TFe、REO、Nb_2O_5 和 ThO_2 平均品位分别为 27.45%、5.49%、0.11% 和 0.035%。6 种类型铁矿石 TFe 品位均大于 20%，REO、Nb_2O_5 和 ThO_2 平均品位分别为 4.83%、0.11% 和 0.031%，其中以霓石型铌稀土铁矿石（AT）和萤石型铌稀土铁矿石（FT）中稀土、铌、钍含量相对最高（图2(a)～(c)）。2 种类型矿石中 TFe、

REO、Nb_2O_5 和 ThO_2 平均品位分别为 14. 85%、7. 45%、0. 11% 和 0. 045%，其中以霓石型铌稀土矿石（A）中的稀土、铌、钍含量最高。此外，在霓石型铌稀土矿石和霓石型铌稀土铁矿石中具有较高的 Sc_2O_3 含量（图 2(d)）。综上可知，白云鄂博东矿矿体深部铁、稀土、铌、钍品位较高，资源潜力巨大，有待进一步查清。

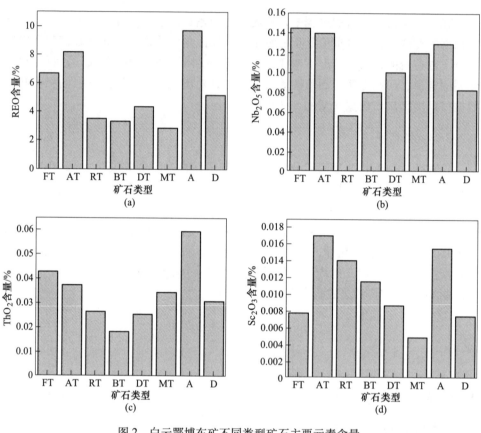

图 2　白云鄂博东矿不同类型矿石主要元素含量

(a) REO；(b) Nb_2O_5；(c) ThO_2；(d) Sc_2O_3

　　通过表 1 中数据分析可知，各矿石类型中稀土元素含量波动范围较大，其中以霓石型铌稀土矿石中轻稀土和重稀土平均含量最高，以块状铌稀土铁矿石中轻重稀土平均含量最低。经单位换算并参考 Boynton（1984）球粒陨石 REE 数据进行标准化处理，东矿深部矿石 $\Sigma Ce/\Sigma Y$ 具有较大比值，表明轻稀土高度富集，重稀土相对亏损，REE 型式均属于右倾轻稀土富集型（图 3）。δEu 均呈现出弱负异常，其值在 0. 38~0. 81 之间波动，说明矿石中 REE 分离结晶较强烈、分异度较大，形成的物质来源与演化过程近似一致。

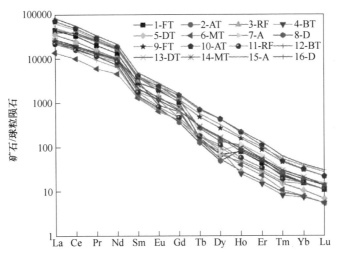

图 3 白云鄂博东矿深部不同类型矿石稀土元素标准化图解

4.2 多元成矿分析

4.2.1 相关性分析

为了探究白云鄂博东矿深部主要矿化元素之间的关联与地球化学行为，利用 SPSS25 软件对矿石中 19 种元素进行相关性分析（表2）。分析结果表明，白云鄂博东矿主要矿化元素影响因素浓缩后可分为 4 组：REO 组，REO（LREO、HREO）、Na_2O、BaO、ThO_2、P_2O_5、Nb_2O_5、Y_2O_3，其中 LREO 和 HREO 呈高度正相关性；Nb_2O_5 组，Nb_2O_5、BaO、ThO_2、P_2O_5、REO（LREO、HREO）；ThO_2 组，ThO_2、Na_2O、BaO、P_2O_5、Nb_2O_5、Y_2O_3、REO（LREO、HREO）；TFe 组，TFe、FeO。通过相关性分析可知，东矿深部矿石中 REO、ThO_2 与 Na_2O 相关性较强，表明稀土和钍受钠的强烈交代作用显著；REO、Nb_2O_5 和 ThO_2 三者之间普遍相关性较高，说明三者可能有着相同的成矿物质来源，根据矿石特征可知，稀土、铌、钍的矿化无疑与热液作用有关。同样由于 REO、Nb_2O_5、ThO_2 与 BaO、P_2O_5 等具有明显的正相关关系，分析原因可能与深部矿体富集独居石、磷灰石、黄河矿等矿物有关。REO、Nb_2O_5、ThO_2 与 TFe 之间无明显的线性相关性，表明铁的成矿可能是一个相对独立的过程。

4.2.2 聚类分析

在聚类分析过程中所采用计算软件为 SPSS25。采用系统聚类法中的 R 型最短距离聚类法进行聚类。通过对表 2 中的 19 种元素进行聚类分析，聚类结果见图 4。以元素相互之间的距离小于 5 为标准，根据距离远近可以分为三类：1 类，

表2 白云鄂博东矿元素分析相关系数表

元素	Na₂O	K₂O	MgO	CaO	BaO	SiO₂	TiO₂	ThO₂	FeO	Sc₂O₃	P₂O₅	Nb₂O₅	F	S	TFe	Y₂O₃	LREO	HREO	REO
Na₂O	1.00	-0.18	-0.47	-0.49	0.82	0.77	-0.07	0.63	-0.58	0.72	0.47	0.29	-0.29	-0.09	-0.35	0.68	0.79	0.79	0.70
K₂O	-0.18	1.00	0.40	-0.23	-0.50	0.36	0.38	-0.44	0.38	0.22	-0.21	-0.24	-0.22	0.21	0.03	-0.47	-0.46	-0.46	-0.43
MgO	-0.47	0.40	1.00	0.30	-0.67	-0.17	-0.01	-0.79	0.24	-0.17	-0.57	-0.80	-0.23	0.41	-0.29	-0.74	-0.63	-0.63	-0.58
CaO	-0.49	-0.23	0.30	1.00	-0.22	-0.54	-0.19	-0.07	-0.38	-0.47	-0.13	-0.07	0.72	-0.29	-0.49	-0.08	-0.07	-0.07	-0.11
BaO	0.82	-0.50	-0.67	-0.22	1.00	0.41	-0.11	0.78	-0.68	0.51	0.71	0.61	-0.05	-0.30	-0.32	0.75	0.91	0.91	0.84
SiO₂	0.77	0.36	-0.17	-0.54	0.41	1.00	0.33	0.29	-0.33	0.85	0.33	0.03	-0.25	0.16	-0.37	0.41	0.45	0.45	0.35
TiO₂	-0.07	0.38	-0.01	-0.19	-0.11	0.33	1.00	-0.25	0.18	0.11	0.33	0.09	0.03	-0.12	0.07	-0.17	-0.14	-0.14	-0.24
ThO₂	0.63	-0.44	-0.79	-0.07	0.78	0.29	-0.25	1.00	-0.62	0.28	0.60	0.58	0.30	-0.33	-0.19	0.84	0.77	0.77	0.68
FeO	-0.58	0.38	0.24	-0.38	-0.68	-0.33	0.18	-0.62	1.00	-0.35	-0.42	-0.30	-0.39	0.35	0.81	-0.62	-0.79	-0.79	-0.66
Sc₂O₃	0.72	0.22	-0.17	-0.47	0.51	0.85	0.11	0.28	-0.35	1.00	0.26	0.16	-0.23	0.37	-0.36	0.44	0.54	0.54	0.49
P₂O₅	0.47	-0.21	-0.57	-0.13	0.71	0.33	0.33	0.60	-0.42	0.26	1.00	0.56	0.12	-0.38	-0.22	0.54	0.66	0.66	0.61
Nb₂O₅	0.29	-0.24	-0.80	-0.07	0.61	0.03	0.09	0.58	-0.30	0.16	0.56	1.00	0.33	-0.35	0.16	0.48	0.60	0.60	0.53
F	-0.29	-0.22	-0.23	0.72	-0.05	-0.25	0.03	0.30	-0.39	-0.23	0.12	0.33	1.00	-0.24	-0.23	0.33	0.20	0.20	0.11
S	-0.09	0.21	0.41	-0.29	-0.30	0.16	-0.12	-0.33	0.35	0.37	-0.38	-0.35	-0.24	1.00	0.14	-0.28	-0.26	-0.26	-0.22
TFe	-0.35	0.03	-0.29	-0.49	-0.32	-0.37	0.07	-0.19	0.81	-0.36	-0.22	0.16	-0.23	0.14	1.00	-0.25	-0.43	-0.43	-0.32
Y₂O₃	0.68	-0.47	-0.74	-0.08	0.75	0.41	-0.17	0.84	-0.62	0.44	0.54	0.48	0.33	-0.28	-0.25	1.00	0.82	0.82	0.73
LREO	0.79	-0.46	-0.63	-0.07	0.91	0.45	-0.14	0.77	-0.79	0.54	0.66	0.60	0.20	-0.26	-0.43	0.82	1.00	1.00	0.95
HREO	0.79	-0.46	-0.63	-0.07	0.91	0.45	-0.14	0.77	-0.79	0.54	0.66	0.60	0.20	-0.26	-0.43	0.82	1.00	1.00	0.94
REO	0.70	-0.43	-0.58	-0.11	0.84	0.35	-0.24	0.68	-0.66	0.49	0.61	0.53	0.11	-0.22	-0.32	0.73	0.95	0.94	1.00

ThO_2、Y_2O_3、HREO、Sc_2O_3、Nb_2O_5、TiO_2、K_2O、BaO、P_2O_5、Na_2O、MgO、S、REO、LREO、F；2类，CaO、FeO、SiO_2；3类，TFe。根据聚类结果及矿床元素组合分析可知，第1类中稀土、铌、钍、钾、钠、钡、磷、氟、硫等元素聚类在一起，表明稀土、铌、钍等受到强烈的钠、钾交代作用，同时在整个矿床，还受到广泛发育 F、P、S 等挥发性成分的交代活动，其对稀土、铌、钍等元素的运移和矿化有密切关系。在本矿区的矿物共生组合方面，大量的稀土、铌、钍等矿物与钠、氟、磷、硫等形成的矿物紧密共生，构成了特征矿物组合，说明组合矿物之间有着密切的成因关系，前人的研究表明稀土、铌等成矿元素来自深源地幔。TFe 单独聚为一类，表明铁与稀土、铌、钍等元素的成矿具有不一致性。

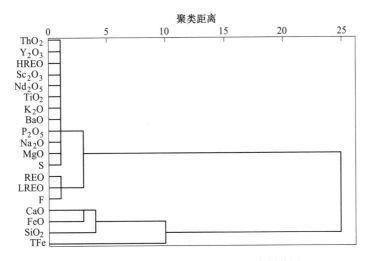

图 4　白云鄂博东矿矿化元素系统聚类树状图

4.2.3　因子分析

采用 SPSS25 软件进行因子分析，由于因子分析中元素个数应少于样品个数，故而剔除了 F、S、Sc_2O_3 及稀土配分元素，在数据经数据变换后，利用 SPSS25 软件按照分析—降维—因子分析等步骤进行操作，首先进行了 KMO 与 Bartlett 球度检验，白云鄂博东矿元素分析的 KMO 检验值为 0.559，因子分析结果可以被接受。

如表 3 所示，前四个因子的方差贡献率累加达到 87.694%，说明前四个因子具有相对较高的可靠性，本文对前四个公因子进行分析。图 5 为因子分析载荷分布图，如图 5 所示，以各元素与公因子之间的载荷 $|r|>0.5$ 为标准，取绝对值的最大值进行归类，可以看出与公因子 F_1 呈正相关的元素组合为 BaO、ThO_2、P_2O_5、Nb_2O_5、LREO、HREO，该因子组合指示着白云鄂博东矿深部矿石中主要

矿化元素的分布情况与矿物组合特征，该元素组合特征与相关性分析结果一致吻合，呈负相关的元素为 K_2O、MgO 和 FeO。与公因子 F_2 呈正相关的元素组合为 Na_2O 和 SiO_2，与霓石、钠闪石、云母中高 Na_2O 和 SiO_2 情况相符，有明显的地质规律和解释意义。与公因子 F_3 呈正相关的元素为 CaO，钙参与稀土、铌等的成矿，主要起着沉淀剂的作用，呈负相关的元素为 TFe。与公因子 F_4 呈正相关的元素为 TiO_2，由于钛和铌的地球化学和矿物化学性质相近，钛可能更多参与铌的成矿。

表3　特征值的方差贡献率统计表　　　　　　　　　（%）

因子	初始特征值			提取载荷平方和			旋转载荷平方和		
	全部	方差	累积	全部	方差	累积	全部	方差	累积
1	6.772	48.373	48.373	6.772	48.373	48.373	5.974	42.672	42.672
2	2.287	16.333	64.706	2.287	16.333	64.706	2.568	18.343	61.015
3	1.969	14.063	78.768	1.969	14.063	78.768	2.048	14.631	75.645
4	1.25	8.925	87.694	1.25	8.925	87.694	1.687	12.049	87.694
5	0.497	3.552	91.246						
6	0.427	3.047	94.293						
7	0.339	2.42	96.713						
8	0.225	1.608	98.321						
9	0.133	0.952	99.273						
10	0.054	0.388	99.662						
11	0.027	0.19	99.852						
12	0.01	0.072	99.924						
13	0.006	0.041	99.964						

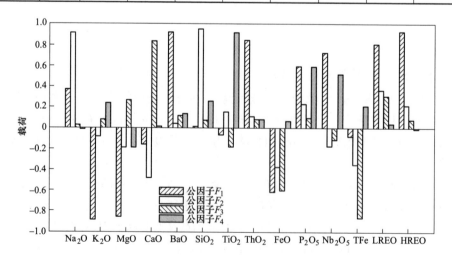

图5　因子分析载荷分布图

5 结论

（1）白云鄂博东矿深部不同类型矿石中铁、稀土、铌、钍等元素含量较高，平均品位分别为 27.45%、5.49%、0.11%、0.035%，明显高于矿石边界品位，表明东矿深部具有较大的资源开发前景。

（2）综合相关性分析、聚类分析和因子分析对比发现，白云鄂博东矿深部主要元素组合为 BaO、ThO_2、P_2O_5、Nb_2O_5、REO，表明稀土、铌、钍具有相同的成矿物质来源和成矿过程，在不同的成矿环境中，钡和磷一同参与成矿形成不同矿物。三种分析结果同时表明，白云鄂博东矿铁的矿化是一个与稀土、铌、钍等元素矿化相对不同的过程。

（3）经过与聚类分析对比可知，相关性分析结果与因子分析结果吻合度较高，得出的结论与以往的地球化学研究成果大体吻合，结果具有相对可靠性，聚类分析所得出的结果具有综合参考价值。综合考虑认为，聚类分析可以作为白云鄂博东矿主要矿化元素的宏观描述，具有一定的解释作用，相关性分析与因子分析可以作为后期聚类分析中聚类中心选择的依据。

看彩图

白云鄂博钠闪石型铁矿石中
稀土赋存状态研究

摘　要：为提高白云鄂博各类型铁矿石中稀土资源利用率，采用先进的 AMICS 自动矿物分析系统、扫描电镜和能谱分析等手段对白云鄂博钠闪石型铁矿石中稀土的赋存状态进行了系统研究。结果表明：矿石中稀土 REO 品位为 3.42%，其中轻稀土元素占稀土总量的 96.56%，中重稀土元素占稀土总量的 3.44%；稀土元素主要赋存在氟碳铈矿、独居石、氟碳钙铈矿和易解石中，分布率为 84.36%，其次铁矿物中的分布率为 12.43%；氟碳铈矿是含稀土元素最高的矿物，元素总量为 67.23%，氟碳钙铈矿所含稀土元素种类与氟碳铈矿接近，稀土元素总量为 58.09%，独居石相对氟碳铈矿 La 低 Nd 高，且含有少量 Gd 和 Y；易解石中 Nb 含量为 22.14%，此外中重稀土元素的种类多、含量高，建议在选矿过程中重点关注易解石在稀土精矿中的富集。

关键词：白云鄂博；钠闪石型铁矿石；赋存状态；稀土

　　白云鄂博矿床作为世界上超大的铌、稀土、铁等多金属共伴生矿床，稀土矿物主要是以氟碳铈矿和独居石为主的铈族轻稀土矿物，占全世界轻稀土储量的首位，铌的储量居世界第二位，同时铁矿石储量巨大，是一个大型铁矿床。根据矿石中铁、铌、稀土的分布情况，矿物的共生组合、矿石结构特征及分布的广泛程度划分为九种类型。白云鄂博矿自开采以来，按照包钢"以铁为主，综合利用"的指导方针，从选铁尾矿中回收稀土，稀土精矿的品位和回收率仅为 50% 左右，总体资源利用率不到 10%，国内已有学者针对白云鄂博稀土资源特性进行了大量的研究工作。张培善研究了白云鄂博超大型稀土–铁–铌矿床矿物学；杨占峰等研究了白云鄂博矿床萤石型铁矿石中稀土分布规律，并调查了霓石型铁矿石中稀土元素的富集状况；罗明标等对白云鄂博萤石型铁矿石中稀土的赋存状态进行了研究。但目前对白云鄂博各类型铁矿石中稀土元素的赋存状态研究还不够完善，这也是制约提高铁矿石中稀土资源利用率的关键因素。钠闪石型铁矿石也是白云鄂博储量较大的一种类型，对该类型矿石中稀土元素的赋存状态相关研究鲜见报道，因此，本文

　　原文刊于《中国稀土学报》2021 年 4 月，第 39 卷第 2 期；署名的作者有王维维、王振江、王其伟、魏威。

以钠闪石型铁矿石为研究对象，采用先进的矿物自动分析系统和场发射电镜等手段详细研究了该矿石中稀土的赋存状态，为充分认识该类型矿石中稀土资源的属性和综合利用提供理论指导意义。

1 试样采集及实验

1.1 试样采集

由于西矿稀土含量较低，东矿即将闭坑，研究所需的试样源于主矿现场采集，参考生产勘探工程间距，以勘探线为基准，对主矿生产台阶的工作面和爆堆进行采样，共采集试样 101 件，每件样品约 5~10kg，采集范围覆盖整个工作平台，具有较强的代表性。

1.2 实验

对采集样品进行粗碎后混匀，采用四分法缩分出一半留存。另一半试样中细碎，筛分至 −2mm 采用堆锥法缩分成两份分别进行化学分析和扫描电镜、能谱分析。采用化学滴定法、原子吸收法、等离子质谱法等对矿石化学多元素进行分析。采用 ZRISS 生产的 Sigma500 型场发射扫描电子显微镜结合能谱分析仪（BRUKER XFlash6160）对矿物进行微观结构和能谱分析，采用 AMICS 自动矿物分析系统对矿物组成、粒度组成和单体解离度进行测定。

2 结果与讨论

2.1 矿石化学多元素分析

矿石多元素分析结果见表 1。表 1 表明，矿石中铁的含量为 17.70%，稀土氧化物 REO 含量为 3.42%，较其他类型矿石中稀土含量低，Nb_2O_5 含量为 0.15%，Sc_2O_3 含量为 0.014%，可考虑综合回收；主要的脉石元素为 CaO（22.21%），SiO_2（17.09%）和 MgO（4.83%）；此外，有害元素 S、P 和 F 含量分别为 1.68%，0.64% 和 1.22%。

表 1 矿石多元素分析结果（质量分数）　　　　　　　　（%）

TFe	REO	Nb_2O_5	F	Na_2O	Ka_2O	MgO
17.70	3.42	0.15	1.22	1.55	0.34	4.83
CaO	BaO	SiO_2	ThO_2	Sc_2O_3	P	S
22.21	3.21	17.09	0.029	0.014	0.64	1.68

2.2　稀土元素配分特征

矿石中稀土元素配分分析结果见表2。表2表明，轻稀土元素 La_2O_3、CeO_2、Pr_6O_{11}、Nd_2O_3 的含量分别为 0.96%、1.82%、0.26% 和 0.47%，占稀土总量的 96.56%；Sm_2O_3、Eu_2O_3、Gd_2O_3、Y_2O_3 的含量分别为 0.051%、0.013%、0.026% 和 0.024%，占稀土总量的 3.14%；重稀土元素仅占 0.30%。

表 2　稀土元素配分分析结果（质量分数）　　　　（%）

La_2O_3	CeO_2	Pr_6O_{11}	Nd_2O_3	Sm_2O_3	Eu_2O_3	Gd_2O_3	Y_2O_3
0.96	1.82	0.26	0.47	0.051	0.013	0.026	0.024
Tb_4O_7	Dy_2O_3	Ho_2O_3	Er_2O_3	Tm_2O_3	Yb_2O_3	Lu_2O_3	
0.0021	0.0067	0.0001	0.0016	0.00012	0.0004	0.00005	

2.3　矿物组成

采用 AMICS 自动矿物分析系统测定矿石的矿物组成及相对含量，结果见表3 及图1，由表3结合 AMICS 图（图1）可以看出，矿石中矿物种类多，组成复杂；磁铁矿是主要的铁矿物，含量为 26.21%，另有少量赤铁矿，其他铁矿物为黄铁矿、磁黄铁矿和钛铁矿等；稀土矿物主要为氟碳铈矿（2.88%）和独居石（1.31%），此外还有少量的氟碳钙铈矿、易解石和包头矿等；脉石矿物主要为钠闪石、白云石和方解石等。

表 3　矿石的矿物组成及相对含量

矿物	含量/%	矿物	含量/%	矿物	含量/%
磁铁矿	26.21	闪锌矿	0.01	石英	3.14
赤铁矿	1.04	金红石	0.01	长石	0.21
方解石	11.64	氟碳铈矿	2.88	角闪石	24.28
钛铁矿	0.06	氟碳钙铈矿	0.87	辉石	4.26
黄铁矿	3.91	黄河矿	0.01	云母	1.56
磁黄铁矿	0.30	独居石	1.31	蛇纹石	0.03
烧绿石	0.01	易解石	0.74	白云石	10.19
包头矿	0.02	铌铁金红石	0.13	钡铁钛石	0.01
萤石	3.38	磷灰石	2.41	重晶石	1.36

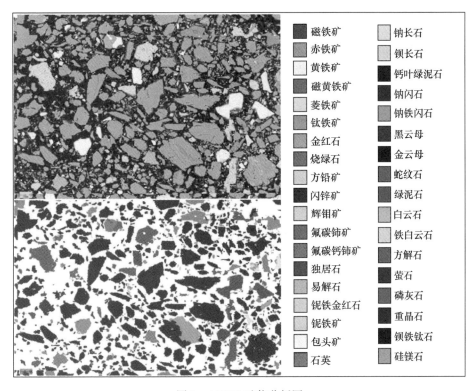

图 1　AMICS 矿物分析图

2.4　稀土在各矿物中的分布

对矿石中各矿物中的稀土分布进行了测定，分析结果见表 4。从表 4 可以看出，稀土主要赋存在氟碳铈矿、氟碳钙铈矿和独居石中，分布率为 84.10%；铁矿物中稀土的分布率为 12.43%，该部分稀土容易在选铁过程中随着铁精矿而流失；其他矿物中稀土元素含量较低。

表 4　稀土在矿物中的分布

矿 物 类 型		$w(REO)/\%$	分布率/%
铁矿物	磁铁矿	0.12	1.61
	赤铁矿	0.63	6.46
	钛铁矿	2.06	4.35
	黄铁矿	0.11	0.01
铌矿物	铌铁金红石	0.98	0.01
	铌铁矿	1.35	0.04
	易解石	36.60	0.26

矿 物 类 型		$w(REO)/\%$	分布率/%
稀土矿物	氟碳铈矿/氟碳钙铈矿	57.49	42.64
	独居石	71.36	41.46
其他矿物	萤石	0.36	2.08
	云母	0.05	0.03
	磷灰石	3.19	0.38
	石英	0.07	0.03
	霓石	0.03	0.01
	角闪石	0.10	0.17

2.5　主要稀土矿物嵌布特征及能谱分析

2.5.1　氟碳铈矿

氟碳铈矿是白云鄂博矿床中最主要的稀土矿物，颜色为黄色或浅黄色，各类型矿石中均有分布，在钠闪石型铁矿石中常呈细粒浸染状或星散状集合体。由图2氟碳铈矿的背散射图可以看出，氟碳铈矿多数以不规则粒状集合体或浸染状与

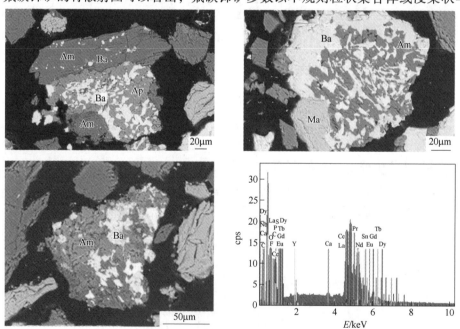

图2　氟碳铈矿背散射和能谱图

Ba—氟碳铈矿；Am—闪石；Ap—霓石；Ma—磁铁矿

钠闪石相互包裹，部分以极细小颗粒分散于钠闪石中，也可见与钠闪石连生的磷灰石中氟碳铈矿以星散状集合体产出。

表5为氟碳铈矿单矿物能谱微区分析结果（取平均值）。从表5可以看出，氟碳铈矿单矿物稀土元素的总量为67.23%，其中Ce和La的含量分别为32.71%和24.05%，占稀土元素总量的84.43%，中重稀土元素Sm、Eu、Dy含量总和仅为0.95%，仅占总量的1.41%。

表5　氟碳铈矿能谱微区分析结果

元素	含量(质量分数)/%							
	Ce	La	Nd	Pr	Sm	Eu	Dy	总计
样品1	34.56	23.27	5.79	2.56	0.16	0.20	0.65	67.19
样品2	30.86	24.82	8.28	2.43	0.22	0.18	0.48	67.27
平均值	32.71	24.05	7.04	2.50	0.19	0.19	0.57	67.23

2.5.2　独居石

独居石也是白云鄂博矿床中广泛分布的稀土矿物，产出状态多样，形成时间较长，大多数以极细小的粒状或椭粒状结构出现，较大的颗粒可呈不规则状或板状。由图3可以看出，钠闪石型铁矿石中独居石矿物以不规则细粒状分散于钠闪石中，自形程度较低。从能谱图可以看出，独居石的化学组成为磷酸稀土。

表6为独居石单矿物能谱微区分析结果（取平均值）。从表6可以看出，独居石单矿物中稀土元素总量为63.24%，以Ce、La和Nd为最富，其含量分别为30.72%、14.82%和12.35%，占元素总量的91.54%；独居石矿物中中重稀土元素的种类较氟碳铈矿多，含有少量Gd和Y，含量分别为0.11%和0.67%。

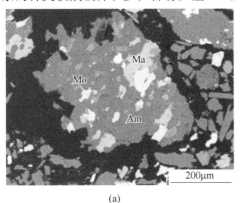
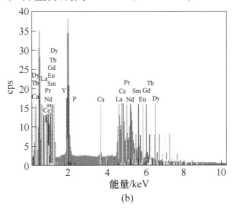

(a)　　　　　　　　　　　　　(b)

图3　独居石背散射(a)和能谱图(b)

Mo—独居石；Am—闪石；Ma—磁铁矿

表 6　独居石能谱微区分析结果

元素	含量(质量分数)/%								
	Ce	La	Pr	Nd	Sm	Dy	Gd	Y	总计
样品 1	31.03	18.64	2.56	8.77	0.65	0.44	—	0.43	62.52
样品 2	30.41	10.99	4.01	15.92	0.91	0.55	0.21	0.90	63.96
平均值	30.72	14.82	3.29	12.35	0.78	0.50	0.11	0.67	63.24

2.5.3　氟碳钙铈矿

　　氟碳钙铈矿属于钙稀土氟碳酸盐，多以粒状或板状产出，结晶粒度较大，由图 4 氟碳钙铈矿背散射图可以看出，氟碳钙铈矿的边缘被钠闪石交代而呈残余结构，少量氟碳铈矿、磁铁矿和钠闪石以他形微细粒状包裹于氟碳钙铈矿中。

(a)

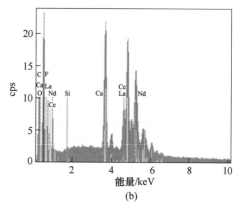
(b)

图 4　氟碳钙铈矿背散射(a)和能谱图(b)
Ba—氟碳铈矿；Am—闪石；Pa—氟碳钙铈矿；Ma—磁铁矿

　　表 7 为氟碳钙铈矿单矿物能谱微区分析结果（取平均值）。从表 7 可以看出，氟碳钙铈矿单矿物中稀土元素种类与氟碳铈矿接近，总量为 58.09%，Nd 含量为 12.09%，比氟碳铈矿中 Nd 的含量较高。

表 7　氟碳钙铈矿能谱微区分析结果

元素	成分(质量分数)/%							
	Ce	La	Pr	Nd	Sm	Eu	Gd	总计
样品 1	26.11	11.76	4.04	14.17	1.27	0.24	0.38	57.97
样品 2	32.57	9.82	4.66	10.01	0.95	0.06	0.14	58.21
平均值	29.34	10.79	4.35	12.09	1.11	0.15	0.26	58.09

2.5.4 易解石

易解石是白云鄂博矿床中含铌的主要矿物，其晶体化学式为（RE）
$(Ti,Nb)_2O_6$，在各类型矿石中都有存在，矿物晶体形态不一，多呈粒状或板状，
集合体为放射状或团块状，粒度大小不均。由图5易解石背散射图可以看出，钠
闪石型铁矿石中易解石以不规则团块状集合体嵌布在黄铁矿边缘且与钠闪石连
生，也可见钠闪石以细粒状嵌布于易解石中。

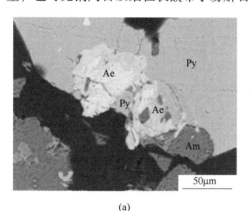
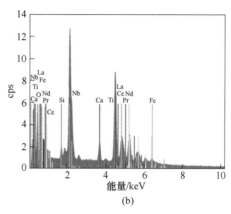

图5　易解石背散射（a）和能谱图（b）

Ae—易解石；Am—闪石；Py—黄铁矿

表8为易解石单矿物能谱微区分析结果（取平均值）。由表8可以看出，易
解石单矿物中 Nb 的含量为 22.14%，Ti 的含量为 18.55%，稀土元素的总量为
32.98%，明显可以看出中重稀土元素的种类和含量较其他稀土矿物多，Sm、
Eu、Gd、Tb、Dy、Y 总量为 4.60%，占该矿物稀土元素总量的 13.95%。

表8　易解石能谱微区分析结果

元素	成分（质量分数）/%											
	Nb	Ti	La	Ce	Pr	Nd	Sm	Eu	Gd	Tb	Dy	Y	总计
样品1	22.05	21.12	1.74	11.76	2.14	11.76	1.56	0.01	0.65	0.22	0.93	0.70	31.47
样品2	22.22	15.98	1.10	14.25	3.91	10.14	0.84	0.72	1.80	0.19	1.01	0.53	34.49
平均值	22.14	18.55	1.42	13.00	3.03	10.95	1.20	0.37	1.23	0.21	0.97	0.62	32.98

2.6　矿物粒度组成

对矿石中主要稀土矿物进行粒度分析，结果见图6。由图6可以看出，矿石
中主要有用稀土矿物氟碳铈矿、独居石的嵌布粒度粗细不均，+74μm 粒级分布

率分别为 34.01% 和 30.57%，−10μm 粒级分布率分别为 3.69% 和 6.34%，这部分细粒级稀土矿物回收难度较大；氟碳钙铈矿和易解石嵌布粒度较细，+74μm 粒级分布率仅为 2.39% 和 3.68%，主要分布在 10∼74μm 粒级，分布率分别为 88.96% 和 80.50%，易解石在−10μm 粒级分布率占 15.82%，由于易解石富含铌和中重稀土元素，该粒级中易解石也是重点回收的对象。

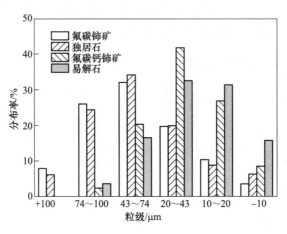

图 6　主要矿物的粒度分布

2.7　主要稀土矿物单体解离度

在磨矿细度−0.074mm 占 90% 生产条件下，氟碳铈矿、独居石、氟碳钙铈矿和易解石的单体解离度进行测定，结果见表 9。由表 9 可以看出，氟碳铈矿、独居石、氟碳钙铈矿和易解石的单体解离度分别为 77.36%、84.74%、75.19% 和 73.15%，与铁矿物和碳酸盐矿物的连生体较多，需要更高的磨矿细度才能使稀土矿物有效解离，从而获得高品位稀土精矿。

表 9　主要矿物的单体解离度（质量分数）　　　　　　（%）

矿物	单体解离度	连生体				
		与铁矿物连生	与碳酸盐稀土矿物连生	与硅酸盐矿物连生	与萤石连生	与其他矿物连生
氟碳铈矿	77.36	5.70	8.24	2.25	2.16	4.29
独居石	84.74	2.37	4.45	4.79	0.11	3.54
氟碳钙铈矿	75.19	6.38	5.24	7.14	1.87	4.18
易解石	73.15	7.57	6.39	6.70	1.32	4.87

3 结论

（1）钠闪石型铁矿石中稀土的含量较低，稀土 REO 品位为 3.42%，其中轻稀土元素占稀土总量的 96.56%，中重稀土元素占稀土总量的 3.44%；稀土矿主要为氟碳铈矿、独居石、氟碳钙铈矿和易解石，稀土元素在这几种矿物中的分布率为 84.36%，在铁矿物中的分布率为 12.43%。

（2）氟碳铈矿多以集合体状产出，是该类型矿石中含稀土元素最高的矿物，元素总量为 67.23%，以 Ce 和 La 为主；氟碳钙铈矿所含稀土元素种类与氟碳铈矿接近，稀土元素总量为 58.09%，其中 Nd 含量较氟碳铈矿高；独居石大多以细粒不规则状分布于钠闪石中，相对氟碳铈矿 La 低 Nd 高，且含有少量 Gd 和 Y；易解石是含铌的主要矿物，Nb 含量为 22.14%，稀土元素总量为 32.98%，中重稀土元素的种类较氟碳铈矿、氟碳钙铈矿和独居石多，且含量也高。

（3）氟碳铈矿和独居石的嵌布粒度粗细不均，以粗粒和中细粒居多，$-10\mu m$ 粒级分布率分别为 3.69% 和 6.34%；氟碳钙铈矿和易解石嵌布粒度较细，$-20\mu m$ 粒级分布率分别为 35.58% 和 47.31%，易解石富含铌和中重稀土元素，该粒级中易解石应该是重点考虑回收的对象。

看彩图

白云鄂博矿床白云石型铌稀土
矿石中稀土分布规律研究

摘　要： 在详细地实地勘察和现场大量采样的基础上，经多元素分析、场发射扫描电子显微镜、X射线能谱仪以及矿物分析系统对白云鄂博主矿、东矿体的白云石型铌稀土矿石内稀土赋存状态展开研究，发现该类型矿石的稀土品位与配分存在一定的规律性差异，氟碳铈矿的REO含量普遍高于独居石，且氟碳铈矿较易俘获更多的La和Ce，而独居石对中重稀土元素的结合能力更强，Pr、Nd在两矿物间无明显的富集倾向性，依据稀土配分差异提出了主量稀土元素的最佳矿物原料，指出La、Ce为主（东）矿氟碳铈矿，Pr、Nd为主矿独居石与东矿氟碳铈矿。本实验研究内容对深入认识该矿床最主要的稀土矿石类型和探索精细化高效利用稀土资源具有一定的指导和参考意义。

关键词： 白云鄂博；白云石型矿石；分布规律；稀土

白云鄂博矿床是全世界绝无仅有的铁、铌、稀土等多金属共（伴）生巨型矿床，矿床总体呈现东西走向，共有主矿、东矿、西矿、东介勒格勒与东部接触带五个主要矿体，富含铁、稀土、铌、萤石等多种资源，其中稀土以轻稀土资源为主。本文研究的白云石型铌稀土矿石为本矿床稀土资源最主要赋存的矿石类型，矿床内绝大多数稀土资源赋存于该类型矿石当中，该类型矿石主要赋存于铁矿体东段下盘北部边缘，其上部主要与萤石型铌稀土铁矿石相邻，矿石中稀土矿物多呈细脉状或浸染状分布在白云石颗粒间。经过60多年的开采，随主矿、东矿采场开采水平的逐渐加深，下部白云石型铌稀土矿石中矿物组成与稀土分布状态是否发生变化还不得而知。本文结合多种分析手段分别对主矿、东矿白云石型铌稀土矿石中矿物组成和稀土分布规律进行了分析研究，对进一步了解和开展精细化利用稀土资源具有一定的指导意义。

1　实验

1.1　样品采集与制备

研究样品采自白云鄂博矿床主矿、东矿采场，依据现场实地勘查、矿石分布

原文刊于《中国稀土学报》2021年4月，第39卷第2期；共同署名的作者有李强、魏威、王维维、郭春雷、金海龙。

情况及矿带位置，在台阶和作业面上以50m为间距设计采样点，共设计162个采样点（主矿为101个，东矿为61个），采样点均匀分布于整个露天采场境界范围。以能代表本采样点矿石类型为原则，在设计采样点周围10~20m内，用网格拣块法采集样品，共有31个采样点矿石类型为白云石型铌稀土矿石（主矿20个，东矿11个），采样范围覆盖了采场境界范围内所有该矿石类型的矿带。

将每个单样破碎、混匀、缩分出100g进行组合，得主矿和东矿白云石型铌稀土矿石组合矿样，将组合样研磨到30~150μm粒径，混匀、缩分出多元素分析样和镶嵌样，其中镶嵌样用于场发射电镜、能谱仪及矿物组成分析。

1.2 样品表征

结合样品中各元素的含量、性质等，对样品进行多元素含量分析，分析元素主要包括：Na、K、Mg、Ca、Ba、Si、Ti、Fe、Sc、Y、La、Ce、Pr、Nd、Sm、Eu、Gd、Tb、Dy、P、F、S、TFe、磁铁石、REO。

借助ZEISS Sigma500型场发射扫描电子显微镜（FESEM）与BRUKER XFlash6160型能谱仪（EDS）在20kV加速电压下，对该类型矿石中最主要的两种稀土矿物——氟碳铈矿和独居石的矿物成分进行分析，通过矿物分析系统（AMICS）对矿样的矿物组成进行定量分析。

本实验分析过程为取得更加可信的能谱分析数据，采用多点检测求均值的方案，在镶嵌样上各选取5个具有代表性的氟碳铈矿和独居石矿物颗粒，进行能谱扫描分析，各点能谱分析均值作为元素组成的参考结果。

2 结果与分析

2.1 多元素分析

主矿、东矿白云石型铌稀土矿石多元素分析结果如表1所示。由表1可见，主矿、东矿白云石型铌稀土矿石的全铁品位为8.83%和11.12%，未达到铁矿石边界品位（20%），但稀土品位（不含Sc_2O_3）分别达4.36%和3.30%，较地壳内REO的丰度值，富集了180和140倍，对比稀土矿石边界品位（1%）均已达到，是典型的稀土矿石。

2.2 矿物定量分析

结合FESEM、EDS和AMICS对矿石镶嵌样品扫描分析，对样品中矿物组成分析统计，得矿物组成及含量。主矿、东矿白云石型铌稀土矿石中主要矿物含量见表2和表3。由表2和表3可知，主矿、东矿白云石型铌稀土矿石主要含白云石、磁铁矿、萤石、闪石、方解石、氟碳铈矿、独居石以及硅酸盐矿物等，其中氟碳铈矿和独居石是该矿床内分布最为广泛的两种稀土矿物，是提取稀土最主要的目标矿物，常与 $BaSO_4$、CaF_2、Fe_3O_4 等矿物共生。由表 2 和表 3 可知，主矿、东矿氟碳铈矿的矿物含量相同，主矿独居石含量为东矿的 2.07 倍。

表 1　主矿、东矿白云石型铌稀土矿石元素分析（质量分数）　　（%）

元素	Na_2O	K_2O	MgO	CaO	BaO	SiO_2	TiO_2	FeO	Sc_2O_3	Y_2O_3	La_2O_3	CeO_2	Pr_6O_{11}
主矿	0.18	0.071	11.14	30.72	1.45	2.38	0.41	5.53	0.0059	0.0086	1.17	2.27	0.20
东矿	0.28	0.41	10.35	28.22	0.44	4.79	<0.20	8.82	0.005	0.0066	0.85	1.71	0.17

元素	Nd_2O_3	Sm_2O_3	Eu_2O_3	Gd_2O_3	Tb_4O_7	Dy_2O_3	P_2O_5	F	S	TFe	磁铁矿	REO
主矿	0.62	0.045	0.0086	0.034	0.0008	0.0026	1.58	1.26	0.42	8.83	4.13	4.36
东矿	0.51	0.033	0.0066	0.011	0.0007	0.0018	1.10	4.18	0.48	11.12	5.89	3.30

表 2　主矿白云石型铌稀土矿石中主要矿物含量表

矿物	磁铁矿	赤铁矿	黄铁矿	磁黄铁矿	菱铁矿	钛铁矿	软锰矿	氟碳铈矿	氟碳钙铈矿
含量/%	6.26	0.65	0.23	0.04	0.02	0.57	0.03	2.48	0.26

矿物	黄河矿	独居石	易解石	铌铁矿	铌铁金红石	烧绿石	褐钇铌矿	石英	长石
含量/%	0.05	3.28	0.02	0.03	0.09	0.04	0.08	1.12	0.15

矿物	闪石	辉石	云母	方解石	白云石	萤石	磷灰石	重晶石	其他
含量/%	1.31	0.56	0.48	3.2	69.47	5.73	1.54	1.39	0.94

表 3　东矿白云石型铌稀土矿石中主要矿物含量表（质量分数）

矿物	磁铁矿	赤铁矿	黄铁矿	磁黄铁矿	钛铁矿	菱锰矿	方铅矿	闪锌矿	氟碳铈矿	氟碳钙铈矿
含量/%	8.08	1.26	0.30	0.41	0.11	0.02	0.07	0.03	2.48	0.35

矿物	黄河矿	独居石	绿帘石	易解石	铌铁矿	铌铁金红石	烧绿石	褐钇铌矿	石英	长石
含量/%	0.14	1.58	0.10	0.01	0.02	0.01	0.02	0.01	0.13	0.75

矿物	闪石	辉石	云母	方解石	白云石	萤石	磷灰石	重晶石	其他
含量/%	3.72	0.42	4.69	2.79	62.92	6.97	1.12	0.41	1.08

2.3　能谱分析

分别选取主矿和东矿氟碳铈矿与独居石具有代表性的 FESEM 背散射电子图像及 EDS 分析图，如图 1~图 4 所示。氟碳铈矿、独居石各点稀土元素组成数据及氧化物含量见表 4~表 7。

主矿该类型矿石内氟碳铈矿的矿物颗粒总体较为细小，粒径尺寸大小不一，自形程度较低，部分呈细粒集合体存在与白云石矿物颗粒间，主要含 La、Ce、Pr、Nd、F、O、C 和微量 Tb、Dy、Y 等，部分含少量 Sm、Eu。

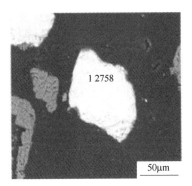

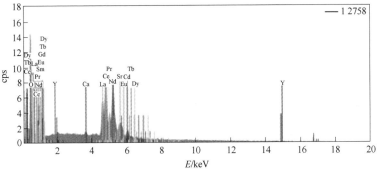

图 1　主矿氟碳铈矿 FESEM 背散射及 EDS 图

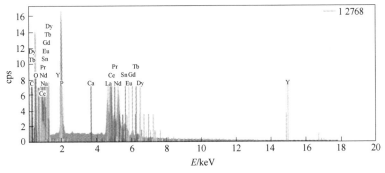

图 2　主矿独居石 FESEM 背散射及 EDS 分析图

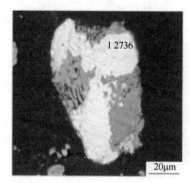

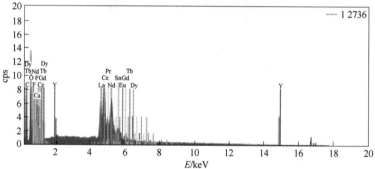

图 3　东矿氟碳铈矿 FESEM 背散射及 EDS 分析图

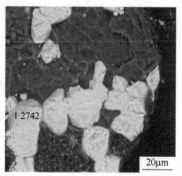

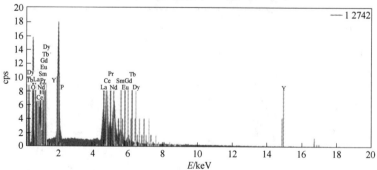

图 4　东矿独居石 FESEM 背散射及 EDS 分析图

表4 主矿各点氟碳铈矿稀土元素能谱分析及氧化物含量表

元素	含量(质量分数)/%								
	La	Ce	Pr	Nd	Sm	Tb	Dy	Y	总计
1	17.55	27.57	2.2	6.76	—	0.1	0.17	—	54.35
2	21.09	28.39	1.92	6.67	—	—	0.06	0.28	58.41
3	11.93	23.24	2.49	9.63	0.03	0.07	0.33	0.26	47.98
4	13.8	32.74	3.01	8.77	—	0.05	0.13	0.15	58.65
5	21.5	24.49	1.66	5.5	—	0.13	0.18	0.11	53.5
平均值	17.17	27.29	2.26	7.47	0.01	0.07	0.17	0.16	54.59
REO	20.14	33.52	2.73	8.71	0.01	0.08	0.2	0.2	65.59

表4中可见主矿白云石型铌稀土矿石中氟碳铈矿的 REO 参考值为65.59%，各稀土元素配分（以下稀土配分均以 REO 为100%计）为：La 30.71%、Ce 51.11%、Pr 4.16%、Nd 13.28%、Sm 0.02%、Tb 0.12%、Dy 0.3%、Y 0.3%。

图2可见独居石矿物颗粒，较图1的氟碳铈矿大小相当，自形程度较低，多呈细小颗粒分布于矿石中，其主要含 La、Ce、Pr、Nd、P、O 和微量的 Sm、Eu、Tb、Dy、Y 等。

表5 主矿各点独居石稀土元素能谱分析及氧化物含量表

元素	含量(质量分数)/%								
	La	Ce	Pr	Nd	Sm	Eu	Tb	Dy	Y	总计
1	9.03	23.8	2.59	11.1	0.58	—	0.13	0.25	0.38	47.86
2	8.96	22.91	2.66	10.54	0.32	—		0.5	0.71	46.6
3	12.45	24.59	2.09	6.8	—	0.04	0.65	0.94	0.24	47.8
4	17.19	27.63	2.27	7.49	0.04	0.02	0.01	0.22	0.23	55.1
5	12.95	25.39	2.76	9.44	0.23	—		0.35	0.42	51.54
平均值	12.12	24.86	2.47	9.07	0.23	0.01	0.16	0.45	0.4	49.78
REO	14.21	30.54	2.98	10.58	0.27	0.01	0.19	0.52	0.51	59.81

表5可见，主矿白云石型铌稀土矿石中独居石 REO 参考值为59.81%，各稀土元素配分为：La 23.76%、Ce 51.06%、Pr 4.98%、Nd 17.69%、Sm 0.45%、Eu 0.02%、Tb 0.32%、Dy 0.87%、Y 0.85%。

由图3可知，东矿该类型矿石中氟碳铈矿矿物多以细小颗粒集合体或细小零星呈浸染状分布于矿石之中，常与 CaF_2、$BaSO_4$ 等矿物一起共生，主要含 La、Ce、Pr、Nd、F、O、C 及微量 Sm、Tb、Dy、Y 等。

表 6　东矿各点氟碳铈矿稀土元素能谱分析及氧化物含量表

元素	含量(质量分数)/%								
	La	Ce	Pr	Nd	Sm	Tb	Dy	Y	总计
1	17.90	28.90	2.68	8.75	0.10	—	0.20	0.11	58.64
2	17.52	30.21	2.67	9.54	0.01	—	0.16	0.12	60.23
3	24.96	25.96	1.69	4.97	—	—	0.11	0.12	57.81
4	13.34	31.24	3.31	10.55	0.16	0.05	0.29	0.19	59.13
5	12.58	28.65	2.67	8.86	0.14	0.01	0.25	0.14	53.3
平均值	17.26	28.99	2.60	8.53	0.08	0.01	0.20	0.14	57.82
REO	20.24	35.61	3.14	9.95	0.09	0.01	0.23	0.18	69.45

表 6 可见，东矿白云石型铌稀土矿石中氟碳铈矿 REO 参考含量为 69.45%，各稀土元素配分为：La 29.14%、Ce 51.27%、Pr 4.52%、Nd 14.33%、Sm 0.13%、Tb 0.01%、Dy 0.33%、Y 0.26%。

由图 4 可知，东矿该矿石类型中独居石的矿物粒度较为细小，自形程度较低，以细小颗粒状形成区域性聚集，常和 CaF_2、$BaSO_4$ 等矿物一起共生，主要含 La、Ce、Pr、Nd、P、O 和少量 Tb、Dy、Y 等，部分含有微量的 Sm、Eu、Th。

表 7　东矿各点独居石稀土元素能谱分析及氧化物含量表

元素	含量(质量分数)/%								
	La	Ce	Pr	Nd	Eu	Tb	Dy	Y	总计
1	12.77	24.63	2.11	7.71	0.12	0.44	0.45	—	48.23
2	15.35	22.64	2.2	7.86	—	0.19	0.29	0.46	48.99
3	14.13	23.43	2.17	8.82	—	0.16	0.37	0.56	49.64
4	19.87	28.76	2.22	6.6	—	0.13	0.27	0.28	58.13
5	12.66	25.89	2.35	8.73	—	0.19	0.3	0.5	50.62
平均值	14.96	25.07	2.21	7.94	0.02	0.22	0.34	0.36	51.12
REO	17.54	30.79	2.67	9.26	0.02	0.26	0.39	0.46	61.39

表 7 可见，东矿白云石型铌稀土矿石中独居石 REO 品位参考含量为 61.39%，各稀土元素配分为：La 28.57%、Ce 50.15%、Pr 4.35%、Nd 15.08%、Eu 0.03%、Tb 0.42%、Dy 0.64%、Y 0.75%。

综合分析以上数据，得氟碳铈矿与独居石稀土配分表（表 8）。由表 8 可得：

（1）稀土含量差异：氟碳铈矿稀土总量普遍高于独居石；东矿氟碳铈矿与独居石的 REO 含量均略高于主矿同种矿物。

（2）稀土配分差异：在同矿体中，氟碳铈矿内 La 和 Ce 的含量比独居石要高，Tb、Dy 和 Y 的含量较独居石低，可知氟碳铈矿结晶成矿时较易俘获更多的 La 和 Ce，而独居石对中重稀土元素的结合能力更强；Pr、Nd 含量在氟碳铈矿和独居石间无明显的富集倾向性。

在主矿、东矿两矿体间稀土元素配分并无明显规律性差异。

氟碳铈矿与独居石是矿床内最主要的两种稀土矿物，La、Ce、Pr、Nd 在两种矿物中的含量均占矿物稀土总量的 97% 以上，是矿石中最主要的四种稀土元素，分析表 8 数据，可参照目标元素，生产中选择最佳矿物原料，在一定程度上缓解其他元素被动产量过剩，推进精细化生产进度，提升企业的经济效益。主矿、东矿白云石型铌稀土矿石中各稀土元素最佳矿物原料参照表 9。

表 8　氟碳铈矿、独居石 REO 配分表

矿体	矿物名称	配分(质量分数)/%									
		La	Ce	Pr	Nd	Sm	Eu	Tb	Dy	Y	总计
主矿	氟碳铈矿	20.14	33.52	2.73	8.71	0.01	—	0.08	0.20	0.20	65.59
	独居石	14.21	30.54	2.98	10.58	0.27	0.01	0.19	0.52	0.51	59.81
东矿	氟碳铈矿	20.24	35.61	3.14	9.95	0.09	—	0.01	0.23	0.18	69.45
	独居石	17.54	30.79	2.67	9.26	—	0.02	0.26	0.39	0.46	61.39

表 9　各稀土元素在白云石型铌稀土矿石中最佳矿物原料对照表

矿物原料		目 标 元 素							
		La	Ce	Pr	Nd	Sm	Eu	Tb	Dy
主矿	氟碳铈矿	√	√						
	独居石	√	√	√	√		√		√
东矿	氟碳铈矿	√	√	√	√				
	独居石							√	

2.4　稀土元素分布情况

综合如上分析数据与结果，可得主矿、东矿白云石型铌稀土矿石中稀土含量及稀土矿物分配结果，见表 10。表 10 中可见，在主矿白云石型铌稀土矿石中，37.31% 的稀土元素以氟碳铈矿矿物形式存在，44.99% 以独居石矿物形式存在，以上两种稀土独立矿物的 REO 含量之和占该类型矿石中稀土总量的 82.30%；在东矿白云石型铌稀土矿石中，52.19% 的稀土元素以氟碳铈矿矿物形式存在，29.39% 以独居石矿物形式存在，二者 REO 含量之和占矿石中稀土总量的 81.58%。

表10 主矿、东矿白云石型铌稀土矿石中稀土矿物及氧化物分配表（质量分数）

（%）

矿体	矿物名称	矿物中 REO 含量	矿石中 矿物含量	矿体中 REO 含量	矿物中 REO 分布率	总计
主矿	氟碳铈矿	65.59	2.48	4.36	37.31	82.30
	独居石	59.81	3.28		44.99	
东矿	氟碳铈矿	69.45	2.48	3.30	52.19	81.58
	独居石	61.39	1.58		29.39	

主矿白云石型铌稀土矿石中独居石的矿物含量比东矿高107%，氟碳铈矿的矿物含量一致，两种稀土矿物的 REO 含量在主、东矿间没有明显差异，可知造成主矿稀土品位高于东矿的主要因素是主矿有较高的独居石矿物含量。

形成在主、东矿间白云石型铌稀土矿石中独居石矿物含量差异现象的，应为热液中由元素相容性以及其他地球化学行为共同作用形成的物质分异。

3 结论

本实验分析数据一定程度上给出了白云鄂博主、东矿原生矿中白云石型铌稀土矿石内稀土元素分布情况的参考数据，综合分析以上结果得出：

（1）与整个矿床一致，白云石型铌稀土矿石中，氟碳铈矿和独居石仍是最主要的含稀土矿物，80%以上的稀土元素以这两种矿物形式存在于该类型矿石中。

（2）对于矿石中 REO 的品位，主矿 4.36%，东矿 3.3%，主矿较东矿略高，主要原因为主矿有较多的独居石矿物含量；氟碳铈矿中的 REO 含量普遍要比独居石高，但对比两矿体间同种矿物，以上两种稀土矿物的 REO 含量差异并不大。

（3）在同矿体中，La 和 Ce 在氟碳铈矿内的含量比独居石要高，Tb、Dy 和 Y 的含量较独居石低，Pr、Nd 含量在氟碳铈矿和独居石间无明显的富集倾向性。

（4）在主、东矿两矿体间稀土元素配分并无明显规律性差异。

白云鄂博东矿体深部霓石型
铌稀土铁矿石矿物学特征研究

摘　要：采用多元素化学分析、单偏光显微镜、场发射扫描电镜、能谱仪等手段对白云鄂博东矿体深部霓石型稀土铁矿石化学成分、结构构造以及矿物特征等方面进行研究。结果显示，东矿体深部霓石型稀土铁矿石中铁矿物主要为原生磁铁矿；稀土品位高达 8.50%，轻稀土占稀土总量的 97.97%，中重稀土占 2.03%，属于轻稀土富集型；矿石具有浸染条带状构造，磁铁矿呈自形-半自形不等粒结构；稀土矿物与铌矿物颗粒细小，形态产状多种多样，矿物共生组合与接触关系复杂，特征元素的来源还有待进一步证实。

关键词：矿物学特征；霓石型铌稀土铁矿石；东矿深部；白云鄂博矿

　　白云鄂博矿是世界罕见的超大型铁、稀土、铌等多金属共伴生矿床，稀土储量世界第一、铌储量世界第二，并伴生多种可利用的稀散、放射性元素，在世界"三稀"及放射性资源中具有举足轻重的地位。

　　白云鄂博矿自发现以来，国内外科研部门、专家学者对矿石物质成分、地质特征等做了大量的研究工作，20 世纪主要以浅部和上部矿石为研究对象，21 世纪以来主要集中于中部矿石，而深部（海拔 1400m 以下）矿石的相关研究在国内外公开文献中鲜见报道。随着白云鄂博矿开采深度的增加，矿石已由氧化矿石转变为原生矿石，矿石中氟碳铈矿与独居石的比例也发生变化，S 元素含量大幅度升高，稀土精矿中 Pr/Nd 配分降低，矿石的矿物组成、矿物工艺性质、元素分布等出现明显变化，稀土、铌元素赋存形式的演变尚未确认，相关科学问题亟待解决。本文以白云鄂博东矿体深部霓石型矿石为研究对象，通过对其化学成分、矿物组成、主要矿物特征以及结构构造等方面的研究，希望为白云鄂博深部资源高效开发与综合利用提供科学依据。

1　地质概况

　　白云鄂博矿位于华北克拉通北缘，矿区东西长 16km，南北宽 3km，总面积约 48km²，自西向东产出西矿、主矿、东矿、东介格勒格和东部接触带 5 个主要矿体。

原文刊于《中国稀土学报》2020 年 12 月，第 38 卷第 6 期；共同署名的作者有金海龙、王其伟、王振江、魏威。

东矿体形态比主矿略为复杂,平面图上呈扫帚状,西段狭窄,东段宽大,矿体东西轴长约1300m,南北最宽处达350m,平均宽度为179m,向地表下最大延深控制870m。矿体走向为北东东向,倾向为南,倾角在50°~60°之间,下盘为白云岩,上盘为白云岩或白云鄂博群 H_9 富钾板岩。东矿体遭受了强烈的钠、氟交代蚀变作用,铌和稀土的矿化作用也十分强烈,由北至南,大致可分出3个矿石带,在以铁圈定的矿体的下部为条带状铌稀土铁矿石带,中部为块状铌稀土铁矿石带,上部为钠闪石型铌稀土铁矿石带。由于铁矿体东侧发育硅质岩石夹层,则在上下部分别出现了霓石型铌稀土铁矿石和霓石型铌稀土矿石2条矿石带,而铁矿体上下盘的围岩主要是白云石型铌稀土矿石,钠、氟交代蚀变作用相对很弱。

2 样品采集和分析方法

2.1 样品采集

本次矿样采集主要针对东矿体深部正在开采的台阶,以台阶为梯度对矿体深部1348、1334、1320水平台阶进行采样,共计27个样品,采样点覆盖整个东矿深部采场范围。在矿样破碎前挑选出具有代表性的块矿,留作光薄片制备来进行单偏光显微镜、扫描电镜下矿物的特征研究分析。利用颚式破碎机(250×150,60×100)对27个样品进行混合破碎,再用盘式磨样机进行粉末状样品制备,随后组合、混匀、缩分,最终得到一个组合样品,一份用于多元素分析,另一份则制成镶嵌样用于扫描电镜、能谱仪及自动矿物分析系统测试。

2.2 分析方法

多元素分析通过采用分光光度法来测定矿石样品中 SiO_2、P_2O_5,化学滴定法测定F、FeO、TFe的含量,高频红外碳硫仪进行S的测定,原子吸收光谱仪测定 Na_2O 与 K_2O,由ICP-MS测定 Sc_2O_3,用ICP-OES测定 BaO、MgO、CaO、MnO_2、TiO_2、SrO、Al_2O_3,用ICP-AES测得 Nb_2O_5、ThO_2 和REO,15个稀土氧化物分量测试依据 GB/T 17417.1—2010。采用场发射扫描电子显微镜(Sigma-500)对光薄片中的矿物进行背散射电子图像分析,结合能谱仪(BRUKER XFlash6160)对样品微区进行能谱分析,观察矿物组成、结构以及相互关系。

3 分析结果

3.1 矿石化学成分

白云鄂博东矿体深部霓石型稀土铁矿石多元素分析结果见表1。由表1可知,霓石型铌稀土铁矿石中铁品位达31.30%,其中FeO含量11.26%,根据磁铁矿氧化程度（TFe/FeO<3.5）的判定，说明该矿石类型的铁矿物主要为原生磁铁矿；稀土品位（REO）达 8.50%，轻稀土占稀土总量的 97.97%，中重稀土占 2.03%，其中 La_2O_3/Yb_2O_3 比值较大，说明轻、重稀土之间存在较高的分异，属于轻稀土富集型。作为矿石有害元素 F、P、S 的含量也不低，仍然是后续产品提质降杂的经典难题。

3.2 矿石矿物组成

根据自动矿物分析软件（MLA）统计得到东矿体深部霓石型铌稀土铁矿石中主要矿物组成及含量见表 2。由表 2 可知，霓石型铌稀土铁矿石中的铁矿物以磁铁矿、赤铁矿为主，黄铁矿次之；稀土矿物含量占矿石总量 11% 以上，主要包括氟碳铈矿、独居石、黄河矿、氟碳钙铈矿等；铌矿物含量占矿石总量 0.2% 以上，主要包含烧绿石、易解石、铌铁金红石、铌铁矿等；脉石矿物主要以霓石为主，其中还夹杂辉石、闪石、方解石、白云石、磷灰石、重晶石等。

3.3 矿石矿物显微镜特征

东矿体深部霓石型铌稀土铁矿石中铁矿物主要有磁铁矿、赤铁矿等，稀土矿物主要包括氟碳铈矿、独居石、黄河矿等，铌矿物主要包含易解石、烧绿石、铌铁矿、铌铁金红石等，脉石矿物主要是霓石、萤石、重晶石、磷灰石、白云石、方解石、闪石等。

白云鄂博霓石型铌稀土铁矿石主要具有浸染状与浸染条带状两种构造类型，此次采集的条带状标本肉眼可观察到磁铁矿、霓石、稀土矿物及其他矿物相间分布，呈条带状（图 1（a））。深部矿石中霓石浅绿色，颗粒较细，介于 0.02～0.1mm 之间，通常以集合体形式存在，条带状矿石在镜下亦可见各类矿物具有明显方向性（图 1（b）），局部见霓石发生重结晶现象，粒度明显变大，甚者可达 1mm，分布界限明显（图 1（c））。磁铁矿矿物颗粒大小不等，呈不规则粒状分布于霓石等矿物粒间，形成自形-半自形不等粒结构（图 1（d））。

3.4 矿石矿物电镜特征

白云鄂博矿物种类繁多，稀土矿物与铌矿物更是矿石的重要组成部分，由于矿物颗粒细小，手标本上肉眼难以辨认与区分，本次主要通过光薄片利用扫描电镜与能谱仪对具有代表性的稀土、铌矿物进行特征分析，如图 2～图 4 所示，具体结果如下：

氟碳铈矿（$(Ce,La)(CO_3)F$）作为整个矿区分布最广泛的稀土矿物，在各种矿石类型中也均有产出。东矿体深部霓石型铌稀土铁矿石中的氟碳铈矿粒度介于 0.001～0.1mm 之间，多呈不规则粒状集合体或珠串状分布，与霓石、烧绿石、

表 1　东矿体深部霓石型铌稀土铁矿组合样品多元素分析结果（质量分数）　（%）

SiO₂	Al₂O₃	CaO	K₂O	Na₂O	MgO	MnO₂	P₂O₅	TiO₂	SrO	BaO	Nb₂O₅	ThO₂	Sc₂O₃	F	S	FeO
19.60	0.16	2.42	0.019	3.87	0.25	0.13	3.39	0.36	0.059	5.56	0.15	0.034	0.016	0.80	1.21	11.26

REO	La₂O₃	CeO₂	Pr₆O₁₁	Nd₂O₃	Sm₂O₃	Eu₂O₃	Gd₂O₃	Tb₄O₇	Dy₂O₃	Ho₂O₃	Er₂O₃	Tm₂O₃	Yb₂O₃	Lu₂O₃	Y₂O₃	TFe
8.50	2.47	4.29	0.41	1.15	0.055	0.018	0.037	0.0044	0.015	0.0018	0.0026	0.0002	0.0008	0.0001	0.037	31.30

表 2　东矿体深部霓石型铌稀土铁矿石中矿物组成及含量

矿物	磁铁矿/赤铁矿	黄铁矿	磁黄铁矿	菱铁矿	钛铁矿	钒铁钛石	菱锰矿	方铅矿	闪锌矿	氟碳铈矿	独居石
含量/%	41.16	1.69	0.26	0.50	0.49	0.06	0.24	0.04	0.08	6.25	3.08

矿物	氟碳钙铈矿	黄河矿	易解石	褐钇铌矿	铌钛金红石	铌铁矿	烧绿石	包头矿	石英	长石	闪石
含量/%	0.59	1.45	0.06	0.02	0.03	0.01	0.11	0.01	0.07	0.52	0.73

矿物	辉石	霓石	云母	蛇绿石	方解石	白云石	萤石	磷灰石	重晶石	其他
含量/%	0.15	27.38	0.94	0.09	1.03	1.92	2.95	2.62	4.77	0.70

萤石、重晶石等矿物密切共生，早期的氟碳铈矿以极细小的颗粒被包裹在霓石、萤石等矿物中，晚期的氟碳铈矿颗粒相对粗大，以不规则状析出于其他矿物晶粒间（图2（a）和图4（a））。

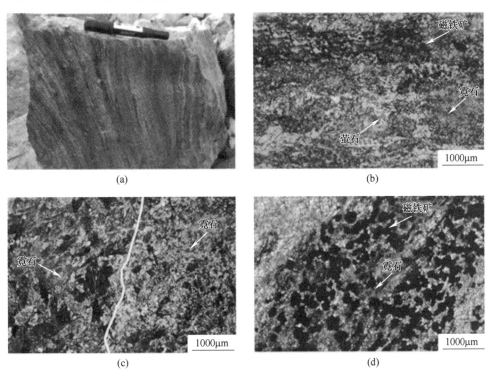

图1 东矿体深部霓石型铌稀土铁矿石手标本与显微照片特征（25×）

图2 东矿体深部霓石型铌稀土铁矿石中氟碳铈矿（a）与独居石（b）背散射电子图像

独居石（(Ce,La)PO$_4$）同样作为白云鄂博矿区分布最广泛的稀土矿物之一，产状形态多种多样，通常以极细小颗粒遍布各种矿石类型中，与磷灰石关系密切。东矿体深部浸染条带状霓石型铌稀土铁矿石中发现独居石呈粒状集合体或珠串状展布，粒度大小不一，具有典型的霓石型铌稀土铁矿石矿物组合（霓石-磁铁矿-独居石），局部可见独居石细脉，粒度明显要比早期独居石大，而且单矿物富集分离更容易一些，有利于选矿方面氟碳铈矿与独居石的分离（图2（b）和图4（b））。

图3　东矿体深部霓石型铌稀土铁矿石中黄河矿(a)与烧绿石(b)背散射电子图像

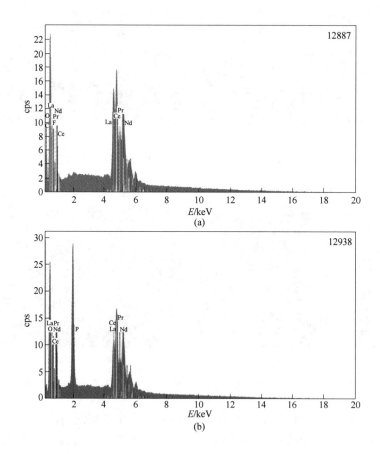

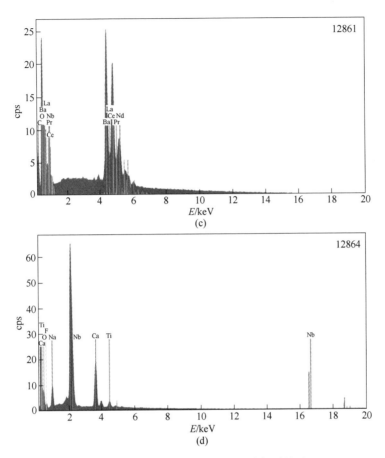

图 4　东矿体深部霓石型铌稀土铁矿石中氟碳铈矿(a)、
独居石(b)、黄河矿(c)与烧绿石(d)能谱分析图

黄河矿($Ba(Ce,La,Nd)(CO_3)_2F$)在电镜下多呈不规则粒状或片状集合体存在，多见于晚期脉中，常与霓石、重晶石、方解石、白云石、萤石、磷灰石等矿物共生。磷灰石以包体的形式出现在黄河矿中，黄河矿颗粒又被霓石矿物所包裹。重晶石作为晚期矿物沿裂隙充填，重晶石（$BaSO_4$）可能为晚期黄河矿的晶出提供了 Ba 元素的来源（图 3（a）和图 4（c））。

烧绿石（$(Na,Ca)_2Nb_2O_6(OH,F)$）属等轴晶系、均质矿物，正交偏光镜中一般为全黑，并且矿体中含量很低，所以在偏光显微镜中极难发现。通过扫描电镜发现烧绿石在深部霓石型铌稀土铁矿石中分布十分广泛，大多数样品在电镜下均可观察到，与萤石密切共生，多呈不规则粒状，个别颗粒较大，粒度可达0.1mm，内部包裹有萤石、霓石等细小矿物，萤石（CaF_2）的存在可能为烧绿石的形成提供了一个相对富 Ca 的环境（图 3（b）和图 4（d））。

4　结论

（1）白云鄂博东矿体深部霓石型稀土铁矿石中铁矿物主要为原生磁铁矿；稀土品位高达 8.50%，其中轻稀土占稀土总量的 97.97%，中重稀土占 2.03%，属于轻稀土富集型；铌矿物主要以烧绿石与易解石为主。

（2）东矿体深部霓石型铌稀土铁矿石具有浸染条带状构造，肉眼可观察到磁铁矿、霓石、稀土矿物及其他矿物相间分布，在显微镜下亦可见各类矿物具有明显方向性，局部见霓石发生重结晶现象，分布界限明显。

（3）东矿体深部霓石型铌稀土铁矿石中的早期氟碳铈矿以极细小的颗粒被包裹在霓石、萤石等矿物中，晚期的氟碳铈矿颗粒相对粗大；独居石具有典型的霓石型铌稀土铁矿石矿物组合；黄河矿与重晶石密切共生，重晶石为晚期黄河矿的晶出提供了 Ba 元素的来源；烧绿石与萤石密切共生，萤石为烧绿石的形成提供了一个相对富 Ca 的环境。

白云鄂博混合原矿中有害元素的
赋存状态研究

摘　要：采用主要化学成分分析、自动矿物分析系统、偏反光显微镜、场发射扫描电镜、能谱仪等手段对白云鄂博混合原矿中有害元素的化学成分、矿物组成、元素分布率以及矿物嵌布特征等方面进行研究。结果显示，白云鄂博混合原矿中有害元素的含量较高，P_2O_5 为 2.98%，F 为 8.89%，S 为 1.63%；混合原矿中的有害元素主要以独立矿物形式存在，包括萤石、氟碳铈矿、独居石和磷灰石、重晶石、黄铁矿等，而且元素分布率均高于 93%；混合原矿中包含有害元素的矿物在矿区内分布极为广泛，形态产状多种多样，有用矿物粒度细小，矿物共生组合与接触关系复杂，对高质量产品的生产影响较大。研究结果为该矿石今后生产工艺改造升级提供理论研究基础。

关键词：白云鄂博；混合原矿；有害元素；赋存状态

　　白云鄂博矿床是一个由多种、多期次地质作用形成的铁、稀土、铌等多金属共、伴生矿床，成矿作用复杂，矿石种类多样，矿石矿物含量、矿物组合差别明显，具有"贫、细、杂、多"的特点，资源利用难度较大。

　　白云鄂博矿自发现以来，国内外科研部门、专家学者对矿石开采、分选、冶炼以及综合利用等做了大量的研究工作，主要针对生产流程中铁、稀土、铌等有用元素的赋存状态进行了侧重研究，却忽略了有害元素在各个生产流程中起到的关键作用。随着白云鄂博矿开采深度的不断增加，矿石属性也由氧化矿石已转变为原生矿石，硫元素含量大幅度升高，稀土精矿中的铁磷比不稳定，镨钕配分也随之降低，矿石的矿物组成、矿物工艺性质、元素分布等均出现明显变化。其中有害元素赋存形式的演变尚未确认，相关科学问题亟待解决。本文以白云鄂博现行流程混合原矿中有害元素为研究对象，通过对其化学成分、矿物组成、有害元素分布率及其赋存状态等方面的研究，希望为白云鄂博现行工艺产品提质降杂与资源高效利用提供科学依据。

1　样品采集与分析方法

　　本次矿样采集分两部分组成，一是对主矿、东矿正在开采的台阶，以台阶为

　　原文刊于《矿产综合利用》2020 年 12 月，第 6 期；共同署名的作者有金海龙、李娜、魏威、郭春雷、王维维。

梯度、按矿石类型对矿体进行系统采样，共计 205 个样品；二是在宝山公司现行流程中碎车间皮带上采集混合原矿。多元素分析通过采用分光光度法来测定矿石样品中 SiO_2、P_2O_5，化学滴定法测定 F、TFe 的含量，高频红外碳硫仪进行 S 的测定，原子吸收光谱仪测定 Na_2O 与 K_2O，用 ICP-OES 测定 CaO，用 ICP-AES 测得 Nb_2O_5 和 REO，同时采用单偏光显微镜、场发射扫描电子显微镜与 MLA 矿物自动分析系统对混合原矿进行了系统研究。

2　分析结果

2.1　矿石化学成分

对主矿、东矿不同类型矿石以及生产车间混合原矿进行多元素测试，结果见表 1。

表 1　白云鄂博矿石多元素分析结果

样品编号	成分/%										岩　性
	Na_2O	K_2O	CaO	SiO_2	P_2O_5	F	S	TFe	REO	Nb_2O_5	
Z1	0.18	0.23	33.17	2.60	2.43	19.42	0.82	21.50	7.51	0.098	主矿萤石型铌稀土铁矿石
Z2	3.79	0.095	12.25	24.47	2.36	3.39	2.63	19.68	7.54	0.14	主矿霓石型铌稀土铁矿石
Z3	0.97	0.52	15.93	11.77	1.60	4.05	3.38	20.39	7.90	1.43	主矿钠闪石型铌稀土铁矿石
Z4	0.46	2.79	3.78	20.44	0.27	1.30	3.26	29.22	0.88	0.16	主矿云母型铌稀土铁矿石
Z5	0.16	0.092	25.56	2.77	1.79	7.58	0.76	13.20	5.49	0.25	主矿白云石型铌稀土铁矿石
Z6	1.17	0.37	5.88	8.56	1.79	2.27	0.85	47.27	4.55	0.058	主矿块状铌稀土铁矿石
Z7	6.16	0.027	5.61	35.00	2.08	0.39	2.35	11.74	6.90	0.22	主矿霓石型铌稀土铁矿石
Z8	0.094	3.57	3.91	29.52	0.20	0.28	1.16	21.39	0.19	0.0063	主矿云母型铌稀土铁矿石
Z9	0.9	0.14	24.00	7.81	1.51	1.59	0.62	6.70	3.49	0.027	主矿白云石型铌稀土铁矿石
D1	0.34	0.24	29.83	10.17	3.48	17.41	0.84	13.92	10.19	0.35	东矿萤石型铌稀土铁矿石
D2	4.52	0.045	8.71	20.66	2.91	5.00	0.68	14.79	12.52	0.25	东矿霓石型铌稀土铁矿石
D3	1.31	0.83	9.91	25.99	1.54	4.21	4.30	23.30	6.29	0.11	东矿钠闪石型铌稀土铁矿石
D4	0.67	4.11	4.53	19.95	0.53	1.76	0.14	25.50	3.34	0.19	东矿云母型铌稀土铁矿石
D5	0.21	0.25	18.75	5.39	1.42	3.76	0.78	15.49	5.29	0.043	东矿白云石型铌稀土铁矿石
D6	0.21	0.49	6.13	4.36	2.62	2.27	0.78	50.57	5.88	0.12	东矿块状铌稀土铁矿石
D7	3.35	0.017	13.96	19.66	0.61	0.48	1.07	11.40	1.22	0.024	东矿霓石型铌稀土矿石
D8	2.95	4.49	1.67	46.73	1.34	2.58	0.14	7.90	0.7	0.015	东矿云母型铌稀土铁矿石
D9	0.32	0.21	24.37	6.56	1.48	1.97	1.06	8.04	2.92	0.017	东矿白云石型铌稀土铁矿石
H0	1.09	0.37	14.88	14.18	2.98	8.89	1.63	25.51	7.26	0.13	生产车间混合原矿

由表 1 可知，主矿、东矿不同类型矿石中 P_2O_5 含量介于 0.20% ~ 3.48%，F 含量介于 0.28% ~ 19.42%，S 含量介于 0.14% ~ 4.30%，其中萤石型铌稀土铁矿石的 P_2O_5、F 与 REO 含量相对较高，可能是萤石、磷灰石与稀土矿物密切共生的原因；钠闪石型铌稀土铁矿石中 S 含量较高可能与黄铁矿的存在有关。生产车

间混合原矿中 P_2O_5、F、S 的含量分别为 2.98%、8.89%、1.63%，有害元素的含量相对较高，会对生产流程中精矿产品产生不良影响。

2.2 元素分布率

根据白云鄂博混合原矿中的矿物含量、有害元素总含量及矿物中有害元素含量理论值计算得出矿石中有害元素的分布率，计算结果见表 2 和表 3。

表 2 白云鄂博矿石矿物组成及含量

矿物名称	磁铁矿/赤铁矿	黄铁矿	磁黄铁矿	菱铁矿	钛铁矿	钡铁矿石	红钛锰矿	铅锰钛铁矿	菱锰矿	方铅矿
含量/%	35.49	1.86	0.16	0.51	0.40	0.12	0.23	0.08	0.26	0.04
矿物名称	闪锌矿	氟碳铈矿	独居石	氟碳钙铈矿	黄河矿	碳铈钠石	褐帘石	易解石	褐钇铌矿	铌铁金红石
含量/%	0.06	6.64	4.18	0.53	0.45	0.01	0.12	0.06	0.02	0.10
矿物名称	铌铁矿	黄绿石	包头矿	石英	长石	闪石	辉石	云母	蛇纹石	绿泥石
含量/%	0.08	0.03	0.01	1.77	1.06	5.34	5.71	3.01	0.09	0.29
矿物名称	白云石	方解石	菱锶矿	萤石	磷灰石	重晶石	其他矿物			
含量/%	5.38	1.32	0.01	16.75	3.63	3.51	0.71			

表 3 白云鄂博矿石有害元素的分布率 （%）

矿物类型	矿物名称	氟元素理论值	矿物含量	矿石氟总含量	氟的分布率	总计
含氟矿物	萤石	48.67	16.75	8.89	91.70	98.89
	氟碳铈矿	8.73	6.64		6.52	
	氟碳钙铈矿	7.07	0.53		0.42	
	黄河矿	4.56	0.45		0.23	
	黄绿石	5.22	0.03		0.02	
矿物类型	矿物名称	P_2O_5 理论值	矿物含量	矿石 P_2O_5 总含量	P_2O_5 的分布率	总计
含磷矿物	独居石	30.27	4.18	2.98	42.46	93.69
	磷灰石	42.06	3.63		51.23	
矿物类型	矿物名称	硫元素理论值	矿物含量	矿石硫总含量	硫的分布率	总计
含硫矿物	重晶石	13.74	3.51	1.63	29.59	95.70
	黄铁矿	53.45	1.86		60.99	
	磁黄铁矿	36.47	0.16		3.58	
	方铅矿	13.40	0.04		0.33	
	闪锌矿	32.90	0.06		1.21	

由表 3 可知，白云鄂博混合原矿氟元素主要赋存在萤石与氟碳铈矿中，二者含氟量之和占原矿氟总量的 98.22%；磷元素集中分布在独居石和磷灰石两种矿

物中，二者含磷量之和占原矿氟总量的 93.69%；硫元素主要赋存在重晶石与黄铁矿之中，其次为磁黄铁矿、方铅矿、闪锌矿等，硫的分布率高达 95.70%。

2.4　矿物特征

黄铁矿与重晶石是白云鄂博矿区分布比较广泛的含硫矿物，在主矿、东矿体内尤为常见。其中黄铁矿在钠闪石型铌稀土铁矿石中分布量最大，在其他类型矿石中虽亦有见到，但含量相对较少。黄铁矿结晶程度较好，一般呈立方体，显微镜下观察常呈正方形或长方形，与磁黄铁矿紧密共生，被磁黄铁矿所包裹，晶形保存完整，常见的共生矿物还有钠闪石、霓石、方铅矿、闪锌矿等（图 1（a））。

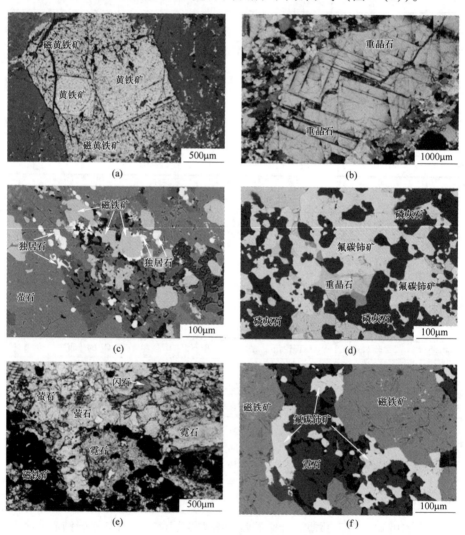

图 1　白云鄂博矿石矿物嵌布特征

　　重晶石一般呈细粒集合体，粒径多在-0.1mm，多以细条带的形式分布在萤石型铌稀土铁矿石或霓石型铌稀土铁矿石中，但在晚期脉中可发现重晶石斑晶，颗粒长达数厘米左右，而且在矿石间隙中可见完整的长板状重晶石晶体（图1（b））。

　　独居石作为白云鄂博矿区分布最广泛的稀土矿物之一，产状形态多种多样，通常以极细小颗粒遍布各种矿石类型中，与磷灰石关系密切。独居石以"独居"为特点，零星分布，有时呈串珠状展布，粒度大小不一，可见不规则状独居石沿磁铁矿裂隙结晶（图1（c））。磷灰石作为火成岩及变质岩中常见的副矿物，广泛分布于矿区的白云岩和各类矿石之中，以条带状萤石型矿石中为最多，在霓石型矿石中次之。磷灰石常与萤石、氟碳铈矿、重晶石等矿物密切共生，晶形比较完整，由粒状到长柱状均有结晶（图1（d））。

　　在白云鄂博矿区萤石分布极为广泛，而且由于氟交代作用的强度不同，各矿体萤石的矿化作用也有所不同。主矿的萤石分布量明显多于东矿，西矿和东部接触带分布相对较少，萤石赋存在各种矿石类型中。萤石主要以条带状与浸染状两种形式产出。萤石多为不规则粒状，颜色呈不同程度的紫色，偶见黑紫色或无色。常见的共生矿物有氟碳铈矿、独居石、霓石、白云石等，有时可见萤石、磁铁矿、白云石、稀土矿物等近似平行地间隔分布（图1（e））。氟碳铈矿作为整个矿区分布最广泛的稀土矿物，在各种矿石类型中也均有产出。氟碳铈矿多呈不规则粒状集合体或珠串状分布，与霓石、烧绿石、萤石、重晶石等矿物密切共生，早期的氟碳铈矿以极细小的颗粒被包裹在磁铁矿、霓石、萤石等矿物中，晚期的氟碳铈矿颗粒相对粗大，以不规则状析出于其他矿物晶粒间（图1（f））。

3　结论

　　（1）白云鄂博现行流程生产车间混合原矿中有害元素 P_2O_5、F、S 的含量不低，可能会对后续的生产流程产生不良影响，势必引起高度重视。

　　（2）混合原矿中的有害元素主要以独立矿物形式存在，包括萤石、氟碳铈矿、独居石和磷灰石、重晶石、黄铁矿等，而且元素分布率均在93%以上。其中部分有害元素赋存在氟碳铈矿、萤石等有用矿物中，一定程度上降低了除杂难度。

　　（3）白云鄂博混合原矿中包含有害元素的矿物在矿区内分布极为广泛，以不同产状在各种矿石类型中均有产出。矿石类型多样、有害矿物种类复杂、有用矿物粒度细小，这些是影响白云鄂博矿石选别指标与资源利用不可忽视的重要原因。

白云鄂博东矿各矿石类型
稀土元素配分特征研究

摘　要：在结合矿石分布与系统布点、取样的基础上，通过元素分析结果与地球化学、统计学等研究方法相结合，以白云鄂博矿床东矿体内现存各类型矿石为研究目标，开展了多方面的研究，发现当前采场内东矿体深部稀土最重要的矿石类型有：霓石型、萤石型和白云石型3大类共5种矿石类型；总体而言铁矿石中稀土含量较非铁矿石要高，在白云石型与云母型矿石中 REO 与 Fe 有较为明显的正相关性；矿体中 LREE、HREE 分异程度较大，镧、铈、镨、钕四种元素的氧化物含量占稀土氧化物总量的 93% 以上，是最主要的 REE 元素种类；配分型式结果显示，矿体中 LREE 分馏程度高且较为富集，HREE 显著亏损；各类型矿石中 REE 显现明显的负铕异常，与学术界中"热液叠加、多次交代"的成矿观点相吻合。本研究过程系统阐述了东矿体深部各类型矿石中的 REE 分布与配分模式，为进一步揭示白云鄂博矿床成因和综合利用深部稀土资源提供了一定的科学依据和理论基础。

关键词：白云鄂博；东矿体；稀土元素；配分型式

　　白云鄂博矿因其复杂多变地质现象、扑朔迷离的矿床成因以及储量巨大的稀土资源，吸引着全世界的地学研究者，该矿床现已发现 180 多种矿物，其中有 20 多种元素和矿物资源理论上可综合利用。矿床中各类型矿石矿体分布边界明显，是采场生产、分类堆放的重要参考依据，近年矿床发展重心由铁向稀土实施战略转移，因此适时掌握矿体中不同矿石类型的稀土配分特征具有重要意义。现有文献资料中针对白云鄂博东矿体内不同类型矿石 REE 配分的系统研究鲜有见闻，20 世纪中叶多家科研院所与高校对该矿床开展过数次较为集中的科学研究攻关，但伴随采场深度逐年增大，采场现有地质现状、矿物组成和元素配分与上部已有所不同，故基于现有地质现状，系统研究东矿体深部各类型矿石的 REE 配分特征具有一定的现实与科学意义。

1　实验

1.1　矿石分类

　　矿床中，依据成因区别将矿床中的矿石分成 10 种不同的成因类型，其中

　　原文刊于《稀土》2022 年 10 月，第 43 卷第 5 期；共同署名的作者有李强、刘雁江、魏威、金海龙、郭春雷、王维维。

"透辉石型铌稀土矿石"出产于整个矿体上部，经过半个多世纪的生产开采，该矿石类型已基本消失，所以本课题采样过程未能收集到该类型样品，所以当前采场内仅存9种矿石类型，此次采样工作完成了现有所有矿石类型的采集。

1.2 采样与制备

此次研究，依据生产现场实际情况、生产台阶现状等，以样品具有矿石类型代表性为总原则，沿原有勘探线位置，在采坑内运用网格布点法布置取样点，取样点平均散布在东矿体开采境界范围内，本研究过程共设置57个取样点，一个取样点样品视作1个单独样品，结合Fe、REO、Nb元素分析剔除不合格单样，最后确定东矿体中有52个有效取样点。各矿石类型数量如下：萤石型铌稀土铁矿石，5个；云母型铌稀土铁矿石，2个；白云石型铌稀土铁矿石，3个；白云石型铌稀土矿石，19个；霓石型铌稀土铁矿石，1个；霓石型铌稀土矿石，4个；块状铌稀土铁矿石，2个；云母型铌稀土矿石，9个；钠闪石型铌稀土铁矿石，7个。

结合单样在矿石类型中数量分布情况与取样点分布图可知，东矿体采场南帮的云母型和北帮的白云石型铌稀土矿石分布最多，与生产现场分布情况一致。单个样品经过破碎、混匀和缩分，将同类型矿石进行再次混合、再缩分得到矿石类型最终样品，经ICP-AES（Thermo Scientific iCAP 6000）分析得各类型矿石中 Y_2O_3、La_2O_3、CeO_2、Pr_6O_{11}、Nd_2O_3、Sm_2O_3、Eu_2O_3、Gd_2O_3、REO含量见表1，经ICP-MS（Perkin Elmer NexION 300Q）分析得各类型矿石中 Sc_2O_3、Tb_4O_7、Dy_2O_3 含量见表1。

表1 东矿各类型矿石 REE 配分结果

类 型	配分（质量分数）/%												
	Sc_2O_3	Y_2O_3	La_2O_3	CeO_2	Pr_6O_{11}	Nd_2O_3	Sm_2O_3	Eu_2O_3	Gd_2O_3	Tb_4O_7	Dy_2O_3	TFe	REO
萤石型铌稀土铁矿石	0.0081	0.031	1.62	3.29	0.3	0.94	0.066	0.017	0.031	0.0009	0.0025	29.38	6.3
白云石型铌稀土铁矿石	0.0095	0.024	1.29	2.48	0.23	0.73	0.045	0.012	0.021	0.0008	0.0025	28.24	4.84
霓石型铌稀土铁矿石	0.018	0.033	1.43	3.91	0.39	1.15	0.082	0.021	0.036	0.0015	0.005	21.04	7.06
块状铌稀土铁矿石	0.0036	0.0092	0.046	0.26	0.056	0.33	0.019	0.005	0.007	0.0008	0.0022	47.82	0.74
钠闪石型铌稀土铁矿石	0.012	0.04	0.88	1.94	0.21	0.7	0.071	0.0076	0.019	0.0008	0.002	27.48	3.87

续表1

类　型	配分(质量分数)/%												
	Sc_2O_3	Y_2O_3	La_2O_3	CeO_2	Pr_6O_{11}	Nd_2O_3	Sm_2O_3	Eu_2O_3	Gd_2O_3	Tb_4O_7	Dy_2O_3	TFe	REO
云母型铌稀土铁矿石	0.009	0.017	0.88	1.86	0.19	0.64	0.041	0.01	0.014	0.001	0.0031	25.94	3.66
白云石型铌稀土矿石	0.005	0.0066	0.85	1.71	0.17	0.51	0.033	0.0066	0.011	0.0007	0.0018	11.12	3.3
霓石型铌稀土铁矿石	0.015	0.043	2.31	4.51	0.41	1.24	0.092	0.023	0.042	0.0012	0.003	13.78	8.67
云母型铌稀土矿石	0.0057	<0.005	0.44	0.92	0.077	0.25	<0.005	<0.005	<0.005	<0.0003	<0.0003	10.39	1.69

2　结果与分析

2.1　各类型矿石 REE 配分结果

表1为东矿体采场内现有9种矿石类型 REE 分析结果，结合各矿石类型的单样数加权计算东矿体采场内所有矿石类型的平均 REO 品位为3.88%。由表1可见各矿石类型的稀土总量（不含 Sc_2O_3）关系为：霓石型铌稀土矿石（8.67%）>霓石型铌稀土铁矿石（7.06%）>萤石型铌稀土铁矿石（6.3%）>白云石型铌稀土铁矿石（4.84%）>钠闪石型铌稀土铁矿石（3.87%）>云母型铌稀土铁矿石（3.66%）>白云石型铌稀土矿石（3.30%）>云母型铌稀土矿石（1.69%）>块状铌稀土铁矿石（0.74%）。

2.2　REE 与 Fe 相关性分析

依据各矿石类型 REO 与 TFe 的品位，分析两者含量的相关性，如图1所示。

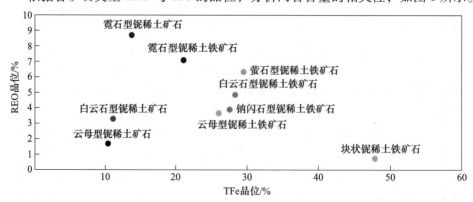

图1　各类型矿石 REO 品位与全铁品位关系图

从图 1 中可以看出，REO 与 TFe 在矿石类型间的关系并非线性，但总体而言 6 种铁矿石类型其中有 5 种 REO 均在 3.5%以上，铁矿石中 REO 含量整体较非铁矿石稍高，特别是在白云石型和云母型中体现较为明显，白云石型的铁矿石较非铁矿石 REO 高 46%，云母型铁矿石较非铁矿石 REO 高 116%；从矿石类型角度分析霓石型（铁）矿石 REO 品位最高（大于 7%），其次是萤石型（6.3%）和白云石铁矿石（4.84%），以上三种矿石类型也是矿床中最主要的三种稀土矿石类型，其中白云石型铌稀土矿石在矿床内的储量巨大，地质勘查工作上至今仍未能控制其矿体边界。

2.3　REE 分配特征分析

本文按照镧（La）、铈（Ce）、镨（Pr）、钕（Nd）为轻稀土（LREE），钐（Sm）、铕（Eu）、钆（Gd）、铽（Tb）、镝（Dy）、钬（Ho）、铒（Er）、铥（Tm）、镱（Yb）、镥（Lu）、钇（Y）为中重稀土（M&HREE），将稀土元素划分为轻和中重稀土两类，钪（Sc）单独计。

由表 2 可见，该矿体内 9 种矿石类型中，除块状类型铁矿石外，LREE 中 Ce 的含量（以 Ce_2O_3 计）占 REO 总量的 50%以上，最多；Pr 的含量（以 Pr_6O_{11} 计）占 REO 总量的低于 6%，最少；La 比 Nd 的含量要大（以 La_2O_3、Nd_2O_3 计）；以上 4 种元素为该矿体内最主要的 REE 成分，四者合计占 REO 总量 93%以上，其中在 REO 较高的霓石型、萤石型和白云石型三大类，共 5 种类型矿石中 LREE 的占比均在 97%以上，对比主矿体中重稀土含量总体高出近 1%，表明矿体中轻、重稀土元素分异较大，且分异程度随 REO 总量的增加有所加强。

表 2　不同矿石类型 LREE、M&HREE 含量关系（质量分数）　　　（%）

矿石类型	REO(轻)	REO(中重)	轻稀土元素含量关系	REO(轻) /REO	REO(中重) /REO
萤石型铌稀土铁矿石	×.15	0.15	Ce>La>Nd>Pr	97.64	2.36
白云石型铌稀土铁矿石	×.73	0.11	Ce>La>Nd>Pr	97.82	2.18
霓石型铌稀土铁矿石	×.88	0.18	Ce>La>Nd>Pr	97.47	2.53
块状铌稀土铁矿石	×.69	0.05	Nd>Ce>Pr>La	93.20	6.80
钠闪型铌稀土铁矿石	×.73	0.14	Ce>La>Nd>Pr	96.38	3.62
云母型铌稀土铁矿石	×.57	0.09	Ce>La>Nd>Pr	97.54	2.46
白云石型铌稀土矿石	×.24	0.06	Ce>La>Nd>Pr	98.19	1.81
霓石型铌稀土矿石	×.47	0.20	Ce>La>Nd>Pr	97.69	2.31
云母型铌稀土矿石	×.69	0	Ce>La>Nd>Pr	100	0

2.4　REE 配分型式及指示意义分析

结合各类型矿石分布数量与 REE 分配特征分析，东矿体中 LREE 分配特征与主矿一致为：Ce>La>Nd>Pr，呈现较为明显的奇偶效应，即稀土元素序列中在偶数位的 REE 含量同时大于与其相邻的两个奇数 REE 的含量，通常研究过程中为了研究的便利性，会将 REE 配分数据进行标准化预处理，以消除奇偶效验，即将 REE 数据除以选定的球粒陨石稀土配分数据中对应 REE 数据，再依据标准化配分数据绘出 REE 配分型式图，进一步研究 REE 配分特征。

本文 REE 数据标准化处理，参考 Boynton（1984 年）球粒陨石 REE 数据。东矿体各类型矿石 REE 含量标准化处理结果及 Eu 异常度 δEu，见表 3。

δEu 计算公式如下：

$$\delta Eu = \frac{(Eu)_N}{0.5(Sm + Nd)_N}$$

式中，N 代表标准化数据。

表 3　REE 含量标准化处理结果　　　　　　　　　　　$(\times 10^{-6})$

元素	萤石型铌稀土铁矿石	白云石型铌稀土铁矿石	霓石型铌稀土铁矿石	块状铌稀土铁矿石	钠闪石型铌稀土铁矿石	云母型铌稀土铁矿石	白云石型铌稀土矿石	霓石型铌稀土矿石	云母型铌稀土矿石
La	44560.452	35483.323	39334.226	1265.297	24205.677	24205.677	23380.484	63539.903	12102.839
Ce	33148.379	24987.228	39395.186	2619.629	19546.460	18740.421	17229.097	45440.483	9269.455
Pr	20353.279	15604.180	26459.262	3799.279	14247.295	12890.410	11533.525	27816.148	5224.008
Nd	13432.600	10431.700	16433.500	4715.700	10003.000	9145.600	7287.900	17719.600	3572.500
Sm	2918.892	1990.154	3626.503	840.287	3140.021	1813.251	1459.446	4068.759	0.000
Eu	1997.442	1409.959	2467.429	587.483	892.974	1174.966	775.478	2702.422	0.000
Gd	1038.560	703.541	1206.0692	34.514	636.537	469.027	368.521	1407.081	0.000
Tb	161.430	143.494	269.051	143.494	143.494	179.367	125.557	215.241	0.000
Dy	67.648	67.648	135.295	59.530	54.118	83.883	48.706	81.177	0.000
δEu	0.244	0.227	0.246	0.211	0.136	0.214	0.177	0.248	0.000

依据各矿石类型 REE 标准化数据，绘出 REE 配分型式图见图 2，其中除块状铌稀土铁矿石（Massive type Nb-REE-Fe ore）的 LREE 部分存在亏损异常外，其余类型矿石的 REE 配分型式近乎一致，指示该矿体中的各类型矿石存在相同的成因关联。结合表 2、表 3 和图 2 可得，该矿体轻、重稀土分异较大，轻稀土分馏程度较高且更为富集，重稀土则较为亏损，为重稀土亏损型，初步分析其原因与轻、重稀土元素迁移能力及元素的相溶性差异存在密切联系。

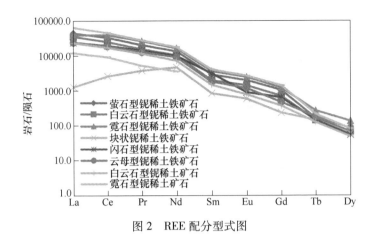

图 2　REE 配分型式图

依据地球化学的研究观点，将 δEu 值分为 Eu 的正异常（δEu>1）、无异常（δEu=1）和负异常（δEu<1），δEu 值越小，则指示矿石中 REE 分异指数越大，分离结晶较强烈、分异度较高。前人认为形成此现象的主要地质作用包含：广泛交代、多次分馏及多阶段分离结晶等（Zielinski 和 Frey）。由表 3 中各矿石类型 δEu 值可知，该矿体内现有全部稀土矿石的稀土配分均呈明显的负 Eu 异常，此结果与主矿体研究结果一致，与学术界中"热液叠加、多次交代"的成矿观点相吻合，一定程度上也表明了主矿、东矿体具有相对一致的成矿条件。

3　结论

（1）霓石型、萤石型和白云石型的 3 大类，共 5 种铌稀土（铁）矿石类型是东矿体中最重要的稀土矿石类型；按矿石类型加权计算 REO 平均为 3.88%，较主矿的 4.44% 略低。

（2）矿石中 REO 与 Fe 在白云石型与云母型矿石中有较为明显的正相关性，总体而言铁矿石中 REO 较高，但较主矿体中 REO 与 Fe 的相关性存在一定差异。

（3）矿体中 LREE、HREE 分异程度较大，镧、铈、镨、钕四者氧化物含量占 REO 总量的 93% 以上，是矿体中最主要的 REE 种类，与主矿体配分比例基本一致。

（4）配分型式结果显示，矿体中 LREE 分馏程度高且较为富集，HREE 显著亏损；各类型矿石中 REE 显现明显的负 Eu 异常，与主矿一致，与学术界中"热液叠加、多次交代"的成矿观点相吻合，一定程度说明了主矿、东矿体的成因一致性。

看彩图

白云鄂博主矿各矿石类型
稀土配分特征研究

摘 要：在现场勘查和系统采样的基础上，经多元素检测结合统计学和地球化学研究方法等对白云鄂博主矿体内 9 种矿石成因类型进行了多角度的分析与研究，研究发现该矿体中最主要的稀土矿石类型为萤石型、霓石型和白云石型的铌稀土（铁）矿石；矿石中稀土与铁存在一定的相关性，表现为铁品位接近 30% 的矿石类型稀土品位相对较高；矿体内轻、重稀土元素分异大，La、Ce、Pr、Nd 为矿体内最主要的稀土元素，四者含量（REO）占稀土总量的 92% 以上；从稀土元素配分型式看，矿体中轻稀土分馏程度高且富集，重稀土相对亏损；矿石中稀土元素呈现负铕异常，一定程度上契合了白云鄂博矿床成因研究中部分学者提出的"热液叠加、多次交代"的矿床成因观点。

关键词：白云鄂博；稀土元素；配分特征

  白云鄂博矿床因其丰富的稀土资源而闻名于世，其复杂多变的矿物组成和地质现象被誉为"天然的地质博物馆"，吸引着全世界地质、矿床、矿物学者的研究目光，该矿床中蕴含 71 种元素组成的 180 余种矿物，其中可综合利用的元素和矿物资源多达 26 种。矿床中矿石成因类型分 10 种，各矿石类型分布区域较大且界限明显，是现场开采和分类堆存的重要参考指标，当前矿床内铁资源保有量已不足，稀土资源将是矿床中未来最主要的经济矿种，深入了解各矿石类型中稀土的配分特征对高效开发、利用这一资源尤为重要。然而，以往的相关研究中针对不同矿石类型稀土配分特征的系统性研究却鲜有见闻，虽矿山建设之初，对矿床地质、资源状况进行过多次规模较大的集中科研攻关，但伴随 60 多年的生产开采，采场深度不断加大，深部地质条件、矿石特征和元素配分已与浅部资源不尽相同，故系统研究基于当前地质条件下的各矿石类型稀土元素配分特征具有较大的现实指导意义。

1 实验部分

1.1 矿石类型划分

  该矿床依据成因，将矿体内的矿石划分为 10 种矿石成因类型，其中围岩中的"透辉石型铌稀土矿石"主要产于铁矿体上部，经多年开采，现该类型矿石

原文刊于《稀土》2021 年 10 月，第 42 卷第 5 期；共同署名的作者有李强。

已基本剥离殆尽，本研究采样过程未能采集到该矿石类型，故现采场内实际保有矿石类型为9种，本次采样覆盖了现有全部矿石类型。

1.2 样品采集与制备

依据采场台阶实际及工作面情况，以具有代表性为原则，在勘探线上，采用网格布点法在采场范围内布置采样点，采样点均匀覆盖整个采场境界范围，本次共布置99个采样点，每个采样点样品视为1个单样，经过样品筛选剔除部分不合格样品，最终确定78个有效单样。各矿石类型数量为：萤石型铌稀土铁矿石18个；钠闪石型铌稀土铁矿石4个；白云石型铌稀土铁矿石1个；白云石型铌稀土矿石20个；霓石型铌稀土铁矿石3个；霓石型铌稀土矿石2个；云母型铌稀土铁矿石2个；云母型铌稀土矿石25个；块状铌稀土铁矿石3个。

由样品数量分布可以看出，位于采场南帮的云母型铌稀土矿石、北帮的白云型铌稀土矿石和采坑深部接近铁矿体位置的萤石型铌稀土矿石分布最多，符合采场矿石类型实际分布。

单样经破碎、混匀、缩分后，同矿石类型混合、再缩分，经多元素分析得各稀土元素配分。

2 结果与讨论

2.1 各矿石类型稀土元素分析结果

表1为白云鄂博主矿内现存9种矿石类型的稀土元素配分结果，结合样品数量加权计算分析本研究过程矿石样品的平均稀土品位为4.44%。由表1可知，各矿石类型的稀土总量（不含 Sc_2O_3）关系为：霓石型铌稀土铁矿石（9.1%）>萤石型铌稀土铁矿石（8.1%）>白云石型铌稀土铁矿石（7.74%）>霓石型铌稀土矿石（7.64%）>钠闪石型铌稀土铁矿石（4.58%）>白云石型铌稀土矿石（4.36%）>块状铌稀土铁矿石（3.12%）>云母型铌稀土铁矿石（2.03%）>云母型铌稀土矿石（1.24%）。

表1 主矿各矿石类型组合样稀土元素分析结果

矿石类型	成分(质量分数)/%												
	Sc_2O_3	Y_2O_3	La_2O_3	CeO_2	Pr_6O_{11}	Nd_2O_3	Sm_2O_3	Eu_2O_3	Gd_2O_3	Tb_4O_7	Dy_2O_3	TFe	REO
萤石型铌稀土铁矿石	0.011	0.034	2.08	4.23	0.40	1.22	0.085	0.014	0.038	0.001	0.0028	28.40	8.10
白云石型铌稀土铁矿石	0.0061	0.028	2.20	4.00	0.36	1.03	0.076	0.017	0.028	0.0012	0.004	37.66	7.74

续表1

矿石类型	成分(质量分数)/%												
	Sc_2O_3	Y_2O_3	La_2O_3	CeO_2	Pr_6O_{11}	Nd_2O_3	Sm_2O_3	Eu_2O_3	Gd_2O_3	Tb_4O_7	Dy_2O_3	TFe	REO
霓石型铌稀土铁矿石	0.011	0.029	2.67	4.60	0.42	1.22	0.094	0.018	0.047	0.0004	0.001	29.19	9.10
块状铌稀土铁矿石	0.013	0.0068	0.50	1.55	0.20	0.80	0.048	0.0062	0.0098	0.0007	0.002	51.19	3.12
钠闪石型铌稀土铁矿石	0.026	0.023	1.08	2.18	0.25	0.93	0.066	0.014	0.03	0.0006	0.0023	36.85	4.58
云母型铌稀土铁矿石	0.018	0.046	0.30	0.98	0.11	0.49	0.06	<0.005	0.042	0.0004	0.001	38.77	2.03
白云石型铌稀土矿石	0.0059	0.0086	1.17	2.27	0.20	0.62	0.045	0.0086	0.034	0.0008	0.0026	8.83	4.36
霓石型铌稀土矿石	0.0084	0.026	2.19	3.90	0.36	1.04	0.077	0.016	0.027	0.0013	0.0045	13.91	7.64
云母型铌稀土矿石	0.010	<0.005	0.21	0.68	0.067	0.27	0.011	<0.005	<0.005	<0.0003	0.0005	18.85	1.24

2.2　稀土与铁的相关性分析

　　各矿石类型中稀土品位与铁品位的相关性（图1）。由图1可以看出，相同成因类型的铁矿石稀土品位普遍高于非铁矿石，可见同类型矿石时，稀土与铁品位在一定程度上呈正相关关系；从矿石类型来看，霓石型（铁）矿石的稀土品位最高，其次是萤石型铁矿石和白云石型（铁）矿石，云母型（铁）矿石的稀土品位最低。其中霓石型是矿体中稀土品位最高的矿石类型；萤石型矿石在矿床中赋存位置邻近铁矿体，故该成因类型只有铁矿石，是当前随铁资源采出富集稀

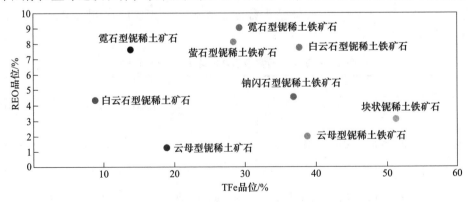

图1　各矿石类型稀土品位与铁品位关系图

土的重要矿石来源；白云石型铌稀土矿石是矿床内储量最多的矿石类型，也是矿床内最为重要的稀土资源矿石类型。

由图1可见，稀土与铁有如下的相关性：除云母型（铁）矿石外，铁品位小于30%的矿石类型其稀土品位与铁品位大致呈正相关，铁品位大于30%的矿石类型，稀土品位与铁品位大致呈负相关，即该矿床中各矿石类型的综合稀土品位呈现以TFe品位30%时为最高点向两侧递减的态势。

2.3 各矿石类型轻、中重稀土分配特征

稀土元素划分为轻、中重稀土两大类，其中La、Ce、Pr、Nd为轻稀土元素，Sm、Eu、Gd、Tb、Dy、Ho、Er、Tm、Yb、Lu、Y为中重稀土元素，Sc单独计量。

表2为各矿石类型轻、中重稀土含量关系。由表2可见，轻稀土元素中Ce在各矿石类型中的含量最高，Pr含量最低，除稀土品位最低的三种矿石类型：块状铌稀土铁矿石和云母型铌稀土（铁）矿石外，其他六种矿石类型中La的含量均大于Nd，矿体内最主要的四种稀土元素为La、Ce、Pr、Nd，四者含量占稀土总量的92%以上，其中稀土品位最高的霓石型、萤石型和白云石型铌稀土（铁）矿石中均在98%左右，可以看出该矿床内轻、重稀土元素分异较大。

表2　各矿石类型轻、中重稀土含量关系（质量分数）　　　（%）

矿石类型	REO(L)	REO(MH)	轻稀土含量关系	REO(L)/REO*	REO(MH)/REO*
萤石型铌稀土铁矿石	×.93	0.17	Ce>La>Nd>Pr	0.979	0.021
白云石型铌稀土铁矿石	×.59	0.15	Ce>La>Nd>Pr	0.981	0.019
霓石型铌稀土铁矿石	×.91	0.19	Ce>La>Nd>Pr	0.979	0.021
块状铌稀土铁矿石	×.05	0.07	Ce>Nd>La>Pr	0.962	0.038
钠闪石型铌稀土铁矿石	×.44	0.14	Ce>La>Nd>Pr	0.969	0.031
云母型铌稀土铁矿石	×.88	0.15	Ce>Nd>La>Pr	0.926	0.074
白云石型铌稀土矿石	×.26	0.1	Ce>La>Nd>Pr	0.977	0.023
霓石型铌稀土矿石	×.49	0.15	Ce>La>Nd>Pr	0.980	0.020
云母型铌稀土矿石	×.23	0.01	Ce>Nd>La>Pr	0.992	0.008

注：REO(L)为轻稀土氧化物，REO(MH)为中重稀土氧化物；*为无量纲。

2.4 稀土元素配分型式及其指示意义

考虑矿石类型的权重，综合评价该采场内轻稀土元素的配分特征为Ce>La>Nd>Pr，呈现稀土元素在地壳中的分布特点：奇偶效应（即序号为偶数的稀土元素丰度大于相邻奇数元素的丰度），为便于研究，地球化学研究中通常将稀土元素数据进行标准化处理，即将稀土元素含量除以球粒陨石中对应稀土元素的含

量，来消除奇偶效应，进一步绘制稀土元素配分型式图，分析稀土元素配分特征。

本文数据标准化处理过程，球粒陨石含量参考 Boynton（1984）数据。各矿石类型稀土元素经标准化数据转换结果及铕异常度 δEu 见表 3。

表 3　各矿石类型稀土元素标准化处理数据　　　　　　　　（×10⁻⁶）

元素	萤石型铌稀土铁矿石	白云石型铌稀土铁矿石	霓石型铌稀土铁矿石	块状铌稀土铁矿石	钠闪石型铌稀土铁矿石	云母型铌稀土铁矿石	白云石型铌稀土矿石	霓石型铌稀土矿石	云母型铌稀土矿石
La	57213. 419	60514. 194	73442. 226	13753. 226	29706. 968	8251. 935	32182. 548	60239. 129	5776. 355
Ce	42619. 344	40301. 980	46347. 277	15617. 017	21964. 579	9873. 985	22871. 374	39294. 431	6851. 337
Pr	27137. 705	24423. 934	28494. 590	13568. 852	16961. 066	7462. 869	13568. 852	24423. 934	4545. 566
Nd	17433. 800	14718. 700	17433. 800	11432. 000	13289. 700	7002. 100	8859. 800	14861. 600	3858. 300
Sm	3759. 179	3361. 149	4157. 210	2122. 831	2918. 892	2653. 538	1990. 154	3405. 374	486. 482
Eu	1644. 952	1997. 442	2114. 939	728. 479	1644. 952	0. 000	1010. 471	1879. 946	0. 000
Gd	1273. 073	938. 054	1574. 591	328. 319	1005. 058	1407. 081	1139. 066	904. 552	0. 000
Tb	179. 367	215. 241	71. 747	125. 557	107. 620	71. 747	143. 494	233. 177	0. 000
Dy	75. 765	108. 236	27. 059	54. 118	62. 236	27. 059	70. 353	121. 766	13. 530
δEu	0. 155	0. 221	0. 196	0. 107	0. 203	0. 000	0. 186	0. 206	0. 000

铕异常度 δEu 计算方法如下（N 为标准化处理后数据）：

$$\delta Eu = \frac{(Eu)_N}{0.5(Sm + Nd)_N}$$

依据表 3 绘制白云鄂博主矿各矿石类型稀土元素配分型式如图 2 所示。由图

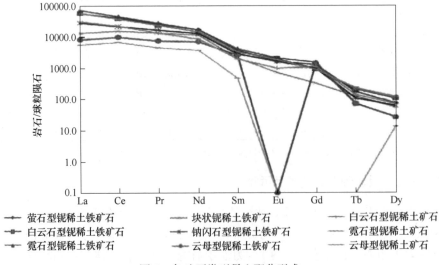

图 2　各矿石类型稀土配分型式

2 可见，9 种矿石类型除云母型铌稀土（铁）矿石有明显的负铕异常外，其他 7 种矿石类型配分型式基本近似，表明它们有着共同的成因联系。从配分型式图和上述 LREO/REO 的值都可以看出，矿体中轻、重稀土元素分异程度大，轻稀土分馏程度高且富集，重稀土相对亏损，其原因与轻重稀土元素的迁移能力和元素相溶性差异有密切联系。

据地球化学研究观点，δEu>1 为铕正异常，δEu = 1 为铕无异常，δEu<1 为铕负异常。δEu 值越小，则矿石分异指数越大，分离结晶强烈、分异度高。其形成原因有：多次分馏、广泛交代作用及多阶段分离结晶的结果（Zielinski 和 Frey）。结合表 3 可知，所有矿石类型均呈现出负铕异常的特征，该分析结果一定程度上契合了白云鄂博矿床成因研究中部分学者提出的"热液叠加、多次交代"的矿床成因观点。

3　结论

（1）当前矿体中最主要的稀土矿石类型为萤石型铌稀土铁矿石、霓石型铌稀土（铁）矿石和白云石型铌稀土（铁）矿石；按矿石类型计稀土平均品位为 4.44%。

（2）矿石中稀土与铁的含量存在一定的相关性，全铁品位接近 30% 的矿石类型稀土品位较高。

（3）矿体内轻、重稀土元素分异大，其中最主要的四种稀土元素为 La、Ce、Pr、Nd，其含量占稀土总量的 92% 以上。

（4）从稀土元素配分型式看，矿体中轻稀土分馏程度高且富集，重稀土相对亏损；矿石中稀土元素呈现负铕异常，一定程度上契合了白云鄂博矿床成因研究中部分学者提出的"热液叠加、多次交代"的矿床成因观点。

看彩图

白云鄂博东矿体深部
不同类型矿石的地球化学特征研究

摘　要：采用 SPSS 软件、偏反光显微镜等手段对白云鄂博东矿体深部不同类型矿石的化学成分、矿石特征、地球化学特征等方面进行了研究。结果显示，白云鄂博东矿体深部不同类型矿石中铁、稀土、铌的平均品位分别为 28.95%、6.07%、0.11%，REE 型式为右倾轻稀土富集型，轻重稀土发生强烈分馏，其中特定元素含量较高与所含矿物的富集相关，从宏观到微观表现出矿石条带分布与矿物定向排列。通过相关性与 Q 型聚类分析发现，铁的成矿可能是一个较为相对独立的过程，而稀土元素显示出良好的自相关性，矿区内广泛分布的碱性交代与稀土成矿作用密切相关。

关键词：白云鄂博；东矿深部；矿石特征；地球化学

　　白云鄂博矿是世界罕见的超大型铁、稀土、铌等多金属共伴生矿床，稀土储量世界第一、铌储量世界第二，并伴生多种可利用的稀散、放射性元素。白云鄂博矿自发现以来，国内外科研部门、专家学者对白云鄂博矿床开展多学科、多方向地质研究，在矿床成因、成矿时代、成矿物质来源、矿石物质成分等方面取得了重大进展。随着白云鄂博矿开采深度的增加，主矿体逐渐变薄，东矿体矿石铁品位也随之降低，许多具有代表性的地质现象也同时发生着变化，矿石已由氧化矿石转变为原生矿石，矿石中氟碳铈矿与独居石的比例也发生变化，矿石的矿物组成、矿物工艺性质、元素分布等也出现明显变化，不同矿石类型中稀土、铌元素地球化学行为的演变尚未确认，相关科学问题亟待解决。本文以白云鄂博东矿体深部（海拔 1400m 以下）不同类型矿石为研究对象，通过对其化学成分、矿石特征、地球化学特征等方面的研究，为白云鄂博深部资源高效开发与综合利用提供科学依据。

1　地质概况

　　白云鄂博矿位于华北克拉通北缘，矿区东西长 16km，南北宽 3km，总面积约 48km²，自西向东产出西矿、主矿、东矿、东介格勒格和东部接触带 5 个主要矿体。东矿体形态比主矿略为复杂，平面图上呈扫帚状，西段狭窄，东段宽大，

原文刊于《稀土》2021 年 10 月，第 42 卷第 5 期；共同署名的作者有金海龙、候少春、魏威、李强。

矿体东西轴长约1300m，南北最宽处达350m，平均宽度为179m。矿体走向为北东东向，倾向为南，倾角在50°～60°之间，下盘为白云岩，上盘为白云岩或白云鄂博群H_9富钾板岩（图1）。东矿体遭受了强烈的钠、氟交代蚀变作用，铌和稀土的矿化作用也十分强烈。由于早期勘探深度不够，对矿体深部了解较少。近年来，随着成矿理论的发展、测试技术的提高，碳酸岩浆侵入-热液交代成矿作用占主导，在此理论指导下，自2005年起，包钢公司自行投资，包钢勘察测绘研究院在东矿12条勘探线均匀实施钻探工程共计58个孔，钻探工程总计达3万米，钻孔最深达1700余米，钻探结果表明，矿体继续向深部延伸，且厚度较大，深部钻探工程尚未完全控制矿体边界，深部尚赋存有储量巨大的铁、稀土、铌等资源，有待进一步开发利用。

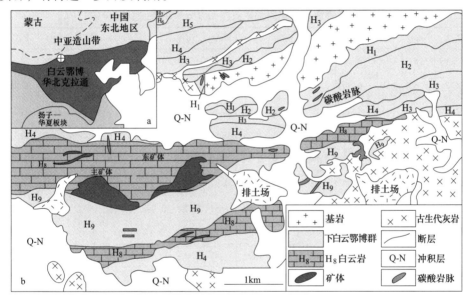

图1　白云鄂博矿区地质示意图

2　样品采集与分析方法

本次矿样采集主要针对白云鄂博东矿深部正在开采的台阶，以台阶为梯度、按矿石类型对矿体进行系统采样，共计8种矿石类型，256个样品。采用化学滴定法测定TFe、FeO、F的含量，ICP-AES测定Nb_2O_5、ThO_2和REO含量，分光光度法测定矿石样品中SiO_2、P_2O_5含量，高频红外碳硫仪测定S的含量，ICP-MS测定Sc_2O_3含量，原子吸收光谱仪测定Na_2O与K_2O含量，ICP-OES测定BaO、MgO、CaO、MnO_2、TiO_2、SrO、Al_2O_3含量，其中15个稀土元素绝对量测试依据GB/T 17417.1—2010。同时采用单偏光显微镜与SPSS软件对东矿体深部不同类型矿石进行了系统研究。

3　分析结果

3.1　化学分析

表 1 为白云鄂博东矿体深部不同类型矿石多元素分析结果。由表 1 可知，深部矿石的各元素含量变化较大，主要与矿石矿物组成有关。六种铌稀土铁矿石的铁品位均在 20% 以上，稀土品位平均可达 5.1%，其中霓石型铌稀土铁矿石中稀土含量最高；两种铌稀土矿石的铁品位也不低，稀土平均品位高达 8.97%，霓石型铌稀土矿石的稀土含量已在 10% 以上；各类矿石的 Nb_2O_5 含量平均可达 0.11%。由此可知，白云鄂博东矿体深部的铁、稀土、铌等资源潜力巨大，有待查清。

表 1　白云鄂博东矿体深部矿石多元素分析结果（质量分数）　　　（%）

样品	Na_2O	K_2O	MgO	CaO	SrO	BaO	MnO_2	SiO_2	TiO_2	ThO_2	Al_2O_3	FeO	P_2O_5
DS-1	3.87	0.019	0.25	2.42	0.059	5.56	0.13	19.60	0.36	0.034	0.16	11.26	3.39
DS-2	5.89	0.022	0.30	3.76	0.110	6.29	0.16	27.27	0.27	0.061	0.28	4.40	3.48
DS-3	0.80	1.14	8.54	4.83	0.020	0.36	6.32	17.14	0.18	0.020	0.86	17.93	1.25
DS-4	0.31	0.10	0.64	24.28	0.072	1.58	0.13	8.48	0.32	0.048	0.20	7.54	2.41
DS-5	1.23	3.02	6.50	5.84	0.029	0.24	3.52	26.36	0.92	0.020	6.00	15.44	2.23
DS-6	0.22	0.10	1.00	4.71	0.038	1.76	2.52	2.52	0.24	0.030	0.26	19.57	1.43
DS-7	0.40	0.30	6.26	20.08	0.140	2.00	1.52	4.88	0.092	0.028	0.51	12.91	1.95
DS-8	0.66	0.18	4.46	22.36	0.130	4.01	4.70	6.40	0.10	0.046	0.31	8.21	3.65

样品	Sc_2O_3	Nb_2O_5	F	S	TFe	REO	La_2O_3	CeO_2	Pr_6O_{11}	Nd_2O_3	Sm_2O_3	Eu_2O_3	Gd_2O_3
DS-1	0.016	0.15	0.80	1.21	31.30	9.44	2.59	4.88	0.44	1.31	0.092	0.020	0.045
DS-2	0.016	0.12	1.39	0.62	18.24	10.85	3.02	5.56	0.50	1.52	0.110	0.024	0.048
DS-3	0.016	0.072	1.46	11.70	33.65	3.24	0.80	1.59	0.17	0.60	0.040	0.007	0.014
DS-4	0.0075	0.13	16.29	0.36	27.30	7.08	1.66	3.62	0.38	1.23	0.087	0.016	0.032
DS-5	0.014	0.10	1.58	0.43	26.44	3.07	0.88	1.53	0.14	0.45	0.031	0.006	0.012
DS-6	0.0052	0.12	1.52	0.42	55.98	3.82	0.93	1.84	0.19	0.74	0.059	0.011	0.025
DS-7	0.0079	0.081	4.12	0.72	22.46	3.98	1.00	1.99	0.20	0.68	0.049	0.010	0.020
DS-8	0.0098	0.11	6.16	0.37	16.26	7.09	1.84	3.56	0.36	1.14	0.088	0.018	0.036

样品	Tb_4O_7	Dy_2O_3	Ho_2O_3	Er_2O_3	Tm_2O_3	Yb_2O_3	Lu_2O_3	Y_2O_3	矿石类型
DS-1	0.0039	0.0160	0.00180	0.00260	0.00018	0.00075	0.00008	0.039	霓石型铌稀土铁矿石
DS-2	0.0042	0.0160	0.00190	0.00310	0.00023	0.00097	0.00011	0.044	霓石型铌稀土矿石

样品	Tb$_4$O$_7$	Dy$_2$O$_3$	Ho$_2$O$_3$	Er$_2$O$_3$	Tm$_2$O$_3$	Yb$_2$O$_3$	Lu$_2$O$_3$	Y$_2$O$_3$	矿石类型
DS-3	0.0010	0.0041	0.00047	0.00081	0.00007	0.00037	0.00004	0.011	钠闪石型铌稀土铁矿石
DS-4	0.0027	0.0100	0.00130	0.00210	0.00017	0.00073	0.00008	0.037	萤石型铌稀土铁矿石
DS-5	0.0010	0.0036	0.00041	0.00071	0.00006	0.00035	0.00004	0.011	云母型铌稀土铁矿石
DS-6	0.0016	0.0059	0.00065	0.00110	0.00008	0.00037	0.00004	0.017	块状铌稀土铁矿石
DS-7	0.0017	0.0063	0.00075	0.00130	0.00011	0.00050	0.00005	0.019	白云石型铌稀土铁矿石
DS-8	0.0032	0.0120	0.00140	0.00240	0.00020	0.00089	0.00010	0.032	白云石型铌稀土铁矿石

3.2 矿石特征

由于白云鄂博矿床成矿条件复杂，导致矿体表现出不同元素、矿物共生组合以及不同矿石类型，东矿体大致可以分为几个矿石带（图2），在以铁圈定的矿体的下部为条带状萤石型铌稀土铁矿石带，中部为块状铌稀土铁矿石带，上部为钠闪石型铌稀土铁矿石带。由于铁矿体东侧发育硅质岩石夹层，则在上下部分别出现了霓石型铌稀土铁矿石和霓石型铌稀土矿石2条矿石带，而铁矿体上下盘的围岩主要是白云石型铌稀土矿石，白云石型铌稀土铁矿石分布较少，以透镜体或条带产于霓石型、钠闪石型与萤石型铁矿石之间。深部的矿石分布仍然延续矿体浅部的展布方式，局部偶见变化。

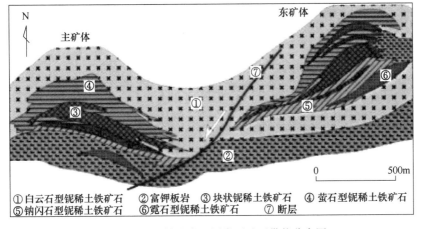

①白云石型铌稀土铁矿石 ②富钾板岩 ③块状铌稀土铁矿石 ④萤石型铌稀土铁矿石
⑤钠闪石型铌稀土铁矿石 ⑥霓石型铌稀土铁矿石 ⑦断层

图2 白云鄂博矿床不同类型矿石带状分布图

　　白云鄂博东矿体深部霓石型铌稀土（铁）矿石主要具有浸染状与浸染条带状两种构造类型，肉眼可观察到磁铁矿、霓石、稀土矿物及其他矿物相间分布，条带状矿石在镜下亦可见各类矿物具有明显方向性（图3（a））。萤石型铌稀土铁矿石的主要特征是条带状和细脉条带状构造，各种矿物的条带宽窄不等，从不足1cm至数厘米，主要的矿物组合有萤石-霓石-稀土矿物等，偶见磁铁矿残留相被萤石等矿物所浸蚀（图3（b））。钠闪石型铌稀土铁矿石主要表现为浸染状构造，磁铁矿多呈自形晶到半自形晶粒状结构，分布在钠闪石、金云母及白云石等矿物颗粒间，局部可见钠闪石石棉化现象（图3（c））。云母型铌稀土铁矿石具有典型的片状构造，其中矿物呈现明显的定向排列，而且铁矿物有被拉长的痕迹（图3（d））。块状铌稀土铁矿石具有典型的块状构造，其中磁铁矿呈现粗粒与细粒两种不同结构，矿物间隙分布有萤石、霓石、白云石等不同矿物（图3（e））。白云岩型铌稀土（铁）矿石同样也是浸染状构造，其中白云石可分粗粒和细粒两种，而磁铁矿以不等粒结构分布在白云石矿物颗粒间，局部由于Fe的富集，置换出白云石中的Mg而形成铁白云石（图3（f））。

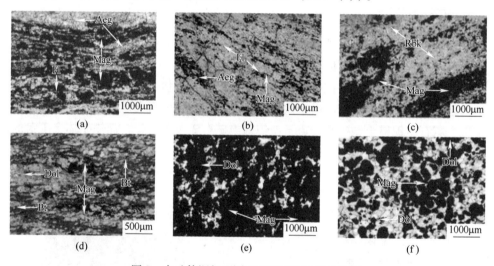

图3　东矿体深部不同矿石类型显微照片特征

Fl—萤石；Aeg—霓石；Mag—磁铁矿；Rbk—钠闪石；Bt—黑云母；Dol—白云石

3.3　地球化学特征

3.3.1　主量元素

　　元素地球化学是研究地质体成因的最常见方法，根据元素含量的对比分析，可以研究不同地质体的形成过程差异。东矿深部各类矿石（除块状以外）SiO_2含量均相对较高，甚者可达20%以上，可能与含有大量硅酸盐矿物有关。部分样

品的 Na_2O、K_2O、Al_2O_3、CaO、MgO 含量可达 6% 以上，可能与矿石中黑云母、钠闪石、霓石、白云石、萤石等矿物的富集有关。图 4 为利用矿石中 REO 与其他元素进行对比作出的图解，由图 4 可知，东矿深部矿石中随着 REO 的富集，TFe 表现出一定的负相关关系，说明铁与稀土成矿可能存在一定差异；P_2O_5、BaO 与 REO 具有明显的正相关关系，可能与深部矿体富集独居石、磷灰石、黄河矿等矿物有关；Nb_2O_5 与 REO 存在一定正相关性，可能说明稀土与铌同时进行富集成矿。

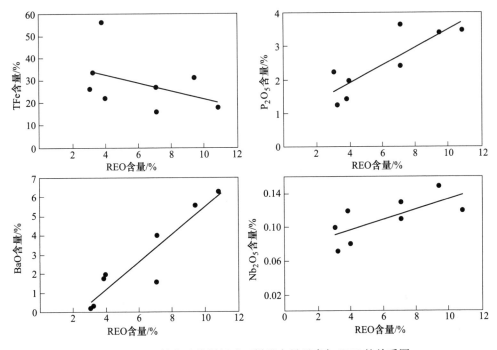

图 4 白云鄂博东矿体深部矿石样品主量元素与 REO 的关系图

3.3.2 稀土元素

由表 1 稀土元素测试结果经数据换算可知，东矿深部矿石 ΣREE 在 $25540.08 \times 10^{-6} \sim 90335.65 \times 10^{-6}$ 之间，波动范围较大，LREE 值在 $25399.854 \times 10^{-6} \sim 89758.88 \times 10^{-6}$ 之间，HREE 值则在 $140.22 \times 10^{-6} \sim 576.77 \times 10^{-6}$ 之间，LREE/HREE 比值较高，且呈一定正相关性（图 5），说明轻重稀土之间发生了强烈的分馏作用。

矿石样品的 REE 球粒陨石标准化图解如图 6 所示，东矿深部矿石轻稀土高度富集，重稀土相对亏损 REE 型式均属于右倾轻稀土富集型。样品 La_N/Sm_N 的比值落在 $10.06 \sim 18.12$ 之间，平均 14.37，说明轻稀土元素间也出现了不同程度的分馏；δEu 均呈现出弱负异常，其值在 0.73～0.87 之间波动，说明矿石形成的物质来源与演化过程近似一致。

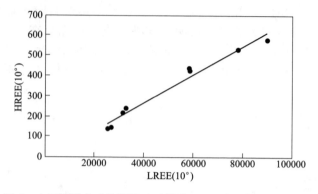

图5　白云鄂博东矿体深部矿石样品 HREE 与 LREE 的关系图

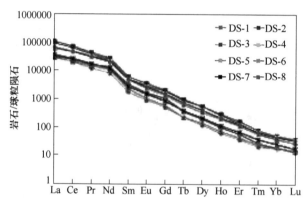

图6　东矿体深部不同矿石类型稀土元素标准化图解

3.3.3　成矿相关性

为了探究主成矿元素与其他成矿指示元素之间的关联与地球化学行为，利用 SPSS 软件对矿石中 18 种元素的相关性进行分析和研究。相关系数（R）分析结果如图7所示，东矿深部矿石中的 TFe 与其他 17 种元素相关性较差，说明铁的成矿可能是一个较为相对独立的过程，而与 TiO_2、Nb_2O_5、S 存在微弱的正相关关系，可能与矿石中包含少量的铌铁金红石、黄铁矿等矿物相关。稀土元素与Ba、Th、P_2O_5 相关性好，与黄河矿、独居石等稀土矿物局部富集有关，与 Na_2O、Nb_2O_5 也有较好的相关性，而且稀土元素自身显示出良好的自相关性，这与白云鄂博矿区矿化元素组合特征基本相似，并与矿体内广泛发育的强烈蚀变交代密切相关。

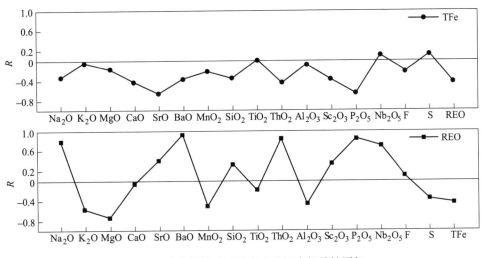

图7 东矿体深部矿石样品成矿元素相关性图解

采用 Q 型聚类分析方法,以采集的东矿深部 8 种矿石样品作为研究对象,同样利用微软 SPSS 作为软件载台,对矿石中 18 个元素的地球化学数据进行聚类分析。分析结果如图 8 所示,白云鄂博东矿深部矿石样品可分为三大类。第一类为块状铌稀土铁矿石,最显著特点为致密块状,铁含量高,可达 55.98%,同样也说明铁的成矿可能是一个较为相对独立的过程。第二类为萤石型铌稀土铁矿石、白云石型铌稀土铁矿石、白云石型铌稀土矿石,说明萤石在赋矿白云岩的两次热液矿化事件(中元古代和加里东期)中都是不可或缺的热液矿物;第三类为云母型铌稀土铁矿石、钠闪石型铌稀土铁矿石、霓石型铌稀土铁矿石、霓石型铌稀土矿石,霓石、钠闪石、云母作为霓长岩化作用(碱性交代)的特征矿物,说明矿区内广泛分布的碱性交代与成矿作用密切相关。

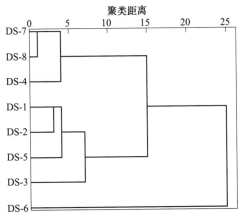

图8 东矿体深部不同矿石类型 Q 型聚类分析树状图

4　结论

（1）白云鄂博东矿体深部不同类型矿石中铁、稀土、铌的平均品位分别为28.95%、6.07%、0.11%，深部具有巨大的资源前景。

（2）白云鄂博东矿体深部不同类型矿石从宏观到微观由矿石条带到矿物定向排列均有表现。

（3）东矿深部各类矿石中特定元素含量较高与所含矿物的富集有关。矿石REE 型式均表现为右倾轻稀土富集型，轻重稀土之间发生了强烈的分馏作用。

（4）通过相关性与 Q 型聚类分析指示铁的成矿可能是一个较为相对独立的过程，稀土元素显示出良好的自相关性，矿区内广泛分布的碱性交代与稀土成矿作用息息相关。

看彩图

白云鄂博主矿霓石型稀土铁矿石中
稀土元素在独立矿物中的富集状况研究

摘 要：对白云鄂博主矿霓石型稀土铁矿石进行多元素分析，化验其元素组成及含量，并结合场发射电镜、能谱仪和自动矿物分析系统对其稀土富集状况进行了研究。结果表明：主矿霓石型稀土铁矿石稀土品位高达 9.1%，轻稀土含量占稀土总量的 97.91%，中重稀土含量占稀土总量的 2.09%；稀土氧化物含量在氟碳钙铈矿中占元素总量的 68.52%，在氟碳铈矿中占 67.94%，在独居石中占 61.66%，在黄河矿中占 37.11%，在易解石中占 28.33%；该类型矿石中稀土氧化物 48.01% 赋存于氟碳铈矿中，21.21% 赋存于独居石中，7.34% 赋存于黄河矿中，5.87% 赋存于氟碳钙铈矿中，0.93% 赋存于易解石中，这五种矿物稀土氧化物含量之和共占矿石中稀土总量的 83.36%。

关键词：白云鄂博矿；霓石型稀土铁矿石；稀土氧化物；富集状况

白云鄂博矿是以铁、稀土、铌为主的大型多金属共伴生矿床，同时也是世界上最大的稀土矿床，主要由主矿、东矿、西矿、东介勒格勒和东部接触带 5 个矿段组成，该矿床虽然以轻稀土为主，但是由于白云鄂博矿稀土资源量基数大，中重稀土总量同样不可小觑，部分中重稀土元素含量甚至超过了中国南方离子型矿。随着主矿开采深度的增加，对矿床深部不同类型铁矿石中稀土元素富集状况研究还不够充分，因此查明白云鄂博矿不同类型矿石中稀土的富集状况，不仅对深入研究矿床成因及成矿规律有重要意义，同时还可以促进资源的合理高效利用。白云鄂博矿霓石型稀土铁矿石是除白云石型稀土铁矿石与萤石型稀土铁矿石之外的又一种重要矿石，该类型矿石通常矿化作用强烈，稀土品位高，在主矿主要分布于靠上盘部位（南部），位于块状铁矿石与钠闪石型铁矿石之间。矿石具有浸染状和浸染条带状构造，与磷灰石、萤石、氟碳铈矿及独居石等矿物共生。本文主要对白云鄂博主矿霓石型稀土铁矿石中的稀土元素富集状况进行研究。

1 实验

1.1 矿石样品采集及加工制备

本次矿样采集主要针对主矿正在进行采掘作业的台阶，将勘探线与爆堆或掌

原文刊于《中国稀土学报》2019 年 12 月，第 37 卷第 6 期；共同署名的作者有朱智慧、王振江、李强、黄小宾、王绍华。

子面的交点位置确定为取样中心点，结合矿带位置以 40~80m 为间距布置采样点，在采样点中心的 10~20m 范围内，用网格拣块法进行采样，采样点覆盖整个采场范围。对采集的样品进行粗碎、细碎、混匀、缩分等过程，最终样品一份用于多元素分析，另一份制备成镶嵌样用于场发射扫描电镜、能谱仪及自动矿物分析系统测试。

1.2　实验方法

白云鄂博主矿霓石型稀土铁矿石中 FeO、TFe 和磁性铁用化学滴定法测定，SiO_2、P_2O_5 和 F 用分光光度法测定，S 用高频红外碳硫仪测定，Na_2O 和 K_2O 用原子吸收光谱仪测定，Sc_2O_3、Tb_4O_7 和 Dy_2O_3 用电感耦合等离子体质谱仪测定，MgO、CaO、BaO、TiO_2、Y_2O_3、La_2O_3、CeO_2、Pr_6O_{11}、Nd_2O_3、Sm_2O_3、Eu_2O_3、Gd_2O_3 和 REO 用电感耦合等离子体发射光谱仪测定。和磁性铁用化学滴定法测定，SiO_2、P_2O_5 和 F 用分光光度法测定，S 用高频红外碳硫仪测定，Na_2O 和 K_2O 用原子吸收光谱仪测定，Sc_2O_3、Tb_4O_7 和 Dy_2O_3 用电感耦合等离子体质谱仪测定，MgO、CaO、BaO、TiO_2、Y_2O_3、La_2O_3、CeO_2、Pr_6O_{11}、Nd_2O_3、Sm_2O_3、Eu_2O_3、Gd_2O_3 和 REO 用电感耦合等离子体发射光谱仪测定。

将镶嵌样表面喷镀铂金，应用 Sigma-500 型场发射扫描电子显微镜对矿物进行背散射电子图像分析，以及应用 BRUKER XFlash6160 型能谱仪在加速电压 20kV，分辨率为 0.8nm，探针电流在 40~100nA 的条件下对镶嵌样进行微区能谱分析，并结合自动矿物分析系统（AMICS）得出样品矿物组成及含量。

2　结果分析

2.1　元素组成分析

主矿霓石型稀土铁矿石多元素分析结果见表 1。

表 1　主矿霓石型稀土铁矿石多元素分析结果（质量分数）

成分	Na_2O	K_2O	MgO	CaO	BaO	SiO_2	TiO_2	FeO	Sc_2O_3	Y_2O_3	La_2O_3	CeO_2	Pr_6O_{11}
含量/%	2.95	0.066	1.02	13.2	4.06	14.62	0.72	8.37	0.011	0.029	2.67	4.60	0.42

成分	Nd_2O_3	Sm_2O_3	Eu_2O_3	Gd_2O_3	Tb_4O_7	Dy_2O_3	P_2O_5	F	S	TFe	磁铁矿	REO
含量/%	1.22	0.094	0.018	0.047	0.0004	0.001	3.64	3.39	2.38	29.19	17.06	9.10

由表 1 可知，霓石型稀土铁矿石中全铁含量为 29.19%，稀土总品位达到 9.10%，以中低品位铁矿石中的稀土含量划分属于高稀土中低品位铁矿石。根据元素物理化学性质，通常可将稀土划分为 3 组：La、Ce、Pr、Nd 为轻稀土，Sm、Eu、Gd 为中稀土，Tb、Dy、Ho、Er、Tm、Yb、Lu、Y 为重稀土，该类型矿石中轻稀土含量占稀土总量的 97.91%，中重稀土含量占稀土总量的 2.09%。

2.2 矿物成分分析

根据自动矿物分析软件统计得到主矿霓石型稀土铁矿石中主要矿物组成及含量见表2。

表2 主矿霓石型稀土铁矿石中矿物组成及含量（质量分数）

矿物	磁铁矿	赤铁矿	黄铁矿	磁黄铁矿	菱铁矿	钛铁矿	金红石	氟碳铈矿	氟碳钙铈矿	独居石
含量/%	25.18	7.21	2.93	0.11	0.02	0.55	0.01	6.43	0.78	3.13
矿物	褐帘石	易解石	包头矿	铌铁矿	铌铁金红石	烧绿石	褐钇铌矿	黄河矿	闪石	辉石
含量/%	0.01	0.30	0.01	0.02	0.04	0.11	0.01	1.80	4.29	24.09
矿物	萤石	云母	方解石	白云石	磷灰石	重晶石	石英	长石	其他	
含量/%	3.60	0.36	3.65	2.94	6.29	4.01	1.11	0.03	0.98	

由表2可知，霓石型稀土铁矿石中铁矿物主要是磁铁矿、赤铁矿，脉石矿物主要是辉石、闪石、方解石、白云石、磷灰石、重晶石等。含稀土矿物中氟碳铈矿含量占矿石总量6.43%，独居石占3.13%，黄河矿占1.80%，氟碳钙铈矿占0.78%，易解石占0.30%。由此可知霓石型稀土铁矿石中含稀土最主要的矿物为氟碳铈矿和独居石，其次是黄河矿、氟碳钙铈矿和易解石，本文主要研究这5种矿物。

2.3 能谱结果分析

实验选取氟碳铈矿、独居石、黄河矿、氟碳钙铈矿和易解石这5种稀土矿物的5个不同区域进行能谱分析，并选择具有代表性的一组进行FESEM背散射电子图像及EDS分析，如图1~图5所示，这5种稀土矿物的稀土分析值及稀土氧化物含量分别见表3~表7。

10μm

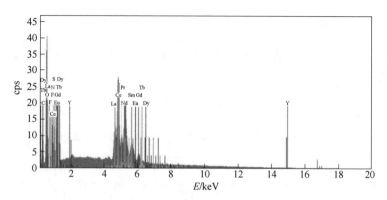

图 1　主矿氟碳铈矿背散射电子图像及能谱分析图

表 3　主矿霓石型稀土铁矿石中氟碳铈矿稀土能谱分析值及氧化物含量

元素	含量(质量分数)/%								
	La	Ce	Pr	Nd	Sm	Eu	Tb	Dy	Y
点 1	13.71	29.54	2.80	7.73	0.18	0.48	0.28	1.15	0.20
点 2	17.72	28.41	2.91	8.08	0.15	1.33	0.09	—	—
点 3	15.51	26.67	2.55	7.52	0.08	0.69	0.11	0.35	0.20
点 4	17.16	31.45	3.13	6.14	0.12	1.09	0.07	—	0.16
点 5	10.60	28.46	3.50	8.31	0.16	1.06	0.28	—	0.19
平均值	14.94	28.91	2.98	7.56	0.11	0.93	0.17	0.75	0.19
REO	17.52	35.51	3.60	8.82	0.13	1.08	0.20	0.86	0.22

由图 1 可见，氟碳铈矿颗粒较大，部分直径达上百微米，呈细粒浸染状或条带状分布于矿石中，常与萤石、易解石、赤铁矿、重晶石等共生，主要含 Ce、La、Nd、Pr、O、C、F，以及少量 Eu、Dy、Tb、Sm、Y 等元素

REO 总量为 67.94%，以 REO = 100% 计，稀土配分为：Ce 52.27%、La 25.79%、Nd 12.98%、Pr 5.30%、Eu 1.59%、Dy 1.27%、Y 0.32%、Tb 0.29%、Sm 0.19%，其中轻稀土为 96.34%，中重稀土为 3.66%。

由图 2 可见，独居石颗粒细小，颗粒大小通常在 0.005~0.1mm 之间，呈浸染状、细脉浸染状分布于矿石，常与磁铁矿、萤石、重晶石、闪石、氟碳铈矿等共生，主要含 Ce、La、Nd、Pr、O、P，以及少量 Eu、Dy、Tb、Sm 等元素。

由表 4 可知，独居石中富含 Ce、La、Nd 等元素，中重稀土元素 Eu 和 Dy 含量较高，独居石 REO 总量为 61.66%，以 REO 为 100% 计，稀土配分为：Ce 53.15%、La 25.12%、Nd 13.15%、Pr 5.27%、Eu 1.88%、Dy 0.91%、Tb 0.33%、Sm 0.19%，其中轻稀土为 96.69%，中重稀土为 3.31%。

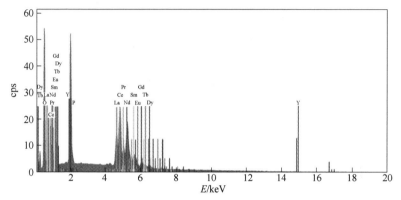

图2　主矿独居石背散射电子图像及能谱分析图

表4　主矿霓石型稀土铁矿石中独居石稀土能谱分析值及氧化物含量

元素	含量(质量分数)/%							
	La	Ce	Pr	Nd	Sm	Eu	Tb	Dy
点1	11.50	28.25	3.32	8.56	0.13	1.18	0.13	0.58
点2	14.29	23.16	1.76	5.60	0.10	0.63	0.33	0.41
点3	12.56	27.95	2.87	7.19	0.04	0.92	0.03	—
点4	12.07	26.76	2.73	6.68	0.12	1.07	0.17	0.47
点5	15.65	27.27	2.75	6.71	0.10	1.22	0.20	—
平均值	13.21	26.68	2.69	6.95	0.10	1.00	0.17	0.49
REO	15.49	32.77	3.25	8.11	0.12	1.16	0.20	0.56

　　由图3可见，黄河矿多为板状或粒状集合体，颗粒一般都甚小，呈浸染状分布于矿石，常与方解石、萤石、重晶石、白云石、辉石等共生，主要含Ce、La、Nd、Pr、Ba、O、C、F，以及少量Eu、Dy、Tb、Sm、Y等元素。

　　由表5可知，黄河矿中以铈族元素为主，Ce含量相对较低，中重稀土Dy含量较高，其次是 Sm 和 Eu，黄河矿 REO 总量为 37.11%，以 REO 为 100% 计，稀土配分为：Ce 50.34%、La 26.14%、Nd 14.36%、Pr 4.95%、Dy 1.80%、Sm 0.92%、Eu 0.65%、Y 0.46%、Tb 0.38%。其中轻稀土为 95.79%，中重稀土为 4.21%。

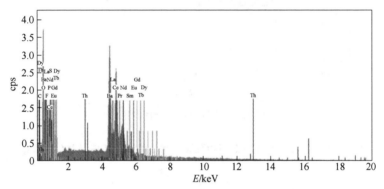

图 3 主矿黄河矿背散射电子图像及能谱分析图

表 5 主矿霓石型稀土铁矿石中黄河矿稀土能谱分析值及氧化物含量

元素	含量（质量分数）/%								
	La	Ce	Pr	Nd	Sm	Eu	Tb	Dy	Y
点 1	8.08	13.06	1.01	3.36	0.19	0.13	0.16	0.95	—
点 2	7.86	16.66	1.80	5.27	0.44	0.35	—	0.22	0.22
点 3	9.58	13.61	1.16	3.88	0.20	0.08	0.11	0.58	—
点 4	7.94	15.98	1.76	4.82	0.44	0.33	0.10	0.55	0.23
点 5	7.91	16.76	1.89	5.50	0.17	0.15	0.10	0.61	0.28
平均值	8.27	15.21	1.52	4.57	0.29	0.21	0.12	0.58	0.15
REO	9.70	18.68	1.84	5.33	0.34	0.24	0.14	0.67	0.17

由图 4 可见，氟碳钙铈矿一般呈粒状，颗粒较大，通常在 0.3~4mm 之间，

在矿石中多以浸染状分布，常与辉石、重晶石、易解石等共生，主要含 Ce、La、Nd、Pr、C、O、Ca、F，以及少量 Eu、Dy、Gd、Tb、Sm、Y 等元素。

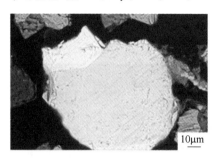

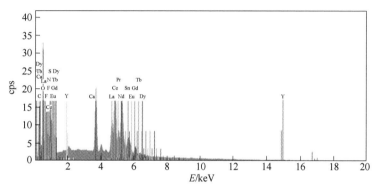

图4 主矿氟碳钙铈矿背散射电子图像及能谱分析图

由表6可知，氟碳钙铈矿中轻稀土以 Ce 最为富集，La 和 Nd 含量较接近，中重稀土元素 Eu 含量较高，其次是 Y 和 Tb，氟碳钙铈矿 REO 总量为63.52%，以 REO 为100%计，稀土配分为：Ce 53.26%、La 19.03%、Nd 16.91%、Pr 6.66%、Eu 2.58%、Sm 0.68%、Y 0.44%、Tb 0.31%、Dy 0.08%、Gd 0.05%，其中轻稀土为95.86%，中重稀土为4.14%。

表6 主矿霓石型稀土铁矿石中氟碳钙铈矿稀土能谱分析值及氧化物含量

元素	含量(质量分数)/%									
	La	Ce	Pr	Nd	Sm	Eu	Gd	Tb	Dy	Y
点1	11.04	27.17	3.30	9.23	0.37	1.39	—	0.17	—	0.38
点2	10.31	25.77	3.25	8.65	0.38	1.52	0.07	0.20	0.03	0.19
点3	10.77	26.92	3.38	8.89	0.32	1.53	0.01	0.22	0.03	0.23
点4	11.54	28.57	3.54	9.82	0.40	1.44	0.01	0.16	0.06	0.24
点5	7.88	29.27	4.04	9.45	0.40	1.24	0.11	0.09	—	0.23
平均值	10.31	27.54	3.50	9.21	0.37	1.42	0.03	0.17	0.04	0.25
REO	12.09	33.83	4.23	10.74	0.43	1.64	0.03	0.20	0.05	0.28

由图 5 可见，易解石呈粒状、板状、条状、放射状，颗粒大小不定，大者数厘米，小者几毫米，在矿石中多以浸染状分布，与辉石、闪石、白云石、重晶石、萤石等共生，主要含 Ce、La、Nd、Nb、Ti，以及少量 Pr、Eu、Dy、Gd、Tb、Sm、Y 等元素。

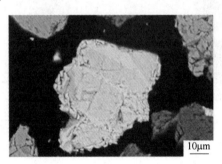

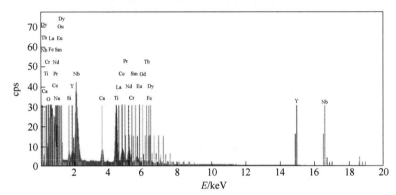

图 5　主矿易解石背散射电子图像及能谱分析图

由表 7 可知，易解石中轻稀土 Ce 含量相对较低，Nd 较富集，La 和 Pr 含量最低，中重稀土 Sm 与 Y 含量较高，其次是 Gd 和 Dy，易解石中 REO 总量为28.33%，以 REO 为 100% 计，稀土配分为：Ce 37.42%、Nd 28.98%、La10.34%、Pr 6.07%、Sm 5.19%、Y 4.69%、Eu 3.64%、Gd 1.77%、Dy 1.62%、Tb 0.28%，其中轻稀土为 82.81%，中重稀土为 17.19%。

表 7　主矿霓石型稀土铁矿石中易解石稀土能谱分析值及氧化物含量

元素	含量(质量分数)/%									
	La	Ce	Pr	Nd	Sm	Eu	Gd	Tb	Dy	Y
点 1	1.55	7.29	1.22	7.63	1.76	1.13	0.50	0.04	0.12	1.14
点 2	1.98	10.18	2.11	8.95	1.23	0.48	0.59	—	0.11	0.34
点 3	3.75	13.34	1.78	5.87	0.46	0.93	0.05	0.03	0.13	0.67
点 4	2.77	6.17	0.58	6.33	1.56	1.14	0.70	0.13	1.10	1.89

元素	含量(质量分数)/%									
	La	Ce	Pr	Nd	Sm	Eu	Gd	Tb	Dy	Y
点5	2.45	6.15	1.42	6.44	1.36	0.78	0.29	—	0.56	1.82
平均值	2.50	8.63	1.42	7.04	1.27	0.89	0.43	0.07	0.40	1.17
REO	2.93	10.60	1.72	8.21	1.47	1.03	0.50	0.08	0.46	1.33

主矿霓石型稀土铁矿石矿物中各组稀土的含量相对百分比见表8。

表8　主矿霓石型稀土铁矿石稀土矿物中各组稀土的含量相对百分比（质量分数）

（%）

矿物	轻稀土	中重稀土
氟碳铈矿	96.34	3.66
独居石	96.69	3.31
黄河矿	95.79	4.21
氟碳钙铈矿	95.86	4.14
易解石	82.81	17.19

由表8可知，主矿霓石型稀土铁矿石含稀土矿物中轻稀土含量相对矿物中稀土总量所占百分比较大，在独居石、氟碳铈矿、氟碳钙铈矿和黄河矿中能达到95%以上，在易解石中也达到82.81%；在易解石中中重稀土含量相对矿物中稀土总量百分比为17.19%，在黄河矿中为4.21%，在氟碳钙铈矿中为4.14%，在氟碳铈矿中为3.66%，在独居石中为3.31%。

2.4　稀土元素富集状况

综合以上实验结果得出白云鄂博主矿霓石型稀土铁矿石中稀土矿物及氧化物分配结果见表9。

表9　主矿霓石型稀土铁矿石中稀土矿物及氧化物分配表（质量分数）　（%）

矿物	矿物中REO含量	矿石中矿物含量	矿石中REO含量	矿物中REO配分	总计
氟碳铈矿	67.94	6.43	9.10	48.01	83.36
独居石	61.66	3.13		21.21	
黄河矿	37.11	1.80		7.34	
氟碳钙铈矿	68.52	0.78		5.87	
易解石	28.33	0.30		0.93	

由表9可知，主矿霓石型稀土铁矿石中氟碳钙铈矿、氟碳铈矿、独居石这3

种稀土矿物中REO总量占元素总量的60%以上，是主要的含稀土矿物，在黄河矿和易解石中REO含量相对较低。

该类型矿石中，稀土氧化物48.01%赋存于氟碳铈矿中，21.21%赋存于独居石中，7.34%赋存于黄河矿中，5.87%赋存于氟碳钙铈矿中，0.93%赋存于易解石中，这5种矿物中稀土含量之和共占矿石中稀土总量的83.36%。

3 结论

（1）主矿霓石型稀土铁矿石中稀土品位达9.10%，稀土含量较高，其中以轻稀土为主，占稀土总量的97.91%，中重稀土占2.09%。

（2）该类型矿石稀土矿物中轻稀土含量相对矿物中稀土总量所占百分比较大，在独居石、氟碳铈矿、氟碳钙铈矿、黄河矿中轻稀土含量分别占矿物中稀土总量的96.69%、96.34%、95.86%、95.79%，占比相对较高，在易解石中占比也达到了82.81%；在易解石中中重稀土含量相对矿物中稀土总量占比较高，为17.19%，在黄河矿与氟碳钙铈矿中次之，分别为4.21%和4.14%，在氟碳铈矿与独居石中相对较低，分别为3.66%和3.31%。

（3）该类型矿石中氟碳铈矿、氟碳钙铈矿和独居石中稀土氧化物含量相对较高，其含量分别占矿物元素总量的68.52%、67.94%和61.66%，在黄河矿和易解石中相对较低，分别占37.11%和28.33%。

（4）该类型矿石中最重要的含稀土矿物为氟碳铈矿和独居石，稀土氧化物69.22%赋存于这2种矿物中，其次是黄河矿、氟碳钙铈矿和易解石，稀土氧化物14.14%赋存于这3种矿物中，这5种矿物稀土氧化物含量之和共占矿石中稀土总量的83.36%。

采矿篇

CAIKUANG PIAN

规划与设计

对恢复白云鄂博西矿开采几个问题的探讨

摘　要：本文针对包钢恢复白云鄂博西矿开采面临的问题进行了分析，提出了加快补办矿权、统一规划矿区、统一管理开采、统一平衡地方利益的意见，同时构想了新型矿山模式的框架。

关键词：西矿；矿权；规划；统一

　　白云鄂博矿床成矿于同一矿带，包括有西矿、主矿、东矿、东介格勒和东部接触带，从建国初期中央就决策把白云鄂博矿作为建设包头钢铁公司的原料基地进行勘探。根据包钢生产建设发展和地质勘探程度于 1957 年开始首先开采了主、东矿，西矿则断断续续进行勘探，1978 年由冶金工业部调集 50 多台钻机集中对西矿进行了进一步勘探。同时国家批准 [（78）冶矿字第 608 号] 包钢开采西矿，1978 年包钢开始建设西矿并已投产出矿。进入 80 年代后，由于当时为集中力量进行主、东矿的重大技术改造，当时包钢钢铁产量尚低（250 万～300 万吨），且当时包头市政府对包头地区大气中含氟量要求水平较低，因而暂缓了对西矿的开采。缓采以后，我国对矿产资源管理出台了一系列新政策并颁布了《矿产资源法》，为确保包钢原料基地的完好将西矿列为"国家规划矿区"（计国土[1991] 166 号）。随着包钢的发展和铁原料市场的紧张，2003 年包钢把恢复白云鄂博西矿开采列入当前的重要工作，计划西矿 2004 年出矿。对此本文就有关开采西矿前的几个相关问题提出一些看法和意见，愿能对恢复西矿开采决策起到积极的作用。

1　尽快办理矿权

　　白云鄂博西矿是包钢的战略资源这是不容质疑的，过去国家已批准包钢开采且已开采过这也是铁的事实，现在恢复开采顺理成章。然而，按国家规划矿区的管理规定，包钢在未补办矿权之前，西矿还不是包钢的合法资源。

　　本文撰写于 2003 年，文章的发表对阻止西矿多家采选局面的漫延，包钢统一管理起到积极的作用。

白云鄂博铁矿主矿、东矿已经开采 40 多年，东矿采场剩余可采矿量不足几千万吨，没有西矿的接续，白云鄂博铁矿的能力衰竭，矿源枯竭，包钢自给原料基地的丧失将至少提前 50 年。更为严重的是矿权一旦归他人所有，势必造成西矿资源的失控，铁料能否长期供给包钢将难以保证，我们应该吸取已闭坑的石拐矿区、黑脑包矿、杂怀沟矿和已经失去的书记沟矿、三合明矿等诸多教训。因此，包钢应尽快安排专人向国土资源部门补办西矿的采矿权和探矿权，便于后续工作的合法性。

2　西矿资源应由包钢统一规划，地方利益由政府统一平衡

西矿恢复开采后的新上采选工程项目注册在白云区还是达茂旗，地方政府都非常关注。一些人进行了许多超常规的设想，如分块割地、多头管理、有水快流、各家齐上等，这些急功近利的设想一旦实施将对西矿的资源综合利用极为不利，对白云鄂博铁矿的大型机械化开采极为不利。目前白云铁矿周边已建成的 27 个选矿厂和难以统计的诸多非法经营的采矿场已经对白云铁矿的正常生产，对白云地区经济可持续发展产生了不良影响，因此，西矿必须要有一个科学的规划与设计。西矿是一地质条件极其复杂的大型多金属矿床，西矿开发是一个系统问题，应结合破、运、选、烧、冶等工序统筹考虑，应结合白云鄂博铁矿已建成的设施统筹考虑，应结合包钢的原料需求和主、东矿的能力接续统筹考虑，其合理的规模和优化的开采顺序对西矿的资源利用都有很大影响。

包钢是驻包国有大型企业，多年来对包头市乃至内蒙古的经济发展起到了重要作用，所在地方利益的问题应找包头或内蒙古协调解决，开发西矿所涉及的达茂旗和白云区的利益也应由包头市去统一平衡。

3　矿产品统一销售

西矿虽经几十年的民采，地表矿源破坏严重，但相对整个矿床来讲还处于完整状态，如果 10km 的矿带由多家企业、多个采场同时生产，矿产品的销售必将成为又一难题。如果矿产品放开销售，地方钢厂一定会与包钢争夺这块原料市场，包钢的原料基地就会动摇，包钢的利益就会受到损失。再者，西矿与主矿、东矿的矿物成分基本相同，同样含氟、稀土、铌和放射性元素钍，非包钢使用，会造成氟污染、稀土与铌的失控、放射性元素扩散等诸多弊端，因此，西矿的矿产品必须由包钢负责统一销售。

4　统一管理，多种机制

西矿东西长 10km，面积 $10km^2$，矿石储量 9 亿多吨（包括表外和远景）。过去许多个人及企业在此进行过长期开采，破坏极其严重。近期，矿管部门进行了

有效的制止，西矿资源得到了较好保护，但仍有少数矿点在开采。西矿开采一旦启动，整个矿区的管理将会变得非常重要。西矿从浅部看分若干个矿点，但进入深部却是相互连接的整体，分区划块、各自为政必然混乱。因此，西矿开发不但应由包钢统一办证，整体规划，总体设计，而且还应实行统一开采，统一管理，多渠道融资多种体制互补。

4.1 主要矿段独家开采

勘探区 16—48 线的矿体由白云鄂博铁矿独家开采，成立白云鄂博铁矿直接管理下的独立运行的模拟子公司，列入包钢的基建项目，实行大规模的机械化开采，与主矿、东矿形成包钢（集团）公司坚固的原料基地。该公司所有的检修、社会、生活福利等附属管理职能都依托白云鄂博铁矿现有的机构，公司仅设立必要的作业机构，独立核算。新建项目的投资均纳入公司运营的绩效考核。

该区域内（16—48 线）包含有 241 队划定的 5 号、8 号、9 号、10 号矿体，虽有巨大的地质储量，但因其矿层多且薄，分向斜的南北两翼且核部埋藏深，所以在确定开采规模时矿石的损失与贫化、核部覆盖的大量岩石、深部大量的 D 级储量和经济合理剥采比都是关键影响因素，可能会圈出多个露天采场、多个地下采区，也可能几个采场相互嵌套。为了使其能成为主矿、东矿的接续矿体，可以考虑几个采场同时开采；也可以考虑一个采场内采用分期开采和陡帮开采；还可以考虑矿石台阶用较小设备开采，剥岩台阶用较大设备开采等多种技术措施综合解决。各采区的开拓运输系统必须要与地面总图布置统一考虑，还可以考虑浅部铁路开拓。经济合理剥采比、生产剥采比、平均剥采比的计算和确定要选取可靠的数据，D 级矿量的采用要客观分析。西矿将来是否要建破碎厂或选矿厂还需进一步研究，但不能断然否定。

4.2 中小规模采选统一管理

对勘探区 2—16 线、48—96 线以及白云鄂博矿区 48km² 含矿范围内除主、东矿以外的其他所有采矿场，根据勘探情况，分别圈定，具备开采条件的实行合同采矿，不具备开采条件的要先探矿或边采边探。对现已建成的 27 个选矿厂按装备能力和技术水平进行整合，组建一个统一由白云鄂博铁矿管理的采选经营实体。服从西矿总体规划，不得影响勘探区 16—48 线白云鄂博铁矿的正常生产，最大限度地发挥白云地区的资源优势，充分满足包钢的原料需求，以求环保、可持续和经营效益最大化。

经营实体负责各作业点的供电、供水、供矿、外运、火工材料供应、采选技术指导和矿产品的平衡与销售，矿山的基建、剥离、采矿、选矿以及其他工程项目都可以通过工程发包的方式进行招标，实行合同采矿。投标企业以白云铁矿现有的附属企业和已具备规模的采选业主为主，达茂旗和白云区可推荐本地区注册的其他企业投标。

5　拥有西矿开采权的意义

资源的拥有不但决定矿山的寿命，而且决定钢铁企业的命运，市场经济没有资源划拨，矿权就是主权。失去白云鄂博西矿这个原料基地，包钢将难以生存和发展。

谈包钢集团巴润矿业公司的建设

摘　要： 巴润矿业公司是包钢集团新建的铁矿石原料基地，是目前国内在建的最大的露天铁矿。巴润又好又快地建设对包钢的现在及未来的发展都有很大的影响。本文回顾了巴润矿业公司建设的前期工作，提出了目前面临的重点任务，展望了未来的发展前景。加快巴润的建设，扩大巴润的产能既是包钢实现双百亿美元的现实需求，又是充分发挥白云鄂博矿产资源优势的战略部署。

关键词： 白云鄂博西矿；建设；能力；前景

巴润矿业公司是包钢以开发白云鄂博矿床西矿体为主要经营内容而成立的全资子公司。2004 年 8 月在达茂旗注册并开始建设，是包钢新的铁原料基地，也是目前我国在建的最大的露天铁矿。2007 年末采场空间已形成 1000 万吨/年矿石生产能力，氧化矿浮选加工能力达到原矿 300 万吨/年，现在正进行精矿 200 万吨/年选矿厂的建设。

西矿体位于主矿体以西，东西长约 10km，南北宽约 1km，西起 2 线与 3 线之间，向东至 96 线，最大延深为 855m，一般为 500～600m，厚度达 10～100m 以上。1987 年由内蒙古地勘公司提交了《白云鄂博铁矿西矿地质勘探报告》，平均铁品位为 33.57%。铁矿石矿物主要为磁铁矿，次要的有菱铁矿、假象半假象赤铁矿。铁矿石平均含磷 0.446%、含氟 1.46%，TR_2O_3 低于主矿、东矿。是一个低稀土、低氟、低磷且富含钙镁的多元素矿床，在目前科学技术水平和国民经济需求情况下，只有铁矿物具有工业利用价值，稀土、铌、钍等其他战略资源由于富集程度低暂时不具备开发条件，应在开采中加以保护。

1　前期工作的回顾

1.1　采矿规模的确定

2004 年 1 月 17—18 日，公司召开了《白云鄂博铁矿西矿采矿工程初步设计》审查会。确定西矿设计规模 I 期 300 万吨/年，II 期 700 万吨/年，III 期 1200 万吨/年。同时确定了露天开采境界矿量为数亿吨；2007 年 11 月 15 日召开了

本文发表于 2008 年，2006—2011 年作者全面负责巴润矿业公司的建设，公司在 2011 年采、选、输全面投产并达产。

《包钢（集团）公司白云鄂博铁矿西矿（1000 万吨/年）规模采矿工程初步设计》审查会。

1.2　地表氧化矿的加工

2005 年 7 月 22 日，包钢与达茂旗签订了《包钢（集团）公司与达茂旗政府关于白云西矿选矿合作》的框架协议，合作的方式为委托加工，包钢与达茂旗在白云西矿联合开发。双方本着资源互补、利益共享的原则，实现包钢、达茂旗政府、投资者的三方利益。达茂旗引资建选矿厂，巴润每年为达茂旗选矿厂提供300 万吨氧化矿。

1.3　混合矿的选矿工艺确定

2006 年 10 月 13 日，公司主持召开《包钢集团巴润矿业公司选矿工艺流程技术论证会》，长沙矿冶研究院等 7 家科研院所均提交了工艺方案并参加了论证会，会上专家一致认为：对本次所提取的综合矿样采用阶段磨矿选别流程是合理的。经过评审委员会评审，建议包钢矿山研究院配合长沙矿冶研究院，完成西矿下阶段选矿试验研究工作。研究采用阶段磨矿弱磁选流程，铁精矿品位要达到 TFe 67.39%，回收率 69.15%。专家认为白云西矿体含有害元素钾、钠、硫、磷较低，并含有冶炼需要的钙、镁元素，所以是炼铁的优质原料。后据长沙矿冶研究院提供的研究报告，秦皇岛设计院提出的白云西矿选矿工艺初步设计，确定了工艺流程产品方案为铁精矿品位 TFe 67.50%。

1.4　200 万吨选矿厂建设

新建 200 万吨铁精矿选矿厂于 2007 年 8 月 21 日通过了初步设计的审查。主体工艺为：破碎工艺粗、中、细三段一闭路，磨选工艺为三个系列、三段磨矿、弱磁、中磁旋流器高频细筛，浮选脱硫。最终产品粒度-0.074mm（-200 目）占98%，品位 67.5%。现已完成施工设计前审查；选矿全流程自动化控制设计委托；尾矿高浓输送堆放工艺可研；主体设备订货（包括破碎、筛分、磨矿、分级、选别、起重机）；施工网络制定等工作。施工设计于 2008 年 4 月初开始出图，6 月底全部完成。土建工程在 4 月中旬动工，10 月初完成基建。设备安装于8 月开始，2009 年 5 月完成（基于粗破碎机 2009 年 4 月到达安装现场），2009 年6 月开始全线联动试车。

1.5　民营选矿厂投产后的改造

达茂旗引资的民营选矿厂已逐步投产，由于民营选矿厂主要加工的是地表难选氧化矿，铁精粉品位偏低、选比高、排尾高、资源利用率不高。2007 年巴润公司与包钢矿山研究院共同进行了西矿难选氧化矿选矿技术攻关工业试验，经过几个阶段的试验，获得了成功，使铁精矿品位由 61% 提高到 63% 以上，产量也有了大幅度的增加。2007 年已有一个选矿厂进行了工艺技术改造，2008 年 8 月底将全部改造完成，以满足包钢公司"精料方针"对原料的要求，同时力争大幅度超产以降低包钢的铁矿石采购成本。

1.6 矿浆管道建设

550 万吨/年精矿浆管道和 2000 万吨/年输水管道工程全长 147km，矿浆管道直径 350mm，水管直径 930mm，现初步设计已审查通过，矿浆主泵、水泵和管材已招标采购，6 个隧道已开工建设，地埋管道建设队伍已确定，准备 2008 年 4 月份全面开工建设。

2 当前的主要工作

采、选、输三大主体工艺的建成投产是相互关联的，必须考虑同时投产试车，哪一个不具备条件都不能全面达产，而且会造成巨大的浪费。

2.1 前提条件

加强企业和各级政府间关系的协调，尽快办理有关合法手续确保采场、选厂及矿浆管道建设的顺利进行。

巴润矿业公司的产品要最终达到包钢的使用要求，在建设、开采、加工和输送等环节都离不开政府的支持，占用耕地、植被保护、水土保持，水、电、路等工作的协调将成为下一步外部工作的关键。包钢应将此类工作按要求与项目建设同步进行，积极主动办理相应规模的矿权证、安全生产许可证、土地证等。

2.2 采场能力的具备

采场具备 1000 万吨出矿能力是指通过 3 年来的基建剥离、道路修筑和供电、排水等基础设施建设，出矿空间和公辅配套基本达到 1000 万吨水平，但采场的穿、爆、采、运设备配套并未按设计到位。

要按照矿山建设的客观规律办事，矿山开采讲究时空性，错过了时间搞乱了空间再调整会造成很大的浪费，切不可为降低初期基建投资留下后患。依靠基建剥离时的民营企业维持今后生产是不可能达产的，必须抓紧时间组织矿用主体设备进货。

采场具备年产矿石 1000 万吨的采矿能力，采场采剥总量将达到 7500 万吨，主体装备：16m² 电铲，5m² 电铲，310 钻机，50t 自卸车，172t 自卸车，后期采场矿石、岩石采用胶带运输系统，需 35kV 变电所 2 座，110kV 变电所 1 座，总装机容量 12 万千瓦。炸药加工厂的建设也不容忽视。

2.3　人才储备及管理系统的建设

巴润矿业公司达产运营后需要一个强有力的管理队伍进行运作，目前在职的 30 多人不能满足需要，要尽快按照包钢公司的人才政策结合矿山实际，形成保证眼前应急使用的、加速培养的和将来需求储备的人才梯次结构。巴润矿业公司按照现代化的一流矿山搭建管理系统。

2.4　资源平衡

矿产储量、水、电、运能、炸药加工等必须有一个用量平衡计算，不能片面或局部考虑某个单项。资源平衡不仅要考虑技术可行和经济合理，还要考虑国家发展和社会和谐，应做一个全面系统的规划。

西矿的规模必须结合主、东矿考虑，因为所有外运、供电、供水、炸药加工等都应是一套系统。但西矿的矿产与主矿、东矿是有区别的，也要尽早研究。两边的矿物不完全一样，加工工艺和产品也会有差别的。

3　未来发展的展望

3.1　外围及深部矿体的勘探和开发研究

巴润目前的开采对象仅是 48 线以西的露天开采部分，48 线以东及深部还未涉及，对其进一步勘探加以研究利用是增加产能的基础。

3.2　增加能力的条件

（1）48 线以西的露天采场具备增产条件，现露天采场东西长 5km，南北宽 1km，典型台阶分层矿量在 1200 万吨以上，同时作业的工作面可达 4 个，下降速度 1m/a 即可实现 100 万吨的出矿能力，就目前采用的开拓方式可达到 15m/a 以上。

（2）包钢需要增加矿石自给量，西矿的精矿属优质精矿，对改善包钢炼铁的原料结构有好处，且在目前的市场条件下还可降低原料采购成本。

（3）西矿体较主矿、东矿属低稀土矿床，加大西矿开发有利于保护主矿、东矿的稀土。

（4）西矿体资源储量巨大，东部和深部勘探前景乐观，可综合利用的资源丰富，加大产能仍可保证合理的服务年限。

3.3 打造一个全新的数字化矿山的条件

（1）有毗邻的 50 年大矿的丰富建设经验、人才技术优势和文化底蕴。

（2）有巨大的优质矿床和良好的开采及加工条件。

（3）有钢铁企业对矿产资源的急迫需求和火爆的国内外铁矿产品市场。

（4）有国家及地方政府对包钢开发西矿的大力支持。

（5）有成熟先进的现代化矿山装备技术和数字化矿山管理模式。

白云鄂博铁矿磁铁矿石
边界品位的分析研究

摘　要：通过对白云鄂博铁矿资源状况及利用情况的分析，应用"白云鄂博铁矿矿石边界品位优化系统"，提出了随着铁精矿市场价格的变化，实时调整和优化矿山磁铁矿石边界品位指标的建议，使矿产资源得到充分利用，以获得最佳经济效益。

关键词：白云鄂博；磁铁矿；矿石边界品位；资源利用

1　前言

白云鄂博铁矿石的特点是：（1）贫矿多、富矿少，平均品位低；（2）矿石类型复杂，氧化矿、多金属共生矿石及难选矿石多，且嵌布粒度细。近年来，随着国内钢铁产量的逐年上升和国际市场上铁矿石价格的不断飙升，铁矿石资源紧缺逐步成为制约钢铁公司发展的突出问题。因此，如何充分合理的利用国内自有的矿产资源成为业内共同关注的课题。

2　白云鄂博铁矿资源概况及开采利用现状

2.1　白云鄂博铁矿资源概况

白云鄂博矿床是一座世界上罕见的多金属共生矿，东西长 16km，南北宽约 3km，形成一个窄长的铁、铌、稀土矿化带。铁矿储量十几亿吨左右，铌矿储量 660 万吨，居世界第二，稀土矿工业储量 3600 万吨，位居世界首位，故被誉为"稀土之乡"。根据矿化带热液蚀变性质，矿化强度及产出部位由东到西分为东部接触带、东矿、主矿和西矿四个矿段，其中以主矿、东矿段铁、铌、稀土矿化最强，规模最大，也是目前开采的主要矿体。

2.1.1　东矿矿段

该矿段是一个完整的东西向向斜构造，两翼为白云岩，轴部为富钾板岩。矿体严格受构造控制，北翼构成东矿矿体。东矿体为一西窄东宽的复杂的扫帚状矿体，与围岩有明显的接触带，但其氧化带很不发达。在氧化带以下的原生矿内，大部分是磁铁矿，约为 61.7%，且靠近上盘；在下盘附近是赤铁矿。东矿体储

原文刊于《矿业快报》2007 年第 7 期；共同署名的作者有柳建勇。

量××亿吨，富矿不多，占 7.44%，平均品位 53.7%；中品位矿石占 58.67%，平均品位 36.9%；贫矿占 33.89%，平均品位 25.5%。矿体上下盘白云岩具有磁铁矿化现象，厚度 10~50m 不等，靠近东部下盘云母岩也具有磁铁矿化现象，厚度较大。

2.1.2 主矿矿段

该矿段格局与东矿矿段大体相似，向斜北翼为主矿体，氟、钠交代作用强烈，程度与东矿相当，其矿石类型的分布受原岩岩性控制的特征也表现最为明显。主矿体呈一巨大的不规则透镜体，与围岩有明显的接触带，并在矿体上层形成一层较厚的氧化带。位于氧化带以下的矿体下层为原生磁铁矿和原生赤铁矿，磁铁矿一般埋藏在上盘附近占 47.15%；在氧化带，磁铁矿变为假象和半假象赤铁矿。主矿体储量××亿吨，富矿厚度较大分布在上盘附近，占 16.27%，平均品位 52.84%；中品位矿石占 60.73%，平均品位 36.19%；贫矿占 23%，平均品位 25.62%；矿体上盘云母岩具有磁铁矿化现象，厚度 10~50m 不等，靠近东部下盘白云岩也具有磁铁矿化现象，厚度 20m 左右。

2.2 开采利用现状

白云鄂博铁矿的开采是根据"以铁为主，综合利用"的方针进行设计和生产的。目前采用露天开采，铁路、公路、胶带联合开拓运输的开采方式，设计矿石开采能力为 1200 万吨/年。

1957 建矿后，首先生产富矿，对贫矿进行堆存。由于历史原因，白云铁矿曾一度采富弃贫，浪费了大量的矿产资源，并在主矿西南堆置了近 2000 万吨中贫矿，平均品位约为 28%。"文化大革命"结束后，白云鄂博铁矿恢复正常生产，根据设计，生产铁矿石边界品位为 20%，入选品位 32.5%，一直延续到现在。并且近几年，白云鄂博铁矿的生产能力逐渐达到设计要求，主矿年生产能力 700 万吨，东矿 500 万吨。磁铁矿比例已大于 50%。

3 矿石边界品位优化系统

2005 年，白云鄂博铁矿与北京科技大学合作开展了题为"白云鄂博铁矿矿石边界品位优化系统研究"的科研项目，于 2006 年 6 月完成全部研究内容，成果已投入调试运行。

3.1 主要技术方案

（1）白云鄂博铁矿矿石边界品位的动态优化。动态优化系统是以白云鄂博铁矿和包钢选矿厂采选经济效益和资源综合回收效益为决策目标，在对白云鄂博铁矿和包钢选矿厂各生产环节信息流进行系统分析的基础上，对白云鄂博铁矿磁铁矿石边界品位指标实施动态优化。

1）建立以矿石边界品位为自变量，用数理统计法计算矿体储量和地质平均品位的数学模型，计算不同品位指标所对应的矿体储量和地质平均品位。

2）基于矿山现有的开采技术水平，进行地质储量、地质平均品位与采出矿量和采出（入选）品位之间的动态转换。

3）针对选矿弱磁选和反浮选工艺流程，基于现有的选厂生产数据，分别建立其入选品位与选比、精矿品位之间的相关模型，从而将采出矿量转化为最终产品数量（精矿量）和质量（精矿品位）。

4）建立综合技术经济分析模型，基于当前的生产成本和精矿价格水平，测算不同边界品位方案下的精矿总量、采选总利润等决策目标值。

5）对不同的技术指标方案，采用模糊综合评判法，进行多目标系统优化，从而确定适用于白云鄂博铁矿磁铁矿石的最佳边界品位指标及其他相关的技术指标。

（2）开发可实时动态优化边界品位指标的软件系统。基于上述研究思路和方法，通过系统分析、系统设计，开发可对白云鄂博铁矿磁铁矿石边界品位指标进行实时动态优化的软件系统，从而在白云鄂博铁矿自身生产技术或矿产品价格发生变化的条件下，利用该系统可对主、东矿磁铁矿石的边界品位指标进行动态的优化。

3.2　创新点

（1）整体化。以系统论为指导，将矿石边界品位、入选品位、选比、精矿品位、财务指标等一系列技术指标作为一个整体进行优化。

（2）动态化。建立技术指标之间的动态关系模型，可以反映矿山技术指标随经营效益目标和市场条件变化而变化的情况，特别是应用相应的软件系统，矿山可在市场或技术条件发生变化时，对以边界品位等系列技术指标进行实时动态管理。

（3）多目标优化决策。在优化边界品位指标时，既考虑了采、选的经济效益目标，又兼顾了矿产资源回收的社会效益目标。

4　白云鄂博铁矿磁铁矿石动态边界品位确定的意义

（1）经过几十年的发展，矿石的价格已经翻了几倍，而边界品位还沿用以往的数据，这将浪费大量的矿产资源；根据矿石的开采成本、可选性和市场价格，经济合理地确定矿石在不同价格下的动态边界品位，扩大矿山的资源量，延长矿山服务年限，可实现矿山的可持续发展。

（2）存在于白云鄂博铁矿周边的民营选矿企业，由于市场上铁矿石资源的缺乏和铁精矿的价格不断飙升，他们把铁含量为10%左右的磁铁矿化围岩当作选矿原矿来开采，并且能够盈利。甚至有些民营选厂，从过去的排土场里挑拣磁铁矿化岩石（铁矿石品位为20%以下）进行选矿，且经济效益可观。白云鄂博铁矿边界品位（≥20%）以下全铁含量为 10%~20% 的磁铁矿化岩石储量不菲，应当把白云鄂博铁矿矿石边界品位优化系统分析结果作为依据（见表 1），并运用该系统，随着铁精矿价格的变化，对白云鄂博铁矿的磁铁矿矿石边界品位进行实时调整和优化，使矿山矿产资源得到充分利用，可获得最大经济效益和社会效益。

表 1　"白云鄂博铁矿矿石边界品位优化系统"各方案分析结果对比表

方案	边界品位/%	主　矿		东　矿		选矿厂	
		地质品位/%	采出品位/%	地质品位/%	采出品位/%	弱磁入选品位/%	弱磁选比/倍
1	15	35.48	34.87	30.85	30.33	33.01	2.392
2	16	35.50	34.89	30.90	30.38	33.04	2.390
3	17	35.56	34.95	30.99	30.47	33.11	2.384
4	18	35.65	35.04	31.13	30.61	33.22	2.376
5	19	35.78	35.17	31.31	30.79	33.37	2.365
6	20	35.96	35.34	31.54	31.01	33.56	2.351
7	21	36.19	35.56	31.81	31.27	33.81	2.334
8	22	36.47	35.84	32.12	31.58	34.10	2.313
9	23	36.82	36.18	32.48	31.93	34.45	2.290

方案	边界品位/%	选矿厂				目标值		
		弱磁精矿品位/%	反浮选比/倍	综合选比/倍	反浮精矿品位/%	总利润/万元	精矿总量/万吨	综合隶属度
1	15	62.81	1.098	2.627	65.45	1688946.5	6782.8	1.0000
2	16	62.82	1.098	2.624	65.45	1688558.6	6777.8	0.9899
3	17	62.84	1.097	2.616	65.46	1687599.6	6767.4	0.9661
4	18	62.88	1.096	2.605	65.47	1685707.1	6750.4	0.9216
5	19	62.92	1.095	2.590	65.49	1682370.1	6725.6	0.8462
6	20	62.97	1.094	2.572	65.50	1676905.4	6691.2	0.7269
7	21	63.04	1.092	2.549	65.52	1669939.5	6645.3	0.5696
8	22	63.10	1.090	2.523	65.55	1659209.4	6585.5	0.3356
9	23	63.18	1.088	2.493	65.57	164324.6	6508.9	0.0000

（3）根据白云鄂博铁矿矿石边界品位优化系统分析结果，从当前铁精矿价格来看，白云鄂博铁矿磁铁矿石的最优边界品位指标应由目前的 20% 调整为 15%，可获得最佳经济效益和资源回收效益。按调整后的指标组织生产，在采矿境界线内，将有 600 万吨以上的贫磁铁矿得到利用，理论上可使包钢公司增加 90 多万吨铁精矿的资源回收效益，并可获得亿元以上利润。

5　结论

随着我国铁矿石资源的日趋紧张，白云鄂博铁矿应根据自身资源状况和铁精矿市场价格的变化，利用白云鄂博铁矿矿石边界品位优化系统，实时调整和优化矿山磁铁矿矿石边界品位。建议在当前铁精矿价格下，把白云鄂博铁矿磁铁矿矿石的边界品位（TFe）调整到 15%。

论白云鄂博西矿的矿产资源及开发

摘　要： 西矿是包钢的后备铁矿石原料基地，按照包钢钢铁生产对原料的需求，西矿开采已迫在眉睫，在开采前对其资源进行充分的认识、系统的规划、经济合理的设计以及开展必要的前期工作，有利于资源的开发利用。本文对此作了逐条论述。

关键词： 白云西矿；资源；规划；设计

1　资源概况

1.1　地表概述

（1）西矿是白云鄂博矿床的一部分，位于主矿以西且与主矿毗邻。东西长10km，南北宽1km。地形较为平坦，地表高程在 1620~1670m 之间，相对高差10~30m，围边最低处阿不达断层1590m，最高处白云布拉格水源高位水池1680m。矿区分南北两个矿带（向斜两翼），相距 200~500m，西部两矿带相距较近，向东变宽。从西向东以近100m间距垂直矿体走向布置勘探线（2—96线），实施勘探工程的有 51 个勘探剖面，即 4—16 线勘探对象为双号，46—96 线为相间 400m 做一剖面，其余均为逐行勘探。

1.2　地质勘探

西矿先后曾进行过六次规模性的地质勘探和调查分析工作，每次地质工作的目的、范围、工程量和结论都不尽相同。

241 队的工作主要集中对有露头矿的山头进行槽探和浅井探察，钻孔只做了82 个。将出露地表或覆盖较浅的矿体从西向东顺次排列编号，划分为 16 个矿体（其中 4 号、6 号、7 号三个矿体没有出露地表，在 5 号南翼），以 5 号、8 号、9 号、10 号最大，主要矿体集中在 46 线以西。

541 队是在 241 队勘探的基础上，对圈定的两个最大的矿体 9 号、10 号矿体做进一步的加密勘探，地表以下 300m 以内做的工作较多，对于西矿体在矿床规模、矿产质量特征等方面有了进一步的认识。

大会战调集全国 12 个勘探单位，50 余台钻机，3500 余人参战，历时两年，耗资 4000 多万元，钻孔 630 个，对矿区的工程地质、水文地质做了相应的调查。

原文刊于《包钢科技》2003 年第 5 期。

在两矿带中间布置了许多近千米的深孔，对西矿区的矿床规模、探矿因素和矿体特征做了进一步的查明，得出了向斜两翼在核部相连的结论，并增加了核部的储量。按照矿体的层状分布重新划分了矿体，主要矿体 11 个，附属矿体 102 个，全区共有矿体 113 个。

1.3　矿体赋存条件及形态

白云鄂博西矿经过历次勘探，特别是地质大会战资料的结果表明，宏观上西矿与主、东矿同属白云鄂博铁、稀土、铌矿带，都产于中元古界白云鄂博群，哈拉霍疙特岩组（Z_h）三岩段（H_8）的白云岩中。西矿各矿体与围岩分布及产状完全一致，白云岩呈层状产出，矿体沿层间分布，矿体呈似层状或透镜状，与主东矿的控矿因素相似。但从具体的矿石组织结构，矿物成分及化学成分方面比较却与主东矿有所不同，矿体赋存条件及形态也不同。

1.4　铁矿石的加工技术性能

自 1955 年以来，白云西矿的矿石加工先后经中科院、包钢矿研所、长沙矿冶研究院、天津地调所等单位从不同角度做过多种流程不同规模的铁矿石选矿试验。

1.5　矿区现状

20 世纪 80 年代以前，国家及包钢曾对西矿的勘探、测绘、成矿、采矿、选矿和矿物进行过大量的多学科的勘探工程试验和研究。投过巨资，也建立过专门的实验室，取得了许多重大成果。但由于种种原因包钢在 1982 年终断了对西矿的生产与建设，相关的试验研究也逐渐停止。随着时间的推移，当时从事西矿工作的许多科技人员陆续离开工作岗位，一些宝贵经验与珍贵资料难以得到。

与之相反，近二十年来当地群众对西矿的群采却从未间断，几十家以开采西矿为主业的集体、个体矿主对西矿所有埋藏较浅的矿体全部开挖，主要矿体开挖深度超过 30m。乱开拓、滥采掘、滥堆排、采富弃贫严重破坏了浅部矿产资源，对下一步正规化开采造成许多障碍，必然导致初期基建剥岩量增大，出矿量减少。这一局势通过各级政府部门的努力，在 2002 年以后逐步遏制，现已基本控制。

2　系统的规划

对西矿区的开发组织编制一个系统的规划是合理利用西矿资源的前提，因为西矿不同于主矿、东矿，可以一次圈定境界并同期开采，而西矿则从平面上看，分布于十几平方公里范围，不可能同时开采；从埋藏深度和矿体的延深看，也各不相同，有的采用露天开采经济，有的采用地下开采经济，更多的可能是先采用露天开采而后采用地下开采，且不同的矿体形态适合的开采规模也各不相同。这样势必要先搞清这号称 8 个亿的铁矿石储量先开采利用哪一部分，怎样开采，如何衔接，而且必须要考虑核部铌矿体和铁矿石与围岩中稀土与铌的保护和利用。

（1）建立西矿地质数据库。建立西矿地质数据库有利于充分利用过去历次地质勘探的成果，随时准确地了解和掌握西矿区各空间位置的地质信息情况，可服务于以后每个矿体开采的设计以及指导矿体开采的地质管理，是数字矿山的主要基础资料。地质数据库的主要内容应包括原始勘探工程中各种地质图件及地质工程编录表，计算机辅助生成的水平面和纵段面的剖面图及对应的地质经济信息；应包括矿区内各矿体赋存情况及地质经济信息；应包括矿区工程地质、水文地质信息。

（2）对 48 线以西的详查区、勘探区应进行分段可行性研究，采用白云铁矿现开采的主东矿的经营指标做参考，以 2003 年上半年包钢外购精矿市场价格为依据结合铌和稀土等其他资源的综合利用分别论证各空间部位的可行性评价。

通过对各矿段的查明矿产资源的可行性评价，将西矿区划分出经济的、边际经济的和次边际经济的以及内蕴经济的几部分，指出查明矿产资源经济的基础储量和边际经济的基础储量及其分布位置。

（3）规划全区总图布置，指出首采矿体的位置及开采方式，开采规模。

全区的总图布置应充分考虑供电、供水、开拓运输系统、排土场位置、公共福利区。对各可采矿段按其经济合理性和技术可行性排出开采先后顺序，确定优先开采矿体的开采方式及开采规模。

3 科学的设计

通过系统的规划，指出了最经济、最合理的首选开采矿段，对此矿段做一个科学的开采设计作为矿山生产建设的主要依据。

3.1 现代化的新型矿山组织模式

西矿是包钢的原料基地，矿权归包钢和矿产品归包钢是毋庸置疑的，但具体的开采组织模式可以灵活多样。如建设投资可招商或融资，使用设备可租赁，穿采作业可承包，各种基建工程的建设可招标专业队伍施工。

3.2 现代化的数字矿山资源管理和生产指挥系统

数字矿山是采用先进的技术和手段使定性的矿山管理向定量化发展，有利于矿产资源的综合利用，有利于劳动生产率的提高。

3.3 现代化的人力资源管理制度

建立精干高效的管理队伍，采取现代化的劳动用工制度，储备充足的劳动力后备资源，适应各种条件的生产需要。克服老矿山社会负担过重的弊病。

4　必要的前期工作

（1）地形测量与浅部矿量复核。近年来西矿地表地形破坏严重，浅部矿量损失较大，应组织勘探队伍重新复核，以真实的现状提供规划和设计采用。

（2）选矿烧结试验，西矿虽过去做过多次矿石加工试验，但由于包钢的选烧工艺有较大的改进，必须要做针对目前工艺的选烧试验，提出利用方案，以便平衡公司高炉炉料结构。

（3）规模的平衡与确定。恢复西矿开采不同于新建一个矿山，不可能再重新建立一套供水、供电、外运、炸药加工、矿石破碎、设备维修等工业与福利设施。但现已建成的设施有的已考虑了西矿生产（如包—白供电系统），而绝大部分并未考虑西矿，这样就必须平衡好主矿、东矿、西矿三者的规模，充分利用已建设施，合理配置已有资源，补充完善能力瓶颈，最大限度地发挥白云鄂博资源的优势。

采用滚动方法编制露天矿的穿爆作业计划

　　矿山企业生产经营主要是围绕如何均衡地、经济合理地采出合格的矿石进行组织。生产组织前要根据采场的实际能力和上级部门的需求编制年度、季度和月份等不同时期的生产作业计划，然后以生产计划为依据进行安排并检查各时期的生产。穿爆作业计划是矿山生产作业计划的一部分，它不仅直接影响着同时期采场空间位置变化及矿岩各品种数量和质量指标的完成，更重要的是制约着下一计划期各种采剥指标的确定和完成。本文就如何编制穿爆作业计划，使矿山生产均衡发展作一论述。

1　穿爆计划的时空性

　　采剥作业的对象是自然生成的矿床，由于矿床赋存情况是复杂的，所以要在复杂的、不规则的矿床条件下实现各种配比符合标准而均衡稳定的生产，各空间位置推进的时间性至关重要。而穿孔位置和爆破时间的确定恰恰牵制着采掘推进的时空因素的变化，这就体现出穿爆计划的时空性。

1.1　穿爆计划与采场配矿

　　对具有多品种矿石且矿石品位自然级差大的矿床来说，为满足用户在每一时期内各品种矿石的数量和质量要求，必须从采场穿爆作业计划开始做出详细的配矿安排。特别是对于小品种矿石，要对现有货源的数量、质量，可穿可爆部位的数量、质量，以及穿采设备到位的时间与能力逐一进行落实。对多台电铲同时生产的品种，要确定出它们之间的配比关系，并充分考虑到随着推进时、空、量的变化，预测相互变化的时间差，出现与计划不一致的情况时能够及时调整，使生产仍能稳定进行。

1.2　穿爆计划与采场管理

　　保证运输线路的平直、采场结存合理、台阶按线推进都是采场管理的基本要求。然而对于矿体开采约束条件多、矿岩品种复杂的矿床而言，达到这一要求并

　　原文刊于《矿山》1993 年 12 月，第 9 卷第 4 期。

非易事。在编制穿孔计划时必须全面地分析，不仅要考虑合理的规划爆区，确定分区与规模，而且在爆破时序上要考虑上下台阶的超前关系、铁路线移设、高压线及其他设施的布置。对双铲作业的台阶还要考虑货源的传递，里外道路拆、铺、移的顺序。

1.3　穿爆计划与穿采设备效率

（1）穿爆计划与钻机效率。一般来讲，钻机台数要少于开采台阶个数，往往一台钻机要担负多个台阶的穿孔任务。这样势必造成钻机上下台阶的升降，甚至上下盘间的长距离开车。升降段和长距离开车不仅减少了钻机纯作业时间，更重要的是这一过程极易产生钻机故障。据初步统计，钻机一次升降段平均停产时间在一周之多。因此在保证采场货源均衡充足的前提下，尽可能地减少钻机的升降段及长距离开车是提高钻机效率的一个措施。此外，不同型号的钻机，对不同岩种的可穿性也不相同，穿孔计划必须考虑钻机型号与岩石可穿性的匹配。

穿爆计划的不落实是造成钻机延米利用率降低的主要因素。例如：成区时间过长而致使孔壁自然塌落，回填严重；相邻爆区的打砸和震动；车辆辗压都是造成废孔率上升的主要原因。

（2）穿爆计划与电铲效率。穿爆作业是为采掘工作准备货源的一道工序，编制穿爆作业计划必须以充分发挥采掘效率为前提。主要相关关系如下：爆区的长度和爆区的衔接决定电铲的移道周期，爆区的宽度决定爆堆的高度和采掘次数，爆区的走向布置顺序决定爆破时是否影响电铲作业。其次矿岩品种与排土线的接收量、矿槽存贮量的匹配，各电铲距出入口运距的均衡搭配也是必须考虑的因素。含水较大的矿岩要避免冬季采掘，临近靠界的矿岩要集中处理，难穿难爆难采的部位不得同时处理。

1.4　穿爆计划与其他

（1）爆破计划要与使用的炸药数量、品种相平衡，各种火工材料的消耗要与其专业计划相适应。

（2）穿爆计划要与穿采设备检修相适应，对检修停产及恢复投入的衔接作出详细安排。

（3）穿爆作业的材料消耗与财务支出均衡稳定。根据生产需要安排穿孔延米量、爆破量和采场结存量，防止穿爆费用的大起大落。

2　采用滚动方法编制穿爆计划

上述分析表明：穿爆计划和生产过程中的许多工序指标有着密切联系。为给生产的组织实施编制出一个合理的、周密的穿爆作业计划，本文提出采用滚动的方法编制。

2.1　思路

编制穿爆作业滚动计划的基本思想是：在保证年度采剥计划实现的前提下，用长远的观点去系统地安排现阶段的生产，然后再用现阶段生产中所遇到的各种变化去调整下一步的计划，以保整体的布局合理。即以长期计划为指导编制短期计划，短期计划确保长期计划的实现；按计划去组织生产，以生产现状为依据去预测、调整、编制生产计划。

2.2　编制方法

首先明确，滚动计划是一个动态的计划，是多个阶段同时考虑顺序实施的计划。计划在进入实施前是可以调整的，一旦进入实施期就得严格遵照执行。为便于调整，尽可能采用图表的方法表示。下面以白云铁矿主矿采场月穿爆作业计划为例进行介绍。

月滚动计划要在编制当月的同时后推两个月，当月计划是经过预测、修改、再修改而形成的详细实施计划，它具体地明确了每台钻机的作业位置，爆区设计，成区时间，放炮时间等穿爆实施程序，必须逐一落实。第二个月的计划是在上一个月做计划时预测的基础上，根据本月具体情况进行调整而得的较详细的计划，是做下月计划的主要依据。第三个月的计划是根据目前形势进行的预测，主要对重点部位、重点工作进行安排，较粗略。每月编制时均按此原则类推，见图1。

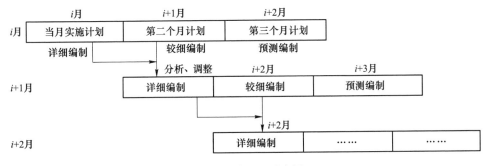

图 1　滚动过程示意图

（1）资料准备。每月在编制计划前首先要收集各方面的图纸、文字及历年历月生产统计分析资料，并深入现场详细的调查，要具备下面五个方面的资料：

1）当月采剥现状综合平面图。该图主要用于标明各类作业的具体位置，是反应空间布局的主要手段。

2）结存量。编制计划前应掌握采场各台阶分品种结存量是否充足。哪些部位、哪些品种需补充，统计一张以爆区编号为序的详细的结存量表（结存量应剔除压碴爆区前结存和滚动期内不必采出、难以采出的死结存）。

3）三个月内穿采设备开动及大、中、小修计划。设备修理是由机动部门提供，但须与生产需求相协调，对检修、停封、调离的设备应尽早明确，避免突然停下来对生产安排造成冲击。

4）三个月内采场内外重点工作的安排。主要指对穿、爆、采有影响的重点工作，如破碎检修、倒装台、排土场的建设、靠界处理等。

5）现场穿、爆、采条件的观察分析。第一步要对采场内各电铲的作业条件进行透彻的分析，岩石铲主要考虑挖掘条件，矿石铲还需考虑有用及有害元素的含量。然后正确估计单台电铲效率。第二步再对需穿孔区域的可钻性、可爆性进行调查，对难穿难爆地段应提前一个月调动钻机，以防在穿爆过程中出现意外而造成货源紧缺。

（2）爆破量、采掘量、结存量的平衡。合理储备爆堆结存量是矿山持续、稳定生产的基本条件，怎样科学地确定其指标要视各矿山的具体开采条件而论。就白云铁矿主采场目前的生产条件而言，达到既能保证各台阶各品种货源有一定的生产调节余地，又不至于积压过多的穿爆费用。笔者认为以三个月的生产量为宜，且矿岩比例掌握在 1：2 左右（采剥比为 1：2）。为达到这一目标，每月的爆破量与生产量必须协调。也就是严格掌握穿孔—爆破—采掘这一循环过程中量的关系。如果这是一个理想的过程，则当前爆破的货源应当在一个周期（三个月）后采净，具备新循环的穿孔条件。这个周期恰是滚动计划所选取的滚动周期。

由于钻机与台阶数并非 1：1 搭配，加之一次爆破规模又有最优值，所以切忌片面追求某一台阶或台阶之间的结存量平衡。此文所述为采场总体的穿、爆、采，结存之间的平衡，可用三张分台阶，分品种的穿爆量、采掘量、结存量的三维表来说明，每张反应一个月。

（3）穿爆计划的确定。在进行了结存量平衡分析以后，再确定以后几个月穿爆计划便感到简单而轻松。真正切实反映滚动穿爆计划内容的仅用两张图和两张表即可。

1）爆破计划表。一般情况下，穿爆成区以后要立即准备放炮，不要使成区的炮孔撂的时间过长。当月的爆破计划必须确定，以便安排相关工序的计划，如炸药的平衡、停产设备的准备、扫道电铲的到位等。后两个月所安排的爆破时间与地点主要是为推算并督促穿孔成区时间服务的。爆破计划表应包括区号、品种、爆破时间、炸药量、预计爆量、爆破拆除、爆破费用等项。其中区号格式为××××-YY—EE（××××为台阶编号，YY为年度，EE为爆破序号）。

2）穿孔时间表。穿孔是为爆破服务的，穿孔作业以既能满足爆破要求，又能充分发挥钻机效率，降低穿孔成本为最优。穿孔作业前须进行爆区规划，规划的原则有以下几个方面：

① 成区后不能及时放炮的部位，无护孔措施，决不能提前穿孔；

② 底盘抵抗线不明的矿石区不能布孔；

③ 避免矿岩混穿混爆；

④ 上盘布孔应给出前一区的后冲线；

⑤ 空间位置允许时，岩石区尽量组织大区、减少爆破影响次数和爆区接头个数；

⑥ 矿石区避免三排以下的布孔方案。

在考虑上述原则的基础上，逐个爆区详细规划，特别是当月穿孔的爆区要落实具体的位置、穿孔时间、爆破时间及参数。矿岩交界处布孔要通知地测部门在现场放出分穿界线。穿孔计划表应包括穿孔时间、穿孔位置、总延米、可穿性、成区时间、区号等。以穿孔时间为序安排三个月的工作，总延米是指实穿米道；可穿性采用本矿制定的难穿系数0.7~1.4；穿孔位置用勘探行作参照系。

3）月采剥计划图。将当月穿爆区域准确地绘在采剥计划底图上晒制，并附必要的文字说明。后两月穿爆计划区域标在晒好的图纸上，区域的大小要符合现场环境，同时要预测高压线、铁路线及其他采场设施的移设计划。穿孔成区后要将实测范围绘在图上，爆破后将实爆量及品种品位标在图上，使该图更能有效地发挥其作用。

4）钻机作业图。将滚动期内各区的穿孔作业量进行统计，并用可穿性系数将其计算出穿孔时间或算出折算延米，然后按照钻机就近作业和最少升降段次数的原则给各单机分配作业量。钻机作业图是反映钻机的状态、作业位置及作业量的指示图（图2）。实际作图时可用红、黄、绿三种颜色分别表示升降段，检修（或停封）和正常作业三种状态，作业量直接标在作业线上，非执行期用铅笔绘制，逐月调整修改。实际作业情况可用第四种颜色标出。

3 结束语

编制滚动穿爆计划的过程实质上就是一个预测、修改、执行、预测的递推循环过程链应用本法的基本条件是熟悉生产组织过程，掌握现场动态变化趋势，这

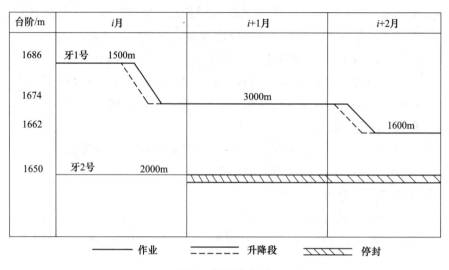

图 2　钻机作业图

样可及时发现问题，提出调整措施。1992 年度白云铁矿主采场有 8 个作业台阶，开动 4 台牙轮钻机，其中 3 台安排大、中修。但采用滚动方法编制穿爆计划，全年钻机升降段总次数仅为 7 次，完全满足采场货源要求。

　　编制各表并不难，难的是怎样符合采场实际便于按图表执行。

谈爆区接头处的爆破

在露天矿生产作业过程中，各道工序无不与矿岩爆破质量发生关系。爆区中出现的根底、大块是制约采掘生产组织的一大障碍。根据本人在生产现场的一些统计情况看，出现根底频数最高的有两个部位，一是前排孔，另一则是爆区接头处。前排孔出现根底的原因及防治办法已有多人作过论述，本文不再重提。这里仅就本人在台阶爆破中总结出的克服爆区接头间根底的一些具体技术措施作一论述，与读者共同探讨。

1 爆区的设立

在露天矿台阶爆破中，根据推进和延伸的需要，爆区的形状、规模及起爆方式千差万别。为便于叙述，本文将设计的爆区为铁路开采开拓运输条件下，三角形布孔、排间起爆的条形爆区。

在一个采掘带中，往往要分多个爆区进行爆破。按爆破的先后顺序可将爆区分为三种情况（图1）：分别称为（a）型、（b）型和（c）型，并把相邻爆区中先爆的区称为先区，后爆的区称为后区。

在铁路运输条件下，后区爆破时，与先区的接头处一般达不到像前排孔一样的清碴程度，或多或少都要留一部分结存量，甚至在先区还没有采掘的情况下就布置后区。这样就很难判定接头处的侧面抵抗线到底有多大，给后区的布孔、审药增加了困难。具体有以下几种情况：

（1）先区旁冲太大。如图2中先区旁冲太大，造成接头处上部矿岩松散，穿孔时孔口塌落，孔内成壶状，出碴困难，无法成孔，不能在正常孔位1、2、3处打孔，被迫后移致1′、2′、3′处打孔，这样必然会出现接头根底。如图2中Ⅰ—Ⅰ断面所示。出现旁冲大的原因有两种可能：一是药量大；二是相对微差时间短。

（2）先区侧翻或侧鼓。爆破后旁冲形不成塌落，而是出现侧翻（相对于软岩）或侧鼓（相对于硬岩），会给后区接头穿孔寻找合适的孔位造成困难。因为穿孔前必须要用推土机平整场地，平整后的接头已难以分辨实际掌子和爆堆。接头孔位布置不当必然出现根底。造成侧翻、侧鼓的主要原因是段数选取不合理。

原文刊于《矿山》1994年12月，第10卷第4期。

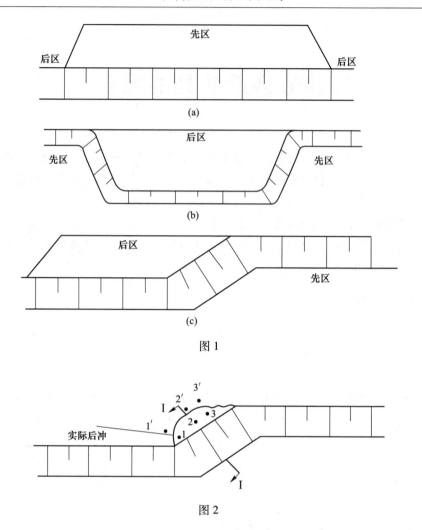

图 1

图 2

（3）先区侧面龟裂严重。爆后岩体倾斜，无塌落，但有许多裂纹。这样的现象如果出现在可爆性差的区段，必然出现根底。此属接头孔药量太小，没有起到松散岩体的作用，但已不具备再行穿孔的条件，后区接头孔无论从药量还是起爆方式上均无法补救。

（4）后区药量小，不足以克服接头根底。

（5）后区起爆顺序不当。微差爆破的起爆顺序决定着岩体的移动方向，也就是先爆的孔为后续孔创造一个自由面，开辟一个补偿空间，使后续孔将岩体向最小抵抗线方向崩落。如果接头孔的起爆是在后区起爆的最后，那么崩落方向就会向后区释放能量，对先区接头处的根底无能力克服。如图 3 所示，起爆顺序是 1—2—3，则出现效果（a）；起爆顺序是 1、2、3 齐发，则效果如（b）。

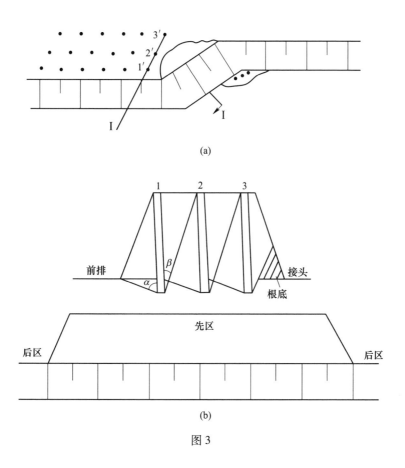

(a)

(b)

图 3

2 爆区接头设计

2.1 先区设计（图 1）

图 1（a）型爆区的两端和（c）型爆区靠实掌的一端都可视为先区。

（1）布孔设计。先区爆破仅前方有自由面，侧面爆破夹制力大，布孔时应呈前方开放的梯形状，前排孔可根据实际挖掘情况布置，旁冲和后冲要保证整齐。

（2）联线设计。为达到旁冲齐，旁冲孔应齐发，为杜绝侧翻及侧鼓，接头孔应最后起爆。联线见图 4。

（3）审药设计。既要保证塌落明显，又要不出现龟裂，接头审药是关键。由图 4 的联线可知，起爆改为接头斜线起爆，孔距 a、排距 b 值发生了变化，因此药量要进行调整：

1 号孔药量＝前排孔×105％；

10 号孔药量＝四排孔×95％；

3 号孔药量＝两排孔×105％；

8 号、9 号孔药量＝四排孔；

5 号、6 号孔药量＝三排孔×105％；

2 号、4 号、7 号孔药量＝前排孔。

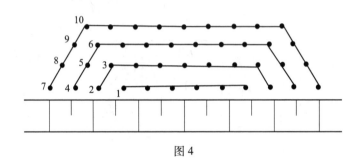

图 4

2.2 后区设计（图 1）

图 1（b）型爆区的两端和（c）型爆区靠先区接头均可视为后区设计。

（1）布孔设计。后区布孔主要考虑如何与先区衔接，将接头处的原岩全部松动。首先，布孔时要找出先区确切的旁冲位置，然后看接头处的结存、坡面和抵抗线情况，布孔方式与前排孔类似，对抵抗线过大或旁冲不明的接头，可适当缩小平面参数。

（2）联线设计。为使接头孔的药量尽可能向接头抵抗线方向作用，接头孔应先起爆。联线见图 5。

（3）审药设计。一般来讲，像图 5 中的 1 号、2 号、5 号孔均应采取极限装药、全填塞的办法；3 号、4 号孔可按两排孔审药，这样可最大限度地克服接头根底。

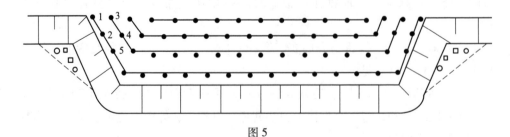

图 5

3 结束语

本文只对台阶爆破中有关爆区接头处出现根底的原因，提出了一些观点及意见，并针对特定的爆区做出了克服根底的爆破设计，把设计划分为先区和后区后分别对待，其方法可归纳为：

对先区：小药量，后起爆，齐旁冲，便穿孔；

对后区：大药量，先起爆，克根底，便采掘。

白云铁矿主采场爆破设计优化

摘　要：本文对白云铁矿主采场按矿岩爆破难易分级，针对分级结果设计爆破参数，同时对影响爆破质量的装药结构、起爆方法进行优化设计。

关键词：可爆性分级；爆破优化；爆破质量

白云铁矿主采场是一个设计能力为年产铁矿石 700 万吨的大型露天采矿场。投产四十多年来，采场爆破优化始终是现场采矿工程技术人员所从事的攻关课题，特别是近几年来，采场逐步向矿体深部延伸，矿岩穿爆难度亦随之加大，爆破优化显得尤为突出。本文认为，随着采场由浅部向深部的过渡，不同矿岩种类的可爆性能已表现出明显的差异，因此这里从矿岩爆破分级入手，结合现有爆破实践与技术，提出对孔网参数、装药结构、起爆方式等方面的优化设计思路和方法与同行商榷。

1　主采场矿岩按爆破难易分级

影响矿岩可爆性的主要因素是矿岩本身的物理力学性质的内在因素，它决定于矿岩的地质生成条件、矿物成分、结构等，具体表征为容重、孔隙性、碎胀性、抗压强度等。几种主要矿岩按爆破难易分级见表 1。

表 1　矿岩爆破难易分级表

表　征	混合板岩	白云岩矽质板岩	萤石型矿石褐铁矿	矿化白云岩低品位矿石	高品位矿石
容重 t/m	2.6~2.8	3.0~3.2	3.0~3.7	3.0~3.9	4.0~4.2
硬度系数 f	5~8	8~12	10~12	12~16	16~18
岩（矿）石抵抗系数/kg·m^{-1}	0.74	0.76	0.77	0.89	0.93
凿岩程度等级	9	7	8	7	4
爆破程度	中等节理发育	中等易出孤块	较难对药量不敏感，易跑炮	难对药量敏感多大块	极难易生大块难穿难爆

普通板岩、白云岩和中低品位的矿石均为易爆性矿岩种类。矿体上盘云母

岩、褐铁矿和高品位矿为难爆矿岩种类。它们的特点分别是上盘云母岩呈层理状，含水丰富且有弹性的反倾斜岩体（即矿岩倾向与爆破抛掷方向相反），爆后突出表现为爆堆位移小，松散度差，采后底板抬高。褐铁矿主要由于原生高品位铁矿石氧化风化不彻底，残留在褐铁矿中，炸药能量很难作用其上，造成大块或巨块出现。高品位矿石主要是密度大、硬度大、节理裂隙极不发育，该矿种爆破一旦出现失误，往往造成整个采场生产局面被动，且无好的措施补救。

2 孔网参数设计

2.1 利用经验公式确定合理的底盘抵抗线

$$W_d = H\cot\alpha + B$$

式中　H——台阶高度，m；

　　　α——台阶坡面角，α 为 65°；

　　　B——从深孔中心到坡顶线的安全距离，$B \geqslant 2.5$m。

实践经验，白云鄂博铁矿底盘抵抗线最佳范围是：

$\phi250$ 钻机为 7.5~8.5m；

$\phi310$ 钻机为 8.5~9.5m；

矿石取下限，岩石取上限。

现场通过调整 B 来满足此条件。

2.2 前排孔孔距

$$a = MW_d$$

式中　M——炮孔密集系数，0.8~1.4，据岩性调整。

对于中深孔爆破来说，炮孔密集系数 $M>1$，爆破效果好，但由于采场客观条件限制，前排孔 M 值往往小于 1，次后排孔一般大于 1，主采场 $\phi250$ 钻机孔距见表 2。

表 2　$\phi250$ 钻机孔距

孔　距		岩　性				
		混合板岩 $W_d=8.5$m	白云岩矽质板岩 $W_d=8$m	萤石型矿石褐铁矿 $W_d=8.5$m	矿化白云岩中低品位矿石 $W_d=8$m	高品位矿石 $W_d=7.5$m
前排	M	0.9	0.9	0.9	0.9	0.9
	$a/$m	8	7	7.5	7.5	6.5
中后排	M	1.8	1.6	1.6	1.3	1.4
	$a/$m	9	8	8	7.5	7

2.3 排距

主采场实际爆破中发现，爆区后排孔爆后常后冲过大，使坡面变缓，致使后续爆区底盘抵抗线过大。如果减少后排孔药量，则使台阶上部出现伞岩、预裂大块，针对这种现象，爆区后排孔排距适当缩小，减小后排孔装药量，次后排孔装药量加大，以保证后续爆区的爆破质量，主采场 ϕ250 钻机排距见表3。

表3 ϕ250 钻机排距 （m）

排 距	岩 性				
	混合板岩	白云岩 矽质板岩	萤石型矿石 褐铁矿	矿化白云岩 中低品位矿石	高品位 矿石
前排	5	4.5	4.5	4	4
中部	5.5	5	4.5	4.5	4
后排	5	4.5	4.5	4.5	4

矿岩的爆破破碎程度是随着炮孔排数增加而提高的。多排孔大区微差爆破由于爆破量大，可以减少爆破次数，同时减少设施拆除和设备移动次数，使采矿生产率提高，所以孔网设计时一次爆破的炮孔排数尽可能多，但从充分松散、补偿空间以及爆堆合理高度综合优化，一般以 4~6 排为宜，爆区尽可能拉长，使爆破受两侧夹制的影响变小，提高爆堆松散度，减少爆区接头个数。同时考虑资源条件，在几米至十几米的窄矿带区域爆破时，爆区的排数优先考虑资源回收，实行分爆，降低贫化，减少损失。

2.4 超深

超深取决于矿（岩）性质、炮孔直径、炸药性能合理匹配所能克服的最大底盘抵抗线，岩石硬度和炮孔负担范围越大，则超深也应加大，超深越大，消耗炸药越多，且底盘预破坏作用越大，实践证明，这是影响爆破根块率高低的主要因素之一。所以合理超深应满足底盘抵抗线的最小值，一般由下式确定：

$$h_c = (0.2 \sim 0.4)w$$

主采场 ϕ250 钻机超深值见表4。

表4 ϕ250 钻机超深道

参 数	混合板岩	白云岩 矽质板岩	萤石型矿石 褐铁矿	矿化白云岩 中低品位矿石	高品位 矿石
底盘抵抗线/m	8.5	8	8.5	8	7.5
超深/m	1.7	2	2	2	2.5

3 炮孔装药量确定

单个炮孔的装药量可按下式计算:

$$Q = KWAH$$

式中　Q——单孔装药量,kg;

　　　K——矿岩的爆破体积单耗,kg/m³;

　　　A——孔间距,m;

　　　H——段高,m。

第二排孔往后起爆时,由于受到前排空压碴影响,药量增加10%左右,为减少对后续爆区影响,爆区最后排孔药量减少20%左右。

由于一般爆破规模较大,地测提供爆区平面图之后到组织爆破时间很短,很难细致计算与核实每一孔装药量。主采场爆破设计时,通常对爆区中有代表性的单个炮孔运用公式计算药量,现场中按照极限余高控制每孔装药量,使单孔装药量与设计时标准单孔装药量误差保持在10%以内。主采场ϕ250钻机装药余高见表5。

表5　装药余高表　　　　　　　　　　（m）

参　数	岩　性				
	混合板岩	白云岩 矽质板岩	萤石型矿石 褐铁矿	矿化白云岩 中低品位矿石	高品位 矿石
前排	7.5~8.5	7~8	7.0~7.5	6.5~7	6~7
中排	7~8	6.5~7.5	6.5~7.5	6~7	5.5~6.5
后排	8.5~9.5	8~9	7.5~8.5	7~8	6.5~7.5

表5中所列数据在段高及孔深大时取大值,反之取小值。

4 装药结构

主采场一直以来沿用连续装药结构进行爆破施工,但近年来,随着矿岩向深部开采,矿岩的可爆性越来越差,大块显著上升,间隔装药技术逐渐被推广使用,间隙装药结构见图1。

试验表明,主采场爆破采用空气间隔装药以后,大块率明显降低,破碎矿岩均匀度得到改善,降低了单位炸药消耗量。现将主采场1999年在磁矿区爆破ϕ250钻机穿孔条件下连续装药与间隔装药爆破效果对比见表6（表中所列爆区采用三角形布孔及排间延时）。

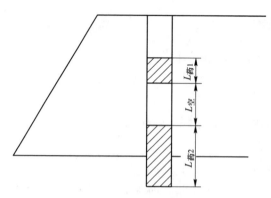

图 1　间隔装药结构图

表 6　连续装药与间隔装药对比表

| 时间 | 地点 | 装药结构 | 孔数 | 参数/m | | | | | 单耗/g·t⁻¹ | 块率/个·万吨⁻¹ | 铲数/万吨·月⁻¹ |
				H	W_d	a	b	h_c			
5.6	26N	连续	102	14.7	7.5	7	5	1.8	212	23	19
6.8	12N	连续	97	14.3	8	7	5	2.2	207	19	20
8.4	26N	间隔	164	14.1	7.5	7	5	2.4	189	11	23
8.17	12N	间隔	109	15.1	7.5	7	5	1.4	192	9	25.5

由于爆破效果是受多方面因素控制的，采用空气间隔装药进行爆破时必须根据矿岩性质、爆破要求和炸药性能等条件加以考虑，因此，正确选用空气间隔高度极为重要，经主采场现场试验得出，空气间隔高度对药柱高度的最优化比值为 $l = 0.17 \sim 0.4$，矿岩越难爆，取值越小，参见表 7。

表 7　空气间隔装药参数表

参　　数	混合板岩	白云岩矽质板岩	萤石型矿石褐铁矿	矿化白云岩中低品位矿石	高品位矿石
$L_空$/m	2.5	2.5	2	2	1.5
$L_药$/m	7	7.5	7.5	8	8.5
$L_空/L_药$	0.357	0.333	0.266	0.250	0.176

主采场在使用间隔装药改善爆破块度的同时，通过以下方法解决长期困扰生产的根底问题：

（1）改善装药结构，对无水炮孔底部装乳化油炸药等高威力炸药，上部装多孔粒状铵油炸药，相对增加孔底炸药能量。

（2）前排孔穿对孔，一孔底部装药，另一孔正常装药。

（3）后排孔药量严格控制，矿石区后排孔余高 7~8m，岩石区余高 7.5~9m。

5 改进起爆方式

主采场以往的起爆方式均采用方形及三角形布孔，排间微差间隔起爆。但随着近年来大孔距爆破的研究及试验，对于孔排间隔，斜线、V型起爆方式已逐渐开始推广使用。主采场1999年白云岩区排间与斜线起爆方式对比见表8。

表8　排间与斜线起爆对比表

时间	地点	孔数/个	段高/m	孔距/m	排距/m	M	岩性	起爆方式	根底、大块
5.25	62N	126	13.2	8	5	1.6	DT	排间	根底2个 大块12个/万吨
5.27	50N	189	12.7	8	5	1.6	DT	排间	根底2处 大块14个/万吨
6.30	62N	107	13.4	8	5	2.7	DT	大斜线 V型	无根底 大块8个/万吨
7.6	50N	93	13.1	8	5	2.7	DT	大斜线 V型	根底1处 大块7个/万吨

由表8可知，使用大斜线与V型混合起爆根底，大块率降低30%~40%。大斜线与V型混合起爆网络图见图2。

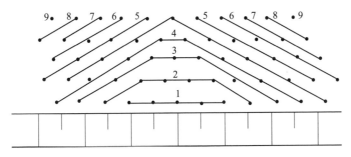

图2　大斜线与V型混合起爆网络图

掘沟爆破还应考虑起爆方向。掘沟时，岩体结构面是影响掘沟爆破质量的一个重要因素。主采场岩体节理裂隙的方向一般是和岩体走向一致，由于结构面阻力较小，使岩体中炸药能量顺弱面释放，爆后易出根底。相反，若爆破作用方向与岩体走向一致，炸药能量分布均匀，避免根底出现，但由于岩体节理裂隙的存在，爆后不可避免出现体积较大的孤块。在主采场1598m掘沟时充分考虑爆破作用方向对底板影响，借鉴1612m沟掘沟时垂直矿体走向爆破出现大面积根底，将起爆方向改为顺着岩体走向传播，使1598m掘沟段高一次达标。

起爆药包对爆破作用影响至关重要。起爆药包放在什么位置决定着药柱爆轰波的发展方向和应力波的发展方向。国内外试验研究资料表明，条形药包中，在起爆点前方和后方一定距离内爆破效力最强，距离爆源越远，爆破效力越差。主采场在爆破时已开始采用相邻炮孔相向起爆的方法，即一个炮孔底部起爆，相邻炮孔中顶部起爆，以使爆炸能量在岩体中的分布更均匀，从而达到较好的爆破质量。

此外，在设计好药量的基础上合理选择微差雷管段别也是保证爆破质量的一个重要步骤，白云铁矿目前所采用的微差间隔时间还是停留在经验上，据近几年来主采场爆破实践，硬岩及矿石的微差间隔时间一般在 50ms 以内，软岩的微差时间可取 50～150ms。

6 结语

本文通过对主采场矿岩爆破难易分级及现场孔网设计、药量审核、装药结构以及起爆方式进行优化研究，归纳为：

（1）定性、定量分析矿岩可爆性能、合理分级。

（2）确定不同岩性孔网参数，爆区最后排空排距适当缩小，加大爆区规模。

（3）确定炮孔装药量。

（4）间隔装药爆破技术可显著改善大块率，提出解决根底的三条措施：

1）大斜线与 V 型联合起爆方式使主采场根底、大块率降低 30%～40%。

2）掘沟时，使爆破作用方向顺着岩体走向传播是保证掘沟质量的主要措施。

3）相邻炮孔相向起爆，使炸药能量在矿岩中分布更均匀。确定矿石机硬岩中微差间隔时间为 50ms 以内，软岩取 50～150ms。

基于极限平衡法的某铁矿边坡稳定性分析

摘 要：根据现场采集的真实数据，用极限平衡法分别在考虑自重、自重+水、自重+水+地下水的 3 种工况下，先对 E_1 区剖面按圆弧型破坏模式用 Bishop 法进行边坡安全系数求解，再按双滑型破坏模式采用 Janbu 法进行边坡安全系数求解，然后综合分析，从而得出 E_1 区边坡稳定情况。

关键词：极限平衡法；安全系数；破坏模式

某铁矿矿体呈近东西向狭长带状展布，长 3.5km，宽 1.9km，面积为 4.3082km²。采场露采境界长 1620m，宽 1140m，坑底设计标高为 1230m，采场最大边坡高度 432m，设计矿石开采能力为 700 万吨/年。勘察区位于采场的南帮和西南帮，现有地形最高为 1662m，最低为 1514m，垂直高差为 148m，东西向长 750m，南北向宽 600m，勘察总面积为 0.45km²。设计边坡呈弧形，平均倾向为 60°，设计开采终了深度为 1230m，边坡最终高度为 420m，总体边坡角为 41°~44°。该区 1598m 以上台阶已靠界，靠界台阶高度为 60m，目前生产台阶主要有 1584m、1570m、1556m、1542m、1528m 和 1514m，单台阶高度为 14m。该铁矿开采已达到深部开采，E_1 区边坡岩体受力发生变化，采用极限平衡法对该区边坡进行稳定性分析以保证安全生产。

1 极限平衡分析方法

极限平衡法是以摩尔-库仑抗剪强度理论为基础，将滑坡体划分为若干条块，建立作用在这些条块上的力的平衡方程式，从而求解安全系数。边坡破坏模式包括圆弧型、双平面型、阶梯型 3 种。

1.1 圆弧型边坡破坏模式

安全系数计算公式如下：

$$K_f = \frac{\sum\{[W_i(\cos\alpha_i - A\sin\alpha_i) - N_{W_i} - R_{D_i}]\tan\varphi_i + C_iL_i\}}{\sum[W_i(\sin\alpha_i + A\cos\alpha_i) + T_{D_i}]} \tag{1}$$

原文刊于《现代矿业》2013 年 11 月第 11 期；共同署名的有豆昆、白宇、闫永富。

式中，K_f 为安全系数；W_i 为第 i 条块的重量，kN；C_i 为第 i 条块内聚力，kPa；N_{W_i} 为第 i 条块孔隙水压力，kPa；φ_i 为第 i 条块内摩擦角；L_i 为第 i 条块滑面长度，m；α_i 为第 i 条块滑面倾角；A 为地震加速度，m/s^2。

孔隙水压力：

$$N_{W_i} = \gamma_w h_{i_w} L_i \cos\alpha_i \tag{2}$$

即可以近似看成乘以水的容重 γ_w 与浸润面以下岩（土）体的面积 $h_{i_w} L_i \cos\alpha_i$ 之积。

渗透压力产生的平行滑面分力：

$$T_{D_i} = \gamma_w h_{i_w} L_i \sin\beta_i \cos\alpha_i (\alpha_i - \beta_i) \tag{3}$$

$$R_{D_i} = \gamma_w h_{i_w} L_i \sin\beta_i \cos\alpha_i (\alpha_i - \beta_i) \tag{4}$$

式中，T_{D_i}、R_{D_i} 为第 i 条块地下水渗透压力产生的平行滑面分力，kPa；γ_w 为水的容重，kN/m；β_i 为第 i 条块地下水流向，圆形破坏安全系数计算模型见图 1。

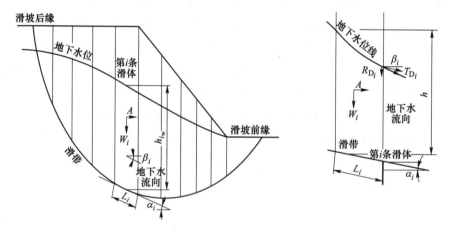

图 1　圆弧型破坏安全系数计算模型

1.2　双平面型边坡破坏模式

双平面型破坏时分为两种情况，双滑面破坏与平面型破坏模式计算类似。双平面型破坏安全系数计算模型见图 2。

1.3　阶梯型边坡破坏模式

阶梯型破坏面是由多个实际滑动面和受拉面组成，呈阶梯状，边坡稳定性的计算思路与单平面滑动相同，即将滑体的自重（仅考虑重力作用时）分解为垂直于滑动面和平行于滑动面的分量。阶梯型破坏安全系数计算模型见图 3。

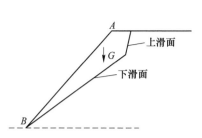

图 2　双平面型破坏安全系数计算模型

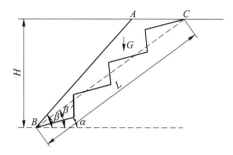

图 3　阶梯型破坏安全系数计算模型

安全系数计算公式如下：

$$k = \frac{\tan\varphi_i}{\tan\beta} + \frac{[2C_j\cos(\beta' - \beta) + 2\sigma_t\sin(\beta' - \beta)]\sin\alpha}{\gamma H\sin\beta\sin(\alpha - \beta')}$$

式中，k 为安全系数；σ_t 为受拉面的抗拉强度，MPa；φ_i 为主滑动面的内摩擦角；β' 为滑面倾角；β 为最小滑面倾角；γ 为滑体容重，kN/m³；H 为边坡高度，m；C_j 为第 j 条块内聚力，kPa。

2　相关参数的选择

2.1　岩体力学参数

将格吉、费欣科两种折减方法确定的岩体力学参数结合《工程岩体分级标准》中岩体力学参数建议值（表1），类比白云铁矿东矿以及相似边坡计算参数，经过一定调整，得到最终计算所需岩体力学参数，见表2。

表 1　岩体力学参数建议值

基本质量类别	$\varphi/(°)$	C/MPa	E/GPa	μ
I	60	2.1	>33	<0.2
II	50~60	1.5~2.1	20~33	0.2~0.25
III	39~50	0.7~1.5	6~20	0.25~0.3
IV	27~39	0.2~0.7	1.3~6	0.3~0.35
V	<27	<0.2	<1.3	>0.35

表 2　E_1 区岩体力学参数设计值

岩体类型	岩体级别	天然状态			饱和状态		
		γ_d /kN・m⁻³	φ_{md} /(°)	C_{md} /MPa	γ_w /kN・m⁻³	φ_{mw} /(°)	C_{mw} /MPa
白云岩	III	26.5	39	0.500	29.88	37.2	0.400
矽质板岩	IV	25.5	38	0.323	28.62	37	0.290
云母片岩	V	25.5	27	0.150	30.10	24	0.090

在计算过程中，饱和状态下的岩体指标被应用在水位线以下，而天然状态下的岩体指标被应用于水位线以上的情况。另外 $F_{15} \sim F_{17}$、$F_{24} \sim F_{25}$ 破碎带中都存在一定厚度的断层泥或者岩粉碎屑，根据前期主矿边坡的研究成果，断层泥参数取值为 $C = 28kPa$，$\varphi = 20°$。

2.2　地震力

根据《建筑抗震设计规范》中我国主要城镇抗震设防烈度、设计基本地震加速度和设计地震分组的规定，白云鄂博处在六度地震烈度地区第二组，在计算分析中计算地震力；露天矿山的频繁爆破振动，对边坡造成的不利影响非常明显，但主要表现在边坡表层岩体的松动，变形累积，逐渐破坏岩体的完整性，从而削减岩体的强度，对已加固预应力锚索造成预应力损失。故在稳定性计算中爆破振动的影响与地震力因素合并考虑。计算时取水平向地震加速度为 $0.05g$。

2.3　地下水压力

边坡稳定性对地下水压力大小十分敏感，岩体地下水压对边坡体稳定作用的大小取决于地下水位的高低。从主矿南帮的岩体结构特征来看，整个边坡岩体是由破碎带与完整岩体交替构成的。经过对岩体渗透性的研究表明，板岩中沿板岩的走向方向渗透性较好，垂直于走向方向具有弱透水性。从主矿的采场形态来讲，沿板理走向方向，岩体并无渗流通道，这不利于水的排泄，因此水压力将成为影响该区边坡稳定性的重要因素之一，计算中应充分考虑水的影响：一是地下水存在对岩石的软化作用；二是因为地下水压力使岩体的抗滑性能降低。

2.4　安全系数限值及稳定性判断依据

《露天矿边坡工程地质勘察规范》（YBJ 13—1989）对安全系数限值 F_0 做了如下规定：不考虑震动力时一般地段区 $F_0 = 1.25$，出入口地段 $F_0 = 1.30$；计算震动力时一般地段 $F_0 = 1.10$，出入口地段 $F_0 = 1.15$。

《滑坡防治工程勘查规范》（DZ/T 0218—2006）对滑坡稳定状态的安全系数限值作了如下规定：不稳定状态时，$F_0 < 1.00$；欠稳定状态时，$1.00 \leq F_0 < 1.05$；基本稳定状态时，$1.05 \leq F_0 < 1.15$；稳定状态时，$F_0 \geq 1.15$。

《滑坡防治工程设计与施工技术规范》（DZ/T 0219—2006）对抗滑安全系数作了如下规定：考虑自重，$F_0 = 1.2 \sim 1.4$；考虑自重和地下水，$F_0 = 1.1 \sim 1.3$；考虑自重、暴雨和地下水，$F_0 = 1.02 \sim 1.15$；考虑自重、地震和地下水，$F_0 = 1.02 \sim 1.15$。

《岩土工程勘察规范》（GB 50021—2001）（2009 年版）对安全系数规定：重要工程取 1.30~1.50，一般工程取 1.15~1.30，次要工程取 1.05~1.15。采用峰值强度时取大值，采用残余强度时取小值。验算已有边坡稳定时，取 1.10~1.25。

综合上述规范，本次分析中安全系数限值在工况一（考虑自重）时，F_0 取 1.15（峰值强度）；工况二（考虑自重+地下水）时，F_0 取 1.10；工况三（考虑自重、地震和地下水）时，F_0 取 1.05（峰值强度）。F_0 大于限值则视为稳定，反之则不稳定。

3 极限平衡计算

按照采矿最终境界形成的边坡形态，分别选择垂直于最终边坡的 1—1 和 2—2 剖面，按不同的破坏模式计算 3 种工况下的最不利滑动面安全系数 F_d、F_W、F_S。

3.1 圆弧型破坏模式

圆弧型破坏模式采用 Bishop 法计算。由于断层泥的厚度往往很薄，约几厘米至几十厘米，且断层均为陡倾，当生圆弧型破坏时，断层泥对边坡稳定性影响很小，所以计算中大都忽略断层泥的影响，代之于破碎带的综合岩体强度。计算结果见表 3。3 种工况下各剖面圆弧型破坏计算安全等值线图见图 4。

表 3　E_1 区圆弧型破坏模式下各剖面最不利滑动面安全系数

计算剖面	边坡高度 /m	设计边坡角 /(°)	计算方法	安全系数		
				F_d	F_W	F_S
1—1	312	44	Bishop	1.187	1.156	1.067
2—2	312	43	Bishop	1.203	1.145	1.051

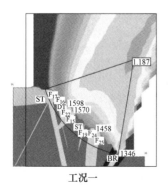 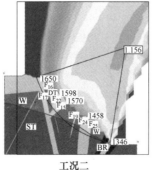 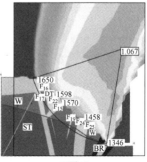

工况一　　　　　　　　工况二　　　　　　　　工况三

(a)

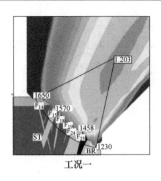 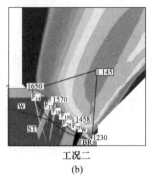 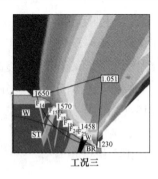

工况一　　　　　　　　　工况二　　　　　　　　　工况三

(b)

图4　3种情况下各剖面圆弧型破坏计算安全等值线图

(a) 1—1剖面；(b) 2—2剖面

3.2　双滑面型破坏模式

双滑面型破坏模式采用 Janbu 法计算。双滑动面模式中，边坡上部有 F_{10}、F_{14}、F_{16}、F_{17} 等规模较大陡倾断层，这些大规模的断层面附近总会存在厚度不大的断层泥或粉末状岩石碎屑，对岩体的下滑起着决定性的作用，所以在该种破坏模式计算时，上部滑面强度应取断层泥强度。E_1 区边坡存在一组顺坡向缓倾节理，下部滑面为切断岩层的任意平面，因此下滑面强度取岩体的强度；而 D 区边坡存在一组顺坡向的缓倾节理组 J_3，因此下滑时下滑面应是追踪 J_3 节理组，而 J_3 节理组的走向和倾向方向延伸都很有限度，特别是在倾向方向上，一般只有 20~50cm(板岩的层厚)，在下滑时将会有 1/2~1/3 的岩桥被剪断。下滑面强度取含岩桥滑动面的强度。计算结果见表4。3种工况下各剖面双滑面型破坏计算的安全系数等值线见图5。

表4　E_1 双滑面型破坏方式各剖面最不利滑动面安全系数

计算剖面	边坡高度/m	设计边坡角/(°)	计算方法	安全系数		
				F_d	F_W	F_S
1—1	312	44	Janbu	1.309	1.200	1.103
2—2	312	43	Janbu	1.371	1.245	1.141

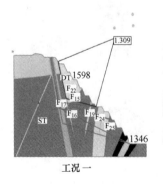 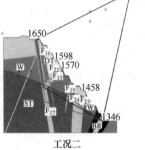 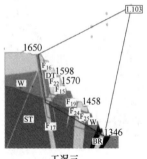

工况一　　　　　　　　　工况二　　　　　　　　　工况三

(a)

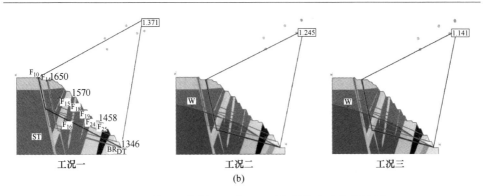

图 5 3种情况下各剖面双滑面型破坏计算安全等值线图

（a）1—1 剖面；（b）2—2 剖面

3.3 计算结果

不同破坏模式条件下各剖面的安全系数结果汇总见表 5。工况一条件下，1—1 剖面的安全系数最小，为 1.187，大于 1.15；工况二条件下，2—2 剖面的安全系数最小，为 1.145，大于 1.10；工况三条件下，2—2 剖面的安全系数最小，为 1.051，大于 1.05。结果表明各种工况下，各剖面最不利滑动面安全系数都大于安全系数限值，即认为总体边坡是稳定的。

表 5 E_1 区安全系数计算结果汇总

计算剖面	边坡高度 /m	设计边坡角 /(°)	破坏模式	计算方法	安全系数		
					F_d	F_W	F_S
1—1	312	44	圆弧	Bishop	1.187	1.156	1.067
			双滑面	Janbu	1.309	1.2	1.103
2—2	312	43	圆弧	Bishop	1.203	1.145	1.051
			双滑面	Janbu	1.371	1.245	1.141

4 结语

通过对某铁矿 E_1 区边坡在 3 种工况下的安全系数求解，比较各种工况下边坡的稳定情况，最后得出总体结论结果显示边坡总体处于稳定。极限平衡法在边坡稳定性分析中是应用较早的定量分析方法，其优点是应用简单，分析过程清晰易懂。但也有缺点，在计算过程中无法将所有影响边坡的因素综合考虑进去，如爆破振动对岩体的累积伤害作用，在开挖过程中暴雨之后破碎带会快速充水，岩体风化后强度会降低等，在这些因素影响下，边坡的破坏就不可避免。因此，必须对破碎带出露的地方采取必要的工程措施。

看彩图

内蒙古草原奇葩的绽放
——记白云鄂博西矿建设历程

白云鄂博是位于内蒙古北部边陲乌兰察布大草原上一座大山的蒙语名字，用汉语讲就是美丽富饶的宝山。随着地质人员对这座宝山的不断勘探与研究，确认它是一座巨大的稀土、铌、铁等多金属共生矿床。凭借它丰富的铁及稀土资源优势，本着协调发展、资源综合利用的原则，建立了包头钢铁和包钢稀土两大行业巨头。

白云鄂博矿床分主矿、东矿和西矿3个主要矿体，新中国成立以来，一直以开采主矿和东矿为主。在21世纪初，由于铁原料需求量加大和稀土资源保护这两大因素的凸显，开采西矿已成为必然。2005年以来，包钢对西矿进行了采矿、选矿和输送一系列的工程建设，并于2010年底全部建成并达产。

本文主要记述西矿开发的有关工艺技术路线及建设历程，望与同行共勉。

1　地理与经济

1.1　地理位置和气候

国家为了开发白云鄂博矿床在当地设立了白云鄂博矿区（县级），矿区隶属包头市管辖，东距达茂旗约45km，南距包头市区约150km，有包（头）—白（云）公路、铁路直达包头，距自治区首府呼和浩特210km。区内地形平坦，绝对标高在1500~1700m，以白云鄂博山为最高，其绝对标高为1783.9m。矿区内外道路畅通，交通较为方便。

白云鄂博矿区气候属高原大陆性气候类型，空气干燥，年降雨量在97.7~381.6mm，蒸发量年平均2754.3mm，夏季短、冬季长，昼夜和四季温差都大，结冻期自10月至翌年的4月，冻土深度大达2.30~2.60m。冬春多风，风向多变，风速较大。

1.2　社会经济

全矿区总面积303km², 人口2.2万人。为使脆弱的半荒漠化草原不再恶化，县政府已面禁垦禁牧，地方经济也相对落后。地方工业以矿产品的开采加工为主，现开采的矿种主要有铁矿和稀土矿。

原文刊于《世界铁矿资源开发实践》；共同署名的作者有闫常陆。

矿区周围无大的河流,艾不盖和白云布拉格间歇式内陆河由于多年的开采已不能满足当地居民基本生活及生产用水。

2 地质资源

2.1 矿床勘探及资源储量

白云鄂博矿区自 1950 年起,先后有华北地质局 241 队、原包钢 541 队、中苏科学院合作地质队、中国科学院地质研究所及贵阳地化所、地质部 105 队、内蒙古自治区地质局第一区域地质测量队、包钢勘探队等单位对白云鄂博投入了大量的地质勘探和地质研究工作。

1978—1980 年,白云地区冶金地质会战指挥部组织内蒙古、燕郊、陕西、天津地调所等 12 个单位,对西矿的中区（16—48 勘探线）进行了勘探,西区（2—16 勘探线）进行了详查,东区（48—96 勘探线）进行了普查。

通过大量的地址勘探研究工作,确定白云鄂博矿床分布在东西长 18km,南北宽约 3km,总面积 48km^2 的范围内,现已探明矿体内蕴藏着 170 多种矿物,70 多种元素。矿物种类主要有铁、铌和稀土矿物。另外,还蕴藏着铜、石英石、萤石、磷灰石、软锰矿等多种矿物。

2.2 西矿地质资源

2.2.1 矿床地质特征

西矿位于白云鄂博矿床西部,矿区西起 2 线,东到 96 线,长约 10km,宽约 2km,面积近 20km^2。

矿体分布集中在西区（2—48 线）,长约 4600m。分南北两个矿带（向斜两翼延伸）,相距 200~500m,西部两矿带相距较近,向东渐宽,由多层矿组成。矿体相对厚度大,连续性好,最大延深 855m（40 线）;西端（16 线以西）埋藏浅,延伸小。东区（48 线以东）矿体倾角变陡,延伸大,厚度薄且分散,矿体规模不大。

2.2.2 主要矿物和矿石质量特征

西矿矿物种类繁多,已发现的矿物就有 112 种,目前比较有工业价值的是含铁、铌、钽、稀土的矿物。含铁矿物主要有磁铁矿、假象、半假象赤铁矿、磁赤铁矿、褐铁矿、针铁矿、水针铁矿、菱铁矿、镁菱铁矿等;含铌（钽）矿物主要有铌铁矿、锰铌铁矿、易解石类矿物、烧绿石、钛铁金红石及铌铁金红石、包头矿、铌钙矿等;稀土类矿物主要为独居石、氟碳铈矿、黄河矿、氟碳钡铈矿。

矿石结构主要为自形晶、半自形晶结构,他形晶镶嵌结构,交代残余结构,花岗变晶结构,变斑晶结构及不等粒结构等。矿石构造以块状构造、浸染状及团块状构造、条带状构造、斑杂状构造为主。

西矿床铁矿石中，可利用的铁矿物主要为磁铁矿，其次为假象、半假象赤铁矿、磁铁矿和褐铁矿，其含铁量约占全铁的75%。据白云鄂博地质勘探报告，非工业可利用的铁约占25%，主要是含铁碳酸盐、含铁硅酸盐及铁的硫化物。

西矿床铁矿石全铁含量一般在30%～35%之间，沿矿体走向和倾向均比较稳定，各矿体间差别也不大。

铁矿石自然类型分两种，一种为白云石型铁矿石，约占全部铁矿石的80%，以磁铁矿为主，磁铁矿中铁的占有率为72.57%，其次为碳酸铁，约占15%；另一种为云母闪石型铁矿石，约占全部铁矿石的20%，也以磁铁矿为主，磁铁矿中铁的占有率为74.77%，其次为硅酸铁，约占11%。两种类型矿石的选矿指标接近。

铁矿石工业类型：地质报告报道按 mFe/TFe<67% 划分氧化矿，计算的氧化矿石占全区总储量的4.4%。

2.2.3　矿石资源/储量

地质报告将铁矿石分为表内铁矿（TFe≥28%）和表外铁矿（23%～28%）资源/储量进行了估算。

西区2—48线地质报告中提交并批准的铁矿石资源/储量为×0743.56万吨，其中表内矿×1328.65万吨，矿石平均品位 TFe 33.35%。表外矿×414.91万吨，平均品位 TFe 24.94%。

在采矿登记范围内 2-48 线，1210m 标高以上，核实保有资源/储量为×7728.26万吨，其中表内铁矿石为×0268.51万吨，表外铁矿石为×459.76万吨。

3　采矿工艺

3.1　开采方式及开采规模

根据矿区资源条件和开采技术条件，2—48勘探线采矿登记范围内大部分矿体适合露天开采。

2—48线采矿范围内，初步设计所确定的露天开采境界底部标高1152m，界内矿石平均品位 TFe 32.26%，MFe 23.92%，岩石量185982万吨，平均剥采比4.24t/t。露天开采生产规模为矿石1500万吨/年，采剥总量11250万吨/年。

露天开采境界外矿石×6710万吨，拟全部采用地下开采，其中1152m标高以上绝大部分赋存在东采场下部和东西采场之间，边帮矿回采规划在露天开采后期陆续实施；1152m标高以下可采矿量规划在露天开采结束后采用地下开采。

3.2　露天境界和开拓运输

3.2.1　露天开采境界圈定

设计采用境界剥采比（浮锥剥采比）不大于经济合理剥采比（9m³/m³）的

原则，圈定了露天开采终了境界，圈定结果，在2—48勘探线开采范围内形成一个大型露天采场，长4700m，宽1100m。1536m标高以下以26—28勘探线为界分为东、西两个露天采场，东采场露天底标高1212m，西采场露天底标高1152m。地形标高1620~1668m，封闭圈以下深456m。

3.2.2 开拓系统

露天矿主要技术指标参见表1。

表1 露天矿主要技术指标

指标名称	单位	东采场	西采场	合计
开采最高标高	m	1632	1668	1668
封闭圈标高	m	1620	1620	1620
露天底标高	m	1212	1152	
地表尺寸（长×宽）	m×m	2200×1100	2500×1050	4700×1100
露天底尺寸（长×宽）	m×m	220×60	500×100	
开采阶段高度	m	12	12	
最终并段高度	m	24	24	
平台宽度	m	7~9（第四系7.5）		
运输平台（双车道/单车道）	m	30/20		
阶段坡工作时	（°）	75		
面角终了时	（°）	65（第四系45）		
最终边坡角	（°）	44~46		

矿石生产初期（西采场前5年，东采场前6年）采用公路汽车开拓方式，采用载重1001级矿用自卸汽车运往选矿厂。矿石粗破碎站石设54~75旋回式破碎机1台。西采场7年后、东采场8年后，采用采场内汽车—半移动破碎机组—胶带运输机—选矿厂的开拓运输方式。东采场破碎机选用进口1216（颚式）可移式破碎机1台，西采场选用54~75（旋回）可移式破碎机1台。

岩石初期采用载重172~223t级矿用自卸汽车直接运往露天采场100m以外的排土场西采场，第6年开始使用两套汽车—破碎—胶带机—排土机联合开拓运输系统；东采场第9年开始使用1套汽车—破碎—胶带机—排土机联合开拓运输系统；稀土矿、稀土白云岩、废岩采用载重172~223t级矿用自卸汽车从采场运往采场内岩石破碎站。各岩石破碎站设63~89旋回破碎机1台，采用分时破碎、分时运输、分别堆存，破碎后的岩石经带宽1800mm的胶带机接排土机排土，排土机排土效率为4500m²/h，共6台。考虑到采场深部第四系铌矿数量较少，设计第四系铌矿采用汽车直接运输方式。

剥离的铌矿、稀土矿、稀土白云岩及第四系均采用分采、分堆存放方式保护，待以后开发利用。

3.3　采矿方法

矿山露天开采采剥工艺为牙轮钻机穿凿中深孔，炸药爆破崩落矿岩，单斗挖掘机装载自卸汽车。

采场划分水平台阶，由上向下逐层开采，由于地质条件复杂，矿体多而薄，矿岩品种多，均需分采，采用开采台阶高度12m；推进至终了境界时每两个台阶并段为24m；采、剥工作面沿矿体走向方向（东西方向）布置，向南北两侧推进。

为了有效均衡生产剥采比，采用组合台阶和倾斜分条（临时非工作帮）的陡帮开采工艺，生产剥采比为最大为6.5t/t。

3.4　采矿主要设备

露天开采主要设备见表2。

表2　露天采矿主要设备

序号	设 备 名 称	设备数量/台
1	$16{\sim}27m^2$ 铲	11
2	$8{\sim}10m^2$ 铲	8
3	310mm 型牙轮钻	21
4	潜孔钻机	4
5	CAT98XX 型 $5{\sim}7.5m^2$ 前装机	4
6	470HP/351kW 推土机	19
7	BCRH-15 乳化油炸药混装车	4
8	BCLH-15 铵油炸药混装车	9
9	液压碎石机	4
10	载重223.3t的电动轮式矿用自卸汽车	52
11	载重108t的电动轮式矿用自卸汽车	26

3.5　排土场

设计位置在露天采矿场的北部和西侧，汽车排土场与排土机作业排土场均根据岩石性质的不同设置不同的排土场。开采境界外100m以外设置汽车排土场，以接纳第四系、铌矿与前期以汽车直排方式排弃的稀土、白云岩及废岩。在汽车排土场以外设置排土机排土场，根据岩石性质分别堆存稀土白云岩与废石。

采场内剥离的稀土、白云岩、废岩、铌矿及第四系均采用分别堆存的方式排弃到相应的排土场。

采场初期浅部的稀土、白云岩、废岩及全采场的铌矿、第四系采用电动轮式矿用自卸汽车运输、推土机推排的排土工艺，由电动轮式自卸汽车运到相应的汽车排土场内的排土工作平台卸载后，根据需要采用推土机将遗留在工作平台残余的剥离物推向阶段边帮。

采场后期深部剥离的稀土、白云岩及废岩采用汽车—破碎机—边帮胶带机联合运输方式运输至排土机排土场，按稀土白云岩、废岩排土场进行分别排弃（图1）。

图1　采矿工艺

3.6　采矿工程建设

2004年12月10日西矿采场开始基建剥岩。随着包钢发展对铁原料需求量的不断加大，白云鄂博西矿在建设过程中先后四次修改开采规模：即300万吨/年→600万吨/年→1000万吨/年→1500万吨/年。在最终确定1500万吨矿石/年规模的设计中，采用先进的采矿方法（陡帮剥岩，缓帮采矿的采矿方法，长段沟纵向采剥）和采用大型采掘设备，确保经济合理开采。前期采用单一汽车开拓运输，为节约成本，后期采用汽车—破碎—胶带联合开拓运输。

1500万吨/年的采矿工程在初期设备能力不足、人员缺乏、资金有限的情况下与多家民营单位合作，通过订立合同的采矿方式，加快了工程进度。与此同时，自有采矿队伍也不断发展壮大。目前采场投入使用的采矿设备有 ϕ310mm 牙轮钻机，R9350E 全液压挖掘机、WK-10/20/27 电铲，2830E、MT3700B/4400AC，SF31904 电动自卸车等先进的设备。截至 2009 年底，采场空间已完全具备 1500 万吨/年的生产能力，采场形成了完善的初始矿岩运输系统和排岩线初始路堤，有效提高了汽车运行效率。

4　选矿工艺

4.1　建设规模与产品方案

4.1.1　供矿条件

年生产原矿 1500 万吨，其中：500 万吨氧化矿，1000 万吨为混合矿（磁性率≥67%）。500 万吨氧化矿直接输往民营选矿厂进行带料加工，1000 万吨混合矿由巴润矿业公司选矿厂处理。

原矿性质：原矿粒度 1200~0mm，原矿品位 TFe=31.01%，密度 3.65t/m²，围岩品位 TFe=7%，松散系数 1.6，硬度系数（普氏) f=6~12，废石混入率 7%。

4.1.2　产品方案

1000 万吨混合矿选别要求铁精矿品位 TFe≥67.5%，有害杂质 SiO_2 含量<4.0%，$K_2O + Na_2O$ 含量<0.40%，F 含量<0.50%，P 含量<0.10%，S 含量<0.18%。磨矿细度为−0.044mm≥75%。

4.2　主要工艺流程

4.2.1　选矿

4.2.1.1　破碎、磨选工艺流程

破碎采用三段一闭路碎矿流程，最终产品粒度为 P_{95}≥（12~0mm），在中碎工序之后设干选作业。原矿由东西采场通过汽车运到粗破碎（开采一段时间后粗破碎在采场进行，粗碎后的产品通过皮带运送到选厂），主体设备粗破碎采用的是 SuperiorMK-Ⅱ54-75 旋回破碎机 1 台，中碎采用了 CH880MC 圆锥破碎机两台，干选采用 CTDG1214N 永磁干式磁选机 4 台，筛分采用 LF2460D 双层直线振动筛 8 台，细碎采用 CH8800EFX 圆锥破碎机 3 台，细碎与筛分形成闭路，流程如图 2 所示。

磨选系统。磨矿流程采用三段闭路磨矿，最终的矿石磨矿粒度为−0.074mm占 98%。−0.044mm 占 80%；选别流程采用阶段磨矿阶段选别流程，选别流程为

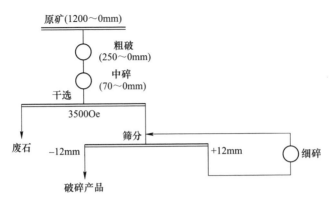

图 2 破碎流程

四段弱磁选。为保证精矿产品硫含量，设有反浮选脱硫工艺。经一粗、二精选别后，铁精矿含硫控制在 0.18% 左右（图 3）。

图 3 磨矿生产线

磨选共分四个系列，主体设备配置情况：一段、二段球机采用 5.03m×6.4m 机 8 台，三段采用 4.3m×6.1m 球机 4 台；磁选机用永磁筒式选 CTB2（4 台）中磁选 CTN-1230（16 台），浓缩选 NCT-1230（12 台）；一、二段分级采用 610×6、350×8 旋流器组（各 8 台套）；三段路用德瑞克五路重叠高频细筛（20 台）；浮选机采用 BF-T20 浮选机（34 台）。流程如图 4 所示。

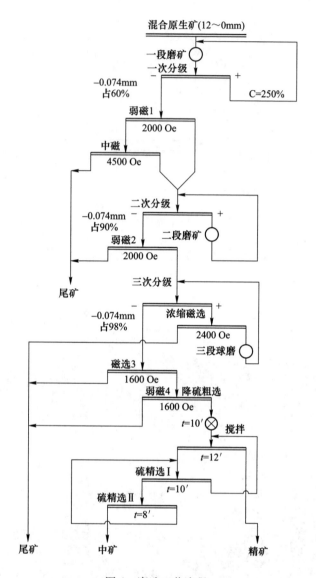

图4　磨选工艺流程

4.2.1.2　工艺设备选择

破碎设备、筛分、给矿、磨矿、分级、磁选等工艺设备均为经过生产检验的产品，质量可靠，能满足生产和工艺要求。

中细碎设备，根据国内大型选矿厂使用经验，选用山特维克 CH880 破碎机。磨矿设备选用国产的 5.03m×6.40m 球磨机和 4.27m×6.10m 球磨机。主要设备见表3。

表 3　主要设备一览表

序号	设 备 名 称	单 位	数量	备 注
1	SuperiorMK-Ⅱ 54-75 旋回破碎机	台	1	粗破碎
2	CH880MC 型圆锥破碎机	台	2	中碎
3	CTDG1214N 永磁干式大块磁选机	台	4	干选
4	LF2460D 圆振筛	台	8	筛分
5	CH880EXF 型圆锥破碎机	台	3	细碎
6	ϕ610mm×6 旋流器组	组	8	一段分级
7	ϕ5.03mm×6.4mm 湿式溢流型球磨机	台	8	一段、二段磨矿
8	ϕ4.27mm×6.1mm 湿式溢流型球磨机	台	4	三段磨矿
9	ϕ350mm×8 旋流器组	组	8	二段分级
10	CTB-1230 湿式永磁筒式磁选机（Ⅰ、Ⅱ磁）	台	28	弱一、弱二
11	CTN-1230 湿式永磁筒式磁选机	台	16	中磁
12	NCT-1230 湿式永磁筒式磁选机	台	12	浓缩磁选
13	LCTJ-1230 湿式永磁筒式磁选机（Ⅲ、Ⅳ磁）	台	16	弱三、弱四
14	德瑞克五路重叠高频细筛	台	20	与三段磨矿闭路
15	ϕ3500mm×3500mm 搅拌槽	台	6	浮选前搅拌
16	BF-T20 浮选机	台	34	反浮选脱硫

4.2.2　尾矿排放工艺

尾矿采用高浓度堆放工艺，年处理尾矿量 700 万吨（干矿），尾矿库区设计使用寿命 13 年，整体工艺分一次浓缩、二次浓缩两个阶段，最终设计排尾浓度 73%。

4.2.2.1　采用该工艺的原因

白云鄂博西矿选矿厂尾矿库区原计划位置由于受到地方风力发电公司的影响，堆放场区面积由 4km³，减少到约 2.7km²，原规划尾矿堆高从标高 1630m 下降到 1615m。库区容量减少到原来的 1/3。如果按照常规浓度尾矿堆放场设计，尾矿堆放场服务年限只有不到 4 年。其次，白云地区平均年蒸发量为 2754mm，如尾矿采用常规浓度排放，尾矿库区表面水域面积在 2km²，尾矿堆放场澄清水年蒸发量至少在 $300×10^4 m^3$。考虑到水源来之不易，选厂设计时考虑了尽最大可能回水利用。

选矿产出的浓度为 9.5% 的尾矿，在一次浓缩区域，经 48m 的中心传动高效浓缩机加絮凝剂浓缩处理后，浓度达到 45%~50%；之后由 2.7km 的矿浆输送管道输送到二次浓缩泵站，经 20m×18m 深锥浓缩机，处理后浓度达 73%。浓缩后的尾矿由隔膜泵加压输送至尾矿坝进行排放，尾矿坝设有集水池对渗透水进行回收利用，目前生产中排放浓度能够达到69%~71%之间（图5）。

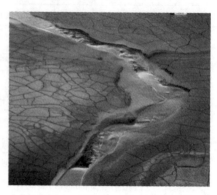

图5　尾矿坝排放

4.2.2.2　一次浓缩工艺简介

尾矿一次浓缩位于选矿厂主厂房南侧150m，给矿浓度9.54%，通过 ϕ48m高效浓缩机将尾矿浓缩至45%~55%，现浓缩机的实际处理能力13t/（m^2·d）（设计处理能力11.6t/（m^2·d））浓缩的尾矿通过渣浆泵泵至二次浓缩。通过添加絮凝剂的方式加速尾矿沉降，浓缩大井溢流浊度小于1×10^{-4}。

4.2.2.3　二次浓缩简介

尾矿二次浓缩采用（2台20m×18m一用一备）深锥浓缩机，添加絮凝剂加速尾矿沉降通过3台隔膜泵（两用一备）把尾矿输送到尾矿堆放场。浓缩尾矿堆放初期从北坝坝顶向堆放场内排放，尾矿向南（下游）流动，最远输送距离为6km。主泵出口压力80kg/m^2。

（1）二次浓缩浓密机。二次浓缩机选用20m×18m深锥浓缩机，为实现高浓度底流，生产过程中，泥床的控制、浓缩机运行频率的控制、絮凝剂添加量的控制、稀释水量的控制、喂料泵出口流量的控制等控制因素对底流浓度有着很大影响。目前，底流浓度实现了69%~71%的稳定运行，距设计浓度大于73%存在一定差距，仍在进行相关调整（图6）。

（2）二次浓缩絮凝剂系统。二次浓缩絮凝剂添加系统采用1套（30m^{3}制备罐、60m^3

图6　20m×18m深锥浓缩机

储存罐）絮凝剂制备装置，以实现浓缩过程中絮凝剂的添加，此套系统避免了药剂溶剂性差等一次浓缩絮凝剂添加系统的一些缺点。目前，实现了小于 20g/t 干矿的絮凝剂添加量，浓缩大井溢流水浊度小于 0.01%（图7）。

图7　絮凝剂制备装置

（3）尾矿回水、冲洗水系统。一次浓缩的回水直接溢流至浊环水池，进行回水再利用，每小时回水 8400m³ 左右。二次浓缩的回水，设计有溢流槽，通过 3 台回水泵（两用一备），输送至主厂区的浊环水池。目前结的回水在 500～600m³。在一次、二次浓缩分别设有冲洗水系统，利用回水作为冲洗水，对底流管路及矿浆输送管路进行冲洗（图8）。

（4）尾矿堆场。

尾矿坝：环绕尾矿堆，由废石填筑而成。

排洪管：一条内径 1.2m 预制混凝土管，由北向南铺设，横穿北坝及南坝用于排出来自尾矿堆放场上游民营选厂的洪水。

集水池：位于尾矿堆放场下游，用于收集尾矿渗滤水和堆放场内降雨。

尾矿排放管道：位于北坝坝体。

4.2.3　自动化控制技术的应用

选矿自动化控制系统通过各种在线仪表、自动调节设备和计算机，对选矿过程中的指定参数、机组进行检测，数据传输到控制系统的中心——选矿中控室，在中控室对破碎和磨选两个区域的设备（除破碎机和球磨机）进行远程操作控

图 8　二次浓缩回水泵房

制，而且能够根据收集到的各种数据对整个工艺流程进行优化和调整。

采用全流程自动化控制预实现的目标：

（1）实现生产过程的远程顺序控制；

（2）实现生产的安全监控；

（3）实现生产过程的检测、控制、优化。

全流程自动控制其范围包括：

（1）破碎控制系统；

（2）一段磨矿分级控制系统；

（3）二段磨矿分级控制系统；

（4）三段磨矿分级控制系统；

（5）浮选控制系统；

（6）水平衡控制系统；

（7）视频监控系统。给矿控制系统如图 9 所示。

以一段磨矿分级闭环系统为例介绍主要检测控制内容：一段磨机给矿量检测与控制；一段磨机给矿水量检测与控制；一段磨机排矿水量检测与控；一段磨机频谱检测；一段磨机功率检测；一段旋流器溢流粒度检测与控制；一段旋流器给的泵池液位检测与控制；一段旋流器给矿浓度检测；一段旋流器给矿量检测；一段旋流器给矿压力检测与控制；一段磨机磨矿浓度控制一段磨机自动加球控制；一段旋流器沉砂浓度控制；一段旋流器给矿泵变频控制。一段球磨磨矿浓度调节系统如图 10 所示。

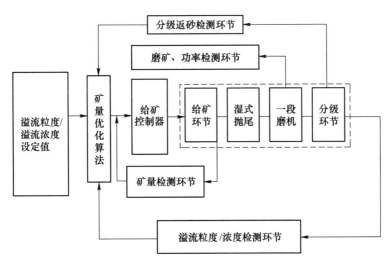

图 9 给矿控制系统图

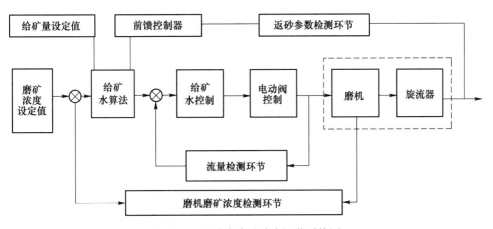

图 10 一段球磨磨矿浓度调节系统图

全流程自动控制系统在白云鄂博西矿选矿厂的成功应用，不仅提高了选矿厂生产效率、产品质量，而且达到了节能降耗的目的，为提高选矿厂现代化科学管理和数字化管理发挥了重要作用，带来显著的经济效益和社会效益。

4.3 供电及给排水

4.3.1 供电

随选厂建设同期新建 1 座 110kV 总降压变电所，安装两台 50000kVA 变压器，保证选矿厂及精矿泵站的电力需求。

主要用电设备站及照明设备需均为二级供电负荷，其他生产用电设备为三级供电负荷。110kV 总降压变电所下设 6 个 10kV 高压配电室，每座高压配电室两路电源进线，电源分别引自厂 110KV 变电站 10kV 的Ⅰ、Ⅱ母线段。

4.3.2　供配电电压

根据工艺设备，按照用电设备的技术要求及有关规程规定，全厂采用下列电压：

（1）变压器、高压电机为 10kV；

（2）低压配电采用交流 380V/220V 中性点接地系统；

（3）建筑物一般照明采用 220V，检修照明采用 36V。

目前用电负荷为 40000kWh，满足 300 万吨选矿厂及精矿、尾矿泵站用电需要。

4.3.3　给排水

选矿厂生产用水水源取至包钢黄河水源地生产用水，经 130km 管道输送到白云鄂博西矿选矿厂，最终将水送至两座 20000m² 高位水池。

初期生产时精矿为批量输送，生产总用水量 9563m²/h，其中，生产新水 700m²/h，精矿批量输送补充流量 535m²/h，选厂环水 8328m²/h。

后期生产时精矿为连续输送，生产总用水量 8665m²/h，其中，生产新水 535m²/h，选厂环水 8130m²/h。

给排水在满足工艺指标的前提下，最大限度地利用循环水，减少生产新水用量，将富余的浊环水、各车间不能进入选矿工艺系统的废水和二级处理后的生活污水、雨水等全部收集起来，进行净化处理后作为净水用于选矿工艺，并在选矿厂南部设 1 座 5000m² 生产事故池，收集储存全厂各种水池在生产用水不平衡时的溢流水和停产时供水系统的溢流水，以保证全厂废水零排放的节水要求和环保要求（图 11）。

给水系统包括生产、生活、消防供水系统和厂区循环水系统。

排水系统设有生产废水排水系统和生活污水排水系统。

选矿厂水分类：浊环水、净水、新水 3 类。其中浊环水来源是尾矿、精矿的回水，要使用在磨矿分级、弱磁。（1）弱磁。（2）底箱冲散水，矿浆池的补加水、地坪冲水等。净水来源是经过处理后的生产杂水，主要使用在弱磁。（3）卸矿水、弱磁。（4）浮选用水及各类泵水封水。新水来自高位水池，主要用作冷却水、除尘水、浮选冲洗水。水系统示意图如图 12 所示。

图 11　总供水泵站

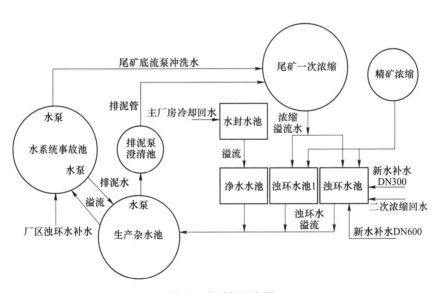

图 12　水系统示意图

4.4　主要技术经济指标

主要选矿指标和技术经济指标见表 4 和表 5。

表4　主要选矿指标

指　标	产率/%	TFe 品位/%	S 品位/%	回收率/%	年产量/万吨
原矿	100.0	31.01	2.05	100.0	1000
干选废石	8.00	13.00		3.35	80
入磨原矿	92.00	32.58		96.65	920
精矿	30.40	67.50	0.18	66.17	304
尾矿	61.60	14.50	2.76	28.29	605
选矿比			3.29		

表5　主要技术经济指标

序号	指标名称	单位	数量	备　注
1	选矿工艺主要指标			其中粗破碎处理规模为
1.1	原矿处理规模	万吨	1000	1500 万吨/年
1.2	原矿 TFe 品位	%	31.01	
1.3	金属回收率	%	66.17	
1.4	精矿品位	%	67.5	
1.5	精矿产量	万吨	304	
1.6	选矿比	倍	3.29	
2	供电			
2.1	设备安装容量	kW	61120	
2.2	设备工作容量	kW	54886	
	计算负荷有功功率	kW	46144	
2.3	无功功率	kvar	−850	
	视在功率	kVA	46151	
2.4	年总耗电量	万千瓦时	15868.2	
2.5	单位耗电量	kWh/t	15.9	
	生产耗水量	m^3/h	9500	后期 $8665m^2/h$
3	其中耗新水量	m^3/h	700	后期 $535m^2/h$
	生活水耗水量	m^3/h	44.3	
4	设备质量	t	8488.4	
5	选矿厂占地	m^2	$47.44×10^4$	
6	全员劳动生产率	t/(人·年)	25300	
7	生产工人劳动生产率	t/(人·年)	28100	
8	产品成本			
8.1	选矿加工费	元/吨	40.86	
8.2	采矿矿石成本	元/吨	85.75	
8.3	铁精矿成本	元/吨	434.63	

4.5 建设历程

4.5.1 选矿主体

确定适宜的工艺流程，委托长沙矿冶研究院进行选矿试验研究，于 2007 年 2 月提交了《白云鄂博西矿混合矿选矿试验报告》。8 月通过了初步设计审查；开始主体设备的订购，施工图设计；后经历了从 200 万~300 万吨/年。生产铁精矿能力的变更设计，于 2008 年 4 月完成了施工设计，2008 年 6 月开始建设，分破碎、磨选、公辅三大区域，从 2008 年 6 月破土动工至 2009 年 11 月底基本建成，其中 2008 年 12 月至 2009 年 2 月 25 日为基建冬休期。14 个月的建设期内完成：挖方 32.1 万立方米，填方 33.81 万立方米，建筑面积 9.6 万平方米（体积 101 万立方米）；厂区占地面积 47.44 万平方米（图 13）。

图 13　原矿储矿仓建设工地

4.5.2 设备安装

2009 年 5 月 13 日开始球磨机安装，2009 年 11 月 30 日开始粗破碎系统的负荷试车，历时 6 个月完成安装设备总质量 8488.4 t（图 14）。非标件制作安装 3000t。

2009 年 10 月开始单体设备空负荷试车，11 月 30 日粗破碎开始下矿，同时磨选系统、尾矿系统开始带水试车；12 月 29 日全线带料重负荷试车。2010 年 1 月 3 日开始输送矿浆，1 月 4 日铁精粉通过管道输送在包头落地过滤。2010 年 5 月巴润选矿厂实现基本顺产，7 月选矿厂实现了达产、稳产。

图 14　磨料间安装现场

4.5.3　尾矿工程

尾矿高浓度堆放工程 2008 年 4 月开始前期规划、可研。2009 年 4 月完成设计，2009 年 6 月工程破土动工，2010 年 1 月一次浓缩随选矿工程同步试车，随后转入生产阶段。二次浓缩于 2010 年 7 月设备单体试车开始负荷试车，2010 年 12 月达产排放。现在尾矿浓度可稳定在 69%~71% 浓度间运行，正常地排放到尾矿库区。

4.5.4　人员结构

选厂全部作业人员 248 人，分布在破碎、磨选、尾矿三个区域及中控案。其人员构成：2008 年毕业的本专科毕业生 31 人；2009 年 10 月后陆续招往届毕业的派遣工 72 人；2009 毕业的本专科毕业生 45 人；2010 年毕业的专科生 95 人；管理人员 5 名（其 2008 届本科毕业生 3 名，2009 届本科毕业生 1 名）。

5　管道输送

矿浆输送管道工程，包括一条铁精矿矿浆输送管道（起点在白云鄂博西矿选厂精矿泵站，终点在包头市包钢厂区包钢选矿厂终端阀门孔板站，全长 145km），和一条供水管道（起点高压水泵站，终点在白云鄂博西矿选厂高位水池，全长 130km）。铁精矿浆是从白云那博西矿通过一条直径为 355.6mm 直埋管道输送到包钢厂区，供水是从高压水泵站通过一条直径为 920mm 直埋管道输送到白云鄂博西矿。矿浆管道年输送能力 550 万吨，供水管道年输送水 2000 万立方米。项目使用寿命 30 年，管道输送铁精矿的成本为 30 元/吨，高程自 1624m 至 1948m，落差 324m。

5.1 主要系统简介

5.1.1 矿浆管道系统

管道从矿山的泵站开始，最后到包钢现有选厂终端阀门孔板站。管道采用高强度的钢管，按美国石油协会标准生产的 APT-5L-X65 的钢管，钢管的壁厚沿着线路变化，在保证压力的条件下可节省钢材。选用钢管的外径是 14in，材质都是 API-5L-X65，壁厚范围从 0.610~0.433in。管道外防腐采用 3 层高密度聚氯乙烯 3PE（图 15）。

图 15　矿浆输送高压泵站

5.1.2 防腐蚀剂系统

防腐蚀剂系统包括两个子系统，分别是 pH 值控制系统和除氧系统。两个系统都安装在矿区的 1 号泵站。pH 值控制系统中，石灰乳加入到浓密机底流泵的上游矿浆中，使矿浆出值保持在 10.5~11 之间。除氧系统控制冲洗水的氧气含量。亚硫酸钠加入到水中除去溶解氧。用于监测瞬间腐蚀率的仪器安装在 pH 值测定仪电极旁，数据自动输入到 SCADA 系统作为历史记录。

5.2 经济效益分析

包钢厂区距离白云鄂博西矿原有铁路、公路 151km，矿浆管线建成之前，主要依靠铁路运输为主、汽车运输为辅的方式。2009 年前，巴润公司（白云鄂博西矿）生产的铁精矿 111 万吨，其中铁路输出 45.11 万吨，公路输出 65.89 万吨，巴润矿业公司选矿厂 2010 年投产，新增铁精矿，全部通过矿浆管线运输。各种运输方式的比较见表 6。

表6　包钢各种运输方式的比较

运输方式	每吨平均费用/元	年运输能力/万吨	年运输费用/万元
铁路	52.65	300	15795
汽运	130.00	100	13000
管线	29.22	550	16071

5.3　管道线路设计

由南向北，管线先后通过城市市区（11km）、山区和隧道（18km）、农田（9km）河床（4km）、丘陵（102km），总计穿越6座大山、3条河流、11道河谷、1条地震带。隧道长1698m，高程从1048m到1624m，落差576m。

5.4　管道工程建设

工程于2005年开始规划、进行可行性研究，2007年底开工，2009年10月18日，供水管道成功向白云鄂博西矿选矿厂供水，12月25日矿浆管道打水下山成功，标志着精矿泵站具备矿浆输送条件，2010年1月3日白云鄂博西矿铁精矿矿浆管道正式开始输送矿浆，1月4日首批精矿落地包头。矿浆管道输送工程很大程度上减少了人力、物力、财力，同时也对减少尾矿包头市污染有着重大意义。引水入白使得在白云鄂博严重缺水的地区建设选矿厂变为现实。目前管道系统各项技术参数运行正常。

6　总结与回顾

2004年8月开始筹备建设，于2009年10月采场的空间具备1500万吨/年的采矿能力，2010年7月巴润选矿厂达产。工程历时6年，总投资概算近数十亿元。至此白云鄂博西矿资源开发利用系列工程实现了全面达产（图16），为系统

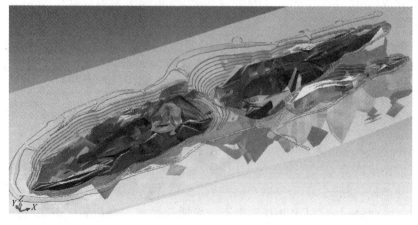

图16　西矿体三维视图

地回顾这一历程，做如下小结。

6.1 背景和机遇

白云鄂博西矿三大工程大规模建设是 2008 年的 6 月全面拉开帷幕，当时恰逢国际金融危机即将来临，国际矿价急速下滑，在 2009 年初国内矿价曾一度接近开采成本的边缘许多人士曾经怀疑项目的经济合理性，但建设者们通过理性的分析与判断，坚信项目决策的科学性，说服了各种不同声音，不仅没有放慢或停顿建设步伐，而是坚定不移地利用金融危机期间物价低、人工费用低、施工队伍稳定等机遇快速建设，投产之时即是矿价达到顶峰之际，可谓不失时机，抓住了机遇。

包钢是一个内陆钢企，铁原料除白云鄂博主东矿自给外主要靠周边 500km 范围内的小矿山供给，包钢扩大钢铁产能如果自给矿比例不足必然难以控制当地铁矿石市场价格白云鄂博西矿投产前曾一度购买过辽西、河北、山西等地铁矿粉，这样包头矿价应该是外地矿价格加运费，对包钢降低铁前成本极为不利。自从西矿达产以后，优质的铁精矿源源不断地输往包钢，不仅提高了入炉铁料的质量，更重要的是当地铁矿石市场完全是包钢的买方市场，甚至包钢有时向外出售西矿矿粉，完全控制了当地的铁矿石市场价格；可以肯定地说，截至目前西矿生产为包钢所带来的经济效益和社会效益已远超出对西矿的投资。

白云鄂博是稀土、铁和钍共生的多金属矿，曾因保护土许多专家学者呼吁减少主东矿的开采量。然而，如果在没有替代矿山补充的前提下减少开采量，就意味着包钢产能缩减或增加外购高价矿石量，这是包钢不愿看到的。西矿是低稀土、低磷、低氟矿质，大规模开采有利于置换主东矿的产能，符合保护稀土资源的倡导。

6.2 创新和突破

西矿采场建设初期没有同步投入大型采剥设备，而是借助民营小装备，恰好符合当时的不规则山坡地形，经历了 4 年时间。4 年是形成采场完整台阶、完整道路、完整排场的时间，是自有设备选型订货制造的时间，也是民营小型设备报废周期。4 年基建剥离过程中附带采出的矿石全部供应包钢，缓解了基建资金投入，节省了基建时间，利公利民。西矿矿体分散、覆盖厚，采用集约化开采思路，引进先进大型工艺装备，按传统的境界圈定方法会出现若干个小采场，然而本设计采用集约化开采的思路，剥采比为 6.5t/t 采剥总量 11250 万吨，大装备高效作业。

先进的理念和技术推广应用。输水上山解决了缺水不能建选矿厂的问题，矿浆输送解决了寒冷地区冬季运输难且成本高的问题；尾矿干堆解决了蒸发量大与节水的矛盾。当采场和选厂订购的世界顶级设备到货时，大胆启用青年知识分子担当重任，公司启用新毕业的优秀本科大学生随机安装调试并直接上岗操作，使得原来需很长时间学徒的工种在这里几个月即可熟练操作，并且可实现操检合一，为装备、工艺的快速投产和高效稳定运行打下了基础。工程自开工到达产没有发生一起人身事故、设备事故及质量事故。工程的快速达产不仅是设备、工艺、采场条件等硬件产能的达产，更重要的是培养锻炼了一支可操纵这个数字化矿山的高素质队伍，形成了现代矿山企业文化，提升了矿山工作的环境与条件，塑造了新一代矿山工作人员的形象。

引黄入白，让圣山更加壮美
——共画草原同心圆

回顾自己的职业生涯，从 1984 年大学毕业来到包钢白云鄂博矿，到 2011 年调入包头稀土研究院，我在白云鄂博矿工作了 27 个年头。我把自己人生最美好的青春年华献给了这座神奇的矿山，个人价值和人生抱负也在矿山的发展中得以体现。

如今，每当回忆起在白云鄂博矿山拼搏创业、激情奋斗的日子、回想起于事业中流击水、奋楫者先的劲头、我的心情都很激动、难以平静。许多难忘的往事珍藏在心灵深处、成为我一生最美好的记忆。

忆往昔，唤醒圣山建钢城

历史的发展总是像草蛇灰线、浮脉千里，这就如同白云鄂博矿山的发现、开发和建设一样。

时间回溯到 1927 年夏，一支由中国和瑞典两国科学界联合组成的中瑞西北科学考察团、乘驼蜿蜒行走在茫茫无际的草原。在这群远方来客中，有一位戴着眼镜的年轻人。考察团的路线是从北京出发到包头，再向北行进，当到达大青山北部草原白云布拉格（今达尔罕茂明安联合旗境内）时、这位年轻人看到一片不同寻常的地貌、独自一人循山而上……他在当天的日记里写道："甫至山麓、即见有铁矿矿砂沿沟处散布甚多、愈近矿砂愈富；仰视山崩，巍然屹立，露出处、黑斑灿然、知为矿床所在；至山腰则矿石层累叠出，愈上矿质愈纯。"这位年轻人就是中国著名地质学家丁道衡，是他用手中的地质铁锤、敲开了圣山禅奇的大门，并根据蒙古语将圣山音译为"白云鄂博"，意思是富饶的圣山。白云鄂博发现巨大铁矿而呈现在世人的面前。现在，丁道衡手持铁锤的雕像就矗立在白云鄂博矿区街心公园广场，成为这座小城最重要的记忆和标志。

1935 年，另一位年轻的矿物学家，也是丁道衡的同窗好友何作霖，根据丁道衡带回来的矿石标本，通过科学研究，发表论文《绥远白云鄂博稀土类矿物的初步研究》（英文），第一次向全世界宣告：白云鄂博矿石中存在着稀土矿物。

原文刊登在 2019 年出版的《亲历》。

稀土，因稀少而得名，是 17 种稀有金属元素的总称。作为宝贵的战略资源，目前已经被广泛应用于冶金、化工、电子、机械、农业、轻纺、医药、新能源、智能设备等数十个行业。稀土，已绝不仅仅是"工业调味品"，更是"工业维生素"，是人类 21 世纪的"希望之土"。

然而 1927 年、1935 年这两次轰动国际地质界的重大发现，却因旧中国国力衰微、积贫积弱、兵荒马乱，一任埋藏丰富矿产的宝山沉寂如初。

新中国成立后，宝山即刻受到瞩目。1949 年 12 月的全国钢铁会议，确定对白云鄂博矿产资源进行勘察，并在会议总结中把包头列为"关内新建钢铁中心"的目标之一。随即，华北地质局 241 地质勘探大队进驻白云鄂博，历时五年，查明了白云鄂博铁矿的基本情况，提交《内蒙古白云鄂博铁矿地质勘探报告》，这是新中国成立后第一份大型地质勘探报告。报告中描述：白云鄂博矿床的主矿、东矿矿体集中且富含稀土，西矿储量巨大，但矿体零散，含铁量小，不含稀土。根据地质勘探报告，国家决定对白云鄂博铁矿实行露天开采，首先开采主矿、东矿体，西矿作为后备资源，并以此为基础建设一个大型钢厂。1954 年，钢厂的建设发展正式纳入国家"一五"计划，是新中国建设的第一个大型钢铁厂，并成为国家三大钢铁基地之一。

同期，从 1953 年 4 月到 1954 年 4 月，由国家重工业部组织有关单位开始进行钢厂厂址勘察，共选址 15 处，最终确定大青山南麓黄河北岸的宋家壕作为在包头建厂厂址。钢厂建在白云鄂博也曾被提上议程，最终因为缺乏水资源，不能就地选矿而遗憾落选。从此，白云鄂博的矿石不得不运到包头加工，形成一个巨大的尾矿库，这也成为许多人长久的遗憾。

白云鄂博主矿、东矿全景（路波提供）

依据白云鄂博丰富的铁矿和稀土资源，1954年包钢在全国瞩目中开始建设。1957年白云鄂博铁矿成立，正式开采主矿、东矿。1959年包钢投产，5月出焦，9月出铁。1959年10月15日，包钢一号高炉投产，周恩来总理亲临祝贺，并为包钢一号高炉出铁剪彩。这也是时至今日，国家主要领导人亲临剪彩的唯一钢铁企业。1959年12月，包钢试炼出第一炉稀土硅铁合金，这也是我国稀土工业发展的开端。

六十多年来，包钢作为我国重要的钢铁工业基地、内蒙古自治区工业长子，为国家钢铁工业，特别是带动国家军工企业和地方经济社会发展、维护边疆稳定做出了巨大贡献。而作为包钢的"大粮仓"，白云鄂博铁矿源源不断向包钢输送矿石原料，正是这些黑色矿石，滋养了草原钢城的璀璨发展。

谋蓝图，两地三方同发力

进入21世纪初期，国家明确提出实施"西部大开发"战略，并提出"走新型工业化道路，大力实施可持续发展战略"，"推进产业结构优化升级"等发展思路，工业经济尤其是钢铁工业进入大发展时期。

达尔罕茂明安联合旗（以下简称达茂旗）北与蒙古国接壤，属大陆性干旱、寒冷气候，降雨量少，蒸发量大，风大且多。年平均气温3.4℃，极端最低气温-41℃，年均降雨量225.6mm，年蒸发量2347.9mm，年无霜期158天，最大冻土层厚度2m（以上数据摘自气象站资料）。作为资源大旗，尤以白云鄂博矿及周边的铁矿和稀土资源最为丰富和集中，但长期以来受制水资源匮乏，始终未能形成发展基础。要想抓住21世纪初期工业发展良好机遇，就必须解决水的问题，依托优势资源，走新型工业化发展道路。

白云鄂博矿区是为铁矿服务的工矿区。铁矿经过六十多年的开发利用，加之水资源匮乏，运输能力有限，主矿、东矿稀土含量高等原因，已经再无法提升规模。在白云鄂博矿区发展工业经济，必须破解水资源瓶颈。

随着钢铁行业发展进入黄金期，铁矿石需求加大，价格飙升，包钢集团认识到必须提高原料自给率，降低铁前成本，转变生产方式，缓解尾矿坝环保安全压力，才能实现包钢的可持续快速发展。

2005年，徐光宪、师昌绪等15位院士上书国务院紧急呼吁：建议国家采取紧急措施保护白云鄂博矿稀土资源。为扭转白云鄂博矿目前不合理的开采方式，避免稀土等宝贵资源被进一步大量丢弃和缓解对黄河和包头环境污染，建议用开采西矿的产能置换主矿、东矿的产能。西矿的合法开采受到国家高度关注。

这样一来，从保护国家战略资源、保护母亲河、保护白云鄂博矿、缓解包钢尾矿库安全环保压力、带动地方经济转型升级、助力包钢快速发展等不同层面和角度，西矿的开发利用迫在眉睫。

2005 年，西矿开发利用再次拉开序幕。为了与当地经济协同发展、密切配合，包钢在达茂旗单独注册公司，命名为巴润矿业公司，"巴润"为蒙古语音译，意为西矿。达茂旗委政府也随即成立巴润工业园区，从政策、服务、园区建设、税收等方面全力支持包钢合理开发利用西矿。

白云鄂博西矿（路波提供）

在巴润矿业公司成立之前，对西矿的开发就已经开展了许多可行性研究工作，主要技术力量依托白云鄂博铁矿。作为白云鄂博铁矿总工程师，研究矿山资源和开发利用方面的技术人员，我深知加快西矿开发利用的必要性。我开始利用一切时间钻到各级档案室阅读相关资料，走访老专家了解西矿开发史，到图书馆查阅最新的工艺和技术。矿里专门抽调十几个人成立西矿研究室，隶属总工室由我管理，在采矿、选矿、尾矿、引水、输送方面查资料、做调查、编方案、推演模拟。从 2002 年到 2005 年间我们做了 30 多个方案，整个团队的手稿和图纸装满五个档案柜。

经过几年的集中学习、思考、借鉴和比较，我认识到，西矿开发利用不应沿循主矿、东矿开发的老思路，西矿的高效开发利用，必须打破常规、另辟捷径，进行综合开发利用。以解决水为关键，克服采、选、运三大工程主要工艺环的关键技术难题，最终进行技术集成，实现西矿的综合、系统、高效、绿色开发。

而想要综合、系统、高效、绿色开发西矿，就必须破解水资源缺乏的问题，因为没有水，就地选矿难以实现，矿石开采出来后也无法加工，运至包头，无论从经济角度还是环保角度，都不科学。熟悉白云鄂博发展历史的矿山人都知道，最初就曾设想将包钢建在白云鄂博，或者将选矿厂建在白云鄂博，终因水资源缺乏而难以实现，留下遗憾。后来人们设想将黄河水引上白云鄂博，解决水资源缺乏问题，但是由于当时技术不成熟和成本过高，引水上山只能成为几代矿山人的美好梦想。

那么现在呢？经过长时间的学习思考，我了解到自国家"南水北调"工程后我国与长距离高场程引水有关的水泵技术、管道技术、监测技术等相关技术发展成熟，在国内、国外均有成功实践，当我向团队和包钢集团阐述汇报上述思路和具体发展情况后，大家感到很振奋。

2006年2月，我被任命为包钢白云鄂博铁矿党委书记兼巴润矿业公司总经理后，我和团队对系统开发西矿思路展开进一步论证和考察。

达茂旗和白云矿区两地党委政府了解到包钢将组织以"引黄入白"为关建工程的三大工程后，十分重视，表示会在工程涉及的政府衔接、地质勘探、征地拆迁、生活服务、气象资料、水文资料、卫星遥感图、航测图、破土施工等方面给予大力支持，同时也希望包钢能够在白云鄂博西矿的开发利用上，创新思路、走出一条科技含量高、经济效益好、环境污染小的新型工业化之路、带动实现整个地区经济社会跨越式发展。

在此期间，包钢集团专家及以达茂旗、白云矿区党委政府领导和巴润公司有关人员组成考察团，开始密集外出调研，先后到美国PSI公司、澳大利亚矿山、加拿大矿山、太钢尖山和昆钢大红山等地区和企业学习考察，为解决诸多现实问题提供借鉴，完善方案。

作者(右二)与王一德院士(左一)、长沙矿冶研究院原院长张泾生(左二)、
王运敏院士(右一)合影

"有志者、事竟成"，通过对各类资料进行分析、比较和论证，攻关团队迅速形成一系列的考察报告、研究论证材料和初步设计。同时，我也积极做引水工程讲座，提引水工程提案，在专业刊物上发表文章，阐述"引黄入白"工程的重要意义和可行性。在大家的一致努力下，工程得到了包头市、达茂旗、白云矿区党委政府及包钢的认可和支持，以"引黄入白"为关键工程的西矿开发利用三大工程方案和各环节关键技术得到确认。工程从系统、全面、绿色、可持续发展的角度入手，在采、选、引、输等主要技术环节上实现技术集成。

三大工程分别是：

采矿工程：高台阶集约化剥岩、单台阶精准出矿技术，解决矿体分散、含铁量低、采矿成本高的问题。

选矿工程：引水上山，分类选矿，高效回收。尾矿库吸取包钢尾矿库经验教训，采用大型深锥浓缩机高浓度浓缩技术，解决白云鄂博地区不能就地选矿、废矿石运到包头增加运输成本及尾矿库安全环保问题。

引、输工程：引进世界最先进技术与装备，形成高寒地区单级远距离高扬程上向供水、高落差陡降下向输矿的系列新技术，解决运输成本高、沿线污染问题。

回想起整个设计方案的形成，这是时代与科技进步的成果，是几代矿山先贤智慧的积累，是当地党委政府主动引导和服务的硕果，是包钢与白云鄂博矿同生共长的结晶，我为自己能够全程参与以"引黄入白"为关键工程的西矿开发利用三大工程感到荣幸。

兴建设，勇争一流奏凯歌

2008年5月18日，这是一个值得让人铭记的日子，"引黄入白"和矿浆输送管道工程终于破土动工。

从理念上讲，"引黄入白"，说得直白一点，就是水上山，矿浆下山，把两条钢铁管线从昆都仑河谷穿山麓岭来到白云鄂博。似乎很简单，但实事并非如此。

"引黄入白"工程，是水往高处送的工程，输水管线全长130km，矿浆管线146.6km，18个月工期，要克服600m落差，横跨4个旗县区、32个乡镇、村（嘎查），穿越6座大山，途径3条河流，11条河谷，一条地震带，需要在铁路路基下方穿行7次，与不同等级公路交错10回，线路沿线设有阴极监测桩、单程桩、标志桩等，这是包钢有史以来管道铺设第一工程，也被称之为包钢的"三峡工程"，不仅因为其意义重大，施工区域深远，还因为它涉及勘测、设计、征地、管道制作、施工组织、工程管理、安全稳定等，其复杂程度可类比当年初建白云鄂博矿。

现在引水工程稳定运行快十年了，人们已经将其视为一项成熟的技术。可是在当时，没有凭例遵循，各种疑问，担心和风险摆在面前，难以预测的因素很多，如何决策需要成熟的技术和果敢的勇气。如选择差异性管道壁厚度和强度降低输水成本，采用技术措施解决黄河水含氯易腐蚀，含钙易结垢问题，加消能孔板解决 600m 高能水锤冲击问题，采用无线监控技术全线监视管道流态等，每一个问题都要反复计算、实验和模拟设计。

施工一年多的时间里，在百里施工线上，数以千计的包钢人迸发出的聪明才智和敢于奋斗、不畏困苦的精神令人感动，把一曲"唱草原晨曲、挺钢铁脊梁、振包头雄风"的壮歌谱写在天地之间，大山南北涌现出了诸多模范人物和感人事迹。

建设施工人员经常吃在野外、住在野外、头顶星光、脚踏荒原，有的顾不上生病的家人、考学的孩子，有的连结婚日期也是一推再推。巴润公司作为业主单位既要严把施工质量，又要学习操作维护，员工们没有休息日，工作在现场，吃饭在现场，睡觉也在现场，新招的大学生年轻的脸庞早早被草原的风沙刻上了成长的年轮。

施工中除了技术问题，还有土地征用，经常困扰着施工进度。尽管工程征地手续完备，但是施工线路上不时会遇到当地农牧民的房屋、耕地和草场。为此，白云矿区和达茂旗各派一名县级领导专职负责工程协调工作，大量基层干部提前入村入户讲解政策、开展动员，晓之以理，动之以情，与当地农牧民及时沟通，保证了施工进度按时推进。

包钢、当地党委政府、农牧民齐心协力，争分夺秒，战严寒斗酷暑，"引黄入白"工程进展迅速。

2009 年 7 月 28 日，全线管路焊接完毕。

2009 年 10 月 18 日，高压水泵站送水至白云鄂博，实现"引黄入白"。

选矿厂（路波提供）

2010年1月5日，输送矿浆正式启动，巴润选矿厂生产的铁材粉矿浆通过管道，经过24小时安全送至包钢厂区原料场。

至此，这条耗资数十亿元，当时国内最大输水管径，最远输送距离的"引黄入白"工程胜利竣工、运行正常，几代矿山人的梦想终于实现了。

与2000万立方米/年输水和550万吨/年矿浆输送工程几乎同期完工并开始投产达产的还有1500万吨（矿石）/年采矿工程、300万吨（铁精粉）/年选矿工程。在各级党委政府和包钢共同形成的"高起点规划、高标准建设、高效能运作、最经济投资，建设一流绿色矿山"思路的引导下，包钢三大工程顺利投产，巴润矿业公司也成为国际先进的现代化矿山企业。下面这些评价和认定来自有关文献：

1500万吨/年采矿工程，开发并应用高台阶集约化剥岩、单台阶精准出矿技术，成功解决了西矿绿色剥岩和极复杂、薄矿体的露天分采难题。在矿用钻机矿用电动自卸车和电铲等主要设备方面，选用国际先进、国内一流设备。先进技术在一流设备的有力支撑下，三年内，实现西矿年采剥总量迅速到亿吨以上，属于国内外矿山领先水平。

300万吨/年选矿工程，开发并应用弱磁—强磁—反浮选一中磁提质降杂、细筛抛尾等系列选矿新技术，实现了资源的高效回收利用，铁精粉品位屡创新高。相配套的主要设备如破碎机、球磨机、磁选机等，以及全自动化控制，属于国内先进选矿厂。

尾矿开发储存采用大型深锥浓缩机高浓度浓缩技术，通过创新两级浓缩实现尾矿高浓度堆放，安全、环保、节水、节地。该项技术属国内首创、国际领先。

2000万立方米/年输水和550万吨/年矿浆管道输送工程，研发采用高寒地区单级远距离高扬程上向供水、高落差陡降下向输矿的系列新技术，成功解决了工业用水、铁精粉储运难的问题，国内外同类地区尚属首次实现，攻克了曾经被认为难以逾越的技术难关，起到了行业示范效应。矿浆管道输送距离145km，全国最长。

2017年底，以"引黄入白"为关键工程的西矿开发利用三大工程所形成技术成果——"高寒干旱地区大型铁矿床绿色高效开发技术集成及应用"获得冶金科学技术奖一等奖、冶金设计奖一等奖、内蒙古科技进步奖一等奖、冶金管理成果奖二等奖等诸多荣誉，这充分肯定了该工程的高科技性和国内外领先的重要地位。

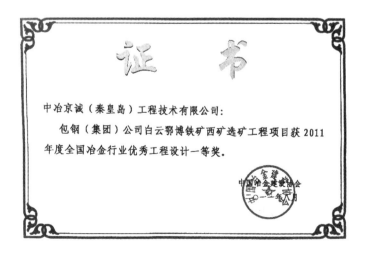

开新局，边疆发展换新颜

"我站在心中的草原，遥望梦中的母亲河，心中的草原，梦中的河，你在轻轻地呼唤我，呼唤我。天边飞来的母亲河，你千回百转来到我身旁。""引黄入白"的实现，圆了几代矿山人的梦想，也开启了边疆发展的新阶段。

在 2010 年达产后，包钢召开"引黄入白"系列工程总结会，包钢领导总结说："引黄入白"系列工程意义重大。算经济账，工程投资成本可在 5~6 年收回，为包钢提高优质原料自给率，降低整个系统生产成本，应对国际矿价上涨，实现包钢双千万吨生产目标发挥了重要作用。算环保账，西矿属于低磷、低氟的优质磁铁矿，会减少高炉氟的污染。

"引黄入白"系列工程的落地运行，也对当地经济社会发展产生了深远影响。达茂旗、白云矿区在发展规划中明确提出，要以"引黄入白"为契机，建立矿石深加工基地。巴润公司成立以来，向达茂旗缴纳税收数十亿元，通过发挥先进工艺管理和设备优势，直接或间接吸引和带动多家企业入驻达茂旗，带动当地工业结构和生产方式得到优化和升级，走上了新型工业发展道路，形成了具有较强活力的经济一体化区域。

白云鄂博铁矿载重量达 240t 的大型矿车（包钢党委宣传部提供）

环保先行、生态先行的运营理念，也为矿山的可持续化发展作出重要贡献，西矿开采后，降低了主矿、东矿开采强度，铌和稀土等宝贵资源得到保护。大规模集约化生产，提升了白云鄂博矿整体开发水平，为日后更科学合理开发利用白云鄂博矿，奠定了基本条件。

"引黄入白"系列工程的重大意义不仅在于为当地经济发展开启新思路，而且为整个山北资源富集、水资源缺乏的地区发展提供了可借鉴的发展思路。首先是彻底解决了达茂旗、白云矿区工业用水使用地下水资源的问题，缓解了多年来地下水位持续下降、部分河流湿地干枯的局面，把原生态的草原还给草原儿女，草原生态得以可持续发展；第二是主矿、东矿的矿石也用该水选矿，既解决了包头尾矿库的继续蓄矿问题，消除了隐患，同时还腾出了包白铁路线 1200 万吨的运输能力，解决了山北地区的运输瓶颈；第三是开辟了向山北输水的先例，为解决山北地区水资源贫乏找到了出路。

另外，在巴润建设的同时，白云矿区党委政府清理了大量小选矿场，做了大量工作，让我们非常感动。由于历史的原因，在巴润矿业公司成立之前，白云鄂博矿周围一直分布着不少小型采场和选矿场，尤其是西矿露头的矿体和坡下的"坡积矿"（一种蕴含在白云鄂博矿区草皮浅层的铁矿）它们含铁量高，容易开采，周围聚集的小型采、选矿场也最多。它们虽然为当地税收做出了贡献，但由于这些采、选矿场规模小，技术落后，环保设施不健全，不仅资源利用率低、能耗大，而且它们的水、气、渣排放不规范、严重影响着牧民的生活、长久下去还会对当地草原造成不可逆的破坏。

为了配合巴润矿业公司在白云鄂博矿的规范开采，更是为了保护白云鄂博山和当地草原，白云矿区党委政府积极采取措施，通过多方努力，在白云矿区望海周边就关停了19家小型选矿厂，有力地支持了巴润矿业公司，更保护了白云鄂博矿区的铁矿资源和生态环境。

2012年，以加工白云鄂博主矿、东矿氧化矿和白云鄂博矿产资源综合利用为主要业务的宝山矿业在白云鄂博矿区注册成立；国家级矿产资源综合利用示范基地——"白云鄂博矿产资源综合利用示范基地"和内蒙古自治区重点建设项目——"包钢尾矿库综合治理与保护"项目也落地白云鄂博，该项目所用水资源就是"引黄入白"的黄河水，矿浆输送和巴润矿浆输送同用一条管道。我相信，在母亲河黄河的哺育下，边疆地区的发展必将振翅高飞，不断焕发新的活力。

蒙汉亲，守望相助传佳话

我国边疆地区，绝大多数是少数民族聚居区，也是各类资源富集区，同时还是各种宗教信仰和独特风俗习惯集中展现区。地处祖国北部边疆的达茂旗也是如此。白云鄂博矿开发利用得到达茂草原广大牧民的支持和奉献，包钢也用实际行动反哺来自草原的深情厚谊，包钢人深知"包钢不只是包钢人的包钢，也不只是包头市的包钢，而是自治区各族边疆儿女的包钢"。在六十多年的发展中，包钢与草原人民互敬互信、互帮互利，共同团结奋斗、共同繁荣发展，结下了深厚的情谊。

1950年，地质队进驻白云鄂博矿时留有一张珍贵的合影，背景有一个敖包，这也是白云鄂博地名的由来，"鄂博"就是敖包的蒙古语音译。

白云鄂博，是牧民祭奠茂明安部落古代英雄的圣山，山顶的敖包是神圣不可侵犯的。水是草原的命脉，没有水就没有草原，没有牛羊，牧民把水看得十分珍贵。然而为了包钢的建设，牧民毅然献出了圣山，献出了水源，献出了草原最宝贵的财富。

敖包迁址涉及民族情感和民族团结等重大敏感问题。为了做好敖包迁移工作，时任中共中央蒙绥分局第一书记乌兰夫明确指示说："要告诉达茂旗旗委做思想工作千万不能急躁，要反复宣传党的民族政策，而且一定要讲明白。我们是尊重蒙古族风俗习惯和宗教信仰的，敖包只是搬迁，我们会按照他们的要求再选一处吉地的。"

时任达茂旗旗委副书记、副旗长巴彦都荣亲自带领工作队，走家串户，广泛宣传党的民族政策和开发矿山的重大意义，利用乌兰夫同志在广大群众中的威信，把党的温暖送到家家户户，终于做通了方方面面的工作。

遵照乌兰夫的指示精神，经过多次反复的考察商谈，最终确定敖包吉地在离白云鄂博40多公里的白云查干，那也是一座圣山，并根据活佛的意见，照宗教传统确定了移址时间。

1955年6月15日，敖包搬迁仪式隆重举行，整个迁移仪式按照当地蒙古族的风俗和宗教仪式进行，场面庄重庄严，僧侣和牧民都非常满意。

白云鄂博敖包迁移是蒙古族人民的无私贡献，更是党的民族政策的伟大胜利。乌兰夫同志关于搬迁敖包的重要指示，也为内蒙古自治区处理工业和农牧业关系问题提供了基本原则和具体思路，一直沿用至今。

2008年，以"引黄入白"为关键工程的西矿保护开发三大工程启动后，再次面临房屋拆迁、草场征用、土地施工等事项，达茂旗党委政府工作人员再次发扬传统作风，深入村（嘎查），挨家挨户，在蒙古包、在农牧民炕头、在草原田间，讲解引黄入白对草原的重要意义，对地区发展的重要性，绘制未来发展的美好蓝图。

六十多年来，包钢人从未忘记蒙古族兄弟的无私奉献，始终把回馈草原人民资助周边牧区作为同矿区生产一样重要的大事来抓。

20世纪60年代，龙梅、玉荣两姐妹为保护集体财产被冻伤，正是白云铁矿医院第一时间给予救治。草原受灾，矿山单位第一时间抗灾保畜、修筑道路，捐资捐物……桩桩件件大事小事，都是矿山人对草原牧民真挚的回馈。

作者（前排右五）与草原英雄小姐妹龙梅和玉荣（右七、右六）在白云鄂博铁矿医院合影

　　以"引黄入白"为关键工程的西矿开发项目启动后，巴润矿业公司一直注重通过就业来融合与周边农牧民之间的关系，同时也带动和影响他们的生活方式和理念的改变。建设之初，巴润矿业公司就有明确规定："招工就业要优先考虑周边农牧民子弟，要让大家都得到实惠，尽快富起来。"

　　十四亿年，是白云鄂博矿床形成的历史；数以千年，是白云鄂博被草原儿女朝圣的历史；几近百年，是白云鄂博神秘面纱揭开的历史；六十多年，是白云鄂博辉煌发展的历史。现在，站在时间巨人的肩膀上，在母亲河黄河的哺育下，在新时代可持续发展理念的指导下，通过对铁矿、稀土等富饶资源的科学、绿色、综合、高效利用，白云鄂博的未来必将更加壮美！

矿山计算机应用

微机 CAD 技术在露天矿生产测量中的应用

矿山测量是采矿工作的眼睛，测量所提供的采场推进线位置、各时期爆破结存量、采掘作业位置等信息都要及时准确地反映到生产和计划部分。这些信息的反馈速度与其准确程度将严重影响采矿生产的组织进行。

测量工作从业务性质可分为外业和内业。外业是指在野外以标准测站为参考点，通过摆放仪器、立杆、观察，获得各测点的数据；内业是在室内通过对外业的实测记录进行整理、计算，然后绘图。从目前矿山测量的设计装备水平看，外业工作没有更捷径的办法。而影响测量报表时间的恰是内业工作。长期以来，由于内业工作计算繁琐，展图工序多，精度要求高，使得月末测量验收结果在四天以后才能报出，给生产指挥和做下期计划带来困难。

随着电子计算机应用技术的不断发展，现在国内许多大型露天矿山已经引进了成套 CAD 设备。中短期采剥计划的编制，各类地质量的计算等工作也都开始采用微机 CAD 技术来完成。微机软件和设备装备水平已经具备解决测量内业中计算和绘图条件。

1 总体思想

利用微机处理测量数据，绘制测量图纸，为计划软件提供生产现状线这一系列工作都是采用模拟手工的方法，按照测量专业要求来实现的。软件主要分五部分完成，见图 1。

输入实测数据 → 计算大地坐标 → 检索修改数据 → 绘制验收图纸 → 形成现状线文件

图 1

首先通过键盘把外业测量的记录采用人机对话的方式输入计算机，形成一个最基础的测量原始记录文件。然后按照测量中坐标计算的方法求出每一个测点的

原文刊于《矿山技术》1989 年第 1 期。

三维坐标，把坐标值与测点的标注以及是否要绘制测点连线的标志存贮在一个文件内。在绘制测量图之前可根据需要对所有数据进行检查，当确认无误后再运行绘图程序。通过选择绘图比例、线型等操作项可绘制出满意的测量图纸。

当采用计划软件编制计划时，通过计算机内部的数据转换，把测量验收的现状线直接送给计划软件作为编制计划的起始线。

文件格式与计划软件中采用数字化仪输入现状线文件格式完全一致。

2 数据输入

测量记录是以标准测站为单位进行顺序输入，每个测站建立一个文件。文件名以由测站所在台阶标高（段别）和测站编号命名，所有输入内容都按屏幕提示进行操作。

测站数据输入屏幕提示如下：

请键入标准测站数据：

1. 控制点坐标；

2. 起始方位角；

3. 仪器高；

4. 中丝读数；

上述数据正确吗（Y/N）

当确认测站数据正确后回答 Y。接着需要输入的是本测站的各测点数据。

测点数据屏幕提示如下：

请键入测点数据：

1. 视距；

2. 水平角；

3. 倾角；

4. 中丝读数；

（1~4 修改数据；回车继续；负数结束）

这里需要指明的是中丝读数的输入。因受被测地形的制约，同一测站可能会出现几组中丝读数，但是在输入测点数据时，每个测点均输入中丝读数值将影响输入速度。本程序采用的方法是在正常输入时不经过中丝读数这一步，而是延用上一测点的中丝读数值。当中丝读数发生变化时，键入选择项四，用修改的方法重新给出下一组中丝读数，使当前点至下一次修改前的所有点均采用这一读数。

3 坐标计算

在输入过程，计算机对数据没有进行过任何处理。在坐标计算过程里，要把测量仪表读数转换为地理坐标。本程序采用的计算方法与手工算法一致，采用公式如下：

$$h_i = h_o + f_i + f_h \times S \times \sin(2 \times B_i)/2 \tag{1}$$

$$x_i = x_o + S_i \times \cos^2(B_i) x \cos(A_i) \tag{2}$$

$$y_i = y_o + S_i \times \cos^2(B_i) \times \sin(A_i) \tag{3}$$

式中 h_i，x_i，y_i——第 i 点地理坐标；

h_o，x_o，y_o——标准测站控制点坐标；

A_i，B_i——测点 i 的水平角和垂直角；

S_i——测点 i 的视距；

f_i——仪器高与中丝读数之差；

f_h——不同仪器的垂直角平差符号。

不同型号的测量仪器垂直角的平差方法不同，在进行数据转换时要查明数据来自何种类型仪器，然后通过屏幕菜单选定：

请指出你的仪器类型

1. 蔡司 020B 型
2. 北京 602190 型
3. 西安 780024 型

上述三种仪器基本代表常见仪器的平差方法，如果你的仪器不属于上述范围，那么请查平差方法与哪一种相同。不同类型仪器的平差符号，见表 1。

表 1 不同类型仪器的平差符号

仪器型号	垂直角正镜读数范围∠B	平差符号 fh（+/-）
蔡司 020B	0°~180°	$fh \begin{cases} +1, & 当 \angle B < 80° \\ -1, & 当 \angle B > 90° \end{cases}$
北京 602190	0°~180°	$fh \begin{cases} +1, & 当 \angle B > 90° \\ -1, & 当 \angle B < 90° \end{cases}$
西安 780024	0°~180°	$fh \begin{cases} -1, & 当 \angle B < 270° \\ +1, & 当 \angle B > 270° \end{cases}$

4 绘制测量图

测量图是在 DM/PL 系列绘图机上绘制的。绘图机在解释 BASIC 状态下运行，采用 OPEN "com……" 语句打开绘图机进行异步通信。绘图命令的使用与计划软件相同；通过选择功能菜单绘制图纸各部分内容。

　　备注：本程序在编制过程中得到了鞍山黑色冶金矿山设计研究院电子计算站同志的指导，计划软件是该院在冶金部露天矿山推广的"应用微机技术编制矿山短期（季、月）采掘计划"软件，在此深表感谢。

谈谈计算机管理在矿山企业中的应用

矿山企业的经营管理与其他企业经营有着较大的差别，它的产品是取之于自然资源。在充分认识资源的条件下，以合理利用资源，并用最少的消耗产出最多的符合冶炼标准的合格产品为目的。在经营中，其产品的规格和用户相对稳定。其生产经营的全过程不可能通过改变产品的品种或通过市场调节来提高企业经营效益。

大自然赋予人类的矿产储存形式是复杂多变的，矿藏开采作业工艺也是不连续的，随机性很大，各过程的数学模型难于建立，从而给生产工艺控制管理方面带来了困难，导致计算机在矿山中的应用相比其他工业要落后一个时期。

从 20 世纪 70 年代开始，国外矿山开始采用计算机在开采设计、生产管理、设备控制等方面进行单项应用。

我国矿山企业是从 20 世纪 80 年代开始引进电子计算机的。当时绝大部分矿山都将其应用于统计报表、档案管理、工资计算等较简单的数据处理。直到 1986 年以后，部分科研院所，大专院校与企业合作，陆续地开发了一批具有较高技术难度或较大规模的计算机应用项目，如南芬铁矿的"大型露天矿计算机管理信息系统"、弓长岭"生产经营管理"、鞍山矿山设计研究院推广的"采剥计划编制软件"等。同时各矿山在自身的开发应用过程中也不断地总结经验，不同程度地在生产、财务、设备管理等方面研制出了系统的功能软件。这些管理项目，已经在提高工效，改善经营管理，提高管理水平等方面收到了较好的效果。

管理现代化的一个重要标志就是以电子计算机作为实施管理的手段，没有计算机管理，就谈不上管理现代化。信息化社会中，不清醒地认识到这一点，"四化"的宏伟目标是难以实现的。

目前，由于冶金矿山企业的管理仍然停留在传统的经验管理上，管理人员素质较差，管理方法陈旧，使得计算机管理方法不能得以广泛推广。加强培训，更新知识，提高素质，让科学的管理方法能够在矿山企业得到普及，势在必行。

企业主要领导直接分管计算机工作是加快计算机应用的必要的行政措施，把计算机应用工作与企业日常工作结合起来，调动各方面力量，推动计算机管理在矿山尽快普及的工作顺利开展。

原文刊于《包钢经济与管理》1989 年 10 月内部刊物。

计算机应用有赖于坚实的管理基础工作，需要各项工作规范化。

各级计算机推广应用机构及部门，要充分重视抓好管理基础工作，有必要组织专门人员对各种管理信息的标准化进行研究和制定。每个项目的开展都要在所涉及的管理基础工作正常以后进行，切不可在非正常的基础工作上编制程序。

系统的发展规划是指导单项应用开展的总则。无论一个管理系统是大是小，都不可能一次形成，总是分层次的逐项开展，各项之间要进行有机的连接。盲目地开发将使接口复杂化造成系统的混乱。因此矿山以及各部门都应制定本系统内的计算机管理的应用与发展规划。

计算机发展规划包括逐年开发的项目，所需投资，设备配置，人员培训，开发措施，相关部门提供的服务以及所组织的各项活动等较详细的资料说明。规划的内容要使全矿上下各级管理人员得以通晓，并纳入企业升级规划与生产组织同步进行，相关单位有责任为实现目标创造条件。计算机管理机构负责规划的组织实施。

一些适用性强，投资大的冶金露天矿山管理的典型项目，应由国家重点推广，以此促进企业自身的发展。计算机在我国露天矿山管理中的应用尚属新生事物，应用初期一般难以看到明显的直接经济效益。但需要配备的都是专门人员、设备、机房和 管理方法等，这些工作在注重当前经济效益的领导看来，是提前投资。因此需要上级行政部门从财力、人力和物力上给予支持，集中一些科研院所和高等院校的力量，定向开发一些实用项目，然后在全系统内推广。扶植企业发展，确保重点项目的应用效果，使企业真正受益。鞍山矿山设计研究院的"采剥计划编制软件"就是一例。如果离开了冶金部在硬件设备配套上的支持，是不易收到目前这样较普遍的应用效果的。

计算机应用开发的进展程度与计算机应用专业队伍和广大管理业务人员的素质是密切相关的。对从事该工作的专业人员进行多层次的技术培训，全面提高企业素质是非常必要的。对各层次的管理干部，也要有目的举办各类短期学习班，把计算机培训工作纳入岗位责任承包制中，并定期考核。技术人员要掌握计算机的应用技术，使其有利于开发过程的密切配合和成果的正确应用。在近期应对管理人员进行普及性培训，初步形成一支企业计算机管理系统开发应用队伍，为计算机管理在冶金矿山企业中全面展开做好先行工作。

矿山企业的具体管理是根据不同地区，不同开采特点而采取的各种管理方法。但其基本生产组织过程是类同的，一些方法和经验是可以相互借鉴的。

通过1988年冶金部矿山司科技处对部分矿山调查情况表明：我国冶金露天矿山的计算机应用发展很不平衡。一些矿山已配置了局部网及远程通信网，但有一些矿山仍然停留在极其简单的报表打印水平上。为使我国露天矿山计算机应用整体水平进一步提高，必须加强横向联系，互相交流，互相学习，避免低水平重复劳动。

对典型推广的计算机应用项目的应用情况进行检查，考核评比，以鼓励先进，鞭策落后。

组织新成果鉴定，对已有成果进一步改善、总结、评议改版、移植推广。

对同类型计算机应用项目进行表演交流，对应用成果进行展览。

成立协会，定期通报各家的科研进展应用情况，为基层举办各类培训班，负责推动矿山计算机应用活动的组织工作。

几年来，我国矿山系统的电子计算机应用收到了一定效益，但要赶上先进国家的应用水平，还需要一段时间的艰苦学习和努力。应该有一个统一的规划，逐步进行系统分析与系统设计。避免各自为政，盲目发展。信息通信网络是计算机应用的必然趋势。结成网络和分布数据处理应当适用于矿山信息系统。计算机软硬件的发展和通信手段的进一步完善，将会使露天矿山原来难以解决的问题变得简单易行，给企业带来效益。

微机完成露天矿爆破验收测量内业

在微机上完成露天矿爆破验收测量内业，运算速度快，结果准确，图纸整洁。露天矿山的测量人员在采剥生产过程中，要提供爆堆的估计爆量与实际爆量，以及验收得到的月实际采出量。目前，国内仍靠人工计算与绘图来完成这一工作。由于数字计算量大，展绘图纸要求精细，用人工完成拖延较长时间，而且常常出错。为此，我们开发了一项软件，在微机上完成了这项工作，所有的计算和绘图工作完全是依据实测点坐标值作为计算基础，运算速度快，能消除计算过程中的系统误差，结果准确可靠，图纸整洁。

1　软件功能

软件具有以下功能：

（1）爆区预报：按照实测的爆区几何图形预计后冲线，并预报爆区估计爆量，提供爆区预报图及描述爆区矿岩性质、孔网参数和前排孔抵抗线等信息，指导药量计算。

（2）爆堆测量：根据爆破后测定的实际爆破后冲线，垂直爆区走向，作平行等间距的剖面，计算出爆堆的实际爆破量及平均松散系数，划分出爆堆的分品种装运区间，提供爆堆平面图。

（3）生产验收：根据每月底测量验收结果确定每台电铲的月实际生产量及各爆堆结存量，把各采区生产现状绘制在生产计划图上指导以后的穿爆、采装工作。

软件运行环境为 IBM-PC/XT 型微机、DMP-56 滚筒式绘图机及 BASIC 语言。采用模块结构及人机对话方式，方便用户使用。整个软件功能模块结构见图 1。

原文刊于《金属矿山》1991 年第 2 期。

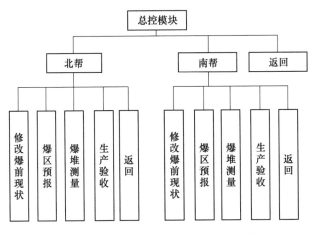

图 1　爆区验收测量软件功能模块结构

2　若干算法

软件的算法过程基本模拟手工作业，如坐标、爆堆体积、矿岩量计算等均采用过去的计算方法；并充分采用人机对话方式，充分发挥测量工程师的直观判断能力，又利用了计算机高速运算的特点。外业记录格式及输出的图纸，报表格式均维持原状不变，保持过去的作业习惯。软件中若干算法的思路如下：

（1）爆区预计后冲线及预计爆量的计算机算法原理如下：

1）以整个爆区炮孔布置为依据，利用最小二乘法原理确定爆区平均走向。

2）以平均走向为基准，根据逻辑判断，找出全部后排孔，将后排孔连线，形成本次爆破后的坡底线。

3）逐个炮孔按坡底线法线方向求出后冲点，将后冲点相连，形成预计后冲线如图 2 所示，图中 α 为坡面角（白云鄂博矿取为 65°），且为该炮孔在底平面以上的高度。

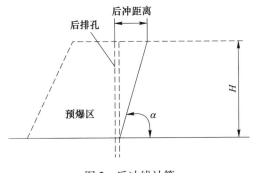

图 2　后冲线计算

4）根据爆破前后的坡底线、坡顶线围成的面积及实际平均段高，计算估计爆量。

（2）底盘抵抗线计算。测量工程师在微机上按下述步骤确定前排孔最小抵抗线，提供给爆破工程师进行装药量设计。整个过程在屏幕上采用人机对话方式进行：

1）在屏幕上显示全部炮孔及爆区前台阶坡顶线与坡底线。

2）用键盘移动光标找出前排孔。

3）自动计算逐个炮孔在坡底线法线方向的底盘抵抗线。

（3）爆区内矿岩数量及质量的预报。测量工程师在微机上调用已有的地质数据库（图形文件及方块模型文件）进行计算，步骤如下：

1）自动圈定爆区的预报范围。

2）调用图形文件，采用多边形法过滤，绘制爆区内矿岩界线。

3）调用方块模型文件，利用其基础信息，计算爆区内各品种矿石的平均质量，并按矿石质量与密度的相关关系及岩石密度求出各品种矿石及岩石的吨位数。

4）将计算结果送给绘图机，填入图纸的表格栏内。

3　结语

（1）本软件能提高运算速度，压缩内业时间。在爆区预报测量中可提高工效 4 倍；在计算爆堆松散体积中可提高 4~6 倍；在爆区生产验收体积计算中可提高 2~4 倍。

（2）计算机完成测量验收中的展点、绘图、接图、圈定面积等工作，可消除手工作业产生的偶然误差及系统误差，提高精度 0.48%。

应用微机建立穿爆技术档案数据库

在露天开采工艺中，穿爆工序是第一道工序，穿爆效果的好坏将直接影响其后的装、运、破、排等工序，因此如何提高穿爆质量便成为人们普遍关心的问题。

白云鄂博铁矿属国内大型露天矿山之一，主要矿岩种类有氧化矿、磁铁矿、白云岩，板岩和云母岩等，穿孔设备有 $\phi200$ 潜孔钻机，$\phi250$ 牙轮钻机和 $\phi310$ 牙轮钻机。多年来，矿内外围绕提高白云铁矿的穿爆质量曾进行过各种形式不同程度的科研、技术承包和管理承包等工作，而且现在仍在继续，取得了许多成就。本文就如何科学地管理日常爆破过程中产生的技术资料进行探讨。

1　问题的提出

白云铁矿有三十多年的开采史，同样也有三十多年的爆破史。这些年来，进行过成千上万次大、中爆破，产生了大量爆破技术资料，同时也做了不少现场爆破试验，获取了许多珍贵资料。如果能够把这些资料收集起来，进行系统的剖析，定会找出能够指导实际生产爆破的定量依据。然而，随着从事爆破技术人员的更替，这些资料也慢慢地消失了，除极少数在个人手中保存之外，多数都已荡然无存了。目前新上岗的爆破技术人员已难以从书面材料中查找前人的经验教训，只能听到从事爆破工作多年的爆破工的口头讲述，以前采用什么方法，达到了怎样的效果，现已无法核实。一些技术在传授中走了样或失传。因此如何保存开采过程中各时期的爆破技术资料，并在此基础上不断发展爆破技术，应当加以考虑。

2　采用微机管理的可行性

微机在白云铁矿的地质、测量和采掘计划等专业已经得到了应用，培养了大批计算机专业人员，无论从软件力量还是硬件力量都已具备了开发应用管理项目的能力。采用微机来管理爆破技术档案资料有以下几方面特点。

（1）可永久地保留原版资料。

（2）快速检索。随时查阅不同时期各部位的爆破史，减少查找时间。

原文刊于《矿山》1992 年 3 月，第 8 卷第 1 期。

（3）统计与分析。对库内资料按给定条件进行快速统计和分析。

（4）提供设计依据，指导爆破设计。

目前，微机的价格在不断下降，工作环境要求进一步放宽，操作使用日益简便，在爆破技术中应用微机已经到了从科研院所进入矿山企业的时候了。

3　穿爆技术档案数据库的内容

穿爆技术档案数据库应当能够全面地反映穿爆过程中各阶段、各部位的各种技术参数，指标和定性描述，这里分总体描述、穿孔情况预报图描述、火工消耗、施工记录、技术指标和效果分析七个部分进行存储。

（1）总体描述，它是由八个字段组成。

1）爆区编号（台阶—年度—序号）；2）爆破日期（年、月、日）；3）设计者（单位、姓名）；4）阶段名称（台阶编号）；5）爆破地点（起始行号—结止行号）；6）爆破种类（硐室/抛掷/压碴/开沟/靠界/拉底/试验）；7）炸药总量；8）总爆量。

（2）穿孔情况，共十六个字段。

1）穿孔通知单下达日期（年、月、日）；2）作业钻机编号；3）钻杆直径；4）穿孔角度；5）测图日期（年、月、日）；6）孔深验收日期（年、月、日）；7）排数；8）布孔方式（三角形/方形/矩形）；9）总孔数（干孔、水孔）；10）总延米（干孔、水孔）；11）孔距（前排、后排、其他）；12）邻近系数；13）列距（前排、后排、其他）；14）孔深（最大、最小、平均）；15）超深（最大、最小、平均）；16）存在问题。

（3）预爆图描述，共十个字段。

1）提图者（单位、姓名）；2）提图日期（年、月、日）；3）矿岩分布（岩种—爆量）；4）段高（最大、最小、平均）；5）爆区总长；6）爆区面积（上面积，下面积）；7）预爆体积；8）底抗线（最大、最小、平均）；9）结存分布（最大、最小、平均）；10）岩体描述（节理、裂隙、硬度、可爆性）。

（4）火工消耗，共十一个字段。

1）火雷管；2）电雷管；3）毫秒雷管；4）导爆线（型号、爆速）；5）导火线；6）间隔器（长度、安放位置）；7）起爆药坨（300g，500g）；8）铵沥蜡（爆速、密度）；9）多孔粒状（爆速、密度）；10）乳化炸药（爆速、密度）；11）其他。

（5）施工记录，共七个字段。

1）装药结构（连续/间隔）；2）单孔药量分配（前排、后排、其他）；3）装药高度（最大、最小、平均）；4）余高（最大、最小、平均）；5）填塞高度（最大、最小、平均）；6）起爆方式（齐发/斜线/波浪/排间/掏槽/梯形/V

形/环形/预裂）；7）微差间隔时间（排别、段别）。

（6）技术经济指标，共六个字段。

1）延米爆量（矿岩种类，延米爆量）；2）重量单耗（矿岩种类、单耗）；3）体积单耗（矿岩种类、单耗）；4）单孔爆量（矿岩种类、爆量）；5）大块率；6）根底率。

（7）效果分析，共六个字段。

1）爆堆高度（最大、最小、平均）；2）前冲（最大、最小、平均）；3）后冲（最大、最小、平均）；4）塌落（最大、最小、平均）；5）块度（优/一般/差）；6）飞石（多/一般/差）。

4 结语

矿山爆破是一种针对岩体的破坏性作业，涉及的岩体千变万化，许多理论要经过现场的反复试验才能确定下来，系统地积累各种条件下的实爆资料无异于办一个专业实验室。

白云鄂博铁矿企业局域网的组建与管理

摘　要：管理信息系统是辅助企业经营管理的工具，是借助于现代化的计算机技术、通信技术、数据库技术、管理决策技术等，实现对人、财、物、信息资源科学有效的管理和利用。白云鄂博铁矿企业局域网的建设目标是要建立一个以数据信息为中心，高效率工作、低成本运营的企业级综合管理信息系统，实现白云鄂博铁矿的企业管理办公自动化，使铁矿各项业务管理更加科学化、现代化、规范化，从而辅助生产、经营决策，提高企业的经济效益和社会效益。简要叙述了该局域网的设计、实施、网络安全以及网络管理等，为矿山信息化建设提供参考。

关键词：白云鄂博铁矿；企业局域网；网络安全

1　企业概况

白云鄂博铁矿位于内蒙古中部的乌兰察布草原上，北距蒙古人民共和国106km，南距包头市149km，矿区属包头市管辖，有包白公路与市区相通，有准轨铁路与京包线相连。

白云鄂博铁矿是包钢的主要铁、稀土原料基地、是举世闻名的稀土之乡。1957年2月27日建矿。经过"七五""八五"改造，现已形成年产矿石千万吨的现代化大型露天矿山，拥有职工总数6700人。有生产车间、辅助生产车间15个，职能管理部（科）室16个。管理部室主要集中在行政办公楼及生产办公楼中。信息化建设与管理工作由信息中心负责。

2　白云鄂博铁矿企业局域网方案的规划与设计

2.1　可行性分析

（1）技术方面的可行性：

1）白云鄂博铁矿信息中心专业技术人员，具有构建网络的技术水平和实际经验；

2）基础管理技术满足系统开发要求；

原文刊于《金属矿山》2004年11月增刊；共同署名的作者有何玉华、韩猛。

3）可以提供技术后援支持和服务；

4）计算机硬件可满足本网络当前和今后发展需要；

5）计算机软件可满足本网络当前和今后发展需要。

（2）经济方面的可行性：

白云鄂博铁矿网络系统的投入使用将大大降低传统办公模式下的管理成本，有效地提高办公自动化程度及其现代化的管理水平。

（3）社会方面的可行性：

网络工程的实施可提高白云鄂博铁矿自身的现代化管理水平，提高企业工作效率，实现资源共享，同时树立企业形象，进一步扩大白云鄂博铁矿的影响，及时掌握各种相关信息，提高处理各种事务的能力，并能依靠现代化信息技术手段，利用计算机网络与通信技术，全面、迅速、准确地掌握信息并发布信息，有效地配合生产经营活动。

2.2　需求分析

白云鄂博铁矿网络系统建设的主要需求是在厂区范围内建立一个以网络技术、计算机技术与现代信息技术为支撑的办公和管理的平台，将现行以手工作业为主的管理活动提高到这个平台上来，籍以提高办公效率和质量，提高企业的现代化的管理水平。根据需求分析，总结出白云鄂博铁矿网络工程具有以下特点：

（1）网络系统分布在白云鄂博铁矿中心（生产办公楼和行政办公楼）及所辖范围内，系统规模中等；（2）采用综合布线系统作为网络的线路基础；（3）信息交换、资源共享以内部为主，对网络吞吐能力要求较高；（4）应用系统采用集中配置、集中管理的模式；（5）流量具有中心汇集的特点，且网络数据流量较大；（6）有对外互联 Internet 的要求；（7）支持远程访问；（8）可管理性要求较高；（9）提供安全控制措施。

2.3　功能分析

针对需求分析，结合白云鄂博铁矿的实际情况本着以实用为目的的原则，概括出以下功能要求：

（1）建成连接厂区内部各主要建筑的综合布线系统。包括：行政办公楼、生产办公楼、物资供应部及仓库、设备部及机动、内燃仓库。

（2）在白云鄂博铁矿辖区范围内，采用国际标准网络协议，结合应用需求，建立白云鄂博铁矿内联网（HNSD-Intranet），并通过高速信道与国际互联网（Internet）相连。

（3）架构信息交换、信息发布和查询应用为主的网络应用基础环境，为决策、行政管理提供先进的支持手段。

（4）为了提高办公效率和现代化管理水平，在内联网上建立支持企业运作的软件信息系统和办公资源公用数据库，建立基于网络平台的办公自动化系统（OA），材料、备件的物资管理系统和白云鄂博铁矿企业网站；实现具有信息共享、传递迅速、使用方便、高效率等特点的事务处理系统。

2.4　网络结构分析

（1）根据需求分析以及功能要求，初步分析云鄂博铁矿企业局域网结构具有以下特点：1）工程超出了单一局域网覆盖的范围，涉及多个区域网间及与Internet互联技术；2）职能不同的部门分布在不同的地理位置上；3）内联网应采用星型拓扑结构，且划分为4级。核心是主干网，主干节点周围是各个子网，子网向下连接工作组网，工作组网向下再连接基层网段；4）根据职能和配置的情况，计算机可以连接到不同的网络层次；5）主干网必须有大的带宽和很强的中心交换处理能力；6）子网相对独立，在主干汇接处形成子网边界；7）支持远程访问。

综上所述，认为白云鄂博铁矿网络工程为厂区级网络，拓扑结构为分层的集中式结构或称星型分级拓扑。

（2）针对这种结构，做出初步规划：1）主干网汇接各子网，形成中心交换；2）子网通过高速交换链路连接到主干网；3）实行全网范围的集中划分与管理；4）主干网上不直接接入用户；5）网络中心构成一个单独的管理子网，汇接到主干网；6）在网络中心进行集中控制和管理；7）每个子网按部门划分成多个工作组网；8）每个工作组网划分成多个基层网段；9）桌面机连接到基层网段上，服务器、工作站连接到高层网络；10）流量划分层次，跨越基层网段的流量汇接到工作组网，跨越工作组网的流量汇接到子网，跨越子网的流量汇接到主干网；11）水平结构对称，子网、工作组网、基层网段具有一致的流量水准，与部门的行政划分有良好的对应关系；12）拨号访问形成独立子网接入主干网；13）在关键子网设立防火墙，防止来自外部的恶意攻击；14）在完善的网络基础之上，提供 Internet 服务。

2.5 方案设计原则

（1）标准化和开放性。网络的计算机设备、网络设备以及不同的网络操作系统和应用软件运行环境，大多来自不同的厂家。因此必须坚持开放性，网络协议采用符合 ISO 及其他标准，如 IEEE、ITUT、ANSI 等制定的协议，采用遵从国际和国家标准的网络设备，从而实现广泛的网络互联目标。

（2）先进性。白云鄂博铁矿网络是一个实用网络，所以在设计之初，要以先进、成熟的网络通信技术进行组网，支持数据、语音、视像等多媒体应用，用基于交换的技术替代传统的基于路由的技术。保证技术的先进性，又要考虑技术的成熟程度，只有这样才能保证整个网络的运行效率和运行安全，充分发挥其功效。

（3）实用性、经济性。坚持实用为主，结合具体需求，根据投资的强度选择可靠性高、可维护性好、具有先进性并适应于未来技术发展趋势、便于进一步提高网络性能的产品和技术，并充分考虑系统在程序运行时的应变能力和容错能力，确保整个系统的安全与可靠。

（4）扩展性。1）网络要不断满足网络的扩充（如向外部的区域扩充），既可满足网络近期需求。又要有扩充能力，以满足网络长期规划；2）网络要能随着新技术的发展而扩充，可适应新技术不断发展的要求，以便向更新的技术过渡和升级，使网络永远具有生命力；3）随着网络应用规模的扩大，系统应能在不影响网络用户使用的前提下扩充网络规模。

（5）安全性。在网络系统的设计方案中，应保证数据在传输和处理过程中的安全性，做到不丢失，不泄露、不损坏、防病毒。

（6）合适的带宽和容量。基于数据、软件集中管理的应用模式以及综合布线的结构，主干应选用支持高带宽大容量的网络结构，系统不能因设计不合理而造成瓶颈，形成严重的网络堵塞。

（7）易管理、易维护。具有强有力的网络管理手段，可方便地对网络资源进行集中配置与调整。

（8）系统软件方案选择。要充分考虑到软件系统的技术特点和国际流行趋势及其本身的安全、自我保护措施、维护的方便性和界面的友好性。

2.6 网络结构的详细设计

（1）企业局域网的拓扑结构（图1）。

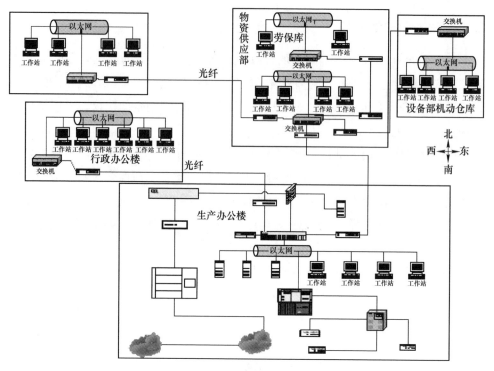

图1　白云鄂博铁矿局域网拓扑结构

（2）企业局域网敷设站点的平面示意图（图2）。

（3）企业局域网的硬件结构。1）网络中心设备中心机房的网络设备选用 HP、CISCO 等著名公司产品，选用 HP 公司的 ML370 系列作服务器，同时配 2 个 36G 硬盘作主域服务器兼数据库服务器；选用企业 1 台原有服务器作备份域服务器；另外为网络中心配备 2 台联想机作工作站，1 台用于网络管理，1 台用作拨号访问身份认证服务器。2）二级交换设备根据白云鄂博铁矿建筑物的地理位置及应用需要选择在物资供应部办公楼、物资供应部仓库、设备部仓库和汽修区所属车间放置二级交换设备。二级交换机采用 D-Link 交换机作为网络工作组级接入交换机或直接连接站点。桌面交换机也选用 D-Link 公司的交换机，交换机拥有 16 个 10/100TX 端口，用于 100M 交换到桌面。以及完整的管理工具。

（4）企业局域网的软件结构。1）网络操作系统的选择，从白云鄂博铁矿网络的实际应用出发，考虑到网络管理软件及很多应用软件都用到了微软的 SOL Server 数据库、邮件服务器要用到微软的 Exchange Server，以及大多应用软件是基于 Windows NT 平台开发的，且系统可能用到 Proxy Server 和 IIS，所以我们选择 Windows 2000 advanced Server 作为网络的操作系统和服务器端软件；2）客户机操作系统。选用微软 Windows 98 中文版；3）办公软件。选用微软的 Office 2000。

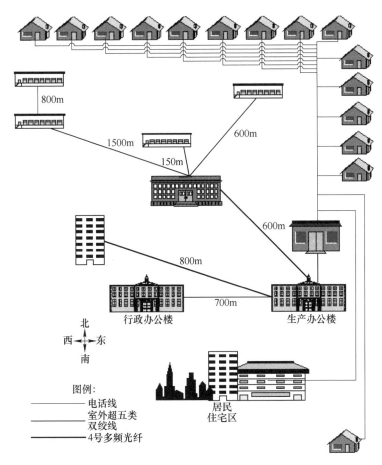

图2 白云鄂博铁矿局域网敷设站点的平面示意图

3 白云鄂博铁矿企业局域网方案的分步实施

3.1 综合布线

3.1.1 双绞线的敷设

为了实现局域网的互连，在白云鄂博铁矿行政办公楼、生产办公楼、物资供应部橡胶库及劳保库、设备部内燃备品库及机动库内部实施了双绞线的布设，布设点共 60 个，长度达 3000m。

3.1.2 光纤的敷设（图3）

（1）为了实现白云鄂博铁矿行政办公楼、生产办公楼、物资供应部橡胶库

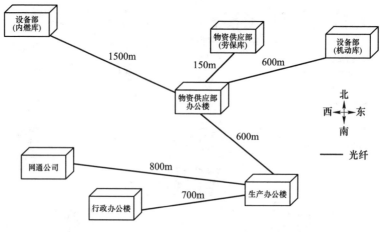

图 3　白云鄂博铁矿局域网光纤敷设平面

及劳保库、设备部内燃备品库及机动库之间的互联，敷设光纤 3550m。

（2）接入网通的 2M 宽带，敷设光纤 800m。

（3）共敷设光纤 4350m。

3.2　IP 地址的规划

（1）公网 IP 地址的规划。为了实现局域网和公网的连接，接入 INTERNET 和提供企业的 WEB 服务等，从网通申请公网 IP 地址 8 个。其中的 7 个 IP 用于路由、防火墙的连接、另一个 IP 用于 WEB 服务器。

（2）内网 IP 地址。内网 IP 使用 C 类网址，完全能满足我们的需求。

3.3　服务器的硬件选购和软件安装

3.3.1　主域服务器

（1）硬件。主域控制器采用的是 HP ProLiant ML370 G3 服务器。配置为 XEON 2.8GHz 处理器、512M 内存、2 个 36GB 硬盘。

（2）软件。操作系统采用 Win2000 Server 操作系统，配置 AD（活动目录）；安装有瑞星网络版杀毒软件的系统中心和服务器端，以及微软的 SUS（软件更新服务）服务器软件。

3.3.2　WEB 服务器

（1）硬件。WEB 采用的服务器是 HP NetServer LH3 服务器。配置为 PentiumW 500GHz 处理器、128M 内存、2 个 9GB 硬盘。

（2）软件。操作系统采用 Windows Server 2003 操作系统，配置 IIS6.0，后台数据库软件采用 Access，安装有瑞星杀毒软件网络版服务器端和主页防篡改即时恢复系统。

3.3.3 OA 服务器（OA 即办公自动化）

（1）硬件。采用联想开天 4820 计算机。配置为 Pentium4 2.4GHz 处理器、512M 内存、60GB 硬盘。

（2）软件。操作系统采用 Win2000 Server 操作系统，后台服务器软件采用 IBM Lotus Domino Server，使用的 OA 软件采用 Lotus Notes 开发，配置了 Notes 环境并安装有瑞星杀毒软件网络版服务器端。

3.3.4 物资管理系统服务器

（1）硬件。采用联想开天 4820 计算机。配置为 Pentium4 2.4GHz 处理器、512M 内存、60GB 硬盘。

（2）软件。操作系统采用 Windows Server 2003 操作系统，后台数据库软件采用 SOL Server 2000，安装有瑞星杀毒软件网络版服务器端。

3.3.5 邮件服务器

（1）硬件。采用联想开天 4820 计算机。配置为 Pentium4 2.4GHz 处理器、512M 内存、60GB 硬盘。

（2）软件。操作系统采用 Windows Server 2003 操作系统，配置了 Microsoft Exchange 2000、Microsoft ISA2000 并安装有瑞星杀毒软件 For Exchange。

3.4 客户端的硬件选购和软件安装

（1）硬件。客户端计算机多数采用了联想，TCL、戴尔等品牌机和一些兼容机，CPU 主频平均在 2.0GHz，内存大多 256M，硬盘平均容量在 40GB，并且根据需求为有关部门配备了打印机、扫描仪等现代办公设备。

（2）软件。客户端操作系统大多采用 Windows 2000 Professional，也有少数采用 Windows 98、Windows Me 和 Windows XP 的，杀毒软件装有瑞星网络版客户端。其他软件根据工作性质，装有物资管理系统客户端，工资、人事、成本管理软件等。

3.5 路由器的产品选型与功能配置

（1）产品选型。采用了 Cisco 2620 路由器。

（2）功能配置。网络较简单，采用了静态路由的方式配置。

3.6　交换机的产品选型与功能配置

3.6.1　产品选型

局域网采用的中心交换机是 Cisco 3550-24-SMI。

3.6.2　功能配置

（1）Cisco 3550-24 SMI 本身不具有 3 层交换功能，又考虑到现有网络结构，没有划分 VLAN（虚拟子网），只采用简单交换功能即可满足需求。

（2）需要说明的是各部门对服务器上文件的访问权限控制没有通过划分 VLAN 来实现，而是通过 AD 来实现的，这种方法简便易行。具体是按照权限的高低把现有网络用户分为网络管理员、行政研长和党委书记、分管副矿长、各部门部长和主任、普通职员 5 级，分别对服务器上文件享有不同的访问权限。

3.7　远程访问服务器的产品选型与功能配置

3.7.1　产品选型

局域网采用的远程访问服务器是 3COM 的产品 Remote Access System 1500。

3.7.2　功能配置

RAS 1500 只具有 8 个 RJ11 接口。故配置了具有 8 个 IP 地址的地址池动态为远程拨入的用户分配地址，可满足 8 个远程用户同时在线。

3.8　防火墙的产品选型与功能配置

3.8.1　产品选型

防火墙选用了瑞星的 RFW-100-SME 硬件防火墙。

3.8.2　功能配置

（1）防火墙的接口全部使用路由模式配置；
（2）配置了静态路由，实现和路由器的无缝连接；
（3）配置了安全策略、服务策略、时间策略；
（4）配置了 WWW 代理，对网络应用层进行控制。

3.9 IDS（入侵检测系统）的产品选型与功能配置

3.9.1 产品选型

IDS 选用的是中科网威的天眼 100 型产品。

3.9.2 功能配置

（1）配置数据捕获方式；
（2）配置并优化策略库；
（3）配置和瑞星 RFW-100-SME 硬件防火墙的联动；
（4）配置报警模式。

3.10 网络版杀毒软件的安装与功能配置

3.10.1 安装

（1）瑞星网络版杀毒软件的安装分成系统中心、服务器端、客户端和管理员控制台 4 个部分。
（2）局域网在主域服务器上安装了瑞星网络版杀毒软件的系统中心和管理员控制台，进行自动升级、自动向全网分发升级包并对所有客户端进行管理。
（3）在各主要服务器上安装了瑞星网络版杀毒软件的服务器端（包括主域服务器）。
（4）在局域网内所有客户端计算机上安装了瑞星网络版杀毒软件的客户端，形成全网整体防毒状态。

3.10.2 功能配置

瑞星网络版杀毒软件的策略配置是在瑞星管理控制台上进行的。根据白云鄂博铁矿的实际情况，目前主要进行了以下几方面的配置：
（1）系统中心自动更新并向全网分发升级句；
（2）对全网内所有机器进行硬盘数据的自动备份；
（3）全网查杀。

4 网络的安全技术与管理

4.1 防火墙

4.1.1 防攻击策略配置

在瑞星防火墙中已把一些已公布的木马和常用攻击手段所使用的端口和协议集成在了里边，对它们进行设置并启用以抵御这类攻击。并且在发现新的木马、病毒、攻击手段后，在此策略库中增加相应策略，进行防范。

4.1.2　安全策略的配置

（1）在防火墙"安全配置"一项中，对各条出入内、外网的源地址、目的地址、访问端口、时间、服务等进行了严格的控制。

（2）外网用户在对 WEB 服务器进行访问时，仅开放 80 端口（即 HTTP 服务）。内网用户出外网时也仅仅开放了 80、25、110、53 等几个最常用端口，以保证内网安全。

4.1.3　静态地址转换

（1）内网用户访问外网时，做了 SNAT（源地址转换）；

（2）外网用户访问 DMZ 区 WEB 服务器时，做了 DNAT（目的地址转换）。

4.1.4　代理配置

通过配置应用代理对网络进行应用层的过滤。瑞星的这款防火墙把很多站点进行了归类集成，有犯罪类、赌博类、游戏类、恐怖类、SEX 类等 21 大类、数千条。我们对相应的类别进行了启用并通过对一些关键字进行过滤，来保证网络安全、控制流量，合理使用带宽资源。

4.2　IDS

主要配置了当检测到攻击时采用和防火墙的联动，由防火墙阻断访问，并由 IDS 采取有效措施报警，以保护内网的安全。

4.3　瑞星网络版杀毒软件

（1）系统中心向瑞星服务器获取升级包的时间为每天 17 时，并及时对全网计算机进行病毒库更新。

（2）每天 16 时对全网内所有机器进行硬盘数据的自动备份。

（3）每周一 15 时对局域网进行 1 次全网查杀。

（4）对局域网内所有计算机开启实时监控。

（5）对 OA 服务器开启 Notes 监控。

（6）设定保护密码并应用到全网，使客户端不能被强行停止或配置策略；将管理控制权集中到网络管理员，对全网的病毒防范进行统一管理。

（7）通过管理员控制台的"发送广播消息"的功能，向全网发送重大病毒预警并经常指导网络用户在平时形成良好的计算机使用习惯。

（8）通过瑞星邮件监控系统 For Exchange，能够对邮件附件进行实时扫描，对带毒邮件做到立即发现、立即清除、立即报警，从而保证 Exchange 和邮件的安全。

4.4 操作系统

（1）通过 SUS 服务器实现对全网绝大部分客户端 8 的漏洞进行自动更新（自动更新中包括操作系统本身的、IE 的、IIS 的等多种补丁），将计算机的危险程度降到最低；

（2）将所有客户端计算机的账户策略都启用复杂性密码规则，并要求两周左右更换一次密码，以保证账户的安全；

（3）将所有的客户端都加入到域中，对客户端的权限进行统一管理，使其达到最大的安全性；

（4）对提供有 SOL Server 等服务的计算机，都打了 Service Pack 3 补丁包；

（5）在特别重要的计算机上安装 BlackICE、NIS 或 SkyNet 等个人防火墙，通过配置本地访问策略，来合理保护本地计算机的安全。

4.5 重要数据的及时备份与恢复

（1）通过瑞星网络版杀毒软件客户端可在每天 16 时对局域网内所有客户端计算机硬盘数据进行实时备份，一旦出现问题，可通过软件对备份的数据进行恢复。

（2）所有计算机的数据都存放在系统分区以外的其他分区，并及时备份到软盘、闪盘、移动硬盘等其他移动存储介质上，以备不时之需。

（3）对所有计算机系统分区都做了镜像，一旦系统崩溃，即可进行恢复。

（4）对物资管理系统所用的 SOL Server 数据在服务器端编写了一个专用的备份程序，每隔 15min 或每天定时对 SQL 数据进行备份。

（5）在 WEB 服务器上部署了防主页篡改系统，该系统设计采用编码理论技术和计算机网络技术通过网络实时扫描 Web 网站的网页，监测网页是否被修改，一旦发现网页被修改后，系统能够自动报警并及时恢复。

4.6 设备的安全

（1）对路由器进行了 Login Bannner 配置，隐藏路由器系统真实信息，防止真实信息的泄露。并且使用 enable secret 加密了 secret 口令。

（2）重点对中心交换机的 IOS 进行了更新，修补了自身的漏洞并加强其口令安全强度。

（3）对其他设备也都加强了管理口令的强度。

4.7 管理制度的制定

为加强网络的管理，相继制定、完善了《信息中心职责》《局域网安全管理制度》《宽带网安全管理制度》《部门上网管理办法》《网络设备管理办法》《计算机信息系统安全管理制度》《网站维护、发布、管理办法》《病毒防治制度》《服务器使用管理规定》及《数据备份管理制度》等一系列管理制度，并装订成册形成《信息中心管理制度手册》，以此来保证网络安全、稳定运行。

5　结语

目前白云鄂博铁矿企业局域网平台组建已完工，并在此平台上良好地运行着办公自动化（OA）系统和物资管理系统以及白云鄂博铁矿企业网站，收到显著的效益。

在网络硬件环境建立以后，如何能保证网络的安全便成了今后工作的重点。信息系统安全不但与不断变化的需求联系紧密，同时也与不断发展的信息技术关系密切。白云鄂博铁矿信息系统的业务新需求是不断涌现的，安全是相对于现有需求的；互联网技术和信息技术是不断发展的，各种攻击网络安全的方式和手段也层出不穷，相应的网络操作系统可被攻击的漏洞也越来越多。因此，我们要随时掌握不断变化、发展的技术，以应对来自各方面的网络威胁。

根据现有条件、中心机房将进行进一步改造。在改造中将配备更加智能的UPS供电系统，并在中心机房的主机房和辅助机房加强防雷、防火、防静电等设备、设施，构造一个安全、高效的企业局域网络，服务于矿山建设、管理。

选矿篇

XUANKUANG PIAN

工艺矿物学

白云鄂博白云石型稀土-铁矿石
工艺矿物学研究

摘　要：采用化学分析、能谱分析、扫描电镜、全自动矿物分析系统（MLA）等分析手段对白云鄂博白云石型稀土-铁矿石中化学元素、粒度组成、矿物解离度和嵌布特征等进行研究。结果表明，矿石中铁的含量为 15.52%，稀土氧化物含量为 6.56%；矿石中可利用的铁矿物主要为磁铁矿，稀土矿物主要为氟碳铈矿和独居石，氟碳铈矿中 La、Ce、Pr、Nd 的相对含量为 66.39%（原子分数），独居石中 La、Ce、Pr、Nd 的相对含量为 61.33%（原子分数），脉石矿物主要是白云石、萤石和磷灰石等；磁铁矿多以半自形至他形粒状变晶结构以及集合体形式出现，与稀土和脉石矿物共生关系密切，20~74μm 粒级之间，分布率为 63.23%；氟碳铈矿常以星散状和不规则粒状集合体嵌布在脉石中，主要分布在 43μm 以下；独居石粒度大小以及在矿石中的嵌布特征与氟碳铈矿基本相同，常呈粒状或椭粒状嵌布在脉石矿物中；磨矿细度-74μm 占 90% 时磁铁矿、氟碳铈矿和独居石的单体解离度分别为 87.21%、77.36% 和 69.44%。因此，矿石细磨和微细粒高效分选是解决现有问题的关键。

关键词：白云鄂博；白云石型；铁；稀土；工艺矿物学

白云鄂博矿床是世界上著名的超大型 Fe-Nb-REE 矿床，矿产资源储量大、种类多，含铁和稀土的矿石有五种类型。按照包钢“以铁为主，综合利用”的指导方针，采用“弱磁—强磁—浮选”工艺流程从五种混合型矿石中综合回收铁和稀土，不仅铁、稀土精矿的品位和回收率较低，且精矿中的有害元素 S、P 含量高。随着不断的开采，高品位铁矿石日趋枯竭，致使整体入选品位下降；同时由于白云鄂博矿“多、贫、细、杂”的特征，致使在现有工艺条件下生产铁精矿的品位和回收率下降，造成资源浪费。因此，包钢提出了“精准采矿，分类选矿”的方针以提高铁、稀土的品位和回收率，而查清矿石中铁、稀土的赋存状态是开发工艺流程和提高资源利用率的前提。

原文刊于《稀土》2021 年 8 月，第 42 卷第 4 期；共同署名的作者有王维维、李强、王振江、魏威。

目前对白云鄂博矿工艺矿物学研究成果较为丰富，但均以白云鄂博早期铁矿石、选铁尾矿和稀选尾矿为主，且随着不断的开采，矿石性质已发生变化，需重新对目前开采的矿石分类进行系统的工艺矿物学研究。本文采用化学分析、物相分析、扫描电镜、MLA 矿物自动分析系统等手段对白云石型稀土—铁矿石工艺矿物学进行了详细研究，为该类型矿石的合理利用提供理论指导。

1 矿石成分

1.1 矿石多元素

矿石多元素分析结果见表 1。表 1 表明，矿石中铁的含量为 16.52%，稀土氧化物（REO）含量为 6.56%，Nb_2O_5 含量为 0.16%，Sc_2O_3 的含量为 0.0048%，是矿石中主要回收的有价元素；主要的造岩元素为 CaO、MgO 和 SiO_2 等；有害元素 F、P 和 S 含量较高，此外，放射性元素 ThO_2 的含量为 0.016%。

表 1　矿石多元素分析结果

元素	TFe	REO	Nb_2O_5	F	Na_2O	Al_2O_3	MgO
含量/%	16.52	6.56	0.16	4.28	0.36	1.03	6.23
元素	CaO	BaO	SiO_2	ThO_2	Sc_2O_3	P	S
含量/%	22.21	3.49	4.45	0.016	0.0048	1.06	1.08

1.2 矿物组成

矿石主要矿物组成及相对含量见表 2。由表 2 可以看出，矿石中矿物组成复杂，由 30 多种矿物组成。可利用的铁矿物主要为磁铁矿，还有少量菱铁矿、赤铁矿、钛铁矿和铌铁金红石等，不可利用的铁矿物有黄铁矿、磁黄铁矿等；稀土矿物主要为氟碳铈矿、独居石和黄河矿等；造岩矿物主要是白云石、萤石和磷灰石等。

表 2　矿石的矿物组成及相对含量

矿物	磁铁矿	赤铁矿	钛铁矿	黄铁矿	重晶石	菱铁矿
含量/%	25.08	0.56	0.76	0.45	3.35	0.31
矿物	氟碳铈矿	萤石	黄河矿	独居石	易解石	磁黄铁矿
含量/%	8.26	6.95	0.25	2.42	0.11	0.37
矿物	铌铁金红石	辉石	云母	长石	闪石	褐钇铌矿
含量/%	0.57	1.75	0.76	0.18	2.02	0.01
矿物	石英	磷灰石	金红石	方解石	白云石	绿泥石
含量/%	1.47	3.49	0.31	1.27	38.00	0.03
矿物	氟镁石	蛇纹石	闪锌矿	黄绿石	其他	
含量/%	0.01	0.02	0.05	0.04	1.15	

1.3 铁的化学物相分析

铁的化学物相分析结果见表3。表3表明，矿石中氧化相铁主要是磁铁矿中铁，分布率为75.29%；赤铁矿中铁含量较低，菱铁矿中铁占14.29%，可综合回收；不可利用的硅酸铁和硫化铁中铁分布率分别为5.63%和2.91%。选矿中需考察硫化铁进入铁精矿对S指标的影响。

表3 铁物相分析结果

铁物相	含量/%	分布率/%
磁铁矿中铁	12.43	75.29
赤铁矿中铁	0.31	1.88
硫化铁中铁	0.48	2.91
硅酸铁中铁	0.93	5.63
菱铁矿中铁	2.36	14.29
总铁	16.51	100.00

1.4 主要稀土矿物能谱分析

氟碳铈矿的能谱分析及元素相对含量见图1。由图1可以看出，氟碳铈矿为铈氟碳酸盐矿物，轻稀土元素La、Ce、Pr、Nd的相对含量为66.39%（原子分数），中重稀土元素Dy、Y和Tb的相对含量为0.88%（原子分数）。独居石能谱分析及元素相对含量见图2。图2分析结果表明，独居石属磷酸盐稀土矿物，轻稀土元素La、Ce、Pr、Nd的相对含量为61.33%（原子分数），中重稀土元素Dy、Y、Sm和Gd的相对含量为2.57%（原子分数），二者所含中重稀土元素均较少，都属于轻稀土矿物。

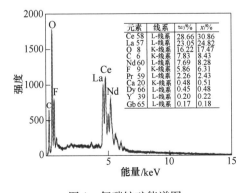

图1 氟碳铈矿能谱图

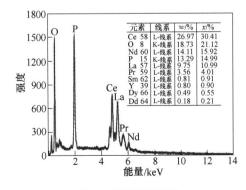

图2 独居石能谱图

2　主要矿物嵌布关系

2.1　铁矿物

磁铁矿是白云鄂博矿石最主要的含铁矿物，多以半自形至他形粒状变晶结构以及集合体形式出现，与稀土和脉石矿物共生关系密切，磁铁矿以致密块状和浸染状分布在白云石中（图3（a））；部分磁铁矿呈细小不规则粒状充填于萤石裂隙或空洞中，并与独居石矿物连生，粒度约为20μm（图3（b））；也可见大颗粒磁铁矿中包裹重晶石和方解石（图3（e））；磁铁矿根据其结晶粒度的大小分为细粒和粗粒两种形态，以细粒和中粒为主，粗粒较少。赤铁矿磁性较弱，白云鄂博赤铁矿有原生赤铁矿和次生假象赤铁矿两种，白云石型稀土-铁矿石中含量较低，主要分布在块状铁矿石和铁矿石的氧化带。原生赤铁矿多以不规则细粒状赋存，并以稀疏浸染状嵌布在白云石中（图3（g））。菱铁矿在白云鄂博并不多见，当其中的杂质含量较少时也可作为炼铁的原料，常以放射状球粒或集合体状产出，矿石中可见细小的粒状菱铁矿嵌布在萤石矿物中（图3（b））；也可见部分以不规则集合体与白云石和稀土矿连生（图3（c）），粒度主要在20μm以下。

2.2　稀土矿物

氟碳铈矿为铈氟碳酸盐矿物，白云鄂博最多的轻稀土矿物，占稀土总矿物的70%左右，常以星散状集合体嵌布在白云石中，并与磁铁矿、萤石共生（图3（a））；部分氟碳铈矿呈不规则粒状集合体与白云石、磷灰石、石英互相穿插连生（图3（e））；少量与重晶石、云母和辉石连生（图3（d））。氟碳铈矿粒度细小，一般在20~50μm粒级之间，有些甚至在10μm以下。独居石也是白云鄂博主要的稀土矿物，其粒度大小以及在矿石中的嵌布特征与氟碳铈矿基本上相同，常呈粒状或椭粒状嵌布在脉石矿物中（图3（b））。

2.3　脉石矿物

白云石是组成白云岩的主要矿物，常以块状或粒状集合体产出，白云石集合体中可见氟碳铈矿呈细脉状沿白云石间隙分布（图3（a）），这部分稀土矿物回收难度大；部分白云石沿着萤石条带穿插，并夹杂闪锌矿、氟镁石、磁铁矿等（图3（c））；白云石因类质同相作用生成铁白云石以不规则粒状包裹在氟碳铈矿中（图3（e）），有时也呈简单的毗邻关系（图3（h））。萤石主要以条带状和浸染状集合体产出，与稀土矿物、铁矿物和白云石共生关系密切（图3（a））。在萤石型稀土-铁矿石中含量较高，可作为回收萤石的原料，而在选别铁、稀土过程中是有害元素，要使其与铁矿物或稀土矿物解离开来，才能获得高质量的铁、稀土精矿。重晶石主要呈不规则粒状或块状集合体，与磁铁矿、氟碳铈矿、白云石、铁白云石等连生，嵌布关系复杂。

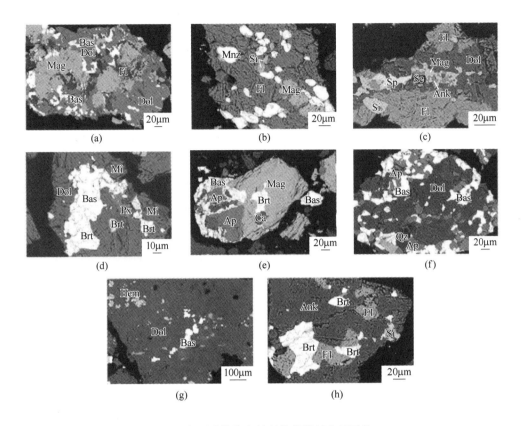

图 3　主要矿物嵌布特征的背散射电子图像

（a）磁铁矿以浸染状分布在白云石中；（b）独居石以椭粒状嵌布；（c）铁白云石、氟镁石和闪锌

矿以微细粒嵌布在白云石中；（d）氟碳铈矿与重晶石共生；（e）氟碳铈矿中包裹磷灰石；

（f）氟碳铈矿和白云石互相穿插共生；（g）氟碳铈矿和磁铁矿以微细粒嵌布在白云石中；

（h）菱铁矿嵌布在铁白云石边缘

Mag—磁铁矿；Ca—方解石；Hem—赤铁矿；Si—菱铁矿；Bas—氟碳铈矿；Qz—石英；Mi—云母；

Px—辉石；Mnz—独居石；Dol—白云石；Sp—闪锌矿；Se—氟镁石；

Ank—铁白云石；Fl—萤石；Brt—重晶石；Ap—磷灰石

3　主要矿物粒度分布

　　矿石中主要矿物的嵌布粒度对选择合适的磨矿细度有重要的理论指导意义，因此采用自动矿物分析系统（MLA）测定该矿石中磁铁矿、独居石及氟碳铈矿的嵌布粒度，统计结果见图 4。磁铁矿粒度分布不均匀，+74μm 粒级占 17.1%；主要分布在 20~74μm 粒级之间，分布率为 63.23%；-15μm 粒级占 11.11%，因此，为避免磁铁矿的解离不充分或过磨现象，应阶段磨矿阶段选别。氟碳铈矿和独居石的嵌布粒度细，主要分布在 43μm 粒级以下，分布率分别为 89.46% 和 96.44%。

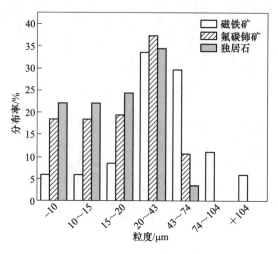

图 4　主要矿物的粒度分布

4　主要矿物的解离特征

对白云鄂博矿生产条件为磨矿细度-74μm 占 90% 下主要铁矿物和稀土矿物的单体解离度进行测定，分析结果见表 4。表 4 结果表明，磁铁矿的单体解离度为 87.21%，与碳酸盐矿物的连生体占 5.37%，若要进一步提高铁精矿品位，需更高的磨矿细度。氟碳铈矿和独居石的解离度分别仅为 77.36% 和 69.44%，与铁矿物的连生体分别为 2.16% 和 2.10%，这部分稀土矿物在选铁过程中被富集到铁精矿中造成损失；与萤石矿物的连生体分别为 2.25% 和 5.82%，由于萤石与稀土矿物可浮性接近，若未单体解离，则很容易造成稀土精矿中 F 含量过高，从而对冶炼造成困难。

表 4　主要矿物的单体解离度　　　　　　　　　　（%）

矿物	单体解离度	与碳酸盐矿物连生	与铁矿物连生	与硅酸盐矿物连生	与萤石连生	与稀土矿物连生	与其他矿物连生
磁铁矿	87.21	5.37	—	1.85	0.81	1.94	2.82
氟碳铈矿	77.36	5.70	2.16	8.24	2.25	—	4.29
独居石	69.44	7.42	2.10	12.02	5.82	—	3.20

5　结论

（1）矿石中铁的含量为 15.52%，稀土氧化物（REO）含量为 6.56%，

Nb_2O_5 含量为 0.36%，Sc_2O_3 的含量为 0.0048%，为矿石中主要回收的有价元素；有害元素 F、P 和 S 含量较高。矿石中可利用的铁矿物主要为磁铁矿，还有少量菱铁矿、赤铁矿、钛铁矿和铌铁金红石等；稀土矿物主要为氟碳铈矿、独居石和黄河矿等；造岩矿物主要是白云石、萤石和磷灰石等。

（2）矿石中铁以磁铁矿中铁为主，分布率 75.29%；氟碳铈矿中 La、Ce、Pr、Nd 的相对含量为 66.39%（原子分数），中重稀土元素 Dy、Y 和 Tb 的相对含量为 0.88%（原子分数）；独居石中 La、Ce、Pr、Nd 的相对含量为 61.33%（原子分数），中重稀土元素 Dy、Y、Sm 和 Gd 的相对含量为 2.57%。

（3）磁铁矿多以半自形至他形粒状变晶结构以集合体形式出现，与稀土和脉石矿物共生关系密切，氟碳铈矿常以星散状和不规则粒状集合体嵌布在脉石中，粒度一般在 20~50μm 之间。独居石粒度大小以及在矿石中的嵌布特征与氟碳铈矿基本相同，常成粒状或椭粒状嵌布在脉石矿物中。

（4）磁铁矿粒度分布不均匀，20~74μm 粒级之间分布率为 63.23%；氟碳铈矿和独居石的嵌布粒度细，主要分布在 43μm 以下，分布率分别为 89.46% 和 96.44%；磨矿细度−74μm 占 90% 时磁铁矿的单体解离度为 87.21%，氟碳铈矿和独居石的解离度分别仅为 77.36% 和 69.44%。因此，矿石细磨和微细粒浮选是解决现有问题的关键。

白云鄂博稀土精矿工艺矿物学研究

摘　要： 对白云鄂博稀土精矿进行化学分析，化验其元素组成及含量，并采用场发射扫描电子显微镜、能谱仪、AMICS 自动矿物分析系统对其矿物组成、粒度分布及嵌布特征进行了详细研究。结果表明，稀土精矿品位为 51.75%，主要由氟碳铈矿和独居石组成，二者共占 71.48%，氟碳铈矿与独居石嵌布粒度较细，主要分布在 30μm 粒级以下，占比分别为 95.69% 与 95.10%，氟碳铈矿、独居石和其他矿物连生关系复杂，主要呈浸染状、粒状集合体与萤石、铁矿物、磷灰石、白云石等矿物连生。该研究结果对白云鄂博稀土资源综合高效利用具有一定的指导意义。

关键词： 白云鄂博；稀土精矿；粒度分布；嵌布特征

　　白云鄂博矿是一座以铁、稀土、铌为主的超大型多金属共生矿床，稀土资源储量居世界首位；经过选矿工作者多年来对白云鄂博矿稀土矿物浮选技术的研究，稀土选矿技术水平得到了较大的提高，最终确定了弱磁—强磁—浮选工艺流程，生产的稀土精矿品位约为 50%，同时稀土精矿中含有 20% 以上的其他矿物，其中包括萤石、铁矿物、磷灰石、闪石、石英、白云石和重晶石等。

　　目前，稀土冶炼主要以 REO 为 50% 的稀土精矿作为原料，采用浓硫酸高温焙烧工艺生产氯化稀土、碳酸稀土，但是由于稀土精矿中含有大量的非稀土元素，增加了焙烧工艺中原辅材料消耗和"三废"的产生量，造成了极大的环保压力，因此需要为稀土冶炼提供高品位稀土精矿，以减少渣量的排放。工艺矿物学特征研究的目的是充分综合利用矿物原料，提高有用组分的提取率，因此只有查明了白云鄂博稀土精矿的工艺矿物学特征，才能更好地提高稀土选矿回收率和资源利用率。本文采用化学分析方法，并结合场发射扫描电子显微镜、能谱仪和自动矿物分析系统，对包钢集团宝山矿业有限公司生产的稀土精矿进行了工艺矿物学特征研究。

1　稀土精矿物质组成

1.1　稀土精矿化学组成

　　采用化学分析方法对白云鄂博矿稀土精矿进行多元素分析，结果如表 1 所

　　原文刊于《有色金属（选矿部分）》2019 年第 6 期；共同署名的作者有朱智慧、王其伟、王振江、李娜。

示，稀土精矿成分复杂，元素种类较多，其中目标回收元素为稀土氧化物
（REO），占51.75%，需要排除的杂质元素主要为铁、钙、氟、磷、硅、钡等。

表1　稀土精矿多组分分析结果

组　分	含量/%	组　分	含量/%
Na_2O	0.27	Al_2O_3	0.22
K_2O	0.036	REO	51.75
MgO	0.34	Nb_2O_5	0.062
CaO	13.20	F	8.99
BaO	1.41	P	3.04
SiO_2	2.13	S	0.40
ThO_2	0.24	TFe	3.84

1.2　稀土精矿的稀土元素配分

采用电感耦合等离子体发射光谱法分析稀土精矿中稀土元素配分情况如表2
所示。由表2可知稀土精矿主要以镧、铈、镨、钕四种轻稀土元素为主，其中这
四种稀土元素氧化物 La_2O_3、CeO_2、Pr_6O_{11}、Nd_2O_3 配分和为97.99%。

表2　稀土精矿的稀土元素配分

成　分	含量/%	成　分	含量/%
La_2O_3	26.99	Dy_2O_3	<0.10
CeO_2	51.24	Ho_2O_3	<0.10
Pr_6O_{11}	4.93	Er_2O_3	<0.10
Nd_2O_3	14.83	Tm_2O_3	<0.10
Sm_2O_3	1.05	Yb_2O_3	<0.10
Eu_2O_3	0.19	Lu_2O_3	<0.10
Gd_2O_3	0.3	Y_2O_3	0.23
Tb_4O_7	<0.10		

1.3　稀土精矿矿物组成

采用场发射扫描电子显微镜和矿物自动分析系统对稀土精矿进行定性和定量
分析，结果见表3。由表3可知稀土精矿中最主要的稀土矿物为氟碳铈矿和独居
石，分别占51.33%和20.15%，主要杂质矿物为萤石、磷灰石、黄铁矿、磁铁矿
和赤铁矿，含量共占17.12%，这五种矿物是影响稀土精矿品位的主要因素，需
要重点排除。

表3　稀土精矿主要矿物组成及相对含量

矿　物	含量/%	矿　物	含量/%
磁铁矿/赤铁矿	2.18	长石	0.48
黄铁矿	3.35	闪石	1.05
磁黄铁矿	0.22	辉石	0.43
钛铁矿	0.13	云母	0.17
方铅矿	1.03	白云石	0.91
氟碳铈矿	51.33	方解石	0.83
氟碳钙铈矿	1.24	磷灰石	6.35
黄河矿	1.76	重晶石	0.32
独居石	20.15	萤石	5.24
石英	0.42	其他	2.41

2　稀土精矿中稀土矿物的性质及嵌布特征

2.1　稀土精矿的粒度分布

为考察稀土精矿的粒度分布情况，进行筛析试验，结果如表4和图1所示。由表4可知随着粒度变细，稀土含量呈上升趋势，−30μm 产率为90.07%，REO 分布率为90.16%，说明稀土矿物主要分布在细粒级中；由图1可知氟碳铈矿粒度范围为 0.83～63.07μm，30μm 以下占 95.69%，10μm 以下难选粒子占 33.39%。独居石粒度范围为 0.83～53.03μm，30μm 以下占 95.10%，10μm 以下难选粒子占 33.40%。氟碳铈矿与独居石大部分都分布在 30μm 以下，10μm 以下难选粒子也占很大比重。

表4　稀土精矿的粒度分布

粒度/μm	产率/%	REO/%	REO 分布率/%	累计产率/%
+74	0.24	13.88	0.06	0.24
−74～+53	0.39	41.83	0.31	0.63
−53～+43	1.47	48.14	1.37	2.10
−43～+38	2.57	51.66	2.57	4.67
−38～+30	5.26	54.38	5.53	9.93
−30	90.07	51.80	90.16	100

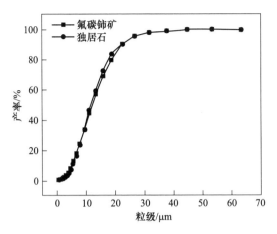

图 1 氟碳铈矿与独居石粒度分布曲线

2.2 稀土矿物的解离度及连生特性

采用矿物自动分析技术对稀土精矿中主要稀土矿物的单体解离度及连生关系进行系统测定，结果如表5所示。由表5可知氟碳铈矿单体解离度为85.45%，主要与萤石和硅酸盐矿物连生，分别占3.19%和2.93%，其次是与铁矿物和碳酸盐矿物连生；独居石单体解离度为86.06%，主要与硅酸盐矿物和萤石连生，分别占3.32%和2.78%，其次是与铁矿物、碳酸盐矿物连生。

表5 稀土矿物单体解离度及连生特性 （%）

矿物名称	单体解离度	连 生 体				
		碳酸盐矿物	硅酸盐矿物	萤石	铁矿物	其他矿物
氟碳铈矿	85.45	1.32	2.93	3.19	2.26	4.85
独居石	86.06	1.02	3.32	2.78	2.62	4.20

2.3 稀土矿物嵌布特征

2.3.1 氟碳铈矿

表6为氟碳铈矿能谱分析结果，由表6可知，氟碳铈矿中主要稀土元素为Ce、La、Nd和Pr，共占元素总量的59.07%，属于轻稀土矿物。氟碳铈矿在稀土精矿中主要有以下几种嵌布特征：（1）氟碳铈矿紧密镶嵌于磁铁矿边缘，少量氟碳铈矿呈粒状充填于磁铁矿中（图2（a））；（2）氟碳铈矿呈浸染状沿裂隙充填于磷灰石中（图2（b））；（3）氟碳铈矿呈星散状或粒状集合体充填于萤石中（图2（c））；（4）氟碳铈矿与磁铁矿、萤石和白云石紧密镶嵌，部分氟碳铈

矿包裹于磁铁矿中（图 2 (d)）。

表 6　氟碳铈矿能谱分析结果

元素	La	Ce	Pr	Nd	C	O	F
含量/%	20.20	29.06	2.91	6.90	7.09	15.61	5.54

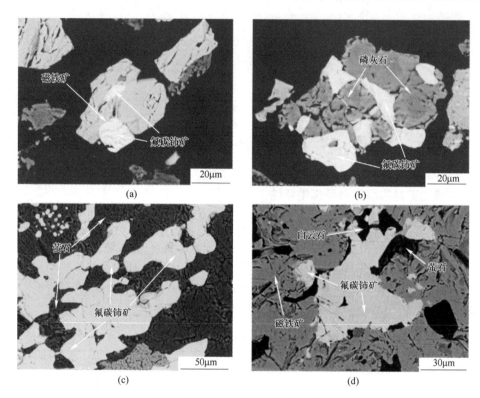

图 2　氟碳铈矿与其他矿物嵌布特征

（a）氟碳铈矿镶嵌于磁铁矿边缘；（b）氟碳铈矿沿裂隙充填于磷灰石颗粒间；
（c）氟碳铈矿呈粒状集合体充填于萤石间；（d）氟碳铈矿与白云石、磁铁矿、萤石连生

2.3.2　独居石

表 7 为独居石能谱分析结果，由表 7 可知，独居石中主要稀土元素为 Ce、La、Nd 和 Pr，共占元素总量的 54.69%，为轻稀土矿物。独居石在稀土精矿中主要有以下几种嵌布特征：（1）独居石与重晶石呈细脉侵染状充填于萤石间（图 3 (a)）；（2）独居石与白云石紧密镶嵌，部分独居石呈粒状包裹体充填于白云石中（图 3 (b)）；（3）独居石大部分镶嵌于萤石和石英边缘，少量独居石呈粒状包裹于萤石颗粒间（图 3 (c)）；（4）独居石与磁铁矿呈粒状充填于辉石间（图 3 (d)）。

表7 独居石能谱分析结果

元素	La	Ce	Pr	Nd	P	O
含量/%	16.80	28.81	2.89	6.19	12.84	18.41

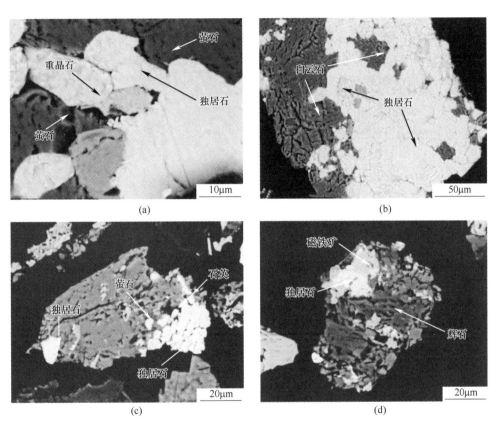

(a)

(b)

(c)

(d)

图3 独居石与其他矿物嵌布特征

（a）独居石与重晶石充填于萤石裂隙间；（b）独居石与白云石紧密镶嵌；

（c）独居石嵌布于萤石和石英边缘；（d）独居石与磁铁矿、辉石连生

3 结论

（1）稀土精矿中 REO 占 51.75%，主要以轻稀土元素为主，其中轻稀土元素氧化物 La_2O_3、CeO_2、Pr_6O_{11}、Nd_2O_3 的配分总和为 97.99%，杂质元素主要为铁、钙、氟、磷、硅、钡等。

（2）稀土精矿中主要的稀土矿物为氟碳铈矿和独居石，两者共占 71.48%。主要杂质矿物为萤石、磷灰石、黄铁矿、磁铁矿和赤铁矿，含量共占 17.12%，这五种矿物是影响稀土精矿品位的主要因素，需要重点排除。

（3）稀土精矿嵌布粒度细小，30μm 粒级以下产率为 90.07%，REO 分布率为 90.16%，稀土矿物大部分分布在细粒级中，氟碳铈矿与独居石在 30μm 粒级以下占比分别为 95.69% 与 95.10%，10μm 以下难选粒子也占很大比重，占比分别为 33.39% 与 33.40%，浮选难度很大。

（4）稀土精矿中氟碳铈矿和独居石主要呈浸染状、粒状集合体与铁矿物、萤石、磷灰石、石英和白云石等紧密镶嵌，也见充填或包裹于萤石、铁矿物、磷灰石、辉石和白云石等颗粒间或孔洞中，嵌布关系复杂，稀土矿物解离困难，应该采用先磨后浮选工艺来提高稀土精矿品位。

白云鄂博霓石型稀土-铁矿石
工艺矿物学研究

摘　要：采用化学分析、物相分析、场发射电镜、矿物分析系统等分析手段对矿石中化学元素、矿物组成、粒度组成和嵌布特征等进行研究。结果表明：矿石中 TFe 品位为 17.50%，稀土 REO 品位为 8.43%，此外，Nb_2O_5 含量为 0.055%，Sc_2O_3 含量为 0.0034%，可综合回收；矿石中矿物组成复杂，含铁矿物主要是磁铁矿，含有少量赤铁矿、黄铁矿等，稀土矿物以氟碳铈矿和独居石为主，含有少量黄河矿、氟碳钙铈矿；磁铁矿多以半自形结构及集合体形式产出，磁铁矿集合体中可见霓石和稀土矿物呈细脉状沿磁铁矿颗粒间隙分布，有时可见磁铁矿被霓石沿着边缘及裂隙交代；氟碳铈矿呈细脉状充填于磁铁矿裂隙中或氟碳铈矿集合体中可见脉状霓石和磁铁矿；独居石以椭粒状集合体分散嵌布在霓石中；偶尔可见独居石中包裹黄铁矿；氟碳铈矿和独居石的嵌布粒度较细，0.02mm 以下粒级分别占 55.87%、85.51%，需要极细的磨矿细度才能单体解离。研究结果对白云鄂博霓石型稀土-铁矿石的高效综合利用具有一定理论指导意义。

关键词：白云鄂博；霓石型；铁矿石；稀土；工艺矿物学

白云鄂博矿作为世界上最大的铌、稀土、铁矿石，自开发利用以来按照"弱磁—强磁—浮选"工艺流程综合回收铁和稀土，获得铁精矿的回收率 70% 以上，稀土精矿的品位约为 55%，稀土回收率约为 50%。随着不断的开采，高品位铁矿石日趋枯竭，入选整体品位下降，致使在现有工艺条件下生产铁精矿的品位和回收率下降。低品位稀土精矿进行冶炼，导致冶炼工艺复杂化，且产生大量的废渣。因此，为实现包钢提出的精准采矿、精细选矿的新思想，提高铁和稀土的资源利用率，本文采用化学分析、物相分析、场发射电镜、MLA 矿物自动分析系统等手段对白云鄂博霓石型稀土-铁矿石工艺矿物学进行了系统研究。

1　矿石物质成分

1.1　矿石化学多元素

对白云鄂博霓石型稀土-铁矿石进行化学多元素分析，结果见表 1。由表 1 可

原文刊于《中国矿业》2020 年 6 月，第 29 卷增刊 1；共同署名的作者有王维维、候少春、郭春雷、李二斗。

以看出矿石中 TFe 的品位为 17.50%，稀土 REO 品位为 8.43%，此外，还有的有价元素 Nb_2O_5 含量为 0.055%，Sc_2O_3 含量为 0.0034%；主要脉石元素为 SiO_2 含量为 27.11%、CaO 含量 7.37%、BaO 含量 5.38%、Na_2O 含量 6.34%；有害元素硫、磷及钍等含量较高。

表 1　矿石多元素分析结果

成分	TFe	REO	Nb_2O_5	F	Na_2O	K_2O	MgO
含量/%	17.50	8.43	0.055	1.56	6.34	0.18	0.62
成分	CaO	BaO	SiO_2	ThO_2	Sc_2O_3	P	S
含量/%	7.37	5.38	27.11	0.025	0.0034	0.97	1.62

1.2　矿石矿物组成

采用矿物自动分析仪对矿石中主要矿物及相对含量进行测定，结果见表 2。矿石中矿物种类较多，可利用的铁矿物主要为磁铁矿（18.39%），此外，其他铁矿物为赤铁矿（11.04%）、黄铁矿（1.19%）、磁黄铁矿（0.45%）等；主要的稀土矿物为氟碳铈矿（5.51%）、独居石（2.22%），含有少量包头矿（0.02%）、褐帘石（0.01%）、黄绿石（0.04%）等；脉石矿物为霓石（57.44%）、长石（1.16%）、绿泥石（0.06%）、辉石（3.25%）、重晶石（2.06%）和方解石（3.10%）等。

表 2　矿石的主要矿物组成及相对含量

名称	磁铁矿	赤铁矿	黄铁矿	磁黄铁矿	黄河矿	易解石
含量/%	18.39	1.53	1.13	0.11	0.80	0.04
名称	氟碳铈矿	萤石	包头矿	独居石	绿泥石	黄绿石
含量/%	5.51	1.58	0.02	2.22	0.06	0.04
名称	重晶石	辉石	云母	长石	闪石	石英
含量/%	2.06	3.25	1.12	1.16	0.98	0.79
名称	褐帘石	磷灰石	霓石	方解石	白云石	硅灰石
含量/%	0.01	1.67	57.44	3.10	0.13	0.08

1.3　铁的化学物相分析

铁化学物相分析结果见表 3。表 3 表明，磁性氧化铁中铁占 77.11%，是该矿石中主要回收的有价铁元素；赤铁矿中铁占 9.42%，菱铁矿中铁占 3.82%，可附带回收；其次硅酸铁中铁分布率为 8.31%，利用难度较大；硫化铁中铁占 2.74%，选矿中需重点考虑硫化铁中硫的走向。

表 3   原矿铁化学物相分析结果

铁物相	含量/%	分布率/%
磁铁矿中铁	13.51	77.11
赤铁矿中铁	1.65	9.42
菱铁矿中铁	0.67	3.82
硫化铁中铁	0.48	2.74
硅酸铁中铁	1.21	6.91
合　计	17.52	100.00

2   主要矿物特征

2.1   铁矿物

磁铁矿是矿石中最主要的铁矿物，多以半自形至他形粒状结构集合体形式出现，磁铁矿集合体中可见霓石矿物呈细脉状沿磁铁矿颗粒间隙分布（图1（a）），有时可见磁铁矿被霓石沿着边缘及裂隙交代，有的被交代呈残余结构（图1（b））。此外，部分磁铁矿以不规则状集合体包裹在霓石矿物中，有时也呈简单的毗邻关系（图1（d））。有时可见结晶完好的磁铁矿包裹于霓石中（图1（i））。磁铁矿的粒度有粗粒和细粒，粗粒分布范围主要为0.5～0.2mm，细粒主要分布在0.02～0.2mm。赤铁矿含量较低，多呈半自形-自形粒状结构，少见赤铁矿以细粒状充填在霓石裂隙中（图1（j）），也有部分赤铁矿是由磁铁矿表面氧化而来。黄铁矿也是白云鄂博常见的铁矿物，常见于云母型矿石中，霓石型矿石中含量较少，是含硫的主要矿物，黄铁矿与独居石的嵌布关系密切，部分以集合体状充填于独居石裂隙或镶嵌在独居石矿物边缘（图1（e））。

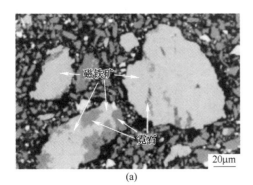

(a)

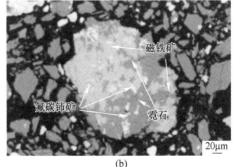

(b)

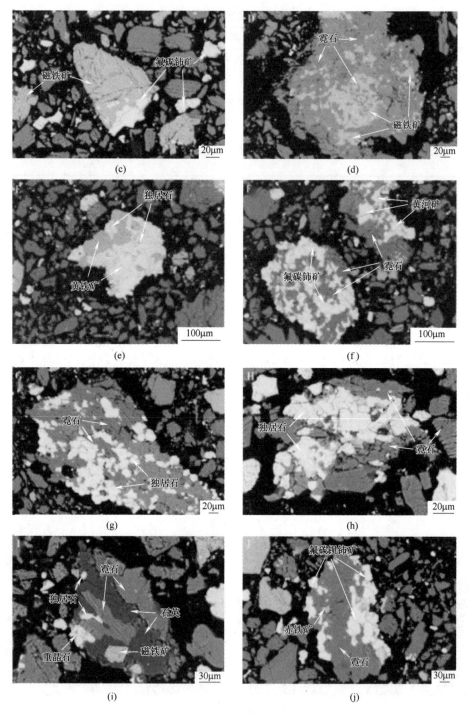

图 1　主要矿物嵌布特征

2.2 稀土矿物

氟碳铈矿为铈氟碳酸盐矿物，通常以细粒状集合体、条带状集合体产出，与磁铁矿关系密切，部分氟碳铈矿呈细脉状充填于磁铁矿裂隙中（图1（b）），有时可见粗颗粒磁铁矿边缘镶嵌氟碳铈矿（图1（c）），偶尔可见细粒状单体。此外，氟碳铈矿集合体中可见霓石矿物呈脉状与氟碳铈矿紧密共生（图1（f））。

独居石为磷酸盐稀土矿物，大多以自形或半自形粒状、椭粒状结构出现，可见独居石以椭粒状集合体分散嵌布在霓石中，颗粒大小不一（图1（g）、（h））；部分以不规则集合体分布在霓石裂隙中，有时呈细小颗粒充填在霓石与石英的间隙中（图1（i））；偶尔可见独居石中包裹黄铁矿。

氟碳钙铈矿和黄河矿是氟碳铈矿类质同象作用的结果，在稀土矿物中的占比较低。呈柱状或板状产出，也有呈不规则状或粒状，与磁铁矿、萤石、霓石等共生，可见氟碳钙铈矿和黄河矿以不规则粒状集合体部分在霓石边缘，有的被霓石包裹连生（图1（f）、（j））。

3 主要矿物粒度分布

采用自动矿物分析系统（MLA）测定该矿石中磁铁矿、氟碳铈矿及独居石粒度，统计结果见表4。表4表明，磁铁矿粒度分布不均，主要集中在0.01~0.074mm之间，0.074mm以上占22.68%；因此，在较粗的磨矿细度下磁铁矿的单体解离度较低，0.02mm以下占20.43%，这部分铁在选别中容易损失在尾矿中。氟碳铈矿和独居石嵌布粒度极细，0.01~0.045mm粒级分布率为58.98%和40.70%，0.01mm以下分布率分别为26.35%和59.30%，微细粒稀土矿主要分散嵌布在磁铁矿或脉石中，回收难度大。

表4 主要矿物的粒度分布

粒度/mm	磁铁矿		氟碳铈矿		独居石	
	个别/%	累计/%	个别/%	累计/%	个别/%	累计/%
+0.10	3.99	100.00	—	—	—	—
0.074~0.10	18.69	96.01	6.54	100.00	—	—
0.045~0.074	20.21	77.32	8.13	93.46	—	—
0.02~0.045	36.68	57.11	29.46	85.33	14.49	100.00
0.01~0.02	12.65	20.43	29.52	55.87	26.21	85.51
-0.01	7.78	7.78	26.35	26.35	59.30	59.30

4 主要矿物的解离特征

对磁铁矿、氟碳铈矿和独居石的单体解离度进行测定（-74μm占90%磨矿细度,现有工艺条件),结果见表 5。从表 5 可以看出,磁铁矿的单体解离度仅为 87.51%,与硅酸盐矿物的连生体为 9.60%,严重影响铁精矿的品位,若要提高精矿铁品位,需进一步磨矿。氟碳铈矿和独居石的解离度分别为 75.07% 和 72.21%,与铁矿物的连生体分别为 4.48% 和 3.59%,这部分稀土容易随铁精矿流失;与硅酸盐矿物(主要是霓石)的连生体分别为 16.70% 和 20.20%,因此,需要更细的磨矿细度才能单体解离。

表 5 主要矿物的单体解离度

样品名称	单体解离度/%	连 生 特 征				
		与铁矿物连生/%	与碳酸盐矿物连生/%	与硅酸盐矿物连生/%	与稀土矿物连生/%	与其他矿物连生/%
磁铁矿	87.51	—	0.57	9.60	1.20	1.12
氟碳铈矿	75.07	4.48	1.03	16.70	—	2.72
独居石	72.21	3.59	1.02	20.20	—	2.98

5 结论

(1)矿石中 TFe 品位为 17.50%,稀土 REO 品位为 8.43%,有害元素 S 含量 1.62%,P 含量 0.97%。此外,Nb_2O_5 含量为 0.055%,Sc_2O_3 含量为 0.0034%,可综合回收;矿石中主要的含铁矿物为磁铁矿,另有少量赤铁矿、黄铁矿等;稀土矿物以氟碳铈矿和独居石为主,含有少量黄河矿、氟碳钙铈矿等;主要的脉石矿物为霓石、方解石等。

(2)磁铁矿多以半自形至他形粒状变晶结构形式出现,磁铁矿集合体中可见霓石矿物和稀土矿物呈细脉状沿磁铁矿颗粒间隙分布,有时可见磁铁矿被霓石沿着边缘及裂隙交代。磁铁矿粒度分布不均,主要集中在 0.01~0.074mm 之间,-0.074mm 90% 磨矿细度下单体解离度为 87.51%。

(3)氟碳铈矿以细粒状集合体产出,部分氟碳铈矿呈细脉状充填于磁铁矿裂隙中,氟碳铈矿集合体中可见霓石矿物呈脉状与氟碳铈矿紧密共生。独居石大多以自形或半自形粒状、椭粒状结构出现,部分以椭粒状集合体分散嵌布在霓石中,也可见部分以不规则集合体分布在霓石裂隙中。氟碳铈矿和独居石嵌布粒度极细,0.01mm 以下分布率分别为 26.35% 和 59.30%,微细粒稀土矿主要分散嵌布在磁铁矿或脉石中,回收难度大。

白云鄂博选铁尾矿稀土的工艺矿物学研究

摘　要： 采用偏光显微镜、矿物自动定量分析系统（AMICS）、扫描电子显微镜、能谱分析仪结合化学分析等分析手段对白云鄂博选铁尾矿的化学组成、矿物组成，稀土矿物嵌布特征、稀土元素赋存状态等进行研究。结果表明：原矿中稀土的含量（REO）为 11.83%（质量分数），稀土矿物主要为氟碳铈矿和独居石，脉石矿物主要有白云石、方解石、石英、长石、闪石、辉石、云母、重晶石和磷灰石等；稀土矿物嵌布粒度细小，氟碳铈矿与独居石单体解离度分别为 67.72%、56.17%，与脉石矿物嵌布关系极为复杂，大部分氟碳铈矿连生体以毗邻型与脉石矿物构成简单连生体，少量的氟碳铈矿以壳层型、包裹型与脉石矿物构成复杂多相连生体，独居石的连生较氟碳铈矿更为复杂；约 95% 的稀土元素分配在稀土矿物中，仅有约 5% 的稀土以类质同象或细小包裹体分散在其他矿物中。氟碳铈矿稀土元素分布率普遍高于独居石。

关键词： 白云鄂博；选铁尾矿；稀土；工艺矿物学

包头白云鄂博矿是以铁为主，富含有稀土、钍和铌的大型综合矿床，稀土资源储量巨大，居世界首位。

白云鄂博矿石性质复杂，为稀土的选别带来诸多不利因素，主要表现为矿石的矿物组成复杂、矿石中矿物嵌布粒度细小，白云鄂博矿石又分为多种类型，入选矿石的矿物组成变化较大，工艺过程较难稳定，基于上述情况，这就要求选矿工艺流程必须有较强的适应性。

白云鄂博矿已进行了近 70 年的选矿研究和 50 余年的生产实践，选别流程从最初的只选铁逐步发展到以回收铁矿物为主，同时综合回收稀土矿物。长期以来，稀土作为铁的伴生资源，在选铁后加以回收。

目前的浮选稀土工艺存在诸多问题：工艺指标不稳定，精矿产品品位波动范围较大，浮选稀土后的尾矿品位高，稀土回收率较低，据选厂现场调研所知，稀土浮选作业回收率不足 45%。稀土资源利用率不足 20%。为了更好回收选铁尾矿中的稀土，试样的工艺矿物学研究显得尤为重要。从工艺矿物学角度对试样进行主要稀土矿物矿物学特性和选矿工艺特性研究，为揭示稀土元素在作业中流失的

原文刊于《中国稀土学报》2021 年 10 月，第 39 卷第 5 期；共同署名的作者有秦玉芳、李娜、王其伟、马莹。

根本原因，寻找提高选矿指标的主要途径，进而预测分选工艺改善的可能性，给流程的深化改革奠定矿物学依据。

1　材料与方法

1.1　样品原料及耗材

试验所用矿样取自白云鄂博某选矿厂生产线，所采集试样，首先经过 3 天自然风干，然后将干燥结块碾碎-筛分，直至全部通过 2mm 筛，采用移锥法混匀，再用割环法均匀缩分成每份 200g 的小份，作为分析样品，装袋备用。耗材包括环氧树脂、固化剂、砂纸、抛光液等。

1.2　实验仪器

实验仪器包括检测设备和制样装置。检测设备主要包括偏光显微镜（德国 ZEISS Axio Scope A1），X 射线衍射仪（XRD，荷兰 PANalytical 公司）、矿物自动定量分析系统（AMICS）、扫描电子显微镜（德国 ZEISS Sigma-500），能谱分析仪（德国 BRUKER XFlash6160）、X 荧光光谱仪、电感耦合等离子体原子发射光谱仪、电感耦合等离子体质谱仪（美国 PE 公司）；制样装置主要包括抛磨机、单盘磨片机、研磨抛光给液系统、三头研磨机。

1.3　试验方法

从缩分样中取一份样品经三头研磨机研磨后进行多元素化学分析检测，另取一份样品通过筛分获得+74μm，−74～+53μm，−53～+45μm，−45～+38μm，−38～+25μm 及−25μm 6 个粒级。烘干后分别用环氧树脂制成直径 30mm 的镶嵌样，依次用不同细度的砂纸（由粗到细）进行细磨，抛光后进行矿物自动定量分析系统（AMICS）测试，总测试颗粒近 30 万粒。

2　试样的物质组成

2.1　试样化学成分

试样为白云鄂博某选矿厂生产线上的选铁尾矿，粒度为−74μm 占 83.67%。取一份缩分样品用于试样的元素分析，采用 XRF，ICP-AES，ICP-MS 等分析方法对样品元素组成进行定性、定量分析，其分析结果见表 1。

表 1　试样多元素分析结果（质量分数）

成分	REO	TFe	SiO_2	P	S	CaO	F	Na_2O	MgO
含量/%	11.83	14.66	9.70	0.31	1.48	20.82	10.62	0.75	3.00

续表1

成分	ThO₂	BaO	MnO₂	Nb₂O₅	Sc₂O₃	K₂O	Al₂O₃	TiO₂	LOI
含量/%	0.034	4.14	1.12	0.18	0.014	0.38	0.63	0.66	11.30

由表1结果可见：选铁尾矿中稀土品位（REO）为11.83%，而白云鄂博原矿中稀土品位（REO）5%~6%，可见，分选出铁矿物后，稀土（REO）在一定程度上得到富集，这有益于后续稀土的浮选回收利用。其他有价元素包含有铁（TFe）、氟（F）、铌（Nb_2O_5）、钍（ThO_2）和钪（Sc_2O_3），均具有回收利用价值，可考虑综合回收。

2.2　试样矿物组成

采用光学显微镜，XRD，SEM，EDS，AMCS-Mining等手段相结合，对试样的矿物组成进行定性、定量分析，X射线衍射分析结果如图1所示，主要矿物定量分析结果见表2。

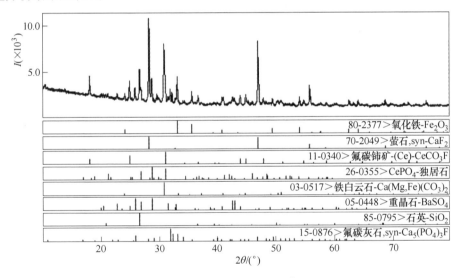

图1　选铁尾矿XRD图谱

表2　试样矿物组成（质量分数）

矿物	氟碳铈矿	独居石	氟碳钙铈矿	黄河矿	褐帘石	易解石	褐钇铌矿	铌铁金红石
含量/%	6.63	3.87	1.39	0.66	0.12	0.07	0.10	0.15

矿物	赤铁矿	磁铁矿	黄铁矿	钛铁矿	石英	长石	闪石	辉石
含量/%	9.37	1.78	0.43	0.17	6.33	1.35	4.89	5.91

矿物	云母	蛇纹石	方解石	白云石	萤石	磷灰石	重晶石	其他
含量/%	3.17	0.13	3.13	16.78	20.95	7.00	4.21	1.26

从图 1 可知，试样中成分构成比较复杂，主要矿物为赤铁矿、氟碳铈矿、独居石、萤石、铁白云石、重晶石、石英、磷灰石等。从表 2 中矿物组成定量结果来看，样品的矿物组成极为复杂，金属与非金属矿物共检出 30 余种，表中列出了主要矿物。其中，可综合利用的有用矿物包含稀土矿物、铁矿物、铌矿物及主要的非金属矿物萤石。主要稀土矿物和含稀土矿物有氟碳铈矿、独居石，另有少量氟碳钙铈矿、黄河矿和褐帘石，是浮选回收稀土的主要对象，稀土矿物占总矿物量的 12.67%；铁矿物有磁铁矿、赤铁矿、黄铁矿、钛铁矿等，铌矿物和含铌矿物主要有易解石、褐钇铌矿、铌铁金红石、铌铁矿以及微量黄绿石、金红石（含铌）。试样中脉石矿物种类繁多，脉石矿物以碳酸盐类矿物、硅酸盐类矿物为主，其他矿物含量较少，但矿物种类较多。脉石矿物主要有白云石、方解石、石英、长石、闪石、辉石、云母、重晶石和磷灰石等。

结合化学成分及矿物组成分析结果，选铁尾矿中稀土含量较原矿富集约 2 倍，这对稀土浮选是有利的。稀土浮选过程中，需要去除的矿物主要有赤铁矿、萤石、白云石、方解石、闪石、辉石、石英、云母和磷灰石等。

2.3　试样筛分分析

称取固定重量样品，采用 74μm、53μm、45μm、38μm 和 25μm 实验标准筛开展粒度筛析检查，考察试样中稀土元素（REO）在各个粒级中的分布情况。试验结果如表 3 所示。

表 3　试样筛分分析结果

粒级/μm	产率/%	品位（REO）/%	分布率（REO）/%
+74	16.33	4.84	6.88
-74~+53	9.00	6.94	5.43
-53~+45	7.33	8.59	5.48
-45~+38	6.85	10.22	6.09
-38~+25	6.85	11.66	6.95
-25	53.64	14.82	69.17

由表 3 结果可知，-25μm 产率为 53.64%，稀土元素分布率为 69.17%，表明试样中稀土矿物粒度较细，稀土元素主要分布于-25μm 粒级中，试样中稀土矿物粒度较细，不利于稀土矿物的浮选回收。在稀土浮选过程中，微细粒度的稀土矿物捕收困难而进入尾矿中，导致稀土回收率低及尾矿稀土品位高的问题，可适当加强扫选力度，以回收粒度微细的目标矿物提高回收率的同时有效降低尾矿稀土品位从而改善浮选指标。

3　主要稀土矿物单体解离度及嵌布特征

白云鄂博稀土矿物种类多，已发现的稀土矿物及其变种达 28 种，根据化学成分可分为稀土氟碳酸盐、磷酸盐、复杂氧化物、硅酸盐四类。氟碳酸盐中的氟碳铈矿是主要的稀土矿物，磷酸盐中的独居石位于其次，氧化物和硅酸盐矿物含量很少。考虑到选铁尾矿中主要的稀土矿物是氟碳铈矿和独居石，占稀土矿物总量的 80% 以上，下面主要对氟碳铈矿和独居石的矿物特征及嵌布关系进行分析。

3.1　稀土矿物粒度特征

试样中目的矿物的粒度组成及分布特点是初步判别选矿难易程度、磨矿细度和解离界限的基本依据。采用矿物自动定量分析系统（AMICS）对主要稀土矿物氟碳铈矿、独居石进行粒度测试及分布统计，结果见图 2。

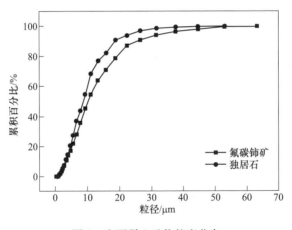

图 2　主要稀土矿物粒度分布

图 2 表明，选铁尾矿中氟碳铈矿和独居石粒度普遍较细，独居石平均粒度小于氟碳铈矿。样品中所有氟碳铈矿粒度小于 63μm，其中粒度小于 19.52μm 的氟碳铈矿占总氟碳铈矿 80%，小于 11.39μm 的占 50%，小于 5.87μm 的占 20%；所有独居石粒度小于 53μm，其中粒度小于 14.49μm 的独居石占总独居石的 80%，小于 8.90μm 的占 50%，小于 4.94μm 的占 20%。

在选矿过程中，大部分目的矿物呈解离状态出现，是取得高选别指标的必要条件。选铁尾矿中稀土矿物嵌布粒度细小与脉石矿物嵌布关系极为复杂，这要求选铁尾矿粒度必须很细，才能保证稀土矿物的解离度，进而得到好的选矿指标。随着磨矿细度的提高，矿物的富连生体减少，单体解离度增加，但是选铁尾矿中有部分稀土矿物呈包裹体嵌布在脉石矿物内部，由于它的粒度通常小于 0.02mm，即使进一步细磨，大部分仍为稀土的贫连生体。

3.2　稀土矿物单体解离度

采用矿物自动定量分析系统（AMICS）对试样中主要稀土矿物的连生关系进行了观察和统计，结果见表 4。

表 4　主要稀土矿物单体解离度

名称	解离度/%	连生体占有率/%				
		萤石	碳酸盐矿物	硅酸盐矿物	铁矿物	其他矿物
氟碳铈矿	67.72	7.23	7.32	9.48	4.42	8.85
独居石	56.17	7.85	9.22	10.31	7.12	9.34
总量	60.66	7.33	7.84	9.72	5.26	9.19

由表 4 可见，选铁尾矿中氟碳铈矿 67.72%以单体形式存在，独居石 56.17%以单体形式存在，多数稀土矿物以单体存在，单体解离度 60.66%。稀土矿物的连生体主要与硅酸盐矿物、碳酸盐矿物、萤石等脉石矿物连生。

在选矿过程中，选择适当的磨矿细度使大部分目的矿物呈解离状态出现，是取得高选别指标的必要条件。稀土矿物因粒度极细，分散程度高，即使细磨大部分仍然可能呈连生体出现。就单体解离特性而言，适宜于选铁的磨矿粒度，基本可综合回收稀土矿物，继续细磨只不过是变大连生包裹体为小连生包裹体，而且，能耗增加很大，并产生大量的次生矿泥，造成金属损失，并使后续稀土浮选环境恶化，进而影响选别指标。

综上所述，采用浮选流程处理选铁尾矿，在目前磨矿细度下，如能回收全部单体矿物以及部分富连生体预计可获得较为理想的选矿指标。

3.3　主要稀土矿物的特征及嵌布关系

选铁尾矿中的稀土矿物主要为氟碳铈矿和独居石，氟碳铈钙矿和黄河矿也有微量分布。稀土矿物与萤石的连生关系最为密切，其次是霓石、白云石、磁铁矿和磷灰石，少量与石英、重晶石和云母连生。多表现为稀土矿物与磁铁矿、磷灰石伴生嵌布在萤石、霓石和白云石中。

3.3.1　氟碳铈矿（Ce,La）[CO₃]（F,OH）

氟碳铈矿是选铁尾矿中分布最广泛的稀土矿物之一，约占稀土矿物总量的

53%，氟碳铈矿 SEM 照片、能谱图见图 3。其常呈黄色、浅黄色或褐黄色，玻璃光泽，透明-半透明，多呈极细小颗粒集合体。六方晶系，晶体呈六方柱状或板状，主要有 La、Nd、Sm、Gd、Pr、Th、Y 等，类质同象替代 Ce，氟碳铈矿中稀土元素以铈族稀土为主，Ce、La、Nd 最富，其能谱分析结果见表 5。

(a)

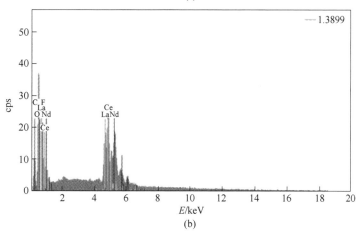

(b)

图 3　氟碳铈矿 SEM 照片(a)、能谱图(b)

表 5　氟碳铈矿能谱分析结果　　　　　　　　　（%）

C	F	O	Si	Ca	Th	La	Ce	Pr	Nd	Sm	Eu	Tb	Y
6.58	6.86	18.58	0.04	0.30	0.77	7.57	26.16	5.16	24.29	1.05	1.98	0.56	0.10

注：数据为多点能谱分析结果的平均值。

多数氟碳铈矿以单体的形式存在，单体的截面多为块状，椭圆状或呈不规则状，主要分布在 5~50μm 的细粒级中。大部分氟碳铈矿连生体则以毗邻型与黄铁矿、萤石、石英等矿物形成（图 4（a））。

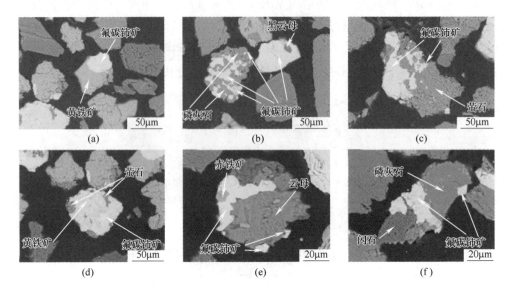

图 4　选铁尾矿中氟碳铈矿的连生特征

（a）氟碳铈矿-黄铁矿；（b）氟碳铈矿-磷灰石，氟碳铈矿-黑云母；（c）氟碳铈矿-萤石；
（d）氟碳铈矿-黄铁矿-萤石；（e）氟碳铈矿-云母-赤铁矿；（f）氟碳铈矿-磷灰石-闪石

此外还有部分氟碳铈矿以壳层型、包裹型与萤石、云母、磷灰石、赤铁矿等脉石矿物构成多相复杂连生体（图 4（b）~（f））。

3.3.2　独居石（Ce,La）[PO₄]

独居石亦为选铁尾矿中分布最广泛的稀土矿物之一，矿物数量少于氟碳铈矿。独居石 SEM 照片、能谱图见图 5。其一般以极细小的颗粒出现，有时略有晶形，为单斜晶系，晶体为板状或柱状。较大颗粒呈板状或不规则。浅黄色，有时为褐黄色，油脂光泽。独居石的化学组成为磷酸稀土，白云鄂博独居石的特点是富含轻稀土而贫含钍，轻稀土中以镧、铈、钕三者为最富。其能谱分析结果见表 6。

独居石截面多为块状、椭圆状，多数约 60% 的独居石以单体形式存在，少量与石英、萤石、霓石和赤铁矿等呈毗邻连生，如图 6（c）所示，港湾状连生如图 6（b）所示或以微细粒包裹体存在于萤石中并与石英、氟碳铈矿形成多相复杂连生体，如图 6（a）、（d）所示。对于这种呈微细粒包裹体的稀土矿物，即便磨至 −0.03μm 全部通过也很难实现单体解离，因此，这部分稀土矿物极难回收。相对于氟碳铈矿，独居石嵌布粒度普遍较细，因此，独居石的连生体较氟碳铈矿更为复杂。独居石的连生体大多为三相甚至四相的复杂连生体。

图 5 独居石 SEM 照片(a)、能谱图(b)

表 6 独居石能谱分析结果 （%）

O	P	Ca	Th	La	Ce	Pr	Nd	Sm	Eu	Tb
21.00	15.82	0.56	0.66	11.97	35.83	3.91	9.02	0.18	1.05	0.01

注：数据为多点能量分析结果的平均值。

4 稀土元素的赋存状态

4.1 稀土元素的存在形式

有价元素在矿石中的赋存状态是决定其回收工艺及回收指标的重要因素。为查明稀土元素在选铁尾矿的赋存状态，采用偏光显微镜、扫描电镜及能谱观测，对组成矿物进行了大量的测试分析。得出稀土元素的赋存形式有两种，其一主要以独立矿物的形式存在，稀土元素载体矿物主要为氟碳铈矿、独居石，少数氟碳钙铈矿、黄河矿；其次少量以类质同象的形式赋存于其他矿物中。

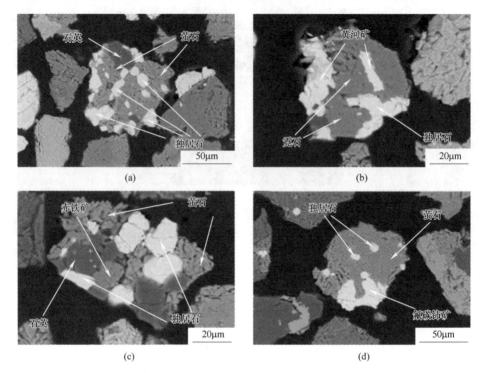

图 6　独居石连生特征

（a）独居石-石英-萤石；（b）独居石-黄河矿-霓石；
（c）独居石-石英-萤石-赤铁矿；（d）独居石-氟碳铈矿-萤石

　　稀土矿物种类多达十余种，主要为稀土氟碳酸盐、磷酸盐、复杂氧化物和硅酸盐四类。稀土元素主要赋存于氟碳铈矿、独居石、氟碳钙铈矿、黄河矿、易解石和褐帘石中，在以上几种矿物中的累计分布率一般达到 95% 以上，其中氟碳铈矿和独居石为最主要的两种载体矿物。稀土元素在稀土矿物中的分布率大小为：氟碳铈矿>独居石>氟碳钙铈矿>其他稀土矿物。

4.2　稀土元素在矿物中的分布特征

　　利用选铁尾矿矿物定量分析数据及纯矿物的稀土含量及元素平衡计算稀土元素在稀土矿物及非（含）稀土矿物中的分布率，结果见表 7。

表 7　稀土元素在矿物中的分布

矿　物	REO 含量/%	分布率/%
氟碳铈矿	75.20	53.22
独居石	71.54	29.58
氟碳钙铈矿	61.00	9.08

续表 7

矿　　物	REO 含量/%	分布率/%
黄河矿	39.00	2.75
褐帘石	20.08	0.25
易解石	33.98	0.24
褐钇铌矿	45.00	0.47
闪石	0.61	0.32
辉石	0.14	0.09
赤铁矿	0.56	0.56
磁铁矿	0.34	0.06
萤石	0.68	1.52
磷灰石	2.41	1.80
重晶石	0.11	0.05
总量	—	100.00

结果表明,稀土元素主要(94.63%)是以氟碳酸盐(氟碳铈矿、氟碳钙铈矿、黄河矿)和磷酸盐(独居石)的形式存在于选铁尾矿中。氟碳铈矿稀土元素分布率普遍高于独居石。此外,有部分(约占 5%)稀土元素以类质同象置换或以细小稀土矿物机械包裹体分散在铁矿物、铌矿物和其他矿物中,主要分散于磷灰石、萤石、铁矿物、闪石等矿物中。其中,有 1.80% 稀土赋存于磷灰石中,有 1.52% 稀土赋存于萤石中。

5　结论

(1)白云鄂博选铁尾矿矿物组成极为复杂,可综合利用的有用矿物包含稀土矿物、铁矿物、铌矿物及主要的非金属矿物萤石。主要稀土矿物和含稀土矿物有氟碳铈矿、独居石,另有少量氟碳钙铈矿、黄河矿和褐帘石,占总矿物量的12.67%;脉石矿物主要有白云石、方解石、石英、长石、闪石、辉石、云母、重晶石和磷灰石等。

(2)选铁尾矿中稀土矿物嵌布粒度细小,与脉石矿物嵌布关系极为复杂,选铁尾矿中氟碳铈矿和独居石粒度普遍较细,独居石平均粒度小于氟碳铈矿。样品中所有氟碳铈矿和独居石粒度均小于 $63\mu m$,$10\mu m$ 以下累计占有率分别为48.22%、59.87%。

(3)选铁尾矿中氟碳铈矿与独居石单体解离度分别为 67.72%、56.17%。大部分氟碳铈矿连生体以毗邻型与脉石矿物构成简单连生体,还有少量的氟碳铈矿以壳层型、包裹型与脉石矿物构成复杂多相连生体。独居石的连生较氟碳铈矿更为复杂。独居石的连生体大多为三相甚至四相的复杂连生体。

（4）稀土元素载体矿物主要为氟碳铈矿、独居石，少数为氟碳钙铈矿、黄河矿，约95%的稀土元素分配在稀土矿物中，仅有约5%的稀土以类质同象或细小包裹体分散在其他矿物中。氟碳铈矿稀土元素分布率普遍高于独居石。

（5）目前选铁尾矿浮选稀土存在的主要问题：稀土回收率低，尾矿中稀土品位高，分析其原因主要因为微细粒度的稀土矿物回收困难而进入尾矿中；浮选温度高，作业环境差，能耗高。针对上述问题，建议浮选工艺加强扫选力度，开发微细粒矿物浮选技术，以提高选矿指标；此外，研制新型适用于低温浮选、高活性、高选择性的捕收剂，改善浮选作业环境，同时降低能耗。

白云鄂博矿中深部弱磁尾矿中
稀土的赋存状态研究

摘　要：运用化学分析、场发射扫描电镜、X射线能谱仪及AMICS自动矿物分析系统等分析方法对白云鄂博中深部矿石弱磁尾矿中稀土的赋存状态进行研究。研究结果表明：中深部弱磁尾矿中稀土品位为9.66%，稀土矿物主要是氟碳铈矿和独居石，且二者的比例随着开采深度的增加由原来的7∶3~6∶4逐渐变化为3∶1，氟碳铈矿的比例明显增大。元素含量种类较多，矿物的组成非常复杂，嵌布粒度很细，稀土矿物在38μm粒度以下累积量超过了90%。稀土矿物主要是与铁矿物、萤石连生，解离度较高，利于稀土矿物分选。氟碳铈矿和独居石主要以单体存在，呈微细粒状、断续或者连续条带状分布于石英、闪石、铁矿物、萤石、磷灰石、霓石、方解石中。此研究结果对白云鄂博矿中深部弱磁尾矿中稀土的高效综合利用具有重要的指导意义。

关键词：白云鄂博；中深部；赋存状态；稀土

白云鄂博矿是世界罕见的大型铁-铌-稀土共生综合性矿床，其有用矿物的含量是世界级的。对于稀土矿物来说是世界上最大的稀土矿床，然而与国内外单一氟碳铈矿相比，白云鄂博稀土矿物由于与铁矿物及脉石矿物物化性质相近且共生非常复杂，因此，其分选难度要比国内外单一稀土矿物大得多。白云鄂博矿自开发利用以来，每年矿物的供应量占国内外市场的绝大部分。随着科技的发展，对稀土等稀有资源需求量的增加，要求更加科学合理地利用资源势在必行。同时随着白云鄂博矿开采深度的增加，矿石的矿物组成、工艺性质、有用矿物分布规律和特征等发生了一定程度的变化，矿石由浅部的氧化矿石随着开采深度的增加逐渐转变为赤铁矿和磁铁矿以及其他矿物的混合矿石，这些变化对白云鄂博矿的资源综合利用有着很大的影响。目前对矿床中深部稀土的分布规律和赋存状态研究还不够充分，在一定程度上制约了稀土资源的高效开发利用。在前人研究的基础上，本文采用化学分析、SEM、能谱仪及AMICS等分析方法对白云鄂博矿现开采矿石的弱磁尾矿进行系统详细的研究，查明矿石的工艺性质，为白云鄂博中深

原文刊于《中国稀土学报》2020年2月，第38卷第1期；共同署名的作者有王绍华、王振江、朱智慧、黄小宾。

部弱磁尾矿资源高效利用提供理论依据和技术基础。查明白云鄂博矿中深部稀土的赋存状态具有重要意义，不仅对成矿规律和矿床成因的研究有指导价值，同时还可以促进资源的合理高效利用。

1　样品和试验

1.1　样品采集及制备

试验所用矿样来自包钢宝山稀土选别厂，采自稀选厂弱磁选铁尾矿排矿管道端口，样品采用不间断定时断流截取，由于对矿样进行工艺矿物学研究的需要，将矿浆脱水后室温下自然晾干，多遍混匀，进行割环缩分，对样品进行多次混匀、缩分出最终样品。用研磨机磨至 $25 \sim 150 \mu m$，再次进行混合、缩分出样品 100g 一分为二，一份用于化学分析，另一份筛分 +0.074mm （+200 目）、−0.074 ~ +0.045mm （−200 ~ +325 目）、−0.045 ~ +0.038mm （−325 ~ +400 目）、−0.038 ~ +0.025mm （−400 ~ +500 目）、−0.025mm （−500 目） 五个粒级，分别用冷镶制样机制备成镶嵌样用于场发射扫描电镜、能谱仪及自动矿物分析系统测试。

1.2　实验

用化学滴定法结合数据计算测定样品中 FeO、TFe、磁性铁的含量，分光度法测定 SiO_2 和 F，S 用高频红外碳硫仪测定，Na_2O 和 K_2O 用原子吸收光谱仪测定，Sc_2O_3 用电感耦合等离子体质谱仪测定，MgO、CaO、BaO、TiO_2 用电感耦合等离子体发射光谱仪测定，Nb_2O_5 和 REO 用 ICP-AES 测得。镶嵌样表面喷镀铂金后，采用 Sigma-500 型场发射扫描电子显微镜对矿物进行背散射电子图像分析，以及 BRUKER XFlash6160 型能谱仪在加速电压设定条件下对镶嵌样进行微区能谱分析，并结合（AMICS）自动矿物分析系统得出样品矿物组成及含量。

2　结果讨论

2.1　样品的化学成分

样品的多元素分析结果见表 1。由结果可以看出，矿样中有价元素分别为铁、氟、稀土、铌、钍等，相对含量较高的分别是 CaO 22.99%、SiO_2 11.43%、F 12.57%、TFe 14.38%，以及有价矿物对应的品位分别为 TFe 14.38%、F 12.57%、REO 9.66%、Nb_2O_5 0.17%、ThO_2 0.056%，可以看出白云鄂博矿中深部弱磁尾矿中有价元素的相对含量均略高于白云鄂博矿区原矿中的平均含量，随着开采深度的增加品位略有升高。

表 1　样品多元素分析结果（质量分数）

元素	Na₂O	K₂O	MgO	CaO	BaO	MnO	SiO₂	TiO₂	ThO₂	Al₂O₃
含量/%	0.95	0.35	2.50	22.99	4.10	1.09	11.43	0.90	0.056	1.12
元素	FeO	Sc₂O₃	REO	Nb₂O₅	F	P	S	TFe	mFe	Ig
含量/%	1.51	0.012	9.66	0.14	14.74	1.54	1.76	14.91	0.65	9.18

对研究样品进行化学物相分析，分析结果数据见表2。从物相分析结果可以看出，磷酸盐类稀土（P-REO）占比为25.10%，氟碳酸盐类稀土（F-REO）占比为74.90%，含量占绝大部分，说明了稀土主要和萤石共生；氧化铁（O-Fe）有66.13%分布在铁相中，占绝大比例，为主要铁矿物，同时在硅酸盐相（Si-Fe）中分布为17.18%，其他相分布相对较少。

表 2　样品化学物相分析结果（质量分数）

相别	C-Fe	O-Fe	S-Fe	m-Fe	Si-Fe	TFe	P-REO	F-REO	REO
含量/%	1.21	9.51	0.54	0.65	2.47	14.38	2.41	7.19	9.60
占有率/%	8.41	66.13	3.76	4.52	17.18	100.00	25.10	74.90	100.00

2.2　样品的矿物组成分析

对样品进行矿物组成分析，结果见表3，样品背散射图见图1。从矿物组成来看，矿物种类比较多，含量相对较高的是萤石、铁、稀土矿物以及脉石矿物白云石和重晶石，具有较高工业利用价值的矿物为萤石、氟碳铈矿、独居石矿、赤铁矿。稀土主要以氟碳铈矿和独居石为主，氟碳铈矿占比10.09%，独居石占比3.49%，两矿物比例约为3:1，二者的比例随着开采深度的增加由原来的7:3～6:4逐渐变化为3:1，氟碳铈矿的比例相对于浅部开采矿石中的对应含量有明显增大，同时稀土所占矿物总比也略有增大；铁矿物主要以赤铁矿为主，含量为15.12%；脉石矿物以闪石、辉石、磷灰石、方解石、白云石为主，成硅酸类、碳酸类存在；铌矿物主要为褐钇铌矿、黄绿石、包头矿、铌铁矿、铌铁金红石，其他矿物含量较少。

表 3　样品矿物组成分析结果（质量分数）

矿　物	含量/%	矿　物	含量/%
萤石	23.84	钛铁矿	0.39
闪石	5.51	铌铁金红石	0.02
辉石	6.44	金红石	0.04
赤铁矿	15.12	褐帘石	0.12

续表3

矿　物	含量/%	矿　物	含量/%
氟碳铈矿	10.09	易解石	0.08
磷灰石	5.04	褐钇铌矿	0.02
白云石	8.88	烧绿石	0.06
方解石	3.11	包头矿	0.01
云母	2.63	铌铁矿	0.09
重晶石	6.73	铌铁金红石	0.14
独居石	3.49	软锰矿	0.05
石英	2.46	菱铁矿	0.19
长石	2.13	硅灰石	0.15
磁铁矿	0.58	蛇纹石	0.16
黄铁矿	0.92	绿泥石	0.12
菱铁矿	0.17	其他	0.12

图1　中深部弱磁尾矿SEM散射图

2.3　主要矿物的粒度、解离度和连生关系

2.3.1　主要矿物粒度分布

对弱磁尾矿中含有的主要矿物的嵌布粒度进行分析,结果见图2和表4。由分析结果可以看出,样品中主要矿物氟碳铈矿、独居石、赤铁矿和萤石在38~74μm粒度间占有绝大部分,38μm以下的累积量均超过90%,同时较细粒度10μm以下氟碳铈矿、赤铁矿和萤石占比分别为47.14%、53.32%、42.80%,说明中深部弱磁尾矿中的主要矿物颗粒粒度较细。

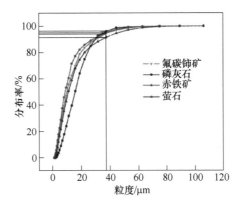

图 2 样品主要矿物粒度分布图

表 4 样品主要矿物嵌布粒度分析结果（质量分数）

粒度/μm	氟碳铈矿 累积含量/%	磷灰石 累积含量/%	赤铁矿 累积含量/%	萤石 累积含量/%
106.07	100.00	100.00	100.00	100.00
89.19	100.00	100.00	100.00	99.84
75.00	100.00	100.00	99.89	99.57
63.07	99.74	99.59	99.74	98.72
53.03	98.55	99.33	99.13	97.10
44.60	96.91	98.69	97.58	94.54
37.50	94.61	96.01	95.24	91.58
31.53	90.96	92.50	92.07	88.17
26.52	87.52	84.88	89.11	84.65
22.30	83.58	74.93	85.80	80.01
18.75	78.82	64.01	82.15	74.38
15.77	69.83	50.68	77.32	67.70
13.26	62.61	39.74	71.46	58.73
11.15	55.82	31.85	60.49	50.66
9.38	47.14	24.17	53.32	42.80
7.88	39.58	17.88	45.91	35.43
6.63	32.86	13.08	37.63	28.11
5.57	26.13	9.16	29.04	21.80
4.69	20.28	5.92	22.70	16.45
3.94	15.62	3.78	17.82	11.99
3.31	11.61	2.36	13.27	7.77
2.79	8.25	1.29	9.15	4.50

粒度/μm	氟碳铈矿 累积含量/%	磷灰石 累积含量/%	赤铁矿 累积含量/%	萤石 累积含量/%
2.34	5.41	0.61	5.99	2.42
1.97	3.33	0.28	3.62	1.32
1.66	2.11	0.07	2.27	0.51
1.39	0.95	0.00	1.02	0.08
1.17	0.20	0.00	0.23	0.00
0.99	0.00	0.00	0.00	0.00

　　样品中矿物的粒度和有价元素的品位对应关系见表5，分布规律见图3。由数据分析结果可以看出，REO 的品位随着矿石粒度的减小呈逐渐增大的趋势，说明稀土矿物的赋存粒度较细，F 的品位随着粒度的增大而降低。

表5　样品各粒度对应的有价元素品位

粒级/μm	REO 品位/%	Nb_2O_5品位/%	F 品位/%	TFe 品位/%
原样	9.66	0.14	14.74	14.91
+74	3.97	—	17.06	—
−74～+44	6.88	—	15.89	—
−44～+38	9.50	—	14.29	—
−38	11.68	—	13.30	—

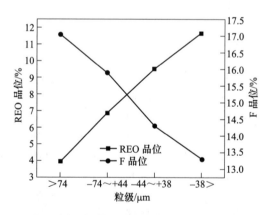

图3　样品粒度和有价元素品位的分布规律

2.3.2　主要矿物的解离度和连生关系

　　对样品中主要矿物的单体解离度进行分析，结果见表6。结果表明，稀土矿物单体解离度很高，达87.28%，易于分选，其余稀土矿物大多以硅酸盐、铁矿物和萤石伴生存在；铁矿物单体解离度较高为71.46%，其余铁矿物大多以萤石、碳酸盐、硅酸盐伴生存在；萤石矿物单体解离度相比稀土和铁而言较低为63.53%，其余萤石矿物大多以铁矿物、碳酸盐、稀土矿物伴生存在。

表6 主要矿物单体解离度及连生关系（质量分数） （%）

矿物	解离度	连生体				
稀土	87.28	硅酸盐	铁矿物	萤石	碳酸盐	其他
		4.48	3.43	2.46	1.53	0.82
铁	71.46	萤石	碳酸盐	硅酸盐矿物	稀土矿物	
		11.06	9.31	5.93	2.23	
萤石	63.53	铁矿物	碳酸盐	硅酸盐矿物	稀土矿物	
		14.32	10.14	3.24	8.76	

2.4 稀土矿物的产出特征和赋存状态

2.4.1 氟碳铈矿 $(Ce,La)[CO_3](F,OH)$

在样品中氟碳铈矿是组成样品稀土矿物组分的主要矿物，占70%以上。氟碳铈矿为氟碳酸盐矿物，颜色为黄色、棕色、黄褐色或红褐色，由浅黄色到棕色，具有玻璃光泽到油脂光泽，硬度为4~4.5，密度为4.72~5.12g/cm³，主要分布在碱性岩及有关的热液矿床中，在矿石类型中主要分布在霓石型和萤石型铁矿石中。背散射电子图见图4，能谱分析结果见表7。由分析结果可知，氟碳铈矿含有价元素为镧（La）、铈（Ce）、镨（Pr）、钕（Nd），REO（$La_2O_3+Ce_2O_3+Pr_2O_3+Nd_2O_3$）质量分数占比为73.05%，为主要组成部分。

表7 氟碳铈矿能谱分析结果（质量分数）

元素	La_2O_3	Ce_2O_3	Pr_2O_3	Nd_2O_3	CaO	F	CO_2
含量/%	22.54	35.58	3.32	9.73	0.10	9.59	18.54

氟碳铈矿一般呈板状或柱状、星点状零散分布于其他矿石中，集合体一般呈长条状、柱状及放射状，在样品中氟碳铈矿主要以单体存在，少量呈微细粒状、断续或者连续条带状散布于石英、闪石、铁矿物、萤石和磷灰石中，如图5所示。

图 4　氟碳铈矿背散射电子图

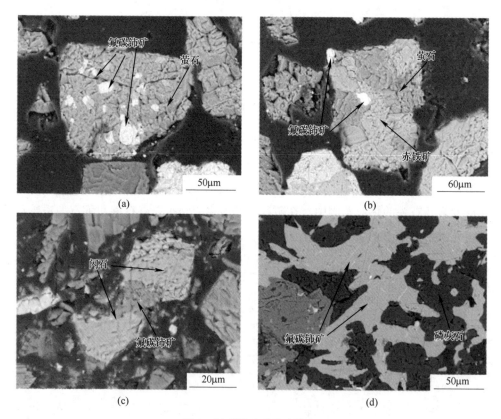

图 5　氟碳铈矿的嵌布特征

（a）分散在萤石中；（b）分散在赤铁矿和萤石连生体中；
（c）以细小颗粒嵌布在闪石中；（d）以连续的集合体嵌布在磷灰石中

2.4.2 独居石（Ce,La)[PO₄]

独居石在稀土矿物中占比较少，属于磷酸盐类矿物，常呈厚板状晶体，有时为楔状或等轴状晶体，呈黄绿色-黄色，产于磁铁矿矿石和赤铁矿矿石中；在块状磁铁矿矿石中，独居石呈细小粒状；在条带状磁铁矿-赤铁矿矿石中，独居石形成条带，条带宽约2~5mm；细粒独居石也广泛分布于白云岩中；此外独居石也见有与霓石、萤石共生；晚期脉中常发现解离较完善的粗粒独居石。中深部弱磁尾矿中独居石的背散射电子图见图6，能谱分析结果见表8。

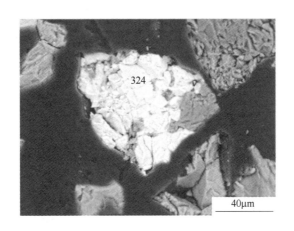

图6 独居石背散射电子图

表8 独居石能谱分析结果（质量分数）

元素	La₂O₃	Ce₂O₃	Pr₂O₃	Nd₂O₃	CaO	P₂O₅
含量/%	18.96	36.55	3.95	8.02	0.09	29.64

由分析结果可看出，独居石中稀土元素为镧（La）、铈（Ce）、镨（Pr）、钕（Nd），REO（La₂O₃+Ce₂O₃+Pr₂O₃+Nd₂O₃）质量分数为67.48%。

独居石的连生特征如图7所示。由图7可见，弱磁尾矿中独居石多以单体形式存在，少量呈微细粒自形晶，与钠铁闪石、霓石、萤石、方解石以及赤铁矿形成连生体，钠铁闪石、霓石和方解石中见独居石包裹体。在钠铁闪石、霓石和萤石中出现成群分布或近似于条带状分布。

独居石多以单体存在，其他含量以离子、原子或者分子以类质同象的形式赋存于其他矿石中。

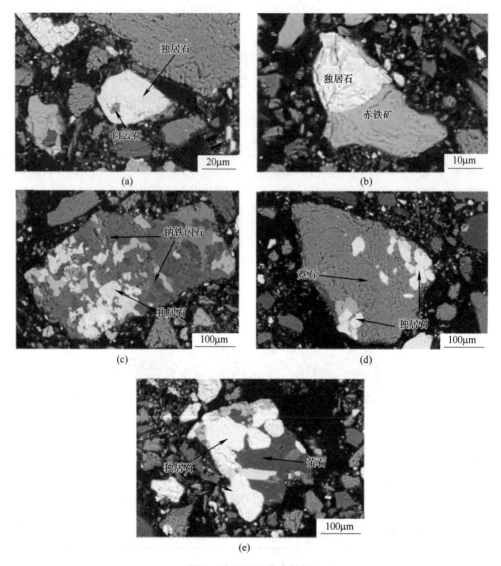

图 7　独居石的嵌布特征

（a）独居石包裹着细小的白云石；（b）独居石与赤铁矿伴生；
（c）独居石在钠铁闪石中呈群状分布；（d）嵌布在霓石中；（e）嵌布在萤石中

3　结论

（1）中深部弱磁尾矿中 REO 品位为 9.66%，其中有价元素的相对含量均略高于白云鄂博矿区原矿中的平均含量，有利于回收利用；样品物相结果中磷酸盐类稀土（P-REO）占比为 25.10%，氟碳酸盐类稀土（F-REO）占比为 74.90%，氧化铁（O-Fe）有66.13%分布在铁相中，占绝大比例，为主要铁矿物。

（2）矿物组成相对较高的是萤石、铁、稀土矿物以及脉石矿物白云石和重晶石，随着开采深度的增加氟碳铈矿和独居石的比例由原来浅部的7：3~6：4逐渐变化为3：1，氟碳铈矿的比例明显增大，稀土总量占比也略有增加。

（3）氟碳铈矿、独居石在38μm以下的累积量均超过90%，矿物粒度较细，随着粒度的减小稀土矿物的品位呈增大趋势；稀土矿物单体解离度较高，达87.28%，易于分选，其余稀土矿物大多以硅酸盐、铁矿物和萤石伴生存在。

（4）随着开采深度的增加，稀土矿物嵌布关系变得复杂、形式多样，多以多相连生体存在。氟碳铈矿和独居石主要以单体存在，少量氟碳铈呈微细粒状、断续或者连续条带状散布于石英、闪石、铁矿物、萤石和磷灰石中，少量独居石与钠铁闪石、霓石、萤石、方解石以及赤铁矿形成连生体，钠铁闪石、霓石和方解石中见独居石包裹体。在钠铁闪石、霓石和萤石中出现成群分布或近似于条带状分布。

看彩图

白云鄂博深部稀土尾矿的工艺矿物学

摘　要：为合理开发和利用白云鄂博的稀土尾矿中的萤石资源，对该矿的稀土尾矿进行工艺矿物学研究。通过化学分析、物相分析、扫描电子显微镜等检测手段对该矿石进行系统的工艺矿物学研究。结果表明，该矿石稀土尾矿中萤石含量为26.6%，铁矿物含量高达16.4%，硅酸盐矿物钠辉石、钠闪石和黑云母含量共计19.9%，碳酸盐矿物白云石、方解石含量共计15.7%，稀土矿物含量有3.9%。稀土尾矿中萤石矿物的单体解离度为76.50%，萤石矿物与铁矿物、碳酸盐矿物、硅酸盐矿物以及稀土矿物大量连生，经过磨矿后稀土尾矿中萤石矿物的单体解离度92.38%。此研究结果为该矿的稀土尾矿中的萤石资源的合理开发利用提供重要依据。

关键词：稀土尾矿；萤石资源；解离度

萤石（CaF_2）是一种重要的非金属矿物原料，是一种不可再生的宝贵资源，广泛应用于钢铁、水泥、化工、玻璃等新兴产业和传统工业中，是一种不可替代而且是不可再生的重要原材料。

我国现在是世界上萤石使用量最大的国家，有丰富的萤石矿产资源，储量居世界第一，而白云鄂博共伴生萤石资源储量巨大，占我国萤石资源总量的50%左右，是特大型共伴生萤石资源，开发利用意义巨大。白云鄂博矿经过几十年的开采，现采面已经到深部，由于深部矿石和上部矿石之间存在一些的性质差别，故为合理开发和利用白云鄂博稀土尾矿中的萤石资源，对该矿的稀土尾矿进行工艺矿物学研究，检测矿物嵌布粒度、单体解离度等矿物学特性，从而对选矿方法和工艺流程的确定提供理论依据。

1　稀土尾矿物质组成

1.1　稀土尾矿化学成分分析

白云鄂博稀土尾矿化学分析结果见表1。由表1可知，矿样中含量较高的元素分别为TFe的含量是15.59%，SiO_2的含量16.06%，F的含量12.94%，CaO的含量23.12%等。其中F的含量达12.94%，达到综合利用的要求，可以进行综

原文刊于《有色金属（选矿部分）》2019年第4期；共同署名的作者有黄小宾、王振江、王绍华、朱智。

合利用稀土尾矿浮选萤石。

表1 稀土尾矿化学分析结果

成分	Na$_2$O	K$_2$O	MgO	CaO	BaO	MnO$_2$	SiO$_2$	ThO$_2$	FeO	REO
含量/%	1.27	0.38	3.93	23.12	5.29	0.92	16.06	0.037	2.26	3.77
成分	Nb$_2$O$_5$	F	P	S	Sc	TFe	mFe	P-REO	TiO$_2$	
含量/%	0.20	12.94	1.36	2.29	0.014	15.59	1.33	1.20	0.81	

1.2 稀土尾矿的矿物组成

稀土尾矿的主要矿物组成及含量见表2。由表2可知，矿样中影响萤石浮选的矿物种类较多，其中铁矿物含量最高，为17.4%，硅酸盐矿物钠辉石、钠闪石和黑云母含量共计19.9%，碳酸盐矿物白云石、方解石含量共计15.7%，稀土矿物含量有3.9%。

表2 矿物组成

名称	萤石	氟碳铈矿	独居石	磷灰石	铁矿物	白云石方解石	钠辉石	钠闪石	黑云母	石英长石	重晶石	其他
含量/%	26.6	2.3	1.6	0.5	17.4	15.7	7.3	8.1	4.5	3.9	5.6	6.4

2 矿石的结构构造

2.1 矿石结构

萤石矿物一般为等轴或椭圆粒状结构；萤石颗粒较粗，稀土矿物一般嵌于其中；铌矿物星散分布于萤石矿物中；紫黑色萤石与赤铁矿密切共生；还见有磁铁矿浸染状萤石分布矿物中。

2.2 矿石构造

萤石是白云鄂博矿床分布最广，生成时间延续最长的脉石矿物。白云鄂博矿床的萤石或构成单矿物成分，或呈星散晶粒均匀地分布于矿石中，或与重晶石、石英、方解石、稀土等矿物共生。

萤石的颜色多种多样，主要为不同深浅的紫色，也有紫黑色和白色的萤石，颜色常不均匀，多为斑点状。如萤石与稀土矿物或钍矿物共生，则与这些矿物直接接触的萤石就变为无色。

3 稀土尾矿中主要矿物的性质及嵌布特征

由于矿石经过破碎磨矿处理，矿石中许多矿物的嵌布现象被破坏了。通过磨制的薄片，结合矿物在显微镜下观察到的特征进行描述。

3.1 稀土尾矿粒度分布及解离度

（1）稀土尾矿的粒度筛分结果见表3。

（2）稀土尾矿的解离度及连生体特性试样采用光学显微镜进行单体解离度及连生体。

表3 稀土尾矿筛分分析结果

粒级/μm	质量/g	产率/%	F	
			品位/%	收率/%
+53	11.5	11.75	12.68	11.32
−53~+45	12.1	12.36	13.37	12.56
−45~+38	9.3	9.50	14.09	10.17
−38~+25	13.7	13.99	14.38	15.29
−25	51.3	52.40	12.72	50.66
尾矿	97.9	100.0	13.16	100.0

由萤石原矿在镜下观察的部分图片以及浮选稀土后的尾矿萤石矿物解离度分析结果可以看出，萤石矿物与铁矿物、碳酸盐矿物、硅酸盐矿物以及稀土矿物大量连生，部分图片见图1~图4。

图1 萤石包裹石英和铁矿物　　　图2 萤石和铁矿物连生

由表4和图片可知，萤石矿物与铁矿物、碳酸盐矿物、硅酸盐矿物、稀土矿物以及其他矿物有大量连生情况，如要获得高品位萤石精矿，必须进行磨矿。

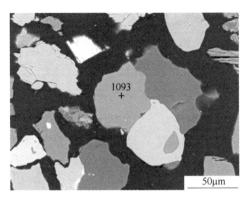
图 3　萤石和石英、铁矿物连生

图 4　萤石和稀土、铁矿物连生

表 4　稀土尾矿萤石矿物解离度分析结果　　　　　　（%）

样品名称	萤石矿物单体	萤石连生体			
		与铁矿物连生	与碳酸盐连生	与硅酸盐连生	与其他连生
试样	76.50	11.6	5.4	4.5	2.0

3.2　稀土尾矿磨矿后的粒度分布及解离度

3.2.1　稀土尾矿磨矿后的粒度分布

磨矿细度$-25\mu m$达到 67.4% 后萤石的解离度提高至 92.83%。稀土尾矿磨矿后筛分分析结果见表 5。

表 5　稀土尾矿磨矿后筛分分析结果

粒级/μm	质量/g	产率/%	F	
			品位/%	收率/%
+53	4.0	4.17	12.18	3.94
$-53\sim+45$	3.6	3.75	14.36	4.17
$-45\sim+38$	9.1	9.49	14.63	10.76
$-38\sim+25$	11.8	12.30	13.72	13.08
-25	67.4	70.28	12.49	68.05
尾矿	95.9	100.0	12.90	100.0

3.2.2　稀土尾矿磨矿后的解离度及连生体特性

稀土尾矿磨矿后的萤石单体解离度及连生体特性的分析，结果见表 6。

表6　稀土尾矿磨矿后萤石矿物解离度分析结果　　　　　　（％）

样品名称	萤石矿物单体	萤石连生体			
		与铁矿物连生	与碳酸盐连生	与硅酸盐连生	与其他连生
试样（球磨）	92.83	3.79	1.54	1.02	0.82

　　由表6可知，经过磨矿后萤石矿物单体的解离度有了较大的提高，萤石与铁矿物连生、与碳酸盐连生、与硅酸盐连生以及与其他矿物的连生体有明显的下降。

4　结论

　　（1）白云鄂博深部矿床中稀土尾矿的萤石品位是26.6%，具有较高的回收利用的价值。影响萤石浮选的矿物有铁矿物含量高达17.4%，硅酸盐矿物钠辉石、钠闪石和黑云母含量共计19.9%，碳酸盐矿物白云石、方解石含量共计15.7%，稀土矿物含量有3.9%等。

　　（2）稀土尾矿的粒度比较细，在细粒级中萤石单体颗粒要明显多于铁矿物和稀土矿物。稀土尾矿中萤石单体解离度为76.50%左右，萤石与赤铁矿、氟碳铈矿等呈毗邻、侵染状共生，此外还有少量与磁铁矿呈细脉状共生。经过磨矿后$-25\mu m$的矿物含量达70.28%，在此磨矿细度下，萤石解离达到92.83%，解离性较好。

　　（3）白云鄂博的萤石资源属于混合型共伴生萤石资源，其选别难度非常大。其中和萤石可浮性比较相近的矿物种类较多，尤其是在用脂肪酸类捕收剂浮选萤石的条件下，如钠辉石、稀土矿物、赤铁矿、重晶石等。故在浮选萤石时需要重点考虑抑制可浮性和萤石比价相近的铁矿物、硅酸盐矿物、碳酸盐矿物、重晶石和稀土矿物等。

　　（4）在稀土尾矿中铌矿物的品位（Nb_2O_5）达到了0.20%。经过萤石浮选后可以进行铌的回收利用，从而达到综合利用白云鄂博稀土尾矿的目的。

白云鄂博铌精矿矿物组成特征
及铌的分布规律研究

摘 要：利用化学检测分析，化验了白云鄂博铌精矿中 Nb_2O_5 的含量，并利用扫描电子显微镜、自动矿物分析系统、微区能谱分析，对铌精矿的矿物组成、铌的分布规律和其他元素在矿物中的分布做了研究。结果表明：铌精矿中矿物种类繁多，其中 46.33% 的 Nb_2O_5 赋存于易解石中，30.58% 的 Nb_2O_5 赋存于黄绿石中，其余主要铌矿物（铌铁金红石、铌铁矿、包头矿）中 Nb_2O_5 的分布率较低，不足 10%；铌精矿中不同元素在矿物中的分布较广，对矿物中元素含量高于 10% 且矿物量较高的矿物，研究其矿物的特性和差异，将有助于进一步提高铌品位。

关键词：白云鄂博；铌精矿；矿物组成；分布规律

　　白云鄂博矿是一座大型的铁、稀土、铌等多元素共生矿床，稀土和铌储量分别居世界第一位和第二位，除铁、稀土、铌外，还伴生有丰富的萤石、钾、钠等资源。白云鄂博矿铌资源具有含铌品位低、铌矿物嵌布粒度细、分散程度高、铌矿物种类多的特点，这些特点造成了铌资源可选性差，提取困难，经过几十年的努力，随着选矿技术的不断进步，白云鄂博选矿所得铌精矿的铌品位有了很大的提高，但选铌仍然是我国选矿界的一大难题。近年来，已有不少学者针对白云鄂博矿床铌资源的矿物学特征、铌资源综合利用方面做了一些研究，但针对铌精矿中铌矿物的工艺矿物学研究不是很多，要想更好地提高铌精矿品位，有必要对铌精矿的矿物组成、铌矿物的嵌布特征及分布规律和其他元素在矿物的分布进行研究，这将极大地有助于铌资源综合利用，具有重要的现实意义。

1 试验

　　本文研究所选用样品以白云鄂博工业试验铌精矿为研究对象，将样品混匀、缩分为两份，一份进行化学分析，一份制备成镶嵌样，表面喷镀铂金，选用德国 ZEISS 公司生产的 Sigma-500 型场发射电镜对样品进行分析，能谱型号为 BRUKER XFlash6160，试验条件为：加速电压 20kV，分辨率 0.8nm，探针电流 40~100nA。利用场发射电镜的背散射电子成像分析技术，微区能谱分析，自动矿物分析软件（AMICS），研究样品的物相组成和微区成分。

原文刊于《有色金属（选矿部分）》2018 年第 2 期；共同署名的作者有侯晓志、王振江、王文才。

2 结果与讨论

2.1 铌精矿多元素分析

多元素分析结果见表 1，TFe 用重铬酸钾氧化还原滴定法测得，Nb_2O_5、REO 用 ICP-AES 测得，MgO、CaO、K_2O、Na_2O、TiO_2 和 BaO 用原子吸收光谱法测得，S 用红外碳硫仪检测法测得，F 用 EDTA 络合滴定法测得，P、SiO_2 用分光光度法测得。

表 1 铌精矿多元素分析结果

元素	TFe	Nb_2O_5	MgO	CaO	K_2O	Na_2O	S	F	P	TiO_2	SiO_2	BaO	REO
含量/%	42.35	4.73	0.83	0.71	0.098	0.11	1.35	5.01	0.58	6.75	7.34	3.78	3.89

由表 1 可知，铌精矿中铌品位为 4.73%，主要以 TFe、Nb_2O_5、TiO_2、SiO_2 为主，其次为 REO、BaO、S 等，TFe、Nb_2O_5、TiO_2 出现明显的富集。

由表 2 可知，铌精矿样品矿物种类较多，且杂质矿物含量较高，矿物组成主要由铁矿物、硅酸盐矿物和铌矿物组成，分别占矿物总量的 50.29%、23.46%、

表 2 铌精矿矿物组成及含量

矿物总称	矿物名称	含量/%	矿物总称	矿物名称	含量/%
铁矿物	磁铁矿	3.91	钛矿物	钛铁矿	3.50
	赤铁矿	45.28		金红石	1.32
	黄铁矿	1.04		铁金红石	0.50
	磁黄铁矿	0.04	磷酸盐矿物	磷灰石	0.23
	菱铁矿	0.02	硫酸盐矿物	重晶石	0.47
铌矿物	易解石	8.91	硅酸盐矿物	石英	5.57
	铌铁金红石	3.41		长石	0.54
	黄绿石	2.76		辉石	13.60
	铌铁矿	0.56		闪石	2.18
	包头矿	0.34		云母	0.87
	褐钇铌矿	0.03		榍石	0.70
稀土矿物	氟碳铈矿	0.45	锰矿物	软锰矿	0.37
	独居石	0.18		硬锰矿	0.06
	褐帘石	0.06		菱锰矿	0.04
碳酸盐矿物	白云石	0.39	氟化物	萤石	0.82
	方解石	0.04	其他		1.82

16.01%，其次为少量的钛矿物、稀土矿物和一些锰矿物、氟化物和碳酸盐、磷酸盐、硫酸盐矿物；铁矿物主要以赤铁矿和磁铁矿为主，硅酸盐矿物以辉石和石英为主，铌矿物以易解石、铌铁金红石和黄绿石为主，钛矿物则以钛铁矿为主，其余矿物含量较少。

2.2 主要铌矿物的嵌布特征及能谱分析结果

图 1~图 5 为主要铌矿物（易解石、铌铁金红石、黄绿石、铌铁矿、包头矿）的扫描电子显微镜背散射图像，可知，易解石多呈粒状、板状，颗粒粒径多在 50~200μm，常与霓石、稀土矿物、萤石、重晶石等共生；铌铁金红石多呈粒状，粒径一般为 10~200μm，常与萤石、稀土矿物、铌矿物等共生；黄绿石多呈单体粒状，粒径一般在 10~50μm，有极个别颗粒较大，常与重晶石、萤石、霓石、钠闪石等共生或包裹在一起，单体解离非常困难；铌铁矿含量很少，多呈板状或粒状集合体，粒度在 20~50μm，常与石英、赤铁矿、萤石、稀土矿物、磁铁矿等共生，单体解离较困难；包头矿呈粒状，粒径变化范围较大，一般在 10~500μm，常与其共生矿物有黄铁矿、钠闪石、钠长石等。

图 1 易解石背散射图像

图 2 铌铁金红石背散射图像

图 3 黄绿石背散射图像

图 4 铌铁矿背散射图像

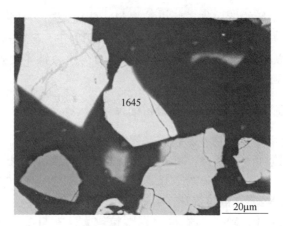

图5　包头矿背散射图像

对铌精矿中的主要铌矿物进行能谱分析，结果见表3。

表3　主要铌矿物能谱分析结果　　　　　　　　　　　　　（%）

序号	易解石	铌铁金红石	黄绿石	铌铁矿	包头矿
1	14.89	8.42	24.84	37.04	7.69
2	16.01	7.38	30.50	46.59	12.15
3	20.06	9.98	29.85	41.86	10.24
4	15.41	6.08	44.71	32.87	9.73
5	22.22	10.37	40.62	52.29	7.23
6	19.15	6.33	49.66	36.11	10.17
7	16.63	5.75	41.19	33.34	
8	13.12	7.95	31.67		
平均值	17.19	7.78	36.63	40.01	9.54

由表3可知，铌精矿中易解石、铌铁金红石、黄绿石、铌铁矿和包头矿中铌的平均值分别为17.19%、7.78%、36.63%、40.01%、9.54%，含铌量最高的矿物是铌铁矿，含铌量最高可达52.29%，铌铁金红石含铌量相对较低，最低为5.75%。

2.3　铌的分布规律

根据Nb_2O_5分子式，将主要铌矿物中铌平均值计算得到Nb_2O_5平均值，分布量＝Nb_2O_5平均值×矿物量，分布率＝分布量/Nb_2O_5总量，Nb_2O_5总量见表1，Nb_2O_5平衡计算结果见表4。

表 4　平衡计算结果表

主要铌矿物	Nb$_2$O$_5$ 平均含量/%	矿物量占比/%	分布量/%	分布率/%
易解石	24.59	8.91	2.191	46.33
铌铁金红石	11.13	3.41	0.380	8.02
黄绿石	52.41	2.76	1.446	30.58
铌铁矿	57.24	0.56	0.321	6.78
包头矿	13.65	0.34	0.046	0.98

由表 4 可知，铌精矿中铌含量较高的矿物为铌铁矿和黄绿石，Nb$_2$O$_5$ 平均含量分别为 57.24%、52.41%，其次是易解石、包头矿、铌铁金红石；易解石矿物量最高，占 8.91%，其次为铌铁金红石、黄绿石、铌铁矿及包头矿；铌铁矿 Nb$_2$O$_5$ 平均含量相对较高，但由于其矿物量较低，因此分布量为 0.321%，易解石中 Nb$_2$O$_5$ 平均含量相对一般，但其矿物量为 8.91%，故其分布量达到 2.191%，根据表 1 中的化学分析结果，铌精矿中 Nb$_2$O$_5$ 的品位为 4.73%，通过计算得到铌元素在上述五种主要铌矿物中的分布率为 92.69%，其中在易解石中分布率最高，为 46.33%，而黄绿石、铌铁金红石、铌铁矿、包头矿中分布率依次为 30.58%、8.02%、6.78% 和 0.98%；其余的 7.31% 可能分布于金红石、褐钇铌矿、铌锰矿、铌钙矿等矿物中。

2.4　其他元素在矿物中的分布

根据自动矿物分析软件分析统计，得到铌精矿中铁、硅、铈、钛、氟、钠、钾等七种元素在矿物中的分布情况，见表 5。

表 5　元素在矿物中的分布

元素	元素在矿物中的分布		
	>10%	1% ~ 10%	<1%
Fe	赤铁矿	霓石、磁铁矿、钛铁矿、黄铁矿	铌铁金红石、镁钠闪石、易解石、铌铁矿、黑云母、蛇纹石、铁金红石、钡铁钛石、金云母、磁黄铁矿、铁白云石
Si	霓石、石英	镁钠闪石、钠长石、榍石、金云母	黑云母、钡铁钛石、微斜长石、包头矿、蛇纹石、褐帘石
Ce	易解石	氟碳铈矿、独居石	氟碳钡铈矿、褐帘石、褐钇铌矿
Ti	易解石、铌铁金红石、钛铁矿	金红石、铁金红石、榍石、包头矿	钡铁钛石、铌铁矿、镁钠闪石、褐钇铌矿
F	萤石	黄绿石、氟碳铈矿、金云母、黑云母、磷灰石	氟碳钡铈矿、钠云母

元素	元素在矿物中的分布		
	>10%	1% ~ 10%	<1%
Na	霓石、黄绿石	钠镁闪石、钠长石	钠云母、霓辉石、硬锰矿
K	金云母、黑云母、微斜长石	镁钠闪石	钠云母

　　根据统计结果,上述七种元素在矿物中的分布比较广泛,铁元素赋存的矿物明显稍多一些,其他六种元素在不同矿物中也均有分布,不同元素在矿物中含量大于10%的矿物不多,但这些矿物会直接影响选铌品位的提高,针对矿物量较高的杂质矿物,可作为今后的重点研究对象,研究其矿物的特性和差异,元素含量低于10%的矿物通常由于其矿物量极少,很难通过选矿工艺进行提取,此表可为今后提高选铌品位提供一定的参考。

3　结论

　　(1)白云鄂博铌精矿中铁矿物和硅酸盐矿物含量相对较高,尤其是赤铁矿的矿物量高达45.28%,铌精矿的矿物组成特征决定了所选的铌精矿为高铁铌精矿。

　　(2)铌精矿中92.69%的 Nb_2O_5 分布在易解石、铌铁金红石、黄绿石、铌铁矿和包头矿上述五种矿中,其中 Nb_2O_5 平均含量较高的矿物为黄绿石、铌铁矿、易解石,分布率较高的铌矿物为易解石、黄绿石,分别占46.33%、30.58%,铌铁金红石虽矿物量为3.41%,高于黄绿石的2.76%,但由于其 Nb_2O_5 平均含量较低,因此其分布率相对较低,不及易解石和黄绿石所占的分布率,其余7.31%的 Nb_2O_5 可能分布于褐钇铌矿、铌锰矿、铌钙矿、金红石等铌矿物或含铌矿物中。

　　(3)铌精矿中铌矿物和杂质矿物种类较多,且杂质矿物含量高,在回收时研究其矿物的特性和差异,对提高铌精矿的品位将有较大帮助。

选矿技术

白云鄂博微细粒稀土矿工艺矿物学及浮选实验研究

摘　要：以白云鄂博微细粒稀土矿为研究对象，采用全自动矿物分析系统、MLA 和扫描电镜等分析手段对其进行了工艺矿物学研究，在此基础上进行了稀土的浮选实验研究。工艺矿物学研究结果表明：原矿中 REO 的含量为 7.27%，稀土矿物主要为氟碳铈矿和独居石，粒度分布在 $-15\mu m$ 分别占 74.06% 和 80.18%；脉石矿物主要是云母、方解石、白云石、闪石和石英等。采用羟肟酸类新型捕收剂 WG-1，在较佳粗选条件下经一次粗选、两次精选的闭路实验，可获得稀土精矿品位（REO）为 51.04%，回收率为 44.16% 的技术指标，为该细粒度矿的利用提供技术借鉴。

关键词：白云鄂博；微细粒；稀土；浮选

1　原料性质

1.1　原料多元素分析

原料多元素分析结果见表 1。

表 1　原料多元素分析结果　　　　（%）

Na$_2$O	K$_2$O	MgO	CaO	Al$_2$O$_3$	TFe	SiO$_2$	REO	Nb$_2$O$_5$	F	P	S	Sc$_2$O$_3$	ThO$_2$
1.54	1.50	4.72	18.08	2.55	9.75	14.70	7.27	0.16	8.74	1.42	1.78	0.022	<0.050

表 1 表明，原矿中 REO 的含量为 7.27%，是主要回收的有价元素，F 和 Nb$_2$O$_5$ 的含量分别为 8.74% 和 0.16%，可考虑综合回收。主要的脉石元素为 CaO、SiO$_2$ 和 Al$_2$O$_3$，三者含量分别为 18.08%、14.70% 和 2.55%。

1.2　稀土物相分析

稀土物相分析结果见表 2。

原文刊于《矿产综合利用》2021 年 10 月第 5 期；共同署名的作者有王维维、李二斗、王其伟、候少春。

表 2　稀土物相分析结果

名　　称	P-REO	F-REO	合计
含量/%	1.78	4.96	6.74
分布率/%	26.41	73.59	100.00

表 2 表明，稀土主要赋存于氟碳酸盐相中，少量赋存于磷酸盐相中，比例约为 1 : 3。

1.3　原料矿物组成分析

采用 MLA 分析原料的矿物组成。结果见表 3。结果表明，原料中稀土矿物主要为氟碳铈矿和独居石，含量分别为 5.93% 和 2.85%；此外还有大量的脉石矿物，其中云母含量最高，为 19.41%；其次为萤石 13.71%；白云石、方解石等碳酸盐矿物含量 14.30%；辉石、闪石、长石和石英等硅酸盐矿物含量 28.61%。与弱磁尾矿相比，云母、方解石、白云石、磷灰石等易磨易浮矿物较多，因此在稀土浮选过程中，需考虑对这些矿物的抑制，以期达到较高的选别指标。

表 3　原料主要矿物组成

矿物名称	含量/%	矿物名称	含量/%
磁铁矿/赤铁矿	2.23	云母	19.41
黄铁矿	1.58	石英	2.78
氟碳铈矿	5.93	长石	6.41
氟碳钙铈矿	0.41	闪石	12.77
黄河矿	0.44	辉石	6.65
独居石	2.85	磷灰石	4.12
褐帘石	0.22	方解石	5.73
易解石	0.14	白云石	8.57
铌铁金红石	0.13	重晶石	3.00
萤石	13.71	其他	2.92

1.4　稀土矿物的粒度组成

为考察试样中氟碳铈矿和独居石的粒度分布情况，进行筛析实验，结果见表 4。

表 4　稀土矿物粒度组成

粒度/μm	氟碳铈矿		独居石	
	分布率/%	累计分布率/%	分布率/%	累计分布率/%
+45～-74	2.76	100.00	6.08	100.00
+38～-45	1.83	97.24	0.12	93.92
+25～-38	7.76	95.41	6.01	93.8
+15～-25	13.59	87.65	7.61	87.79
-15	74.06	74.06	80.18	80.18

由表 4 可以看出，氟碳铈矿和独居石矿物粒度都在 $-74\mu m$，其中 $+38 \sim$ $-74\mu m$ 范围内氟碳铈矿和独居石的分布率仅占 4.59% 和 6.20%，而 $-15\mu m$ 分别占 74.06% 和 80.18%，说明稀土矿物的粒度极细，选别难度大。

1.5　稀土矿物嵌布特征

采用 AMICS（全自动矿物分析系统）和 SEM（扫描电镜）对稀土矿物单体解离度和嵌布进行分析，结果见表 5 和图 1。

表 5　稀土矿物单体解离度分析结果

矿物名称	单体解离度/%	连生体/%				
		铁矿物	碳酸盐矿物	硅酸盐矿物	萤石	其他矿物
氟碳铈矿	69.17	1.39	3.72	13.42	6.54	5.76
独居石	69.05	1.41	6.82	14.34	3.52	4.86

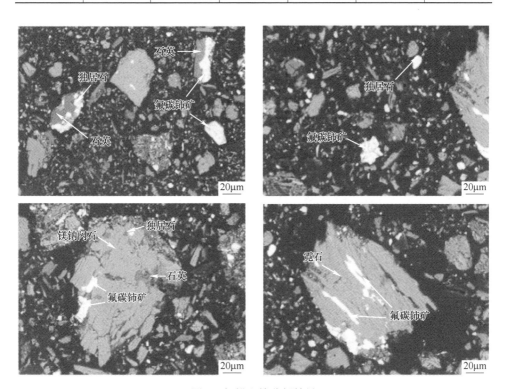

图 1　扫描电镜分析结果

结合表 5、图 1 可以看出，氟碳铈矿和独居石单体解离度仅为 69.17% 和

69.05%，与硅酸盐矿物的连生体分别为 13.42% 和 14.34%，不利于获得高品位稀土精矿。

2　稀土浮选

2.1　水玻璃用量实验

根据工艺矿物学研究结果，该试样中主要的脉石矿物为白云石、方解石和磷灰石等，水玻璃是常用的有效抑制剂，在捕收剂用量 1kg/t、浮选温度 50℃，进行水玻璃用量实验，实验结果见图 2。

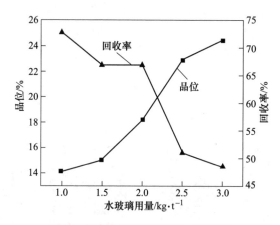

图 2　水玻璃用量对浮选指标的影响

由图 2 可以看出，随着水玻璃用量的增加稀土精矿（REO）的品位逐渐提高，但回收率逐渐降低，当水玻璃用量为 2.0kg/t 时，稀土精矿的回收率急剧下降，可能的原因是过量的水玻璃不仅改变了浮选矿浆的 pH 值，降低了捕收剂的作用效果，而且对稀土矿物也产生了抑制作用，因此，选择适宜的水玻璃用量为 2.0kg/t。

2.2　捕收剂用量实验

捕收剂采用自主研发的羟肟酸类新型捕收剂 WG-1，该药剂具有选择性高，捕收性能强的特点。在水玻璃用量为 2.0kg/t、浮选温度 50℃ 条件下进行水玻璃用量实验，结果见图 3。

图 3 表明，随着捕收剂用量的增加，稀土精矿（REO）的品位和回收率都逐渐增加，当捕收剂用量为 1.5kg/t 时，精矿的品位为 19.51%，回收率为 69.49%；继续增加捕收剂的用量，稀土精矿的回收率增加幅度较小，但品位开始降低，因此确定较佳的捕收剂用量为 1.5kg/t。

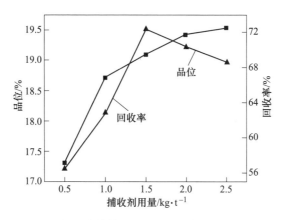

图3 捕收剂用量对浮选指标的影响

2.3 浮选温度实验

为优化浮选效果，提高捕收剂的活性，在水玻璃用量2.0kg/t、捕收剂用量1.5kg/t的条件下进行浮选温度实验，结果见图4。

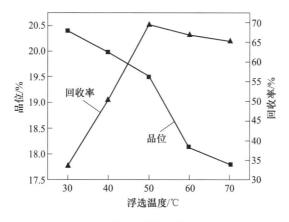

图4 矿浆温度对浮选指标的影响

图4表明，随着温度的升高稀土精矿的品位逐渐降低，精矿回收率先逐渐增加后缓慢降低。主要是适当的升高温度可改善捕收剂的捕收性能，但温度过高时捕收剂的捕收能力降低导致精矿回收率下降，因此选择较佳的浮选温度为50℃。

2.4 闭路实验

在粗选条件实验和开路实验的基础上，进行了一次粗选、两次精选、中矿顺序返回的闭路浮选实验，结果见表6，实验流程见图5。

表6 闭路实验结果

名　称	产率/%	品位（REO）/%	回收率（REO）/%
精矿	6.29	51.04	44.16
尾矿	93.71	4.18	53.84
原矿	100.00	7.27	100.00

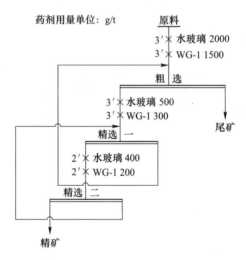

药剂用量单位：g/t

图5　闭路实验流程

表6表明，闭路实验获得了稀土精矿（REO）品位为51.04%，回收率为44.16%的技术指标。对最终精矿进行化学分析检查，结果见表7。

表7　稀土精矿多元素分析结果　　　　　　（%）

REO	Na_2O	K_2O	MgO	CaO	BaO	ThO_2
51.05	0.049	0.018	0.42	7.71	0.32	0.27
Al_2O_3	SiO_2	TFe	Nb_2O_5	F	P	S
0.054	0.55	1.66	0.036	5.58	6.58	2.39

精矿杂质主要为SiO_2占7.71%，F占5.58%，P占6.58%，若要进一步提高稀土精矿的品位，则需考虑对硅酸盐、磷酸盐矿物和萤石的有效抑制。

3　结论

（1）原料中可回收的有价元素主要是REO、F和Nb_2O_5，含量分别为7.27%、8.74%和0.16%；原料中稀土矿物主要为氟碳铈矿和独居石，含量分别为5.93%和2.85%；脉石矿物主要为云母、闪石、辉石、方解石和白云石等。

（2）氟碳铈矿和独居石矿物粒度分布在$-74\mu m$，其中$-15\mu m$分别占74.06%

和 80.18%，说明稀土矿物的粒度极细，选别难度大。

（3）采用羟肟酸类新型捕收剂 WG-1，在水玻璃用量 2.0kg/t、捕收剂用量 1.5kg/t，浮选温度 50℃的条件下，经一次粗选、两次精选的闭路实验，可获得稀土精矿品位为 51.04%，回收率为 44.16%的技术指标，为该细粒度矿的利用提供技术途径。

白云鄂博稀土矿物与羟肟酸捕收剂
作用的光谱学研究

摘　要：采用 FTIR 和 XPS 分析方法，研究了白云鄂博稀土矿物氟碳铈矿和独居石与苯羟肟酸 LF-8 作用的光谱学性质，揭示稀土矿物与捕收剂 LF-8 的作用机理。研究结果显示，捕收剂 LF-8 与氟碳铈矿作用后，红外光谱可见—CH_2—反对称伸缩和对称伸缩峰及肟 NO 键伸缩振动峰。XPS 分析结果表明，分子态羟肟酸 R—CO—NH—OH 与氟碳铈矿物理吸附产生的峰位于 406.63eV，R—CO—NH—O—离子与氟碳铈矿化学吸附的峰位于 399.43eV。捕收剂 LF-8 与独居石作用后，红外光谱也出现—CH_2—的反对称伸缩和对称伸缩峰，XPS 分析结果显示，Ce_{3d} 结合能的化学位移为负值，说明 Ce 价电子壳层中的电子云密度增加，即铈的空价轨道获得电子或与其他原子共有某些电子。分析认为在羟肟集团的氧原子作为键合原子提供电子与 RE 螯合成稳定的五元环螯合物。上述研究结果表明捕收剂 LF-8 对氟碳铈矿、独居石的吸附是物理吸附和化学吸附共同作用的结果。

关键词：白云鄂博；稀土矿物；作用机理；羟肟酸

　　白云鄂博矿是世界罕见的大型铁、稀土、铌等多金属共生矿床，主要的稀土矿物为氟碳铈矿和独居石，两者是目前利用的主要的稀土工业矿物。稀土矿物浮选药剂的研发在稀土行业的发展中起着至关重要的作用，国内外科研工作者开展了不同官能团的捕收剂（脂肪酸、有机磷酸、羟肟酸等）与稀土矿物的作用机制研究工作。20 世纪 70 年代，国内选矿科技人员将羟肟酸捕收剂引入稀土浮选领域，并取得了较大研究进展。其中 H_{205}（2-羟基 3-萘甲基羟肟酸）广泛用于稀土浮选生产工艺，对稀土矿物具有良好的选择性和捕收性，但因其价格昂贵限制了应用范围。关于稀土矿物与捕收剂作用机制的研究，前人做了大量研究工作。松岗功对辛基羟肟酸与独居石作用机理进行研究，认为稀土与辛基羟肟酸反应生成稀土羟肟酸盐沉淀，在独居石矿物表面形成多分子层吸附。Zhang Wencai 等系统研究了辛基羟肟酸在独居石矿物表面的吸附机理，认为吸附作用是受化学反应控制的。ERLEspiritu 等研究指出，独居石矿物的浮选行为受其溶解度的影响，溶解的稀土离子水解后形成的氢氧化稀土离子为捕收剂提供吸附点位。贾利攀等采用红外光谱研究水杨羟肟酸和牦牛坪稀土捕收剂与氟碳铈矿的作用机理，分析结

　　原文刊于《稀土》2020 年 8 月，第 41 卷第 4 期；共同署名的作者有李娜、马莹、王其伟、候少春、李二斗、王晶晶。

果显示羟肟酸与矿物表面阳离子形成以五元环为主的螯合物。王成行等采用溶液化学计算、动电位测试和红外光谱等分析方法，研究了氟碳铈矿与水杨羟肟酸的作用机制，研究结果表明两者发生化学吸附作用，生成螯合物。车丽萍研究认为羟肟酸与稀土矿物表面水解的稀土离子发生化学反应，在稀土矿物表面形成 O—RE—O 五元环和 O—RE—N 四元环螯合物。

LF-8 属于苯羟肟酸，价格适中，现已成为白云鄂博稀土矿物浮选生产的主要捕收剂。目前关于 LF-8 浮选稀土矿物的机制研究尚未见报道，因此本文采用傅里叶红外光谱（FTIR）和 X 射线光电子能谱（XPS）分析方法，考察 LF-8 与氟碳铈矿和独居石作用的光谱学性质，揭示 LF-8 与两者的作用机理。

1 实验部分

1.1 实验原料

实验所用稀土矿物包括氟碳铈矿和独居石，均取自内蒙古白云鄂博矿，原料经人工选取块矿，破碎、筛分、弱磁选、强磁选后，在体式双目显微镜（ZEISSS temi2000-C）下挑选所得。

1.2 红外光谱测定

实验采用透射法在傅里叶变换红外光谱仪（Bruker TENSOR27-FTIR）上进行红外光谱测试，测试范围为 $600 \sim 4000 cm^{-1}$。红外分析样品制备过程：每次称取磨细至 $-5\mu m$ 的纯矿物 $0.15g$，加入烧杯，然后用 NaOH 调节矿浆 pH 值至 8.5，添加适量经超声波分散的捕收剂，经磁力搅拌器搅拌 30min 后进行过滤，所得样品在 40℃ 以下烘干，烘干后所获得样品进行红外光谱检测。

1.3 X 射线光电子能谱研究

实验采用美国 Thermo Fisher 公司生产的 Escal-ab250Xi 光电子能谱仪对样品进行 XPS 光谱分析。扫描范围为结合能 $0 \sim 1400eV$。样品处理步骤为：将纯矿物加入纯水中，调节矿浆 pH 值至 8.5，加入适量浮选药剂，经磁力搅拌器搅拌30min 后进行固液分离，在 40℃ 以下烘干用以检测。

2 结果与讨论

2.1 氟碳铈矿

2.1.1 晶体结构

氟碳铈矿（Bastnaesite）化学组成：$(Ce,La)[CO_3]F$，六方晶系，是典型的由 Ce，F 和 $[CO_3]^{2-}$ 组成的岛状结构。其中 $[CO_3]$ 三角形平面直立，并围绕 Z

轴旋转作定向排列，［CO₃］之间呈近于相互垂直。

2.1.2　红外光谱研究

图1是 LF-8（pH＝8～8.5）与氟碳铈矿作用前后的傅里叶变换红外光谱。LF-8 红外光谱分析：肟类化合物 CN—OH 的羟基伸缩振动吸收峰很宽，位于 $3450\sim3030cm^{-1}$，在肟羟基吸收谱带上出现两个吸收峰，分别在 $3453cm^{-1}$ 和 $3283cm^{-1}$。CN 基的吸收在 $1695\sim1585cm^{-1}$ 之间，位于 $1638cm^{-1}$；肟的 N—O 键伸缩振动吸收被削裂为两个峰，分别位于 $1045cm^{-1}$ 和 $950cm^{-1}$。烷基 CH_2 反对称伸缩峰和对称伸缩峰出现在 $2922cm^{-1}$ 和 $2853cm^{-1}$。氟碳铈矿红外光谱：氟碳铈矿的特征峰在 $700cm^{-1}$ 到 $1500cm^{-1}$ 有四个，反映的主要是氟碳铈矿晶格中 CO_3^{2-} 的振动情况，具有 D3h 点对称性，有以下四个振动模式：CO_3^{2-} 离子非对称伸缩振动吸收峰（n_3）在 $1445cm^{-1}$；对称伸缩振动吸收峰（n_1）在 $1083cm^{-1}$；面外弯曲振动（n_2）出现双峰，一个强吸收峰在 $868cm^{-1}$，一个肩缝 $840cm^{-1}$；面内弯曲振动吸收峰（n_4）在 $727cm^{-1}$。

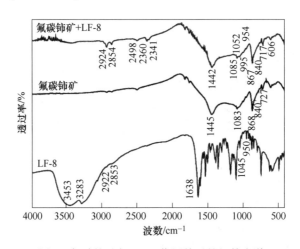

图 1　氟碳铈矿与 LF-8 作用前后的红外光谱

经过 LF-8 作用后的氟碳铈矿红外光谱：CO_3^{2-} 离子非对称伸缩振动吸收峰（n_3）在 $1442cm^{-1}$，偏移了 $3cm^{-1}$；对称伸缩振动吸收峰（n_1）在 $1085cm^{-1}$，面外弯曲振动吸收峰（n_2）在 $867cm^{-1}$ 和 $840cm^{-1}$，面内振动吸收峰在 $717cm^{-1}$，偏移了 $10cm^{-1}$（表1）。波数 $2924cm^{-1}$ 和 $2854cm^{-1}$ 附近有新的吸收峰，这两个峰分别是—CH_2—的反对称伸缩和对称伸缩峰。在波数 $1052cm^{-1}$、$954cm^{-1}$ 检出的吸收峰为肟 N—O 键的伸缩振动峰，分别偏移了 $7cm^{-1}$、$4cm^{-1}$，应为 LF-8 与氟碳铈矿发生化学吸附的结果。肟类化合物 CN—OH 的羟基伸缩振动吸收峰没有检出，认为—OH 基中的 O 参与成键。

表1 氟碳铈矿与 LF-8 作用前后的红外光谱分析

样 品	结 构		吸收峰/cm^{-1}	偏移/cm^{-1}
LF-8	C=N—OH 的羟基		3453	
	C=N—OH 的羟基		3283	
	C=N		1638	
	—CH$_2$—反对称伸缩		2922	
	对 CH$_2$ 进行 C—H 对称伸缩		2853	
	肟 N—O 键		1045	
	肟 N—O 键		950	
氟碳铈矿	CO$_3^{2-}$	n_3 非对称伸缩振动	1445	
		n_1 对称伸缩振动	1083	
		n_2 面外弯曲振动	868	
		n_2 面外弯曲振动	840	
		n_4 面内弯曲振动	727	
氟碳铈矿+LF-8	CO$_3^{2-}$	n_3 非对称伸缩振动	1442	-3
		n_1 对称伸缩振动	1085	2
		n_2 面外弯曲振动	867	-1
		n_2 面外弯曲振动	840	
		n_4 面内弯曲振动	717	-10
	肟 N—O 键		1052	7
	肟 N—O 键		954	4
	—CH$_2$—反对称伸缩		2924	2
	—CH$_2$—对称伸缩		2854	1

2.1.3 X 射线光电子能谱研究

LF-8 与氟碳铈矿作用前后的 X 射线光电子能谱分析结果如图 2 所示。与原矿 XPS 全谱相比，与 LF-8 作用的氟碳铈矿 XPS 全谱中，C$_{1s}$有显著加强，出现较弱的 N$_{1s}$峰，O$_{1s}$峰对称性下降，La$_{3d5/2}$、Ce$_{3d3/2}$、Ce$_{3d5/2}$、F$_{1s}$、O$_{1s}$和 Ca$_{2p3/2}$的光电子强度下降。从图 3 看出，氟碳铈矿 C$_{1s}$峰主要来源为碳酸盐和碳化物（污染碳），碳酸盐 C$_{1s}$峰位于 289.78eV，光电子强度为 2994.91 次/s；碳化物的 C$_{1s}$峰位于 285.09eV，光电子强度为 5503.16 次/s；与 LF-8 作用后，氟碳铈矿中碳酸盐的 C$_{1s}$（289.05eV）光电子强度下降至 2937.66 次/s；由于 LF-8 所含的 C—O、CN 键和

CO 键，致使碳化物的 C_{1s}（285.08eV）光电子强度增强至 7903 次/s。在 284.54eV 出现 C—C/C—H 的 C_{1s} 峰，光电子强度 10788.51 次/s（表 2）。

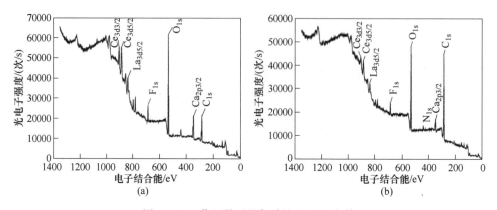

图 2　LF-8 作用前后的氟碳铈矿 XPS 全谱

（a）作用前；（b）作用后

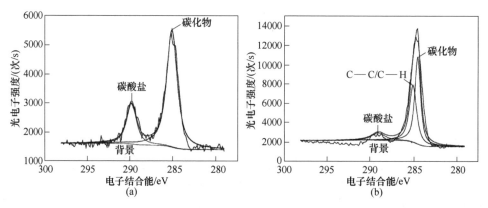

图 3　LF-8 作用前后的氟碳铈矿 C1s XPS

（a）作用前；（b）作用后

氟碳铈矿中 O1s 峰是比较对称的单一碳酸盐，O_{1s} 峰（531.68eV）光电子强度为 16038.18 次/s。经 LF-8 作用后，O_{1s} 峰的对称性下降，经分峰处理，除氟碳铈矿金属碳酸盐 O_{1s} 峰（532.01eV），光电子强度为 10924.96 次/s，峰面积 19856.12cps·eV，存在金属-氧的 O_{1s} 峰，位于 531.01eV，光电子强度为 6691.73 次/s，峰面积为 6537.58cps·eV（图 4）。

表 2　氟碳铈矿与 LF-8 作用前后的 XPS 光谱分析

样　品	原子轨道	结合能/eV	结合能偏移/eV	备　注
氟碳铈矿	C_{1s}	289.78		碳酸盐
	C_{1s}	285.09		碳化物（污染碳）
	O_{1s}	531.68		
氟碳铈矿+ LF-8	C_{1s}	289.05	-0.73	碳酸盐
	C_{1s}	285.08	-0.01	碳化物（污染碳）
	C_{1s}	284.54		C—C/C—H
	O_{1s}	532.01		金属碳酸盐
	O_{1s}	531.01	-0.67	金属氧化物
	N_{1s}	406.63		R—CO—NH—OH
	N_{1s}	399.43		R—CO—NH—O— 与氟碳铈矿化学吸附

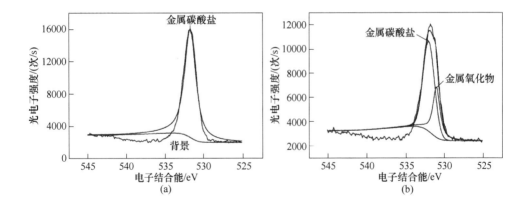

图 4　LF-8 作用前后的氟碳铈矿 O_{1s} XPS

（a）作用前；（b）作用后

与 LF-8 作用后的氟碳铈矿出现了 N_{1s} 的新峰，其中 406.63eV 是分子状态羟肟酸 R—CO—NH—OH 与氟碳铈矿物理吸附残留的峰，光电子强度为 2553.53 次/s；399.43eV 是离子状态的 R—CO—NH—O— 与氟碳铈矿化学吸附作用产生的峰，光电子强度为 2383.72 次/s（图5）。

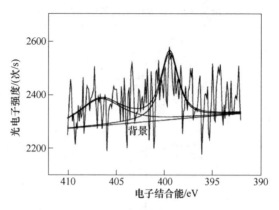

图5　LF-8作用后的氟碳铈矿 N_{1s} XPS

2.2　独居石

2.2.1　晶体结构

独居石（Monazite），又名磷铈镧矿。化学组成：$Ce[PO_4]$，单斜晶系，由孤立 $[PO_4]$ 四面体组成，Ce 位于 $[PO_4]$ 四面体中，与六个 $[PO_4]$ 四面体连结，Ce 的配位数为9。与铬铅矿、单斜钍石等结构相似。

2.2.2　红外光谱研究

图6是LF-8与独居石作用前后的傅里叶变换红外光谱。独居石的红外光谱中963cm^{-1}处的谱峰属于 PO_4^{3-} 的对称伸缩振动（n_1），1043cm^{-1}、1095cm^{-1}谱峰属于 PO_4^{3-} 的非对称伸缩振动（n_3），602cm^{-1}、574cm^{-1}谱峰为 PO_4^{3-} 的非对称弯曲振动（n_4）。

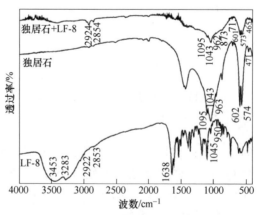

图6　独居石与LF-8作用前后的红外光谱

经过 LF-8 作用后的独居石红外光谱：PO_4^{3-} 的对称伸缩振动（n_1）谱峰在 962cm^{-1}，偏移了 1cm^{-1}，1043cm^{-1}、1095cm^{-1} 谱峰属于 PO_4^{3-} 的非对称伸缩振动（n_3），PO_4^{3-} 的非对称弯曲振动（n_4）谱峰位于 601cm^{-1}、573cm^{-1} 平均偏移 1cm^{-1}。波数 2924cm^{-1} 和 2854cm^{-1} 附近有新的吸收峰，这两个峰分别是—CH$_2$— 的反对称伸缩和对称伸缩峰，分析认为 LF-8 在独居石表面发生物理吸附反应（表 3）。

表 3　独居石与 LF-8 作用前后的红外光谱分析

样品	结构	吸收峰/cm^{-1}	偏移/cm^{-1}
LF-8	C＝N—OH 的羟基	3453	
	C＝N—OH 的羟基	3283	
	C＝N	1638	
	—C—H—反对称伸缩	2922	
	—C—H—对称伸缩	2853	
	肟 N—O 键	1045	
	肟 N—O 键	950	
独居石	PO_4^{3-}		
	n_3 非对称伸缩振动	1095	
	n_3 非对称伸缩振动	1043	
	n_1 对称伸缩振动	963	
	n_4 非对称弯曲振动	602	
	n_4 非对称弯曲振动	574	
	O—P—O 的弯曲振动	471	
独居石+ LF-8	PO_4^{3-}		
	n_3 非对称伸缩振动	1095	
	n_3 非对称伸缩振动	1043	
	n_1 对称伸缩振动	962	−1
	n_4 非对称弯曲振动	601	−1
	n_4 非对称弯曲振动	573	−1
	n_2O—P—O 的弯曲振动	465	−6
	—C—N—反对称伸缩	2924	2
	—C—H—对称伸缩	2854	1

2.2.3　X 射线光电子能谱研究

图 7 是独居石矿物与 LF-8 作用先后的 XPS 谱分析。独居石 XPS 全谱中有 Ce$_{3d}$、O$_{1s}$、Ca$_{2p3/2}$、C$_{1s}$ 和 P$_{2p}$ 的峰，与 LF-8 作用后，C$_{1s}$ 峰明显增强，O$_{1s}$ 峰值也有一定程度的增加，且出现微弱的 N$_{1s}$ 峰。

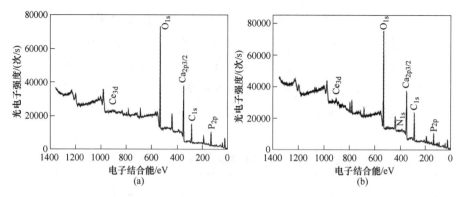

图 7 LF-8 作用前后的独居石 XPS 全谱

（a）作用前；（b）作用后

从图 8 和表 4 数据可知，独居石 P_{2p} 峰为磷酸盐 P_{2p} 峰（133.50eV），光电子强度 2714.50 次/s。与 LF-8 作用后独居石 P_{2p} 峰值为 133.44eV，光电子强度 2711.07 次/s。

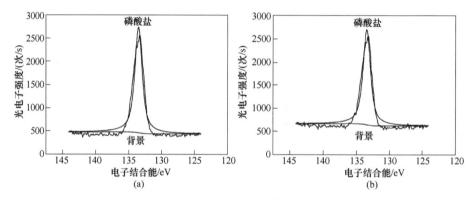

图 8 LF-8 作用前后的独居石的 P_{2p} XPS

（a）作用前；（b）作用后

表 4 独居石与 LF-8 作用前后的 XPS 光谱分析

样 品	原子轨道	结合能/eV	结合能偏移/eV	备 注
独居石	P_{2p}	133.50		
	O_{1s}	531.25		
	$Ce_{3d5/2}$	888.41		
	$Ce_{3d3/2}$	904.00		
独居石+ LF-8	P_{2p}	133.44	−0.06	
	O_{1s}	531.19	−0.06	
	$Ce_{3d5/2}$	885.95	−2.46	生成 C—O—RE 和 N—O—RE
	$Ce_{3d3/2}$	903.14	−0.86	
	N_{1s}	399.59		R—CO—NH—O— 与独居石化学吸附

独居石的 O_{1s} 峰为单一的磷酸盐 O_{1s} 峰（531.25eV），光电子强度 20305.25 次/s。LF-8 作用后独居石的 O_{1s} 峰值为 531.19eV，光电子强度 19210.78 次/s（图9）。

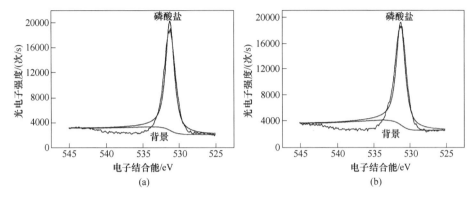

图9　LF-8 作用前后的独居石的 O_{1s} XPS

（a）作用前；（b）作用后

图10 为独居石的 Ce_{3d} 电子轨道的 XPS 谱图，Ce_{3d} 对应的特征峰为 888.41eV、904.00eV；与 LF-8 作用后独居石的 Ce_{3d} 峰值为 885.95eV、903.14eV。

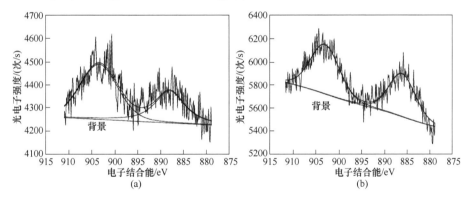

图10　LF-8 作用前后的独居石的 Ce_{3d} XPS

（a）作用前；（b）作用后

Ce_{3d} 结合能的化学位移为负值，说明 Ce 价电子壳层中的电子云密度增加，即铈的空价轨道获得电子或与其他原子共有某些电子。分析认为在羟肟集团的氧原子作为键合原子提供电子与 RE 螯合成稳定的五元环螯合物，在矿物表面有 C—O—RE 和 N—O—RE 生成。

与 LF-8 作用后独居石出现 N_{1s} 峰，位于 399.59eV，光电子强度 2361.27 次/s，分析认为是离子状态的 R—CO—NH—O—与独居石化学吸附作用产生的特征峰（图11）。

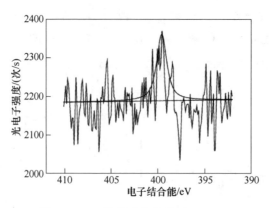

图 11　LF-8 作用后的独居石 N_{1s} XPS

3　结论

　　本文采用 FTIR 和 XPS 分析方法，研究白云鄂博稀土矿物氟碳铈矿和独居石与苯羟肟酸 LF-8 作用的光谱学性质，揭示了稀土矿物与捕收剂 LF-8 的作用原理。研究结果显示，分子态羟肟酸 R—CO—NH—OH 与氟碳铈矿和独居石发生物理吸附，离子状态的 R—CO—NH—O— 与二者发生化学吸附，羟肟集团的氧原子作为键合原子提供电子与矿物表面的 RE 螯合成稳定的五元环螯合物。上述研究结果表明捕收剂 LF-8 对氟碳铈矿、独居石的吸附是物理吸附和化学吸附共同作用的结果。

白云鄂博云母型低品位稀土-铁矿石选矿试验研究

摘 要：针对白云鄂博铁精矿回收率低、杂质含量高等问题，进行矿石分类选别。以云母型低品位铁-稀土矿石为对象，原矿 TFe 品位 17.48%，主要以磁铁矿和赤铁矿形式存在，且细粒级中分布率较高。通过阶段磨矿—弱磁选回收磁性铁，弱磁尾矿强磁—磨矿—强磁—反浮选回收弱磁性氧化铁工艺，在最佳条件下获得 TFe 品位为 65.49%，产率为 20.85%，回收率为 66.77% 的铁精矿，对该矿石的开发利用具有借鉴意义。

关键词：白云鄂博；云母型；铁；磁选；反浮选

我国铁矿石资源储量虽大，但矿石嵌布关系复杂、品位低，采选成本高，无法满足钢铁行业的需求，导致铁矿石对外依存度高。开发低品位铁矿石，降低我国钢铁企业发展对国外铁矿石的依赖程度，有效缓解我国铁矿资源的供需矛盾，白云鄂博矿作为世界上最大的铌-稀土-铁矿石，矿产资源储量大、种类多。随着不断的开采，高品位铁矿石日趋枯竭，致使入选整体品位下降；同时由于白云鄂博矿"多、贫、细、杂"的特征，给选矿、冶炼带来了极大的困难。为实现白云鄂博矿精准采选和提质降杂，本文以云母型低品位稀土-铁矿石为对象，对该矿石进行选矿试验研究，为白云鄂博矿合理开发利用提供技术参考。

1 原矿性质

对原矿进行了化学多元素分析，铁的化学物相分析和粒度组成分析，分析结果分别见表 1～表 3。由表 1 可知，矿石中主要的有价元素为 TFe 17.48%、REO 1.93%、Nb_2O_5 1.10%、Sc_2O_3 0.014%；主要杂质元素为 SiO_2、CaO、MgO 和 K_2O，含量分别为 28.62%、8.94%、5.12% 和 3.04%；有害元素主要是 F 4.81%、S 1.42%、P 0.46%、ThO_2 0.038%。由表 2 可知，矿石中铁主要以磁铁矿和赤铁矿形式赋存，含量分布率分别为 40.78% 和 44.10%，是试验中主要回收的目的矿物，其他铁以硅酸铁、碳酸铁和硫化铁存在，含量较低，在试验中回收困难。由表 3 可知，铁矿物在各粒级中的分布较均匀，+74μm 仅占 6.72%，

原文刊于《中国矿业》2020 年 6 月第 29 卷增刊 1；共同署名的作者有王维维、马莹、李二斗、候少春。

−45μm 占 77.57%，在微细粒级别中的分布率较高。因此，需要更细的磨矿细度才能单体解离。通过镜检和能谱分析，原矿中主要的金属矿物为磁铁矿、赤铁矿、磁黄铁矿、氟碳铈矿等，云母、长石、石英、萤石等是主要脉石矿物。

表1　矿石化学多元素分析结果

成分	TFe	REO	Nb₂O₅	Na₂O	K₂O	MgO	ThO₂
含量/%	17.48	1.93	1.10	1.32	3.04	5.12	0.038
成分	CaO	BaO	SiO₂	Sc₂O₃	P	S	F
含量/%	8.94	1.37	28.62	0.014	0.46	1.42	4.81

表2　原矿铁化学物相分析结果

铁物相	含量/%	分布率/%
磁铁矿中铁	7.12	40.78
赤铁矿中铁	7.70	44.10
碳酸铁中铁	0.68	3.89
硫化铁中铁	0.52	2.98
硅酸铁中铁	1.44	8.25
合　计	17.46	100.00

表3　主要矿物的粒度分布

粒度/μm	TFe 分布率/%	累计分布率/%
+74.00	6.72	100.00
+45.00~−74.00	15.71	93.28
+20.00~−45.00	23.34	77.57
+15.00~−20.00	25.56	54.23
+10.00~−15.00	28.67	28.67
−10.00	6.72	10

2　选矿试验研究

　　低品位铁矿石最常规的处理工艺是优先弱磁选抛尾—阶段磨矿阶段选别。根据上述工艺矿物学研究结果，该矿石中主要的有用铁矿物为磁铁矿和赤铁矿，且铁矿物嵌布粒度细，在各粒级中均匀分布。因此，直接采用阶段磨矿—阶段选别工艺。根据铁的物相分析结果，优先采用弱磁选回收磁性铁，弱磁尾矿采用强磁—浮选回收赤铁矿。

2.1 弱磁选回收铁矿物试验

采用 CTB-ϕ400×300 半逆流弱磁选机进行两段磨矿两段弱磁选试验，试验原则流程见图1。

根据现场实践和矿物粒度组成分析结果，在一段磨矿细度为-74μm 90% 的条件下，采用半逆流型磁选机进行一段弱磁选粗选场强试验，给矿浓度为30%，试验结果见表4。由表4可知，随着磁场强度的增加，粗选精矿 TFe 回收率逐渐增加，铁品位呈下降趋势，当磁场强度为112kA/m 时，精矿 TFe 品位和回收率均变化幅度较小，选择粗选磁场强度为112kA/m。

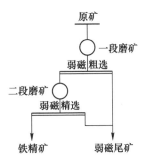

图 1　弱磁选试验流程

表 4　粗选磁场强度试验结果

磁场强度/kA·m^{-1}	产 品	产率/%	TFe 品位/%	回收率/%
80	粗选精矿	10.94	58.46	36.58
	粗选尾矿	89.06	12.33	63.42
	原矿	100.00	17.48	100.00
96	粗选精矿	11.49	57.72	37.44
	粗选尾矿	88.51	12.36	62.56
	原矿	100.00	17.48	100.00
112	粗选精矿	12.05	56.53	38.98
	粗选尾矿	87.95	12.13	61.02
	原矿	100.00	17.48	100.00
128	粗选精矿	12.44	55.97	39.83
	粗选尾矿	87.56	12.01	60.17
	原矿	100.00	17.48	100.00

在对原矿一段磨矿细度-74μm 90%、粗选磁场强度112kA/m 条件下获得的弱磁精矿进行二段不同磨矿细度弱磁选试验，磁场场强为96kA/m，给矿浓度为30%，试验结果见表5。由表5可知，随着磨矿细度增加，精矿铁品位逐渐增加，当磨矿细度为-45μm 85% 时，精矿铁品位和铁回收的变化幅度均较小，为保证后续浮选的磨矿细度和品位，选择弱磁选二段磨矿细度为-45μm 85%，此时得到最终的弱磁精矿的品位65.16%、产率为9.85%、回收率为36.74%。

表5　二段磨矿细度试验结果

磨矿细度/%	产品	产率/%	TFe 品位/%	作业回收率/%
75	弱磁精矿	83.70	61.83	91.55
	弱磁尾矿	16.30	29.48	8.45
	粗选精矿	100.00	56.53	100.00
80	弱磁精矿	82.73	63.44	92.84
	弱磁尾矿	17.27	23.43	7.16
	粗选精矿	100.00	56.53	100.00
85	弱磁精矿	81.78	65.16	94.26
	弱磁尾矿	18.22	16.75	5.74
	粗选精矿	100.00	56.53	100.00
90	弱磁精矿	81.28	66.02	94.93
	弱磁尾矿	18.72	15.30	5.07
	粗选精矿	100.00	56.53	100.00

2.2　弱磁尾矿强磁选试验

　　对弱磁粗尾进行强磁粗选—磨矿—强磁精选，试验流程见图2，精选精矿进入反浮选作业，强磁粗选尾矿和强磁精选尾矿合并为最终的尾矿。采用 Slon-100 型立环脉动高梯度磁选机进行强磁粗选，粗选场强为 796kA/m、给矿浓度为 30%、脉动冲次 250 次/min；得到的强磁粗精矿进行再磨精选试验，磨矿细度 -45μm 85%、磁场强度 636kA/m、给矿浓度为 20%、脉动冲次 200 次/min，试验结果见表6。由试验结果可知，对弱磁尾矿进行磨矿—强磁选，铁回收率可达 40.15%，但铁品位仅为 43.56%，不能作为直接炼钢炼铁的原料。

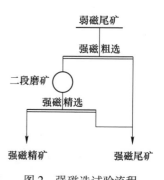

图2　强磁选试验流程

表6　粗磨粗选试验结果

产　品	产率/%		TFe 品位/%	回收率/%	
	作业	原矿		作业	原矿
强磁精矿	21.37	19.48	43.56	55.57	35.20
强磁尾矿	78.63	71.67	4.50	44.43	28.16
弱磁尾矿	100.00	91.15	16.75	100.00	63.36

3 浮选试验

采用反浮选提高强磁精矿中铁品位，试验流程见图3，碳酸钠为调整剂，调节矿浆pH值为9，浮选矿浆浓度为40%，矿浆温度为32℃，进行抑制剂水玻璃、捕收剂SF用量试验以及综合流程试验。

在捕收剂SF用量1000g/t条件下进行抑制剂水玻璃用量试验，结果见表7。由表7可知，随着水玻璃用量的增加，精矿TFe回收率逐渐增加，但品位逐渐降低，当水玻璃用量为1000g/t时，精矿品位和回收率变化幅度均不大，综合考虑，确定合适的水玻璃用量为1000g/t。

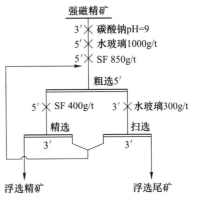

图3 反浮选闭路试验

表7 水玻璃用量试验

水玻璃用量/g·t⁻¹	产 品	产率/%	TFe品位/%	作业回收率/%
800	浮粗精矿	58.04	61.33	81.72
	浮粗尾矿	41.96	18.98	18.28
	强磁精矿	100.00	43.56	100.00
900	浮粗精矿	60.13	60.51	83.53
	浮粗尾矿	39.87	17.99	16.47
	强磁精矿	100.00	43.56	100.00
1000	浮粗精矿	61.82	59.34	84.21
	浮粗尾矿	38.18	18.01	15.79
	强磁精矿	100.00	43.56	100.00
1100	浮粗精矿	63.33	58.11	84.49
	浮粗尾矿	36.67	17.06	14.36
	强磁精矿	100.00	43.56	100.00

在水玻璃用量为1000g/t的条件下，进行了捕收剂SF用量试验，试验结果见表8。从表8可以看出，随着SF用量的增加，浮选粗精矿逐渐降低，回收率逐渐增加，当SF用量增加至1000g/t时，铁回收率提高幅度不大，铁品位降低1.23个百分点，综合考虑，确定捕收剂SF的用量为850g/t。

表 8　捕收剂用量试验

SF 用量/g·t⁻¹	产 品	产率/%	TFe 品位/%	作业回收率/%
600	浮粗精矿	56.87	61.33	80.07
	浮粗尾矿	43.13	19.52	19.93
	强磁精矿	100.00	43.56	100.00
700	浮粗精矿	58.25	60.98	81.54
	浮粗尾矿	41.75	19.26	18.46
	强磁精矿	100.00	43.56	100.00
850	浮粗精矿	60.16	60.57	83.65
	浮粗尾矿	38.84	18.34	16.35
	强磁精矿	100.00	43.56	100.00
1000	浮粗精矿	61.82	59.34	84.21
	浮粗尾矿	38.18	18.01	15.79
	强磁精矿	100.00	43.56	100.00

在抑制剂和捕收剂用量条件试验的基础上进行了反浮选闭路流程试验，闭路试验采用一粗、一精和一次扫选，试验流程如图 3 所示，试验结果见表 9。由表 9 可以看出，反浮选闭路试验可获得 TFe 品位为 65.79%，产率为 11.00%，铁回收率为 30.03% 的铁精矿。

表 9　反浮选闭路试验结果

产　品	产率/%		TFe 品位/%	回收率/%	
	作业	原矿		作业	原矿
反浮精矿	56.49	11.00	65.79	85.32	30.03
反浮尾矿	43.51	8.48	14.70	14.68	5.17
强磁精矿	100.00	19.48	43.56	100.00	35.20

将弱磁选精矿和强磁—反浮选合格精矿合并为最终的综合铁精矿，最终铁精矿品位为 65.49%，产率为 20.85%，铁回收率为 66.77%。

4　结论

（1）矿石中铁品位为 17.48%，稀土 REO 品位为 1.93%；磁铁矿中铁占 40.78%，赤铁矿中铁占 44.10%，其他铁含量较低；铁矿物粒度分布均匀，且细粒级别中的分布率较高，回收难度较大。

（2）试验确定的工艺流程为：阶段磨矿—弱磁选回收磁性铁，弱磁尾矿强磁—磨矿—强磁—反浮选回收弱磁性氧化铁。

（3）在一段磨矿细度-74μm 90%、二段磨矿细度-45μm 85%、弱磁选两段磁场强度分别为 112kA/m 和 96kA/m、强磁选两段磁场强度分别为 796kA/m 和 636kA/m、反浮选水玻璃用量 1000g/t、捕收剂用量 850g/t 的条件下获得铁精矿 TFe 品位为 65.49%，产率为 20.85%，回收率为 66.77%的技术指标。

BX 型强磁选机分选
白云鄂博低品位铁矿石试验研究

摘　要：针对白云鄂博低品位铁矿石资源利用率低、选矿成本高等问题，在系统研究其矿石性质的基础上，采用 BX 型强磁选机进行磁选工艺试验研究。结果表明，原矿石 TFe 品位 16.52%，通过干磁抛尾—两段磨矿—三段选别的工艺流程，可获得产率 16.54%、TFe 品位 65.31%、TFe 回收率 65.39%、S、P 含量分别为 0.36% 和 0.07% 的铁精矿。研究结果可为该低品位铁矿石的高效利用提供技术支持。

关键词：白云鄂博；低品位铁矿石；BX 型强磁选机；磁选

近年来，随着我国钢铁企业的迅猛发展，国内铁矿石的需求量也急剧增长，但我国铁矿资源禀赋差，存在矿石类型复杂、品位低、开采成本高等问题，不能满足国内钢铁企业的需要，不得不大量依赖进口。而可选性差的低品位铁矿资源及受开采技术条件复杂或选矿技术条件复杂限制的难选冶、难利用铁矿石将成为选矿技术研究的重点之一。白云鄂博矿床已探明铁矿石储量达数十亿吨，但大多以贫铁矿石为主，富铁矿石仅占不到 10%，同时还赋存大量低于边界品位的低品位铁矿石。由于低品位铁矿石矿物种类多、组分复杂、铁含量低，导致其选别难度大。多年来，一直予以堆置，不仅污染环境，占用土地，而且造成了资源浪费。为此，针对该低品位铁矿石采用 BX 型强磁选机进行了干磁预先抛尾—粗磨粗选—再磨精选工艺系统试验研究。

1　矿石性质

原矿的主要化学成分见表 1，铁的物相分析结果见表 2。

表 1　原矿主要化学成分分析结果　　　　（%）

元素	Na$_2$O	K$_2$O	MgO	CaO	BaO	SiO$_2$	ThO$_2$	Al$_2$O$_3$	REO	Nb$_2$O$_5$	F	P	S	TFe
含量	0.36	0.091	6.23	22.21	3.49	4.45	0.016	1.03	6.56	0.16	4.28	1.06	1.08	16.52

原文刊于《矿冶》2019 年 12 月，第 28 卷第 6 期；共同署名的作者有王维维、李二斗、郭春雷、金海龙、李强。

表2　原矿铁化学物相分析结果

相别	含量/%	分布率/%
磁铁矿	10.93	66.16
赤铁矿	1.31	7.93
菱铁矿	2.36	14.29
黄铁矿	0.09	0.54
硅酸铁	1.48	8.96
其他	0.35	2.12

由表2可知，矿石中铁主要以磁性铁为主，分布率为66.16%，其次为菱铁矿和赤铁矿中铁，分布率为14.29%和7.93%，硅酸铁中铁占8.96%，该矿石属于低品位磁铁矿矿石范畴。采用偏光显微镜结合扫描电镜对该矿石进行镜检，矿石中主要铁矿物有磁铁矿、赤铁矿、菱铁矿、黄铁矿、铌铁矿等，磁铁矿的粒度粗细不均，多为0.005~0.10mm，与白云石、萤石和氟碳铈矿紧密共生，如图1所示，脉石矿物主要有石英、长石、白云石、方解石等。

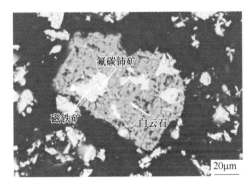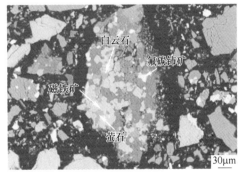

图1　原矿扫描电镜图像

2　BX型稀土永磁强磁选机

BX型稀土永磁强磁选机是包头新材料应用设计研究所研发，对传统磁系（图2）从结构到磁路进行了彻底改造，研制成功BX阵列，BX阵列用于磁选机即是：磁化方向不同的异型磁块按一定顺序紧密地排列成一个多极、径向、环状磁系（图3）。该磁系在分选区形成一个多峰多谷、峰谷值差很小标准的正弦曲线，该曲线决定了选别指标，其特点为：（1）峰谷值差小，消除了对选别指标有害的切向力；（2）BX阵列可把磁力线集中到分选区一侧，而相反的另一侧即磁轭的凹面部分几乎没有磁力线。

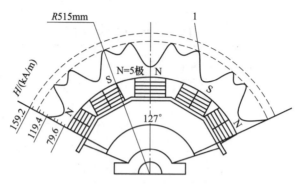

图 2　传统永磁磁选机磁特性曲线

1—磁系为铁氧体材料

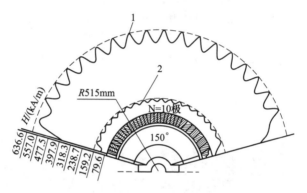

图 3　BX 型永磁磁选机磁特性曲线

1—磁系为高能积钕铁硼材料；2—磁系为铁氧体材料

该磁选机与传统磁选机相比磁系设计先进、磁场梯度大、作用深度深、磁翻转次数多，有利于剔除贫连生体和脉石，可以有效提高铁精矿铁品位和铁回收率。

3　结果与讨论

由原矿性质可知，该矿石中铁矿物主要为磁铁矿，且嵌布粒度不均匀，因此采用阶段磨矿—阶段选别工艺，尽可能在较粗的磨矿粒度下，抛除大部分脉石，减少二段磨矿能耗。

3.1　干磁选抛尾试验

由于原矿石铁品位较低，直接破磨后进行磁选，磨矿成本太大。因此进行抛尾，探索最佳的抛尾工艺条件。将矿石分别破碎至 5mm、10mm、15mm、20mm 以下，采用磁场强度为 636.6kA/m 的 BX 稀土永磁干式强磁选机进行抛尾试验，试验结果见表 3。

表3 干磁选抛尾试验结果

粒级/mm	产品名称	产率/%	TFe品位/%	TFe作业回收率/%
-20	干磁精矿	90.61	17.96	98.51
	干磁尾矿	9.39	2.62	1.49
	原矿	100.0	16.52	100.0
-15	干磁精矿	84.84	18.83	96.88
	干磁尾矿	15.16	3.39	3.12
	原矿	100.0	16.49	100.0
-10	干磁精矿	77.41	20.52	96.03
	干磁尾矿	22.59	2.91	3.97
	原矿	100.0	16.54	100.00
-5	干磁精矿	74.51	21.00	94.78
	干磁尾矿	25.49	3.38	5.22
	原矿	100.0	16.51	100.0

由表3可知，采用-20mm粒级干式强磁抛尾，虽可抛除产率9.39%、铁品位2.62%的尾矿，但粗精矿TFe品位仅提高了1.44个百分点；采用-15mm粒级抛尾获得的粗精矿TFe品位仅比-20mm粒级条件时提高了0.87个百分点，实际生产中意义不大；破碎粒度-10mm条件下抛尾，可抛掉22.59%的含TFe2.91%的尾矿，粗精矿的品位提高了5.0个百分点，再减小矿石粒度，粗精矿的品位提高不大，回收率反而降低，因此确定适宜的抛尾粒度为-10mm。

3.2 粗磨粗选试验

将抛尾精矿破碎至-2mm，采用场强为557kA/m的BX型稀土永磁湿式强磁选机进行不同磨矿细度下的磁选试验，确定最佳粗磨细度，试验结果见表4。

表4 粗磨粗选试验结果

-0.074mm含量/%	产 品	产率/%	TFe品位/%	TFe作业回收率/%
42.2	粗选精矿	48.76	34.45	81.86
	粗选尾矿	51.24	7.26	18.14
	干磁精矿	100.0	20.52	100.0
53.4	粗选精矿	46.94	35.39	80.96
	粗选尾矿	53.06	7.36	19.04
	干磁精矿	100.0	20.52	100.0
60.0	粗选精矿	45.17	36.41	80.15
	粗选尾矿	54.83	7.43	19.85
	干磁精矿	100.0	20.52	100.0

-0.074mm 含量/%	产　品	产率/%	TFe 品位/%	TFe 作业回收率/%
70.6	粗选精矿	44.28	36.77	79.35
	粗选尾矿	55.72	7.60	20.65
	干磁精矿	100.0	20.52	100.0
80.9	粗选精矿	42.87	37.56	78.47
	粗选尾矿	57.13	7.73	21.53
	干磁精矿	100.0	20.52	100.0

由表4可知，随着磨矿细度的增加，粗选精矿TFe品位逐渐提高，TFe回收率逐渐降低，当磨矿细度-0.074mm占60.0%时，粗选精矿的品位为36.41%，作业回收率为80.15%，再增加磨矿细度，粗精矿品位提高幅度不大，回收率降低到80%以下。粗选的主要目的是在提高品位的同时保证较高的回收率，因此考虑选择适宜的粗磨细度为-0.074mm占60.0%。

3.3　再磨精选试验

为确定粗选精矿中的目的矿物是否达到了最优解离度，进行不同磨矿细度下的两段精选试验，一段精选磁场强度为 557kA/m，二段精选磁场强度为477.5kA/m，试验结果见表5。

表5　再磨精选试验结果

-0.045mm 含量/%	产　品	产率/%	TFe 品位/%	TFe 作业回收率/%
73.5	精矿	58.76	56.06	90.47
	精选中矿	6.07	15.63	2.61
	精选尾矿	35.17	7.16	6.92
	粗选精矿	100.0	36.41	100.0
85.6	精矿	55.53	58.47	89.17
	精选中矿	5.89	15.71	2.54
	精选尾矿	38.58	7.82	8.29
	粗选精矿	100.0	36.41	100.0
93.0	精矿	49.27	62.83	85.02
	精选中矿	5.94	16.23	2.65
	精选尾矿	44.79	10.02	12.33
	粗选精矿	100.0	36.41	100.0
96.1	精矿	47.11	65.34	84.54
	精选中矿	6.15	16.58	2.80
	精选尾矿	46.74	9.86	12.66
	粗选精矿	100.0	36.41	100.0

由表5可知，随着磨矿细度的增加，铁精矿品位明显提高，回收率逐渐降低，主要是因为随着磨矿细度的增加，矿粒中所含磁畴数相应减少，其矫顽力增加，比磁化系数却相应减小，导致细粒级颗粒无法吸附在磁选机表面，从而造成了精矿回收率降低。综合考虑精矿品位和回收率，选择适宜的再磨细度为−0.074mm 占 60.0%。

3.4 全流程试验

在上述条件试验的基础上，按图4工艺流程进行了全流程试验，试验结果见表6，精矿多元素分析结果见表7。由表6和表7可知，通过采用 BX 型稀土永磁强磁选机进行干式抛尾—阶段磨矿—阶段选别的工艺流程，最终获得了铁精矿品位 65.31%，回收率 65.39%，S、P 含量分别为 0.36% 和 0.07% 的良好指标。

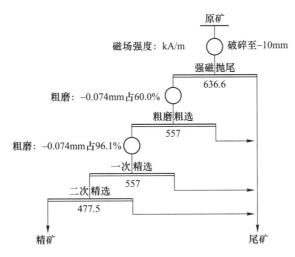

图 4　全流程试验流程

表 6　全流程试验结果

产 品	产率/%	TFe 品位/%	TFe 回收率/%
精矿	16.54	65.31	65.39
精选中矿	2.17	16.64	2.19
精选尾矿	16.32	9.89	9.74
粗选尾矿	42.41	7.39	18.97
干磁尾矿	22.56	2.72	3.71
原矿	100.0	16.52	100.0

表7　精矿多元素分析结果

元素	TFe	Na$_2$O	K$_2$O	MgO	CaO	SiO$_2$	REO	F	P	S
含量/%	65.31	0.10	0.027	3.04	2.91	1.35	1.17	0.29	0.070	0.36

4　结论

（1）矿石中有价元素铁的含量为16.52%，有害成分S、P含量低。以磁性铁形式存在的铁占66.16%，菱铁矿和赤铁矿中铁分别为14.29%和7.93%，此外有8.96%的铁以硅酸铁形式存在。磁铁矿嵌布状态复杂，与白云石、萤石和氟碳铈矿紧密共生，主要的脉石矿物为石英、长石和白云石等。

（2）通过系统试验确定原矿石干磁抛尾—阶段磨矿阶段选别流程的最佳工艺参数：抛尾粒度-10mm、抛尾磁场强度636.6kA/m。一段磨矿细度-0.074mm占60%、粗选磁场强度557kA/m、二段磨矿细度-0.074mm占96.1%、一次精选和二次精选的磁场强度分别为557kA/m和477.5kA/m。

（3）全流程试验获得了产率16.54%、TFe品位65.31%、TFe回收率65.39%、S、P含量分别为0.36%和0.07%的铁精矿，杂质含量达到了工业要求，可作为炼铁原料。

低钙高品位稀土精矿浮选试验研究

摘 要：为了缓解稀土冶炼过程中存在的环境污染问题，进行了低钙高品位稀土精矿浮选试验研究。以水玻璃为抑制剂、黄药为硫化矿捕收剂、羟肟酸 LF-8 为稀土捕收剂、2 号油为起泡剂，采用反浮选脱硫、一粗三精一扫正浮选稀土的闭路试验流程，获得了 REO 含量 65.86%、回收率 90.57%、CaO 含量 3.40% 的高品位稀土精矿。该工艺可为绿色稀土冶炼工艺提供合格原料。

关键词：稀土；高品位；稀土精矿；浮选；反浮选；白云鄂博

白云鄂博稀土浮选工艺以白云鄂博原矿选铁流程生产的磁选尾矿为原料，采用"一粗两精"浮选流程生产 REO 含量 50% 品级稀土精矿。稀土冶炼企业多采用浓硫酸高温焙烧稀土精矿生产稀土产品，由于稀土精矿中含有大量杂质元素，增加了焙烧工艺中原辅材料消耗和三废产出，产生大量含氟含硫烟气、冶炼废水和水浸渣。为了减少冶炼过程的原辅材料消耗、降低冶炼成本、减少污染物排放、实现稀土冶炼清洁生产，亟需生产高品位稀土精矿。本文以 REO 含量 50% 的混合稀土精矿为原料，通过条件试验、流程试验，建立了 REO 含量 65% 低钙高品位稀土精矿的浮选工艺流程，为绿色稀土冶炼工艺提供原料保障。

1 试验条件

1.1 原矿性质

试验所用矿样为包钢集团宝山矿业有限公司生产的稀土精矿（以下简称原矿），其主要化学成分分析结果见表 1，稀土物相及钙物相分析结果见表 2 和表 3。由表 1~表 3 可知：（1）原矿 REO 品位 51.50%，杂质元素主要有 CaO、F、P_2O_5、TFe、S、BaO、SiO_2 等。（2）氟碳酸盐稀土（REO-F）含量 31.46%，磷酸盐稀土（REO-P）含量 20.04%。REO-F 与 REO-P 之比约为 6.1∶3.9。（3）磷酸钙中氧化钙含量 6.48%，氟化钙中氧化钙含量 3.80%，两者合计占有率 83.44%。分选低钙高品位稀土精矿，在浮选过程中需要考虑对磷灰石、萤石、白云石、方解石等矿物的抑制作用。

原文刊于《矿冶工程》2021 年 12 月，第 41 卷第 6 期；共同署名的作者有李娜、秦玉芳、王其伟。

表1 试样主要化学成分分析结果（质量分数） （%）

Na$_2$O	K$_2$O	MgO	CaO	BaO	SiO$_2$	ThO$_2$
0.098	0.029	0.33	12.32	1.11	0.94	0.18
REO	Nb$_2$O$_5$	F	P$_2$O$_5$	S	TFe	Sc$_2$O$_3$
51.50	0.069	6.82	13.12	2.48	3.00	0.0020

表2 试样稀土物相分析结果

稀土相	含量/%	占有率/%
REO-F	31.46	61.09
REO-P	20.04	38.91
REO	51.50	100.00

表3 试样钙物相分析结果

钙　相	含量/%	占有率/%
氟化钙中 CaO	3.80	30.84
磷酸钙中 CaO	6.48	52.60
碳酸钙中 CaO	0.77	6.25
硅酸钙中 CaO	1.27	10.31
硫酸钙中 CaO	微量	—
合计	12.32	100.00

样品矿物组成见表4。由表4可以看出，样品中主要稀土矿物为氟碳铈矿、独居石、黄河矿和氟碳钙铈矿，稀土矿物含量合计72.36%。氟碳酸盐稀土矿物与独居石矿物比例约为6.5∶3.5。主要脉石矿物包括磷灰石、萤石、黄铁矿、磁铁矿、赤铁矿、白云石和方解石等。其中含氟矿物包括磷灰石和萤石，矿物含量合计16.42%。铁矿物含量5.73%，其中黄铁矿含量4.14%。碳酸盐矿物包括白云石和方解石，含量合计2.21%。脉石矿物中磷灰石、萤石、重晶石、黄铁矿等属于易浮矿物，浮选过程中需要设置合理的工艺流程和药剂制度，抑制上述脉石矿物。

表4 试样矿物组成（质量分数） （%）

氟碳铈矿	黄河矿	氟碳钙铈矿	独居石	磷灰石	萤石	白云石
43.02	2.11	1.99	25.24	11.75	4.67	1.79
方解石	重晶石	磁铁矿/赤铁矿	黄铁矿	磁黄铁矿	钛铁矿	石英
0.42	0.53	1.48	4.14	0.05	0.06	0.14
长石	闪石	辉石	云母	其他	合计	
0.03	0.17	0.32	0.11	1.98	100.00	

1.2 试验方法

随着白云鄂博矿原矿开采深度增加，样品中黄铁矿含量增加，对浮选高品位稀土精矿有一定影响，针对原矿性质，采用反浮选脱硫-正浮选稀土工艺，原则流程如图1所示，反浮选试验采用水玻璃-黄药药剂制度，正浮选试验采用水玻璃-羟肟酸药剂制度。

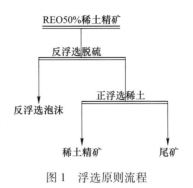

图1 浮选原则流程

2 实验结果与讨论

2.1 反浮选条件试验

2.1.1 捕收剂黄药用量实验

矿浆浓度21%、抑制剂水玻璃用量2kg/t、起泡剂2号油用量100g/t、浮选时间3min、常温条件下，考察了捕收剂黄药用量对浮选效果的影响，结果见图2。从图2可以看出，随着黄药用量增加，反浮选精矿中稀土品位呈先增加后降低的趋势，回收率呈下降趋势。综合考虑，选择捕收剂黄药用量0.175kg/t。

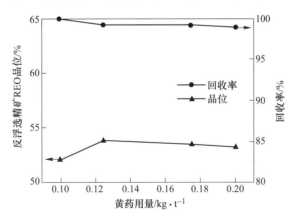

图2 反浮选捕收剂黄药用量试验结果

2.1.2 抑制剂用量试验

捕收剂黄药用量0.175kg/t，其他条件不变，考察了抑制剂水玻璃用量对浮选效果的影响，结果见图3。由图3可见，随着水玻璃用量增加，pH值升高，反浮选精矿中稀土品位和回收率均呈下降趋势，为了减少稀土在反浮选泡沫中的损失，反浮选抑制剂水玻璃用量2.5kg/t为宜。

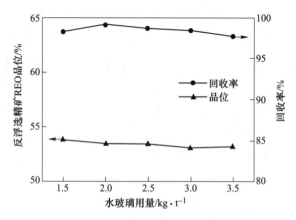

图 3　反浮选抑制剂水玻璃用量试验结果

2.2　正浮选条件试验

2.2.1　抑制剂水玻璃用量试验

矿浆浓度 21%、捕收剂 LF-8 用量 1.0kg/t、起泡剂 2 号油用量 100g/t、浮选时间 5min、浮选温度 60℃ 条件下，考察了正浮选抑制剂水玻璃用量对浮选效果的影响，结果见图 4。由图 4 可见，随着水玻璃用量增加，稀土精矿产率降低，REO 品位升高，当水玻璃用量高于 3kg/t 后，稀土精矿品位增加幅度较小，而回收率下降幅度较大；当水玻璃用量低于 2kg/t 时，稀土精矿 REO 品位较低，尚不到 60%。综合考虑精矿 REO 品位和回收率，确定水玻璃用量 2.5kg/t 为宜。

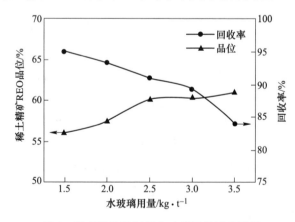

图 4　稀土粗选抑制剂水玻璃用量试验结果

2.2.2　捕获剂 LF-8 用量试验

水玻璃用量 2.50kg/t，其他条件不变，考察了捕收剂 LF-8 用量对浮选效果的影响，结果见图5。由图5可见，随着捕收剂 LF-8 用量增加，稀土精矿 REO 品位降低，回收率增加，LF-8 用量高于 1.0kg/t 时，易浮矿物大量上浮，产率增高幅度较大，造成稀土精矿品位下降。捕收剂 LF-8 用量 0.8kg/t 时结果较好。

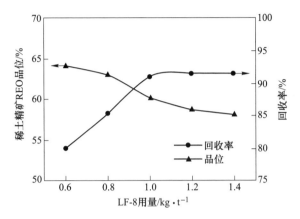

图 5　稀土粗选捕收剂 LF-8 用量试验结果

2.2.3　矿浆浓度试验

捕收剂 LF-8 用量 0.8kg/t，其他条件不变，考察了矿浆浓度对浮选效果的影响，结果见图6。由图6可见，随着矿浆浓度增加，稀土精矿 REO 品位降低，回收率增加，矿浆浓度高于 21.05% 时，易浮矿物大量上浮，产率增幅较大，造成稀土精矿品位下降；矿浆浓度过低，稀土回收率大幅度下降。综合考虑，选择矿浆浓度 21.05% 为宜。

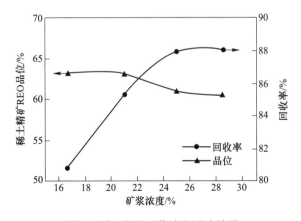

图 6　稀土粗选矿浆浓度试验结果

2.3 闭路试验

在浮选条件试验及开路流程试验基础上，进行了闭路流程试验，结果见表5，试验流程见图7。以水玻璃为抑制剂、黄药为反浮选脱硫捕收剂、羟肪酸LF-8为稀土捕收剂、2号油为起泡剂，采用反浮选脱硫，反浮选精矿一粗三精一扫正浮选稀土、精选中矿和扫选中矿一并返回反浮选工艺，获得了REO品位65.86%、回收率90.57%、CaO含量3.40%的稀土精矿。

表5　闭路试验结果

产品名称	产率/%	REO品位/%	回收率/%
稀土精矿	70.87	65.86	90.57
中矿3	11.43	45.02	9.99
中矿2	8.82	33.54	5.74
中矿1	12.96	34.14	8.59
尾矿	20.75	12.46	5.02
扫选中矿	14.49	31.67	8.90
反浮泡沫	8.38	27.17	4.42
原矿	100.00	51.54	100.00

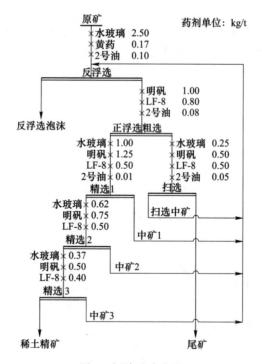

图7　闭路试验流程

3 结论

（1）试样取自包钢集团宝山矿业有限公司稀选车间，稀土 REO 品位 51.50%，杂质元素主要有 CaO、F、P_2O_5、TFe 和 S 等。稀土矿物包括氟碳铈矿、独居石、氟碳钙铈矿和黄河矿，稀土矿物嵌布粒度较细。主要脉石矿物包括磷灰石、萤石、黄铁矿、磁铁矿、赤铁矿、白云石和方解石等。稀土矿物与磷灰石、萤石、铁矿物、碳酸盐矿物嵌布关系密切。

（2）以水玻璃为抑制剂、黄药为反浮选脱硫捕收剂、羟肟酸 LF-8 为稀土捕收剂、2 号油为起泡剂，采用反浮选脱硫、反浮选精矿"一粗三精一扫、精选中矿和扫选中矿一并返回"的正浮选稀土工艺，获得了 REO 品位 65.86%、回收率 90.57%、CaO 含量 3.40% 的稀土精矿。

弱磁尾矿稀土矿物连生特征
及其对浮选的影响

摘　要：采用化学分析、场发射扫描电子显微镜（PE-SEM）和能谱仪（EDS）等分析方法，研究了白云鄂博弱磁尾矿稀土矿物连生特征及其对浮选的影响。研究结果表明：弱磁尾矿中主要的稀土矿物是氟碳铈矿和独居石，并有少量的氟碳钙铈矿、黄河矿、方铈石、硅钛铈矿、褐帘石等，稀土矿物主要以单体形式存在，并伴有少量连生体。连生体中矿物嵌布关系复杂，连生形式多样，包裹现象普遍；少量氟碳铈矿与石英、长石、闪石、萤石和赤铁矿等连生，或以微细粒包裹体存在于钠铁闪石、赤铁矿和磷灰石中，形成复杂的多相连生体；少量独居石呈微细粒自形晶与钠铁闪石、霓石、萤石、方解石以及赤铁矿形成连生体，钠铁闪石、霓石和方解石中见独居石包裹体。在水玻璃 +LF-8 药剂制度下浮选高品位稀土精矿，需适当提高弱磁尾矿中稀土矿物的解离度，同时加强对萤石、磷灰石的抑制作用，进一步处理浮选中矿，以保证稀土与硅酸盐、碳酸盐、萤石和磷灰石等矿物的解离，提高稀土精矿的选别指标。

关键词：白云鄂博；稀土矿物；弱磁尾矿；连生特征

　　白云鄂博矿是世界罕见的大型铁、稀土、铌等多金属共伴生矿床，已发现元素 71 种，矿物 170 余种。白云鄂博矿石中同一元素以多种矿物形式存在，各矿物间嵌布关系复杂，交代、包裹现象普遍，嵌布粒度细小。随着开采深度的增加，矿石由氧化矿石逐渐转变为赤铁矿和磁铁矿的混合矿石，矿石的矿物组成及嵌布特征等出现明显变化，对白云鄂博矿稀土资源的综合利用具有重要影响。白云鄂博矿作为我国稀土工业中重要的混合型稀土资源，是极为重要的战略资源，广泛应用于冶金、机械、化工、功能材料等多个领域，应当深入研究并提高其资源利用率，而现行选矿工艺对稀土资源利用率不足 20%。对稀土矿物连生特征的研究不够充分是制约白云鄂博矿石中稀土资源开发利用的关键因素之一。本文在前人研究的基础上，采用化学分析、场发射扫描电子显微镜（PF-SEM）和能谱仪（EDS）等分析方法，对白云鄂博矿中深部矿石弱磁尾矿的稀土矿物连生特征进行系统研究，从而查明矿石中稀土矿物的工艺矿物学性质，为白云鄂博弱磁尾矿高效浮选稀土回收稀土资源提供理论依据和技术基础。

　　共同署名的作者有李娜、王其伟、马莹、秦玉芳、李二斗。

1 试验

1.1 试验方法

本研究以包钢选矿厂白云鄂博中深部混合矿弱磁尾矿为试样,采用 AMICS(自动矿物分析系统)、SEM(德国 Zeiss Sigma-500、日本 Hitachi S-3400N)及 EDS 等测试手段,研究白云鄂博中深部矿石弱磁尾矿的稀土矿物连生特征及其对稀土浮选的影响。

1.2 样品分析

采用化学分析、X 射线荧光、ICP-MS 等分析手段,分析试样元素组成,结果见表 1。对试样的物相进行分析,结果见表 2。

表 1 试样的多元素分析结果

成分	Na_2O	K_2O	MgO	CaO	BaO	MnO	TiO_2	ThO_2	Al_2O_3
w_B/%	0.95	0.35	2.50	22.99	4.10	1.09	0.90	0.06	1.12
成分	FeO	Sc_2O_3	REO	F	P	S	TFe	SiO_2	Nb_2O_5
w_B/%	1.51	0.01	9.60	12.57	1.54	1.76	14.38	11.43	0.17

表 2 试样的物相分析结果

物 相	P-REO	F-REO	REO
w_B/%	2.41	7.19	9.60
占有率/%	25.10	74.90	100.00

由表 1 可见,该矿样的有价元素包括稀土(REO)、铁(TFe)、氟(F)、铌(Nb_2O_5)、钪(Sc_2O_3)和钍(ThO_2),其质量分数分别为:9.60%,14.38%,12.57%,0.17%,0.01%,0.06%。表 2 的物相分析结果显示:稀土氟碳酸盐与稀土磷酸盐占有率比值约为 3:1,采用 SEM 及 AMICS 分析方法测定弱磁尾矿的矿物组成,结果见表 3。

表 3 试样矿物组成分析

矿物	萤石	闪石	辉石	赤铁矿	氟碳铈矿	磷灰石	白云石	方解石	云母
w_B/%	23.84	5.51	6.44	15.12	10.07	5.04	8.88	3.11	2.63
矿物	重晶石	独居石	石英	长石	磁铁矿	黄铁矿	易解石	黄绿石	其他
w_B/%	6.73	3.51	2.46	2.13	0.58	0.92	0.08	0.06	2.89

由表 3 可见,试样中含量较高的矿物包括萤石、赤铁矿、氟碳铈矿、白云石、重晶石和独居石,含量较低的矿物包括磁铁矿、黄铁矿、易解石和黄绿石

等；具有工业利用价值的矿物包括赤铁矿、氟碳铈矿、独居石和萤石，通常采用强磁—浮选工艺回收赤铁矿，浮选工艺回收氟碳铈矿、独居石和萤石；稀土矿物主要为独居石和氟碳铈矿，以及少量的氟碳钙铈矿、黄河矿、方铈石、硅钛铈矿、褐帘石等。中深部稀土矿物中氟碳铈矿和独居石的质量比由浅部（氧化矿）的 7：7～6：4 变化为接近 3：1，说明氟碳铈矿的比例有明显增加趋势，对简化稀土精矿的提取工艺、提高稀土回收率具有重要的意义。

2 弱磁尾矿稀土矿物连生特征

2.1 解离度分析

当弱磁尾矿中 74μm 以下颗粒占 90.18% 时，稀土矿物解离度分析结果见表 4。

表 4 稀土矿物解离度分析 （%）

稀土单体	连 生 体				
	稀土-硅酸盐	稀土-铁矿物	稀土-萤石	稀土-碳酸盐	稀土-其他
87.28	4.48	3.43	2.46	1.53	0.82

由表 4 可见，弱磁尾矿中稀土矿物主要以单体形式存在，单体解离度为87.28%，少量稀土与硅酸盐、铁矿物、萤石、碳酸盐连生，解离度分别为4.48%、3.43%、2.46%、1.53%。

2.2 连生特征分析

鉴于弱磁尾矿中主要的稀土矿物是氟碳铈矿和独居石，占稀土矿物总量的95%以上，因此主要对氟碳铈矿和独居石的连生特征进行分析。

2.2.1 氟碳铈矿 $(Ce,La)[CO_3](F,OH)$

氟碳铈矿呈浅绿、黄色、淡黄色，透明-半透明。晶体呈六方柱状或板状，主要有 La，Nd，Pr 类质同象替代 Ce，其能谱分析结果见表 5。

表 5 氟碳铈矿能谱分析结果

成分	La_2O_3	Ce_2O_3	Nd_2O_3	Pr_2O_3	CaO	F	CO_2
w_B/%	22.64	35.68	9.73	3.43	0.10	9.59	18.54

由表 5 可见，REO（La_2O_3+Ce_2O_3+Pr_2O_3+Nd_2O_3）质量分数为 71.48%。弱磁尾矿中的氟碳铈矿主要以单体形式存在，少量与石英、长石、闪石、萤石和赤铁矿等连生，或以微细粒包裹体存在钠铁闪石、赤铁矿和磷灰石中，形成复杂的多相连生体，如图 1 所示。

图 1　弱磁尾矿中氟碳铈矿连生特征

（a）成群浸染分布在钾长石中；（b）与钠铁闪石连生；（c）与磁铁矿连生；
（d）与磷灰石连生；（e）与赤铁矿、黑云母、锰白云石、铌铁金红石多相连生；（f）与萤石连生

由图 1 可见，氟碳铈矿成群浸染分布在钾长石中，并与霓石连生。微细氟碳铈矿包裹在钠铁闪石、磷灰石和赤铁矿中。氟碳铈矿与萤石形成连生体，且氟碳铈矿中包裹微粒萤石。

2.2.2　独居石(Ce,La)[PO₄]

独居石常呈厚板状晶体，有时为楔状或等轴状晶体，呈黄绿色—黄色。弱磁尾矿中独居石的能谱分析结果见表 6。由表 6 可见，独居石中稀土元素以铈和镧为主，平均 REO（$La_2O_3 + Ce_2O_3 + Pr_2O_3 + Nd_2O_3$）质量分数为 68.45%，$ThO_2$ 为 0.33%，P_2O_5 为 29.64%。独居石的连生特征如图 2 所示。

表 6　独居石能谱分析结果

成分	La_2O_3	Ce_2O_3	Nd_2O_3	Pr_2O_3	ThO_2
w_B/%	18.93	37.55	8.02	3.95	0.33
成分	CaO	Fe_2O_3	Al_2O_3	SiO_2	P_2O_5
w_B/%	0.09	1.17	0.04	0.29	29.64

注：表中数据为多点能谱分析结果均值。

由图 2 可见，弱磁尾矿中独居石多以单体形式存在，少量呈微细粒自形晶，与钠铁闪石、霓石、萤石、方解石以及赤铁矿形成连生体，钠铁闪石、霓石和方解石中见独居石包裹体。

图 2　弱磁尾矿中独居石连生特征

（a）细粒白云石包裹在独居石中；（b）独居石与赤铁矿毗邻连生；（c）独居石成群分布在钠铁闪石中；
（d）独居石成群分布在霓石中；（e）独居石成群分布在萤石、方解石中

2.3　嵌布粒度分析

采用 AMICS 和 SEM 对弱磁尾矿中的主要矿物嵌布粒度进行分析，结果见表7。

表 7　主要稀土矿物的嵌布粒度分析

嵌布粒度/μm	氟碳铈矿		独居石	
	占有率/%	累计占有率/%	占有率/%	累计占有率/%
+70	44.74	44.74	35.10	35.10
70~43	24.75	69.49	23.07	58.17
43~20	16.66	86.15	13.62	71.79
-20	13.85	100.00	28.21	100.00

由表 7 可见，氟碳铈矿和独居石嵌布粒度 43μm 以下累计占有率分别为 30.51% 和 41.83%，嵌布粒度 20μm 以下的占有率分别为 13.85% 和 28.21%，对浮选分离稀土矿物较为有利。

3　连生特征对稀土精矿选别效果的影响

以水玻璃为抑制剂，LF-8 为捕收剂，2 号油为起泡剂，采用"一粗三精一扫"的闭路浮选流程浮选稀土精矿，如图 3 所示。

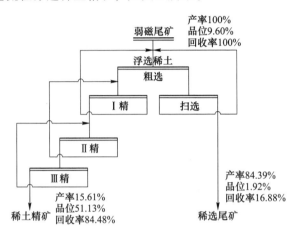

图 3　闭路浮选稀土精矿的流程

精选中矿和扫选中矿逐级返回上段选别，得到稀土精矿品位为 51.13%，回收率为 84.48% 的选别指标。包钢集团公司现稀土浮选工艺采用"一粗两精"流程回收稀土精矿，稀土精矿品位为 50.00%，回收率为 52.22%。与此相比，本工艺增加一次精选、一次扫选，对工艺流程进行优化，在保证精矿品位的前提下，大幅度提高了稀土回收率，为白云鄂博稀土资源的高效利用提供一定的技术依据。

3.1　稀土精矿的粒度分布

采用筛析法分析稀土精矿粒度分布情况，结果见表 8。

表 8　稀土精矿粒度分布

粒度/μm	+45	45~38	38~30	-30
产率/%	13.36	5.64	14.65	66.35

由表 8 可见，稀土精矿的粒度较细，30μm 以下产率为 66.35%，45~30μm 产率为 20.29%，45μm 以上仅占 13.36%。

3.2　稀土精矿的矿物组成

混合型稀土精矿化学成分及矿物组成分析结果见表 9 和表 10。由表 9 和表 10 可见，稀土精矿中主要含氟碳铈矿和独居石，还有少量的磷灰石、萤石、赤铁矿，其他矿物含量较低。

表 9　稀土精矿的元素分析

成分	REO	F	P	TFe	SiO$_2$	ThO$_2$
w_B/%	51.13	9.52	4.42	3.10	1.23	0.26

表 10　稀土精矿的矿物组成

矿物	磁铁矿	赤铁矿	黄铁矿	氟碳铈矿	独居石	黄绿石
w_B/%	< 0.70	3.93	0.76	54.22	21.86	0.03
矿物	易解石	石英	长石	闪石	辉石	云母
w_B/%	0.03	0.27	0.01	0.18	0.10	0.04
矿物	白云石	方解石	萤石	磷灰石	重晶石	其他
w_B/%	0.62	0.19	5.93	9.11	0.76	1.95

3.3　稀土精矿中稀土矿物的嵌布特征

稀土精矿中稀土矿物的连生特征如图 4 所示。

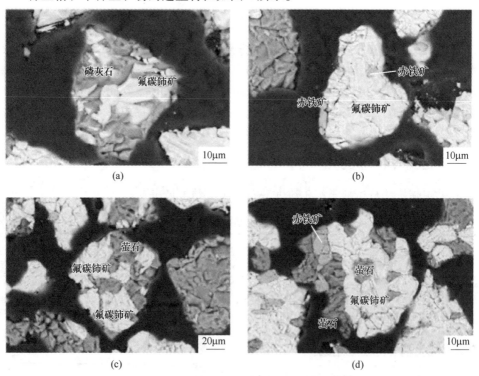

(a)　　　　　　　　　　　　　　　(b)

(c)　　　　　　　　　　　　　　　(d)

图 4　稀土精矿中稀土矿物的连生特征

（a）氟碳铈矿与磷灰石连生；（b）氟碳铈矿和赤铁矿毗邻、包裹混合连生；

（c）氟碳铈矿和萤石连生；（d）赤铁矿、萤石和氟碳铈矿连生

由图4可见，与弱磁尾矿相比，稀土精矿中的矿物具有3个嵌布特征：（1）稀土精矿中稀土矿物单体解离度更高；（2）稀土矿物连生体种类变少，以稀土与磷灰石、萤石、赤铁矿的连生体为主，其中连生矿物嵌布粒度约为 $30\sim10\mu m$，稀土矿物中细粒赤铁矿、萤石包裹体的嵌布粒度小于 $10\mu m$，偶见稀土与硅酸盐、碳酸盐连生体；（3）弱磁尾矿以贫连生为主，稀土精矿以富连生为主。由于富连生体中有用矿物的比率大于脉石矿物，该颗粒在气泡上进行附着，经一段时间停留后进入泡沫产品。基于连生体的分选性质和组成矿物解离的难易程度，将含有2种矿物的连生体分为毗邻型、细脉型、壳层型和包裹型4种类型。在浮选过程中，单一形式的连生体较少，多为复杂连生。连生体颗粒浮选行为取决于稀土矿物表面积同脉石表面积之比，该比值是影响稀土浮选的动力学因素之一。

综合以上分析可知：在水玻璃+LF-8 药剂制度下，浮选稀土得到的稀土精矿中萤石、磷灰石和赤铁矿含量较高。若要获取高品位稀土精矿，在稀土浮选过程中，需进一步加强对萤石和磷灰石的抑制作用。考虑稀土精矿酸法冶炼工艺中需要加入少量铁矿物，以保证稀土回收率，故无需进一步抑制赤铁矿；水玻璃+LF-8 药剂制度对硅酸盐矿物、碳酸盐矿物抑制效果较好，上述矿物在稀土精矿中含量较低；适当提高弱磁尾矿中稀土矿物的解离度，以回收部分贫连生体中的稀土，从而进一步提高稀土精矿的选别指标；尤其要重视对浮选中矿的处理，提高其稀土矿物解离度，可获得更佳的稀土精矿分选指标；弱磁尾矿中细粒包裹体的存在影响了稀土精矿品位和回收率的提升，增加了浮选高品位稀土精矿的难度。

4 结论

（1）研究样品中主要稀土矿物为氟碳铈矿和独居石，并有少量的氟碳钙铈矿、黄河矿、方铈石、硅钛铈矿、褐帘石等，稀土矿物种类多，类型复杂。

（2）弱磁尾矿中稀土矿物主要以单体形式存在，并伴有少量连生体。连生体中矿物嵌布关系十分复杂，矿物连生形式多样，包裹现象普遍。

（3）少量氟碳铈矿与石英、长石、闪石、萤石和赤铁矿等矿物连生，或以微细粒包裹体存在钠铁闪石、赤铁矿和磷灰石中，形成复杂的多相连生体。

（4）少量独居石呈微细粒自形晶体与钠铁闪石、霓石、萤石、方解石以及赤铁矿形成连生体，钠铁闪石、霓石和方解石中见独居石包裹体。

（5）氟碳铈矿和独居石嵌布粒度 $20\mu m$ 以上的占有率分别为 86.15% 和 71.79%，对浮选分离稀土矿物较为有利。

（6）在水玻璃+LF-8 药剂制度下，从弱磁尾矿中浮选高品位稀土精矿，需适当提高弱磁尾矿中稀土矿物的解离度，同时加强对萤石、磷灰石的抑制作用，进一步处理浮选中矿，以保证稀土与硅酸盐、碳酸盐、萤石、磷灰石等矿物的解离，提高稀土精矿的选别指标。

白云鄂博霓石型低品位铁-稀土
矿石选矿试验研究

摘　要：针对白云鄂博混合型铁-稀土矿石生产的铁精矿和稀土精矿回收率低、杂质含量高的问题，按照矿石类型进行分类选别。以霓石型低品位铁-稀土矿石为对象，在系统研究其矿石性质的基础上进行回收铁、稀土的选矿试验。研究结果表明，原矿中TFe品位为17.50%，稀土REO品位为8.43%，主要的铁矿物为磁铁矿，氟碳铈矿和独居石是主要的稀土矿物；脉石矿物主要是霓石、重晶石和方解石等；通过磨矿—两段弱磁选—再磨—弱磁选回收铁，在一段磨矿细度−0.074mm 90%、粗选磁场强度和精选磁场强度分别为112kA/m和96kA/m、再磨细度和再磨磁场强度为−0.045mm 90%和96kA/m的条件下获得TFe品位65.83%、TFe回收率69.86%的铁精矿；选铁尾矿在浮选温度60℃、水玻璃用量2.1kg/t、捕收剂H_{205}用量1.0kg/t的条件下经一次粗选、两次扫选的闭路试验可获得REO品位为50.89%，回收率为63.17%的稀土精矿。研究结果为白云鄂博矿的分类选矿提供技术借鉴。

关键词：白云鄂博；霓石型；铁；稀土；选矿；低品位

　　白云鄂博矿床是世界上著名的超大型Fe-Nb-REE矿床，矿产资源储量大、种类多。白云鄂博矿自开采以来，采用"弱磁—强磁—反浮选"工艺流程从混合型矿石中回收铁，选铁尾矿浮选回收稀土，稀土精矿的品位约为55%，稀土回收率约为50%。随着不断地开采，高品位铁矿石日趋枯竭，致使整体入选品位下降；同时由于白云鄂博矿"多、贫、细、杂"的特征，致使在现有工艺条件下生产铁和稀土精矿的品位和回收率下降，且精矿中的有害元素S、P和F含量高，从而增加了冶炼过程中添加剂的消耗量，会产生大量的废渣。

　　为提高白云鄂博矿资源利用率，实现铁和稀土精矿提质降杂，进行不同类型的铁-稀土矿石进行分类选别，对高硫的云母型铁-稀土矿石、高氟的萤石型铁-稀土矿石以及其他类型的矿石采用不同的选矿工艺单独处理，以期获得高品质的铁和稀土精矿。本文以霓石型低品位铁-稀土矿石为对象，对该类型矿石进行矿物特征及选别试验研究，为其合理开发利用提供依据。

　　原文刊于《中国矿业》2021年9月，第30卷第9期；署名的作者有王维维、候少春、李二斗、李强、魏威。

1　矿石性质

矿石主要化学成分分析见表 1，矿石主要矿物组成及相对含量见表 2，主要有用矿物的粒度分布及含量见表 3，原矿的 XRD 分析结果见图 1。由表 1 可知，矿石中铁和稀土是回收的主要有价成分，铁含量为 17.50%，稀土 REO 含量为 8.43%；铌、钪含量较低，可考虑综合回收；主要的杂质元素为 CaO、BaO 和 SiO$_2$，含量分别为 7.37%、5.38% 和 27.11%；硫、磷含量较低，对精矿的影响较小。

表 1　矿石化学多元素分析结果

成分	TFe	REO	Nb$_2$O$_5$	Na$_2$O	K$_2$O	MgO
含量/%	17.50	8.43	0.055	6.34	0.18	0.62
成分	CaO	BaO	SiO$_2$	Sc$_2$O$_3$	P	S
含量/%	7.37	5.38	27.11	0.0034	0.97	1.22

表 2　矿石的矿物组成及相对含量

矿物名称	磁铁矿	赤铁矿	钛铁矿	黄铁矿	重晶石
含量/%	18.39	1.18	0.12	1.68	2.06
矿物名称	氟碳铈矿	萤石	黄河矿	独居石	长石
含量/%	5.51	1.58	0.80	2.22	1.16
矿物名称	磷灰石	霓石	云母	方解石	金红石
含量/%	1.67	57.44	1.12	3.10	0.05

表 3　主要矿物的粒度分布

粒度/mm	磁铁矿		氟碳铈矿		独居石	
	个别/%	累计/%	个别/%	累计/%	个别/%	累计/%
+0.10	3.99	100.00	—	—	—	—
+0.074~-0.10	18.69	96.01	6.54	100.00	—	—
+0.045~-0.074	20.21	77.32	8.13	93.46	—	—
+0.02~-0.045	36.68	57.11	29.46	85.33	14.49	100.00
+0.01~-0.02	12.65	20.43	29.52	55.87	26.21	85.51
-0.01	7.78	7.78	26.35	26.35	59.30	59.30

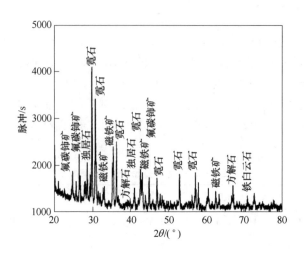

图1　原矿 XRD 分析结果

由表2和图1可知，该矿石矿物组成种类多。磁铁矿含量为18.39%，是主要回收的铁矿物，赤铁矿含量低，仅占1.18%，还有少量黄铁矿等。主要的稀土矿物为氟碳铈矿（5.51%）、独居石（2.22%）和黄河矿（0.80%），脉石矿物主要是霓石（57.44%），还有部分重晶石和方解石等。

由表3可知，磁铁矿粒度分布不均，主要集中在+0.020～-0.074mm之间。+0.074mm分布率为22.68%；因此，在较粗的磨矿细度下磁铁矿难以有效解离；-0.02mm分布率为20.43%，这部分铁在选别中容易损失在尾矿中。氟碳铈矿和独居石嵌布粒度极细，0.01～0.045mm粒级分布率为58.98%和40.70%；-0.01mm分布率分别为26.35%和59.30%，微细粒稀土矿主要分散嵌布在磁铁矿或脉石中，回收难度大。

2　主要矿物嵌布关系

采用扫描电镜对矿石进行镜检，结果见图2。由图2可知，铁矿物多以半自形至它形粒状变晶结构形式出现，呈浸染状沿矿石条带分布或充填在各种矿物粒间，与霓石和稀土矿物共生；稀土矿物嵌布粒度细，与磁铁矿和脉石矿物紧密共生，多数镶嵌在磁铁矿和霓石边缘或者被其包裹。

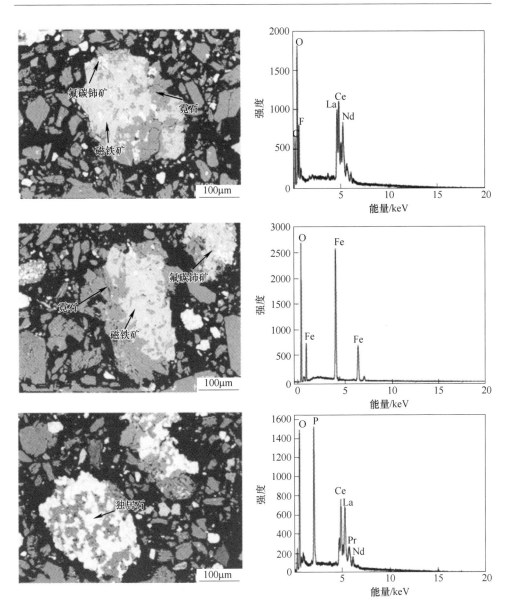

图 2 矿石扫描电镜结果

3 选铁试验

3.1 粗选磁场强度试验

对于低品位铁矿石，优先考虑干磁选粗粒级抛尾，但由于后续磁选尾矿进行预稀土浮选试验，因此，进行直接磨矿磁选试验。根据矿石性质研究结果和工业经验，选择适宜的一段磨矿细度为-0.074mm。

在该条件下对原矿进行了磁场强度试验，试验结果见图3。由图3可知，随着磁场强度增大，粗选精矿（TFe）品位逐渐下降，回收率逐渐提高；当磁场强度增加至112kA/m时，粗精矿铁品位为54.04%，铁回收率为75.36%；当磁场强度从112kA/m增加到144kA/m时，粗选精矿品位降低了0.12个百分点，回收率增加了0.31个百分点，变化幅度均不大。因此，选择粗选场强为112kA/m。

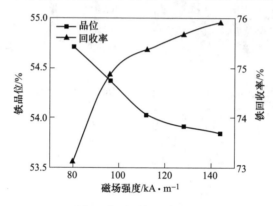

图3　粗选磁场强度试验

3.2　精选磁场强度试验

为确定精选适宜的磁场强度，在一段磨矿细度-0.074mm占90%，粗选场强为112kA/m的条件下，对粗选精矿进行精选试验。从图4可以看出，随着磁场强度从74kA/m增加之96kA/m时，磁精矿（TFe）品位由57.65%降低至56.05%，下降了1.6个百分点，铁回收率从71.63%增加到72.36%，提高了0.73个百分点，再增加磁场强度，精矿回收率的增加幅度明显小于品位的降低幅度，确定精选场强为96kA/m。

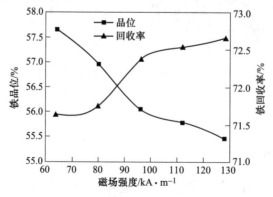

图4　精选磁场强度试验

对一次精选精矿进行二次精选后，精矿品位提高不大。对-0.074mm占90%细度下的主要矿物采用 MLA 进行单体解离度进行测定，结果见表4。由表4可知，磁铁矿单体解离度为83.51%，与硅酸盐矿物的连生体为9.61%。氟碳铈矿和独居石的单体解离度仅为73.65%和72.15%，主要是与硅酸盐和铁矿物连生。因此，连生体是影响铁精矿品位提高的主要原因，需要进一步磨矿使铁矿物尽可能地解离。

表 4　主要矿物的单体解离度

样品名称	单体解离度/%	连生体/%				
		与碳酸盐矿物连生	与硅酸盐矿物连生	与铁矿物连生	与稀土矿物连生	其他矿物连生
磁铁矿	87.51	0.57	9.61	—	1.2	0.97
氟碳铈矿	75.07	1.03	16.70	4.48	—	2.24
独居石	72.21	1.02	20.20	3.59	—	2.38

3.3　再磨细度试验

对二次精选精矿进行再磨细度试验，试验结果见图5。从图5中可以看出，随着磨矿细度的增加，精矿铁品位逐渐增加，铁回收率逐渐下降，当磨矿细度从-0.045mm 75%增加至-0.045mm 90%时，铁的品位和回收率分别为65.83%和69.86%；继续增加磨矿细度至-0.045mm 95%时，铁品位仅增加了0.45个百分点，而铁回收率从69.86%降低至69.28%，降低了0.58个百分点，变化幅度均较小，因此，考虑选择合适的再磨细度为-0.045mm 90%。

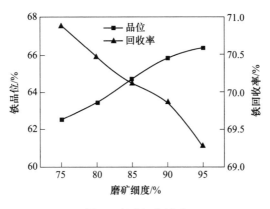

图 5　磨矿细度试验

3.4 再磨场强试验

为确定适宜的再磨磁选磁场强度，在一段磨矿细度为-0.074mm 90%，粗选场强为 112kA/m，精选磁场强度为 96kA/m，再磨细度为-0.045mm 90%的条件下进行再磨磁场强度试验。由图6可知，随着磁场强度从 74kA/m 增加至 96kA/m 时，磁精矿（TFe）品位由 57.65%降低至 56.05%，下降了 1.6 个百分点，铁回收率从 71.63%增加到 72.36%，提高了 0.73 个百分点，再增加磁场强度，精矿回收率的增加幅度明显小于品位的降低幅度，确定精选场强为 96kA/m。

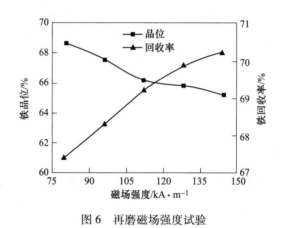

图 6　再磨磁场强度试验

4　稀土浮选试验

4.1　抑制剂用量试验

工艺矿物学研究结果表明，该试样中主要的脉石矿物为霓石、方解石和重晶石等，水玻璃是常用的有效抑制剂，在捕收剂用量 0.8kg/t、浮选温度 60℃，进行水玻璃用量试验，试验结果见图7。由图7可以看出，随着水玻璃用量的增加稀土精矿（REO）的品位逐渐提高，但回收率逐渐降低，当水玻璃用量从 1.5kg/t 增加至 2.1kg/t 时，稀土精矿的品位从 18.56%提高到 23.46%，回收率从 92.14%降低至 88.52%；继续增加水玻璃用量至 2.4kg/t 时，稀土精矿的品位提高了 1.2 个百分点，但回收率降低了 4.13 个百分点，主要是因为捕收剂 H_{205} 的最佳浮选 pH 值为 8~9，当水玻璃用量过大时，矿浆 pH 值过高降低了捕收剂的作用效果。因此，选择适宜的水玻璃用量为 2.1kg/t。

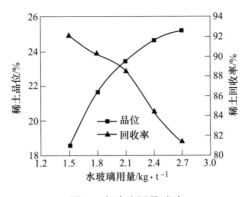

图 7 水玻璃用量试验

4.2 捕收剂用量试验

捕收剂采用 2-羟基 3-萘甲基羟肟酸（H_{205}），该药剂广泛用于稀土浮选生产工艺，具有选择性高、捕收性能强的特点。在水玻璃用量为 2.1kg/t、浮选温度 60℃条件下进行 H_{205} 用量试验，实验结果如图 8 所示。由图 8 可知，随着捕收剂用量的增加，稀土精矿（REO）的品位和回收率都逐渐增加，当捕收剂用量为 1.0kg/t 时，精矿的品位为 24.66%，回收率为 90.33%，继续增加捕收剂的用量，稀土精矿的回收率仅增加了 0.73 个百分点，但品位降低了 0.99 个百分点。因此，确定最佳的捕收剂用量为 1.0kg/t。

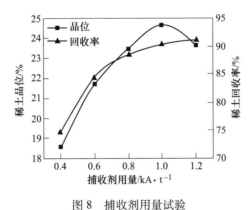

图 8 捕收剂用量试验

5 综合条件试验

在上述阶段磨矿阶段选铁和选铁尾矿稀土浮选的条件试验的基础上进行综合条件试验，试验流程见图 9，试验结果见表 5。由表 5 可知，原矿经阶段磨矿弱磁选可获得铁品位为 65.83%，铁回收率为 69.86% 的良好指标。选铁尾矿在最佳浮选条件下经一粗两精的闭路试验流程可获得稀土精矿（REO）品位为 50.89%，回收率为 63.17% 的技术指标。

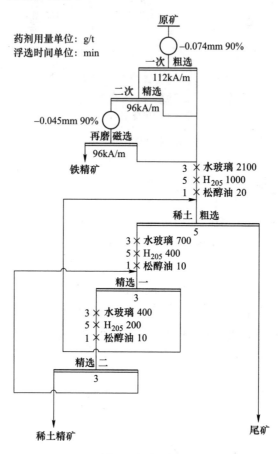

图 9　全流程图

表 5　全流程试验结果

产　品	产率/%	品位/%	回收率/%
铁精矿/TFe	18.57	65.83	69.86
尾矿/TFe	70.97	7.43	30.14
原矿/TFe	100.00	17.50	100.00
稀土精矿/REO	10.46	50.89	63.17
尾矿/REO	70.97	4.37	36.83
原矿/REO	100.00	8.43	100.00

对最终的铁精矿和稀土精矿进行了化学多元素分析，结果分别见表6和表7。由表6可知，铁精矿中主要杂质元素F、P和S含量低于0.4%，达到了包钢冶炼的要求；由表7可知，稀土精矿中杂质元素F、P和S含量相对现有工艺生产的稀土精矿中杂质含量较低。

表6　铁精矿多元素分析结果

元素	TFe	Na$_2$O	MgO	CaO	SiO$_2$
含量/%	65.83	0.47	0.64	0.72	2.69
元素	REO	F	P	S	
含量/%	1.18	0.32	0.089	0.32	

表7　稀土精矿多元素分析结果

元素	REO	Na$_2$O	MgO	CaO	BaO
含量/%	50.89	0.19	0.77	11.13	3.31
元素	F	SiO$_2$	P	TFe	S
含量/%	2.34	1.87	1.92	3.76	0.12

6　结论

（1）矿石中铁含量为17.50%，稀土REO含量为8.43%；主要的杂质元素为CaO、BaO和SiO$_2$；矿石矿物组成复杂，铁矿物主要是磁铁矿，呈浸染状集合体与霓石和稀土矿物紧密共生，粒度部分不均匀；主要的稀土矿物为氟碳铈矿和独居石，嵌布粒度较细，大多被磁铁矿和霓石包裹或镶嵌在磁铁矿和霓石边缘。

（2）通过磨矿—两段弱磁选—再磨—弱磁选的工艺，在一段磨矿细度为-0.074mm 90%、粗选磁场强度和精选磁场强度分别为112kA/m和96kA/m、再磨细度和再磨磁场强度为-0.045mm 90%和96kA/m的条件下获得了铁精矿TFe品位65.83%、回收率69.86%的良好技术指标，杂质含量达到冶炼要求。

（3）选铁尾矿在浮选温度60℃、水玻璃用量2.1kg/t、捕收剂H$_{205}$用量1.0kg/t的条件下经一次粗选、两次扫选的闭路试验可获得REO品位50.89%、回收率为63.17%的稀土精矿。

某钠闪石型低品位稀土-铁矿石
选矿工艺试验研究

摘　要：针对内蒙古某稀土-铁矿石中矿物类型多，生产现场铁精矿中 F、S 含量高，稀土利用率低的问题，按照矿石类型进行分类选别，以钠闪石型低品位稀土-铁矿石为对象，采用"阶段磨矿阶段弱磁选回收铁—尾矿浮选回收稀土"的工艺流程对其进行选矿试验。结果表明：在一段磨矿细度-0.074mm 91.03%、粗选磁场强度 135.32kA/m、精选磁场强度 95.52kA/m、二段磨矿细度-0.045mm 90.56%、二段磁场强度 95.52kA/m 的条件下，可获得 TFe 品位 65.12%、铁回收率 70.69%的铁精矿；在浮选矿浆浓度 40%、浮选温度为 40℃、Na_2CO_3 用量 1.8kg/t、抑制剂水玻璃用量 2.0kg/t、2 号油用量 50g/t、捕收剂 C_5 用量 0.8kg/t 的条件下进行 1 粗 2 精 1 扫的闭路试验，可获得 REO 品位为 56.37%，回收率为 72.54%的稀土精矿。

关键词：钠闪石型；低品位；稀土-铁矿石；阶磨；阶选

　　铁矿石是工业发展的主要原料，而我国铁矿石依赖进口程度高，稀土是新能源、先进装备制造业、军工业和新兴产业等不可或缺的维生素，对国家经济发展和国防安全建设都十分重要。为充分发挥我国优势稀土资源、保证我国铁资源的供应安全，亟需加强对我国铁和稀土资源的高效综合利用。内蒙古白云鄂博矿床作为世界上超大的 Fe-REO-Nb 等多金属共伴生矿床，已探明铁矿石储量和稀土储量巨大。随着不断的开采利用，铁矿石贫、细越来越严重，有效综合利用难度大，加上要兼顾稀土、萤石等有价矿物的回收，选矿工艺趋于复杂。同时，由于白云鄂博矿石类型多样，一直未按照矿石类型采选，导致铁精矿中的有害元素 S、F 含量高。稀土精矿的品位和回收率也仅为 50%左右。目前，针对白云鄂博矿铁、稀土利用率低的问题，已有不少学者对各类型矿石的工艺矿物学进行了详细的研究，为铁和稀土的综合利用提供了理论依据，但对各类型矿石的选矿工艺技术的开发较少。因此，按照包钢"精准采矿、分类选别"的方针，本文以白云鄂博典型的钠闪石型低品位稀土-铁矿石为对象，进行了该类型矿石中铁、稀土的选别试验研究，为该类矿石的综合利用提供技术借鉴。

　　原文刊于《矿业研究与开发》第 41 卷第 10 期；共同署名的作者有王维维、王其伟、李二斗、候少春、王晶晶、张立锋。

1 原矿性质

试验原料来自内蒙古白云鄂博主、东矿钠闪石型 Fe-REO 矿石，原矿的化学多元素分析结果见表 1。

表 1 矿石多元素分析结果 （%）

TFe	REO	Nb_2O_5	F	Na_2O	Ka_2O	MgO
18.06	3.55	0.13	1.34	1.55	0.34	4.83

CaO	BaO	SiO_2	ThO_2	Sc_2O_3	P	S
22.21	3.21	17.09	0.029	0.015	0.64	1.68

由表 1 可知，TFe 和 REO 的含量分别为 18.06% 和 3.55%，铁和稀土品位较其他类型低，是主要回收的目的元素；Nb_2O_5 和 Sc_2O_3 也是有价元素，可在回收稀土的尾矿中进一步回收利用，脉石元素主要是 CaO 和 SiO_2 等。结合原矿的 XRD 分析可知（图 1），含铁矿物主要是磁铁矿；稀土矿物为氟碳铈矿，独居石也是白云鄂博主要的稀土矿物之一，含量较低，未检出；脉石矿物主要是钠闪石、方解石、白云石和重晶石等。

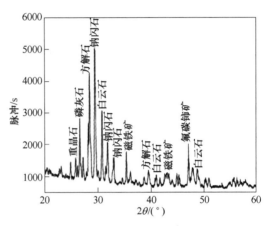

图 1 矿石 XRD 分析结果

为进一步了解原矿中铁和稀土的分布，对其进行了铁物相分析和扫描电镜分析，结果见图 2 和表 2。表 2 表明，磁赤铁矿中铁占总铁的 85.02%，是该矿石中主要回收的有价铁元素；从扫描电镜分析结果可以看出铁矿物、稀土矿物与脉石矿物之间相互包裹连生，需要细磨才能有效单体解离。

表 2 原矿铁化学物相分析结果

铁物相	含量/%	分布率/%
磁铁矿中铁	12.77	70.82
赤铁矿中铁	2.56	12.20
碳酸铁中铁	0.09	0.50
硫化铁中铁	0.14	0.78
硅酸铁中铁	1.27	7.04
其他铁	1.20	6.66
合 计	18.03	100.00

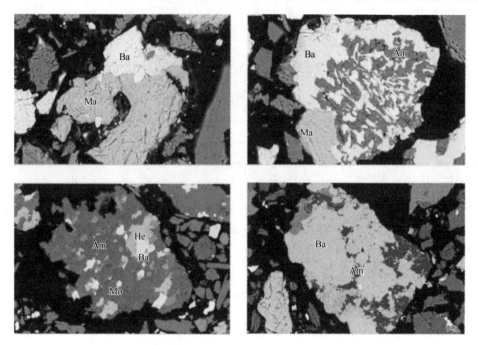

图 2　矿石扫描电镜分析结果

Ba—氟碳铈矿；Am—闪石；Ma—磁铁矿；Mo—独居石；He—赤铁矿

2　试验结果与讨论

　　根据工艺矿物学研究结果，结合选矿现有的生产工艺流程，在多次探索试验的基础上，最终确定了"阶段磨矿阶段弱磁选回收铁—尾矿浮选回收稀土"的工艺流程，并对该流程进行详细的条件试验，以确定合适的工艺参数及药剂制度。

2.1　铁回收试验

2.1.1　一段粗选磁场强度试验

　　根据工艺矿物学研究结果，结合工业生产情况，原矿适宜的一段磨矿细度为 $-0.074mm$ 90% 左右。为确定一段磁选磁场强度试验，在一段磨矿细度为 $-0.074mm$ 91.03% 的条件下，对原矿进行弱磁选磁场强度试验，结果见图3。由图3可以看出，随着磁场强度逐渐增大，精矿 TFe 品位逐渐下降，回收率逐渐提高。当磁场强度在 87.56~135.32kA/m 之间变化时，铁精矿品位和回收率变化幅度较小，综合考虑，选择合适的一段弱磁选磁场强度为 135.32kA/m，获得铁精矿品位为 55.92%，回收率为 74.79%。

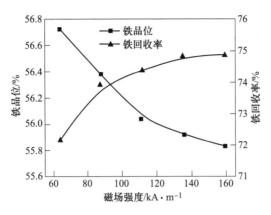

图 3 一段粗选磁场强度试验结果

2.1.2 一段精选磁场强度试验

为确定一段精选合适的磁场强度,在一段磨矿细度-0.074mm 91.03%、粗选磁场强度 135.32kA/m 条件下,对一段磁选粗精矿进行了精选磁场强度试验,结果见图 4。随着磁场强度由 47.76kA/m 增加到 95.52kA/m,弱磁选精矿 TFe 品位由 59.67% 下降至 58.46%,下降了 1.21 个百分点;回收率由 72.56% 增加至 73.31%,增加了 0.75 个百分点。再继续增大磁场强度,精矿回收率增加幅度明显低于品位的下降幅度,因此,选择合适的精选磁场强度为 95.52kA/m。

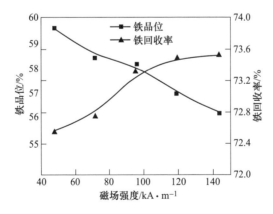

图 4 一段精选磁场强度试验结果

2.1.3 二段磨矿细度试验

通过弱磁选精选后铁精矿的品位提高幅度不大,考虑可能的原因是磨矿细度较粗,铁矿物未能有效单体解离,因此在一段磨矿细度-0.074mm 91.03%、粗选磁场强度 135.32kA/m、精选磁场强度 95.52kA/m 条件下进行二段磨矿细度试验，二段磁场强度为 95.52kA/m，试验结果见图 5。由图 5 可以看出，随着磨矿细度的变细，磁选铁精矿品位逐渐提高，回收率逐渐降低，当磨矿细度为 −0.045mm 90.56% 时，精矿铁品位为 65.14%，回收率为 70.77%，达到了冶炼品位的要求，继续增加磨矿细度铁品位变化幅度不大，铁回收率下降幅度增加，综合考虑后续稀土的回收，选择合适的二段磨矿细度为 −0.045mm 90.56%。

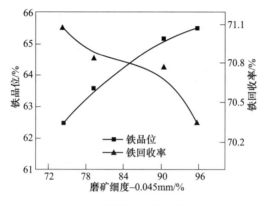

图 5　二段磨矿细度试验结果

2.2　稀土浮选试验

将选铁尾矿合并后作为稀土选别原料，目前针对稀土矿物的回收工艺有磁选、重选和浮选 3 种工艺，考虑矿物组成复杂以及前期的大量探索试验，磁选和重选分离效果不理想，结合生产实践优先采用浮选工艺。

2.2.1　调整剂用量试验

矿浆 pH 值是矿物浮选的重要影响因素，通过影响目的矿物表面的电性进而影响矿物与浮选药剂的作用形式，合理的 pH 值更利于矿物与药剂的选择性吸附。在浮选矿浆浓度 40%、浮选温度 40℃、抑制剂水玻璃 1.5kg/t、捕收剂 C_5 0.8kg/t、起泡剂 2 号油 50g/t 的条件下，进行调整剂 Na_2CO_3 用量试验，试验结果见图 6。由图 6 可以看出，随着 Na_2CO_3 用量的增加，稀土粗精矿 REO 品位和回收率均提高，当 Na_2CO_3 用量为 1.8kg/t 时，稀土粗精矿品位和回收率分别为 27.66% 和 81.56%，再增加 Na_2CO_3 用量粗精矿品位和回收率均有所降低，主要是因为过高的 pH 不利于稀土矿物与捕收剂的选择性吸附，因此确定合适的 Na_2CO_3 用量为 1.8kg/t。

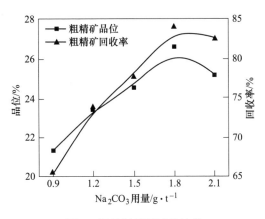

图 6 调整剂用量试验结果

2.2.2 抑制剂用量试验

矿石中主要的脉石矿物为钠闪石、方解石等，采用水玻璃作为抑制剂，在浮选矿浆浓度 40%、浮选温度 40℃、调整剂 Na_2CO_3 用量 1.8kg/t、捕收剂 C_5 0.8kg/t、起泡剂 2 号油 50g/t 的条件下进行水玻璃用量试验，试验结果见图 7。由图 7 可知，随着水玻璃用量的增加，稀土粗精矿 REO 品位逐渐提高，回收率逐渐下降，当水玻璃用量增加至 2.0kg/t 时，稀土粗精矿的品位为 30.14%，回收率为 76.65%；继续增加水玻璃的用量，稀土粗精矿品位增加幅度低于回收率下降幅度，选择最佳的水玻璃用量为 2.0kg/t。

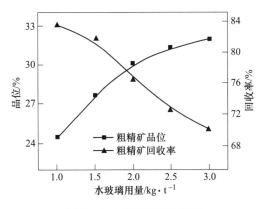

图 7 水玻璃用量试验结果

2.2.3 捕收剂用量试验

捕收剂采用羟肟酸类捕收剂 C_5，该捕收剂与常规 P_8、H_{205} 相比具有浮选温度低、药剂用量少的优点。在浮选矿浆浓度 40%、浮选温度为 40℃、Na_2CO_3 用量 1.8kg/t、抑制剂水玻璃 2.0kg/t、起泡剂 2 号油 50g/t 的条件下进行捕收剂用量试验，试验结果见图 8。由图 8 可以看出，随着捕收剂用量的增加，稀土粗精矿品位和回收率均增加，当捕收用量为 0.8kg/t 时，粗精矿 REO 品位为 30.14%，回收率为 76.65%，继续增加捕收剂的用量，回收率增加幅度较小，品位反而降低较大，确定最佳的捕收剂 C_5 用量为 0.8kg/t。

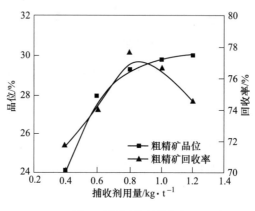

图 8　捕收剂用量试验

2.2.4　全流程试验

在粗选条件试验和开路试验的基础上，进行了实验室全流程试验，选铁工艺阶段磨矿阶段弱磁选，选铁尾矿进行一次粗选、两次精选和一次扫选、中矿逐级返回的稀土闭路浮选试验，试验流程见图 9，试验结果见表 3。由表 3 可知，在一段磨矿细度-0.074mm 91.03%、粗选磁场强度 135.32kA/m、精选磁场强度 95.52kA/m、二段磨矿细度-0.045mm 90.56%、二段磁场强度 95.52kA/m 的条件下，可获得铁精矿 TFe 品位为 65.12%、铁回收率为 70.69% 的技术指标；选铁尾矿进行稀土浮选试验，在浮选矿浆浓度 40%、浮选温度为 40℃、Na_2CO_3 用量 1.8kg/t、抑制剂水玻璃用量 2.0kg/t、2 号油用量 50g/t、捕收剂 C_5 用量 0.8kg/t 的条件下进行一次粗选、两次精选和一次扫选的闭路试验，可获得稀土精矿 REO 品位为 56.37%，回收率为 72.54% 的技术指标。并对铁精矿和稀土精矿进行了化学多元素分析，结果见表 4 和表 5。从表 4 可以看出，铁精矿的品位较高，且铁精矿中的主要有害元素 F、S 含量低；从表 5 可以看出，稀土精矿品位较高，脉石元素 CaO 含量明显低于现有指标，有利于后期冶炼过程中冶炼渣的减量化。

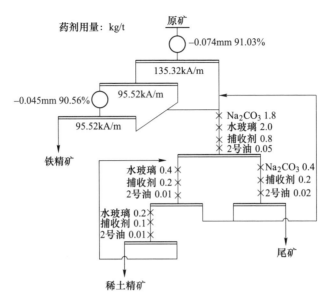

图 9 全流程图

表 3 全流程试验结果

产 品	产率/%	品位/%	回收率/%
铁精矿/TFe	19.60	65.12	70.69
尾矿/TFe	80.40	6.58	29.31
原矿/TFe	100.00	18.06	100.00
稀土精矿/REO	4.57	56.37	72.54
尾矿/REO	95.43	1.02	27.46
原矿/REO	100.00	3.55	100.00

表 4 铁精矿多元素分析结果

产 品	成分/%							
	TFe	Na_2O	MgO	CaO	SiO_2	F	P	S
试验指标	65.12	0.47	0.64	0.72	2.69	0.35	0.089	0.23
现有指标	63.64	0.23	1.13	1.58	5.28	0.52	0.08	0.56

表 5 稀土精矿多元素分析结果

产 品	成分/%								
	REO	MgO	CaO	BaO	F	SiO_2	P	TFe	S
试验指标	56.37	0.77	9.13	3.31	2.34	1.87	1.92	3.76	0.12
现有指标	51.76	0.34	13.20	1.41	8.99	2.13	3.04	3.84	0.41

3　结论

（1）内蒙古某钠闪石型稀土-铁矿石中，铁和稀土的品位分别为18.06%和3.55%，其中可利用的铁主要是磁铁矿和少量赤铁矿，稀土矿物主要是氟碳铈矿和独居石，主要的脉石矿物为钠闪石、白云石、重晶石等，铁矿物、稀土矿物与脉石矿物之间嵌布关系复杂。

（2）矿石中磁赤铁矿、稀土矿物嵌布粒度粗细不均，通过一段磨矿难以实现原生矿物的有效单体解离，导致铁精矿中稀土含量和稀土精矿中铁含量偏高，研究采用"阶段磨矿阶段弱磁选回收铁尾选稀土"的工艺流程，使得铁、稀土的利用率显著提高，且铁精矿中F、S的含量也明显降低。

（3）在一段磨矿细度-0.074mm 91.03%、粗选磁场强度135.32kA/m、精选磁场强度95.52kA/m、二段磨矿细度-0.045mm 90.56%、二段磁场强度95.52kA/m的条件下可获得铁精矿TFe品位65.12%、铁回收率70.69%的技术指标；选铁尾矿以碳酸钠为调整剂、水玻璃抑制剂、C_5为捕收剂、2号油为起泡剂，经1粗2精1扫闭路流程，获得了稀土精矿REO品位为56.37%，回收率为72.54%的技术指标。

白云鄂博选铁尾矿优先浮选稀土试验研究

摘 要：以白云鄂博选铁尾矿为研究对象，进行了优先浮选回收稀土的工艺研究，根据试样的矿物学性质，采用羟肟酸类捕收剂 LF-P8，水玻璃为抑制剂，松醇油为起泡剂，在矿浆 pH 值 9.0、温度 60℃下，经过"一粗三精，中矿集中返回"的浮选闭路工艺可以得到品位（REO）50.52%、回收率（REO）81.30%的稀土精矿，成功实现选铁尾矿中稀土资源的高效回收利用。

关键词：白云鄂博；选铁尾矿；稀土；优先浮选

包头白云鄂博矿是一个以铁、稀土、铌为主的大型多金属共伴生矿床，具有资源储量大、矿石性质贫细杂等特点，已探明稀土储量居世界第一位。稀土元素绝大部分以独立矿物产出，分配在稀土矿物中的稀土占 90% 以上，仅百分之几的稀土以类质同象或细小包裹体分散于其他矿物中。

长期以来稀土只能作为铁的伴生资源，在选铁过程中加以回收。而现行选矿工艺对稀土资源利用率不足 20%。白云鄂博矿石由包钢选矿厂、宝山矿业公司、沃尔特三家选厂进行分选，基本流程为先进行铁分选，选铁尾矿再进一步分选稀土。

选铁尾矿作为分选稀土原料由氧化矿系列中的强磁中矿和部分强磁尾矿以及磁矿系列中的弱磁尾矿构成。选铁尾矿中可回收资源包括稀土、萤石、铌、钪等，占总价值的 80% 以上，但由于原矿贫、杂、细、散的特征，选铁尾矿成分复杂、有用矿物虽有所富集（除铁以外），但含量仍相对较低，给稀土的回收带来一定困难。

目前的浮选稀土工艺存在诸多问题：工艺指标不稳定，产品品位波动范围较大，稀选尾矿品位高，稀土回收率较低，据选厂现场调研所知，稀土浮选回收率不足 45%。针对上述问题，开展选铁尾矿中稀土的工艺特征及浮选工艺研究，对高效回收白云鄂博的稀土资源及合理地组织生产具有重要意义。

1 试样性质

1.1 试样多元素分析

试验样品取自白云鄂博某选矿厂生产线上的选铁尾矿，试样多元素分析结果见表 1。

原文刊于《矿冶》2021 年 2 月，第 30 卷第 1 期；共同署名的作者有秦玉芳、李娜、马莹、王其伟。

表 1　试样多元素分析

元素	REO	TFe	SiO$_2$	P	S	CaO
含量/%	11.83	14.66	9.70	0.31	1.48	20.82
元素	F	Na$_2$O	MgO	ThO$_2$	BaO	MnO$_2$
含量/%	10.62	0.75	3.00	0.034	4.14	1.12
元素	Nb$_2$O$_5$	Sc$_2$O$_3$	K$_2$O	Al$_2$O$_3$	TiO$_2$	烧失量
含量/%	0.18	0.014	0.38	0.63	0.66	11.30

　　由表 1 结果可见，选铁尾矿中稀土品位（REO）为 11.83%，白云鄂博原矿中稀土品位（REO）为 7.79%，经选铁后，目标元素 REO 在一定程度上得到富集。杂质元素主要为 CaO、F、Fe、SiO$_2$，其次为 MgO、BaO、MnO$_2$、S，还有少量的 Na$_2$O、K$_2$O、Al$_2$O$_3$、TiO$_2$ 等。

1.2　试样筛分分析

　　称取固定质量样品，采用 74μm、53μm、45μm、38μm 和 25μm 实验标准筛开展粒度筛析检查，考察试样中稀土元素在各个粒级中的分布情况。试验结果见表 2。

表 2　试样筛分分析结果

粒级/μm	产率/%	品位（REO）/%	分布率/%
+74	16.33	4.84	6.88
−74～+53	9.00	6.94	5.43
−53～+45	7.33	8.59	5.48
−45～+38	6.85	10.22	6.09
−38～+25	6.85	11.66	6.95
−25	53.64	14.82	69.17

　　由表 2 结果可知，样品中 REO 在各粒级中呈现分布不均的现象，近 70% 的稀土元素分布在 −25μm 粒级中，表明试样中稀土矿物粒度较细，这给稀土的浮选回收造成一定困难。且样品中的矿泥含量过高，会导致微细粒在矿物表面的黏附和气泡捕收能力的下降，从而影响精矿的品位指标，同时，矿泥含量过高还可能会使浮选环境恶化，影响浮选药剂的选择性，从而使细粒级的稀土矿物无法得到有效的捕收，影响矿物的回收率指标。

1.3　试样矿物组成

　　采用 SEM、EDS、AMCS-Mining 对试样进行矿物组成分析，其结果见表 3。

表3 试样矿物组成

矿物名称	氟碳铈矿	独居石	氟碳钙铈矿	黄河矿	磁铁矿、赤铁矿	黄铁矿	磷灰石	萤石
含量/%	6.63	3.87	1.39	0.66	11.15	0.43	7.00	20.95

矿物名称	白云石	方解石	石英、长石	钠辉石	闪石	云母	重晶石	其他
含量/%	16.78	3.13	7.68	5.91	4.89	3.17	4.21	2.15

从矿物组成结果来看，试样中稀土矿物以氟碳铈矿、独居石为主，少量氟碳钙铈矿和黄河矿，是浮选回收稀土的主要对象，稀土矿物占总矿物量的12.56%。试样中脉石矿物种类繁多，脉石矿物以萤石、碳酸盐类矿物、硅酸盐类矿物以及铁矿物为主，其他矿物含量较少，但矿物种类较多。其中萤石是主要的非金属矿物，钠辉石、白云石、方解石、石英、长石、重晶石、黑云母和磷灰石等。它们大部分都含有害杂质氟、钠、钾、磷、硫，从而给选矿工艺的去杂过程带来了一定的影响。

1.4 稀土矿物连生特征

采用MLA对试样中主要稀土矿物的连生关系进行了观察和统计，详见图1。

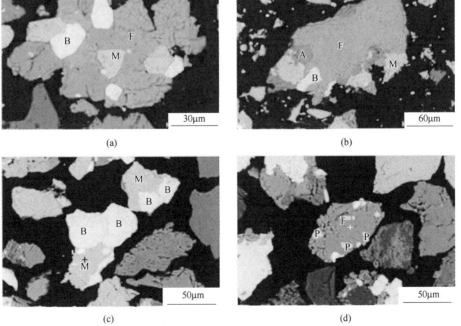

(a)

(b)

(c)

(d)

图1 主要稀土矿物连生特征

F—萤石；M—磁铁矿；A—闪石；B—氟碳铈矿；P—独居石

　　试样中稀土矿物主要（80%）以单体的形式存在，少量为连生体。稀土矿物与萤石的连生关系最为密切，其次是磁铁矿、霓石、白云石及磷灰石，少量与石英、重晶石和云母连生。多表现为稀土矿物与磁铁矿、磷灰石紧密连生或者以微细粒包裹体的形式嵌布在萤石、霓石和白云石中。

2　稀土浮选试验

2.1　粗选条件试验

2.1.1　矿浆浓度试验

　　在抑制剂用量 1.75kg/t，捕收剂 LF-P8 用量 0.9kg/t，起泡剂用量 168g/t，浮选时间 5min，浮选温度 60℃条件下，考察矿浆浓度对浮选效果的影响。矿浆浓度分别为 30%、35%、40%、45%、50%、55%、60%。试验结果见图 2。

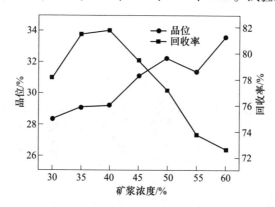

图 2　矿浆浓度对粗选精矿稀土品位和回收率的影响

　　由图 2 可以看出随着矿浆浓度的增加，品位随矿浆浓度的增加总体呈上升趋势，回收率先增加后降低。矿浆浓度为 40% 时，回收率达到最大，继续增加矿浆浓度，精矿回收率下降幅度开始明显大于品位增加幅度，选择矿浆浓度为 40%，此时获得的精矿技术指标为粗选精矿品位（REO）29.16%，回收率（REO）81.84%，精矿品位可通过进一步精选试验来提高，为保证浮选试验总回收率，选择浮选矿浆浓度为 40%。

2.1.2　抑制剂用量试验

　　水玻璃对石英、硅酸盐等脉石矿物有良好的抑制作用。同时，水玻璃也是良好的分散剂，对矿泥有分散作用，减弱矿泥对浮选的有害影响，从而改善浮选环境。在矿浆浓度 40%、温度 60℃、LF-P8 用量 900g/t、松醇油用量 168g/t 的条件下，进行水玻璃用量试验。试验结果如图 3 所示。

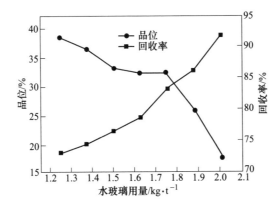

图 3 抑制剂用量对粗选精矿稀土品位和回收率的影响

由图 3 可知，粗选精矿中 REO 品位随抑制剂用量的增加总体呈下降趋势，REO 回收率随抑制剂用量的增加呈上升趋势，当抑制剂用量为 1.75kg/t 时能同时得到较高的 REO 品位和回收率，因此，抑制剂用量选择 1.75kg/t。

2.1.3 捕收剂用量试验

羟肟酸类捕收剂为稀土浮选中常用的捕收剂，本试验采用 LF-P8 为捕收剂，其主要有效成分为苯羟肟酸，在矿浆浓度 40%，抑制剂 1.75kg/t，起泡剂 168g/t，浮选时间 5min，浮选温度 60℃，捕收剂用量分别为 0.8kg/t、0.9kg/t、1.0kg/t、1.1kg/t、1.2kg/t 条件下，考察捕收剂用量对粗选精矿中 REO 品位、回收率的影响，试验结果如图 4 所示。

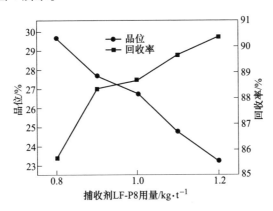

图 4 捕收剂用量对粗选精矿稀土品位和回收率的影响

由图 4 可以看出随着捕收剂用量的增加，粗选精矿 REO 品位逐渐下降，回收率总体呈上升趋势，在捕收剂用量为 0.9kg/t 时，粗选精矿品位、回收率均处于较高值，继续增加捕收剂用量，REO 回收率提高较小，而品位则明显降低，因此选择捕收剂用量为 0.9kg/t。

2.2 开路试验

通过条件试验确定了各药剂的最佳用量后，进行了一次粗选、三次精选的开路条件试验，试验流程见图 5，开路试验结果见表 4。

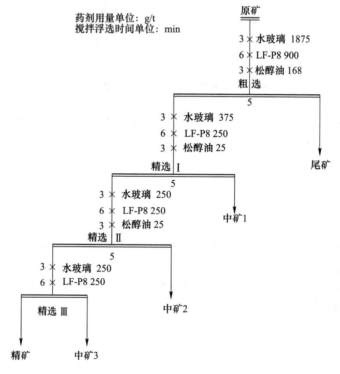

图 5 开路试验流程图

表 4 开路试验结果

产　品	产率/%	品位/%	回收率/%
精矿	13.82	55.32	67.15
中矿 1	14.20	5.70	7.11
中矿 2	4.03	10.50	3.72
中矿 3	3.25	26.19	7.47
尾矿	64.71	2.56	14.55
原矿	100.0	11.38	100.0

通过一次粗选、三次精选的开路流程，可获得稀土精矿品位为 55.32%、回

收率为 67.15% 的浮选指标。

2.3 闭路试验

为进一步提高浮选回收率，并考察中矿产品及矿浆中药剂的返回对浮选指标的影响，在已有试验条件的基础上，进行浮选闭路试验，闭路试验采用中矿合并返回到粗选的试验流程和药剂制度，如图 6 所示，试验结果见表 5。

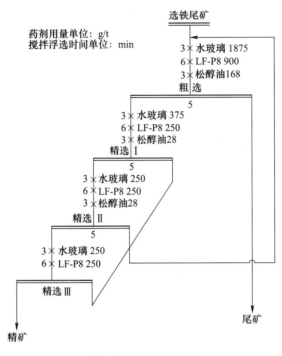

图 6 闭路试验流程图

表 5 闭路试验结果

产 品	产率/%	品位/%	回收率/%
精矿	18.28	50.52	81.30
尾矿	81.72	2.60	18.70

浮选闭路试验可获得品位（REO）为 50.52%、回收率（REO）为 81.30% 的稀土精矿，试验指标良好，实现了选铁尾矿中稀土资源有效回收，为后续尾矿样品中伴生矿物的综合回收利用奠定基础。

3 结论

（1）通过对样品的工艺矿物学研究表明，试样中的矿物组成较为复杂，主要稀土矿物为氟碳铈矿和独居石，少量氟碳钙铈矿与黄河矿，影响稀土矿物浮选的主要脉石矿物为萤石、白云石、磷灰石等；浮选目标矿物主要以单体形式存在，少量为连生体，与脉石矿物呈现复杂连生关系；REO 在各粒级中分布不均，稀土矿物多数粒度过细，回收具有一定困难。

（2）采用羟肟酸类捕收剂 LF-P8，水玻璃为抑制剂，松醇油为起泡剂，在矿浆 pH 值为 9.0，温度 60℃下，浮选闭路试验可获得品位（REO）为 50.52%、回收率（REO）为 81.30%的稀土精矿。实现了选铁尾矿中稀土资源的有效回收。

包钢尾矿库尾矿浮选回收稀土试验研究

摘 要：包钢尾矿库中尾矿 REO 品位为 7.13%，主要稀土矿物为氟碳铈矿和独居石。为开发利用该尾矿中的稀土资源，采用浮选工艺进行了稀土回收试验。结果表明，采用浮选工艺回收矿样中的稀土矿物是可行的；在磨矿细度为−74μm 占 92%、矿浆 pH=9 条件下，以水玻璃为抑制剂、P8-0 为捕收剂、松醇油为起泡剂，采用一粗二精一扫、中矿顺序返回的工艺流程，可获得 REO 品位为 51.56%，REO 回收率为 84.13%的稀土精矿，试验指标较好，可作为回收白云鄂博尾矿中稀土资源的依据。

关键词：包钢尾矿库；尾矿；浮选；稀土

包钢尾矿库中的尾矿主要为前期生产抛弃的尾渣和近年来选矿后的尾矿，含有大量稀土、萤石、铁等可利用的矿物组分，其中稀土是尾矿中最重要、最有潜力的资源。尾矿中稀土的平均品位在 7%左右，与白云鄂博原矿品位相当，其价值相当可观，为可供二次利用的重要资源。

由于排入尾矿库中的尾矿和废水成分复杂，难选矿物及细粒级的矿泥较多，且长期经受风化、水浸、氧化及残余药剂污染，矿物表面的物理化学性质已发生变化，给稀土矿物分选造成一定困难。如何经济、合理、有效地回收利用这些尾矿中的稀土资源，不仅可解决尾矿库尾矿综合利用的难题，同时对提高白云鄂博稀土资源利用率具有重要意义。

本研究针对包钢尾矿进行稀土浮选试验，以水玻璃为抑制剂、P8-0 为捕收剂，松醇油为起泡剂，采用一粗二精一扫的选别流程，获得了较好的试验指标，可以实现稀土矿物的有效回收。

1 矿样性质

1.1 主要化学成分分析

矿样主要化学成分分析结果见表 1。从表 1 结果可以看出，矿样中含量较高的组分主要有 CaO 24.49%、TFe 15.35%、SiO_2 14.17%、F 12.98%以及稀土

原文刊于《有色金属（选矿部分）》2020 年第 6 期；共同署名的作者有秦玉芳、马莹、王其伟、李娜、李二斗。

REO 7.13%，其中稀土品位略高于白云鄂博原矿。

表 1　矿样主要化学成分分析结果

化学成分	TFe	FeO	MFe	SiO$_2$	P	S	F	REO	K$_2$O	CaO
含量/%	15.35	3.51	2.84	14.17	1.23	2.10	12.98	7.13	0.40	24.49
化学成分	MgO	Al$_2$O$_3$	BaO	MnO	ThO$_2$	Nb$_2$O$_5$	TiO$_2$	Na$_2$O	Sc	
含量/%	3.02	1.06	3.28	1.21	0.045	0.16	0.80	1.06	0.0059	

1.2　矿物组成

采用 SEM、EDS、AMCS-Ming 对矿样进行矿物组成分析，分析结果见表 2。采用化学分析方法对矿样进行稀土物相分析，物相分析结果见表 3。由表 2 矿物组成分析结果可知，该矿样中稀土矿物为氟碳铈矿和独居石，占总矿物的 9.8%。脉石矿物以铁矿物、萤石、硅酸盐类矿物、碳酸盐类矿物为主，其他矿物含量较少，但矿物种类较多。由表 3 化学物相分析结果可以看出，16.55%稀土元素分布于独居石中，大部分稀土元素分布在氟碳铈矿中，占有率为 83.45%。

表 2　矿样矿物组成分析结果

矿物名称	磁铁矿	赤铁矿	黄铁矿	白云石、方解石	独居石	磷灰石	萤石
含量/%	2.0	17.4	3.0	8.8	3.4	3.1	25.4
矿物名称	氟碳铈矿	霓辉石	钠闪石	石英、长石	黑云母	重晶石	其他
含量/%	6.4	10.4	6.9	3.2	3.2	5.1	1.7

表 3　矿样稀土物相分析

稀土相别	P-REO	F-REO	合计
含量/%	1.18	5.95	7.13
占有率/%	16.55	83.45	100.0

2　试验结果与讨论

2.1　粗选条件试验

2.1.1　磨矿细度试验

因尾矿长期堆存于尾矿库中，矿物表面物理化学性质不同程度地发生变化，磨矿不仅能使矿粒露出新鲜表面，更好地与药剂作用，同时还能使目标矿物达到适宜的单体解离度，从而获得良好的选别指标。磨矿过程应使有用矿物得到单体解离，且不因过磨而导致矿物泥化，为考察矿物粒度对浮选指标的影响，进行了磨矿细度试验。固定矿浆浓度为45%，抑制剂用量为5.0kg/t，捕收剂P8-0用量为1.5kg/t，起泡剂用量为0.3kg/t，浮选时间为6min，浮选温度65℃的条件下，考察了磨矿细度分别为-74μm占80%、84%、88%、92%和96%时对浮选效果的影响，试验结果见图1。

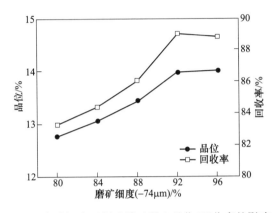

图1 磨矿细度对粗选精矿稀土品位/回收率的影响

由图1结果可以看出，精矿中稀土品位、回收率随磨矿细度的提高呈上升趋势，但是当磨矿细度达到-74μm 92%时，精矿品位、回收率达到最大，继续提高磨矿细度，品位基本不变，回收率略有下降。结果表明，稀土矿物的单体解离度随着磨矿细度的提高而逐渐增加，与此同时，部分稀土矿物和脉石矿物会被过磨而泥化，导致浮选环境恶化而影响浮选指标为保证浮选回收率，选择磨矿细度为-74μm占92%为宜。

2.1.2 矿浆浓度试验

在包头稀土选矿厂生产实践中高浓度和高温浮选被证明是最有效的浮选技术，为考察矿浆浓度对浮选效果的影响，固定磨矿细度为-74μm 92%，抑制剂用量为5.0kg/t，捕收剂P8-0用量为1.5kg/t，起泡剂用量为0.3kg/t，浮选时间为6min，浮选温度65℃的条件下，考察了矿浆浓度分别为50%、45%、40%、35%和30%时对浮选效果的影响，试验结果见图2。由图2可以看出，随着矿浆浓度升高，精矿稀土品位总体呈下降趋势，回收率先升高后降低，当矿浆浓度为45%时，精矿中稀土回收率达到最大，继续增加矿浆浓度，REO品位和回收率均有下降，为了兼顾REO品位和回收率，选择矿浆浓度为45%为宜。

2.1.3 浮选温度试验

在矿浆浓度为45%，抑制剂用量为5.0kg/t，捕收剂用量为P8-0 1.5kg/t，起

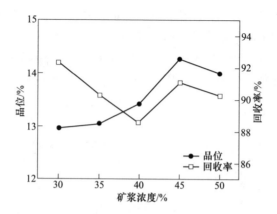

图 2　矿浆浓度对粗选精矿稀土品位/回收率的影响

泡剂用量为 0.3kg/t，磨矿细度为−74μm 92%，浮选时间为 6min 的条件下，考察了浮选温度分别为 25℃（常温）、35℃、45℃、55℃、65℃时对浮选效果的影响，试验结果见图 3。试验采用的捕收剂 P8-0 属于羟肟酸类捕收剂，为化学吸附型捕收剂，所有有关羟肟酸浮选的研究都已表明，升高温度，捕收剂的吸附密度和浮选回收率都增加。从图 3 可知，精矿中 REO 品位和回收率均随浮选温度的升高而增加，考虑到能耗及浮选作业环境因素，选择最佳浮选温度为 65℃。

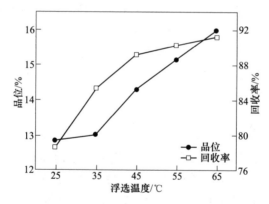

图 3　浮选温度对粗选精矿稀土品位/回收率的影响

2.1.4　抑制剂用量试验

水玻璃对石英、硅酸盐等脉石矿物有良好的抑制作用。同时，水玻璃也是良好的分散剂，对矿泥有分散作用，减弱矿泥对浮选的有害影响，从而改善浮选环境。试验采用水玻璃作为抑制剂，为了增强对脉石矿物的抑制作用，考察了水玻璃用量对粗选精矿品位和回收率的影响。固定矿浆浓度 45%，捕收剂 P8-0 用量为 1.5kg/t，起泡剂用量为 0.3kg/t，浮选时间为 6min，浮选温度 65℃，进行了水玻璃用量分别为 4.0kg/t、4.5kg/t、5.0kg/t、5.5kg/t、6.0kg/t 时对浮选效果的影响，试验结果如图 4 所示。

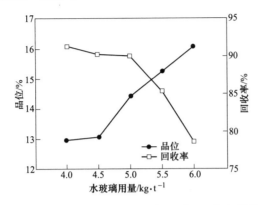

图 4　抑制剂用量对粗选精矿稀土品位/回收率的影响

由图 4 可知，精矿中稀土品位随抑制剂用量的增加总体上升，回收率随抑制剂用量的增加而下降，当抑制剂用量为 5.0kg/t 时能同时得到 REO 品位和回收率较高的粗选精矿，综合考虑，抑制剂用量选择 5kg/t。

2.1.5　捕收剂用量试验

羟肟酸类捕收剂为稀土浮选中常用的捕收剂，试验采用 P8-0 作为捕收剂，其主要有效成分为苯羟肟酸，固定磨矿细度为 $-74\mu m$ 92%，矿浆浓度 45%，抑制剂用量为 5.0kg/t，起泡剂用量 0.3kg/t，浮选时间 6min，浮选温度 65℃，考察了 P8-0 用量分别为 0.6kg/t、0.9kg/t、1.2kg/t、1.5kg/t、1.8kg/t 时对粗选精矿 REO 品位和回收率的影响，试验结果如图 5 所示。由图 5 可以看出，随着捕

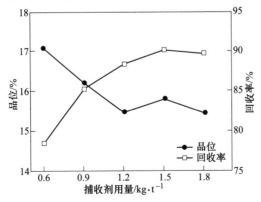

图 5　捕收剂用量对粗选精矿稀土品位/回收率的影响

收剂用量增加，粗选精矿稀土品位变化幅度不大，总体呈下降趋势，在用量为1.5kg/t 以上时 REO 品位略有上升，而回收率总体呈上升趋势，在捕收剂用量为1.5kg/t 时回收率达到最大，继续增加捕收剂用量 REO 回收率下降。综合考虑品位及回收率，选择捕收剂 P8-0 的用量为 1.5kg/t。

2.2　开路试验

固定磨矿细度−74μm 占 92%，采用一粗二精的流程进行了开路试验，试验流程见图 6，试验结果见表 4。由表 4 结果可知，经过开路试验可获得 REO 品位为 54.74% 和 REO 回收率为 64.29% 的稀土精矿。

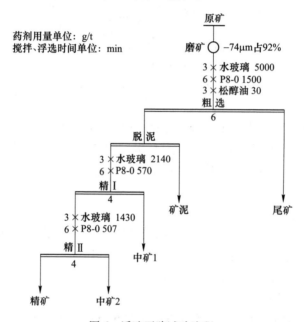

图 6　浮选开路试验流程

表 4　浮选开路试验结果

产品名称	产率/%	REO 品位/%	REO 回收率/%
精矿	8.54	54.74	64.29
中矿 1	25.86	3.12	11.09
中矿 2	9.55	9.67	12.70
矿泥	1.41	7.22	1.40
尾矿	54.64	1.40	10.52
原矿	100.0	7.27	100.0

2.3　闭路试验

为进一步提高稀土回收率并考察中矿产品及矿浆中药剂的返回对浮选指标的

影响，在开路试验基础上进行一粗二精一扫的闭路试验，试验流程见图7，试验结果见表5。闭路试验结果表明，对尾矿库尾矿进行磨矿后，采用一次粗选、两次精选、一次扫选的试验流程，可以获得REO品位为51.56%，REO回收率为84.13%的稀土精矿。

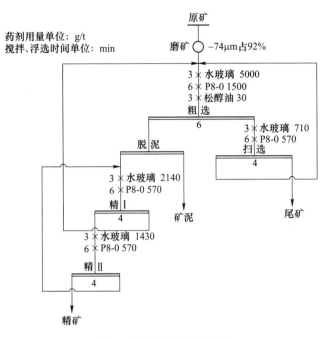

图7 浮选闭路试验流程

表5 闭路试验结果

产品名称	产率/%	REO品位/%	REO回收率/%
精矿	11.08	51.56	84.13
矿泥	1.91	8.87	2.37
尾矿	87.01	1.11	13.50
原矿	100.0	6.85	100.0

对稀土精矿产品进行了主要化学组分分析，分析结果见表6。

表6 精矿主要化学组分分析结果

化学组分	REO	TFe	SiO_2	P	S	CaO	F
含量/%	51.56	5.16	1.32	3.44	0.66	10.66	8.79
化学组分	Na_2O	MgO	ThO_2	BaO	MnO_2	Nb_2O_5	Sc
含量/%	0.15	0.37	0.20	1.39	0.26	0.12	<0.005

3　结论

（1）尾矿矿样稀土 REO 品位为 7.13%，主要杂质成分 CaO 含量为 24.49%、TFe 为 15.35%、SiO_2 为 14.17%、F 为 12.98%；尾矿矿样中矿物组成较为复杂，其中稀土矿物氟碳铈矿和独居石为浮选回收的主要目标矿物，占有率为 9.8%；脉石矿物主要为萤石、赤铁矿、硅酸盐和碳酸盐类等，其中萤石和赤铁矿含量分别为 25.4%、17.4%。

（2）采用羟肟酸类捕收剂浮选稀土，在磨矿细度 $-74\mu m$ 占 92%，矿浆浓度 45%，浮选温度 65℃ 的条件下，经过一次粗选、两次精选、一次扫选的闭路工艺试验流程，可获得稀土精矿 REO 品位为 51.56%，REO 回收率为 84.13% 的较好指标，可作为回收白云鄂博尾矿中稀土资源的依据。

典型稀土精矿及废渣中清洁
提钍工艺研究进展

摘 要：随着中国不可再生能源的日益紧缺，开发核电新能源对中国可持续发展具有重要意义，钍作为未来核电发展的重要原料，必将成为今后能源发展的新方向，建立钍反应堆可以很大程度上缓解中国对不可再生能源的依赖。中国钍资源储量巨大，在现行的稀土选冶工艺中，钍主要赋存于稀土精矿中或最终进入冶炼废渣，处理不当，不仅对环境造成了污染，同时也造成了钍资源的严重浪费。本文主要对中国近年来典型稀土精矿及废渣中清洁提钍工艺研究进展以及高纯钍的制备进行了综述，并提出了相关建议与意见。

关键词：钍；稀土精矿；废渣；提钍工艺

Th 是一种放射性金属元素，也是核能发展中的重要元素之一，钍在地壳中的储量是铀的 3~4 倍。从利用角度看，钍相比铀具有更大的优势，主要体现在钍的核反应过程要比铀更加安全，且反应过程中基本不会释放温室气体，是一种清洁可持续能源，对阻止全球变暖具有绝对优势。世界上的煤、石油、天然气等不可再生资源日益枯竭，人类开发 Th 能源已成为一项迫切而重要的任务。根据研究成果，1t Th 相当于 200tU，350 万吨煤所提供的能量，可发电 10 亿千瓦·时，因此，Th 作为核能燃料的开发，将有效弥补中国铀资源的不足，并保证未来人类对能源的持续需求，对核能的可持续发展有重要意义。中国铀资源探明储量仅 10 万吨左右，约占全球总储量的 1/40，即使 2020 年天然铀产量翻番，与当时的核电需求相比缺口仍然很大，因此，核电资源在中国占有重要的地位。从社会发展角度分析，建立 Th 反应堆必将成为未来核电发展的新方向。目前，印度及欧美等国家已经对 Th 作为核燃料的反应堆开展了大量研究，已取得了一定的进展。钍作为核能研究取得突破后，将产生巨大效益，很大程度上可缓解中国在煤、石油、天然气等能源方面的依赖，因此回收钍资源意义重大。

Th 元素在自然界以独立矿物形式存在的并不多，往往以类质同象的形式与稀土矿物共伴生在一起，在稀土矿物开采选矿过程中，富集于稀土精矿中。中国常用的稀土精矿主要有包头混合稀土精矿、四川和山东单一氟碳铈稀土精矿、独居石精矿及离子吸附型稀土精矿。在现行的稀土选冶工艺中，钍主要赋存于稀土

原文刊于《中国稀土学报》2019 年 4 月，第 37 期第 2 期；共同署名的作者有侯晓志。

精矿中或最终进入冶炼废渣，处理不当会造成污染，同时也对钍资源造成了严重浪费。近年来，国内许多科研院所、稀土企业等进行了绿色冶炼分离提钍工艺的研究，取得了一些新成果。本文重点对近几年来中国典型的稀土精矿及废渣中钍的清洁提取工艺研究进展进行了综述，为今后实现稀土精矿及废渣中钍的综合回收利用提供参考。

1　稀土精矿清洁提钍工艺

1.1　包头混合稀土精矿

包头白云鄂博矿是中国最大的氟碳铈矿与独居石混合型稀土矿产地，目前包头主要生产 50%REO 精矿，精矿中 ThO_2 品位为 0.18%，氟碳铈矿和独居石相对含量比为2.6∶1。目前处理包头混合稀土精矿的方法主要有浓 H_2SO_4 高温焙烧法和烧碱分解法。浓 H_2SO_4 高温焙烧法在近几年应用广泛，其主体工艺流程为：浓 H_2SO_4 回转窑焙烧→水浸中和→碳铵沉淀→酸溶除杂→混合氯化稀土；钍以焦磷酸盐形态进入渣中。烧碱法工艺主体流程为：稀 HCl 洗钙→烧碱分解→HCl 优溶→混合氯化稀土溶液；钍易分散在渣及废水中不易回收。

为了使钍资源能够得到有效的回收且避免污染，许多科研院所及稀土企业提出了一些"清洁"提钍工艺。

2003 年包头稀土研究院提出了浓 H_2SO_4 低温焙烧分解稀土精矿的清洁工艺。该工艺根据矿的品位不同，按矿酸比 1∶（1.1~1.7），焙烧 2h（150~300℃）、水浸、过滤；在此条件下，水浸液中稀土和钍的浸出率均在 95% 以上，水浸渣中稀土残留 2%~5%，钍残留率小于 3%，将水浸液中的钍和稀土进行萃取可分别得到钍产品和稀土产品，稀土产品中 $ThO_2/REO \leqslant 1 \times 10^{-5}$。该工艺最大的优点是钍能得以有效回收，且废气、废渣量明显减少，废气成分简单，废渣为可建坝堆存的低放渣。但该工艺的不足之处是缺乏工业化实验以及有关动态焙烧及设备方面的研究。

2005 年北京有色设计研究院和保定稀土材料厂联合研究了低温动态焙烧工艺。该工艺将稀土精矿和浓 H_2SO_4 按重量比 1∶（1.1~1.7）的比例混合→40~180℃熟化→回转窑中 180~330℃焙烧 1~8h→水浸、过滤；稀土和钍浸出率大于95%，水浸液采用伯胺或其他萃取剂萃取分离钍和稀土，经洗涤、反萃得到 $Th(NO_3)_4$ 产品；水浸渣中钍低于万分之五，渣中放射性比活度小于 $1 \times 10^4 Bq/kg$。该工艺较好地解决了尾气和污染问题以及焙烧过程中的粘壁现象，但该工艺由于采用低温熟化稳定浓 H_2SO_4 分解的同时，增加了工序，延长了操作时间，会直接影响整个生产过程的连续化。

2006 年北京有色金属研究总院提出了一种综合回收稀土和钍的工艺方法。该工艺将浓 H_2SO_4 与混合稀土精矿（质量比 1∶（1~1.8））、含铁助剂混合后控制温度（260～380℃）与时间（1～8h）进行焙烧，焙烧矿经浸出、过滤，得到低放射性渣和水浸液；钍、铁、磷等富集在渣中，经过酸溶萃取，得到 Th (NO₃)₄ 产品，纯度大于 99.9%；硫酸稀土溶液采用 P_{204} 萃取剂萃取分离稀土。该工艺优点是流程简单，易操作，稀土、钍回收率高，成本低，易实现大规模生产，不产生氨氮废水，化工材料消耗低，对环境污染小。但该工艺存在的不足是酸用量、焙烧温度及焙烧时间三者不好把控，难以保证稀土、钍能够完全浸出。

2010 年包头稀土研究院提出了一种混合稀土精矿液碱低温焙烧分解工艺。该工艺将混合稀土精矿与 NaOH 按质量比 1:(0.5～1.5) 进行混合，焙烧温度 150～550℃，焙烧时间 0.5～4h，将焙烧矿水洗至中性，水洗后的碱饼用 HCl 溶解，得到氯化稀土溶液，HCl 溶后的钍富集物水洗后用 H_2SO_4 或 HNO_3 溶解回收钍。该工艺的优点是省去了传统碱分解工艺中酸洗除钙工序，节省了酸洗罐等设备，可以实现清洁连续化生产。

2014 年包头稀土研究院提出了一种液碱焙烧分解稀土精矿超声波强化酸浸出稀土的方法。该工艺将稀土精矿焙烧分解的水洗矿与无机酸按矿酸重量比为 1:1～6 混合，在超声波反应器中进行浸出，然后进行固液分离得到含稀土的酸浸出液和浸出渣。结果显示，稀土和钍的浸出率分别大于 97% 和 98%，浸出渣为非放射性废渣。该工艺的优点是酸浸出水洗矿可在常温或低温进行，浸出时间短，操作环境好，易于实现清洁连续化生产，提高了钍、氟、磷资源的利用率。

2015 年中国科学院过程工程研究所提出了一种混合稀土精矿的清洁冶炼工艺。该工艺先将混合稀土精矿进行焙烧（400～700℃），焙烧产物酸浸，得到含 F^-、Ce^{4+}、Th^{4+} 和三价稀土的 H_2SO_4 浸出液和浸取渣；将浸取渣水洗至中性，干燥后与 Na_2CO_3 一起焙烧，焙烧产物经水洗，得到水洗液和水洗渣，水洗渣经酸浸后的 H_2SO_4 浸出液与上一步 H_2SO_4 浸出液合并，回收 Ce 和 F，并分离 Th，再进一步实现三价稀土的分组分离。该工艺有效地解决了结块的问题，而且大大节省了 Na_2CO_3 的用量，可实现氧化稀土及有价元素 F、P 和 Th 的综合回收。

2017 年包头稀土院提出了一种酸碱联合分解混合型稀土精矿的方法。该工艺将混合稀土精矿与浓度大于 92% 的浓 H_2SO_4 按比例混合，在 120～180℃下焙烧分解 2.5～5h；水浸液经过中和后，形成磷铁钍渣和硫酸稀土溶液；含磷矿物和磷铁钍渣与浓度为 45%～70% 的 NaOH 溶液按重量比为 1:0.1～0.2 混合，在 130～180℃下分解，碱解矿经过洗涤、HCl 溶解、中和除杂后形成酸溶渣、铁钍渣和氯化稀土溶液。该工艺可大幅降低酸、碱、能源消耗，解决三废污染问题，同时能够综合回收 F、P、Th 等有价资源。

2017 年中国科学院长春应用化学研究所发明了一种由包头混合稀土精矿所制得的料液中利用含氨基中性膦萃取剂（如（2-乙基己基）氨基甲基膦酸二（2-乙基己基）酯、（Cextrant 230）或（DE-HAMP）等萃取剂）分离四价铈、钍和稀土的方法。所述料液可由包头混合稀土精矿采用氧化焙烧、Na_2CO_3 焙烧或烧碱法分解制备得到含铈（Ⅳ）、钍和稀土的料液；将含氨基中性膦萃取剂制得的固态分离材料与上述料液混合进行萃取得到含铈（Ⅳ）萃取液和提铈尾液；将含氨基的中性膦萃取体系与提铈尾液混合进行萃取得到含钍萃取液和提钍尾液；提钍尾液中的稀土回收通过采用萃取法转化为氯化稀土或硝酸稀土，或将稀土用碱沉淀或复盐沉淀进行。其中铈和钍的纯度分别达到 99.9% 和 99%，产率分别为92% 和 98%。该工艺的优点是操作简单，流程绿色清洁，经济性良好。且工艺中所使用的含氨基中性膦萃取剂易于合成，萃取能力强，循环使用性质稳定。

1.2 氟碳铈精矿

中国四川和山东两省主要生产单一型氟碳铈稀土精矿。四川稀土资源大多分布于冕宁、西昌、德昌等县市，是中国第二大稀土资源地，主要生产 65%~70%REO 精矿，精矿中 ThO_2 品位为 0.34%。山东稀土资源主要分布在微山湖，主要生产 40%REO 精矿，精矿中 ThO_2 品位为 0.17%。目前，关于山东微山稀土精矿及废渣中钍资源提取工艺的相关报道不多，其中含有大部分钍资源的废渣主要与水泥混合后填充矿井固化。四川氟碳铈稀土精矿工业上几乎全部采用氧化焙烧—HCl 浸出法处理，其包括两种流程：（1）氧化焙烧→稀 HCl 优浸→H_2SO_4 浸出工艺，可生产铈富集物（含钍）和少铈氯化稀土；（2）氧化焙烧→HCl 浸出→碱分解→HCl 浸铈工艺，可生产 98% CeO_2 和少铈氯化稀土。上述工艺具有工艺流程短，投资小，铈产品生产成本低等优点，但存在着工艺不连续，产品纯度低，钍、氟分散在渣和废水中难以回收，对环境造成污染等问题。

2000 年中科院长春应用化学研究所提出了氟碳铈矿氧化焙烧 H_2SO_4 浸出液中萃取分离铈、钍的工艺。以含氟的稀土硫酸溶液为原料，用三烃基膦氧化合物和伯胺类萃取剂（N1923）两种萃取分离钍和铈，可使 95% 以上的铈和 99% 的钍得到回收，$ThO_2/REO<1\times10^{-5}$。该工艺流程简单，收率高，特别是钍得到回收，是一个安全、洁净的工艺流程，但该工艺只有 50% 的氟得到有效回收，其余则排入废水，造成环境污染；另外，该工艺使用不同类型的萃取剂，价格昂贵，工艺整体成本较高。

2005 年北京方正稀土科技研究所提出了一种 H_2SO_4 法处理氟碳铈矿和分离提纯铈的方法。氟碳铈精矿经氧化焙烧（300~1000℃）获得焙砂，加入 H_2SO_4 混合搅拌后，获得含氟的 H_2SO_4 稀土溶液与配位沉淀剂溶液混合进行固液分离，实现四价与三价稀土元素的分离；固液分离所得沉淀物经过滤、洗涤，获得少铈碳酸稀土产品，加入还原剂过滤洗涤沉淀物得到 $Ce(CO_3)_2$，碳酸铈经煅烧后得到 CeO_2，$CeO_2/TREO>99\%$，钍留在滤液中，配制到指定浓度后继续使用，可回收得到 $Th(OH)_2$，硫酸盐及氟化物等产品。该方法工艺具有易操作、分离效果好、收率高、成本低的特点。

2007 年中国科学院长春应用化学研究所提出了"攀西稀土矿铈、钍、稀土萃取分离工艺流程"。该工艺流程为：氟碳铈矿→氧化焙烧→稀 H_2SO_4 浸出→溶剂萃取。该工艺很好地防止了钍对环境的放射性污染，精矿中大于90%的钍得到了回收，钍产品纯度大于99%。该工艺是一个高效、安全、洁净的环境友好型流程，但该工艺流程长、萃取体系较多、操作复杂、整体投资大、产品成本高。后该工艺经四川省冕宁县方兴稀土有限公司进行了优化处理及清洁化技术改造，新工艺流程为氟碳铈矿→氧化焙烧→HCl 一次浸出→H_2SO_4 二次浸出→溶剂萃取。该工艺流程短，稀土处理量大、生产成本低，氟、钍得到回收利用，具有高效、清洁的特点。

2008 年北京有色金属研究总院研究了从 H_2SO_4 浸出液中萃取分离四价铈、钍、氟及少铈三价稀土的工艺。稀土精矿经氧化焙烧、稀 H_2SO_4 浸出后，四价铈、钍、氟均进入硫酸稀土溶液，采用基于 P_5O_7 或 P_2O_4 协同萃取剂进行萃取分离，铈、钍、氟、铁被萃入有机相，然后分步进行选择性洗涤和反萃得到铈、氟、钍三种产品。该工艺的特点是钍易反萃，萃取容量大，萃取过程不产生乳化，能够在一个萃取体系、一个萃取循环过程中分离得到铈、三价稀土，同时可回收得到高纯度氟、钍产品。

2015 年中国恩菲工程技术有限公司提出了一种清洁处理氟碳铈精矿的新工艺。该工艺将氟碳铈精矿球磨成氟碳铈矿颗粒与浓度为98%的浓 H_2SO_4 按质量比 1:1.0~1.5 进行混合，150~180℃熟化保温1~4h后，经焙烧、水浸和过滤，得到浸出液和浸出渣；浸出液进行萃取处理，得到稀土和含钍萃取液，稀土和钍的浸出率分别大于95%和98%；含钍萃取液经过反萃处理，得到 $Th(NO_3)_4$。该工艺优点是流程简单，REO 浸出率高，能耗低，辅料消耗少，整个过程无氟和放射性钍排放，浸出渣经水洗后可直接排放，环境友好且能高效分离稀土并综合利用氟钍资源，是一种清洁新工艺。

2015 年广西鼎立稀土新材料科技有限公司提出利用新型 LH-01 萃取剂萃取分离四川氟碳铈矿中稀土、Th 和 F 优化工艺，并进行了串级萃取实验。氟碳铈矿经氧化焙烧和HCl 优浸，使得大量 RE^{3+} 溶出，优浸渣用稀 H_2SO_4 将 Ce^{4+}、Th^{4+} 和 F^- 溶出，所得含氟硫酸溶液采用 LH-01-P_{204} 协同萃取分离提取 Ce^{4+}，其余被萃入有机相经反萃后可得纯度99.5%的 CeO_2 及99.9%的 CeF_3 产品；硫酸稀土萃余液经 $N_{192}3$ 萃取提取 Th，Th 回收率大于90%，ThO_2 纯度>99%，稀土总收率>95%，稀土产品中 $ThO_2/REO<5\times10^{-6}$。LH-01 萃取剂萃取能力强，饱和容量大，易于反萃，可实现高效清洁分离。

1.3 独居石精矿

独居石矿主要分布在中国湖南、广东、广西、台湾、海南等地区，各地产的

独居石精矿中 ThO_2 含量大致相当，精矿中一般含有 50% ~ 65% 的 REO 和 3% ~ 20% 的 ThO_2。工业上独居石的冶炼工艺主要有 H_2SO_4 焙烧法和烧碱分解法。烧碱分解法相比 H_2SO_4 焙烧法，粉尘废气排放少，且独居石中的磷很方便地以 Na_3PO_4 的形式回收，逐步成为独居石提取稀土的主流工艺，但这两种方法又在不同程度上存在着"三废"污染问题。近年来针对独居石精矿如何清洁、高效提钍工艺的相关研究并不多，对独居石的研究主要集中在加盐焙烧法及微波辅助法等方面。

2004 年东北大学吴文远等选用 CaO-NaCl 为分解助剂对独居石及混合型稀土精矿的分解进行了研究，通过实验和数理统计得出了独居石分解率与焙烧温度、CaO 及 NaCl 加入量等影响因素的回归方程，独居石分解率随 CaO 及 NaCl 增加、焙烧温度的升高而增加，当 CaO 和 NaCl 加入量分别都为 45%，焙烧温度为 870℃时，独居石的分解率达到 78.39%。2007 年东北大学孙树臣等研究了 NaCl-$CaCl_2$ 对 CaO 分解独居石的热分解过程的影响，CaO 分解独居石体系加入 NaCl-$CaCl_2$ 后，改善了传质过程，降低了 CaO 分解独居石的分解温度，加快了 CaO 分解独居石的反应速度。当 NaCl-$CaCl_2$ 的加入量为 10%，焙烧温度 750℃，焙烧时间 1h 的条件下，CaO 分解独居石的分解率可达到 79%。

2014 年内蒙古科技大学李解等采用微波辅助浓 H_2SO_4 低温焙烧稀土精矿的工艺，研究了微波预处理酸浸矿的焙烧温度、酸矿比、焙烧时间对稀土和钍浸出率及残留率的影响。随着温度的升高、酸矿比和保温时间的增加，微波加热酸浸稀土精矿的稀土浸出率增加，其浸出的最佳工艺条件为：焙烧温度为 220℃，酸矿比为 1.5，焙烧时间为 8min。此条件下稀土的浸出率为 92.55%，且低温酸浸条件下水浸渣中的钍未生成难溶的焦磷酸钍，可用于钍的提取。该工艺的优点是微波加热稀土精矿酸浸的焙烧时间短，可在后续的工艺中回收钍。

以上工艺方法为稀土及钍资源的工业化综合回收利用提供了新途径，虽取得了一些进步，但离工业化还有一定距离。

1.4　离子吸附型稀土精矿

离子吸附型稀土矿主要分布于中国南方的江西、广东、福建、湖南、广西、云南、浙江七省区的 100 多个县市，稀土矿中 ThO_2 的含量差别较大，其中龙南、寻乌、平远、揭西等地产的 90%REO 精矿中 ThO_2 含量小于 0.002%。赣州有色冶金研究所提出了一种通过有机萃取去除伴生放射性元素 Th，U 的方法。该方法通过酸分解将一部分放射性元素富集在酸溶渣中，去除率达到 80% ~ 90%，剩余部分通过有机萃取进行去除，采用中和法将废水中放射性钍、铀沉淀，去除率达到 8% ~ 18%。结果显示，排放的废水中钍、铀含量符合环保排放标准，去除的放射性物质可集中堆存于低放库中。

该工艺具有流程简单，投资小，去除率高，适应面宽，符合环保要求的优势。

2013 年广州有色金属研究院提出了一种从南方离子型稀土浸出液中萃取铀和钍的方法。该工艺采用体积比为 15%～25%环烷酸-15%～25%辛醇或异辛醇-50%～70%煤油的萃取剂与南方离子型稀土浸出液按体积比（0.5～5）∶1 进行萃取分离铀和钍；所得的负载有机相与 H_2SO_4、HCl 或 HNO_3 溶液按一定体积比进行反萃取，反萃取后的有机相重复使用；水相为铀和钍的富集溶液，进一步回收铀和钍，铀和钍萃取率达 99%。该工艺的优点是萃取级数少，工艺简单，分离效果好，铀和钍提取率高，不影响后续稀土分离工艺。

2 废渣绿色提钍工艺

2.1 包头稀土废渣

随着多年的稀土冶炼生产，产出了大量稀土废渣，废渣中含 0.25%～0.42% ThO_2，3.0%左右的 REO 及 8%～12%的全铁。2013 年包头稀土研究院提出了一种关于稀土酸法工艺废渣中稀土、钍和铁的回收工艺。该工艺将废渣与一种酸或混合酸溶液按酸渣比为（0.2～1）∶1 进行混合，在 60℃至沸腾的条件下搅拌浸出，浸出终点以二次废渣中 $ThO_2 \leq 0.05\%$，过滤洗涤滤饼后得到浸出液和二次废渣，浸出液经伯胺萃取，硝酸反萃成 $Th(NO_3)_4$ 溶液；萃钍余液经碱调节，沉淀出 $Fe(OH)_3$ 副产品，滤液为稀土料液产品。该工艺的优点是：实现了水浸废渣中 REO，ThO_2，Fe 的溶出，二次废渣渣量减少一半以上，可直接作为稀土选矿原料或工业原材料使用，达到了废渣资源综合回收利用的目的。但该工艺的不足之处是依然存在"三废"问题。

2.2 独居石渣提钍工艺

现行采用的不管是浓 H_2SO_4 分解法还是液碱分解法冶炼独居石精矿，都会留下大量的独居石渣，渣中还含有 7%～18%的 REO，16%～28%的 ThO_2，0.6%～1.2%的 U_3O_8 及未被分解的独居石、锆英石等有用矿物，因其中含量最多的钍目前没有较大的用途，处理不当，不仅浪费了资源，还污染了环境。通常采用 HNO_3 法处理独居石渣，工艺流程为：HNO_3 浸取溶解→固液分离→萃取（TBP 和煤油的混合物）→反萃（低氨水溶液）。但该工艺分离工艺路线长，分离过程中的浸取、萃取速率和效率低，容易腐蚀设备。

2007 年扬州大学提出了一种超声波 HNO_3 溶液浸取-TBP 煤油溶液萃取法分离富集优溶渣中铀钍混合物和稀土的方法。具体将硝酸法过程中的浸取和萃取过程进行耦合，同时采用超声强化物理技术，改善液-固浸取和液-液萃取过程的分散性，使有机相中的钍和铀含量，水相中的稀土含量均达到各自饱和浓度的

95%~98%，钍、铀的混合物和稀土的回收率可达90%。该工艺的优点是只需一套浸取-萃取设备，缩短了工艺流程，简化了操作，提高了浸取和萃取的速率和效率。但最终的铀钍混合物仍需进一步分离提纯。

2011年黄辉等采用先碱浸、沉淀铀再酸浸、沉淀钍的分离工艺，从优溶渣中分离提取铀和钍，从而得到铀酰的沉淀物（磷酸铀酰盐）纯度≥63%，钍的沉淀物$Th(OH)_4$纯度≥85%。该工艺流程简单，操作方便，缩短了分离工艺路线，提高了分离速度和效率，降低成本和减少对环境污染，且原料价廉易得。但该工艺得到的铀钍产品，纯度不高，且无法同时提取稀土等产品。

2013年益阳鸿源稀土有限责任公司发明了一种独居石渣中铀、钍、稀土的分离回收方法。该工艺流程为：独居石渣→酸浸→压滤→水洗→有价成分的提取→滤渣处理。工艺采用低酸、低温浸出，液相-固相容易分离；采用选矿工艺对二次渣进行选矿并碱分解，实现铀、钍、稀土的闭路循环回收；同时，循环利用萃取余液废酸，减少了废水排放，降低了H_2SO_4和新水消耗，节约了生产成本，铀、钍、稀土回收率大于97%，整个工艺可实现无放射性废水、废渣排出；但该工艺酸度和浸出率偏低，浸出液体积大，萃取剂成本偏高，萃取系统是敞开式，对操作人员影响较大，钍以$Th(OH)_4$富集物形式回收，利用价值偏低。

2015年江西洁球环保科技有限公司提出了一种从优溶渣中提取高纯铀、钍和混合稀土的方法。该工艺将独居石优溶渣经酸浸、压滤和水洗，得到含铀、钍和稀土的澄清水溶液和滤渣；以甲基磷酸二甲庚脂和煤油的混合溶液为萃取剂，经蒸馏水反萃、过滤和烘干后得到$Th(NO_3)_3$产品，总回收率高达90%以上。该工艺的优点为流程简单，且使用一种有机萃取剂，化工材料常见且消耗低，环境友好，易于大规模生产。

2015年湖南稀土金属材料研究院提出了一种从独居石冶炼酸不熔渣中回收钍、铀和稀土的分离工艺。将酸不溶渣与浓H_2SO_4混合均匀后恒温焙烧，焙烧渣加水室温浸出后，滤液用叔胺类萃取剂提取铀，后续溶液用伯胺类萃取剂提取钍，用NH_4HCO_3反萃取获得钍产品，纯度大于99%，经提取铀和钍以后的溶液用碱沉淀得到稀土混合物产品。该工艺流程简单，易于大规模生产，化工材料常见且消耗低，能获得单一的钍和铀产品，渣量消减50%以上，对环境友好，社会经济效益明显。但该工艺对设备腐蚀严重，而且使用两种有机萃取剂影响萃取效果，目前生产胺类萃取剂（如伯胺N）的厂家停产，很难购买。

2015年益阳鸿源稀土有限公司开发了"双低浸渣新工艺"，采用阴离子交换树脂提铀→P_{204}提钍→N_{1923}提稀土→萃余液（废酸）返回酸浸工序再用的组合工艺。从溶液中提取了重铀酸钠，$Th(OH)_4$，氯化稀土3种产品，二次渣经选矿选出锆英石、独居石精矿，所得含有少量钍、铀、稀土的"矿泥"经碱分解、酸溶、过滤返回独居石精矿主体工艺。该工艺解决了传统工艺固液分离难的问题，整个组合工艺溶液不经调配，连续顺畅，节约成本，废水中 U、Th 总量低于排放标准。但该工艺同时使用了两种不同类型的萃取剂，溶剂管理复杂。

2015 年益阳鸿源稀土有限公司又发明了一种稀土矿分解余渣中铀、钍、稀土的分离回收工艺。该工艺主体流程：酸浸→压滤→阴离子树脂吸附回收铀→阳离子树脂分离回收钍和稀土。具体采用无机酸浸取稀土矿分解余渣，浸取渣经压滤、洗涤后得到清亮的料液，浸出料液先经 201×7 型树脂吸附铀，后经 001×7 型树脂分离钍和稀土，再经洗涤、络合淋洗、沉淀、浓缩，最终得到重油酸盐、$Th(NO_3)_4$ 和碳酸稀土产品。该工艺相比萃取回收工艺设备构造简单，投资少，耗能低，易操作，回收率可达 99%，环境污染小。

2017 年永州市湘江稀土有限公司发明了一种萃取分离钍与稀土工艺。将碱法工艺生产的独居石优溶渣与 HCl 溶解，得到含钍、稀土、铀的料液，采用 P_{350} 为萃取剂对钍和稀土进行萃取分离，得到负载钍的有机相以及萃余液：负载钍的有机相采用高浓度 HCl 洗涤，再经 HNO_3 和 $NaNO_3$ 溶液进行反萃获得 $Th(NO_3)_4$ 反萃液，萃取分离后的萃余液继续返回优溶工序。该工艺提高了钍和稀土的分离效率，获得了高纯度的 $Th(NO_3)_4$，实现了有价元素综合回收及 HCl 的综合利用，提高了资源利用率，降低了环境污染。但该工艺也存在着酸用量以及成本较高的问题。

3　高纯钍的制备

为了适应 Th 核能研究以及 Th 核能发电的需要，Th 作核燃料必须达到核纯级，因而从稀土矿或其他来源得到的钍富集物必须进一步纯化。早期的工艺是以磷酸三丁酯（TBP）为萃取剂，从独居石生产过程中的 $Th(OH)_4$ 富集物中提纯 Th。因 TBP 具有化学性质稳定，不易被硝酸氧化，且对钍、铀与稀土等杂质的分离系数高的特点，因此可以用较少的萃取技术达到很好的提纯效果。然而 TBP 提纯钍需要在较高的 HNO_3 介质中进行，致使酸的消耗量大，且加剧 TBP 的分解；另外 TBP 的分子量较小，在水溶液中易溶解，又促使 TBP 流失，增加成本。

2012 年中国科学院长春应用化学研究所为了解决上述问题，从降低成本以及提高 Th 的纯度角度发明了一种 Th 的纯化方法。该工艺的原料可以是由任何稀土矿提取的 Th，工艺首先将提取的钍与无机酸混合制备原料液，钍的浓度和无机酸浓度分别控制在 0.5～1.5mol/L 和 0.5～5mol/L；然后将中性膦萃取剂（如 2-乙基己基膦酸二（2-乙基己基）酯（P_{503}）等）与有机溶剂混合的有机相对原料液进行萃取，得到的萃取液先用洗涤液（1.0～4.0mol/L HNO_3、HCl 或 H_2SO_4）洗涤，再利用反萃液反萃取上述萃取液中的钍元素，再次得到另一种萃取液，将草酸盐与其混合，得到沉淀并进行灼烧（400～600℃灼烧 1h）后得到 ThO_2。该工艺的优点是流程简单，试剂消耗量少，可将 Th 的纯度提高到

99.998%以上，收率大于98%，还可以有效分离微量杂质。2014年该研究所又发明了利用中性磷酰胺或含氨基中性膦萃取剂用于萃取分离钍的方法。该工艺采用新型中性磷酰胺萃取剂（如三异辛基磷酰胺等）制得的固态分离材料与含钍料液（任何稀土矿提取的钍与无机酸混合制备）接触，进行萃取得到含钍的固态分离材料和提钍尾液；用洗涤液洗涤含钍的固态分离材料；并用反萃液反萃取含钍固态分离材料中的钍，最终得到含钍反萃取产物。该萃取剂的优点是合成原料简单易得、成本低廉，且萃取能力强，适用范围广，流程短。此外，采用不同的反萃剂反萃取含钍萃取液，可得到不同的钍产品。

2013年中国科学院长春应用化学研究所还发明了一种以钍芳烃衍生物为萃取剂，分离纯化钍的方法。该工艺首先将含钍芳烃（吸附材料基质可选自大孔树脂、多孔硅和硅藻土中的任意一种或多种）的有机溶液（优选三氯甲烷）与含钍和稀土的水相溶液混合，其水相可以是任意一种或几种常见酸，经萃取得到含钍元素的有机相。该工艺对萃取的方式并无特殊限制，任意萃取方法即可，可优先采用逆流萃取的方式进行萃取。该工艺的优点是萃取剂对钍具有很强的选择性配位能力，从而对钍和稀土具有较高的分离系数，且克服了传统TBP萃取剂需在高酸度下萃取钍的缺陷，而且萃取效率达95%以上，反萃酸度低，分离得到的Th纯度达到99.99%以上。

4　展望

中国虽然钍资源丰富，但目前钍的应用领域较少，需求规模也相对较低，潜力最大的核电研究短期内还未有较大突破。虽然钍资源提取技术已经较为成熟，但应用领域的研发滞后依然是限制钍资源开发利用的关键瓶颈。

依照现有稀土冶炼分离工艺，大部分钍主要进入了废渣和废水中，容易造成钍资源的浪费及环境污染。在现有技术和经济条件下，首先应选择合理的方式保护伴生在稀土中的钍资源，建立一些钍产品收储基地，妥善保护和处置伴随稀土资源开发过程中产生的钍富集物；其次根据中国不同地区稀土精矿及废渣的特点，各大科研院所及稀土企业进一步加强综合回收、绿色清洁循环工艺技术的研究与完善，不断研发新型萃取剂及萃取设备，提高萃取速率及效率；同时从国家层面还应不断加强钍的应用技术研究，特别是能够实用化的钍基核电技术。随着核电等新兴应用技术的不断进步与成熟，钍资源的应用领域必将得到进一步的扩展，其潜在的经济和社会效益必将凸显，中国的钍资源必将发挥出应有的作用。

作者与中国稀土学会
首届理事长周传典先生
合影

作者与中国稀土学会
首届副理事长徐光宪先生
合影

作者与中国稀土学会
首届秘书长李东英先生
合影

作者（左二）在原冶金工业部包头冶金研究所（现包头稀土研究院）首任所长
李光先生百岁寿辰日与李光（前排）、窦学宏（左一）、孙德友（右一）合影

作者与地质学家
张培善先生合影

作者与余永富
院士及其夫人合影

作者（右一）与白云鄂博首任矿长肖史（左三）、白云鄂博第二任总工张澂（左四）、刘恩峰（左一）、于长谓（左二）合影

作者（白云鄂博第六任总工，左二）与白云鄂博首任总工李荫棠（左三）、白云鄂博第四任总工王有伦（右二）、白云鄂博第五任总工高海州（右一）、白云鄂博副矿长王永国（左一）合影

作者（右二）与王一德院士（左一）、长沙矿冶研究院原院长张泾生（左二）、王运敏院士（右一）合影

2020年第四届白云鄂博战略研讨会部分代表现场考察合影

作者（前排右五）与草原英雄小姐妹龙梅和玉荣（右七、右六）在白云鄂博铁矿医院合影

"白云鄂博稀土资源研究与综合利用国家重点实验室"资源与环境团队部分人员合影